uniscope. Publikationen der SGO Stiftung

Reihe herausgegeben von
M. Sulzberger, Organisation & Mgmt – Stiftung, SGO-Stiftung, Glattbrugg, Schweiz

Weitere Bände in der Reihe http://www.springer.com/series/12146

Peter Kels · Stephanie Kaudela-Baum
(Hrsg.)

Experten führen

Modelle, Ideen und Praktiken für die Organisations- und Führungsentwicklung

Springer Gabler

Hrsg.
Peter Kels
Institut für Betriebs- und Regionalökonomie
Hochschule Luzern – Wirtschaft
Luzern, Schweiz

Stephanie Kaudela-Baum
Hochschule Luzern – Wirtschaft
Luzern, Schweiz

Mitglieder der SGO (Schweizerische Gesellschaft für Organisation und Management) erhalten auf diesen Titel einen Nachlass in Höhe von 10 % auf den Ladenpreis.

uniscope. Publikationen der SGO Stiftung
ISBN 978-3-658-23027-2 ISBN 978-3-658-23028-9 (eBook)
https://doi.org/10.1007/978-3-658-23028-9

Die Deutsche Nationalbibliothek verzeichnet diese Publikation in der Deutschen Nationalbibliografie; detaillierte bibliografische Daten sind im Internet über http://dnb.d-nb.de abrufbar.

Springer Gabler

Springer Gabler ist ein Imprint der eingetragenen Gesellschaft Springer Fachmedien Wiesbaden GmbH und ist ein Teil von Springer Nature
Die Anschrift der Gesellschaft ist: Abraham-Lincoln-Str. 46, 65189 Wiesbaden, Germany

Geleitwort Führung von Experten

Die Wirtschaft, die Politik und die Gesellschaft brauchen Expertinnen und Experten in den verschiedensten Fachbereichen. Nur dank dieser Spezialistinnen und Spezialisten können viele der hoch anspruchsvollen Aufgaben in der heutigen Zeit wahrgenommen werden. Ein Blick in die Zukunft deutet darauf hin, dass der Bedarf an solch hoch ausgebildeten Fachleuten u. a. auch als Folge des rasanten technischen Fortschrittes und überzeugender Ergebnisse in zahlreichen Forschungsdimensionen eher zunehmen wird. Die Hochschulen und Fachausbildungsinstitutionen haben mit diversen fachspezifischen Lehrgängen das Angebot von Expertinnen und Experten sichergestellt und laufend weiterentwickelt. Die Absolventinnen und Absolventen solcher Ausbildungen behalten und pflegen ihre berufliche Heimat, ihre Weiterbildung und ihre Netzwerke in entsprechenden spezifischen Fach-Communities. Oftmals sind sie ein Leben lang Mitglieder ihrer Zunft.

Im praktischen Arbeitsleben in fachspezifischen Institutionen, Organisationen und Unternehmen ergibt sich damit natürlicherweise eine duale Zugehörigkeit: am Arbeitsort und in den Fach-Communities. Daraus resultieren eine Vielzahl von Chancen, Problemen und spezifischen Herausforderungen in der täglichen Arbeit, so z. B. offen gelebte, ehrliche Wertschätzung der Person und der erbrachten Leistung, Engagement für die wirtschaftlichen Aspekte des Arbeitgebers, Freizeit für fachbezogene Weiterbildung, Freiheit in der Gestaltung von Arbeitsprozessen und zahlreiche andere. Diese Ausgangslage stellt an alle Beteiligten – die Expertinnen und Experten sowie die verantwortlichen Führungspersönlichkeiten – spezielle, hohe Anforderungen. Diese zu erfüllen, braucht Offenheit, Reflexivität, Flexibilität, die Fähigkeit zur Perspektivenübernahme, gegenseitige Achtung, Vertrauen und insbesondere Verständnis und die Bereitschaft, auch widersprüchliche Problemstellungen im Sinne der Gemeinschaft zu lösen. Die Nichterfüllung dieser Anforderungen führt zu unproduktiven Auseinandersetzungen, Verfolgung von kontroversen Prioritäten, Resignation, Zeitverlust, bis hin zu persönlichen Fehden, Hass und tiefem Misstrauen. Damit leiden Effektivität, Effizienz und nachhaltige Entwicklung spürbar.

Es geht damit um das Verhalten der Beteiligten, also der Expertinnen und Experten sowie der Führungspersonen. Es geht darum, dass Freiheit und Verantwortung sich gegenseitig bedingen. Es geht aber auch um Konsequenz. Bei nicht lösbaren, andauernden Querelen muss die Führung im Sinne des Wohles der Gemeinschaft Trennungen oder Neubesetzungen durchsetzen. Gerade Expertinnen und Experten haben in der Regel höchststehende Ausbildungen genossen; damit soll vorausgesetzt werden können, dass entsprechende Einsichten und Verhaltensweisen vorhanden sind.

Prof. Dr. Peter Kels und Frau Prof. Dr. Stephanie Kaudela-Baum legen einen sehr fundierten Beitrag vor, in welchem diese hochaktuelle Thematik an den vier Beispielen Mediziner, Juristen, Berater und Hochschuldozentinnen und -dozenten behandelt wird. Zahlreiche Studien haben die Basis geschaffen, um generelle Erkenntnisse ableiten und konkrete Lösungsansätze für die Praxis präsentieren zu können. Speziell ist zu erwähnen, dass es dem Autor und der Autorin gelungen ist, dem Leser eine breite Palette wissenschaftlicher Theorien und Ansätze zu präsentieren, was für die Orientierung von größtem Wert ist.

Die SGO-Stiftung gratuliert den beiden Initianten und Verantwortlichen für dieses sehr wertvolle Werk und ist stolz darauf, dass die Resultate in einem Buch in der Schriftenreihe „uniscope“ der SGO-Stiftung veröffentlicht werden. Für die aufbauende, lehrreiche und sehr interessante Zusammenarbeit während des Entstehens des Werkes bedanken wir uns sehr herzlich. Wir wünschen dem Buch die notwendige Beachtung und hoffen, dass auf der vorliegenden Basis weitere Forschungsarbeiten an die Hand genommen werden.

Zürich
im Juli 2018

Dr. Markus Sulzberger
Präsident der Stiftung der Schweizerischen
Gesellschaft für Organisation und Management
(SGO-Stiftung)

Danksagung

Dieses Buch ist der Zusammenarbeit mit Autorinnen und Autoren zu verdanken, die mit uns ihre Perspektiven zum Thema „Führung in Expertenorganisationen“ geteilt haben. Wir konnten in diesem Band Expertinnen und Experten mit ganz unterschiedlichen Branchenbezügen und Ansätzen zu diesem Thema einen Rahmen bieten, spannende Verknüpfungen herstellen und dadurch unser Ziel, ein umfassendes und branchenübergreifendes Buch zum Thema „Experten führen“ zu entwickeln, voll und ganz erreichen. Die gemeinsame Entwicklung des Buches hat uns viel Freude bereitet.

Herzlich bedanken möchten wir uns bei folgenden Fachkolleginnen und Kollegen, die zahlreiche Kapitel des Buchs begutachtet und mit ihrem fachlichen Feedback zur Qualitätssicherung beigetragen haben: Dr. Hartmut Westermann (Goethe Universität Frankfurt), Prof. Dr. Jacqueline Holzer (Zürcher Hochschule der Künste), Dr. Claudia Astrachan Binz (Hochschule Luzern Wirtschaft), Prof. Dr. Martin Gubler (Pädagogische Hochschule Schwyz), Prof. Dr. Gurtner Andrea (Berner Fachhochschule) und Prof. Dr. Roman Capaul (Universität St. Gallen).

Danken möchten wir auch der Hochschule Luzern – Wirtschaft für die Finanzierung dieser Publikation und das Vertrauen der Hochschulleitung in unser Projekt. Dann möchten wir unseren Dank der Schweizerischen Gesellschaft für Organisation und Management (SGO) aussprechen, und hier insbesondere Herrn Dr. Markus Sulzberger, der dieses Projekt mit viel Interesse und Engagement begleitet hat.

Weiterhin danken wir Herrn Matthias Zabel, Germanist und Sprachwissenschaftler aus Freiburg i. Br., für das hervorragende Lektorat. Er hat die Beiträge schnell, präzise und fachlich fundiert kommentiert und zudem das Buchprojekt wunderbar koordiniert.

Schließlich gilt unser Dank den Programmmanagerinnen und Lektorinnen des Verlags Springer Gabler, Frau Ulrike Lörcher und Frau Katharina Harsdorf, für die angenehme Kooperation mit uns.

Und als Herausgeber danken wir jetzt bereits allen Leserinnen und Lesern des Buches, die sich auf die Beiträge einlassen und die in diesem Band begonnene Diskussion in vielfältiger Weise fortführen.

Luzern
im Juli 2018

Peter Kels
Stephanie Kaudela-Baum

Inhaltsverzeichnis

Teil I Experten führen – eine Einführung

1 Das Buch im Überblick: Aufbau, Leitfragen und Beiträge 3
Peter Kels und Stephanie Kaudela-Baum

2 Führungsbeziehungen in Expertenorganisationen gestalten: Navigation zwischen Selbst- und Organisationsbezug 17
Peter Kels und Stephanie Kaudela-Baum

3 Spannungen und Paradoxien als zentrale Herausforderung für die Gestaltung von Führungsbeziehungen in Expertenorganisationen 31
Stephanie Kaudela-Baum und Peter Kels

Teil II Einblicke in unterschiedliche Führungskontexte

4 Lateral führen an Hochschulen 51
Franziska Zellweger und Geri Thomann

5 Führung von Experten an Hochschulen: Bedingungen für evidenzbasiertes Führungshandeln 69
Markus Hodel

6 Volksschulen in der Schweiz als besondere Expertenorganisationen 93
Barbara Bonhage und Caroline Schwitter Marsiaj

7 Management- und Führungsherausforderungen an Schweizer Hochschulen 109
Manuela Baumgartner

8 Ein kassandrischer Zwischenruf – ausgewählte Phänomene von Führung in Expertenorganisationen am Beispiel von Hochschulen 127
Marlies W. Fröse und Annemarie Bauer

9 Leadership in Schweizer Spitälern – Führung im Spannungsfeld von Grenzen und Paradoxien 153
Widar von Arx, Nada Endrissat und Claus D. Jacobs

10 Developing Leadership: Innovation, Adaptability and Integration in Large-Scale Health Care Organizations 179
Ken Otter

11 Führung und Bindung von Consultants 193
Marcel Oertig und Nicole Jordi

12 Arbeitswerte, Rollenverständnisse und Karriereorientierungen von Juristen im Wandel 211
Peter Kels und Pius Breu

Teil III Experten wirksam führen und entwickeln

13 Welche Weiterbildung brauchen Experten? 231
Martin Brasser

14 Kommunikation in Expertenorganisationen 253
Philipp Ott

15 Konfliktmanagement in Expertenorganisationen: zwischen Thematisieren und Dethematisierung 269
Markus Hess

16 Autonomiefördernde Führung in wissensintensiven Organisationen 305
Stephanie Kaudela-Baum

17 Führen in Expertenorganisationen – eine didaktische Perspektive mit praktischer Anleitung 345
Markus Ulrich und Markus Zemp

18 Führungskräfte als interne Kommunikatoren: Experten mit kommunikativen Mitteln führen 369
Constanze Jecker

19 „Wer bin ich hier? Wer kann ich sein?“ 391
Jens O. Meissner, Patricia Wolf und Julie Harboe

20 Die Organisation der Selbstorganisation 411
Marcel Altherr

Teil IV Synthese und Modell

21 Experten führen. Konstruktive Haltungen, Kompetenzen und Handlungsstrategien entwickeln 429
Peter Kels und Stephanie Kaudela-Baum

Teil I

Experten führen – eine Einführung

Das Buch im Überblick: Aufbau, Leitfragen und Beiträge

1

Peter Kels und Stephanie Kaudela-Baum

Der in vier Teile gegliederte Herausgeberband behandelt die übergreifende Fragestellung, wie sich Experten in wissensintensiven Organisationen (sog. „Expertenorganisationen") wirksam führen lassen. Aufbauend auf einleitenden Beiträgen, welche die grundsätzlichen Führungsanforderungen im Umgang mit Experten beleuchten (Teil I), werden kontextspezifische Führungsherausforderungen und Gestaltungsmöglichkeiten am Gegenstand verschiedener Typen von Expertenorganisationen beleuchtet (Teil II). Im Zentrum dieses empirischen Teils stehen dabei Bildungsinstitutionen, Gesundheitsorganisationen und auch Professional Service Organizations (wie z. B. Beratungs- und Dienstleistungsunternehmen oder die öffentliche Verwaltung), die ihre Leistungsbeiträge in einem anspruchsvollen, zunehmend spannungsreichen und wandlungsintensiven Umfeld erbringen müssen. Die Beiträge in Teil III beleuchten einige grundlegende Gestaltungsfelder einer gelingenden Führung und Entwicklung von Experten. Hierzu zählen insbesondere die Gestaltung von Organisationskommunikation, Konfliktmanagement, Weiterbildung und Lernen sowie eine an Prinzipien von Autonomie und Selbstorganisation orientierte Führungspraxis. Im letzten Teil des Buches (Teil IV) entwickeln die beiden Herausgeber schließlich ein integrales Modell der Führung von Experten, das anschlussfähige Führungsansätze entlang der Dimensionen systemische Führung, interaktional-personelle Führung und Selbstführung beschreibt.

Das Buch richtet sich an Unternehmensleitende, Führungskräfte, HR-Verantwortliche, Organisationsentwickler, Berater sowie Organisations- und Managementforschende,

P. Kels (✉) · S. Kaudela-Baum
Hochschule Luzern, Luzern, Schweiz
E-Mail: Peter.Kels@hslu.ch

S. Kaudela-Baum
E-Mail: Stephanie.Kaudela@hslu.ch

P. Kels und S. Kaudela-Baum (Hrsg.), *Experten führen,* uniscope. Publikationen der SGO Stiftung, https://doi.org/10.1007/978-3-658-23028-9_1

die zeitgemäße Perspektiven, Ansätze und Antworten auf die Frage suchen, wie sich Experten in einem sich schnell wandelnden und spannungsreichen Umfeld wissens- und innovationsbasierter Organisationen wirkungsvoll führen lassen.

Jedes Kapitel adressiert mindestens eine der folgenden **Leitfragen des Buchs:**

1. Welches sind zentrale Herausforderungen der Führung von Experten in dem behandelten Feld von Expertenarbeit? Durch welche Entwicklungen oder Problemlagen sind die Herausforderungen bedingt?
2. Welche Ansätze, Interventionen und Erfahrungen haben sich bei der Führung von Experten in dem jeweiligen Feld/Typus der Expertenorganisation als wirksam, welche als eher unwirksam herausgestellt (aus Sicht der Forschung oder der Praxis)?
3. Inwieweit unterscheidet sich die Führung von Experten je nach Kontext und Profession/Expertentyp? Müssen z. B. Ärzte anders geführt werden als Ingenieure, Dozierende anders als Anwälte , IT-Spezialisten anders als Projektmanager? Falls ja, warum – falls nein, warum nicht? Und: Wie wichtig ist der organisationale Kontext für eine wirksame Führung von Experten?
4. Werden klassische Experten zukünftig immer mehr von Hybrid Professionals abgelöst? Falls ja, entschärft sich damit der Führungskonflikt zwischen Management und Experten oder entstehen neue Spannungslinien?
5. Welche Ansätze, Kompetenzen und Lernformen sind für die Aus- und Weiterbildung von Führungskräften, die Experten führen, relevant und anschlussfähig?

Im Folgenden geben wir einen Überblick über die Abschnitte und Beiträge des Buchs.

Teil I arbeitet heraus, warum es so herausfordernd ist, Experten in wissensbasierten Organisationen erfolgreich zu führen. Die allermeisten Expertenorganisationen stehen heute in einem Spannungsfeld multipler, miteinander konkurrierender Ansprüche und Rationalitäten und müssen ihre Leistungen in einem Kontext dynamischer Umfeldentwicklungen erbringen (u. a. Ökonomisierungsdruck, erhöhte Anforderungen an organisationale Agilität, beschleunigte Halbwertszeit von Wissen, Fachkräftemangel, Wertewandel etc.). Mit diesen Veränderungstreibern gehen nicht nur eine Permanenz von organisationalem Wandel, sondern zugleich Zielkonflikte zwischen Akteuren sowie paradoxe Anforderungen an die Führung einher. Führung in Expertenorganisationen ist unter diesen Prämissen eine äußert fordernde, voraussetzungsreiche und wichtige Gestaltungsaufgabe – und erfordert reflektierende Führungspersonen, die mit Multirationalität, Komplexität, Ambiguität sowie Konflikten umgehen können und bestrebt sind, konstruktive und gelingende Führungsbeziehungen in einem spannungsreichen Organisationskontext zu gestalten.

Peter Kels und Stephanie Kaudela-Baum werfen in Kap. 2 die für das Buch richtungsweisende Frage auf, wie es Managern und Führungskräften gelingen kann, Experten zu führen, welche sich ihrer „Macht" und ihres Werts für die Organisation bzw. ihrer Alternativen am Arbeitsmarkt bewusst sind. Sie argumentieren, dass Expertenorganisationen daran arbeiten müssten, Arbeitskontexte, Führungskulturen und Personalmanagementpraktiken zu etablieren, welche eine hohe Leistungs- und Bindungsbereitschaft, eine funktionsübergreifende Kollaborationsfähigkeit wie auch eine Veränderungsbereitschaft ihrer Experten und Expertinnen sicherstellen. Traditionelle Führungsansätze (wie etwa Führen mit Zielen) oder klassische Anreizsysteme (wie z. B. die Beförderung von Experten in Führungspositionen) stoßen an ihre Grenzen, da sich ein beträchtlicher Anteil von Experten motivational und karrierebezogen weniger stark am Aufstieg in Führungs-/Managementpositionen, sondern vielmehr an professioneller Autonomie und an einer selbstbestimmten Karriereentwicklung orientiert. Zugleich müssen Manager und Führungskräfte daran arbeiten, miteinander konkurrierende Ansprüche und Rationalitäten wie auch dynamische Umfeldentwicklungen in ein aus Organisations- und Akteurssicht adäquates Spannungsverhältnis zu bringen. Nur so kann das „Organizational Commitment" der Experten wie auch die Funktions- und Entwicklungsfähigkeit der Organisation als Ganzes sichergestellt werden.

In Kap. 3 greifen *Stephanie Kaudela-Baum und Peter Kels* die Frage auf, wie Führungskräfte im Rahmen ihrer Führungsarbeit konstruktiv mit Widersprüchen und Paradoxien umgehen können, die aus konkurrierenden Logiken resultieren (z. B. Individuum vs. Kollektiv, Flexibilität vs. Effizienz, Routine vs. Erneuerung). Die Autoren betonen dabei, dass sog. Expert Leaders nicht mit einer Entweder-oder-Perspektive führen können, sondern multiple Anforderungen und Widersprüchlichkeiten akzeptieren und Spannungen und Paradoxien als Teil des Führungsalltags annehmen müssen (Sowohl-als-auch-Perspektive). Erfolgreiche Führung in Expertenorganisationen setzt folglich nicht am Ziel einer Auflösung von Paradoxien an, sondern an einem konstruktiv-virtuosen Umgang mit diesen. Auf diese Weise können sich positiv verstärkende Kreisläufe entwickeln, die das Potenzial von Spannungen nutzen und damit organisationale Beständigkeit sichern. Dies setzt allerdings voraus, dass Führungskräfte sich „ohne Wenn und Aber" zum Paradigma der paradoxalen Organisation und einer spannungsreichen Führungswirklichkeit bekennen und ihre Führungskompetenzen so weiterentwickeln, dass sie in der Lage sind, mit kognitiver, verhaltensbezogener, emotionaler und organisationaler Komplexität und Ambiguität angemessen umzugehen.

Teil II beleuchtet die vielschichtigen Führungsherausforderungen in Expertenorganisationen und darauf ausgerichtete kontextspezifische Ansätze zur Führung von Experten. Im Fokus stehen dabei drei unterschiedliche Typen von Expertenorganisationen: 1) Bildungsorganisationen, 2) Gesundheitsorganisationen und 3) sog. Professional Service Organizations[1].

---

[1]Zu den Professional Service Organizations zählen z. B. Wirtschaftsprüfungsgesellschaften, Kanzleien, Beratungsunternehmen, Ingenieurdienstleister, Marktforschungsunternehmen oder auch Experten der öffentlichen Verwaltung. Trotz unterschiedlicher Aufgaben und Organisationsformen eint diese Professional Service Organizations ein auf den Menschen/den Experten zentriertes Geschäftsmodell, das auf dem Humankapital (Fachwissen, Expertise, Problemlösungskompetenzen), dem Beziehungsnetzwerk und der Fähigkeit von Experten zur erfolgreichen Gestaltung von Kundeninteraktionen und zur Beziehungspflege beruht (vgl. Grewe 2008; Løwendahl 2005; Kaiser 2004).

Bildungsorganisationen

Franziska Zellweger und Geri Thomann diskutieren in ihrem Beitrag die besonderen Herausforderungen der Führung in Hochschulen von Personen mit Führungsverantwortung wie Projekt- oder Studiengangsleitenden, die über keine formalen Weisungsbefugnisse verfügen und daher Führung entlang alternativer Prinzipien organisieren müssen (laterale Führung). Hochschulen befinden sich aus ihrer Sicht auf dem Weg von einer staatlich gelenkten Institution hin zu einer Organisation mit erhöhtem Gestaltungsspielraum und dem Anspruch eines Aufbaus von organisationaler Identität, organisationaler Lernfähigkeit und Innovationskraft. Sie argumentieren einerseits für die Stärkung einer lateralen Führung auf der mittleren Führungsebene und beleuchten, welche Anforderungen sich an die Führungspersonen stellen, damit Hochschulen auch künftig Orte der Innovation und Reflexion bleiben. Laterale Führung erfordert gemäß den Autoren eine hohe Fähigkeit zum Herstellen von Vertrauen und Verständigung und zum bewussten Umgang mit Expertenmacht. Andererseits eröffnen Zellweger und Thomann Einblicke in einen Weiterbildungsstudiengang für Projektleitende und Studiengangsleitende an Hochschulen, den sie seit 2010 verantworten. In diesem Zusammenhang werden konkrete didaktische und führungstheoretische Ansatzpunkte zur Unterstützung der Kompetenzentwicklung von lateral Führenden präsentiert.

Markus Hodel analysiert in seinem Beitrag die Bedingungen für ein evidenzbasiertes Management an Hochschulen und diskutiert mögliche Konsequenzen für die Führungskräfteentwicklung. Entscheide gelten dann als evidenzbasiert, wenn sie sich auf Fakten stützen. In Auseinandersetzung mit vorliegenden wissenschaftlichen Erkenntnissen zur evidenzbasierten Steuerung im Bildungssystem und mit den Ergebnissen einer Interviewstudie gelangt Hodel zu der Schlussfolgerung, dass sich Hochschulen geradezu als idealtypischer Ort für eine evidenzbasierte Managementpraxis anbieten. Hierfür spreche insbesondere das vorhandene Evidenzwissen aufgrund der Praxis wissenschaftlicher Wissensgenerierung, die ausgeprägte Affinität des akademischen Personals zu wissenschaftlicher Fundierung von Forschung, Aus- und Weiterbildung sowie auch die Bereitschaft zur Mitwirkung an Hochschulentwicklungsprojekten. Prinzipien und Kompetenzen evidenzbasierten Managements sollten nach Hodel konsequenterweise in die Führungskräfteentwicklung integriert werden. Die zukünftig verstärkte Nutzung der Expertise und Beratungskompetenz der Professorenschaft, die Orientierung an Prinzipien transformationaler Führung sowie die Förderung einer von Experimentierfreude, Partizipation und Offenheit gekennzeichneten Führungs- und Organisationskultur könnten nach Hodel dazu beitragen, die an Hochschulen oft deutlichen Führungsdefizite zu überwinden.

Barbara Bonhage und Caroline Schwitter Marsiaj beleuchten Führungsherausforderungen im Schulwesen. Am Beispiel der Expertenorganisation Volksschule zeigen die beiden Autorinnen vor dem Hintergrund der in den letzten drei Jahrzehnten erfolgten Ökonomisierung sowie Professionalisierung von Führung und Pädagogik in diesem Schultyp, welche Organisationsentwicklungs- und Führungskompetenzen aktuell und in Zukunft in diesem Kontext weiterentwickelt werden müssen. Der Beitrag beleuchtet das Spannungsfeld zwischen den Führungspraktiken politisch mandatierter Führungspersonen und Führungskräften mit Professionsbezug im Schulsystem. Anhand von konkreten Führungssituationen beleuchten sie bisher ungeklärte Fragen der Rollenabgrenzung zwischen den Führungsverantwortlichen in Schweizer Volksschulen. Bonhage und Schwitter Marsiaj zeigen anschaulich auf, warum sich in diesem Führungskontext strukturbedingt (nicht professionsbedingt) Konflikte manifestieren. Um diese Konflikte in Zukunft zu entschärfen und Führungsteilnehmende in diesem Führungssystem besser zu orientieren, plädieren die Autorinnen für eine Intensivierung des Wissensaustauschs über Expertenorganisationsgrenzen hinweg und für die Erarbeitung von „Best Practice"-Schulführungs- und -entwicklungsmodellen für kommunale Volksschulen, die dem multirationalen Charakter dieses Organisationstyps Rechnung tragen.

Der Beitrag von *Manuela Baumgartner* liefert auf Basis einer Interviewstudie einen plastischen Einblick in den anforderungsreichen Arbeitsalltag von Bildungsmanagern an Schweizer Hochschulen. Aus einer Outside-in-Perspektive werden zunächst grundlegende Entwicklungstrends von Hochschulen beschrieben, die sich mit ihrem multiplen Leistungsauftrag (Forschung und Entwicklung, Aus- und Weiterbildung, Dienstleistungen) in einem hochgradig widersprüchlichen und komplexitätssteigernden Kontext bewähren müssen. Dieser ist u. a. geprägt durch eine zunehmende Wettbewerbsintensität um Drittmittel und Studierende, durch erhöhte Ansprüche an wissenschaftliche Qualität bei zugleich verbesserter ökonomischer Verwertbarkeit der Forschung sowie durch die Notwendigkeit zur fortlaufenden Weiterentwicklung von Bildungsinhalten und Lernformen. Die Interviewstudie vermittelt ein eindrückliches und differenziertes Bild davon, wie Bildungsmanager diese spannungsgeladenen Management- und Führungsherausforderungen im Rahmen ihres Rollenhandelns zu bewältigen versuchen. Aufbauend auf diesen Beobachtungen kommt die Autorin zu dem Schluss, dass eine Förderung der Reflexions-, Veränderungs- und Lernfähigkeit von Hochschulen durch eine gezielte Personal- und Organisationsentwicklung notwendig sei, um Hochschulen und ihre Bildungsmanager zum kompetenten Umgang mit einer gesteigerten Organisationskomplexität zu befähigen.

Marlies Fröse und Annemarie Bauer reflektieren in ihrem Beitrag größere Entwicklungslinien im deutschen und schweizerischen Hochschulsystem. Aus einer kritisch-aufklärerischen Haltung heraus werfen die Autorinnen soziologische und psychoanalytische Schlaglichter auf den Wandel in Wissenschaftsorganisationen, dessen verborgenen, aber wirkmächtigen Veränderungsdynamiken in der Diskussion zu wenig Beachtung geschenkt werde. Im Zentrum ihrer Reflexion stehen dabei drei Phänomene: erstens Veränderungen in der Finanzierung, der Organisations- und Führungskultur und den Karrieremechanismen von Hochschulen, die in Deutschland und der Schweiz auf differenten Entwicklungspfaden verlaufen und mit unterschiedlichen Führungsherausforderungen einhergehen.

Zweitens diskutieren Fröse und Bauer die Frage nach den Folgewirkungen einer mit dem Leitbild der „unternehmerischen Universität" in Gang gesetzten Verschmelzung der

Management- und Wissenschaftslogik und äußern sich zum Organisationsmodell eines Hybridteams. Drittens eröffnen sie noch einmal den Diskussionshorizont und konstatieren aus kultursoziologischer Perspektive eine ausgeprägte Tendenz heutiger Gesellschaften zur maßlosen Übertreibung und Überbietung (beruflicher) Leistungs- und Erfolgserwartungen.

Gesundheitsorganisationen
Nada Endrissat, Claus Jacobs und Widar von Arx analysieren die Anforderungen an eine gelingende Führung von Experten am Beispiel der unter massivem Ökonomisierungs- und Kostendruck stehenden Schweizer Spitäler, deren Organisationen miteinander widerstreitende Werte und Handlungslogiken zentraler Stakeholder (Mediziner, Pflegende, Manager und Aufsichtsorgane) in ein tragfähiges Spannungsverhältnis bringen müssen. Die Spitalleitung, die historisch betrachtet von den Medizinern lange Zeit primär als unterstützende Funktion (im Sinne der Bereitstellung von Ressourcen und geeigneten Infrastrukturen) angesehen wurde, hat nach Beobachtung des Autorenteams im Zuge der Ökonomisierung der Spitäler ihren Führungs- und Gestaltungsanspruch ausgeweitet auf Bereiche, die in der Vergangenheit im vorrangigen Einflussbereich der Experten lagen. Um die Eskalation von Konflikten, die sich um die professionelle Autonomie der Ärzte, ihren Status und ihren Einfluss drehen, zu verhindern, müssten Führungskräfte erstens Grenzziehungen der Zuständigkeiten zwischen den verschiedenen „Bühnen", Wissensbereichen und Rollen mit Bedacht vornehmen. Zweitens müssten Spitalmanager passende methodische Ansatzpunkte für Wandelinitiativen finden, „ohne sich dabei in inhaltliche Querelen mit den Medizinern zu verstricken". Ausgehend von theoretischen Überlegungen sowie Resultaten zweier qualitativer Fallstudien im Schweizer Spitalsektor entwickelt das Autorenteam eine Vier-Felder-Matrix gelingender Führung, die sich im Spannungsfeld impliziter und expliziter Paradoxien einerseits und innerhalb oder außerhalb der von Experten akzeptierten Grenzen andererseits bewegt. Entlang der Matrix werden vier situative Führungsansätze im Spitalkontext hinsichtlich ihrer Voraussetzungen und Wirkungen diskutiert.

Ken Otter beleuchtet am Beispiel eines Fusionsprozesses in einer großen Universitätsklinik die Rolle der Führungsentwicklung bei der „Vermittlung" zwischen medizinischen Professionsansprüchen und den Ansprüchen des Managements. Der Veränderungsprozess selbst wurde angestoßen aufgrund neuer interner Koordinationsanforderungen zwischen verschiedenen medizinischen Expertise-Feldern sowie Veränderungen im regulatorischen Umfeld der Klinik. Während des Veränderungsprozesses traten die unterschiedlichen Ansprüche, Verhaltensweisen und Werte der „Health Professionals" im Verhältnis zu den „Management Professionals" deutlich zutage. Durch eine systematische und über zwei Jahre hinweg vom Autor begleitete Führungsentwicklung mit dem Fokus auf die Entwicklung wertebasierter, relationaler und kollaborativer Führungskompetenzen beider Professionsgruppen konnte die Anpassungsfähigkeit der Organisation gegenüber den internalen und externalen Veränderungen klar gesteigert werden. Der Autor hebt die kollaborative Führungsarbeit (in Abgrenzung zur Arbeit von

Klinikmanagern i. e. S.) als eigenständige und v. a. vermittelnde, integrierende Arbeit hervor. Die Entwicklung kollaborativer Führungskompetenzen auf beiden Seiten, d. h. sowohl bei den „Health Professionals“ als auch aufseiten des Managements, wirke sich einerseits positiv auf den Umgang mit Konflikten und Spannungen aus, die im Laufe des Veränderungsprozesses entstanden sind. Andererseits trage dieser Führungsansatz nachhaltig zur Steigerung der organisationalen Anpassungsfähigkeit bei. Dies wird anhand der Fallstudie im Beitrag illustriert. Indem Führungspersonen beider Seiten bzw. „Sphären“ ihre Rollenverständnisse und ihre Verantwortungsbereiche erweitert und gemeinsam weiterentwickelt haben, konnten schrittweise ein Kontext für interdisziplinäre Zusammenarbeit und eine offene und experimentierfreudige Organisationskultur geschaffen werden.

Professional Service Organizations

Beratung findet heute zumeist projektbasiert, stark arbeitsteilig, mobil und unter Einbezug verschiedener Wissensträger statt. Die Führung von Beratenden im agilen Umfeld bedingt nach *Marcel Oertig und Nicole Jordi* einen Führungsstil, der auf möglichst viel Autonomie und Vertrauen sowie auf weitgehende Verantwortungsdelegation setzt. Die Autoren gehen aus der Perspektive eines schweizweit führenden Beratungsunternehmens im Bereich Human Resource Management (Avenir Group) der Frage nach, wie sich HR-Consultants im Kontext erhöhter Agilitätsanforderungen, eines Wettbewerbs um die besten Talente und sich fortlaufend wandelnder Kundenbedürfnisse motivierend führen, entwickeln und wirkungsvoll an die Organisation binden lassen. Ihr Praxisbeitrag verknüpft Erkenntnisse aus der Literatur mit eigenen konzeptionellen Überlegungen, die dann am Praxisbeispiel der Avenir Group vertieft und abschließend mit handlungsnahen Gestaltungsempfehlungen abgerundet werden. Diskutiert werden Organisations-, Laufbahn- und Führungsmodelle, die gleichermaßen auf Agilität, Mitarbeiter- und Kundenorientierung, Vertrauen und Feedback setzen und damit eine verbesserte Motivations- und Bindungswirkung entfalten können.

Bei der Bundesverwaltung, einem der größten Arbeitgeber der Schweiz, zählen Juristen zu einer zentralen Angestelltengruppe, da ihre Kompetenzen und ihre Expertise in zahlreichen Aufgabengebieten der einzelnen Departemente benötigt werden. Ausgehend von dem Anliegen der Bundesverwaltung, ihre bis dato hohe Attraktivität als Arbeitgeber für Juristen aufrechtzuerhalten und deren Identifikation mit dem Arbeitgeber zu stärken, wurde die Hochschule Luzern damit beauftragt, angestellte Juristen der Bundesverwaltung zu ihren Arbeitswerten, beruflichen Entwicklungszielen und zu ihren Erwartungen an den Arbeitgeber zu befragen. Ausgehend von einer Skizzierung des Wandels von Arbeitswerten und Karrieremustern hoch qualifizierter Angestellter stellen *Peter Kels und Pius Breu* in ihrem Beitrag die wichtigsten Ergebnisse der Studie vor und vermitteln ein differenziertes Bild der Karriereorientierungen von Juristen der Bundesverwaltung wie auch ihrer Erwartungen an die Unterstützung durch den Arbeitgeber. Aufbauend auf den empirischen Ergebnissen der Interviewstudie werden Möglichkeiten zur Anreizgestaltung, Entwicklung und Bindung von Juristen in komplexen Organisationen aufgezeigt. Ins Zentrum ihrer Gestaltungsempfehlungen stellen die Autoren dabei die Förderung flexibler, selbstinitiierter Karrieren und die Sensibilisierung von HR-Verantwortlichen und Führungskräften für die Bedürfnisse unterschiedlicher Karrieretypen.

Teil III versammelt Beiträge, die relativ unabhängig vom zuvor beschriebenen spezifischen Kontext und Typus einer Expertenorganisation generelle Ansatzpunkte und Überlegungen zur wirksamen Führung und Entwicklung von Experten diskutieren. Das Themenspektrum reicht von der Kulturentwicklung über die Organisationskommunikation, die agile Entwicklung von Expertenorganisationen, die Selbstorganisation von Expertenteams, das Konfliktmanagement und das autonomieorientierte Führen bis hin zu einer Gestaltung von Führungssimulationen in Expertenorganisationen. Dieser Teil des Buches eröffnet neue, innovative Ansätze für die Weiterbildung von Experten – ein Bereich, der bisher in der Forschung noch viel zu wenig berücksichtigt wird. Die Beiträge bilden daher Brücken zu neuen Forschungsfragestellungen und bieten einen Ausblick auf zukünftige Herausforderungen der Führung von Experten, auf die sowohl die Forschung als auch die Praxis kreative Antworten finden müssen.

Im ersten Beitrag argumentiert *Martin Brasser,* dass sich ohne eine ausreichende und systematische Weiterbildung weder die Leistungspotenziale von Experten entfalten lassen noch die Loyalität und das Commitment zur Organisation, insbesondere zur organisationalen Wertebasis, aufrechterhalten werden kann. Er diskutiert zunächst die grundlegende Frage: „Welche Weiterbildung brauchen Experten?" vor dem Hintergrund typischer Merkmale von Expertenwissen auf der Basis empirischer Expertenforschung. Darauf aufbauend zieht Brasser Aristoteles' Unterteilung von Expertenwissen zur Reflexion der Frage heran. Aristoteles unterscheidet zwischen 1) Herstellungswissen, 2) Handlungswissen und 3) Wissenschaftswissen von Experten. Die zweite Wissensform, das Handlungswissen, also die Expertise darüber, was die situativ richtige Handlung ist, weist einen klaren Bezug zu ethischen Fragen auf. Diese Wissensform entfaltet sich in einer hohen Kompetenz in Fragen der Tugend und der richtigen inneren Haltung. Aristoteles erhebt den Anspruch, dass der Experte auch der Tugendhafte sein muss, wenn er derjenige sein will, der besonders gut entscheiden kann, was situativ richtig oder falsch ist. Genau das ist es gemäß Brasser, was Experten als solche auszeichnet und was auch Führungskräfte besonders gut können müssen. Diese Wissensform betont die Wichtigkeit der Menschlichkeit und der Vorbildfunktion von Führungskräften in Führungsbeziehungen in Expertenorganisationen. Martin Brasser setzt die aristotelischen Wissenstypen zur aktuellen empirischen Expertenforschung in Bezug und leitet daraus einige wesentliche Grundsätze für die Konzipierung von Expertenweiterbildungen ab. Zentral ist dabei, dass Weiterbildungen Experten auf allen drei Ebenen ihrer Expertise bzw. ihrer Wissensformen ansprechen sollten, d. h. in ihrer Kunstfertigkeit (Herstellungswissen), in ihrer menschlich-moralischen Entwicklung (Handlungswissen) und in ihrer logisch-denkerischen Brillanz (Wissenschaftswissen).

Philipp Ott integriert in seinem Beitrag systemische, kommunikationstheoretische und psychologische Erkenntnisse und Überlegungen zur Gestaltung gelingender Kommunikationsbeziehungen zwischen Führungskräften, Verwaltungsmitarbeitern und Experten in Expertenorganisationen. Ausgehend von der Frage, „wie die drei erwähnten Personengruppen interagieren sollen, um sich zu verständigen“, entwickelt Ott das Modell des Kommunikationsraums, das kommunikative Interaktionsmöglichkeiten und Anforderungen aufzeigt und um wahrnehmungspsychologische Dimensionen ergänzt. Da Kommunikation nach Ott die Aufgabe hat, eine gemeinsam geteilte Wahrnehmung der Wirklichkeit zwischen den miteinander kommunizierenden Personen der sozialen Teilsysteme herzustellen, sollten Repräsentanten von Expertenorganisationen (im Besonderen: Führungskräfte / das Management) an der Entwicklung kollektiv geteilter Werte und Grundhaltungen, einer anerkennenden Führungsbeziehungsgestaltung „auf Augenhöhe“ und an kontextgerechten Organisationsstrukturen, Anreizsystemen und Dialogformen arbeiten.

Im Beitrag von *Markus Hess* wird die Führung von Experten aus der Perspektive des Konfliktmanagements diskutiert. Die Dethematisierung von Konflikten sei – so die Eingangsthese des Autors – typisch für Expertenorganisationen. Konflikte würden oft durch den verstärkten Fokus der Experten auf ihre Profession und die gleichzeitige Distanz zur Organisation nicht beachtet bzw. aus Mangel an Wissen zum Thema schleifen gelassen. Das Dethematisieren von Konflikten belässt diese verdeckt im organisationalen System. Dort schwelen sie als sogenannte kalte Konflikte und treten eventuell periodisch wieder auf – oft auf höherer Eskalationsstufe. Die Leistungsfähigkeit von Mitarbeitern und Führungskräften wird durch die belastete Atmosphäre gemindert, die Reputation einer Organisation gefährdet. Leicht entsteht daraus materieller und immaterieller Schaden. Der Text soll dazu beitragen, dass Führungskräfte in Expertenorganisationen das Bearbeiten von Konflikten explizit als Führungsaufgabe verstehen. Für Hess gehört die Bearbeitung von instabilen Beziehungen ins Pflichtenheft von Führungskräften in Expertenorganisationen. Neben der Einführung in die Grundlagen des Konfliktmanagements werden praktische Vorgehenswissen diskutiert, die Führungskräften helfen können, Konflikte frühzeitig als solche zu erkennen, sie anzunehmen und kompetenter zu bearbeiten. Daneben wird ein Praxisfall präsentiert, der Führungsverantwortlichen die Reflexion der eigenen Führungsarbeit sowie die Überprüfung der persönlichen Haltung im Umgang mit Konflikten ermöglicht. Der Beitrag schließt mit Leitideen für die Führung von Experten aus der Perspektive des Konfliktmanagements.

Die Komplexität von Problemstellungen in Expertenorganisationen und das Tempo des Wissenswandels nehmen heute konstant zu. Daraus folgt nicht zuletzt, dass sich Experten bzw. Wissensarbeitende konstant weiterbilden, ihre Tätigkeiten selbst koordinieren und ihre Wissenspartner selbst suchen und einbinden müssen, um den Anschluss an neues Wissen nicht zu verlieren. Wissensarbeitern bleibt heute somit gar nichts anderes übrig, als (innerhalb ihres Verantwortungsbereichs) eigenständig zu entscheiden. *Stephanie Kaudela-Baum* plädiert daher für „empowerte“ Mitarbeiter, die sich und ihre Arbeit autonom organisieren und sich selbstständig managen können.

Anders könnten Beständigkeit und Innovationsfähigkeit in diesem Organisationstyp nicht erreicht werden. Individuelle Autonomie wird aus dieser Perspektive zunehmend zum Kompetenzbegriff und teambezogene Autonomie zur wichtigen Voraussetzung für die Entwicklungsfähigkeit wissensintensiver Organisationen. Führungskräften kommt in diesem Kontext die Funktion zu, kontinuierlich die Balance zwischen Fremd- und Selbstbestimmung in der Organisation mit den Mitarbeitern zu gestalten. Diese Balance stellt sich nicht automatisch ein, sondern sollte gemäß der Autorin bewusst über Diskurse entwickelt werden. Die Verlagerung von Kontrolle von der Ebene „Organisation" auf die Ebene „Team" bzw. „Mitarbeiter" bedeutet für Organisationen einen „Stress-Test" und erzeugt Spannungen. Diese Spannungen können nur durch ein hohes Maß an Kommunikationsarbeit in der Führung bearbeitet werden. Neben einer Klärung des Arbeitsautonomiebegriffs zwischen Klassik und (Post-)Moderne und einer kritischen Auseinandersetzung mit dem Begriffskanon vor dem Hintergrund der aktuellen Tendenz zur Förderung von Selbstorganisation sowie Flexibilisierung in Expertenorganisationen konzipiert Kaudela-Baum Arbeitsautonomie als ein multidimensionales Konstrukt. Die Bedeutung von autonomiefördernder Führung wird im letzten Drittel des Beitrags durch aktuelle Beispiele illustriert. Die Herausforderungen eines autonomiefördernden Führungsansatzes werden kritisch reflektiert. Der Beitrag schließt mit konkreten Ansatzpunkten und Reflexionsinstrumenten für die Entwicklung von Expert Leaders aus einer autonomietheoretischen Perspektive.

Markus Ulrich und Markus Zemp nehmen in ihrem Beitrag eine paradoxietheoretische und didaktische Perspektive ein. Zuerst beschreiben die beiden Autoren die besonderen Charakteristika von Expertenorganisationen und leiten daraus die spezifischen Führungsherausforderungen ab. Dabei liegt der Fokus auf dem kontinuierlichen Zwiespalt von Zielsetzungen – also zwischen den Zielsetzungen des Managements (d. h. Führungskräfte, Verwaltungsrat, Eigentümer, Geldgeber, Gesetzgeber) und denen der Professionals bzw. Experten – konstruktiv umzugehen. Während das Management – als Reaktion auf die Autonomiebestrebungen der Experten – eine Tendenz zur Formalisierung entwickelt, versuchen sich die Experten dem direkten Einfluss der Führungsvorgaben zu entziehen. Basierend auf dieser Ausgangssituation entwickeln Ulrich und Zemp ein paradoxietheoretisch informiertes Modell einer Expertenorganisation: das „Flip-Flop-Organisationsmodell". Dieses Modell schreibt v. a. dem mittleren Management eine bedeutende Rolle zu, da dieses einerseits sehr nahe an der Leistungserbringung, andererseits mit den Zielen des Managements vertraut ist. Das mittlere Management befindet sich operativ im Spannungsfeld der unterschiedlichen Perspektiven und in der dauerhaften Vermittlung zwischen den beiden Polen „Experten" und „Management". Dieses ständige Wechseln der Perspektiven (Flip-Flop) und das kontinuierliche Verhandeln zwischen den Interessen von Experten und Management erfolgt oft unter Einsatz großer persönlicher Ressourcen. Vor diesem Hintergrund könnte man Angehörige des mittleren Managements als Flip-Flop-Agenten verstehen. Auf der Basis dieses Modells diskutieren die Autoren typische Führungssituationen und zentrale Führungsherausforderungen und erörtern, wie diese Herausforderungen mittels Führungssimulationen, Rollenspielen oder Metareflexionen adressiert werden können. Anhand zweier konkreter Realszenarien werden mögliche Führungsherausforderungen in einer Expertenorganisation skizziert und passende didaktische Interventionen aufgezeigt.

Mit der Ausbreitung digitaler Kommunikationstechnologien und -praktiken, der Permanenz von Veränderungsprozessen in Organisationen und dem Wandel gesellschaftlicher Wertvorstellungen hat sich die interne Unternehmenskommunikation zu einem wichtigen Gestaltungsfeld nicht nur von Kommunikationsspezialisten, sondern auch von Führungskräften in Expertenorganisationen entwickelt. Der Beitrag von *Constanze Jecker* zeigt aus einer medien- und kommunikationswissenschaftlichen Perspektive auf, wie Führungskräfte auf den gestiegenen Anspruch der Mitarbeiter an Transparenz, Glaubwürdigkeit, Dialog und Partizipation adäquat reagieren können. Sie schlägt vor, Führungskräfte explizit als interne Kommunikatoren zu betrachten und durch spezifische Aus- und Weiterbildung zur wirkungsvollen internen Kommunikation in Expertenorganisationen zu befähigen. Ins Zentrum dieser Führungskräfteentwicklung stellt die Autorin drei Kompetenzfelder: erstens die Förderung des Dialogs und des Wissensaustauschs unter Experten; zweitens die Mitwirkung bei der Herausbildung konstruktiver Deutungsmuster insbesondere bei konfliktreichen Sachverhalten und Veränderungsprozessen; drittens Techniken zur Konstruktion und Vermittlung sinnstiftender, informativer Erzählungen und Geschichten (Storytelling).

Vor dem Hintergrund der Zunahme flexibler und hybrider Arbeitsformen wie etwa Freelancing oder Solo-Selbstständigkeit erkunden *Jens Meissner, Patricia Wolf und Julie Harboe* das Mindset hoch qualifizierter Professionals mit mehreren Arbeitsengagements (sog. „hybride Professionals"). Ausgehend von der Frage, „wie es Managenden und Führungskräften in einem interdisziplinären Organisationsumfeld gelingen kann, Experten zu führen, welche sich ihrer ‚Macht' und ihres Wertes für die Organisation sehr bewusst sind", werden zwei qualitative Samples analysiert, in denen hybride Professionals u. a. mittels Fokusgruppen, teilnehmender Beobachtung und Interviews befragt wurden. Das Autorenteam arbeitet dabei die psychologischen Vertragsorientierungen, die handlungsleitenden Motive und das Selbstverständnis der hybriden Professionals heraus: Im Zentrum steht der Wunsch, interdisziplinäre Projekte zu spannenden, hochaktuellen Fragestellungen professionell bearbeiten zu können und die eigene Tätigkeit als sinnstiftend und bedeutsam zu erleben. Damit einher geht der Anspruch, die Zusammenarbeit im Sinne „lustvoller Produktivität" und von Arbeitsbeziehungen „auf Augenhöhe" mit anderen Professionals zu erleben, welche nicht nur als Kollegen, sondern potenziell auch als „Freunde" betrachtet werden. Führungskräften von hybriden Professionals empfehlen sie, über Freiräume für Selbstorganisation und Arbeitssouveränität zu führen und sie durch die Schaffung von Lernumwelten wie etwa Labor-Settings, Open-Space-Erfahrungsräumen oder Management-Experimenten anzuregen, ihre Kreativität und Fähigkeit zur Vernetzung zu entfalten.

Marcel Altherr beschreibt Expertenorganisationen als Meritokratien – was zählt, ist die fachliche Expertise. Die Aufgabe der Organisation beschränkt sich maßgeblich auf den Zweck, den Experten den Rücken für ihre wertvolle Arbeit freizuhalten. Hatten traditionelle Führungsmodelle somit schon immer einen schweren Stand in Expertenorganisationen, so hat sich das vor dem Hintergrund der digitalen Transformation, der Verschärfung des Wettbewerbs durch die Globalisierung und damit der Zunahme von Komplexität noch deutlich verschärft. Der Beitrag diskutiert die These, dass die Führungsarbeit in Expertenorganisationen unter diesen Bedingungen doppelt schwierig geworden ist. Altherr eröffnet in seinem Beitrag neue, auf Agilität und auf Selbstorganisation basierende Organisationsentwicklungs- und Führungsansätze, welche den Führungskräften in der „Arbeitswelt 4.0" bei der Bewältigung von Komplexität helfen könnten. Gerade Wissen entwickelt sich heute dynamischer als je zuvor. Experten können sich nicht mehr auf ihrem zuvor erworbenen Wissen „ausruhen". Vielmehr müssen sie sich in einem komplexen, globalen Wissensmarkt behaupten, und das geht nicht mehr ohne Netzwerkarbeit, Eigeninitiative und Selbstorganisation. Daraus leitet der Artikel die Notwendigkeit anpassungsfähiger und agiler Organisations- und Führungssysteme ab. Der Autor plädiert daher für eine maßvolle Einführung agiler und auf Selbstorganisation basierender Führungsansätze. Alle Formen von Selbstorganisation bedingen eine steile Lernkurve aller Beteiligten und ein sehr hohes Maß an Kommunikationsfähigkeit und persönlicher Entwicklung. Führung in Expertenorganisationen bedeutet aus dieser Perspektive vor allem Komplexitätsmanagement und erfordert eine systemische Perspektive auf Führung.

Der abschließende Beitrag von Kels und Kaudela-Baum **(Teil IV)** verbindet die in den einzelnen Kapiteln gewonnenen Erkenntnisse einer kontextsensiblen Führungspraxis in Expertenorganisationen mit weiterführenden sowie systematisierenden Überlegungen. Kels und Kaudela-Baum entwickeln das Modell „Führung von Experten", welches insgesamt neun Ansätze einer kontextsensiblen Führung in Expertenorganisationen entlang der drei Dimensionen strukturell-systemische Führung, interaktional-personelle Führung und Selbstführung erläutert. Ziel des Beitrags der beiden Herausgeber ist dabei nicht, sogenannte Best-Practices darzustellen. Stattdessen erhalten Führungskräfte und Manager Anregungen und Hinweise, um komplexe Führungsdynamiken im eigenen beruflichen Alltag systematischer zu reflektieren und gewinnen konkrete Ansatzpunkte zur Weiterentwicklung des eigenen Führungsverständnisses respektive zur Erweiterung ihres Führungsrepertoirs. Erkenntnisleitend für diesen abschließenden Beitrag ist hierbei die Frage, wie es Führungskräften gelingen kann, Spannungen, Zielkonflikte, Widersprüche und Paradoxien konstruktiv zu gestalten und hierzu passende Haltungen, Kompetenzen und Handlungsstrategien zu entwickeln. Das in diesem Beitrag thematisierte Spektrum an Perspektiven und Gestaltungsansätzen umfasst den kompetenten Umgang mit Multirationalität, Komplexität und daraus entstehenden Widersprüchen und Paradoxien (strukturell-systemische Führung), das Führen über verantwortliche Autonomie, Beziehungsgestaltung und eine geteilte Führungsverantwortung (interaktional-personelle Ebene) und eine an Prinzipien der Achtsamkeit, Authentizität, Wertebasierung und Paradoxietoleranz orientierte Führung der eigenen Person (Selbstführung).

Literatur

Grewe, T. (2008). *Professional Service Firms in einer globalisierten Welt. Eine strategische Analyse am Beispiel von Wirtschaftsprüfungsgesellschaften und Unternehmensberatungen*. Wiesbaden: Gabler Edition Wissenschaft.

Kaiser, S. (2004). Humanressourcen-Management in Professional Service Firms. In M. J. Ringlstetter, B. Bürger, & S. Kaiser (Hrsg.), *Strategien und Management für Professional Service Firms* (S. 163–184). Weinheim: Wiley-VCH.

Løwendahl, B. (2005). *Strategic Management of Professional Service Firms* (3. Aufl.). Kopenhagen: Copenhagen Business School.

Führungsbeziehungen in Expertenorganisationen gestalten: Navigation zwischen Selbst- und Organisationsbezug

2

Peter Kels und Stephanie Kaudela-Baum

Dieses einleitende Kapitel bietet einen Überblick über grundlegende Merkmale von wissensintensiven Organisationen. Wir erläutern, warum diese auf Experten angewiesen sind, dies auch in Zukunft bleiben und inwiefern die Führung von Experten sich als herausfordernd darstellt. Wir entfalten unsere Argumentation in drei Schritten: *Erstens* beleuchten wir die Frage nach der Bedeutung personengebundenen Expertenwissens für die Funktionsweise und den Erfolg von Expertenorganisationen. Darauf aufbauend fragen wir *zweitens* danach, durch welche Merkmale sich das professionelle Selbstverständnis, der Status und die Haltung gegenüber Organisation und Management charakterisieren lassen. *Drittens* skizzieren wir vor diesem Hintergrund grundlegende Führungsherausforderungen für Manager und Führungskräfte, die in einem spannungsreichen Organisations- und Führungskontext selbstbewusste Experten führen dürfen/müssen.

2.1 Zur Bedeutung von Expertenwissen

Die wissensbasierte Ökonomie und das Entstehen neuer wissensbasierter Wirtschaftsbereiche, wie z. B. der Sektor der Informatik, der Umwelt- oder Medizintechnik, gelten als treibende Kräfte für den Bedeutungsgewinn von Expertenwissen in Organisationen (vgl. Haberfellner und Sturm 2014). Innovationsgetriebenes Wachstum benötigt spezialisiertes Know-how und (hoch) qualifizierte Arbeitskräfte. Rohstoffarme Hochlohnländer

P. Kels (✉) · S. Kaudela-Baum
Hochschule Luzern, Luzern, Schweiz
E-Mail: Peter.Kels@hslu.ch

S. Kaudela-Baum
E-Mail: Stephanie.Kaudela@hslu.ch

P. Kels und S. Kaudela-Baum (Hrsg.), *Experten führen,* uniscope. Publikationen der SGO Stiftung, https://doi.org/10.1007/978-3-658-23028-9_2

wie z. B. die Schweiz oder Deutschland stützen ihre nationalen Wettbewerbsvorteile auf „Humankapitalveredelungs- und Kompetenzentwicklungsprozesse“ (Rasche und Braun von Reinersdorff 2016, S. 227), die wiederum eine Vorstufe für wertschaffende Innovationsaktivitäten sind. Letztere ereignen sich heute zunehmend in Expertenorganisationen. Nicht zuletzt aufgrund der Entwicklung unserer Gesellschaft hin zu einer Informations- und Wissensgesellschaft werden traditionelle Berufe (z. B. Gesundheitsberufe, Sozialarbeit) zunehmend verwissenschaftlicht. Man kann in diesem Zusammenhang von einer Tertiarisierung und zunehmenden Spezialisierung der Wirtschafts- und Berufswelt sprechen.

Expertenorganisationen[1] zeichnen sich somit erstens durch ihre *Wissensintensität* aus, denn ihre Leistungserstellungsprozesse sind abhängig von dem personengebundenen, z. T. hoch spezialisierten Wissen von Experten. Je nach Organisationstyp, Geschäftsmodell oder auch Branche sind dies z. B. IT-Spezialisten, Juristen, Mathematiker, Ingenieure, Ärzte, Organisationsentwickler, Consultants, Professoren, Forschende oder Manager komplexer Projekte.

> Die unternehmerische Wettbewerbsfähigkeit beruht heute maßgeblich auf der Verfügbarkeit kompetenter Fachkräfte und Experten, deren Aufgabe es ist, ihre Kreativität und ihr Wissen einzusetzen, um neuartige und komplexe Probleme zu lösen bzw. an neuen Produkten und Dienstleistungen zu arbeiten (Kels 2018, S. 131).

Konstitutiv für Expertenorganisationen ist zweitens, dass *Experten mitunter zum eigentlichen Produkt bzw. zum eigentlichen Service* werden. Das ist z. B. dann der Fall, wenn Spezialwissen auf individuelle Problemstellungen angewandt wird (z. B. in der Organisationsberatung, in der Inbetriebnahme großtechnischer Anlagen durch spezialisierte Ingenieure oder in der grundlagen- und anwendungsorientierten Forschung). Expertenorganisationen stehen zudem …

> … in sachlogischer Nähe zu den angelsächsischen Professional Services Firms (PSF). Bei diesen handelt es sich um wissens- und kompetenzintensive Dienstleistungsorganisationen, deren Wertschöpfungsleistung primär auf der Rekrutierung, Veredelung und Nutzung hochgradig spezialisierten Humankapitals beruht. Im Gegensatz zu Amateuren haben Professionals in der Regel eine langjährige Ausbildungstrajektorie durchlaufen, die im Ergebnis zum Expertenstatus als Rechtsanwalt, Wirtschaftsprüfer, Architekt oder Chefarzt führt (Rasche und Braun von Reinersdorff 2016, S. 1–2).

Die Leistungserbringung und der Organisationserfolg in Expertenorganisationen beruhen also zu wesentlichen Anteilen auf dem personengebundenen Wissen und Können von Experten, welche dieses Wissen wiederum in Wissensnetzwerken konstant erweitern und der Expertenorganisation zugänglich machen. Bleibt das auch in Zeiten einer sich umfassend digitalisierenden Arbeitswelt so? Wie sehen Prognosen hierzu aus?

---

[1]Mintzberg (1980) bezeichnet diesen Organisationstyp als „professional bureaucracy“.

Mit der raschen Ausbreitung digitaler, miteinander vernetzter, hoch leistungsfähiger Technologien und Anwendungen (u. a. intelligente Rechnersysteme, Robotik, Industrie 4.0, Internet of Things, Mobile Internet) vollziehen sich in Wirtschaft und Arbeitswelt Umbrüche, die in ihrer Reichweite mit der industriellen Revolution vergleichbar sind (vgl. Brynjolfsson und McAfee 2014; Pousttchi 2016). Denn die *digitale Transformation* greift auf nahezu alle Bereiche der Gesellschaft über (Bildung, Wirtschaft, Branchen, Konsum, Arbeitswelt, Arbeitsmarkt, Kommunikation etc.) und verändert mit atemberaubender Geschwindigkeit und Radikalität die Arbeits- und Berufswelt. Die meisten hoch entwickelten OECD-Staaten, so auch Deutschland, Österreich oder die Schweiz, haben sich unlängst zu Informations- und Wissensgesellschaften entwickelt, welche sich durch eine hohe Wissens- und Innovationsintensität von Arbeit und Wertschöpfung und eine ausgeprägte informationstechnische Vernetzung der gesellschaftlichen Kommunikation auszeichnen. Bereits heute ist die Mehrzahl der Arbeitsplätze geprägt von Tätigkeiten, die auf der Erzeugung, Integration und Koordination von Information und Wissen beruhen (vgl. GII 2016; OECD 2017). Seriöse Studien gehen davon aus, dass die Digitalisierung das Berufs-, Bildungs- und Arbeitsmarktsystem strukturell verändern wird. Erwartet wird, dass viele routinebasierte Aufgaben sowie Fachtätigkeiten im mittleren Qualifikationssegment im Zuge von Automatisierung und Algorithmisierung redundant werden und zugleich vollkommen neue Berufsfelder und Tätigkeitsprofile entstehen (vgl. u. a. WEF 2016; Deloitte 2016; Dengler und Matthes 2015; Frey und Osborne 2013). Als *„relativ" zukunftsrobust* gelten aber Berufe und Tätigkeitsfelder, die schwer automatisierbare persönliche Dienstleistungen beinhalten und mit hohen Anteilen an Kreativität und Innovation, Lern- und Wandlungsfähigkeit sowie sozialer Kompetenz einhergehen. Hierzu zählen neben sozialen und kulturellen Dienstleistungsberufen insbesondere Know-how-intensive Aufgaben von Experten, neue Typen von Knowledge Workers und Hybrid Professionals, die in der Lage sind, Brücken zu bauen zwischen Management- und Expertenwelten, zwischen analogen und digitalen Welten (Kels et al. 2015; Meissner 2016).

Die *zunehmende Rationalisierung von Wissensdienstleistungen* im Zuge der digitalen Transformation (z. B. die Standardisierung oder (Teil-)Automatisierung von medizinischen und juristischen Dienstleistungen durch Softwareprogramme) zielt darauf ab, die Komplexitätskosten der Leistungserstellung zu reduzieren. Gleichzeitig wird aber auch parallel versucht, durch Rationalisierung die „Prozess- und Erlebnisqualität" (Rasche und Braun von Reinersdorff 2016, S. 227) zu steigern. Viele Expertendienstleistungen, insbesondere komplexe Tätigkeiten, entziehen sich allerdings einer vollständigen Rationalisierung, denn sie verfügen neben der inhaltlichen Expertise über einen hohen Anteil psychosozialer, relationaler Aspekte (z. B. Vertrauen von Kunden oder Patienten in die Leistung). Die Rationalisierung führt weiterhin zu einem *steigenden Bedarf an Spezialisten und Experten,* die anspruchsvolle Planungs- und Steuerungsaufgaben übernehmen (z. B. die Bedienung einer Software zur Unterstützung von Krebsdiagnostik). Die Digitalisierung von Informationen erfordert z. B. spezialisierte Fachpersonen, welche die zunehmend stark vernetzten Informationen validieren und in Wissen verwandeln können. Die „Decodierung“ von Informationen wird in Zukunft einen großen Bestandteil der Arbeit ausmachen.

Im Zeitalter der Digitalisierung und Entgrenzung von Organisationen (z. B. im Zuge von Joint Ventures oder Open-Innovation-Prozessen) hat die Wissenschaft (repräsentiert durch Hochschulen bzw. Forschungsinstitute) gleichzeitig ihr Monopol auf die Erzeugung und Verwaltung von Wissen verloren (vgl. dazu auch Willke 1998). In der digitalen Wissensgesellschaft werden Wissensquellen vielfältiger, d. h., *Wissen wird zunehmend zum Bestandteil von Systemen außerhalb der Wissenschaft.* Bei Online-Händlern werden Kunden zu Experten, bei Produktentwicklungsprozessen werden Lieferanten zu Experten, bei Crowdsourcing-Projekten werden alle Bürger zu Experten. Dazu kommen selbstlernende Softwareprogramme wie Watson von IBM aus dem Bereich der künstlichen Intelligenz. Auch Technik ist in der Lage, Informationen intelligent zu vernetzen und Expertise zu entwickeln. Gerade die Entwicklung von digitalen Innovationsplattformen bzw. -netzwerken spiegelt diesen Paradigmenwechsel wider und zeigt auf, dass *Wissen und Expertise sich heute zunehmend „vergemeinschaftlichen“* bzw. wir zunehmend „Expertise-Netzwerke“ benötigen, um professionell zu arbeiten.

2.2 Typische Merkmale und Haltungen von Experten

Die berufssoziologische Theorie und Forschung definiert einen Experten im Sinne von „Sachverständigen“ (vgl. z. B. Alisch et al. 1990; Dingwall und Lewis 1983; Freidson 1975; McClelland 1985), die über Kompetenzen, Kenntnisse und Fähigkeiten verfügen, „welche sie sich über eine relativ voraussetzungsvolle, langdauernde und inhaltlich umfangreiche Ausbildung – in typischerweise ‚öffentlichen‘ Einrichtungen – erworben haben“ (Hitzler 1994, S. 14). Experten zeichnen sich zudem durch einen besonderen Fachjargon bzw. eine eher unpersönliche, für Laien weitgehend unverständliche *Expertensprache* aus (vgl. Hitzler 1994, S. 14). Als Beispiel sei ein Chirurg genannt, der sich bei einer Visite nach der Operation im Rahmen des Gesprächs mit dem (bzw. besser „über“ den) Patienten im Kreise der Kollegen über den Heilungsverlauf unterhält. Es geht in dieser Kommunikation nicht um Persönliches (also WER als Chirurg spricht oder WER als Patient im Krankenhausbett liegt), sondern ausschließlich um den fachlichen Inhalt und den Sachverstand des Chirurgen (symbolisiert durch den Gebrauch von Fachsprache mit Fach-Codes, die nur Experten decodieren können).

Der *professionelle Status von Experten* – und damit ihr autoritatives Monopol für bestimmte Themenfelder – hängt ganz grundsätzlich betrachtet davon ab, inwieweit sie spezifische Ausbildungsvoraussetzungen, -zeiten und -inhalte sowie deren Anwendung in der beruflichen Praxis erfüllen und innerhalb ihrer professionellen Gemeinschaft aufgrund ihrer Leistungen und Expertise anerkannt werden.[2]

> Nach Schütz und Luckmann (1979, S. 3874) bedeutet «Professionalisierung» die soziale Verfestigung der Kompetenzstufen von Expertentum durch a) Systematisierung eines Wissensgebietes, b) Länge und Komplexität der (institutionell spezialisierten) Ausbildung, c) Beglaubigung (des Grades) des Expertentums in hochanonymen institutionellen Kategorien und d) ein Geflecht von auf Sonderwissen bezogenen Selbst- und Fremdtypisierungen («Berufsprestige-Skala»). (Hitzler 1994, S. 15)

Der Begriff *Berufs-Prestige* bezeichnet vor diesem Hintergrund das Ansehen, das einer beruflichen Tätigkeit bzw. einer beruflichen Position oder Stellung zugeschrieben wird (Hoffmeyer-Zlotnik und Geis 2003, S. 125–126). Es basiert zu nicht unwesentlichen Anteilen auf Zertifikaten und deren Bedeutung in einem soziokulturellen Kontext und wird gleichzeitig durch die Marktlage und Arbeitssituation beeinflusst, in der sich eine beschäftigte Person befindet. Beispielsweise steigt im Zeitalter der Digitalisierung das „Berufs-Prestige" von IT-Experten, da der Arbeitsmarkt zunehmend IT-Experten und Spezialisten nachfragt.

Grundsätzlich können wir also festhalten, dass Experten, z. B. IT-Spezialisten, Juristen, Mathematiker, Ingenieure, Forschende oder Manager komplexer Projekte, über ein für die Organisation unverzichtbares Fach-, Methoden- und Erfahrungswissen, über wichtige kommunikative wie organisatorische Fähigkeiten und auch über weit verzweigte Wissens- und Personennetzwerke verfügen. Dieses „Arbeitsvermögen" (Kels 2009) ist an die Person des Experten bzw. der Expertin gebunden und lässt sich nur sehr bedingt externalisieren oder substituieren (vgl. Thomann 2016, S. 49; Grossmann 1997, S. 25 f.). *Personengebundene Expertise* kann über die folgenden vier Merkmale definiert werden (Rybnicek et al. 2016, S. 228; Swanson und Holton 2001; Ericsson et al. 2007):

1. Expertise gründet in Wissen, Erfahrung und Problemlösungskompetenz.
2. Expertise beruht auf einem kontinuierlichen Lernprozess, genauer: auf der Aneignung und Reorganisation von Informationen und Wissen sowie der Erweiterung der Lösungskompetenz in Wissensnetzwerken.
3. Expertise ist zum einen fachspezifisch. Experten sind aus dieser Perspektive Spezialisten, denn sie verfügen in einem bestimmten Fachgebiet über tiefes Wissen. Zugleich gewinnen andere Expertentypen wie Versatilisten oder Hybrid Professionals an Bedeutung. Sie verfügen über sogenannte „T-shaped Skills", also nicht nur vertiefte Fähigkeiten und Fachkenntnisse in einem einzigen Fachgebiet, sondern auch die

[2]Mit dieser Aussage möchten wir keineswegs die gesellschaftlich wie organisational herausragende Bedeutung der Leistungen und des personengebundenen Fach- und Erfahrungswissens nichtakademisch sozialisierter Fachkräfte relativieren, beispielsweise von Krankenpflegern oder Handwerkern.

Fähigkeit, fachübergreifend und projektbezogen mit Experten anderer Wissensgebiete und Bereiche zusammenzuarbeiten (vgl. hierzu Kels et al. 2015, sowie Meissner 2016).
4. Expertise beruht auf langjähriger Erfahrung, ist auf intensive Übung zurückzuführen und kann zur Lösung komplexer Probleme eingesetzt werden.

Da Experten ihre Leistungen – orientiert an professionellen Standards – mit einem hohen Maß an Selbstständigkeit und sehr nah am Kunden/Klienten erbringen, ist eine *direkte Kontrolle und Beurteilung der Leistungserbringung durch das Management bzw. Führungskräfte kaum möglich* (vgl. Burk 2010). Hieraus resultiert nicht nur eine ausgeprägte Autonomie der Experten (vgl. auch den Beitrag von Kaudela-Baum i. d. Bd.) bei der Ausübung ihrer Tätigkeit, sondern auch eine *vorteilhafte Machtposition* bei der Durchsetzung ihrer Interessen gegenüber anderen organisatorischen Einflussgruppen, meist gepaart mit einem ausgeprägten Bewusstsein der eigenen Reputation und Machtstellung im Unternehmen (vgl. auch die Beiträge von Hess, von Arx et al. sowie Kels und Breu i. d. Bd.).

Legitimiert wird der *Autonomieanspruch* von Experten insbesondere durch deren von anerkannten Institutionen überprüfte und anerkannte Fähigkeit zur Bewältigung von komplexen Problemstellungen im jeweiligen Wissensgebiet. Das verlangt wiederum von Experten, dass sie auch als *„Funktionäre ihrer Profession"* (Hitzler 1994, S. 16) agieren und die Wissensentwicklung auf ihrem Fachgebiet aktiv steuern. Ansonsten würden sie – als Kollektiv – das Deutungsmonopol über ihr Fachgebiet verlieren (Hitzler 1994, S. 16). Das heißt, was zu einer staatlich anerkannten Ausbildung als Bausachverständiger gehört, bestimmen die Bausachverständigen in dafür eingerichteten Fachgremien (bzw. Funktionärsgremien) selbst. Die politisch-lobbyistisch geprägte Tätigkeit von Experten zielt darauf ab, bestimmte Tätigkeiten dauerhaft und exklusiv an Personenkreise zu binden, die nachweislich die von der Profession definierten Qualifikationsstandards erfüllen – und diese somit als *legitimierte Experten* zu institutionalisieren (Hitzler 1994; Johnson 1972; Goode 1972). Dies zeigt sich u. a. bei der Vergabe von Fachanwalts- und Facharzttiteln durch die Rechtsanwaltskammern bzw. Ärztekammern in Deutschland. Die Fachausbildungen laufen jeweils über die „Kammern" bzw. werden, falls von Privaten angeboten, von diesen legitimiert. Die Rechtsanwaltskammer hat das autoritative Monopol für die Qualifizierung zu einem Fachanwaltstitel.

Professionalität erzeugt also einerseits die Legitimität der Professionsmitglieder und der unter der Kontrolle der Profession befindlichen Berufsstände und exkludiert gleichzeitig alternative, nicht berufsständisch anerkannte Wissensformen und Expertisen (Hitzler 1994, S. 16). Die *Lobby-Arbeit* um die Bewahrung von Qualifikationsstandards ist aber nicht bei allen Experten gleich stark ausgeprägt bzw. führt nicht überall zu „starken Professionen". So ordnen sich z. B. die MINT[3]-Experten oder auch Fachhochschuldozierende

[3]Die Abkürzung „MINT" steht für die Disziplinen der Mathematik, Informatik, Naturwissenschaft und Technik.

nicht so klar Berufsständen zu wie Ärzte, Rechtsanwälte, Berater und Universitätsprofessoren. Dennoch bildet die Orientierung an Qualitätsstandards, an Kriterien für den Erhalt von Zertifikaten und an der Anerkennung der Expertise von Berufsverbänden eine wichtige Klammer in Bezug auf die Legitimierung des Expertenstatus' – über alle Organisationstypen hinweg.

Halten wir fest: Klassische Experten weisen idealtypisch betrachtet folgende Merkmale auf:

1. *Kollegiale Selbstkontrolle:* Die Einhaltung von Standards und Kriterien einer professionellen Tätigkeit wird weder von außen (Market) noch von oben (Organisation, Hierarchie), sondern durch die Profession selbst kontrolliert.
2. *Professionelle Ausbildung/Sozialisation:* Professionelle Ethiken, Kompetenzen und Wissensformen wie auch Berufsidentitäten werden im Rahmen einer formalisierten, langjährigen professionellen Ausbildung angeeignet. Im Rahmen der beruflichen Sozialisation und Zusammenarbeit professioneller Gemeinschaften spielen Prinzipien wie Vertrauen, Kollegialität, kritische Würdigung und Wertrationalität eine wichtige Rolle (Kels 2009, S. 196; Brante 1988; Adler et al. 2008).
3. *Berufsständische Regulation des Zugangs:* Der Zugang zu Professionen und die Ausübung professioneller Berufe werden streng reguliert – hieraus leiteten sich der professionelle Habitus, das gesellschaftliche Ansehen wie auch der Anspruch auf professionelle Autonomie ab.
4. *Professionsspezifische Zugehörigkeiten und Karrieren:* Das „Professional Commitment“ der Experten ist oftmals wesentlich stärker als ihr „Organizational Commitment“. Experten fühlen sich dann stärker ihrer jeweiligen Profession oder ihren Fachgemeinschaften gegenüber verpflichtet als der organisatorischen Einheit bzw. der Gesamtorganisation (Thomann 2016, S. 49). Auch Karrierewege klassischer Experten folgen stärker der Logik der Profession als der der Organisation. Ein Strafrechtsprofessor und Rechtsanwalt macht z. B. in erster Linie eine Karriere als Wissenschaftler oder Fachanwalt für Strafrecht und nur in zweiter Linie als Lehrstuhlinhaber oder Partner einer Anwaltskanzlei. Prägend für die individuelle Karriere ist meistens die fachliche Entwicklung und nicht die Laufbahnentwicklung in einer Organisation. Die inhaltliche Profilierung in der Fachgemeinschaft steht nicht selten im Widerspruch zur Profilierung als Organisationsmitglied und zu dem damit verbundenen Commitment in Bezug auf den Arbeitgeber (Thomann 2016, S. 49).
5. *Hierarchie-Aversion:* „Zur meist fehlenden Ausbildung in Management, Organisation und Leitung kommt noch das Prinzip der Kollegialität gleichrangiger Experten. Dieses besteht in einer ablehnenden Haltung gegenüber Hierarchien zugunsten eines kollegialen Umgangs auf gleicher Ebene, straffe Leitungsfunktionen sind eher verpönt.“ (Grossmann, 1997).
6. *Umgang mit Ambiguität:* Experten erbringen ihre Leistungsbeiträge zunehmend in einem durch Polaritäten, Zielkonflikte und Ambiguitäten geprägten Umfeld (Johnson 2014; Smith und Lewis 2011).

7. *Autonomieanspruch:* Experten lassen sich aufgrund ihrer Tätigkeit wie auch ihres Anspruchs an professionelle Autonomie nicht eng führen (vgl. Kaudela-Baum et al. 2014a, b, 2015; Kels 2012).
8. *Expertenmacht:* Die Arbeitsmarktposition gesuchter Experten hat sich im Kontext von Fachkräftemangel, demografischem Wandel und wachsender Nachfrage nach hoch qualifizierten Spezialisten vielfach verbessert, sodass sie sich ihrer Alternativen am Arbeitsmarkt oftmals sehr bewusst sind und ihre Interessen wie auch Karriereziele selbstbewusst verfolgen (vgl. hierzu Kels et al. 2015).

Bislang haben wir von „den Experten" gesprochen und dabei möglicherweise beim Leser implizit die Vorstellung geweckt, dass sich diese Wissensträger in ihrem beruflichen Selbstverständnis und in ihrer Haltung gegenüber „Organisation" und „Management" nicht maßgeblich unterscheiden. Dies ist natürlich eine starke Vereinfachung. Unterschiede in der beruflichen Ausbildung und Sozialisation sowie im Verlauf der Berufsbiografie und damit verbundene distinkte Werte, Arbeitsmotive und Karrierevorstellungen führen vielfach auch zu einer Varianz in den Erscheinungsformen „der Experten". So konnte die Untersuchung von Kels et al. (2015, S. 55 ff.) im Rahmen berufsbiografischer Interviews mit hoch qualifizierten Angestellten, die im Kontext wissens- und technikintensiver Tätigkeitsfelder arbeiten, insgesamt fünf unterschiedliche Karrieretypen identifizieren:

1. Klassische „Experten" mit einem stark konfessionalistischen Selbstverständnis (das dem von uns beschriebenen idealtypischen Bild des Experten weitgehend ähnelt). Sie orientieren sich an Exzellenz, wollen an hochkomplexen und innovativen Fragestellungen mit maximaler professioneller Autonomie arbeiten, suchen Feedback und Anerkennung in ihrer Professional Community (vor allem außerhalb der Organisation) und verfolgen eine organisationsübergreifende Karriere.
2. „Fachspezialisten", die primär über fach- und organisationsspezifisches Wissen in einer bestimmten Wissensdomäne verfügen und sich durch die Suche nach Anerkennung innerhalb der Betriebsgemeinschaft und ein stärkeres Loyalitätsgefühl gegenüber ihrem Arbeitgeber auszeichnen.
3. „Aufstiegsorientierte" Wissensträger, die einen Aufstieg in mittlere bis höhere Führungspositionen anstreben und sich durch ein sehr positives Bild von Führung auszeichnen. Ihr Rollenverständnis ist das eines Coachs, der ein Team fachlicher Know-how-Träger in sozial umsichtiger und kompetenter Weise dabei unterstützt, Konflikte zu lösen und ihr Leistungspotenzial in der Arbeit optimal zu entfalten.
4. „Versatilisten", die über ein T-shaped Profile (fundiertes technisches Fachwissen, gepaart mit einem breiten Portefeuille an betriebswirtschaftlichen, juristischen und führungs- und projektmanagementbezogenen Skills) verfügen. Sie managen komplexe Projekte und ziehen aus dem Umgang mit Aufgabenvielfalt, Komplexität und

Marktturbulenzen ein hohes Maß an Selbstwirksamkeitserleben. Sie sind äußerst schwer an eine Organisation zu binden.
5. „Generalisten“ schließlich streben in ihrer Arbeit und ihrer beruflichen Karriere nach größtmöglicher Selbstbestimmung. Sie vertrauen auf ihr breites Portefeuille an individuellen Begabungen, Neigungen und Kompetenzen und interessieren sich nicht für vorgegebene Laufbahnoptionen (weder organisational noch professionell). Vielmehr ziehen sie aus dem fortlaufenden, selbstinitiierten Wechsel von Tätigkeitsfeldern und Wissensgebieten ein hohes Maß an Befriedigung.

Auch die Beiträge von Meissner et al. (Kap. 19) und Kels und Breu (Kap. 12) beleuchten die Vielschichtigkeiten und Polyvalenzen des professionellen Selbst- und Karriereverständnisses heutiger Experten.

2.3 Expertenorganisationen managen und Experten führen – eine anspruchsvolle Gestaltungsaufgabe

Expertenorganisationen wie etwa Universitäten, Spitäler, industrielle Forschungs- und Produktentwicklungsorganisationen, Kompetenzzentren oder strategische Stäbe müssen sich im Rahmen ihrer Leistungserbringung und Legitimation natürlich nicht nur mit einer Vielfalt an Expertentypen, sondern auch mit divergierenden Umfeld- und Stakeholder-Erwartungen auseinandersetzen (u. a. von Kunden, Klienten oder Patienten; der Wissenschaft und der Experten; der Öffentlichkeit, Geldgebern und Gesetzgebung). Die Schwierigkeit des Managens und Führens in Expertenorganisation liegt dabei nicht zuletzt darin begründet, dass *unterschiedliche Rationalitäten und Funktionslogiken* integriert werden müssen (vgl. hierzu Rüegg-Stürm et al. 2015; Schedler 2012; Freidson 2001). Freidson (2001) unterscheidet in diesem Zusammenhang idealtypisch zwischen drei miteinander konkurrierenden Funktionslogiken in Expertenorganisationen, aus denen insbesondere Spannungen im Handeln von Experten und Managern bzw. in ihrer Zusammenarbeit resultieren:

1. „Free market“ bezeichnet das Prinzip der Festlegung oder unmittelbaren Ableitung von Kriterien beruflicher Leistungserbringung durch die kommerzielle Seite (Konsumenten, Klienten, Kunden).
2. „Bureaucratic“ oder „Managerialism“ bezieht sich auf das Prinzip des hierarchischen Verwaltens und der manageriell-autoritativen Kontrolle beruflicher Leistungserbringung.
3. „Professional“ im Sinne von Professionalität bezieht sich auf das Prinzip der Selbstorganisation und -regulierung der Tätigkeit und Leistungserbringung durch Experten.

An Hochschulen bzw. allgemeinbildenden Schulen z. B. stehen Forschung und Lehre in einem Spannungsverhältnis zur Funktionslogik von Verwaltung und Management (vgl. auch die Beiträge von Bonhage; Clases; Meissner, Wolf und Harboe; Thomann und Zellweger i. d. Bd.). Spitäler etwa stehen vor der Frage, ob sie ihre begrenzten Ressourcen eher rendite- oder versorgungsoptimal einsetzen (vgl. auch die Beiträge von Otter, Kap. 10 sowie von Arx et al., Kap. 9). Expertenorganisationen tun sich vor diesem Hintergrund oftmals schwer mit Veränderungen. Häufig begegnen Experten geplanten Strategien oder neuen Reglementierungen mit einer ausgesprochen großen Skepsis bis hin zu Widerstand (Rybnicek et al. 2016). Berater haben es in Expertenorganisationen daher nicht leicht: Häufig werden sie von den Experten als „Erfüllungsgehilfen" des Managements betrachtet. In der Folge spitzt sich der latente Machtkampf zwischen Experten und Management durch die wahrgenommene „Übermacht" der Managementlogik (unterstrichen durch Beraterpräsenz oder „Störung" durch Berater) noch weiter zu.

Aufgrund der bereits beschriebenen Merkmale von Expertenorganisationen (Wissensintensität von Leistungserbringung und Wertschöpfung, begrenzte Substituierbarkeit von Expertenwissen, Multirationalität, Veränderungsresistenz, dynamische Umfeldentwicklungen) stehen Führungskräfte in Expertenorganisationen somit vor besonderen Herausforderungen (Rybnicek et al. 2016). Konkret geht es darum, eine Managementkultur und Führungspraxis zu etablieren, welche die Leistungsbereitschaft, das Organizational Commitment und die Veränderungsbereitschaft ihrer Experten sicherstellt. Hierbei gilt es, miteinander konkurrierende Ansprüche und Rationalitäten wie auch dynamische Umfeldentwicklungen in ein sowohl aus Organisations- als auch aus Expertensicht akzeptables, organisational funktionierendes Spannungsverhältnis zu bringen. Hoher Kosten-, Effizienz- und Innovationsdruck, digitale Transformation, disruptiver technologischer Wandel, wachsende Stakeholder-Ansprüche, Professionalisierungstendenzen, neue Lebens- und Laufbahnentwürfe der neuen Arbeitnehmergeneration und der Fachkräftemangel sind dabei nur einige der zahlreichen Herausforderungen, mit denen sich Führungskräfte in Expertenorganisationen in ihrem Arbeitsalltag auseinandersetzen müssen.

Wie also können Manager bzw. Führungskräfte *tragfähige Führungsbeziehungen* mit fachlichen Experten gestalten, die sich ihrerseits ihrer „Macht" und ihres Wertes für die Organisation bzw. ihrer Alternativen am Arbeitsmarkt bewusst sind? Die Antworten, die der vorliegende Herausgeberband und die in ihm versammelten Beiträge auf diese Frage geben, fallen multiperspektivisch und differenziert aus. Insofern verzichten wir in diesem einleitenden Kapitel bewusst darauf, eine abschließende Antwort zu suchen. Nichtsdestoweniger möchten wir drei grundlegende Feststellungen vornehmen:

Erstens ist relativ klar, dass traditionelle Führungsansätze (wie etwa eine direktive Führung oder Management by Objectives) ebenso wie klassische Anreizsysteme (z. B. die Beförderung von Experten in Führungspositionen) ins Leere laufen. Dies liegt nicht zuletzt darin begründet, dass viele Experten ihre Arbeitsmotivation und ihre Karriereambitionen nicht vorrangig auf den Aufstieg in Führungs- bzw. Managementpositionen, sondern auf professionelle Autonomie und eine selbstbestimmte, traditionelle

Laufbahnpfade und Organisationsgrenzen überschreitende Karriereentwicklung ausrichten (vgl. hierzu Kels et al. 2015; Endrissat und Müller 2007; Kels 2012; Freidson 2001; Drucker 2002). Hinzu kommt, dass einige Expertenorganisationstypen, insbesondere Forschungs- und IT-Organisationen, ihre Strukturen, Praktiken und Kulturen zunehmend auf das Erreichen von organisationaler Agilität und die Erhöhung der Selbstorganisationsfähigkeiten ihrer Mitarbeiter und Teams ausrichten (vgl. z. B. Laloux 2015). Diese Tendenz stellt viele Expertenorganisationen zusätzlich vor die Herausforderung, adäquate Formen der Personal- und Teamentwicklung zu entwickeln.

Zweitens führt das Beharren auf einer rein funktionslogischen Perspektive („des Managers" vs. „des Experten") und ihren gleichermaßen partikularen Wirklichkeitskonstruktionen in der Tendenz zu unproduktiven Konfliktlinien, die eine konstruktive, lösungsorientierte und letztlich erfolgreiche Zusammenarbeit in Expertenorganisationen insgesamt eher behindern denn fördern. Sowohl Manager/Führungskräfte als auch Experten müssen vielmehr die Fähigkeit und Bereitschaft zur wechselseitigen Perspektivenübernahme entwickeln und in einem mitunter aufreibenden Prozess geteilte Sichtweisen auf organisationale Herausforderungen und deren Bewältigung erarbeiten. Hierbei gilt es, Zielkonflikte, Widersprüche und multiple Rationalitäten nicht „unter den Tisch fallen zu lassen", sondern sie explizit zu machen und darauf aufbauend eine durchaus spannungsreiche, aber integrierende gemeinsame Gestaltungsperspektive zu erarbeiten. Die gemeinsame Führungsbeziehungsgestaltung sollte dabei auf Respekt und Anerkennung gegenüber den wechselseitigen Beiträgen von Führungskräften, Managern und Experten zum Gesamterfolg der Organisation gründen (vgl. hierzu auch die Beiträge von Hess, Kap. 15, Ott, Kap. 14, von Arx et al., Kap. 9 sowie Kap. 21 von Kels und Kaudela-Baum, in diesem Band).

Drittens sollten Partizipations- und Mitsprachemöglichkeiten konstitutiver Bestandteil der Organisationskultur von Expertenorganisationen sein. Die Partizipation an Entscheidungen hat aber auch ihre Grenzen und trifft häufig auf linear-bürokratische und v. a. schlanke Strukturen, da in vielen Expertenorganisationen (z. B. Hochschulen oder Anwaltskanzleien) nur verhältnismäßig geringe Führungs- und Managementstellenprozente (wenn überhaupt) eingeplant werden. Die zunehmende Spezialisierung von Expertenwissen erfordert *Organisationsstrukturen,* die sich an fachlicher Expertise orientieren (z. B. Facharzt-Abteilungen, technologiespezifische Competence Center in Forschungsinstitutionen, Abteilungen mit Fachanwälten, Analysten in Unternehmensberatungen). Dies führt wiederum zu einem hohen Integrationsbedarf auf der Ebene der Gesamtorganisation. Die Verknüpfung von hoch spezialisierten Einheiten, geprägt von einer hohen Eigendynamik, von Flexibilität und einem hohen Autonomiebedarf der Experten, muss durch geeignete Strukturen gestaltet werden. Diese Strukturen müssen einerseits die Integration fördern und andererseits immer wieder Ausnahmen bzw. Entkopplungen zulassen, um die Wertschöpfung der Experteneinheiten nicht zu behindern oder zu stören. Aus netzwerktheoretischer Perspektive formuliert heißt das: Es müssen verschiedene Rationalitäten in einer lose gekoppelten Form miteinander verknüpft werden (vgl. Weick 1995; Laske et al. 2006).

Literatur

Adler, P., Kwon, S., & Heckscher, C. (2008). Professional work: Emergence of collarorative community. *Organization Science, 19*(2), 359–376.

Alisch, L-M., Baumert, J., & Beck, H (Hrsg.). (1990). Professionswissen und Professionalisierung (Bd. 28 der Braunschweiger Studien zur Erziehungs- und Sozialwissenschaft). Braunschweig: Technische Universität Braunschweig.

Brante, T. (1988). Sociological approaches to the professions. *Acta Sociologica, 31*(2), 119–142.

Brynjolfsson, E., & McAfee, A. (2014). *The Second Machine Age: Wie die nächste digitale Revolution unser aller Leben verändern wird.* Plassen: Kulbach.

Burk, W. (2010). Eigendynamik brechen. Von der hierarchischen zur Expertenorganisation. http://content.alpha.ch/b2c/1-ratgeber-hr-informationen/4-wissen-weiterbildung/1_alpha-aktuell/von-der-hierarchischen-zur-expertenorganisation.

Deloitte. (2016). Global Human Capital Trends 2016. The new organization: Different by design. https://www2.deloitte.com/content/dam/Deloitte/global/Documents/HumanCapital/gx-dup-global-human-capital-trends-2016.pdf. Zugegriffen: 6. Apr. 2018.

Dengler, K., & Matthes, B. (2015). *Folgen der Digitalisierung für die Arbeitswelt: Substituierbarkeitspotenziale von Berufen in Deutschland* (IAB-Forschungsbericht No. 11/2015). Nürnberg: Institut für Arbeitsmarkt- und Berufsforschung. http://doku.iab.de/forschungsbericht/2015/fb1115.pdf.

Dingwall, P., & Lewis, P.(Hrsg.). (1983). *The sociology of professions.* Basingstoke: Macmillan.

Drucker, P. (2002). „Manager tun mir leid." Interview im Manager-Magazin. http://www.manager-magazin.de/unternehmen/karriere/a-190796.html.

Endrissat, N., & Müller, W. (2007). *Führung in Spitälern – Führungsselbstverständnisse von Managern und Medizinern im Vergleich.* WWZ Forschungsbericht 06/07. Universität Basel.

Ericsson, K. A., Prietula, M. J., & Cokely, E. T. (2007). The making of an expert. *Harvard Business Review, 85*(7–8), 114–121, 193.

Freidson, E. (1975). *Dominanz der Experten.* München: Urban und Schwarzenberg.

Freidson, E. (2001). *Professionalism. The third logic.* Chicago: University of Chicago Press.

Frey, C. B., & Osborne, M. (2013). The future of employment: How susceptible are jobs to computerisation? http://www.oxfordmartin.ox.ac.uk/downloads/academic/The_Future_of_Employment.pdf. Zugegriffen: 17. Mai 2018.

Goode, W. J. (1972). Professionen und die Gesellschaft. In T. Luckmann & W. M. Sprondel (Hrsg.), *Berufssoziologie* (S. 157–168). Köln: Kiepenheuer & Witsch.

Grossmann, R., Pellert, A., & Gotwald, V. (1997). Krankenhaus, Schule, Universi- tät. Charakteristika und Optimierungspotenziale. In Grossmann, R (Hrsg.) *Besser Billiger Mehr. Zur Reform der Expertenorga- nisation Krankenhaus, Schule, Universität. iff-Texte* Bd. 2. (S. 24–35). Wien: Springer.

Haberfellner, R., & Sturm, R. (2014). Zur Akademisierung der Berufswelt: Europäische und österreichische Entwicklungen im Kontext von Wissensgesellschaft, Wissensarbeit und Wissensökonomie. AMS report, No. 106, ISBN 978–3-85495-582-0.

Hitzler, R. (1994). Wissen und Wesen des Experten: Ein Annäherungsversuch – Zur Einleitung. In R. Hitzler, A. Honer, & C. Maeder (Hrsg.), *Expertenwissen: Die institutionalisierte Kompetenz zur Konstruktion von Wirklichkeit* (S. 13–30). Opladen: Westdeutscher Verlag.

Hoffmeyer-Zlotnik, J. H., & Geis, A. J. (2003). Berufsklassifikation und Messung des beruflichen Status/Prestige. *ZUMA Nachrichten, 27*(52), 125–138.

Johnson, B. (2014). *Polarity management. Identifying and managing unsolving problems.* Amherst: HRD.

Johnson, T. (1972). *Professions and power.* London: Basingstoke.

Kaudela-Baum, S., Holzer, J., & Kocher, P.-Y. (2014a). *Innovation Leadership – Führung zwischen Freiheit und Norm*. Wiesbaden: Springer Gabler.

Kaudela-Baum, S., Kocher, P.-Y., & Scherrer, S. (2014b). Innovationen fördern. Die Gestaltung von Freiräumen als Führungsaufgabe von Hidden Champions. *Zeitschrift für Führung und Organisation ZfO, 83*(2), 74–79.

Kaudela-Baum, S., Hanisch, C., Sprenger, M., & Scherrer, S. (2015). Innovationsfördernde Führung durch Freiräume – Einflussfaktoren auf das innovative Verhalten von Mitarbeitenden. *Wirtschaftspsychologie, 3,*98–110.

Kels, P. (2012). Zwischen Profession, Organisation und Markt. Identitäts- und Karrierestrategien schweizerischer IT-Fachkräfte im Kontext wissensintensiver Dienstleistungsarbeit. In C. Schilcher, M. Will-Zocholl (Hrsg.), *Arbeitswelten in Bewegung. Sozialer Wandel – Gesellschaftliche Konsequenzen* (S. 183–208). Wiesbaden: VS Verlag.

Kels, P. (2018). Psychologische Vertragserwartungen von Knowledge Workers im Zeitalter flexibler Karrieren. In O. Geramanis & S. Hutmacher (Hrsg.), *Identität in der modernen Arbeitswelt. Neue Konzepte für Zugehörigkeit, Zusammenarbeit und Führung* (S. 131–145). Wiesbaden: Springer Gabler.

Kels, P., Clerc, I., & Artho, S. (2015). *Karrieremanagement in wissensbasierten Unternehmen. Innovative Ansätze zur Karriereentwicklung und Personalbindung*. Wiesbaden: Springer Gabler.

Kels, P. (2009). *Arbeitsvermögen und Berufsbiografie. Karriereentwicklung im Spannungsfeld zwischen Flexibilisierung und Subjektivierung*. Wiesbaden: VS Verlag.

Laloux, F. (2015). *Reinventing Organizations: Ein Leitfaden zur Gestaltung sinnstiftender Formen der Zusammenarbeit*. München: Vahlen.

Laske, S., Meister-Scheytt, C., & Küpers, W. (2006). *Organisation und Führung*. Münster: Waxmann.

McClelland, C. (1985). Zur Professionalisierung der akademischen Berufe in Deutschland. In W. Conze & J. Kocka (Hrsg.), *Bildungsbürgertum im 19. Jahrhundert*. Stuttgart: Klett-Cotta.

Meissner, J. (2016). Resilienz im Wandel durch Hybride Professionals? Die organisationale Rolle hybrider Professionals im Wandel von Unternehmen. In O. Geramanis & K. Hermann (Hrsg.), *Führen in ungewissen Zeiten* (S. 265–282) Uniscope. Publikationen der SGO Stiftung. Wiesbaden: Springer Fachmedien.

Mintzberg, H. (1980). Structure in 5's: A synthesis of the research on organization design. *Management Science, 26*(3), 322–341.

OECD Data Switzerland. (2017). https://data.oecd.org/switzerland.htm. Zugegriffen: 2. Sept. 2017.

Pousttchi, K. (2016). Digitale Transformation. In: Enzyklopädie der Wirtschaftsinformatik. http://www.enzyklopaedie-der-wirtschaftsinformatik.de/lexikon/technologien-methoden/Informatik–Grundlagen/digitalisierung/digitale-transformation/digitale-transformation. Zugegriffen: 1. Mai 2017.

Rasche, C., & Braun von Reinersdorff, A. (2016). Krankenhäuser als Expertenorganisationen Wertschaffung und Produktivitätssteigerung durch dienstleistungsorientierte Geschäftssysteme. In M. Pfannstiel, et al. (Hrsg.), *Dienstleistungsmanagement im Krankenhaus* (S. 1–23). Wiesbaden: Springer.

Rüegg-Stürm, J., Schedler K., & Schumacher, T. (2015). Multirationales Management. Fünf Bearbeitungsformen für sich widersprechende Rationalitäten in Organisationen. *Organisationsentwicklung, 2,* 4–11.

Rybnicek, R., Bergner, S., & Suk, K. (2016). Führung in Expertenorganisationen. In J. Felfe & R. van Dick (Hrsg.), *Handbuch Mitarbeiterführung: Wirtschaftspsychologisches Praxiswissen für Fach- und Führungskräfte* (S. 227–237). Berlin: Springer.

Schedler, K. (2012). Multirationales Management. Ansätze eines relativistischen Umgangs mit Rationalitäten in Organisationen. *dms – der moderne staat – Zeitschrift für Public Policy, Recht und Management, 5*(2), 361–376.

Smith, W., & Lewis, M. (2011). Toward a theory of paradox. A dynamic equilibrium model of organizing. *Academy of Management Review, 36*(2), 381–403.

Schütz, A., & Luckmann, T. (1979). *Strukturen der Lebenswelt,* Bd. 1. Frankfurt a. M.: Suhrkamp.

Swanson, R. A., & Holton, E. F. (2001). *Foundations of human resource development* (1. Aufl.). San Francisco: Berrett-Koehler.

Thomann, G. (2016). Dilemmata, Paradoxien und Ambivalenzen – Führen als Sicherheitsproduktion in unvorhersehbaren Situationen. In G. Thomann & F. Zellweger (Hrsg.), *Lateral führen. Aus der Mitte der Hochschule Komplexität bewältigen* (S. 37–52). Zürich: hep.

Weick, K. E. (1995). *Sensemaking in Organizations.* London: Sage.

Willke, H. (1998). *Systemisches Wissensmanagement.* Stuttgart: Lucius & Lucius.

World Economic Forum. (2016). The Future of Jobs. Employment, Skills and Workforce Strategy for the Fourth Industrial Revolution. Global Challenge Insight Report.

Spannungen und Paradoxien als zentrale Herausforderung für die Gestaltung von Führungsbeziehungen in Expertenorganisationen

3

Stephanie Kaudela-Baum und Peter Kels

3.1 Einführung

Die Aufgaben und Rollen von Managern und Experten, ihre berufliche Sozialisation, Karriereverläufe, aber auch ihre grundlegenden Wirklichkeitskonstruktionen, Arbeitsmotive und beruflichen Identitäten unterscheiden sich z. T. gravierend. Zwar könnten auch Manager als Experten bzw. Professionals aufgefasst werden – diese werden in Hochschulen für Management lange Jahre in ganz spezifischen Managementdisziplinen ausgebildet –, aber um das Phänomen der Führung von Experten näher zu untersuchen, werden Manager hier in ihrer strategischen, administrativen und personellen Führungsrolle und ihrer Aufgabe, sich für die Zielerreichung der Organisation einzusetzen, betrachtet. Das heißt, trotz einer starken Diffusion der Managementausbildung und eines hohen „Professionalitäts-Levels" werden Manager hier aus einer professionssoziologischen Perspektive als Nicht-Professionals betrachtet, existiert doch keine eindeutig standardisierte Ausbildung für das Management, keine breit geteilte Wissensbasis und keine Kanalisierung des Zugangs zu Managementtätigkeiten durch Berufsverbände (Kühl 2008). Diese professionssoziologische Betrachtung der Beziehung zwischen Managern als Nicht-Experten einerseits und andererseits Experten liefert einen geeigneten Denkrahmen zur Thematisierung von Spannungen und Paradoxien als zentrale Herausforderung von Expert Leaders.

S. Kaudela-Baum (✉) · P. Kels
Hochschule Luzern, Luzern, Schweiz
E-Mail: Stephanie.Kaudela@hslu.ch

P. Kels
E-Mail: Peter.Kels@hslu.ch

P. Kels und S. Kaudela-Baum (Hrsg.), *Experten führen*, uniscope. Publikationen der SGO Stiftung, https://doi.org/10.1007/978-3-658-23028-9_3

In Expertenorganisationen herrschen oft konkurrierende Rollenverständnisse, und dies erklärt u. a., warum manche Experten so „schwierig" zu führen sind (Empson 2017; Weggemann und Hoedemakers 2014). Baitsch (2017) zeigt am Beispiel von Hochschulen sehr anschaulich auf, warum Führung sowohl bei den geführten Wissenschaftlern als auch ihren vorgesetzten Personen (ebenfalls mit akademischer Prägung) eine ungeliebte und schwierige Aufgabe ist. Er bringt dies in Zusammenhang mit dem akademischen Ausbildungs- und Sozialisationsprozess, in dessen Verlauf ein stärker durch die Profession als durch die Organisation geprägtes Zugehörigkeits- und Identifikationsgefühl sowie eine grundsätzlich „autoritätsskeptische Kritikbereitschaft" entsteht. In der Folge bildet sich oftmals eine latente bis ausgeprägte Abwehrhaltung sowohl der Geführten als auch der Führenden gegenüber den mit einer Führungsrolle assoziierten organisationalen Sachzwängen, Mikropolitiken und Fremdbestimmungen, weil diese in Kontrast zum Wunsch nach einer möglichst selbstbestimmten Ausübung der wissenschaftlichen Tätigkeit stehen:

> Führungspersonen an Hochschulen begegnen ihrem Führungsauftrag ihrerseits nicht selten zurückhaltend. Die Logik fordert von ihnen zwar, mit der Übernahme der Funktion die institutionskritische Haltung abzulegen und das Gesamtinteresse der Organisation Hochschule, die Anforderungen sowohl von Wissenschaft als auch der Administration zu vertreten; ihre Psycho-Logik spielt da nicht immer mit. Die Versöhnung den Führungspersonen an Hochschulen mit den Zwängen der Organisation und den Vorgaben der Rolle ist häufig nicht wirklich abgeschlossen. Hinzu kommt als weitere Eigenheit des Organisationstyps Hochschule, dass die verbreitete Ambivalenz gegenüber dem Thema „Führung" von allen Beteiligten unverblümt und unsanktioniert thematisiert werden darf (Baitsch, 2017, S. 295).

Auch in anderen Typen von Expertenorganisationen besteht eine chronische Spannung zwischen Management- und Experten-Logik. Die jeweils anderen Sichtweisen werden oftmals ignoriert bzw. als störend empfunden (Keller-Foletti 2011; Rybnicek et al. 2016; vgl. auch die Beiträge von Endrissat et al., Kap. 9; Hess, Kap. 15; Kaudela-Baum Kap. 16; Zellweger und Thomann, Kap. 4, sowie Zemp und Ulrich, Kap. 17 in diesem Band).

Um eine angemessene Kooperation zwischen Führenden und Experten zu erreichen, müssen beide Seiten die jeweiligen Logiken in ihrem Rollenverständnis und Handeln gleichermaßen berücksichtigen, d. h., sie müssen eine „Sowohl-als-auch-Perspektive" einnehmen. Einerseits sollte sich der Wunsch der Experten nach Selbstbestimmung nicht zum Wunsch, das Selbstinteresse zu steigern, wandeln, und andererseits sollten Führungskräfte die gewünschte Selbstbestimmung nicht zwingend als „Gegenbestimmung" (zu den Bestimmungen der Organisation) interpretieren. „Störungen" treten meist dann auf, wenn entweder die Experten oder die Führung radikale Haltungen vertreten und nicht auf die jeweiligen Logiken eingegangen wird.

Wenn nachfolgend von Führungskräften die Rede ist, dann sind damit einerseits Mitglieder des Topmanagements und andererseits Mitglieder des mittleren und unteren Managements gemeint. Oft geraten die durch Widersprüche oder Paradoxien erzeugten Spannungen nicht unmittelbar in den Fokus von Führungskräften auf unteren Managementebenen. Sie werden bei vielen operativen Führungstätigkeiten ausgeblendet oder auch unterdrückt. Paradoxien treten somit nicht automatisch in das Bewusstsein von Führungskräften. Ob Paradoxien von unteren Führungskräften als relevant betrachtet werden oder nicht, hängt maßgeblich vom interpretativen Kontext ab, den v. a. das Topmanagement mitprägt (Knight und Paroutis 2017). Das Topmanagement sorgt für eine gemeinsame Vision und Strategie, für Integration und Zusammenhalt (O'Reilly und Tushman 2004) und ist dafür verantwortlich, dass das Vorhandensein von Paradoxien ein expliziter Teil der visionären und integrativen Arbeit ist, respektive dass Paradoxien als solche überhaupt im Bewusstsein und im Wortschatz von Entscheidungsträgern vorkommen.

Nachfolgend werden einige (miteinander zusammenhängende) potenzielle Spannungs- und Konfliktfelder skizziert:

- *Profession versus Organisation:*
  Viele Experten neigen dazu, nur Fachleute zu akzeptieren – und klassische Manager betrachten sie nur in Ausnahmefällen als solche. Experten wissen, dass Manager ihre Arbeit kaum beurteilen und kontrollieren können, und kennen zudem ihren Wert als Experten innerhalb der Organisation, am Arbeitsmarkt und innerhalb der Profession (Ackroyd 1996; Waring und Curie 2009).
- *Allmacht versus Ohnmacht:*
  Experten fühlen sich oftmals aufgrund ihrer Zugehörigkeit zu einer Professionsvereinigung den Mitgliedern aus dem Management überlegen (Becker et al. 2012). Gleichzeitig fühlen sich Experten häufig ohnmächtig. Dieses Ohnmachtsgefühl basiert auf dem Zwang, ökonomische Rationalitäten anzuerkennen und sich den aus diesen Rationalitäten hervorgehenden Regeln, Standards und Entscheidungen des Managements unterzuordnen, um die Überlebens- und Veränderungsfähigkeit der Organisation (durchaus im eigenen Interesse) zu erhalten (Iles 2014; Scarbrough 1999).
- *Disziplinarität versus Interdisziplinarität:*
  Experten mit *engem Professionsdenken* lassen sich oftmals nicht hinreichend ein auf die Notwendigkeit zu interdisziplinärer Kooperation. Sie tendieren dazu, die Realität von Expertenorganisationen vornehmlich durch ihre enge „Professionsbrille" und nur unzureichend aus einer ganzheitlichen, systemischen Organisationsperspektive wahrzunehmen (Iles 2014; Meissner et al. 2015).
- *Expertise versus Position:*
  Manche Experten verstehen sich gar nicht als „Geführte" (insbesondere hybride Experten, siehe Kap. 1) und erkennen somit die positionale Autorität ihrer vorgesetzten Führungsperson nicht an (Mlynek und Schumacher 2015; Rybnicek et al. 2016). Sie „fremdeln" mit der hierarchischen Organisation und deren Vertretern und symbolisieren dies auch auf vielfältige Art und Weise (z. B. Arbeitsplätze außerhalb

der Abteilung, gar kein Arbeitsplatz in der Organisation, Fernbleiben bei offiziellen Veranstaltungen).

Die Führung von Experten zeichnet sich also in vielfältiger Hinsicht durch eine Gestaltung von Spannungen aus. Diese Gestaltung kann als ein experimentierendes Hin- und Herpendeln zwischen Organisations- und Expertenzielen, d. h. als eine Sowohl-als-auch-Führung (Smith et al. 2016) betrachtet werden. Das Ziel einer Sowohl-als-auch-Perspektive der Führung („both/and leadership", Smith et al. 2016) besteht darin aufzuzeigen, dass einander scheinbar widersprechende Ziele gleichzeitig verfolgt werden können und dass Widersprüche häufig gar nicht so unannehmbar sind, wie sie zunächst erscheinen.

Die Führung von Experten ist ein stark von Polaritäten, Zielkonflikten und Ambiguitäten geprägtes Gestaltungsfeld. Experten zu führen kann daher mitunter ein zähes und ernüchterndes Unterfangen sein. Die bis heute dominierenden Führungsansätze zur Führung von Experten bzw. Professionals betonen eher den kollegial-lateralen Charakter (Kühl und Schnelle 2009; Kühl 2017) sowie den leisen und verdeckten Charakter (Badaracco 2002; Mintzberg 1998) von Führung. Vor allem im Rahmen der leisen und verdeckten Führung (siehe hierzu Kap. 21 in diesem Buch) stehen die Beratung und Begleitung von Mitarbeitern, die Beobachtung relationaler Dynamiken und die Kontextsteuerung im Vordergrund. Spannungen und Widersprüche in der Beziehungsgestaltung zwischen Experten und Nicht-Experten werden in diesen Ansätzen zwar nicht ausgeblendet, aber nicht explizit als Führungsansatz genutzt. Der Umgang mit Multirationalität erfolgt nicht explizit, sondern eher implizit (Rüegg-Stürm et al. 2015). Der Buchtitel *Managing Professionals? Don't!* von Weggemann und Hoedemakers (2014) betont deutlich eine zurückhaltende Führung von Experten. Eine paradoxiebewusste Führung fördert hingegen die aktive, explizite Auseinandersetzung mit der spannungsgeladenen Beziehung zwischen Experten und Management zur Förderung einer nachhaltigen Entwicklung von Expertenorganisationen.

Dieser Beitrag zielt darauf ab, grundlegende Begrifflichkeiten und konzeptionelle Überlegungen in Bezug auf die Gestaltung von Widersprüchen (in verschiedenen Ausprägungen) für die Führung von Experten einzuführen. Die Vielfalt der Begriffe, die sich in Bezug auf das Phänomen des Widerspruchs entwickelt hat, ist zwar nur begrenzt aufzulösen, aber im nachfolgenden Kapitel erfolgt eine Zusammenstellung „widerspruchsnaher" (Müller-Christ 2007, S. 136) Begriffe, die zur konzeptionellen Rahmung des Ansatzes paradoxaler Führung von Bedeutung sind.

3.2 Paradoxe Führung: begriffliche Grundlagen

Die Verwendung des Paradoxiebegriffs im Zusammenhang mit Führung ist inzwischen en vogue (vgl. z. B. Link 2016; Smith et al. 2016; Thomann 2016). Die Diskussionen über die Erklärungskraft von Paradoxie-Ansätzen haben in der Führungs- und

Managementlehre in den letzten zehn Jahren stark zugenommen (vgl. Smith et al. 2017). Die Paradoxietheorie geht grundsätzlich von zwei Annahmen über das Wesen von Paradoxien aus (Lewis und Smith 2014). Erstens sind Spannungen, die aus Paradoxien hervorgehen, inhärent in Organisationen und existieren „beyond the will or power of management" (Clegg et al. 2002, S. 484). Basierend auf sich gegenseitig bedingenden Widersprüchen in organisationalen Systemen und auf den daraus hervorgehenden paradoxalen Spannungen haben organisationale Akteure gar keine andere Wahl, als mit diesen Spannungen umzugehen. Zweitens sind Paradoxien soziale und kognitive Konstruktionen, da Menschen das Verhältnis zwischen paradoxen Polen (z. B. Autonomie vs. Koordination) durch soziale Beziehungen und durch kognitive Spannungen wahrnehmen (Smith und Tushman 2005). Ob Paradoxien als Gestaltungsauftrag betrachtet werden, hängt maßgeblich davon ab, ob überhaupt paradoxe Spannungen im Alltag erkannt werden (Lewis 2000). Es gibt zahlreiche Organisationen, in denen über Jahre hinweg latente Spannungen herrschen, ohne dass sie jemals an die Oberfläche kommen. Spannungen werden dabei nicht selten uninteressiert zur Kenntnis genommen, stillgeschwiegen oder als irrelevant eingeschätzt (Rüegg-Stürm et al. 2015). Wenn überhaupt, werden Spannungen unter relativ allgemeinen Aussagen wie „typisch Klinik" oder „typisch Anwaltskanzlei" angesprochen. Häufig treten diese Spannungen erst zutage, wenn a) organisationale Veränderungen anstehen oder b) Organisationsmitglieder paradoxe Denkweisen anwenden (können) (Smith und Lewis 2011).

Da in verschiedenen Beiträgen des vorliegenden Herausgeberbandes auf mögliche Paradoxien, Spannungen oder Ambivalenzen im Rahmen der Führung von Experten auf einer inhaltlichen Ebene eingegangen wird und die jeweiligen Begriffe erklärungsbedürftig sind, möchten wir an dieser Stelle eine Abgrenzung zwischen verschiedenen Begriffen vornehmen (vgl. Tab. 3.1). Grundsätzlich lässt sich sagen, dass sich die unten tabellarisch aufgeführten Begriffe v. a. auch in Abhängigkeit vom Sprachraum, in dem sie verwendet werden (vgl. dazu Ehnert 2007), nicht immer trennscharf gegeneinander abgrenzen lassen.

Um ein Dilemma einer Lösung zuzuführen, müssen die Vor- und Nachteile von mindestens zwei gegebenen gleichwertigen Alternativen A und B gegeneinander abgewogen werden. In einer Forschungsabteilung eines Industrieunternehmens wird bspw. die Möglichkeit gewährt, bis zu zwei Tage in der Woche zu Hause zu arbeiten. Sowohl die Option „Homeoffice" als auch die Option „Arbeiten am Arbeitsplatz" haben Vor- und Nachteile, die abzuwägen sind. Oder eine Technologiemanagerin überlegt, ob sie den Innovationsprozess öffnen und Ideen mit externen Entwicklungspartnern weiterentwickeln soll. Sie muss in diesem Zusammenhang die Vor- und Nachteile einer Kooperation mit Externen abwägen. Sie steht somit unter Entscheidungszwang, muss eine Wahl treffen, die bindend ist (Neuberger 2000).

Wenn die Vor- und Nachteile widersprüchlich sind und nicht unabhängig voneinander betrachtet werden können, spricht man von einer paradoxen Situation (Smith und Lewis 2011, S. 387). Für eine exzellente Forschung an einer Universität sind bspw. „Freiheit" und „Unabhängigkeit" wichtig. Die Rahmenbedingungen für Forschung erzeugen

Tab. 3.1 Paradoxienahe Begriffe. (In Anlehnung an Kaudela-Baum et al. 2014, S. 43; Smith und Lewis 2011, S. 387)

Typ Spannungsfeld	Definition
Dilemma	Die *Auswahl* zwischen zwei in gleicher Weise erstrebenswerten oder unangenehmen Möglichkeiten. Jede Wahl hat klare Vor- und Nachteile. Dilemmata sind lediglich paradox, wenn die Auswahlmöglichkeiten widersprüchlich sind und nicht unabhängig voneinander betrachtet werden können
Dualität (A und B)	Abgeleitet von dem lateinischen Wort *dualis* = „zwei enthaltend" bzw. „Zweiheit". Eine Dualität beinhaltet einen unversöhnlichen Gegensatz zweier Elemente A und B *innerhalb einer Einheit.* Der Pol A existiert nur unter Bezug auf Pol B. Dualismen erzeugen nicht den Wunsch, Gegensätze zu versöhnen
Paradoxie	Widersprüchliche, aber doch *miteinander zusammenhängende Elemente* (Dualitäten A und B), die gleichzeitig vorkommen und über längere Zeit fortbestehen. Solche Elemente wirken für sich genommen logisch. Stellt man sie jedoch nebeneinander, wirken sie irrational, inkonsistent und absurd. Sie laufen der allgemeinen Erfahrung zuwider
Dialektik	Die Dialektik ist eine Methode der Gesprächsführung: Widersprüchliche Elemente (A = These und B = Antithese) werden durch *Integration* (C = Synthese) zusammengebracht bzw. miteinander „versöhnt". Über die Zeit hinweg kann sich zur Synthese wieder eine Antithese bilden usw. Eine Dialektik ist paradox, wenn die Elemente sowohl widersprüchlich als auch untrennbar miteinander verbunden sind
Widerspruch	Ein Widerspruch (Oberbegriff für alle anderen Definitionen) bezeichnet einen *Gegensatz* bzw. eine fehlende Übereinstimmung zwischen zwei Elementen, die einander bedingen, sich zugleich aber ausschließen
Widerstand	Ein Widerstand ist eine Handlung, mit der man sich *gegen jemanden oder etwas wehrt*
Ambidextrie	*„Beidhändigkeit"* oder *Koexistenz divergierender Elemente,* die früher als unüberwindbares Dilemma betrachtet wurden
Ambivalenz	Eine Ambivalenz kann als *Doppelwertigkeit* betrachtet werden, d. h. gleichzeitig bestehende, einander entgegengesetzte Gefühle, Bestrebungen oder Vorstellungen
Ambiguität	Eine Ambiguität ist die *Doppel- oder Mehrdeutigkeit* einer Aussage
Konflikt	Ein Konflikt bedeutet im allgemeinen Sprachgebrauch *Zusammenstoß oder Widerstreit*

jedoch häufig nicht eine vollkommene „Freiheit" (z. B. von Bürokratie oder finanziellem Druck). Die Freiheit in der Forschung kann nicht unabhängig von ihren Grenzen betrachtet werden, denn sonst könnten Forschende Freiheit gar nicht erfahren. Eine Entscheidung oder eine Handlung gilt dann als paradox, wenn sie scheinbar gleichzeitig wahr und falsch ist. Paradoxie besteht, „wenn die Bedingungen der Möglichkeit einer Operation die Bedingungen ihrer Unmöglichkeit implizieren" (Ortmann 1999, S. 249).

Eine Dialektik kann hingegen durch einen laufenden Prozess der Bearbeitung von Spannungsfeldern durch Integration charakterisiert werden (vgl. Smith und Lewis 2011, S. 387). Ein dialektischer Prozess besteht aus einer andauernden Synthese bzw. „Versöhnung“ von Widersprüchen. Eine solche „Versöhnung“ kann aber letztlich nur durch eine Redefinition des Widersprüchlichen erfolgen. Zu einem späteren Zeitpunkt kann auch die Synthese zweier widersprüchlicher Alternativen (C) wieder eine neue These werden und eventuell wieder eine neue Antithese (D) hervorbringen (Kaudela-Baum et al. 2014, S. 44). Ein Beispiel: An einer Hochschule konnten sich Dozierende bzw. Forschende früher entweder im Bereich Informatik oder im Innovationsmanagement spezialisieren. Beides zusammen konnte man nicht als Forschungs- und Ausbildungsbereich bearbeiten. Dieses Dilemma ist inzwischen durch die Synthese der beiden Fachgebiete mit der Entwicklung des interdisziplinären Forschungsfeldes sowie Studiengängen zum Thema „Digital Business Innovation“ gelöst.

Der Begriff Widerstand setzt sich aus zwei Teilen zusammen: 1) „wider“ und 2) „Stand“. Eine Person nimmt einen Standpunkt gegen eine Sache oder gegen andere Personen ein und widersetzt sich. Aus Sicht der Gegnerin oder des Gegners wird die sich widersetzende Person zu einem Hindernis. Das Wort Widerstand hat – als ursprünglich vor allem politischer Begriff – Eingang in die Organisations- und Führungslehre gefunden (Nagel 2016). „Widerstand ist hier gleichzusetzen mit einem gesellschaftlichen Ausnahmezustand, in dem sich Aufständische gegen Machthaber richten, insbesondere wenn diese ihre Einflussmöglichkeiten ohne Skrupel gegen die Gesellschaft oder Teile davon ausspielen“ (Nagel 2016, S. 12–13). In Auseinandersetzung mit unterschiedlichen, empirisch zu beobachtenden Formen des Widerstands in Organisationen entwickelt Nagel (2016) ein über diese ursprünglich sehr enge Begriffsverwendung deutlich hinausgehendes Verständnis von Widerstand. Demzufolge entsteht Widerstand in ganz normalen Führungs- und Arbeitssituationen, in denen entweder intendiert oder intuitiv gegenteilige Standpunkte eingenommen werden, deren sachliche und emotionale Bewältigung von den betroffenen Akteuren als sehr anspruchsvoll empfunden wird. Da Widerstand also ein potenziell konstitutives Element des organisationalen Geschehens ist und im positiven Fall sogar die Identifikation mit der Organisation stärken kann, wird die Notwendigkeit eines konstruktiv-sachlichen, rekonstruierenden und achtsamen Umgangs mit Widerstand „auf Augenhöhe“ betont. Vor dem Hintergrund der Ausführungen in Kap. 2 zur Expertenmacht kommt dem Widerstands-Begriff eine wichtige Bedeutung zu.

Für den Begriff Ambidextrie (vgl. Konlechner und Güttel 2009; Proff 2012; Rosing et al. 2010; Smith und Lewis 2011; Tushman und O’Reilly 1996, auch „Beidhändigkeit“, vgl. Kearney 2009) gibt es kein einheitliches Verständnis. Hier wird Ambidextrie als die Koexistenz divergierender Logiken verstanden, die früher als unüberwindbares Dilemma betrachtet wurden (Kaudela-Baum et al. 2014, S. 44). Raisch und Birkinshaw (2008) bieten eine ausführliche Literaturübersicht. Die Generierung einer neuen Software erfordert bspw. von Softwareentwicklern ein hohes Maß an Kreativität. Gleichzeitig muss die jeweilige Idee systematisch und effizient umgesetzt werden. Beides unter einen Hut zu bringen, stellt widersprüchliche Anforderungen an Führungskräfte. Diese müssen die Spannungen bewusst wahrnehmen und das Verhalten ihrer Mitarbeiter(-teams) entsprechend steuern. So ist es in der Ideenentwicklung z. B. zentral, den Mitarbeitern Autonomie zu gewähren, sie zu ermutigen, Risiken einzugehen und zu experimentieren. In der Umsetzungsphase ist es dagegen wichtig, den Fokus auf Standards, Regeln und Effizienz zu legen. Jemanden, der oder die beides gleichzeitig steuert, könnte man als „Ambidextrous Leader" bezeichnen.

Ambivalenz kann man als „psychologisches Derivat des logischen Widerspruchs bzw. der Konsequenz des logischen Entweder-oder" (Stahl und Fischer 2013, S. 97) definieren. Ambivalenzen halten unser Denken in einem permanenten Ungleichgewicht und generieren mit der Zeit ein Gefühl der Zwiespältigkeit (Stahl und Fischer 2013). Ambivalenztoleranz umschreibt die Bewältigung der Spannungen, die durch gegensätzliche Führungsanforderungen hervorgerufen werden.

Unter Ambiguitätstoleranz versteht man die Fähigkeit, widersprüchliche Bedürfnisse auszuhalten (Krappmann 2016). Durch Rollendistanz und Empathie können Führungspersonen bspw. lernen, mit widersprüchlichen Erwartungen oder Motivationsstrukturen der anderen, die den eigenen entgegenstehen, konstruktiv umzugehen. Ambiguitätstoleranz ist eine wichtige Variable für die Identitätsbildung. Ohne sie sind Führende nicht in der Lage, angesichts der in der Interaktion mit Mitarbeitern notwendigerweise auftretenden Ambiguitäten zu handeln. Die Entwicklung einer Führungsidentität ist geprägt von Konflikten und Ambiguitäten. Werden Handlungsalternativen, Inkonsistenzen und Inkompatibilitäten verdrängt oder geleugnet, fehlt der Führungskraft die Möglichkeit, ihre Haltung angesichts spezifischer Konflikte zum Ausdruck zu bringen (Krappmann 2016). Aus dieser Perspektive wird deutlich, dass in einer Führungssituation nie alle Bedürfnisse befriedigt werden können.

Die Spannung bei Konflikten (lat. conflictus, „Zusammenstoß, Widerstreit") basiert nicht auf logischen oder dialektischen Gegensätzen, sondern auf Ziel-, Bewertungs-, Verteilungs- und Beziehungsunvereinbarkeiten (Müller-Christ 2007, S. 139). Glasl (2017, S. 17) definiert einen sozialen Konflikt als eine Interaktion zwischen Akteuren, wobei wenigstens ein Akteur Unvereinbarkeiten im Denken, Vorstellen, Wahrnehmen, Fühlen und/oder Wollen mit dem/den anderen Akteur/-en in der Art erlebt, dass im Realisieren eine Beeinträchtigung durch einen anderen Akteur (die anderen Akteure) erfolgt.

Im Rahmen der Bewertung einer Idee kommt es z. B. in einem Schulleitungsgremium zu einem Konflikt. Die pädagogische Leitung der Schule beurteilt eine Idee als nicht umsetzbar, die Verwaltungsleitung behauptet das Gegenteil (und bezieht sich z. B. dabei auf Best Practices aus anderen Schulen). In diesem Fall muss so lange verhandelt werden, bis entweder eine Partei die Idee zurückzieht bzw. sie verändert und noch einmal in einer anderen Version eingibt oder ein Konsens gefunden wird. Konfliktmanagement zählt zu den grundlegenden Führungskompetenzen und kann in Expertenorganisationen als Basis-Kompetenzbaustein betrachtet werden.

Warum ist es so wichtig, diese analytischen Grenzen zu ziehen? Gerade Expert Leaders sind nicht nur mit Widersprüchen und Ambivalenzen, sondern insbesondere mit Paradoxien konfrontiert. Teilweise müssen sich Führungskräfte sogar mit mehreren, einander überlappendenden paradoxen Anforderungen an die Organisation auseinandersetzen (vgl. Kap. 2). Dies gilt nicht nur für das Topmanagement auf der strategischen Führungsebene, sondern auch und insbesondere in Bezug auf die mittlere Führungsebene. Gerade auf der mittleren Führungsebene besteht in Expertenorganisationen wie Hochschulen, Spitälern oder Professional Service Firms Raum für eine wirksame Gestaltung widersprüchlicher Führungssituationen (vgl. dazu die Beiträge von Zellweger und Thomann, Kap. 4, sowie Zemp und Ulrich, Kap. 17 in diesem Band). Auf dieser Entscheidungsebene müssen Voraussetzungen geschaffen werden, um die den Expertenorganisationen inhärenten Spannungsfelder konstruktiv zu gestalten.

3.3 Experten und paradoxe Identitäten

Inhaltliche Expertise erfährt traditionsgemäß seitens der Kunden mehr Wertschätzung als Führungs- und Managementexpertise. Weder Studierende einer Hochschule, Mandanten einer Rechtsanwaltskanzlei, Kunden eines Ingenieurbüros oder Patienten einer Klinik werden sich nach Beendigung ihrer Leistungsbeziehung und bei der Bewertung der Leistung maßgeblich auf die Managementqualitäten der jeweiligen Organisationen stützen. Meist steht aus einer Kundenperspektive die Leistung der Experten (d. h. der Dozierenden, der Anwälte, der Ingenieure oder der Ärzte) bei der Beurteilung der organisationalen Leistung im Vordergrund. Das gilt zumindest für normale Situationen. In Krisensituationen (wenn z. B. eine Leistung nicht erwartungsgemäß erbracht wird) richtet sich der Blick von außen immer stärker auf die Führungs- und Managementqualitäten; das gilt auch für Expertenorganisationen.

Die inhaltliche Expertise ist jedoch normalerweise der zentrale Wertschöpfungsfaktor für die Expertenorganisation. Entscheidungen von Organisationsmitgliedern mit ausschließlicher Management- und Führungsfunktion werden daher von Experten häufig mit Skepsis betrachtet. In einigen Organisationen wird versucht, dieser Skepsis zu begegnen, indem man auch Experten mit Linienführungsaufgaben betraut (z. B. indem man Lehrstuhlinhabern an Universitäten nicht nur die wissenschaftliche, sondern auch die administrative Führung ihres Lehrstuhls überträgt). In Rechtsanwaltskanzleien findet man äußerst selten Geschäftsführer außerhalb der Profession. Auch Architekturbüros werden selten von Managern geleitet. Diese Sowohl-als-auch-Rolle bzw. Sowohl-als-auch-Identität zwischen der Expertenführungsrolle und der linear-bürokratischen Führungsrolle erzeugt jedoch inhärent paradoxe Entscheidungssituationen. Ich muss als Architekt und Geschäftsleiter z. B. aus wirtschaftlichen Gründen auf viele Eingaben bei Architekturwettbewerben hinarbeiten, weiß aber, dass die Rationalisierung von kreativen Arbeiten langfristig zu einem Qualitätsverlust führt. Wirtschaftliche Rationalität und Kreativität generieren teilweise widersprüchliche, aber dennoch miteinander zusammenhängende Anforderungen, die in der Organisation gleichzeitig vorkommen und über längere Zeit fortbestehen. Aus paradoxietheoretischer Sicht (Lewis und Smith 2014) muss die Gestaltung dieser Widersprüche von Führungspersonen im Alltag wirksam bewältigt werden.

Klare Trennlinien zwischen Experten- und Managementsystemen bzw. Experten- und Management-Rollen in Organisationen gibt es selten. Es gibt Experten, die sich (temporär oder dauerhaft) zu Führungskräften entwickeln, und umgekehrt gibt es auch Führungskräfte, die nach einer Führungsphase wieder zurück in eine Expertenfunktion gehen. Es gibt auch Experten, die eine Hybrid-Funktion einnehmen (innerhalb oder außerhalb der betrachteten Expertenorganisation) und beide Rollen in ihrer Arbeit vereinen. Das wäre beispielsweise der Geschäftsführer einer Unternehmensberatung, der eine 50-Prozent-Stelle an einer Fachhochschule hat und sich dort als Forscher und Dozent betätigt. Diese Person lernt mit der Zeit zwei Sprachen und ist sowohl als Berater als auch als Dozent in den jeweiligen professionellen Gemeinschaften anschlussfähig. Das wäre auch der Oberarzt einer Klinik, der ein MBA-Studium absolviert hat. Der Arzt kann sich so besser in beide Welten hineinversetzen und seine Kompetenzen in beiden Systemen weiterentwickeln. Durch diese „Zweisprachigkeit“ (Rüegg-Stürm et al. 2015, S. 10) kann das Handlungsrepertoire in paradoxen Entscheidungssituationen bedeutend erweitert werden. In vielen wissensbasierten Organisationen haben sich in der jüngeren Vergangenheit Hybridformen[1] zwischen Experten und Managern herausgebildet. Diese sogenannten „Versatilisten“ (Morello und Holub 2008; Kels et al. 2015), „T-shaped Professionals“ (Enders und de Weert 2009; Leonard-Barton 1995) oder „hybriden Professionals“ (Palmer 1990; Meissner 2016) unterscheiden sich dabei in ihrem Rollenverständnis, ihrer beruflichen Identität sowie auch in ihren Karrierestrategien sowohl vom bereits skizzierten klassischen „Experten“ als auch vom Typus des General Managers (vgl. Kels et al. 2015; Meissner 2016).

Die auf qualitativen Organisationsfallstudien in wissens- und technologieintensiven Schweizer Unternehmen beruhende Untersuchung von Kels et al. (2015) konnte aufgrund berufsbiografischer Interviews mit hoch qualifizierten Professionals aus unterschiedlichen Disziplinen (u. a. Ingenieurwesen, Informatik/Computer Science, Wirtschaftsingenieurwesen, Architektur, Umwelt- und Politikwissenschaften) zu einem differenzierten Verständnis der Arbeits- und Karrieremotive, beruflichen Identitäten und Karrierestrategien von Experten bzw. Knowledge Workers beitragen. Neben den relativ klassischen Karrieretypen der Spezialisten, Experten, Aufstiegsorientierten und Generalisten konnte ein relativ neuer Karrieretypus des „Versatilisten“ differenziert beschrieben werden. Dieser war innerhalb des qualitativen Samples zahlenmäßig stark repräsentiert (mit 15 von 45 Interviewpartnern).

Versatilisten haben sich im Rahmen ihrer beruflichen Karriere, ausgehend von Fachspezialisten- und Expertentätigkeiten im Bereich Engineering und Informatik, hin zur

[1]Unter hybriden Formen versteht man ganz generell Mischformen (aus der Biologie z. B. bekannt durch die Kreuzung verschiedener Pflanzenarten, um eine Pflanze leistungsfähiger zu machen, oder aus der Entwicklung des Hybridmotors, der den klassischen Benzinmotor mit modernen Elementen so kombiniert, dass leistungsfähige und nachhaltige Motoren entstehen), in denen Segmente verknüpft werden, die ursprünglich nicht zusammen auftreten (Müller-Christ 2007, S. 155).

Leitung großer, z. T. multidisziplinärer und sehr komplexer Projekte und Teams entwickelt. Ihr Rollenverständnis ist das eines internen Unternehmers, der fortlaufend neue Herausforderungen annimmt, kompetent mit Marktturbulenzen umgeht und dem eigenen Team zum Erfolg verhilft – sie erleben sich als hochgradig bewegliche „Grenzgänger" und „Brückenbauer" zwischen Experten- und Managementwelten:

> Versatilisten genießen es, die «Fäden oben» in der Hand zu halten, unterschiedliche Spezialisten in ihren Projektteams zu koordinieren und in Bewegung zu setzen. Dabei nutzen sie sowohl ihre ausgeprägte Kommunikationsfähigkeit als auch ihre Kompetenz zur Vernetzung und zum Zusammenbringen verschiedener Interessengruppen. Sie sind sich der Visibilität in ihrer Position bewusst, können sich präsentieren und selbst darstellen, vergessen jedoch nicht, dass sie im Projektmanagement auch Teamplayer sein müssen. Versatilisten arbeiten gerne in multidisziplinären Teams und achten dabei auch auf die soziale Qualität der Zusammenarbeit (Kels et al. 2015, S. 73).

Karriere machen heißt für Versatilisten, ihr polyvalentes Profil an Kompetenzen und beruflichen Erfahrungen (ein fundiertes technisches Fach- und Methodenwissen, gepaart mit einem breiten Portefeuille an betriebswirtschaftlichen, juristischen und ausgeprägten führungsbezogenen Skills) über zunehmend komplexere Aufgaben im Bereich Projektleitung oder Business Development fortlaufend weiterzuentwickeln. Sie an das Unternehmen zu binden, ist sehr anspruchsvoll, denn sie sind sich ihres Marktwertes äußerst bewusst und erwarten, dass ihre Lernkurve hoch bleibt und ihnen das Unternehmen regelmäßig neue Herausforderungen bieten kann (vgl. Kels et al. 2015, S. 72–76).

In diesem Zusammenhang stellt sich die Frage, wie es Expertenorganisationen gelingen kann, solche extrem entwicklungs- und marktorientierte Hybrid Professionals erfolgreich zu führen, zu entwickeln und an das Unternehmen zu binden. Dies auch vor dem Hintergrund, dass einige Expertenorganisationstypen, insbesondere Forschungs- und IT-Organisationen, ihre Strukturen, Praktiken und Kulturen zunehmend auf das Erreichen von organisationaler Agilität und die Erhöhung der Selbstorganisationsfähigkeit ihrer Mitarbeiter und Teams ausrichten (vgl. z. B. Laloux, 2014). Diese Tendenz stellt viele Expertenorganisationen zusätzlich vor die Herausforderung, adäquate Formen der Anreizgestaltung, der Personal- und Teamentwicklung sowie der Personalbindung jenseits traditioneller Hierarchien und Laufbahnstrukturen zu entwickeln. Anschlussfähige Ansätze hierzu finden sich bei Kels et al. (2015).

3.4 Spannungen und Paradoxien konstruktiv bewältigen

Führungskräfte in Expertenorganisationen sind mit zahlreichen Widersprüchen konfrontiert, z. B. Individuum vs. Kollektiv, Flexibilität vs. Effizienz, Exploration vs. Exploitation, Sicherheit vs. Risiko, Konformität vs. Abweichung, Routine vs. Erneuerung, Freiheit vs. Kontrolle bzw. Zwang, Integration vs. Separation, Öffnung vs. Schließung, um nur einige potenzielle Spannungsfelder zu nennen (vgl. Andriopoulos und Lewis 2009; Bouchikhi 1998; Rosing et al. 2010; Smith und Tushman 2005; Smith und Lewis 2011).

In der Organisationsliteratur ist schon seit längerer Zeit bekannt, dass der Effektivität von Organisationen eine Widersprüchlichkeit inhärent ist (Cameron, 1986; Müller-Christ 2007, S. 130). In diesem Beitrag wird davon ausgegangen, dass Spannungen und die damit verbundenen Konflikte in der Beziehung zwischen Geführten und Führenden zentral sind für die organisationale Lern- und Innovationsfähigkeit (Kaudela-Baum et al. 2014). Spannungen erzeugen wertvolle Lern- und Entwicklungsimpulse für die Zukunft und eröffnen vor allem Kommunikationsräume zwischen Mitarbeitern bzw. Führungskräften und Mitarbeitern. Nur wenn über die Inhalte bzw. die Bedeutung widersprüchlicher Anforderungen, Erwartungen und Bedürfnisse in Bezug auf die Führung kommuniziert wird, können Interventionen von Führungskräften überhaupt verarbeitet bzw. als Lernpotenzial genutzt werden.

Der Umgang mit Spannungen prägt unabhängig vom Expertenorganisationstyp die Führungstätigkeit. Begriffe wie Multirationalität, Widerspruch, Spannung, Polarität, Dilemma, Ambivalenz und Paradoxie finden zunehmend Eingang in die Führungs- und Managementliteratur. Obwohl die theoretische Auseinandersetzung aktuell noch dominiert (vgl. Smith et al. 2017), finden sich in der Literatur inzwischen einige systematische Ansätze für ein Widerspruchs- bzw. Paradoxie-Management inkl. Gestaltungsempfehlungen für die Führung (z. B. Barrett 1998; Bolden et al. 2016; Fletcher und Olwyler 1997; Johnson 2014; Kaudela-Baum et al. 2014; Low und Purser 2012; Riese 2007; Schedler und Rüegg-Stürm 2013a; Schröder-Saulnier 2014; Smith und Lewis 2012; Whitelaw 2012). Spannungen können im Rahmen der Beziehungsgestaltung von Führungskräften und Experten (wir verwenden für dieses Beziehungsgefüge nachfolgend auch den Begriff „Führungssystem") generell entweder als chronisch zu überwindendes Übel oder als professioneller Gestaltungsauftrag für eine konstruktive Bewältigung aufgefasst werden. Die oben genannten Beiträge mit dem Fokus auf Widerspruchs- bzw. Paradoxie-Management vereint die Annahme, dass man den Herausforderungen eines widersprüchlichen Umfelds nur dann konstruktiv begegnen kann, wenn man eine positive Grundhaltung gegenüber Widersprüchen und Paradoxien entwickelt und diese als Einladung zur Kompetenzentwicklung begreift. Egal welches Modell oder welches Instrument man zum Umgang mit Widersprüchen heranzieht, die Auseinandersetzung sollte informiert und aufmerksam erfolgen (Schedler und Rüegg-Stürm 2013a). Eine wichtige Basis dafür ist u. a. die Entwicklung einer Widerspruchsterminologie (Müller-Christ 2007, S. 130). Um das theoretische Wissen in Führungsbeziehungen in Expertenorganisationen anschlussfähig zu machen, müssen geeignete Begrifflichkeiten und Modelle entwickelt werden, die das Bewusstsein und die Reflexion über Widersprüche ermöglichen bzw. erleichtern. Dies kommt in einem Zitat eines Weiterbildungsstudenten (Führungskraft in einer Klinik) bei Schedler und Rüegg-Stürm (2013b, S. 235) gut zum Ausdruck:

> Seit wir über das multirationale Management gesprochen haben, entdecke ich fast täglich Situationen, in denen in unserem Spital verschiedene Rationalitäten aufeinanderprallen. Dabei ist mir klar geworden, dass ich gegenüber den anderen einen wichtigen Vorteil habe: Ich erkenne solche Situationen, ich habe dafür eine Bezeichnung (Zitat Führungsperson in Schedler und Rüegg-Stürm 2013b, S. 235).

Aber ein expliziter Umgang mit Widersprüchen oder Paradoxien ist nicht trivial. Eine intensive Beschäftigung mit Widersprüchen zeigt, dass die Analyse von Gegensätzen Grenzregionen des logischen Denkens berührt (Müller-Christ 2007, S. 129). Menschen fühlen sich prinzipiell unwohl, wenn sie auf Unvereinbares stoßen. Die zugrunde liegende Spannung oder Dissonanz wird von Menschen gerne verdrängt und ignoriert. Seit Aristoteles gibt es die tief verinnerlichte Grundannahme, dass zwei einander widersprechende Aussagen nicht zugleich wahr sein können und immer so lange argumentiert werden muss, bis eine der Alternativen wahr und die andere falsch ist (Müller-Christ 2007, S. 129). Nicht selten existieren bspw. in der Vorbereitung strategischer Entscheidungen Plausibilitätsüberlegungen, die äußerst konsistent, d. h. widerspruchsfrei angelegt sind. Häufig werden Strategien erst dann vom Management explizit zu Strategien erklärt, wenn sich mit der Zeit eine Widerspruchsfreiheit eingestellt hat.

Experten setzen sich in Organisationen für ihre Interessen, insbesondere für den Erhalt von Freiräumen zur Weiterentwicklung ihrer Expertise ein. Diese politisch-lobbyistisch geprägte Arbeit (negativ formuliert: „Standesdünkel“) beeinflusst die Personalführung wesentlich. Unternehmer und Manager haben die Entwicklung der gesamten Organisation im Blickfeld und setzen sich für die Umsetzung von politischen Aufträgen, rechtlichen Vorschriften, Strategien und Zielen ein. Irgendwo „im Dazwischen“ knüpft die Führungsarbeit an (Becker et al. 2012). Erfolgversprechend ist diese Führungsarbeit aber nur dann, wenn a) die Widersprüchlichkeit in Führungssituationen zwischen Führenden und Experten (v. a. auch seitens des Topmanagements) anerkannt wird, b) klar ist, dass die Lösungsprämisse ein Trade-off darstellt, und c) ebenso klar ist, dass diese Sichtweise für alle von Vorteil ist.

Bei der Führung hybrider Experten kommt neben der Bearbeitung von grundlegenden Spannungsfeldern und Paradoxien zwischen Experte (Mitarbeiter) und Führungsperson noch einmal die Bearbeitung der mitarbeiterbezogenen Spannungsüberwindung zwischen parallelen bzw. vernetzten Job-Engagements hinzu.

In verschiedenen Beiträgen dieses Buchs wird die inhaltliche Dimension von Spannungsfeldern im Rahmen der Führung von Experten vertieft, kontextualisiert, und es werden verschiedene Konzepte und Theorien zur Diskussion von Führungsphänomenen in Expertenorganisationen eröffnet. Diese Diskussion trägt dazu bei, die Führung von Experten als konstruktive Bewältigung von Spannungsfeldern zu verstehen – unabhängig vom Expertenorganisationstyp.

3.5 Paradoxie-Management und unterstützende Kontextbedingungen

Die Entwicklung von Fähigkeiten zur Gestaltung von Spannungen bzw. beidhändigen Fähigkeiten bei Führungskräften erfordert adäquate Weiterbildungsinitiativen und Kontextbedingungen in Expertenorganisationen, die diese Entwicklung wertschätzen und fördern. In der Ambidextrie-Literatur werden Beispiele für derartige Kontextbedingungen genannt (Proff und Haberle 2010). Lüscher und Lewis (2008) beschreiben günstige Kontextbedingungen anhand einer empirischen Studie bei der Firma LEGO (vgl. dazu auch die Ausführungen in Kap. 21). Die oberste Führungsebene muss sowohl Werte definieren, die Führungskräfte auf einer mittleren Managementebene ermutigen, Widersprüche zu benennen und sich bewusst damit auseinanderzusetzen, als auch Instrumente zur Verfügung stellen, die es Führungskräften auf der mittleren oder unteren Hierarchieebene erlauben, beidhändig bzw. ambiguitätstolerant zu führen. So müssten bspw. Zielvereinbarungsgespräche Raum für unterschiedlich ausgerichtete Ziele geben. In Kommunikationsgefäßen müsste seitens der Führung in angemessener Form auf widersprüchliche Strategien, Ziele, Führungshandlungen eingegangen werden. Warum erhält bspw. eine bestimmte Abteilung größere Entscheidungsspielräume als eine andere? Werden potenzielle Dilemmata in diesem Zusammenhang unterdrückt oder offen angesprochen? Auf einer strukturellen Ebene kann man sich fragen, ob man z. B. mit teilstrukturierten Prozessen, Insellösungen, teilautonomen Strukturen und flexiblen Projektstrukturen den Umgang mit Widersprüchen für die Führung erleichtern kann.

Generell betrachtet sind sowohl die Entwicklung von Führungssystemen, die in der Lage sind, mit Paradoxien umzugehen, als auch die Entwicklung von Führungskompetenzen im Umgang mit Paradoxien kein Selbstzweck, sondern stellen einen sinnvollen und notwendigen Beitrag dar, um die Resonanz in Bezug auf Paradoxien im Kontext der Organisation zu verstärken. Welche Haltungen, Kompetenzen und konkreten Handlungsstrategien Führungskräfte und Manager dazu befähigen, angemessen mit Spannungen und Paradoxien im Organisations- und Führungskontext umzugehen, wird in Kap. 21 (Kels und Kaudela-Baum) weiterführend und systematisierend dargestellt.

Literatur

Ackroyd, S. (1996). Organization contra organizations: Professions and organizational change in the United Kingdom. *Organization Studies, 17*(4), 599–621.

Andriopoulos, C., & Lewis, M. W. (2009). Exploitation-exploration tensions and organizational ambidexterity: Managing paradoxes of innovation. *Organization Science, 20*(4), 696–717.

Badaracco, J. (2002). *Leading quietly: An unorthodox guide to doing the right thing*. Boston: Harvard Business Press.

Barrett, D. (1998). *The paradox process: Creative business solutions, where you least expect to find them*. New York: Amacom.

Becker, M., Beck, A., & Herz, A. (2012). Macht der Experten-Ohnmacht der Unternehmen? *Personalführung, 2,* 26–33.

Bolden, R., Witzel, M., & Linacre, N. (Hrsg.). (2016). *Leadership paradoxes: Rethinking leadership for an uncertain world.* London: Routledge.

Bouchikhi, H. (1998). Living with and building on complexity: A constructivist perspective on organizations. *Organization, 5*(2), 217–232.

Clegg, S., Cunha, J. V. da, & Cunha, M. P. e. (2002). Management paradoxes: A relational view. *Human Relations, 55,* 483–503.

Ehnert I. (2007). Nachhaltiges Personalmanagement und Widersprüche: Konzeptionen und Entwicklungen einer Typologie. In G. Müller-Christ, L. Arndt, & I. Ehnert (Hrsg.), *Nachhaltigkeit und Widersprüche. Eine Managementperspektive* (S. 313–336). Hamburg: LIT.

Empson, L. (2017). *Leading professionals: Power, politics, and prima donnas.* Oxford: Oxford University Press.

Enders J., Weert E. de (2009). Towards a T-shaped Profession: Academic Work and Career in the Knowledge Society. In: Enders J., de Weert E. (Hrsg.) *The changing face of academic life. Issues in higher education* (S. 251–272). London: Palgrave Macmillan.

Fletcher, J., & Olwyler, K. (1997). *Paradoxical thinking: How to profit from your contradictions.* San Francisco: Berrett-Koehler.

Glasl, F. (2017). *Konfliktmanagement: Ein Handbuch für Führungskräfte, Beraterinnen und Berater.* Bern: Haupt.

Iles, V. (2014). The challenges of leading professionals. *The International Journal of Leadership in Public Services, 10*(1), 44–51.

Johnson, B. (2014). *Polarity management: Identifying and managing unsolvable problems.* Amherst: HRD Press.

Kaudela-Baum, S., Holzer, J., & Kocher, P.-Y. (2014). *Innovation Leadership. Führung zwischen Freiheit und Norm.* Wiesbaden: Springer Gabler.

Kearney, E. (2009). Mehr Innovation durch „Beidhändigkeit" – Wie Führungskräfte wirksam handeln können. Vortrag am Flow Kongress, 12. Nov. 2009, *Celler Impulse: Macht – Veränderung – Führung.* Celle.

Keller-Foletti, B. (2011). Organisationsentwicklung in Expertenorganisationen – Eine Herausforderung. In: R. Grossmann & K. Mayer (Hrsg.). *Organisationsentwicklung konkret* (S. 165– 192). Wiesbaden: Springer VS.

Kels, P., Clerc, I., & Artho, S. (2015): *Karrieremanagement in wissensbasierten Unternehmen – Innovative Ansätze zur Karriereentwicklung und Personalbindung.* Wiesbaden: Springer Gabler.

Knight, E., & Paroutis, S. (2017). Becoming salient: The TMT leader's role in shaping the interpretive context of paradoxical tensions. *Organization Studies, 38*(3–4), 403–432.

Konlechner, S. W., & Güttel, W. H. (2009). Kontinuierlicher Wandel durch Ambidexterity. Vorhandenes Wissen nutzen und gleichzeitig neues entwickeln. *Zeitschrift für Organisation, 78,* 45–53.

Krappmann, L. (2016). *Soziologische Dimensionen der Identität. Strukturelle Bedingungen für die Teilnahme an Interaktionsprozessen.* Stuttgart: Klett-Cotta.

Kühl, S. (2008). Die Professionalisierung der Professionalisierer? *Organisationsberatung, Supervision, Coaching, 15*(3), 260–294.

Kühl, S., & Schnelle, T. (2009). Führen ohne Hierarchie. *OrganisationsEntwicklung, 2,* 51–59.

Kühl, S. (2017). *Laterales Führen.* Wiesbaden: Springer VS.

Leonard-Barton, D. (1995). *Wellsprings of knowledge: Building and sustaining the sources of innovation.* Boston: Harvard Business School Press.

Lewis, M. W. (2000). Exploring paradox: Toward a more comprehensive guide. *Academy of Management Journal, 25,* 760–776.

Lewis, M. W., & Smith, W. K. (2014). Paradox as a metatheoretical perspective: Sharpening the focus and widening the scope. *Journal of Applied Behavioral Science, 50,* 127–149.

Link, K. (2016). Paradoxe Führung. Eine Sowohl-als-auch-Perspektive in der Organisation verankern. *Zeitschrift für Führung und Organisation, 5,* 342–347.

Low, A., & Purser, R. (2012). Zen and the creative management of dilemmas. *Journal of Management, Spirituality & Religion, 9*(4), 335–355.

Lüscher, L. S., & Lewis, M. W. (2008). Organizational change and managerial sensemaking: Working through paradox. *The Academy of Management Journal, 51*(2), 221–240.

Meissner, J. (2016). Resilienz im Wandel durch Hybride Professionals? Die organisationale Rolle hybrider Professionals im Wandel von Unternehmen. In O. Geramanis & K. Hermann (Hrsg.), *Führen in ungewissen Zeiten* (S. 265–282). Wiesbaden: Springer Fachmedien.

Meissner, J. O., Wolf, P., & Harboe, J. (2015). Im Dazwischen. Die Reise des Aktionsforschungsprogramms „CreaLab" durch die Multirationalität der Hochschulwelt. *OrganisationsEntwicklung, 1,* 23–29.

Mintzberg, H. (1998). Covert leadership: Notes on managing professionals. Harvard Business Review 11/1998. https://hbr.org/1998/11/covert-leadership-notes-on-managing-professionals.

Mlynek, J., & Schumacher, T. (2015). Führung in der Spitzenforschung. *OrganisationsEntwicklung, 2,* 43–45.

Morello, D., & Holub, E. (2008). Inside the concept of versatilists: What are they and how do cios develop them? https://www.gartner.com/doc/755222/inside-concept-versatilists-cios-develop. Zugegriffen: 10. Nov. 2017.

Müller-Christ, G. (2007). Formen der Bewältigung von Widersprüchen. Die Rechtfertigung von Trade-offs als Kernproblem. In G. Müller-Christ, L. Arndt, & I. Ehnert (Hrsg.), *Nachhaltigkeit und Widersprüche. Eine Managementperspektive* (S. 127–177). Hamburg: LIT.

Nagel, E. (2016). *Glücksfall Widerstand. Vom produktiven Umgang mit normalen Ausnahmen.* Zürich: Versus.

Neuberger, O. (2000). Dilemmata und Paradoxa im Managementprozess. Grenzen der Entscheidungsrationalität. In: G. Schreyögg (Hrsg.) *Funktionswandel im Management: Wege jenseits der Ordnung* (S. 173–221). Berlin: Duncker & Humblot.

O'Reilly, C. A., & Tushman, M. L. (2004). The ambidextrous organization. *Harvard Business Review, 82*(4), 74–81.

Ortmann, G. (1999). Innovation als Paradoxieentfaltung. In D. Sauer (Hrsg.), *Paradoxien der Innovation – Perspektiven sozialwissenschaftlicher Forschung* (S. 249–262). Frankfurt a. M.: Campus.

Palmer, C. (1990). ‚Hybrids' – A critical force in the application of information technology in the nineties. *Journal of Information Technology, 5,* 232–235.

Proff, H. (2012). Beidhändiges Management im langfristigen, radikalen, diskontinuierlichen Übergang der Automobilindustrie in die Elektromobilität. Unterschiede zwischen Automobilherstellern und -zulieferern. In H. Proff et al. (Hrsg.), *Zukünftige Entwicklungen in der Mobilität* (S. 259–270). Wiesbaden: Gabler.

Proff, H., & Haberle, K. (2010). Begrenzung von Ambidextrie durch konsistentes dynamisches Management. In: M. Stephan & W. Kerber (Hrsg.), *Jahrbuch Strategisches Kompetenz-Management: Bd. 4. „Ambidextrie": Der unternehmerische Drahtseilakt zwischen Ressourcenexploration und -exploitation* (S. 81–118), 4. München: Hampp.

Raisch, S., & Birkinshaw, J. (2008). Organizational ambidexterity: Antecedents, outcomes, and moderators. *Journal of Management, 34*(3), 375–409.

Riese, J. (2007). Die emotionale Seite der Widerspruchsbewältigung. Über den Zusammenhang zwischen innerer Autonomie und Ambiguitätstoleranz. In G. Müller-Christ, L. Arndt, & I. Ehnert (Hrsg.), *Nachhaltigkeit und Widersprüche. Eine Managementperspektive*, (S. 200–216). Hamburg: LIT.

Rosing, K., Rosenbusch, N., & Frese, M. (2010). Ambidextrous leadership in the innovation process. In A. Gerybadze, et al. (Hrsg.), *Innovation and international corporate growth* (S. 191–204). Berlin: Springer.

Rüegg-Stürm, J., Schedler, K., & Schumacher, T. (2015). Multirationales Management: Fünf Bearbeitungsformen für sich widersprechende Rationalitäten in Organisationen. *Organisations-Entwicklung, 2,* 4–11.

Rybnicek, R., Bergner, S., & Suk, K. (2016). Führung in Expertenorganisationen. In J. Felfe & R. van Dick (Hrsg.), *Handbuch Mitarbeiterführung: Wirtschaftspsychologisches Praxiswissen für Fach- und Führungskräfte.* (S. 227–237). Berlin: Springer.

Scarbrough, H. (1999). Knowledge as work: Conflicts in the management of knowledge workers. *Technology Analysis & Strategic Management, 11*(1), 5–16.

Schedler, K., & Rüegg-Stürm, J. (Hrsg.). (2013a). *Multirationales Management: der erfolgreiche Umgang mit widersprüchlichen Anforderungen an die Organisation.* Bern: Haupt.

Schedler, K., & Rüegg-Stürm, J. (2013b). Konsequenzen für Praxis und Wissenschaft. In K. Schedler & J. Rüegg-Stürm (Hrsg.), *Multirationales Management: der erfolgreiche Umgang mit widersprüchlichen Anforderungen an die Organisation* (S. 229–239). Bern: Haupt.

Schroeder-Saulnier, D. (2014). *The power of paradox: Harness the energy of competing ideas to uncover radically innovative solutions.* Pompton Plains: Career Press.

Smith, W., & Lewis, M. (2011). Toward a theory of paradox. A dynamic equilibrium model of organizing. *Academy of Management Review, 36*(2), 381–403.

Smith, W. K., & Lewis, M. W. (2012). Leadership skills for managing paradoxes. *Industrial and Organizational Psychology, 5*(2), 227–231.

Smith, W., Lewis, M., Jarzabkowski, P., & Langley, A. (Hrsg.). (2017). *The Oxford Handbook of Organizational Paradox.* Oxford: Oxford University Press.

Smith, W. K., Lewis, M. W., & Tushman, M. L. (2016). "Both/and" leadership. *Harvard Business Review, 94*(5), 1–8.

Smith, W., & Tushman, M. (2005). Managing strategic contradictions: A top management model for managing innovation streams. *Organization Sciences, 16*(5), 522–562.

Stahl, H. K., & Fischer, H. R. (2013). Herausforderungen im Dazwischen. Balanceakte des neuen Führens. *Konfliktdynamik, 2*(2), 96–105.

Thomann, G. (2016). Dilemmata, Paradoxien und Ambivalenzen – Führen als Sicherheits-produktion in unvorhersehbaren Situationen. In: G. Thomann & F. Zellweger (Hrsg.), *Lateral führen. Aus der Mitte der Hochschule Komplexität bewältigen* (S. 37–52). Zürich: hep.

Tushman, M., & O'Reilly, C. (1996). Ambidextrous organizations: Managing evolutionary and revolutionary change. *California Management Review, 38*(4), 8–30.

Waring, J., & Curie, G. (2009). Managing expert knowledge: Organizational challenges and managerial futures for the UK medical profession. *Organization Studies, 30*(7), 755–778.

Weggemann, M., & Hoedemakers, C. (2014). *Managing professionals? Don't!* Amsterdam: Warden.

Whitelaw, G. (2012). *The Zen leader: 10 ways to go from barely managing to leading fearlessly.* Pompton Plains: Career Press.

Teil II
Einblicke in unterschiedliche Führungskontexte

Lateral führen an Hochschulen

4

Wirksam handeln auf sich verschiebenden Bodenplatten

Franziska Zellweger und Geri Thomann

4.1 Erhöhtes Koordinationserfordernis in Hochschulen

Zur Erklärung von Hochschul-Governance wird regelmäßig das Konzept der „professional bureaucracy“ herangezogen (Mintzberg 1992). Hochschulangehörige verfügen über ein hohes Maß an eigener Kontrolle über ihre Arbeit; Entscheidungen werden dezentral gefällt. Expertenorganisationen sind gekennzeichnet durch eine lose Kopplung der Teilbereiche des Systems (Weick 1976), Prozesse der Selbstverwaltung spielen eine wichtige Rolle (vgl. z. B. Kezar und Ekel 2004).

Diese Form der Führung an Hochschulen ist herausgefordert durch den Anpassungsdruck vonseiten der Politik und der Gesellschaft (vgl. z. B. Truniger 2017; Pellert 2006). Als Folge der Entwicklung hin zu einer Wissensgesellschaft hat die Zahl der Hochschulstudierenden weltweit massiv zugenommen; grundsätzliche Fragen zur gesellschaftlichen Funktion von Hochschulen und zur Effizienz des Mitteleinsatzes stehen im Raum. Im Zuge von veränderten Steuerungskonzepten (New Public Management) wurde die Autonomie der Hochschulen und damit die Gestaltungsmacht der Hochschulleitungen ausgebaut (Lange 2008). Damit einher geht auch der Diskurs über die „unternehmerische Hochschule“ (z. B. Clark 1998). Unternehmerische Hochschulen verstehen sich als Akteure, die proaktiv nach neuen Wegen suchen, um sich für die Zukunft auszurichten.

F. Zellweger (✉) · G. Thomann
Pädagogische Hochschule Zürich, Zürich, Schweiz
E-Mail: franziska.zellweger@phzh.ch

G. Thomann
E-Mail: geri.thomann@phzh.ch

P. Kels und S. Kaudela-Baum (Hrsg.), *Experten führen*, uniscope. Publikationen der SGO Stiftung, https://doi.org/10.1007/978-3-658-23028-9_4

Die Folge ist eine Zunahme der Organisations- und Koordinationstätigkeiten an Hochschulen (Nickel 2012). Damit verbunden ist eine zunehmende Ausdifferenzierung von Führungsrollen. Im Bereich der akademischen Kernprozesse Forschung und Lehre wurden etwa an Schweizer Fachhochschulen neue Hierarchiestufen geschaffen und Führungsaufgaben durch Institutsleitende, Bereichsleitende, Forschungsgruppenleitende oder Fachbereichsleitende übernommen. Auch in der Verwaltung finden Aufbau und Professionalisierung von Aufgaben, beispielsweise im Bereich der finanziellen Steuerung, des Hochschulmarketings oder der Personalentwicklung, statt. Somit agieren Verwaltungseinheiten zunehmend als interne Dienstleister. Neue Rollen entstehen insbesondere auch im Zwischenbereich von Akademia und Verwaltung, im sogenannten Third Space (Whitchurch 2008). Stabsmitarbeiter, Studiengangsleitende, Qualitätsverantwortliche oder E-Learning-Koordinatoren finden häufig über eine akademische Qualifikation den Weg in verwaltungsnahe Tätigkeiten. Diese erfordern das Verständnis von und die Übersetzung zwischen den unterschiedlichen Logiken der Teilsysteme. Ein derart erhöhter Koordinationsbedarf führt zu wachsenden Spannungen, z. B. zwischen den unterschiedlichen Kulturen „Verwaltung/Management" und „Lehre/Forschung" (Nickel 2012).

Hochschulen befinden sich auf dem Weg von einer staatlich gelenkten Institution hin zu einer Organisation mit erhöhtem Gestaltungsspielraum und dem Anspruch eines Aufbaus von organisationaler Identität (vgl. z. B. Kosmützky 2011). Besonders gut sichtbar wird diese Entwicklung in Strategieprozessen und Leitbildern von Hochschulen oder in Marketingaktivitäten in Richtung von Corporate Identities. Im Zuge dieser Entwicklung stellt sich die Frage nach der Besonderheit von Hochschulen nochmals neu.

Irritieren mag die Beobachtung, dass Hochschulen tendenziell hierarchische Steuerungskonzepte beiziehen, die in wissensintensiven Organisationen der Privatwirtschaft zugunsten von projektartigen, flexibilisierten Ansätzen abgelöst werden (vgl. z. B. Moser 2017). Dies wird nachvollziehbarer durch einen Blick auf die ambivalente und teilweise paradoxe Situation von Führung an Hochschulen (Thomann 2016, S. 49):

- Expertenorganisationen wie Hochschulen sind dadurch charakterisiert, dass die Mitarbeiter gut qualifiziert sind, autonom arbeiten (wollen) und über das Vermögen verfügen, ihre Interessen durchzusetzen; flache Hierarchien und Konzepte des Intrapreneurships führen zu Konkurrenz, zu Machtkämpfen und zu Deregulierung – und dadurch wieder zu übergeordnetem Regulierungsbedarf.
- Für Expertenorganisationen wie Hochschulen ist kennzeichnend, dass Experten sich eher ihrer jeweiligen Profession gegenüber verpflichtet sehen als der organisatorischen Einheit, zu welcher sie gehören, oder der Gesamtorganisation. Karriere und Laufbahnen werden eher in der Logik der Profession und damit weniger abhängig von der Organisation definiert. Dies schafft eine inhärente Ambivalenz zwischen inhaltlicher Profilierung in der Fachcommunity und dem organisationalen Commitment. Eine Paradoxie besteht darin, dass aber gerade die Reputation der einzelnen Experten wichtig ist für die Reputation der Gesamtorganisation (Laske et al. 2006, S. 207).

- Inhaltliche Expertise verfügt in Hochschulen traditionsgemäß über einen höheren Status als Führungs- oder Managementexpertise. Führungsentscheidungen werden bei Experten deshalb ambivalent bis skeptisch wahrgenommen. Dieser Umstand schafft beispielsweise paradoxe Verhaltensweisen bei Experten, die Managementfunktionen übernehmen.
- Gerade im Hochschulbereich gehört Partizipation an Entscheidungen zur organisationalen Kultur. Gleichzeitig ist latent eine subtile Konkurrenz allgegenwärtig. Eine Ambivalenz, die gelegentlich zu einem Dilemma wird, zum Beispiel wenn Entscheidungen zwischen Partizipation und Profilierung notwendig werden.
- An Hochschulen stehen Lehre und Forschung in Spannung zu Verwaltung/Management. Beide „Kulturen" benötigen unterschiedliche (Führungs-)Konzepte. Eine solche Spannung ist nicht einfach auflösbar, könnte aber durchaus produktiv genutzt werden.
- Gerade (staatliche) Hochschulen betreffend wird häufig eine strukturelle Ambivalenz beschrieben: Einerseits sollen sich Hochschulen zunehmend unternehmerisch verhalten, andererseits wirkt das Spannungsfeld zwischen den Steuerungsebenen (staatliche Geldgeber, strategische und operative Führung) so, dass eine Paradoxie entstehen kann: Ansätze zu unternehmerischem Handeln werden dauernd durch bürokratische Vorgaben unterlaufen.

Was diese Ausgangslage für die Governance von Hochschulen und Fakultäten bedeutet, ist eingehend diskutiert worden (vgl. z. B. Schuhmacher 2017). Die Auswirkung dieses von Ambivalenz und Paradoxie geprägten Kontextes auf das Führungshandeln von Personen, welche auf dritter Führungsstufe oder lateral führend nah an den Experten Teams und Projekte verantworten, wurde bisher wenig beachtet. Gerade ihnen obliegt jedoch die Aufgabe, Führungsentscheide, die mehr oder weniger nachvollziehbar sind, zu übersetzen und im konkreten Alltag umzusetzen. Damit werden nicht selten die oben beschriebenen Ambivalenzen hautnah spürbar. Deshalb wird im nächsten Kapitel konkretisiert, welche Anforderungen sich an „laterale" Führung in dieser „Mitte" von Hochschulen stellen.

4.2 Laterale Führung in der Mitte von Hochschulen

Nach Pellert (2006) ist die Expertenorganisation „Hochschule" grundsätzlich durch eine Matrixstruktur von Fachlichkeit und Leistungsauftrag (z. B. Forschung, Ausbildung, Weiterbildung, Dienstleistung) gekennzeichnet. Im Zuge des Aufbaus des Schweizer Fachhochschulsystems haben sich unterschiedliche Organisationsstrukturen etabliert (z. B. primär entlang der fachlichen Logik in Instituten oder primär nach Leistungsauftrag in Abteilungen). Gemeinsam bleibt die Herausforderung, Querverbindungen im Regelbetrieb wie auch in der projektartigen Zusammenarbeit über organisationale Grenzen hinweg herzustellen.

4.2.1 Die Mitte von Hochschulen

Unter dem Stichwort laterale Führung nehmen wir die Tätigkeit von Personen mit und ohne Personalverantwortung in den Fokus, die unterhalb der ersten beiden Führungsstufen (Hochschulleitung, Dekane/Departementsleitung), also zwischen Management und direkten Leistungsaufträgen, Verantwortung übernehmen. Sie leiten zum Beispiel Projekte, Studiengänge oder Forschungsteams unter nicht immer geklärten Rahmenbedingungen. Damit verlassen sie zum Teil klassische Karrierepfade und folgen anderen Laufbahnmustern (vgl. Generalisten oder Versatilisten in Kels et al. 2015). Vertikal gesehen ist die Mitte das, *„was nicht ganz ‚oben' und nicht ganz ‚unten' einzuordnen ist, [...] also ohne strategische Verantwortung und ohne Ansiedelung im operativen Kern"* (Stahl 2005, S. 16).

Im Schlusskommentar zu unserer Buchpublikation „Lateral Führen" (Thomann und Zellweger 2016) schreiben Wehner und Gross (S. 127), dass wer sich in solchen Sandwichpositionen wiederfinde, automatisch an der kommunikativen Front stehe, wo zwischen Vorgaben und Vorschriften einerseits und Einzelfallfragen und -schicksalen andererseits abgewogen werden müsse. Der (Erwartungs-)Druck, der hier von oben und unten entstehe, sei dabei keinem behebbaren Konstruktionsmangel geschuldet, sondern konstitutive Folge des Organisationsaufbaus.

Nicht nur im Längsschnitt der Institutionenpyramide biete die Mitte für den, der dort führen soll, relativ wenig Komfort und zwingt zu Entscheidungen. Auch in der Horizontalen zeigten sich im modellierten „Third Space" an Hochschulen herausforderungsvolle Spannungsfelder, wo laterale Führung ihren Platz in der Mitte permanent neu finden und erfinden müsse. Oszillierend zwischen den Polen *Administration* und *Akademia* mit ihrem je eigenen Aufgabenportfolio, Personal und Mindset bedürfe es größter Flexibilität, Diplomatie und moderativen Geschicks, diese Bereiche miteinander so zu verbinden, dass Brücken entstehen, die von beiden Seiten begehbar sind und auch als gangbare Wege akzeptiert werden.

Wehner und Gross (2016) weisen weiter darauf hin, dass die Mitte dabei kein Fixpunkt sei, sondern ein Verhältnis innerhalb dynamischer Konstellationen kennzeichne, die auf ganz unterschiedlichen Ebenen ihre Kraftfelder aufspannten. Zwischen Kooperationswünschen und Konkurrenzdenken, Anpassung und Neuerfindung oder einem in sich abgeschlossenen Projektdenken versus einer auf Nachhaltigkeit ausgerichteten Langfristigkeit verlaufen weitere Entscheidungs- und Konfliktlinien.

Diese Orte der nie exakt definierbaren, sondern eher dynamischen Mitte erwiesen sich aber nicht nur als Zumutung, sondern auch als Glücksfall. An jenen Stellen, wo die Puzzleteile nicht exakt zusammenpassten, könne Freiraum entstehen für individuelle Redefinitionen, Regelüberschreitung, flexible Anpassung und möglicherweise sogar für nachhaltige Veränderungen und inkrementelle Innovationen. Weder dem einen noch dem anderen Lager richtig zuzugehören, heißt nach Wehner und Gross (2016), die Chance, ja die Verpflichtung zu haben, das Beste aus zwei Welten zusammenzubringen oder das Einflussvakuum und den Gestaltungsspielraum zu nutzen.

4.2.2 Lateral führen

Im unternehmerischen Kontext dominiert der Trend hin zu flacheren und flexibleren Strukturen. Mehr als zwei Drittel aller Führungskräfte, die temporär oder „fix“ Teams leiten, führen lateral – mit anderen Worten: Sie verfügen über keine formalen Weisungsbefugnisse (Radatz 2008).

Es geht somit um die Leitung von nicht unterstellten Organisationsmitgliedern auf ein Arbeitsziel hin. Dabei

- sind die Organisationsmitglieder nicht zwingend aus derselben Organisationseinheit,
- kommen sie oft aus unterschiedlichen hierarchischen Ebenen,
- verfügen Leitungspersonen über keine disziplinarischen oder andere direkten Sanktionsmöglichkeiten.

Laterale Führung erfordert hohe Fähigkeiten zum Herstellen von Vertrauen, zur Verständigung und zum bewussten Umgang mit Macht. Kühl und Schnelle (2005, S. 53) betonen dieses Zusammenspiel. Eine hierarchische Führung an Hochschulen folgt ähnlichen Mechanismen, da ein direktes Durchsetzen von Ansprüchen schwierig ist. Laterale Führung ist auch nicht allein ein Thema für „betroffene“ Führungskräfte, sondern gerade auch für Hochschulleitungen und Stellen, die auf „mittlere“ Führungsstrukturen und -kulturen gestaltend einwirken. Gelingende laterale Führung ist angewiesen auf Rahmenbedingungen, die eine Kultur der lateralen Kooperation unterstützen. Es ist die Aufgabe der Hochschulleitungen, realistische Aufgaben zu erteilen und zu einem Klima beizutragen, in welchem Freiräume mutig improvisierend ausgelotet und Fehler konstruktiv genutzt werden.

Auf der Basis unserer Weiterbildungs- und Beratungspraxis haben wir die in Tab. 4.1 aufgeführten Aktionsfelder und Anforderungen an laterale Führung formuliert.

In diesem Verständnis bewegen sich laterale Führungspersonen an Hochschulen lustvoll in (noch) ungeklärten (Rollen-)Verhältnissen, scheuen Konflikte nicht und sind in der Lage, vertrauensbildende Verständigungsprozesse zu gestalten. Der produktive Umgang mit Ambivalenzen, Dilemmata und Paradoxien ist eine essenzielle Anforderung. Laufbahnfragen werden früher oder später wichtig in einem System, das Karriere primär über fachliche Entwicklung unterstützt und Führungsexpertise bislang wenig wertschätzt.

Tab. 4.1 Aktionsfelder und Anforderungen an laterale Führung

Aktionsfelder	Anforderungen an laterale Führungspersonen	Anforderungen an die Hochschule als Organisation
Rahmenbedingungen für Führungsarbeit realistisch setzen	Laterale Führungspersonen können proaktiv einen klaren, realistischen Auftrag verhandeln	Die Hochschule als Organisation sorgt für sinnvolle Aufträge (z. B. keine Delegation von Aufgaben an Projekte, die in die Linie gehören), für klare, realistische Ziele und für adäquate Ressourcen
Handeln in komplexen Situationen / Probleme lösen	Sie können ambivalente Situationen erkennen und aushalten, und sie handeln (wo nötig rasch) bei unvollständigen Informationen und unklaren Rollen	Sie sorgt für eine angemessene Fehlerkultur
Führen von Teams	Sie können unterschiedliche Personen mit unterschiedlichen Interessen auf ein Ziel hin motivieren und mobilisieren	Sie sorgt für eine Kultur lateraler Kooperation
Die individuelle Entwicklung mitdenken	Sie können die eigene Rolle verhandeln, d. h. Rollenkonflikte, Rollenüberlastung und Rollenunklarheit erkennen und, wo möglich, bearbeiten. Sie können den Wert und die Risiken einer lateralen Führungsfunktion für die eigene Laufbahn einschätzen und übernehmen Verantwortung für die eigene Weiterentwicklung	Sie sorgt für Laufbahnperspektiven jenseits des klassischen akademischen Profils wie auch für die individuelle Förderung von Mitarbeitern in der Übernahme lateraler Führungsaufgaben
Zur Organisationsentwicklung beitragen	Sie können grenzüberschreitend agieren und unterschiedliche Interessen zielorientiert vereinbaren	Sie sorgt für Rahmenbedingungen und eine innovative Kultur, welche die Zusammenarbeit über organisationale Grenzen hinweg wertschätzt
Innovationskraft entwickeln, „marktorientiert“ handeln	Sie können die eigene Energie und die des Teams ausrichten auf die Erarbeitung innovativer Lösungen	Sie sorgt für Rahmenbedingungen, welche die Akquise und Bearbeitung innovativer Projekte begünstigen

4.3 Didaktische Überlegungen zur Unterstützung der Kompetenzentwicklung von lateral Führenden

Im Rahmen des Lehrgangs, den das Zentrum für Hochschuldidaktik und -entwicklung der Pädagogischen Hochschule Zürich (ZHE) seit 2010 anbietet, werden lateral Führende in ihrer Kompetenzentwicklung unterstützt.

Ausgerichtet auf die skizzierten Kompetenzanforderungen wurde 2010 an der PH Zürich der Lehrgang „Führen von Projekten und Studiengängen an Hochschulen" (Certificate of Advanced Studies, CAS) entwickelt, der sich an Personen richtet, die mit vielfältigem Erfahrungshintergrund laterale Führungsaufgaben an Hochschulen übernehmen. Dabei wird mit Erfolg die Verbindung von Weiterbildungs- und Beratungsformaten erprobt. Im Folgenden werden am Beispiel des genannten Lehrgangs didaktische Formate und inhaltliche Schwerpunkte dargestellt, die den Aufbau von Führungskompetenz in Hochschulen unterstützen.

4.3.1 Teilnehmende: lateral Führende in der Hochschullehre

Das Weiterbildungsangebot richtet sich primär an Fachleute, die im Bereich Aus- und Weiterbildung für Leistungsbereiche, Angebote oder Projekte Verantwortung tragen. Sie führen in der Mitte von Hochschulen hierarchisch oder lateral. Von den bisher insgesamt 52 Teilnehmenden, die den Lehrgang ganz absolviert haben, arbeiten knapp 20 an einer Pädagogischen Hochschule, 30 in Fachhochschuldepartements unterschiedlichster fachlicher Ausrichtung, einzelne an Höheren Fachschulen und seit der Kooperation mit der Universität Bern neu auch einzelne an Universitäten. Die meisten haben ihren Schwerpunkt im Bereich der Ausbildung, mehrere verantworten umfangreichere Weiterbildungsangebote.

In der Ausschreibung sind konkret Modulverantwortliche und Studiengangsleitende in Aus- und Weiterbildung angesprochen wie auch Personen, die sich in einer Querschnittsfunktion mit der Qualitätsentwicklung in der Lehre an Hochschulen und Institutionen der Erwachsenenbildung beschäftigen. Zu letzteren gehören beispielsweise Qualitätsverantwortliche, E-Learning-Spezialisten, Hochschuldidaktiker sowie Mitarbeiter im Stab der Hochschulleitung.

Von den Teilnehmenden verantworten 22 Personen konkrete Produkte etwa als Studiengangsleitende in der Aus- und Weiterbildung, weitere 20 Personen übernehmen koordinierende Aufgaben mit meist weniger klaren Bezeichnungen. Sie unterstützen als Stabsmitarbeiter Projekte in der Lehre oder koordinieren Teilbereiche von Curricula. 10 Personen tragen sowohl Personal- wie auch Produktverantwortung auf zweiter oder dritter Führungsstufe (siehe Abb. 4.1).

Die Arbeit aller Personen ist geprägt durch beraterische, koordinative, planerische und kommunikative Tätigkeiten sowie durch ihre Schnittstellenfunktion zur Hochschulleitung, zu den Dozierenden, Studierenden und zur Hochschulverwaltung.

4.3.2 Didaktische Formate

Im Folgenden werden mit dem Format „Entwicklungsziele" und dem Ansatz des „Blended Coaching" zwei didaktische Formate dargestellt, die die Arbeitsweise im Lehrgang illustrieren.

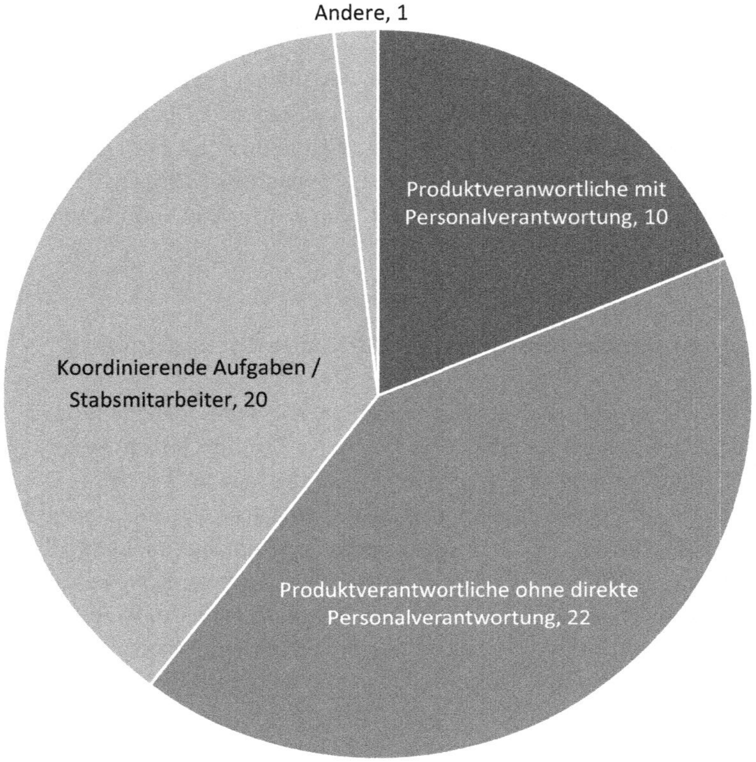

Abb. 4.1 Aufgabenbereiche der Lehrgangsteilnehmenden

4.3.2.1 Format „Entwicklungsziele"

Im Bewusstsein, dass die Teilnehmenden sehr unterschiedliche Voraussetzungen, Arbeitskontexte und Motivationen für den Lehrgang mitbringen, messen wir einer individuellen Zielformulierung eine hohe Bedeutung bei. Die Auseinandersetzung mit den eigenen Anliegen in Abstimmung mit den Inhalten im Studiengang unterstützt die Teilnehmenden in der Fokussierung auf für sie im Moment wesentliche Aspekte. Für die Studiengangsleitung sind diese Zielformulierungen eine wertvolle Ressource, um die Teilnehmenden kennenzulernen und das Angebot gut auf deren Bedürfnisse abzustimmen.

Konkret sind die Teilnehmenden aufgefordert, im Anschluss an die Inputs und Diskussionen der beiden Auftakttage 3–4 persönliche Entwicklungsziele zu formulieren, die sie im Rahmen dieses Weiterbildungsangebots in den Blick nehmen möchten, und zu überlegen, welche Schritte zur Zielerreichung notwendig sind.

Zur Unterstützung steht ein Selbsteinschätzungsinstrument zur Verfügung. Dieses wurde auf der Basis einer Vorlage aus dem Masterlehrgang „Schulische Heilpädagogik" der Hochschule für Heilpädagogik HfH in Zürich angepasst (siehe Abb. 4.2).

Selbsteinschätzung Kompetenzen

Kompetenzbereiche	Mein Vorwissen (Erfahrungen, Ressourcen, Kompetenzen)	Skala 1–4	Meine Ziele (Entwicklungsoptionen, Kompetenzen)	Skala 1–4
Hochschuldidaktische Basiskompetenz Sie entwickeln Ihre hochschuldidaktischen Kompetenzen interessengeleitet weiter.	Notizen		Notizen	
Bildungspolitisches Orientierungswissen Sie können sich an aktuellen bildungspolitischen Strukturen und Diskussionen orientieren.				
Rollenkompetenz Sie verstehen Ihre Tätigkeit als Führungsaufgabe und nutzen Ihren Spielraum zur Entwicklung ihres Verantwortungsbereichs.				
Führungskompetenz Sie können Beteiligte in Ihrem Verantwortungsbereich kontextsensibel „führen".				
Didaktische Gestaltungskompetenz Sie können didaktische Konzepte gestalten.				
Qualitätsentwicklungskompetenz Sie können laufend die Qualität sichern und basierend auf Evaluationsergebnissen Ihren Verantwortungsbereich weiterentwickeln.				

1= in geringem Maße 2= in mittlerem Maße 3 = in hohem Maße 4= in sehr hohem Maße

Abb. 4.2 Instrument zur Selbsteinschätzung der Kompetenzen im Lehrgang „Führen von Projekten und Studiengängen an Hochschulen"

Bei aller Unterschiedlichkeit der Teilnehmenden sticht in den Entwicklungszielen die Bedeutung von Rollenkompetenz hervor. Dies ist einerseits dem Umstand geschuldet, dass in den Auftakttagen ein rollentheoretisches Konzept eingeführt wurde. Allerdings sind Rollenunklarheit, Rollenüberlastung und Rollenkonflikte geradezu charakteristisch, wie die folgenden Auszüge aus den Entwicklungszielen dreier Teilnehmender verdeutlichen:

> Durch die Visualisierung sah ich die gelebte und gespürte Rollenvielfalt, die Fülle der Erwartungen und Ansprüche sowohl auf inhaltlicher wie auch auf persönlicher Ebene. Dies bekräftigt meinen Entschluss, mich mit der Rollenanalyse näher auseinanderzusetzen (Teilnehmerin 1).

> Die Diskussion über die Rolle beziehungsweise die Rollen der Studiengangsleitung hat mir bewusst gemacht, wie groß die Vielfalt der Rollen und Perspektiven ist, in denen ich mich täglich bewege. Dabei bin ich mir nicht ganz sicher, in welchem Ausmaß ich diese Situation selber ausbalanciere, gegenwärtig ist es wohl immer wieder eher so, dass die Prioritäten und Pendenzen [Anm.: d. Verf.: schweizerisch, unerledigte Aufgabe, schwebendes Geschäft] sich ergeben, als dass ich sie setze (Teilnehmer 2).

> Meine Rolle als Studienleitung des M. Sc. ist klar definiert und das Netz von Bezugspersonen klar umrissen. Meine Rolle als Projektleiterin hingegen variiert je nach Projekt und nach Projektphase, und auch die Bezugspersonen wechseln immer wieder. Bei der Analyse der Rolle ist mir klar geworden, dass die Rollen gegenwärtig gegenüber verschiedenen Bezugspersonen nicht klar definiert sind, und dass es aufgrund unterschiedlicher Rollenerwartungen immer wieder zu Konflikten kommt (Teilnehmerin 3).

Zu den formulierten Zielsetzungen haben die Teilnehmenden von der Leiterin dieses CAS ein Feedback erhalten. Dabei wurde darauf geachtet, dass vielfältige Anforderungen an die Rolle als lateral Führende thematisiert und die Ziele nachvollziehbar argumentiert, realistisch und überprüfbar formuliert sind.

Im weiteren Verlauf waren diese Ziele Bezugspunkte bei der Formulierung von individuellen Projektarbeiten und wurden im Rahmen eines individuellen Abschlussgesprächs überprüft. Bei dieser Überprüfung standen folgende Leitfragen im Fokus:

- Wie relevant sind die formulierten Entwicklungsziele aus heutiger Sicht?
- Wie beurteilen Sie die Zielerreichung? Was hat zur Zielerreichung beigetragen? Was hat diese behindert?
- Bezugnehmend auf Ihre vielfältigen Rollen (Rollenstrauss, vgl. Thomann 2013, S. 22), inwiefern hat der Studiengang dazu beigetragen, Rollensicherheit zu gewinnen? Haben Sie wesentliche Rollenklärungen, eine Lösung von Rollenkonflikten und den Abbau von Rollenüberlastung erzielen können?
- Was waren für Sie wesentliche Lernmomente im Studiengang, aufgrund derer Sie im Alltag „kompetenter" agieren?
- Welche Schwerpunkte stehen im nächsten Jahr im Rahmen Ihrer Tätigkeit an, und inwiefern unterstützt Sie die Arbeit im Studiengang? Worin besteht die größte Herausforderung?
- Welche Kompetenzen möchten Sie weiterentwickeln oder erwerben? Haben Sie Strategien, wie Sie dies angehen können?

Die Zeit für diese individuellen Gespräche ist mit 30 min knapp bemessen. Wie relevant die Entwicklungsziele gegen Ende des Lehrgangs noch sind, ist sehr unterschiedlich. Es bewährt sich, dass die Teilnehmenden das Gespräch vorbereiten und die Gesprächsschwerpunkte bestimmen. In der Regel gelingt es gut, zukunftsgerichtet Perspektiven zu diskutieren.

4.3.2.2 Format „Blended Coaching": zwischen Weiterbildung und Beratung

Die Praxissituation der Teilnehmenden ist einerseits derart unterschiedlich, dass eine Analyse und die Interventionsplanung häufig individuell erfolgen müssen; andererseits benötigt eine Mustererkennung und Stärkung der Problemlösekompetenz eine präzise Problem- und Situationsanalyse, welche zugunsten der Perspektivenerweiterung am besten in (Klein-)Gruppen erfolgt.

Das Blended-Coaching-Konzept verbindet in diesem Lehrgang Weiterbildungsformate mit Beratungselementen. Das Ziel des Konzepts ist, mittels unterschiedlicher Methoden und Formate ein integratives Zusammenspiel zwischen Weiterbildung und Beratung zu erreichen. Dabei wird Beratungskompetenz als Bestandteil von

Lehrkompetenz betrachtet und als solche bei den Teilnehmenden auch geschult (Engfer und Thomann 2014).

Folgende Vorgehensweisen und Angebotsformate des Blended Coaching wurden bisher im Lehrgang eingesetzt (Engfer 2018):

- Beratungswissen wird explizit als Inhalt vermittelt im Rahmen eines Wahlmoduls.
- Innerhalb von ausgewählten Modulen werden Beratungssequenzen eingeflochten, wodurch Beratung praxisnah erlebbar wird. So werden zum Beispiel mit der Methode der „kollegialen Beratung“ Anliegen aus dem professionellen Kontext der Teilnehmenden bearbeitet (z. B. Rollengestaltung, Führen und Leiten, Funktionswechsel, berufliche Perspektiven).
- Anhand konstruierter Fallbeispiele (sogenannter „cases“) werden Themen vertieft betrachtet und zur eigenen Situation der Teilnehmenden in Bezug gesetzt.
- Supervisionen werden während der Dauer eines Lehrgangs mit kleineren Gruppen (ca. 5–8 Personen) zwischen den Modulen durchgeführt. Hier wird, wie auch bei den oben beschriebenen Fallbearbeitungen innerhalb von Modulen, die Methode der „kollegialen Beratung“ angewendet. Doch werden in den Supervisionssequenzen unterschiedliche Vorgehensweisen für die Fallbearbeitung vorgestellt und durchgeführt. Zudem besteht auf Wunsch der Teilnehmenden die Möglichkeit, Inputsequenzen zu einzelnen Themen einzubauen.
- Einzelberatungen außerhalb der Module ermöglichen, eigenen Fragestellungen (z. B. Erstellen des eigenen Kompetenzprofils, Erarbeiten von Entwicklungszielen oder konkreten nächsten beruflichen Schritten) detaillierter nachzugehen, wobei unterschiedlichste Methoden der Prozessberatung zur Bearbeitung eingesetzt werden.

Ein solch weites Verständnis von Weiterbildung ist gewinnbringend, aber anforderungsreich für Teilnehmende wie auch für Dozierende. Vonseiten der Teilnehmenden erfordert dieser Zugang eine gewisse Bereitschaft, sich persönlich weiterzuentwickeln und sich offen auf Weiterbildungsformate einzulassen, die sich an ihren konkreten Anliegen und Fragen aus dem beruflichen Kontext orientieren. Dozierende brauchen neben fundiertem Fachwissen und Kompetenzen der Erwachsenenbildung auch beraterisches Knowhow und eine hohe Flexibilität. In der Moderation muss der Transfer von der konkreten Situation zu übergeordneten Zusammenhängen gelingen. Es ist wichtig, spezifische Diskussionen in einem Gesamtbild zu verorten.

4.3.3 Inhaltliche Schwerpunkte

Anhand der Rollenkompetenz und der lateralen Führungskompetenz wird im Folgenden konkreter ausgeführt, wie im Rahmen dieses Lehrgangs die Entwicklung von Führungskompetenz unterstützt wird.

4.3.3.1 Schwerpunkt Rollenkompetenz

Aus dem Kompetenzprofil:

> Sie sind sich der Vielfalt der eigenen (beraterischen, koordinativen, planerisch-konzeptionellen und kommunikativen) Tätigkeit bewusst und können Konzepte nutzen, die Sie beim gewandten Rollenwechsel unterstützen (Rollenmanagement).
>
> Sie wissen um Ihre Sandwich-Rolle zwischen den Erwartungen der Hochschulleitung, der Dozierenden, Studierenden und der Hochschulverwaltung sowie weiteren Stakeholdern und können diese vor dem Hintergrund der zur Verfügung stehenden – auch persönlichen – Ressourcen adäquat adressieren (Erwartungsmanagement).

Neben der Vermittlung von organisationstheoretischem und hochschulpolitischem Orientierungswissen wurde zum Start des Studiengangs ein rollentheoretischer Zugang gewählt (Eck 2003). Dieser erscheint uns vielversprechend mit Blick auf die in Abschnitt 4.1 skizzierten Schwierigkeiten von Führung an Hochschulen. In dieser rollentheoretischen Perspektive haben lateral Führende (z. B. Studiengangsleitung) eine Position inne und müssen, um ihre Identität aufrechtzuerhalten, die verschiedenen bestehenden Rollenerwartungen „austarieren". Es braucht zu diesem Zweck eine Rollendistanz, d. h. die Fähigkeit, Abstand von der Erwartung zu nehmen und diese nach eigenen Voraussetzungen und Bedürfnissen zu interpretieren. Fremderwartungen und Eigenbedürfnisse können so kompromisshaft integriert werden. Dies ist von zentraler Bedeutung, nicht nur, weil ohne Rollendistanz das Individuum im „Rollen-Overload" untergehen und „ausbrennen" würde, sondern auch, weil eine eigene Interpretation der Rolle bei anspruchsvollen Positionen erwartet wird. Der Verzicht auf kreative Anteile bei der Rollengestaltung durch das Individuum würde in diesem Falle ebenso „bestraft" werden wie das Ignorieren von gewichtigen Außenerwartungen.

Gelegentlich wird auch die Fähigkeit der Rollenambiguität, also des Aushaltens verschiedener divergierender Rollenansprüche, „überlebenswichtig".

Die Ausgewogenheit von Rollenerwartungen und Rolleninterpretationen führt somit zu spezifisch adäquatem Rollenverhalten. Ein erster Schritt dazu ist eine Rollenanalyse (Schein 2006). Die Teilnehmenden sind aufgefordert, in Vorbereitung zum Kursstart eine solche Analyse vorzunehmen: Durch Variieren der Pfeildicke und der Distanz der verschiedenen „Beziehungskreise" zum Zentrum (oder mit Farben) kann die Höhe der Erwartung der Bezugspersonen an den Positionsinhaber bzw. die Bedeutung, welche der Bezugsperson beigemessen wird, unterschieden werden (siehe Abb. 4.3).

In einem zweiten Schritt wurden im Kurs in wechselnden Zweierteams die Rollenanalysen erläutert, Rollenunklarheiten, Rollenüberlastungen und Rollenkonflikte eruiert und im Plenum Strategien diskutiert, um in einem dritten Schritt im jeweiligen Arbeitskontext der Teilnehmenden mit den entsprechenden Erwartungsträgern in eine Rollenverhandlung treten zu können.

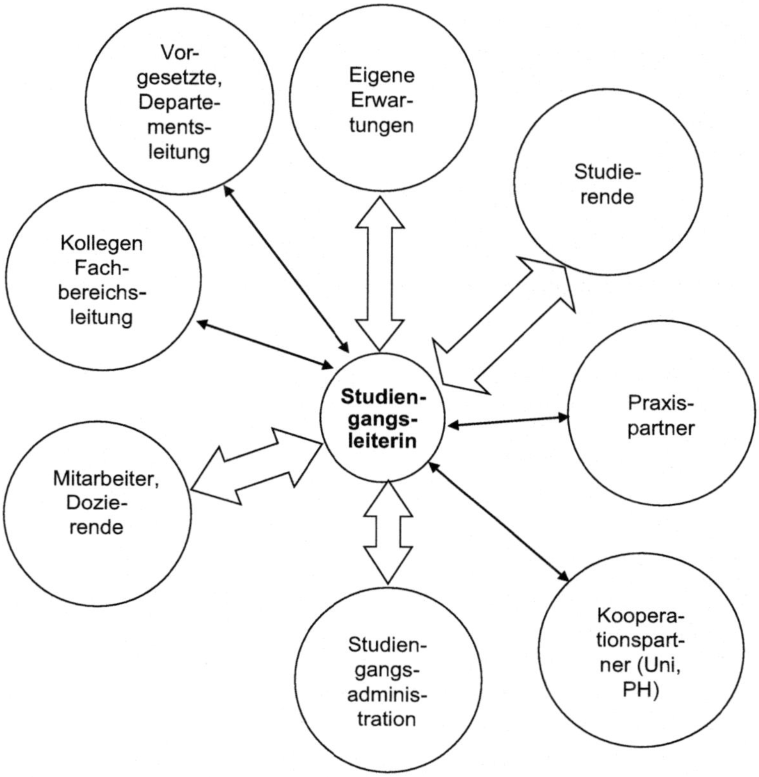

Abb. 4.3 Visualisierung möglicher „Erwartungssender“ an Studiengangsleitende (fiktives Beispiel)

Die Auseinandersetzung mit der eigenen Rolle erleben wir in verschiedener Weise produktiv:

- Für die Teilnehmenden ist es häufig eine große Entlastung, festzustellen, dass es in der Natur ihrer Funktion liegt, dass Phänomene wie Rollenkonflikte, Rollenunklarheit und Rollenüberlastung auftreten. Der Austausch unter den Personen mit sehr unterschiedlichen „Rollensträußen“ führt zur Erkenntnis, dass Herausforderungen sich teilweise sehr gleichen.
- In Anbetracht des spannungsvollen und z. T. widersprüchlichen Umfelds ist es für viele eine zentrale Erkenntnis, dass ambivalente Situationen nicht aufgelöst werden können.
- Das Konzept ist für die Weiterarbeit nützlich, denn in unterschiedlichen Situationen sind unterschiedliche Rollenkonstellationen manifest, die aus dieser Perspektive erfasst werden können. Die Prozessgestaltung einer Curriculums-Überarbeitung erfordert andere Strategien als das Agieren in einer konflikthaften Situation mit Dozierenden oder Studierenden.

Dieser Zugang macht teilweise auch deutlich, dass einzelne Teilnehmende in außerordentlich schwierigen Konstellationen stecken, sodass dies an die Grenzen dessen stößt, was im Rahmen einer Weiterbildung aufgefangen und bearbeitet werden kann. In solchen Fällen kann im Sinne des Blended Coaching eine semi-externe Beratung (eine Beratungsperson des Zentrums für Hochschuldidaktik und -entwicklung, welche nicht im Lehrgangsteam ist) hilfreich sein, oder es kann zu einer externen Unterstützung geraten werden.

4.3.3.2 Schwerpunkt laterale Führungskompetenz

Aus dem Kompetenzprofil:

> Sie verstehen Ihre Tätigkeit als Führungsaufgabe und nutzen Ihren Spielraum zur Entwicklung Ihres Verantwortungsbereichs.

Das Gros der Teilnehmenden verfügt über keine formalisierte Führungsfunktion. Bewusst sprechen wir in diesem Zusammenhang von „Führen", denn „Führen" (im Sinne von Leadership) ist mehr als „Leiten", und „Leiten" (im Sinne von Management) ist nahe an „Koordinieren" (Abstimmen von Aufgaben und Tätigkeiten). Eine zentrale Voraussetzung von gelingender Führung ist das Bewusstsein dafür, dass man eine Führungsaufgabe übernimmt.

Das in Abschnitt 4.2.2 skizzierte Verständnis von lateraler Führung wird in einem spezifischen Modul im Umfang von vier Kurstagen vertieft. Dabei werden Konzepte von Führung vorgestellt und erlebbar gemacht wie auch Besonderheiten im Kontext Hochschule thematisiert. Ganz im Sinne des Blended Coaching kommen auch beraterische Ansätze zum Einsatz. An fiktiven wie eigenen Situationen werden Handlungsmöglichkeiten ausgelotet und -alternativen entworfen.

Als Leistungsnachweis analysieren die Teilnehmenden bezugnehmend auf die Inhalte im Modul eine Führungssituation oder skizzieren Grundsätze der lateralen Führung. Rolf Kuhn, Dozent im Modul, hat 2016 Führungsgrundsätze von Teilnehmenden verdichtet und der Gruppe zur Diskussion zurückgespielt:

1. Nimm die Führung an und führe deutlich – das beinhaltet z. B. Regeln festlegen, Ergebnisse sichern und diese allen zugänglich machen.
2. Sorge für ein offenes, tolerantes und wertschätzendes Klima.
3. Kläre sorgfältig die Rollen und Aufgaben, damit ein gemeinsames Verständnis des Auftrags resultiert.
4. Nutze die vorhandenen Kompetenzen optimal und schaffe einen gemeinsamen, energiestiftenden Fokus.
5. Kläre den Ressourceneinsatz transparent und verbindlich.
6. Unterstütze die Gruppe methodisch in der Entscheidungsfindung und sorge für geistige Beweglichkeit, damit sich „Neues" entfalten kann.

7. Erkenne die hohe Bedeutung von partizipativ getroffenen Entscheidungen und stelle dabei den Nutzen für die Gruppe als Ganzes ins Zentrum.
8. Achte darauf, dass die erarbeiteten Entscheidungen und Lösungen tragfähig sind und eine möglichst breite Akzeptanz finden.
9. Pflege intern und extern eine gute Kommunikation, weil du eine „Klärungs- und Drehscheibenfunktion“ hast.
10. Legitimiere deine Führungsfunktion über eine hohe Leistungsbereitschaft, damit auch die Gruppe ihr Potenzial optimal ausschöpfen kann.

In der Gruppe besonders kritisch diskutiert wurde in der Folge die Notwendigkeit hoher Leistungsbereitschaft. Wenn auch überdurchschnittliche Leistungsbereitschaft in der Erfahrung der Teilnehmenden vielfach ein Schlüssel für Akzeptanz und gelingendes Agieren in solchen Funktionen ist, so kritisch wurde dieser Aspekt auch diskutiert. Bis zu welchem Grad müssen mit persönlichem Engagement prekäre Voraussetzungen lateraler Führung kompensiert werden? Nicht nur ist das Erfüllen dieses hohen Anspruchs langfristig ungesund, die Teilnehmenden riskieren bisweilen auch den Verlust ihrer fachlichen Kompetenz. Darum ist im Lehrgang die eigene Laufbahnentwicklung ein wichtiges Thema.

4.3.3.3 Schwerpunkt Laufbahnentwicklung

Aus dem Kompetenzprofil im Bereich Rollenkompetenz:

Sie verstehen Ihre Funktion als vorläufig. Sie prüfen Ihr Aufgabenportfolio regelmäßig und streben sinnvolle Veränderungen an (Formalisierungen, wo notwendig, offene Gestaltungsräume, wo nützlich). Zudem halten Sie sich den Gestaltungsspielraum für Ihre persönliche Weiterentwicklung offen.

Zum Schluss des Lehrgangs thematisieren wir mit den Teilnehmenden Laufbahnfragen, denn in aller Regel sind diese Funktionen Zwischenstationen in einer Laufbahn. Karrieren an Hochschulen folgen meist einer fachlichen Entwicklung. So kritisch eine Studiengangsleitung für das Funktionieren der Hochschullehre in einer Organisation ist, so riskant kann langfristig die Vernachlässigung einer fachlichen Profilierung für die betroffene Person sein. Auch die Intensität und Belastung dieser Funktionen lassen es nicht wahrscheinlich erscheinen, dass sich die Teilnehmenden in ihnen auf lange Frist entwickeln.

Durch die Auseinandersetzung mit Laufbahnmodellen, mit Trends in Richtung entgrenzter Karriere und mit den persönlichen Karriereankern (Schein 1998) beabsichtigen wir, die Teilnehmenden in ihrer aktuellen Funktion zu stärken. Sie erhalten Denkanstöße, um die eigene Rolle und Funktion „in Bewegung zu halten“. Wir regen sie dazu an, Entwicklungsoptionen aktiv mitzudenken und den Transfergehalt ihrer in der aktuellen Position aufgebauten Kompetenzen sichtbar zu machen.

Die individuellen Schlussgespräche, die an die Entwicklungsziele anknüpfen (siehe Abschn. 4.3.2.1), sollen ebenfalls diesen zukunftsgerichteten Blick unterstützen.

4.4 Schlussgedanken

Die Erfahrungen mit dem oben beschriebenen Lehrgang zeigen, dass eine Schulung in der Analyse und im Umgang mit den anfangs beschriebenen strukturellen Phänomenen wie Ambivalenzen und Paradoxien in der Expertenorganisation Hochschule möglich und sinnvoll ist und dass die Teilnehmenden mittels diverser Instrumente und Verfahren Souveränität erleben und lustvoll Gestaltungsoptionen in dieser Sandwich-Position in der Mitte von Hochschulen eruieren können. Schließlich sind sie Träger und Gestalter einer notwendigen Dynamik und nicht lediglich Inhaber von neuen Positionen. Wer seine Spielräume kennenlernt und auslotet, ist eher in der Lage, sie zu nutzen und damit zur Erneuerungsfähigkeit einer Organisation beizutragen.

Basierend auf den skizzierten Erfahrungen entwickeln wir unsere didaktischen Settings laufend weiter. Der aktuelle Lehrgang ist zweigeteilt. In Basismodulen erarbeitet die Gruppe gemeinsam zentrale Themen, im zweiten Teil wählen die Teilnehmenden ein individuelles Programm aus einem Angebot von Kursen, der Bearbeitung eines Projektes (z. B. Bearbeitung einer Fragestellung aus dem beruflichen Alltag unter fachkundiger Begleitung) oder einer Mentoringpartnerschaft (3–4 Treffen mit einem Mentor / einer Mentorin, der/die über einschlägige Erfahrung verfügt, zwecks Erweiterung des Netzwerks/Einblicks in einen anderen Kontext wie auch zur fokussierten Diskussion von Fragestellungen). Diese Wahl wird unterstützt durch einen Standortbestimmungstag in der Mitte des Lehrgangs.

Davon erhoffen wir uns, die Teilnehmenden noch besser ihren individuellen Ressourcen und Anliegen entsprechend zu begleiten und vor allem mit dem Mentoringangebot noch mehr Vernetzungsmöglichkeiten zu schaffen.

Die Idee des Verhältnisses von Entwicklungszielen und Standortbestimmungen weiterverfolgend, sind wir im Moment dabei zu überprüfen, wie ein konsistentes Verfahren der Kompetenzvalidierung eingerichtet werden kann.

Neben der oben beschriebenen individuellen Kompetenzentwicklung dieser Schlüsselpersonen für das Funktionieren und die Entwicklung von Aus- und Weiterbildung an Hochschulen stellt sich aus organisationaler Sicht die Frage, ob es nicht grundsätzlich zum Profil aller Hochschuldozierenden gehört, sich als „Hybrid Professional" zu verstehen. Letztlich muss es darum gehen, laterale Führung als systemisches Phänomen in der „DNA" der Organisation zu verankern (Gomez und Rüegg-Stürm 1997).

Literatur

Clark, B. R. (1998). *Creating entrepreneurial universities: Organizational pathways of transformation*. Oxford: Pergamon.

Eck, E. C. (2003). Rollencoaching als Supervisions-Arbeit an und mit Rollen. In G. Fatzer (Hrsg.), *Supervision und Beratung* (11. Aufl., S. 209–247). Köln: EHP.

Engfer, D. (2018). Blended Coaching – Ein Konzept zur Verbindung von Weiterbildung und Beratung. In T. Zimmermann, G. Thomann, & D. Da Rin (Hrsg.), *Weiterbildung an Hochschulen – Über Kurse und Lehrgänge hinaus*. Bern: hep.

Engfer, D., & Thomann, G. (2014). Kompetenzentwicklung durch Blended Coaching. *Zeitschrift Weiterbildung, 6*(14), 34–37.

Gomez, P., & Ruegg-Sturm, J. (1997). Teamfähigkeit aus systemischer Sicht – Zur Bedeutung und den organisatorischen Herausforderungen von Teamarbeit. In R. G. Klimecki & A. Remer (Hrsg.), *Personal als Strategie* (S. 136–157). Neuwied: Luchterhand.

Kels, P., Clerc, I., & Artho, S. (2015). Karrieremanagement in wissensbasierten Unternehmen: innovative Ansätze zur Karriereentwicklung und Personalbindung. Wiesbaden: Springer Gabler.

Kezar, A. J., & Eckel, P. D. (2004). Meeting today's governance challenges. *The Journal of Higher Education, 75*(4), 317–399.

Kosmützky, A. (2011). *Von der organisierten Institution zur institutionalisierten Organisation?: Eine Untersuchung der (Hochschul-) Leitbilder von Universitäten*. Doctoral Dissertation. Universität Bielefeld.

Kühl, S., Schnelle, T., & Tillmann, F.-J. (2005). Lateral Leadership: An Organizational Approach to Change. *Journal of Change Management, 5*(2), 177–189.

Lange, S. (2008). New Public Management und die Governance der Universitäten. *Zeitschrift für Public Policy, Recht und Management., 1*(1), 235–248.

Laske, S., Meister-Scheytt, C., & Küpers, W. (2006). *Organisation und Führung*. Munster: Waxmann.

Mintzberg, H. (1992). *Die Mintzberg-Struktur: Organisationen effektiver gestalten*. Landsberg am Lech: Moderne Industrie.

Moser, M. (2017). *Hierarchielos führen*. Wiesbaden: Springer Fachmedien.

Nickel, S. (2012). Engere Kopplung von Wissenschaft und Verwaltung und ihre Folgen für die Ausübung professioneller Rollen in Hochschulen. In U. Wilkesmann & C. Schmid (Hrsg.), *Hochschule als Organisation* (S. 279–291). VS Verlag.

Pellert, A. (2006). Die Leitung von Universitäten oder die Herausforderung Hochschulmanagement. In H. Welte, M. Auer, & C. Meister-Scheytt (Hrsg.), *Management von Universitäten zwischen Tradition und (Post-)Moderne* (S. 47–59). München: Hampp.

Radatz, S. (2008). Laterale Führung – Erfolgreich gelebt. *Lernende Organisation, 2008*(Januar/Februar), 7–13.

Schein, E. (1998). *Karriereanker. Die verborgenen Muster in ihrer beruflichen Entwicklung*. Darmstadt: Lanzenberger Looss Stadelmann.

Schein, E. (2006). *Überleben im Wandel: Strategische Stellen- und Rollenplanung*. Darmstadt: Lanzenberger Looss Stadelmann.

Schumacher, T. (2017). Strategie und Organisationsdesign in Hochschulen. In L. Truniger (Hrsg.), *Führen in Hochschulen* (S. 69–87). Wiesbaden: Springer Fachmedien.

Stahl, H. K. (2005). *Mittleres Management – Ein Nadelöhr für Veränderungsprozesse? Lernende Organisation, 28,* 16–25.

Thomann, G. (2013). *Ausbildung der Ausbildenden*. Bern: hep.

Thomann, G. (2016). Dilemmata, Paradoxien und Ambivalenzen – Führen als Sicherheitsproduktion in unvorhersehbaren Situationen. In G. Thomann & F. Zellweger (Hrsg.), *Lateral Führen* (S. 37–52). Bern: hep.

Thomann, G. & Zellweger, F. (Hrsg.). (2016). Lateral führen – Aus der Mitte der Hochschule Komplexität bewältigen. Bern: hep.

Truniger, L. (2017). Schlaglichter auf Entwicklungen und Differenzierungsprozesse in Hochschulen. In L. Truniger (Hrsg.), *Führen in Hochschulen* (S. 15–29). Wiesbaden: Springer Fachmedien.

Wehner, T., & Gross, S. (2016). Schlusspunkt – Seitenblicke auf die laterale Führung. Und doch kein Schlusspunkt. In G. Thomann & F. Zellweger (Hrsg.), *Lateral Führen* (S. 126–130). Bern: hep.

Weick, K. E. (1976). Educational systems as loosely coupled systems. *Administrative Science Quarterly, 21,*1–19.

Whitchurch, C. (2008). Shifting identities and blurring boundaries: The emergence of third space professionals in UK higher education. *Higher Education Quarterly, 62*(4), 377–396.

Führung von Experten an Hochschulen: Bedingungen für evidenzbasiertes Führungshandeln

5

Markus Hodel

5.1 Einleitung

Hochschulen gelten als zentrale Orte der Wissensgenerierung. Im Rahmen der Forschung werden neue Erkenntnisse gewonnen, welche über Publikationen und die Lehre disseminiert werden. Hochschulen fällt die Selbstanwendung vorhandenen Wissens aber schwer (Pellert 2000, S. 40). Ein Grund für diese mangelnde Selbstanwendung liegt in der Führungskonstellation von Hochschulen. Während Wissenschaftler die Kernprozesse Lehre und Forschung mit ihrem Selbstverständnis von hoher Autonomie und Selbstorganisation bestimmen, dominiert in den Supportprozessen Administrationspersonal, das sich an einer strengen Funktionslogik mit Standardisierung und Routinisierung orientiert. Die beiden Arbeitswelten sind miteinander nicht kompatibel (Baitsch 2016).

Die Dynamik in den Umweltsphären der Hochschulen ist groß. Insbesondere ihr Wettbewerb untereinander um finanzielle Mittel und Studierende ist ausgeprägt. Wirksames Führungshandeln der Verantwortungsträger an Hochschulen gilt als entscheidender Wettbewerbsvorteil (Pellert 2000, S. 47).

Führungskräften an Hochschulen stellen sich direkte und indirekte Führungsaufgaben. Die vorliegende Studie berührt beide: indirekte Aufgaben der Führung – die strategische, strukturelle und kulturelle Gestaltung – und direkte Aufgaben der Führung – Interaktion mit Geführten und Entscheidungen fällen. Es werden dabei sowohl Anforderungen an gute Entscheidungen aus der Perspektive des evidenzbasierten Managements als auch das Konzept von „Partizipation und Autonomie als Führungsprinzipien“ (Florack und Messner 2006, S. 10) beschrieben.

M. Hodel (✉)
Hochschule Luzern, Luzern, Schweiz
E-Mail: m.hodel@hslu.ch

P. Kels und S. Kaudela-Baum (Hrsg.), *Experten führen,* uniscope. Publikationen der SGO Stiftung, https://doi.org/10.1007/978-3-658-23028-9_5

Im Konzept des evidenzbasierten Managements wird der Führungserfolg als Resultat evidenzbasierter Entscheidungen angesehen (Rousseau 2006, 2012). Entscheidungen gelten dann als evidenzbasiert, wenn sie sich auf Fakten stützen. Rousseau (2012, S. 4 ff.) sowie Potworowski und Green (2012, S. 280 ff.) zeigen, welche Evidenzarten in Entscheidungsprozessen genutzt werden können:

Wissenschaftliche Evidenz zu einer Frage-/Problemstellung ist dann gegeben, wenn es dazu wissenschaftliche Untersuchungen gibt und deren Ergebnisse publiziert wurden. Rousseau (2006, S. 260) bezeichnet diese Evidenzart als „Big E Evidence" und subsumiert darunter alles mit wissenschaftlichen Methoden generierte, verallgemeinerbare Wissen.

Organisationale Evidenz meint all jene Erkenntnisse, welche sich innerhalb von Organisationen unter Zuhilfenahme wissenschaftlicher Methoden gewinnen lassen. Diese sind zwar nicht generalisierbar, aber trotzdem für die Organisation nutzbar, indem sie Probleme quantitativ und/oder qualitativ differenziert umschreiben und damit zur Grundlage in Problemlösungs- und Entscheidungsprozessen machen. Die Notwendigkeit, organisationale Evidenz zu erzeugen, ergibt sich aus dem Mangel an wissenschaftlichen Erkenntnissen zu *allen* Fragen des Führungsalltags. Von Rousseau (2006, S. 260) wird diese Evidenzart „little e evidence" genannt. Mit dem auf diese Art gewonnenen faktenbasierten, organisationsspezifischen Wissen sollen möglichst effektive Lösungen für Probleme gefunden werden. Total-Quality-Management, beispielhaft für ein weit verbreitetes Konzept, setzt mit den darin integrierten Plan-Do-Check-Act-Zyklen explizit auf die Nutzung des „little e".

Erfahrungswissen als dritte Evidenzquelle steuern Führungskräfte, Unternehmensberater und Praktiker bei, die sich in einem bestimmten Problemkontext auskennen. Erfahrungswissen entsteht im Verlauf der Zeit durch Entscheidungen und gezieltes Beobachten von deren Wirkung. Da es in der Betriebswirtschaftslehre nicht einfach ist, streng wissenschaftlichen Kriterien folgende Untersuchungen durchzuführen, gibt es zahlreiche Fachzeitschriften, die primär Erfahrungsberichte und Fallstudien von Praktikern und Beratern publizieren. Ein Transfer des so dargestellten Wissens auf andere Unternehmen kann sehr anspruchsvoll werden.[1]

Die *Werte* von *Stakeholdern* und deren *Erwartungen* gegenüber einer Organisation können als vierte Evidenzquelle gesehen werden. Eine vertiefte Auseinandersetzung mit den Werten und Erwartungen lässt erkennen, wie Entscheide aufgenommen und umgesetzt werden können. Potworowski und Green (2012, S. 281) sehen in Stakeholdern Träger von Expertenwissen, das genutzt werden sollte. Zudem lässt sich deren Umsetzungskraft nutzen, wenn man sie als Betroffene zu Beteiligten macht.

[1]Siehe dazu auch Kuckertz 2012, der mit evidenzbasiertem Management die sich zunehmend öffnende Schere zwischen den akademischen Anforderungen an Fachpublikationen und deren praktischer Relevanz schließen möchte.

Die große Affinität von Hochschulführungskräften zur externen und internen Evidenz, hervorgerufen durch ihre jahrelange Tätigkeit als Wissenschaftler, sollte es ihnen erleichtern, ihre Entscheidungen auf eine gültige Basis an vorhandenem (Führungs-)Wissen zu stützen. Der vorliegende Beitrag greift die wissenschaftlichen Erkenntnisse zur evidenzbasierten Steuerung im Bildungssystem von van Ackeren, Heinrich und Thiel (2013a) auf. Denn auch Hanft (2000, S. 7) fordert, dass Verantwortungsträger an Hochschulen wissenschaftliche Rationalitätskriterien in Führungsprozesse implementieren.

5.2 Zielsetzung und Fragestellung

Hauptsächlich geht der Beitrag den Bedingungen für evidenzbasiertes Führungshandeln an *Hochschulen* nach. Externbrink und Dormann (2015) beschreiben individuelle, d. h. in der Führungskraft angelegte, und organisationale Bedingungen, beziehen diese aber nicht auf Hochschulen. Mit der Anwendung der Kriterien auf den Kontext einer Hochschule soll deren Bedeutung reflektiert werden. Der Beitrag stützt sich auf wissenschaftliche Erkenntnisse aus der Literatur und einer explorativen Untersuchung. Daraus werden auch Konsequenzen für die Führungskräfteentwicklung abgeleitet.

Die Studie orientiert sich an folgenden Fragestellungen:

1. In welchem Maße erfüllen Hochschulen als Expertenorganisationen die personellen und strukturellen Bedingungen für evidenzbasiertes Führungshandeln?
2. Welche Konsequenzen ergeben sich daraus für die Führungskräfteentwicklung?

5.3 Die Expertenorganisation Hochschule

5.3.1 Charakteristische Merkmale

Püttmann (2013) stellt ein Defizit an Untersuchungen zu Führungsprozessen an deutschen Hochschulen fest. In seinem Arbeitspapier widmet er sich Führungsformen (Ist- und Soll) an deutschen Hochschulen, die er explorativ untersucht. Er analysiert dazu Aussagen von 70 Hochschulleitungen. Abb. 5.1 zeigt die Spezifika der Organisation Hochschule und ihrer Mitglieder sowie deren Bedeutung für die Führung in Hochschulen.

Autonomie ist ein wesentliches Merkmal von Hochschulen. Zwar werden mit ihnen durch die Politik Zielvereinbarungen getroffen, Global-Budgets vorgegeben und ihre Leistungen via Output-Kontrolle überprüft. Wie sie ihre Ziele erreichen, können sie aber selbst bestimmen. Baitsch (2016) sieht in Hochschulen Wissensorganisationen, deren Wissen und Können Produkt und Produktionsmittel zugleich sind (S. 56). Die Hochschuldozenten haben sich mit Beginn ihrer Studien „mit großer Selbstbestimmung

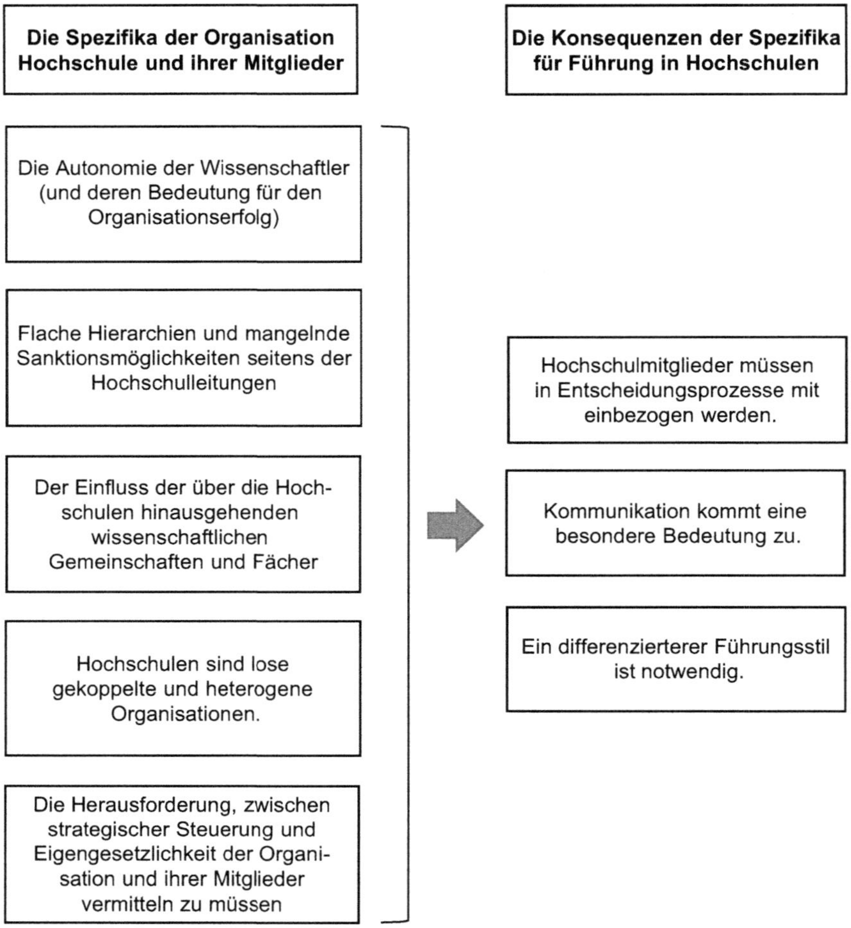

Abb. 5.1 Die Spezifika der Organisation Hochschule und ihrer Mitglieder sowie deren Bedeutung für Führung in Hochschulen. (Püttmann 2013, S. 16)

und Zeitsouveränität […] in kleinen Gruppen selbst organisiert, sich selbst diszipliniert“ (S. 54). Peus et al. (2015, S. 528) sehen in der Wissenschaftsfreiheit den „Dreh- und Angelpunkt des professionellen Selbstverständnisses in der Wissenschaft“. Dieses über viele Jahre der individuellen Karriere entstandene Selbstverständnis drückt sich denn auch im Autonomieverständnis von Lehrstuhlinhabern mit ihren Organisationseinheiten und ihrem Hang zu akademischer Selbstverwaltung aus.

Wissenschaftler sind in hohem Maße intrinsisch motiviert. Berthold (2011, S. 23) konstatiert, dass sie sich im eigenen Fachgebiet stark engagieren und sich gegenüber ihrer Scientific Community loyal zeigen, aber nur ein begrenztes Interesse an ihrer Hochschule als Gesamtorganisation und an ihren Zielen haben.

Mit Blick auf die Struktur und Kultur von Hochschulen fällt auf, dass in deren Organisationseinheiten eine große Vielfalt an Subkulturen besteht. Für Kleimann (2011, S. 204) ist die lose Verbindung unterschiedlichster Fakultäten Voraussetzung für deren Zusammenleben unter einem gemeinsamen Dach. Pellert (2000, S. 44) beklagt die damit zusammenhängende desintegrierende Wirkung der vielen Organisationseinheiten.

Hochschulen dürfen von ihren Merkmalen her gesehen nicht als statische Gebilde verstanden werden. Sie sind vielmehr einem stetigen Wandel unterworfen und damit dauernd in Bewegung. In der Schweiz angesiedelte Hochschulen, Unis wie Fachhochschulen (FH), sind dem Bundesgesetz über die Förderung der Hochschulen und die Koordination im schweizerischen Hochschulbereich (Hochschulförderungs- und -koordinationsgesetz, HFKG) vom 30. September 2011 SR 414.20 unterstellt und müssen dieselben gesetzlichen Auflagen erfüllen. Der Gesetzgeber charakterisiert sie als „gleichwertig" aber „andersartig" (HFKG Art. 3b). Diese Andersartigkeit zeigt sich in der höheren Anwendungsorientierung von FHs. An FHs sind Lehre und Forschung auf die Praxis bezogen. Nickel (2011) hält in ihrer Analyse zur Governance an Unis und FHs denn auch fest, dass ein intensiver Austausch mit dem relevanten gesellschaftlichen und wirtschaftlichen Umfeld für FHs eine Notwendigkeit ist. FHs legen ihren Hauptfokus auf die Lehre. Die auch an FHs feststellbaren dezentralen Strukturen werden durch die formalisierte Lehre stärker beeinflusst, als das bei Unis der Fall ist. Durch die nach meiner Einschätzung gut beobachtbare Annäherung zwischen Unis, von denen viele eine verstärkte Anwendungsorientierung anstreben, und den FHs mit dem Ziel, ihre Forschungstätigkeit auszubauen, werden sich diese Hochschultypen in strategischer, struktureller und kultureller Hinsicht immer ähnlicher. Nickel (2011, S. 133) stellt für die deutschen FHs einen „Academic Drift" fest, der sich auch in der Schweiz zeigt. Vor dem Hintergrund der abnehmenden Andersartigkeit soll nur auf die relevanten Unterschiede eingegangen werden. Für das Management von Hochschulen besteht die Herausforderung letztlich darin, ihre Organisation zielorientiert zu steuern, ohne dabei die Wissenschaftsfreiheit des akademischen Teils des Systems einzuschränken. In welchem Maße dies gelingt, ist eine Frage situationsgerechter Führungsstrategien (siehe dazu Pellert 1999). Darauf soll im nächsten Abschnitt eingegangen werden.

5.3.2 Führungshandeln an Hochschulen

Wirksames Führungshandeln ist für Pellert (2000, S. 47) entscheidend, um in Hochschulen Personal- und Organisationsentwicklungen anzustoßen, die sie wettbewerbsfähig machen. Hochschulen als Expertenorganisationen sind geprägt von der Dominanz ihrer Fachdisziplinen, der Autonomie der Professorenschaft und von beschränkten Steuerungsmöglichkeiten der Hochschulleitung. Es ist zu vermuten, dass diese Ausprägungen heute an Unis deutlicher erkennbar sind als an FHs, letztere sich aber ebenfalls in diese Richtung bewegen. Die zunehmende Spezialisierung des Wissens lässt viele Organisationseinheiten mit Subkulturen entstehen (neue Lehrstühle, Center, Netzwerke etc.), die desintegrierend wirken (S. 44). Pellert stellt unterschiedliche Entscheidungsgeschwindigkeiten zwischen dem administrativen und dem akademischen Bereich an Hochschulen fest und schreibt: „Expertenorganisationen werden traditionellerweise von der Verwaltung zusammengehalten“ (S. 45).

Baitsch (2016) sieht die Führungsaufgabe an Hochschulen im Ausbalancieren der Kernprozesse Wissenschaft und Administration. Während Erstere stark von der Berufsidentifikation der Prozessbeteiligten geprägt ist, folgt Letztere einer ausgeprägten Funktionslogik.

Die von Pellert beschriebene Klammerfunktion der Verwaltung relativieren Krücken et al. (2012). In ihrer Untersuchung zur „Manageralisierung im Hochschulbereich“ beschreiben sie eine neue Berufsgruppe innerhalb der Hochschulen, die „weder der Routine-Administration noch unmittelbar der Forschung und Lehre zuzuordnen ist“, und nennen deren Repräsentanten „hybride Hochschulprofessionals“ (S. 224). Diese übernehmen Aufgaben wie Forschungsmanagement, Studiengangentwicklung, Career-Services etc., sind mit dem hochschulspezifischen Forschungs- und Lehrwissen vertraut und spielen damit neben der Verwaltung eine wichtige Rolle als Brückenbauer zwischen den verschiedenen Hochschulbereichen.

Wie gelingt es angesichts dieser anspruchsvollen Führungskonstellation, die Selbstverpflichtung der Professorenschaft für ihre Hochschule zu steigern?

Es gelingt durch die weitgehende Einbindung der Professorenschaft mit ihrer Beratungskompetenz in Entscheidungsprozesse (Pellert 2000, S. 51). Für Berthold (2011, S. 80) sind Hochschulen „Orte der Kommunikation und Argumentation“. Diese Einbindung wiederum lässt sich, den Prinzipien des evidenzbasierten Managements folgend, erfolgversprechend bewerkstelligen. Denn es ist die wissenschaftliche Arbeitsweise im evidenzbasierten Management, die als verbindende Klammer zwischen den Organisationseinheiten an Hochschulen dient. Wird Führung an Hochschulen als kollektiver Prozess gelebt und am evidenzbasierten Management ausgerichtet, so lassen sich verschiedene Evidenzarten erfolgversprechend nutzen.

Florack und Messner (2006) stellen in ihrer Studie zu Führungsstrategien und Personalentwicklung an Hochschulen ein Modell mit Führungsprinzipien und Konsequenzen daraus vor (siehe Abb. 5.2). Sie stützen sich dabei auf Frey und Schulz-Hardt (2000).

Aus diesem Modell, das eine große Nähe zum transformationalen Management aufweist[2], wird im vorliegenden Beitrag „Partizipation und Autonomie“ als eines der Führungsprinzipien deshalb genauer betrachtet, weil sich darin die Wirkmächtigkeit evidenzbasierten Managements zeigt.

Berthold (2011, S. 83 ff.) hat in seiner empirischen Studie zum strategischen Management an Hochschulen auch die Partizipation untersucht und dabei festgestellt, dass die argumentative Auseinandersetzung, selbst in Gremien ohne formale Entscheidungsbefugnis, wichtig ist. Er bestätigt zudem die von Florack und Messner (2006)

[2]Zu neueren Entwicklungen siehe: Felfe 2015.

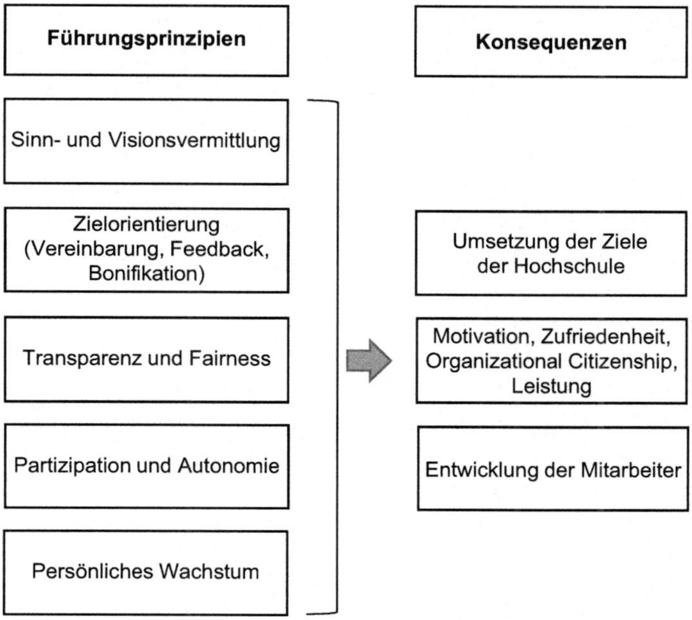

Abb. 5.2 Führungsprinzipien und Konsequenzen für Hochschule und Mitarbeiter. (Florak und Messner 2006, S. 10)

beschriebenen zwei Auswirkungen von Partizipation bei Entscheidungen: Die Identifikation mit einem Entscheid, seine Akzeptanz und Umsetzungschancen steigen, und zudem wird die Problemlösefähigkeit von Mitarbeitern gestärkt.

Für Nickel (2009, S. 123) erfüllen Hochschulen viele Voraussetzungen für partizipatives Management. Es sind dies: eine kulturprägende Partizipation aller über Gremien, flache Hierarchie und die Mitarbeit der Organisationseinheiten in Entwicklungsprozessen, „hohe individuelle Partizipationsfähigkeit der Hochschulangehörigen in fachlicher und methodischer Hinsicht" und als Quintessenz aus diesen Merkmalen gute Bedingungen für organisationales Lernen.

Wie diese Voraussetzungen in Entscheidungsprozessen an Hochschulen zum Tragen kommen, wird im folgenden Abschnitt gezeigt.

5.4 Erkenntnisse aus dem evidenzbasierten Management beim Führen und Entscheiden an Hochschulen

Van Ackeren et al. (2013b, S. 55) verwenden in ihren Untersuchungen zur Nutzung von Wissensbeständen bei Schulentwicklungsvorhaben für die *wissenschaftliche Evidenz* die Bezeichnung „Evidenzquellen im engeren Sinne". Beispiele solcher Quellen mit ausgeprägter Wissenschaftsorientierung sind Schulleitungsstudien, Bildungsberichte und Vergleichsstudien zwischen (Hoch-)Schulen.

Organisationale Evidenz bezeichnen sie mit „Evidenzquellen im weiteren Sinne“ (Van Ackeren et al. 2013b, S. 55). Beispiele von Quellen mit eher geringer Wissenschaftsorientierung im (Hoch-)Schulkontext sind Feedbacks von Studierenden zu Vorlesungen, hochschulinterne Befragungen oder Absolventenbefragungen.

Dem *Erfahrungswissen* als dritte Evidenzquelle kommt im Hochschulkontext, insbesondere auch in der Lehre, eine herausragende Bedeutung zu. Für van Ackeren et al. (2013b, S. 56) sollte sich pädagogisches Handeln sowohl auf die Grundlage quantifizierender Forschung als auch die „erfahrungsgesättigte, rekonstruierende Reflexion“ eigener Lehrtätigkeit stützen.

Die *Werte von Stakeholdern* und deren *Erwartungen,* vierte Evidenzquelle, lassen sich an Hochschulen durch die zwei zentralen Stakeholder, Studierende und Mitarbeiter, wegen deren hoher Präsenz und einfachen Erreichbarkeit problemlos erfassen und in Entscheidungsprozessen berücksichtigen.

Welche der genannten vier Wissensarten (Hoch-)Schulen nützen, dieser Frage gehen van Ackeren et al. (2013a) nach. Sie legen in ihrem Herausgeberband „Evidenzbasierte Steuerung im Bildungssystem?“ empirisch fundierte Erkenntnisse vor und gehen davon aus, dass Schulen sowohl eine hohe Evidenzorientierung als auch eine hohe Erfahrungswissensorientierung aufweisen. In ihrer Untersuchung konnten sie feststellen, dass in Schulen durchaus eine Evidenzorientierung besteht. Hauptsächlich genutzt wurden an den untersuchten Schulen Informationsquellen mit starkem Bezug zur Einzelschule (z. B. Eigenerhebungen der Schulen – organisationale Evidenz) und weniger Quellen, die wissenschaftliche Evidenzen erschließen, wie beispielsweise Berichterstattungen zu Schulleitungsvergleichen.

Nickel (2009, S. 123 ff.) weist darauf hin, dass die partizipative Stärke von Hochschulen auch mit negativen Effekten verbunden ist. Es sind Entscheidungsschwächen von Gremien, wenn Probleme statt gelöst zerredet werden, wenn Abstimmungs- und Koordinationsprobleme zwischen den dezentralen Organisationseinheiten und konkurrierende Organisationsziele bestehen, die zudem kaum handlungsleitend wirken, oder wenn es schließlich am wirtschaftlichen Denken mangelt.

McCaffery (2010, S. 137) widmet sich in seinem „Higher Education Manager's Handbook“ auch den Entscheidungsprozessen. Sein Modell setzt sich aus fünf Stufen zusammen und wird an dieser Stelle gleich mit Bezügen zum evidenzbasierten Management ergänzt, wie es beispielsweise Barends et al. (2014) beschreiben:

1. Problemanalyse und Faktenklärung (internes und externes Evidenzwissen zusammentragen)
2. Diskussion des Problems im Entscheidungsgremium (Erfahrungswissen aller Teilnehmenden fließt ein)
3. Bewertung der Handlungsoptionen und Entscheid (Bewertung wird beeinflusst durch alle verfügbaren Evidenzarten)

4. Kommunikation des Entscheids (v. a. Betroffene umfassend orientieren)
5. Umsetzung und Ergebniskontrolle (Was lässt sich aus dem Prozess für die Zukunft lernen?)

Was an diesem Modell besonders besticht, ist die konsequente Nutzung aller Evidenzquellen, um zu bestmöglichen Entscheidungen zu kommen.

Die bis hierhin gemachten Ausführungen sollen in einem nächsten Schritt um die theoretischen Bedingungen für evidenzbasiertes Handeln und danach um Erkenntnisse aus der Empirie ergänzt werden. Das folgende Kapitel beschreibt das methodische Vorgehen dazu und das Untersuchungsobjekt.

5.5 Untersuchungsobjekt und methodisches Vorgehen

Im vorliegenden Beitrag werden die Bedingungen für evidenzbasiertes Führungshandeln an *Hochschulen* und deren Konsequenzen für die Führungskräfteentwicklung mit einem exemplarischen und explorativen Vorgehen empirisch untersucht. Das Ziel besteht darin, die von Externbrink und Dormann (2015) theoretisch hergeleiteten Bedingungen empirisch anzureichern.

Beim Untersuchungsobjekt, der Hochschule Luzern (HSLU), handelt es sich um eine mehrspartige Fachhochschule. Sie bestand bis 2016 aus den Departements Design und Kunst (D&K), Musik (M), Technik und Architektur (T&A), Soziale Arbeit (SA) sowie Wirtschaft (W). An der Hochschule sind 6000 Bachelor- und Masterstudierende eingeschrieben. Die Departements werden von Direktoren geführt. Ein Rektor führt die Hochschule und steuert diese zusammen mit den Direktoren. Support-Prozesse wie Human Resource Management, Finance und Controlling, Marketingkommunikation und IT sind zu Zentralbereichen im Rektorat zusammengefasst.

Es gibt eine Vielzahl an Partizipationsmöglichkeiten für die Mitarbeiter der Hochschule. Formell sind diese Partizipationsmöglichkeiten in den Mitwirkungsbestimmungen geregelt (HSLU 2012). An der Hochschule wird eine Mitwirkungskultur gelebt, die unter anderen von folgenden Merkmalen geprägt ist (HSLU 2012, S. 4):

- Selbstverständnis der Hochschule als Expertenorganisation mit dem Anspruch der Experten, an wichtigen Entscheidungen teilhaben zu können,
- partizipatives Führungsverständnis, basierend auf einer gemeinsam geteilten Vision und geteilten Werten, Management by Objectives und weitgehender Handlungsautonomie,
- stufengerechte Mitwirkung auf der normativen, strategischen und/oder operativen Ebene zur Verbesserung von Effektivität und Effizienz der Hochschule.

In sechs Interviews mit den Qualitätsbeauftragten (QB) aller Departements und dem Gesamtverantwortlichen für Qualität werden Spannungsfelder zu den Bezugspunkten der Fragestellungen des vorliegenden Beitrags aufgezeigt. Die mit Qualitätsmanagementaufgaben betrauten Personen übernehmen auch andere Tätigkeiten aus dem Leistungsauftragsspektrum der Hochschule (z. B. Institutsleitung, Leitung der zentralen Dienste). Ihre Einschätzungen beruhen also auf vielfältigen Betätigungsfeldern. In ihrer Stabsstellentätigkeit sind sie in eine Vielzahl von Entscheidungsprozessen involviert, indem sie Entscheidungsgrundlagen ausarbeiten. Diese Grundlagen haben den Charakter organisationalen Wissens und stellen sicher, dass Entscheide evidenzbasiert erfolgen können.

Als Erhebungsinstrument diente ein halbstrukturierter Interviewleitfaden (vgl. Weischer 2007). Dieser nimmt Bezug auf die acht Bedingungen evidenzbasierten Führungshandelns von Externbrink und Dormann (2015), die im Anschluss an diese methodischen Ausführungen genannt werden, und auf das Konzept für die Führungskräfteentwicklung von Peus et al. (2010). Mit dem Instrument können die Einschätzungen der Interviewpartner systematisch gewonnen und einander vergleichend gegenübergestellt werden. Die Interviews wurden aufgenommen und vollständig transkribiert. Sie dauerten im Schnitt 45 Minuten. Eine thematische Codierung nach Froschauer und Lueger (2003) erlaubte es, das Interviewmaterial systematisch zu analysieren und zu interpretieren.

5.6 Bedingungen für evidenzbasiertes Handeln

Externbrink und Dormann (2015) beschäftigen sich in ihrer Untersuchung mit der Art und Qualität von Entscheidungsgrundlagen im Management. Sie stellen fest, dass sich Führungskräfte bei der Beurteilung von Handlungsoptionen zu wenig auf Evidenz und zu stark auf Ersatz- bzw. Erfahrungswissen stützen. In ihren Augen ist es wichtig, dass sich wissenschaftliche und organisationale Evidenz – sofern objektiv, reliabel und valide – nicht in ihrer Wertigkeit unterscheiden, sondern sich gegenseitig stützen. Sie verstehen Evidenzorientierung als eine Kompetenz von Führungskräften, die von individuellen und organisationalen Faktoren beeinflusst wird. Zu evidenzbasiertem Management zählen die Suche nach wissenschaftlicher Evidenz, das Generieren organisationaler Evidenz und die Berücksichtigung der Evidenz bei Entscheidungen (Externbrink und Dormann 2015, S. 432; vgl. Abb. 5.3).

Nach einer Kurzbeschreibung der individuellen und organisationalen Bedingungen für evidenzbasiertes Handeln wird dieses im Folgenden auf Hochschulen bezogen und mit Erkenntnissen aus den Interviews empirisch angereichert.

5.6.1 Individuelle Faktoren

Die Einstellung von Führungskräften gegenüber faktenbasierten Entscheidungsalternativen erklären Externbrink und Dormann (2015) mit dem Elaboration-Likelihood-Modell von

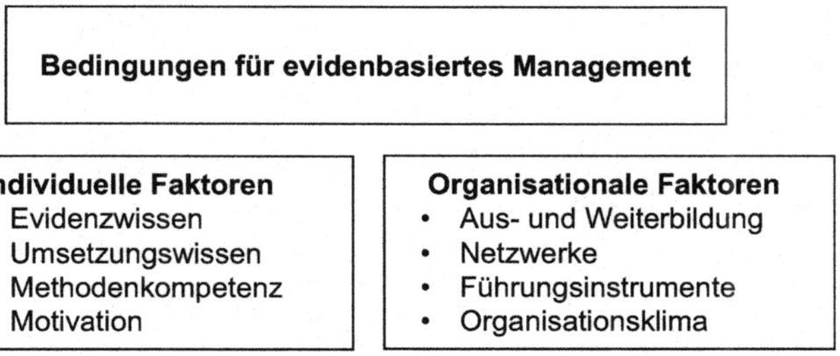

Abb. 5.3 Bedingungen für evidenzbasiertes Management nach Externbrink und Dormann (2015)

Petty und Cacioppo (1986). Sie leiten daraus vier individuelle Bedingungen für evidenzbasiertes Handeln ab.

5.6.1.1 Evidenzwissen

Evidenzorientiertes Handeln setzt die Verfügbarkeit gesicherter Informationen voraus. Externbrink und Dormann (2015, S. 433) zweifeln am Evidenzwissen von Führungskräften, denn weniger als ein Prozent unter ihnen studiere regelmäßig die relevante Fachliteratur.

Im Hochschulkontext dürfte das Evidenzwissen von Führungskräften hingegen hoch sein. In ihrer Doppelrolle als Wissenschaftler und Hochschul- sowie Lehrstuhlmanager können sie ihr Wissen und Können aus der Forschungs- und Lehrtätigkeit oder das in ihrem Professorenkollegium vorhandene Evidenzwissen zur Lösung von Problemen nutzen. Dieses Wissen ist à jour, denn das wissenschaftliche Personal einer Hochschule beschäftigt sich laufend damit. Insbesondere an Hochschulen mit wirtschaftswissenschaftlichen und/oder arbeits- und organisationspsychologischen Lehrstühlen dürfte der Zugang zu einer großen Fülle an Evidenzwissen mit direktem Bezug zu Hochschulmanagementfragen besonders einfach sein. Berthold (2011, S. 24) betont in seinem Arbeitspapier zum strategischen Management an Hochschulen die Bedeutung des Einbezugs der Expertise von Fachleuten bei wichtigen strategischen Entscheidungen. Nur so lassen sich Entscheidungsrisiken im zunehmend komplexen Umfeld unseres Wissenschaftszeitalters verringern. Da Hochschulen als öffentlich-rechtliche Körperschaften durch Politik und Verwaltung „begleitet" werden, Rechenschaft über ihr Tun ablegen müssen und in engem Kontakt mit vielen weiteren Stakeholdern stehen, gibt es im System Hochschule zahlreiche Akteure, die gezielt Evidenzwissen produzieren. Van Ackeren et al. (2011) führen in ihrem Bericht zur evidenzbasierten Schulentwicklung Institutionen auf, die Evidenzwissen hervorbringen. Es sind dies staatliche Stellen (Bildungsministerien), internationale Organisationen (wie die OECD), pädagogische Hochschulen und auch privatwirtschaftliche Anbieter (insbesondere Verlage).

Erwartungsgemäß ist Evidenzwissen an der HSLU in hohem Maße vorhanden und wird auch genutzt. Das Bundesamt für Statistik (BfS) und die Konferenz der Fachhochschulen (KFH) werden als wichtigste externe Akteure zur Wissensgenerierung von den

Interviewpartnern genannt. Mit dem Aufbau interner Forschungsteams an den Departements, als Folge der Erweiterung des Leistungsauftrags der FH, kann vermehrt auch von deren Arbeit profitiert werden. Ebenfalls als relevante Akteure erwähnt werden die aus Vertretern von Politik, Wirtschaft und Non-Profit-Organisationen bestehenden Beiräte der Departements, die eine Brückenfunktion zwischen der Hochschule und deren Umfeld übernehmen und wertvolles Wissen beisteuern (Interviewpartner: T&A).

Als Beispiele zur Nutzung von Evidenzwissen genannt werden auf eigene wissenschaftliche Studien zum Unterrichtsgeschehen gestützte curriculare Anpassungen (Interviewpartner: M), Optimierungen der Raumgestaltung zur Verbesserung der Arbeitsatmosphäre am Departement SA dank der Expertise aus dem Departement T&A (Interviewpartner: SA), Verbesserung der Marketingkommunikation im Anschluss an Bevölkerungs- und Unternehmensbefragungen über die HSLU (Interviewpartner: HSLU), die Integration der Studierendenprognosen des BfS in die Strategie eines Departements (Interviewpartner: T&A) und die auf eine Studie zur Kreativwirtschaft folgende Tagung dazu (Interviewpartner: D&K).

Den Aussagen der Befragten nach wird die Expertise von Fachleuten bei wichtigen Entscheidungen über deren Konzepte und Gutachten als Entscheidungsgrundlage oder via Diskussion mit ihnen an Hochschul- bzw. Departementleitungssitzungen einbezogen.

Bezüglich der Nutzung von Evidenzwissen dürften sich kaum Unterschiede zwischen Unis und FHs feststellen lassen.

5.6.1.2 Umsetzungswissen

Bei der Frage nach dem Umsetzungswissen von Führungskräften zeigt sich ein Transferproblem. Van Ackeren et al. (2013a) zeigen, dass wissenschaftliche Evidenz oft nicht genutzt wird, weil sie sich schlecht umsetzen lässt, schwer verständlich ist oder auch als „unbequeme Wahrheit“ empfunden wird.

An Hochschulen, Unis wie FHs in gleichem Maße, dürfte die Umsetzung keine großen Probleme machen. Der Transfer von wissenschaftlichen Erkenntnissen in die Praxis zählt insbesondere an FHs zu einer wichtigen Aufgabe der Institution. Aber auch im Leistungsbereich Weiterbildung der Hochschulen erwarten die Weiterbildungsteilnehmenden eine Unterstützung beim Transfer des in den Kursen Erlernten in die Berufspraxis. Dozierende in der Weiterbildung sind deshalb mit Antworten auf Umsetzungsfragen vertraut und können diese Erfahrungen in die eigene Hochschule einbringen.

Zwei Drittel der Interviewpartner sehen kaum Mängel in der Verständlichkeit wissenschaftlicher Studien mit Bezug zu ihrem Arbeitskontext, da die Mehrheit der Mitarbeiter an Hochschulen über einen Hochschulabschluss, oft mit Promotion, verfügt und entsprechende Studien zu nutzen weiß. Bezüglich der Anwendbarkeit werden aber Vorbehalte geäußert. Interviewpartner SA sieht, aufgrund sich widersprechender Studien zum selben Thema, deren Anwendbarkeit nicht gegeben, Interviewpartner HSLU bemängelt den großen Zeitraum von zwei Jahren zwischen Erhebung und Publikation von Untersuchungen des BfS, und Interviewpartner D&K schätzt die Anwendbarkeit im Design- und Kunstumfeld als generell eher schwierig ein.

5.6.1.3 Methodenkompetenz

Um organisationale Evidenz generieren zu können, müssen die beteiligten Akteure über wissenschaftliche bzw. methodische Kompetenzen verfügen (Externbrink und Dormann 2015, S. 433). Da die wissenschaftliche Arbeitsmethode an Unis zur Alltagsroutine des Forschungs- und Lehrkörpers zählt, darf diese Bedingung in ihrem Kontext als in hohem Maße gegeben betrachtet werden. FHs mit einer tendenziell noch schwächeren Ausrichtung an wissenschaftlichen Arbeitsmethoden eröffnet sich hier ein gewisses Entwicklungspotenzial.

Bezüglich der Methodenkompetenz kristallisieren sich zwei Pole aus den Interviews heraus: An zwei Departements ist die an wissenschaftlichen Methoden orientierte Arbeitsweise noch wenig präsent und im Aufbau begriffen (Interviewpartner: M und D&K). An den anderen Departements, mit teilweise großen Forschungsteams und zahlreichen wissenschaftlichen Mitarbeitern, setzt man bereits in hohem Maße wissenschaftliche Methoden ein, um Probleme zu lösen. Am stärksten gefordert bezüglich Methodenkompetenz sind die Mitarbeiter des Departements Wirtschaft. Dieses strebt eine internationale Akkreditierung an und muss dazu den Nachweis ausreichender publizistischer Tätigkeit erbringen.

5.6.1.4 Motivation

Die individuelle Motivation beeinflusst evidenzbasiertes Handeln in hohem Maße. Externbrink und Dormann (2015) versuchen, diese letzte individuelle Bedingung mit Erkenntnissen aus Forschungsarbeiten zu motivationalen Dispositionen von Führungskräften zu erklären. Aber auch das Ausmaß, in dem Evidenz in Entscheidungssituationen den eigenen Erfahrungen entspricht oder auch entgegenläuft, wirkt sich auf das Entscheidungsverhalten aus (Pfeffer und Sutton 2006).

Im Hochschulkontext relevant ist diesbezüglich insbesondere der gelebte Führungsstil. Je partizipativer geführt wird, desto geringer ist der Einfluss persönlicher Einstellungen beim Entscheiden. Führungskräfte, die die Einschätzungen von Mitarbeitern in die Entscheidungsvorbereitung integrieren, machen sich so ein Gesamtbild der Handlungsoptionen. Innerhalb dieses Gesamtbildes ist die persönliche Einstellung der Führungskraft selbst nur ein Element unter vielen.

Nickel (2009, S. 123) hält in ihrer Untersuchung fest, dass Unis über eindrucksvolle partizipative Stärken verfügen. Partizipation ist an Unis fest in der Organisationskultur verankert. Auch die individuelle Partizipationsfähigkeit ist bei den meisten Universitätsmitgliedern hoch einzustufen. Meines Erachtens unterscheiden sich FHs bezüglich partizipativer Stärke kaum von Unis. In der Schweiz sind für beide Hochschultypen die gesetzlichen Vorgaben bezüglich Partizipation gleich (HFKG). Alle Hochschulen setzen Mitwirkungskommissionen ein und unterscheiden sich auch in der Partizipationsfähigkeit ihrer Mitarbeiter kaum.

Yates und Potworowski (2012, S. 221) entwickeln ein Modell zum „Evidence-Based Decision Management" und ziehen daraus den Schluss, dass durch eine sehr weitgehende Einbindung von Evidenzquellen, z. B. auch von externen Stakeholdern, die Qualität von Entscheidungen steigt.

Nach Ansicht der Interviewpartner bindet die HSLU ihre Mitarbeiter in die Entscheidungsvorbereitung in hohem Maße ein. An allen Departements wird der Einbezug der Mitarbeiter über Mitwirkungskommissionen sichergestellt. Zudem werden zu Departementleitungssitzungen regelmäßig Stabsmitarbeiter und Spezialisten eingeladen, um über Geschäfte zu informieren und zu beraten. Am Departement SA wird der Partizipationsgrad sogar als sehr hoch eingestuft und mit dem Arbeitskontext des Departements erklärt. Interviewpartner SA meint dazu: „Das ist auch vom Thema soziale Arbeit [abhängig]. Manchmal ist es fast ein wenig viel, es dauert dann länger, bis alle einverstanden sind." Der Einbezug von Stakeholdern führt denn auch zu Einstellungsänderungen von Führungskräften. Interviewpartner T&A bejaht die entsprechende Frage deutlich: „Ja, ja, die sind [gewillt, ihre Einstellungen zu ändern]. Es ist gewachsen in der Vergangenheit. Am Anfang war es schon ein wenig als Kontrolle angeschaut worden. Aber mit der Zeit ist die Einsicht gekommen, dass es einem etwas bringt ..." Ein Abrücken von der eigenen Position wird erschwert durch widersprüchliche Studien; Interviewpartner M verweist darauf. Oder man verzichtet auf eine Änderung und begründet es mit viel Arbeit, die nicht noch mehr zulässt (Interviewpartner: SA).

Auch die Studierenden der HSLU haben die Möglichkeit, sich am Hochschulgeschehen zu beteiligen. An allen Departements bestehen Studierendenräte, die in Entscheidungsgremien eingebunden sind (z. B. in Berufungskommissionen). Eine darüber hinausgehende Einbindung der Studierenden, z. B. auch in die Entwicklung der Curricula, wird von den Interviewpartnern vermisst.

5.6.2 Organisationale Faktoren

5.6.2.1 Aus- und Weiterbildung

Externbrink und Dormann (2015) sehen in der Aus- und Weiterbildung von Mitarbeitern und Führungskräften einen ersten organisationalen Faktor, der für evidenzbasiertes Management sensibilisiert.

An beiden Hochschultypen lässt sich dies sehr gut umsetzen. Einerseits wird den Professoren über hochschulinterne Weiterbildungsangebote die Möglichkeit gegeben, über führungsrelevante Themen und deren Evidenz zu referieren. Dabei darf angenommen werden, dass die mit einem solchen Engagement gegenüber den Referierenden gezeigte Wertschätzung identitätsstiftend und motivierend wirkt. Diese Wirkung ist insofern relevant, als die systembedingt eher schwache Identifikation der Professorenschaft mit ihrer Hochschule als Schwäche von Hochschulen gegenüber anderen Organisationen betrachtet werden muss. Baitsch (2016) konstatiert, dass es Führung an Hochschulen schwer hat. Einen Grund dafür sieht er in der Berufsidentifikation der Professoren, welche über die Scientific Community und nicht die universitäre Anstellung erfolgt. Es ist zu vermuten, dass die Berufsidentifikation von Professoren an FHs (bis jetzt) weniger stark über die Scientific Community erfolgt.

Zudem darf von Weiterbildungsangeboten an Hochschulen erwartet werden, dass die Referierenden ihre Erkenntnisse adressatengerecht kommunizieren können, handelt es sich dabei doch um eine ihrer Kernaufgaben. Schließlich weisen Peus et al. (2012, S. 16) darauf hin, dass im Rahmen von hochschulinternen Weiterbildungen die wissenschaftliche Fundierung der vermittelten Konzepte besonders wertgeschätzt wird.

An dieser Stelle lassen sich auch die Konsequenzen aus dem evidenzbasierten Management für die Führungskräfteentwicklung aufzeigen. Rybnicek et al. (2016) formulieren Handlungsempfehlungen zur Führung in Expertenorganisationen auf der Basis eines universitären Kontexts. Sie halten dabei fest: „Für die eigene Karriere und Reputation ist die Fachtätigkeit wesentlich wichtiger. Dementsprechend gering sind Interesse, Qualifikation und Eignung vieler Experten, Führungs- und Managementaufgaben wahrzunehmen" (S. 231). Sie empfehlen, Wissenschaftler in der Funktion als Führungskraft durch geeignete strukturelle Maßnahmen zu entlasten, Führungsausbildungen anzubieten und bereits bei der Auswahl von Wissenschaftlern deren Führungsfähigkeit zu beachten.

Aktuelle Forschungsarbeiten zeigen die „Bedeutung von motivierender und inspirierender Führung an Hochschulen" (Peus et al. 2012, S. 15). Schmid et al. (2017, S. 125) sehen in der mangelnden Ausbildung einen Grund für das nicht selten problematische Führungsverhalten an Hochschulen. Für Peus et al. (2010, S. 40) fehlt an Hochschulen oft eine systematisch betriebene Personalentwicklung. Zur Behebung dieser Lücke schlagen sie ein an der Technischen Universität München (TUM) erarbeitetes und in der Praxis getestetes Personalentwicklungsprogramm „Führend Wissen schaffen" vor (Peus et al. 2010, 2012).

Dieses setzt sich aus drei Säulen oder Bausteinen zusammen, die bei der Entwicklung von Weiterbildungen beachtet werden (s. Abb. 5.4). In der ersten Säule „Spezifischer Bedarf" wird in Interviews mit Führungskräften deren Rollenverständnis, Bedarf im Bereich Kompetenzentwicklung u. a. m. erhoben. Bei der zweiten Säule des Konzepts „Wissenschaftliche Evidenz" werden für die Kurse Erkenntnisse aus wissenschaftlichen Studien zusammengetragen. Mit der damit einhergehenden wissenschaftlichen

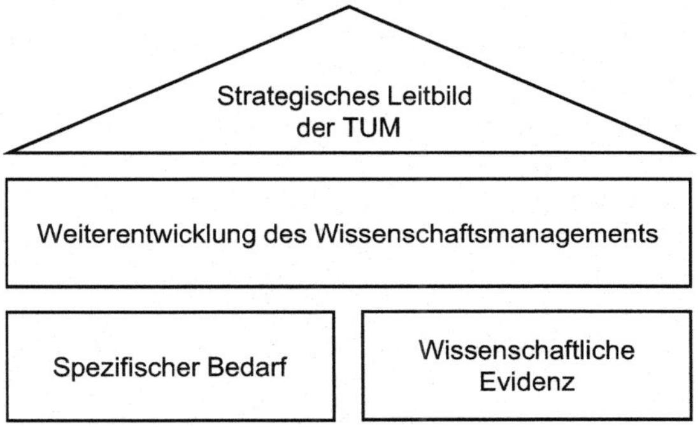

Abb. 5.4 Säulen des Entwicklungsprogramms von Peus et al. (2012, S. 16)

Fundierung der Weiterbildung wurden an der TUM gute Erfahrungen gemacht. Die Teilnehmenden schätzen das. Hauptbestandteil sind dabei Erkenntnisse aus der transformationalen Führung[3]. Wissenschaftliche Erkenntnisse zu diesem Führungskonzept belegen dessen Wirksamkeit (Peus et al. 2012, S. 15). Die Autoren betonen zudem die Wichtigkeit einer evidenzbasierten Qualitätssicherung der Weiterbildungsangebote; diese ist bei einer akademisch gebildeten Zielgruppe unerlässlich. Schließlich werden in der dritten Säule „Weiterentwicklung des Wissenschaftsmanagements" die Kurse auf die Zukunftsstrategie der Hochschule ausgerichtet, um einen Beitrag zu deren Umsetzung zu leisten. Auch bei dieser Säule des Entwicklungsprogramms wird durch die transformationale Führung versucht, die im strategischen Leitbild beschriebene Vision wirkungsvoll zu vermitteln.

Für Schmid et al. (2017, S. 125) ist ein evidenzbasierter Kern der Führungsweiterbildung wichtig, um deren Akzeptanz zu steigern und um die knappen Ressourcen von Hochschulen gezielt und wirkungsvoll einsetzen zu können.

Als Kursinhalt empfehlenswert dürfte das von Schmidt-Huber et al. (2014) entwickelte und validierte evidenzbasierte Kompetenzmodell effektiver Führung „LEaD" sein (LEaD: Leadership Effectiveness and Development). Es lässt sich in der Führungsdiagnostik wie auch in der Führungskräfteentwicklung einsetzen und schließt durch seine Evidenzbasiertheit eine Lücke im großen Angebot an Führungsansätzen.

Im Beispiel der HSLU gibt es verschiedene Weiterbildungsformate (Dozierendenklausuren, Entwicklungstage, Kurzschulungen etc.). Inhaltlich gesehen wird zwischen Anwenderschulungen zu Arbeitsinstrumenten (z. B. IT) und Führungs- bzw. Hochschulentwicklungsschulungen unterschieden. Mit Ausnahme des Departements D&K wird primär mit internen Referierenden gearbeitet. Sehr geschätzt wird die wissenschaftlich fundierte Leadership-Ausbildung, die die HSLU seit einigen Jahren anbietet. Der Anstoß dazu kam von Mitarbeitern und wurde von Dozierenden aus dem Themenfeld Leadership umgesetzt.

Dozierende, die angefragt werden, Weiterbildungen an der HSLU anzubieten, reagieren ausnahmslos positiv. Die motivationsfördernde Wirkung solcher Anfragen darf nicht unterschätzt werden. Interviewpartner T&A bringt es auf den Punkt: „Grundsätzlich ist eine solche Anfrage in meinen Augen schon in einem gewissen Sinn eine Anerkennung für die eigene Arbeit, die man leistet."

[3]Transformationale Führung ist ein Konzept, bei dem Führungskräfte über eine werteorientierte Vision und ihre Wirkung als Vorbilder Mitarbeiter zum Mitdenken anregen. Dabei werden Wünsche der Mitarbeiter nach Veränderungen in der Organisation und in der persönlichen Entwicklung unterstützt. Die Mitarbeiter reagieren darauf mit einer gestärkten intrinsischen Motivation und Identifikation mit ihrer Organisation. Ihr Vertrauen in die Vorgesetzten wächst. Es werden also kurzfristige und materielle Ziele der Mitarbeiter in höhere Ideale transformiert.

5.6.2.2 Netzwerke

Externbrink und Dormann (2015) sehen in der Vernetzung einen wichtigen Prädiktor für das Evidenzwissen in Organisationen. Communities of Practice, in denen aktuelles Evidenzwissen organisationsübergreifend ausgetauscht wird, leisten einen wichtigen Beitrag für diese Vernetzung.

Mit dem Engagement von Wissenschaftlern in ihren Scientific Communities wird ein großer Beitrag zur Erfüllung dieser Anforderung geleistet. Unis wie FHs sind prädestiniert dafür, über ihre mannigfaltigen Netzwerke an aktuelles Evidenzwissen zu gelangen, dieses weiterzuentwickeln und in ihre Entscheidungsprozesse einzubauen. Sie haben den Vorteil, dass sie als Wissen generierende Institutionen nur einen relativ kleinen Transfer-Gap[4] zu überwinden haben. Wie groß dieser Gap außerhalb des Hochschulkontexts sein kann, zeigen Giluk und Rynes-Weller (2012, S. 130). Sie identifizieren mehrere Aspekte, die für Vorbehalte von Managementpraktikern gegenüber Evidenzwissen verantwortlich sind. Um solche Vorbehalte zu überwinden, schlagen sie unter anderem vor, in den Aufbau vertrauensvoller Bindungen zwischen Praktikern und Akademikern an Hochschulen zu investieren.

FHs profitieren bezüglich des Nutzens von Netzwerken von ihrem hohen Anteil an Dozierenden mit starkem Praxis- und oft auch Führungshintergrund. Interviewpartner T&A verdeutlicht dies: „Die Dozierenden kommen ja auch aus gewissen Bereichen, die für uns interessant sind, wo sie ihre Erfahrung einbringen können. Und viele waren ja auch in Führungspositionen gewesen, bevor sie zu uns kamen, auch das wirkt nach." Dass Erfahrungen auch eingebracht werden, bestätigt Interviewpartner M: „Wir sind eine Expertenorganisation, und Experten sind es gewohnt, dass sie ihr Expertenwissen einbringen." Interviewpartner SA sucht sogar aktiv nach Expertenwissen unter den Mitarbeitern und sagt: „Ich brauche immer wieder Feedbacks [...] von alten Hasen [...] wenn ich irgendetwas habe, dann gehe ich zuerst zu ihnen."

Interviewpartner D&K beobachtet zudem, dass Vorgaben höherer Hierarchiestufen Communities unter den Betroffenen einer Direktive entstehen lassen. Die Vorstellungen/Erwartungen der Communities wiederum können sich dann nach oben durchsetzen, wenn Vorgaben schlecht zur wahrgenommenen Arbeitsrealität passen.

5.6.2.3 Führungsinstrumente

Für Externbrink und Dormann (2015) erleichtern evidenzbasierte Führungsinstrumente auch den Transfer von Evidenzwissen in die Praxis. Sie nennen als Beispiele die wissenschaftlich häufig untersuchten 360°-Feedbacks sowie Zielvereinbarungs- und Beurteilungsgespräche.

Neben diesen aus dem Human Resource Management stammenden Instrumenten gibt es auch zur Marketingkommunikation viele evidenzbasierte Erkenntnisse.

---

[4]Transfer-Gap bezeichnet im vorliegenden Fall die Schwierigkeit, Erkenntnisse aus wissenschaftlichen Studien für die Praxis nutzbar zu machen.

Bezogen auf das Management von Unis legt Nickel (2009, S. 121 ff.) ein partizipatives Führungskonzept vor und führt darin eine Fülle von motivationsfördernden und zugleich beteiligungsorientierten Managementtechniken auf. Dazu zählen (nicht abschließend): Erarbeitung von Leitbildern und Führungsgrundsätzen, Führung mit Zielvereinbarungen, Etablierung von Qualitätszirkeln und systematische Personal- und Organisationsentwicklung. Für Nickel leisten die flachen Hierarchien an Hochschulen mit relativ unabhängigen, dezentralen Organisationseinheiten und der Beteiligungsmöglichkeit in hierarchieübergreifenden Diskussions- und Entscheidungsprozessen ebenfalls einen wesentlichen, integrierend wirkenden Beitrag.

Bezüglich Führungsinstrumenten sind es die Hochschulen, Unis wie FHs, mit ihrer traditionell stark ausgeprägten partizipativen Kultur, die ihren Mitarbeitern Beteiligungsmöglichkeiten einräumen, die weitergehen, als das in anderen Organisationen der Fall ist.

Die Aussagen der Interviewpartner zeigen ein breites Spektrum formaler wie auch informaler Führungsinstrumente, die evidenzbasiertes Handeln begünstigen. Erwähnt werden die an mehreren Departements strukturgebenden Matrixlösungen und die damit verbundene Partizipation über verschiedene Gremien (Interviewpartner M und T&A). Besonders hervorgehoben wird die Wichtigkeit direkter mündlicher Kommunikation zwischen Vorgesetzten und Unterstellten. Interviewpartner T&A meint dazu: „[...] wir haben eine Management-Review, die wir jedes Jahr durchführen, an der auch der Direktor mit dem hintersten Mitarbeiter einmal einen Kaffee trinkt in der Mensa, also mit Grüppchen, und den Sorgen zuhört.“ Insgesamt sind die Interviewpartner der Meinung, dass neben der Information über Intranet und E-Mail der mündliche Austausch verstärkt gepflegt werden sollte.

5.6.2.4 Organisationsklima

Die letzte organisationale Bedingung für evidenzbasiertes Handeln lässt sich mit Organisationsklima bezeichnen. Van Ackeren et al. (2011) stützen sich auf Rentsch (1990) und verstehen unter Organisationsklima die gemeinsam geteilte und damit kollektive Wahrnehmung organisationaler Strategien, Praktiken und Abläufe. Das Klima zeigt sich in der Disposition einer Unternehmung, die für die Organisationsmitglieder eine Atmosphäre schafft, in der sie Experimente durchführen wollen, wo Eigeninitiative gefragt ist und wo Fehler gemacht werden dürfen. Dies sind alles Voraussetzungen für evidenzbasiertes Handeln.

Die wissenschaftliche Arbeitsweise, wie sie an Hochschulen gepflegt wird, unterscheidet sich nicht grundsätzlich vom evidenzbasierten Handeln im Managementbereich einer Hochschule. In beiden Bereichen braucht es Eigeninitiative und Offenheit für eine experimentelle Herangehensweise an einen Untersuchungsgegenstand. Es sind letztlich dieselben Akteure, die sowohl die Forschungs- wie auch die Managementaufgaben einer Hochschule übernehmen.

Das Klima für Eigeninitiative an der HSLU wird von den Interviewpartnern als tendenziell eher günstig eingeschätzt. Interviewpartner SA meint dazu: „Wahrscheinlich findet man beides, eine große Gruppe von Leuten, die sehr initiativ ist und mit Ideen kommt und dann auch die Möglichkeit hat, diese umzusetzen, und andere, die froh sind, wenn nichts passiert."

Die Experimentierfreude hingegen sehen die Interviewpartner skeptisch. Die Größe der HSLU mit über 1500 Mitarbeitern bei gleichzeitig beschränkten finanziellen Möglichkeiten lässt der Experimentierfreude der Mitarbeiter wenig Raum. Interviewpartner D&K umschreibt dies treffend: „Wenn Innovationen durch den Weg der Institution gehen müssen, dann finden unglaubliche Bremsvorgänge statt, die vielleicht sein müssen, aber zum Teil auch natürlich immens hindern."

5.7 Schlussfolgerungen

Die explorativ gewonnenen Erkenntnisse zeigen, dass sich Hochschulen als Orte für eine evidenzbasierte Managementpraxis in idealer Weise eignen. Diese Eignung gilt sowohl für die individuellen als auch die organisationalen Bedingungen. Als Institutionen der Wissensgenerierung ist in Hochschulen i. d. R. Evidenzwissen in hohem Maße vorhanden, und auch dessen Anwendung bereitet kaum Schwierigkeiten. Dank der auf Partizipation angelegten Strukturen und Prozesse von Unis und FHs bestehen für die Mitarbeiter gute Voraussetzungen, um aktiv an Hochschulentwicklungsvorhaben mitzuarbeiten. Einzig bezüglich des von Externbrink und Dormann (2015) beschriebenen individuellen Faktors „Methodenkompetenz" sind FHs gegenüber Unis vergleichsweise schwach, was sich mit der noch jungen Forschungstradition von FHs erklären lässt. Eine wissenschaftliche Fundierung von Inhalten in der Aus- und Weiterbildung wird von beiden Hochschultypen sehr geschätzt. Auch lässt sich die Bildung von Netzwerken (Communities of Practice) zu Führungsfragen gut bewerkstelligen. Hier profitieren insbesondere FHs von der Tatsache, dass ein erheblicher Teil des Personals dank langjähriger Praxiserfahrung mit Führungsfragen vertraut ist. Was den Einsatz von Führungsinstrumenten betrifft, ist dieser an Hochschulen auf Partizipation angelegt, was ein evidenzbasiertes Vorgehen erst möglich macht. Beim sich auf die Experimentierfreude auswirkenden Organisationsklima lässt sich ein weiterer Unterschied zwischen den Hochschultypen feststellen: So ist die Experimentierfreude an Unis mit ihrer Forschungsausrichtung tendenziell größer als an FHs mit stärkerer Lehrorientierung.

Die gemeinsam geteilte Expertise in Methodenfragen, wie sie das akademische Personal an Hochschulen auszeichnet, kann als verbindende Klammer angesehen werden und stützt evidenzbasiertes Führungshandeln. Wird diese Bindung mit weitgehender Partizipation der von Entscheidungen Betroffenen noch verstärkt, werden sie zu Beteiligten im Hochschulentwicklungsgeschehen und damit zum Katalysator von Veränderungen.

Entscheidungsträger in der Expertenorganisation Hochschule sollten in ihrem Führungsalltag konsequent auf evidenzbasierte Konzepte setzen und diese auch in der Führungskräfteentwicklung thematisieren. Dadurch lässt sich die an Hochschulen oft feststellbare Schwäche bezüglich der Führung zumindest teilweise reduzieren.

Ich nenne zum Abschluss drei Problemfelder, die sich durch den Einsatz evidenzbasierter Führungskonzepte kontrollieren lassen:

a. Das Ignorieren von wissenschaftlichem Wissen in Entscheidungssituationen kann durch die Einbindung der Professorenschaft mit deren Beratungskompetenz, welche sich aus ihrer Forschungstätigkeit ergibt, reduziert werden. Auch dank technischer Entwicklungen lassen sich heute verschiedene Varianten der Beteiligung und Kommunikation nutzen (z. B. Open-Space-Treffen oder Forumsdiskussionen im Intranet). Zudem werden datengetriebene Verfahren (Big Data Analytics) als immer wichtigerer Bestandteil z. B. von Qualitätsmanagementsystemen oder für die Auswertung großer Mengen wissenschaftlicher Literatur (Meta-Analysen) einen Beitrag für fundierte Entscheidungen leisten.
b. Die Negativeffekte der kulturprägenden Partizipation in flachen Hierarchien, die sich in Entscheidungsschwächen und Koordinationsproblemen manifestieren können, lassen sich durch ein transformationales Führungskonzept kontrollieren. Denn mittels Orientierung der Mitarbeiter einer Hochschule an der dauerpräsenten gemeinsamen Vision und Strategie reduzieren sich Handlungsoptionen, was das Entscheiden erleichtert. Über geeignete Organisationsstrukturen lassen sich zudem Koordinationsprobleme entschärfen. Matrixstrukturen leisten einen wichtigen Beitrag für ganzheitliche, innovative Problemlösungen, indem darin zwingend unterschiedliche Standpunkte beim Entscheiden an den Matrixschnittstellen aufeinandertreffen. Dies setzt allerdings voraus, dass die in eine Matrix eingebundenen Instanzen über kongruente Aufgaben-, Verantwortungs- und Kompetenzbündel verfügen.
c. Das Ausbalancieren der Kernprozesse Wissenschaft und Administration gelingt einer evidenzbasierten Hochschulleitung dann, wenn ihr Organisationsklima von Experimentierfreude und Offenheit der Mitarbeiter gegenüber Neuerungen, auch bezüglich Gestaltung und Entwicklung der Hochschulen als Ganzes, geprägt ist. Führung mit Zielvereinbarungen gibt Hochschulführungskräften ein Instrument an die Hand, mit dem sich eine Balance in den Kernprozessen erreichen lässt. Unterstützt werden sie dabei von einer im Entstehen begriffenen Berufsgruppe an den Hochschulen. Krücken et al. (2012, S. 225) nennen deren Angehörige „hybride Hochschulprofessionals". Diese agieren z. B. als Forschungsmanager, Studiengangentwickler oder Qualitätsbeauftragte an der Schnittstelle zwischen Wissenschaft und Administration, kennen beide „Welten" und werden damit zu Brückenbauern.

Literatur

Ackeren, I. van, Zlatkin-Troitschanskaia, O., Binnewies, C., Clausen, M., Dormann, C., Preisendörfer, P., Rosenbusch, C., & Schmidt, U. (2011). Evidenzbasierte Schulentwicklung. Ein Forschungsüberblick aus interdisziplinärer Perspektive. *Die Deutsche Schule DDS. Zeitschrift für Erziehungswissenschaft Bildungspolitik und pädagogische Praxis, 103*(2), 170–184.

Ackeren, I. van , Heinrich, M., & Thiel, F. (Hrsg.). (2013a). Evidenzbasierte Steuerung im Bildungssystem [12. Beiheft]. *Die Deutsche Schule DDS. Zeitschrift für Erziehungswissenschaft Bildungspolitik und pädagogische Praxis*. Münster: Waxmann.

Ackeren, I. van, Binnewies, C., Clausen, M., Demski, D., Dormann, C., Koch, A. R., Laier, B., Preisendörfer, P., Preusse, D., Rosenbusch, C., Schmidt, U., Stump, M., & Zlatkin-Troitschanskaia, O. (2013b) Welche Wissensbestände nutzen Schulen im Kontext von Schulentwicklung? Theoretische Konzepte und erste Befunde des EviS-Verbundprojekts im Überblick. In I. van Ackeren, M. Heinrich & F. Thiel (Hrsg.), *Evidenzbasierte Steuerung im Bildungssystem [12. Beiheft]. Die Deutsche Schule DDS. Zeitschrift für Erziehungswissenschaft Bildungspolitik und pädagogische Praxis* (S. 51–73). Münster: Waxmann.

Baitsch, C. (2016). Führung an Hochschulen hat es schwer – Laterale Führung bekommt eine Chance. In G. Thomann & F. Zellweger (Hrsg.), *Lateral führen. Aus der Mitte der Hochschule Komplexität bewältigen*. Forum Hochschuldidaktik und Erwachsenenbildung, Band. 6. ZHE – Zentrum für Hochschuldidaktik und Erwachsenenbildung. Pädagogische Hochschule Zürich (S. 53–61). Bern: hep.

Barends, E., Rousseau, D. M., & Briner, R. B. (2014). *Evidence-based management, the basic principles*. Amsterdam: Center for Evidence-Based Management.

Berthold, C. (2011). *„Als ob es einen Sinn machen würde … " Strategisches Management an Hochschulen*. Arbeitspapier Nr. 140. Centrum für Hochschulentwicklung.

Externbrink, K., & Dormann, C. (2015). Führen und Entscheiden: Evidence-based Management. In J. Felfe (Hrsg.), *Trends der psychologischen Führungsforschung. Neue Konzepte, Methoden und Erkenntnisse* (S. 429–439). Göttingen: Hogrefe.

Felfe, J. (2015). Transformationale Führung: Neue Entwicklungen. In J. Felfe (Hrsg.), *Trends der psychologischen Führungsforschung. Neue Konzepte, Methoden und Erkenntnisse* (S. 39–53). Göttingen: Hogrefe.

Florack, A., & Messner C. (2006). Führungsstrategien und Personalentwicklung in der Hochschule. *Zeitschrift für Hochschulentwicklung, 1*(1), 6–20.

Frey, D., & Schulz-Hardt, B. (2000). Zentrale Führungsprinzipien und Center-of-Excellence-Kulturen als notwendige Bedingung für ein funktionierendes Ideenmanagement. In D. Frey & S. Schulz-Hardt (Hrsg.), *Vom Vorschlagswesen zum Ideenmanagement: Zum Problem der Änderung von Mentalitäten, Verhalten und Strukturen*. Göttingen: Verlag für angewandte Psychologie.

Froschauer, U., & Lueger, M. (2003). *Das qualitative Interview: Zur Praxis interpretativer Analyse sozialer Systeme*. Stuttgart: UTB.

Giluk, T. L., & Rynes-Weller, S. L. (2012). Research findings practitioners resist: Lessons for management academics from evidence-based medicine. In D. M. Rousseau (Hrsg.), *The Oxford Handbook of Evidence-based Management* (S. 130–164). New York: Oxford University Press.

Hanft, M. (2000). Sind Hochschulen reform(un)fähig? – Eine organisationstheoretische Analyse. In A. Hanft (Hrsg.), *Hochschulen managen? Zur Reformierbarkeit der Hochschulen nach Managementprinzipien*. Hochschulwesen Wissenschaft und Praxis (S. 3–24). Neuwied: Luchterhand.

Hochschule Luzern [HSLU]. (2012). Mitwirkung der Mitarbeitenden an der Hochschule Luzern. Luzern: Rektorat.

Kleimann, B. (2011). Professionalisierung der Hochschulleitung? In A. Langer & A. Schröer (Hrsg.), *Professionalisierung im Nonprofit Management* (S. 201–226). Wiesbaden: Springer.

Krücken, G., Blümel, A., & Kloke, K. (2012). Wissen schafft Management? Konturen der Managerialisierung im Hochschulbereich. In T. Heinze & G. Krücken (Hrsg.), *Institutionelle Erneuerungsfähigkeit der Forschung* (S. 219–257). Wiesbaden: Springer.

Kuckertz, A. (2012). Evidence-based Management – Mittel zur Überbrückung der Kluft von akademischer Strenge und praktischer Relevanz? *Schmalenbachs Zeitschrift für betriebswirtschaftliche Forschung, 64*(7), 803–827.

McCaffery, P. (2010). *The Higher Education Manager's Handbook.* New York: Routledge.

Nickel, S. (2009). *Partizipatives Management von Universitäten. Zielvereinbarungen – Leitungsstrukturen – Staatliche Steuerung.* Universität und Gesellschaft – Schriftenreihe zur Universitätsentwicklung (2. Aufl., Bd. 5). München: Rainer Hampp.

Nickel, S. (2011). Governance als institutionelle Aufgabe von Universitäten und Fachhochschulen. In T. Brüsemeister & M. Heinrich (Hrsg.), *Autonomie und Verantwortung. Governance in Schule und Hochschule,* (S. 123–143). Münster: Monsenstein und Vanderdat.

Pellert, A. (1999). *Die Universität als Organisation. Die Kunst, Experten zu managen.* Wien: Böhlau.

Pellert, A. (2000). Expertenorganisationen reformieren. In A. Hanft (Hrsg.), *Hochschulen managen? Zur Reformierbarkeit der Hochschulen nach Managementprinzipien.* Hochschulwesen Wissenschaft und Praxis (S. 39–55). Neuwied: Luchterhand.

Petty, R. E., & Cacioppo, J. T. (1986). The elaboration likelihood model of persuasion. In L. Berkowitz (Hrsg.), *Advances in experimental social psychology* (Bd. 19, S. 123–205). New York: Academic Press.

Peus, C., Braun, S., Weisweiler, S., & Frey, D. (2010). Kompetent führen, führend forschen? Professionalisierung der Führungskompetenz an deutschen Universitäten. *Organisationsentwicklung, 1,* 38–45.

Peus, C., Sparr, J. L., Knipfer, K., & Schmid, E. (2012). Führend Wissen schaffen. *Wissenschaftsmanagement, 4,* 14–17.

Peus, C., Welpe, I., Weisweiler, S., & Frey, D. (2015). Führen an Hochschulen. In J. Felfe (Hrsg.), *Trends der psychologischen Führungsforschung. Neue Konzepte, Methoden und Erkenntnisse* (S. 527–539). Göttingen: Hogrefe.

Pfeffer, J., & Sutton, R. I. (2006). *Hard facts, dangerous half-truths, and total nonsense: Profiting from evidencebased management.* Boston: Harvard Business School Press.

Potworowski, G. A., & Green, L. A. (2012). Culture and Evidence-Based Management. In D. M. Rousseau (Hrsg.), *The Oxford Handbook of Evidence-based Management* (S. 272–292). New York: Oxford University Press.

Püttmann, V. (2013). *Führung in Hochschulen aus der Perspektive von Hochschulleitungen. Eine explorative Untersuchung einer Befragung von Präsident(inn)en und Rektor(inn)en deutscher Hochschulen.* Arbeitspapier Nr. 173. Centrum für Hochschulentwicklung.

Rentsch, J. R. (1990). Climate and culture: Interaction and qualitative differences in organizational meanings. *Journal of Applied Psychology, 75*(6), 661–681.

Rousseau, D. M. (2006). Is there such a thing as „Evidence Based Management"? *Academy of Management Review, 31*(2), 256–269.

Rousseau, D. M. (Hrsg.). (2012). *The Oxford Handbook of Evidence-based Management.* New York: Oxford University Press.

Rybnicek, R., Bergner, S., & Suk, K. (2016). Führung in Expertenorganisationen. In J. Felfe & R. van Dick (Hrsg.), *Handbuch Mitarbeiterführung. Wirtschaftspsychologisches Praxiswissen für Fach- und Führungskräfte,* (S. 227–238). Berlin: Springer.

Schmid, E., Knipfer, K., & Peus, C. (2017). Führend forschen und forschend führen – Empirische Ergebnisse zur Führung in der Wissenschaft. In L. Truniger (Hrsg.), *Führung in Hochschulen* (S. 123–132). Wiesbaden: Springer.

Schmidt-Huber, M., Dörr, S., & Maier, G. W. (2014). Die Entwicklung und Validierung eines evidenzbasierten Kompetenzmodells effektiver Führung (LEaD: Leadership Effectiveness and Development). *Zeitschrift für Arbeits- und Organisationspsychologie, 60*(2), 80–94.

Weischer, C. (2007). *Sozialforschung*. Konstanz: UVK.

Yates, J. F., & Potworowski, G. A. (2012). Evidence-based decision management. In D. M. Rousseau (Hrsg.), *The Oxford Handbook of Evidence-based Management* (S. 198–222). New York: Oxford University Press.

6 Volksschulen in der Schweiz als besondere Expertenorganisationen

Kommunale Trägerschaften auf der Suche nach ihrer Rolle bei der Führung von Volksschulen

Barbara Bonhage und Caroline Schwitter Marsiaj

6.1 Einführung und Fragestellung

6.1.1 Strukturgebende Rahmenbedingungen der Volksschulen

Schweizer Volksschulen sind Expertenorganisationen mit einer besonderen Führungskonstellation. Führung ist hier eine auf mehrere Akteure verteilte Aufgabe, die innerhalb der Rahmenbedingungen der kommunalen, öffentlichen Verwaltung auszuführen ist. Die gesetzlichen Grundlagen der Kantone setzen dem Spielraum für die Gestaltung der Kompetenzabgrenzungen zwischen den Verantwortungsträgern dabei enge Grenzen.

Bei allen Volksschulen ist die Steuerung und Führung der kommunalen Organisationseinheit „Bildung" aufgeteilt zwischen der Schulbehörde (je nach Kanton bezeichnet als Schulkommission, Schulrat oder Schulpflege) als politische Exekutivkraft und den betrieblichen Exekutivkräften wie Schulleitung und Schulverwaltung. Wir bezeichnen dies im Folgenden als Führungstrias. Die betrieblichen Exekutivkräfte sind auf der Basis ihrer pädagogischen (Schulleitung) oder verwaltungsbezogenen (Schulverwaltung) Expertenqualifikation sowie qua Gesetz zur Erfüllung von Führungsaufgaben legitimiert. Die politischen Exekutivkräfte sind es durch ihr Mandat im Auftrag der Öffentlichkeit und ebenfalls durch das Gesetz.

B. Bonhage (✉)
Hochschule Luzern, Luzern, Schweiz
E-Mail: barbara.bonhage@hslu.ch

C. Schwitter Marsiaj
Inoversum AG, Zürich, Schweiz
E-Mail: caroline@marsiaj.com

P. Kels und S. Kaudela-Baum (Hrsg.), *Experten führen*, uniscope. Publikationen der SGO Stiftung, https://doi.org/10.1007/978-3-658-23028-9_6

Auf der Basis von zahlreichen Praxisbeobachtungen[1] zu Führungssituationen in Schweizer Volksschulorganisationen, die sich selbst gerne als Expertenorganisationen sehen, zeigen wir auf, welche Herausforderungen sich in dieser besonderen Konstellation ergeben. Wie agieren die Führungsteilnehmenden bezüglich ihrer gemeinsamen Führungszuständigkeit und ihrer Rollenabgrenzung zueinander in der Praxis? Es werden, so zeigen wir auf, Konflikte manifest, welche sich nicht nur aus der Persönlichkeit der Beteiligten und nicht nur aufgrund der unterschiedlichen Professionskulturen von Bildungs- und Verwaltungsexpertise ergeben. Vielmehr sind die Reibungsflächen zwischen den Mitarbeitern auch bedingt durch die spezifischen Strukturmerkmale, in denen die Schweizer Volksschulen aufgestellt sind. Unsere Überlegungen gründen dabei auf in den letzten Jahren vorgelegten Forschungsergebnissen, die sich für die Verantwortung der Gemeinden in der schulischen Governance interessieren (Hangartner und Svaton 2015, S. 196; Buser und Näpfli 2016, S. 176).

6.1.2 Erneuerte Bedingungen der letzten Jahrzehnte

In den letzten drei Dekaden hat die Volksschullandschaft in pädagogischer Hinsicht einen markanten Professionalisierungsschub erfahren (siehe auch Rosenmund 2016, Heinzer 2016). Die Veränderungen wurden institutionell getragen durch einen Erneuerungsschub der geltenden gesetzlichen Grundlagen in zahlreichen Kantonen sowie durch die Professionalisierung der Berufsausbildung mit der Tertiarisierung der Pädagogischen Hochschulen (Hügli und Künzli 2016, S. 52) als Ausbildungsstätten für Lehrpersonen. Überdies waren diese Entwicklungen begleitet von einem Leistungsstandardisierungsprozess, der die Schulen zunehmend mit Elementen aus dem Scientific Management ausstattete. Die Schulen haben sich mit der Einführung der Schulleitungen und eines standardisierten Qualitätsmanagements zu geleiteten Organisationen entwickelt. Zunehmend werden bildungspolitische Entscheidungen mit wissenschaftlichen Evidenzkriterien begründet, und externe Schulevaluationsinstanzen bewerten heute die kommunalen Organisationen (Rosenmund und Weber 2016, S. 32 f.).

Aus Sicht der Gemeinden handelt es sich bei der Leistung „Schule und Bildung“ um eine kommunale Aufgabe neben anderen. Meistens werden diese Leistungen in einer Abteilung der Gemeindeverwaltungsorganisation durch ein kleineres oder auch größeres Team von Mitarbeitern erbracht. Für die Organisation der Gemeindeaufgaben ist die Gemeindebehörde autonom zuständig. Anders ist dies bei der Aufgabe „Schule und Bildung“. Hier führt die lokale Trägerschaft eine mittelgroße Organisation. Nicht selten macht das Budget der Schule den Löwenanteil aller kommunalen öffentlichen Ausgaben

[1]Diese waren im Rahmen unserer langjährigen Tätigkeit als Strategie- und Organisationsentwickler in Zürcher Volksschulen möglich, resp. in der Eigenschaft von C. Schwitter Marsiaj als Mitglied einer kommunalen Schulbehörde.

aus. Oft zählt das schulische Personal mehr Köpfe, als für die Erbringung der übrigen kommunalen Leistungen gemeinsam im Einsatz sind. Für die Führung der Expertenorganisation „Volksschule" als Teil der Verwaltungsorganisation der Gemeinde stellen sich somit besondere Herausforderungen.

Im Zentrum unseres Interesses stehen nun diejenigen Personen, die für die Steuerung und Führung von Volksschulorganisationen auf kommunaler Ebene verantwortlich sind, sowie die staatlichen und öffentlichen Rahmenbedingungen, die sie in ihrem Handeln leiten.

Wir haben diejenigen Konflikte zwischen den Führungsverantwortlichen systematisch beobachtet, die sich an der Grenze zwischen Experten- und Nicht-Expertensystem abspielen. Also dort, wo das politisch verfasste Führungshandeln der Behörde auf das professionalisierte Führungshandeln von Schulleitung und Schulverwaltung trifft. Dabei fokussieren wir die erwähnten strukturellen Rahmenbedingungen, die immer wieder zu Verständigungsschwierigkeiten im Rollenverständnis der Führungsverantwortlichen führen. Mit Blick auf die Praxis geht es uns darum, deutlich zu machen, dass sich ein Teil der Konflikte innerhalb der Schulen dadurch ergibt, dass zum gegenwärtigen Zeitpunkt des Umsetzungsprozesses eine gemeinsame Sicht sowohl für die besonderen gegebenen Strukturbedingungen als auch für das gemeinsame Handeln innerhalb dieses Rahmens fehlt.

6.1.3 Fehlende Organisationsgestaltungsmodelle

Es zeigt sich, dass sich die in den letzten rund 30 Jahren auf politischer und gesetzlicher Ebene herausgebildeten neuen Strukturmerkmale in der Praxis bei den Führungsverantwortlichen noch nicht als Selbstverständlichkeit etabliert haben. Für die Organisationsgestaltung der jeweiligen Schule innerhalb der Gemeinde fehlt es daher deutlich an Orientierung. Übergeordnete Modelle, die eine gemeinsame Verständigung erleichtern würden, müssen erst noch erarbeitet werden. Von Kanton zu Kanton bestehen dabei beträchtliche Unterschiede in der gesetzlich intendierten und vorgegebenen Schulorganisation, in deren Rahmen dieser umfassende Bildungsauftrag umzusetzen ist. Diesen Unterschieden muss bei einer Modellbildung Rechnung getragen werden. Mit Blick auf die Forschung zeigen wir daher auf, welche Fragen sich angesichts dieses Defizits in der Praxis stellen und warum eine Modellbildung für die spezielle Expertenorganisation der Volksschulen in der Schweiz lohnend wäre.

Der Erneuerungsprozess der letzten rund drei Dekaden hat nicht dazu geführt, dass die Zuständigkeiten für die betrieblichen Führungsaufgaben sowie für die Gestaltung der Organisationsstruktur vollständig an die pädagogischen und verwaltungsfachlichen Experten delegiert worden wären. Auch die erneuerten kantonalen Volksschulgesetzgebungen weisen weiterhin Aufgaben im Bereich „Führung und Steuerung" den kommunalen Behörden zu. Im Rahmen der Forschung zur Governance in der Gemeindeführung konnte bereits dargelegt werden, dass die Organisationsform ausschlaggebend ist für die

Attraktivität der Führungsrolle, die Behördenmitglieder bei der kommunalen Aufgabenerfüllung übernehmen können. Von untergeordneter Bedeutung sind dagegen Faktoren wie etwa die Gemeindegröße (Dlabac 2016, S. 142). Vor diesem Hintergrund scheint die Klärung der Aufgabenstrukturierung innerhalb der Führungstrias von Volksschulen von Bedeutung zu sein, um die Effizienz und Effektivität der Volksschulen zugunsten ihrer pädagogischen Aufgaben zu optimieren.

Die Rolle, welche die politischen Exekutiven als Teil der Führungstrias und als Antwort auf den Veränderungsprozess im Bereich des pädagogisch-professionellen Handelns und der Verwaltungsprofessionalisierung einnehmen könnten, wurde im Gegensatz zu den Veränderungen innerhalb der pädagogischen Expertenorganisation erst ansatzweise beschrieben. Aufgeworfen wird diese Frage in der Praxis durch den sowohl bei der Elternschaft als auch im betrieblichen Kontext zunehmend geäußerten Wunsch nach einer „Stärkung der [betrieblichen] Führung" gegenüber dem bisherigen Status quo (Hangartner und Heinzer 2016, S. 15).

6.2 Geltende Rahmenbedingungen

6.2.1 Führungsstruktur und Führungshandeln in den Volksschulen

Der Rahmen für das Führungshandeln in Schweizer Volksschulen wird grundsätzlich von den kantonalen Gesetzgebungen festgelegt. Diese sind zwar durchaus unterschiedlich, überall fungiert aber eine kommunale Trägerschaft – die Gemeinde- oder Schulbehörde – als Aufsichts- und oberstes Steuerungsorgan. Als Repräsentanten dieser öffentlichen Trägerschaft werden aus dem Kreis der stimmberechtigten Bürger Volksvertretungen in den Gemeinderat oder die Schulbehörde gewählt. Je nach kantonaler Ausprägung wird die Schulbehörde als autonomes oder als dem Gemeinderat unterstelltes Organ geführt und terminologisch als Schulpflege, Schulkommission oder Schulrat bezeichnet. Deren Mitglieder erhalten zwar kantonal unterschiedliche Zuständigkeiten, die Aufgabe der Aufsicht über die Schule und ein geteilter Führungsauftrag mit den Schulleitungen und Schulverwaltungen ist jedoch allen gemein. Die Schulpflege besteht im größten Schweizer Kanton Zürich – beispielsweise – aus mindestens fünf gewählten Mitgliedern.[2] Ihre Aufgabe ist, die Organisationsstruktur zur Erbringung der kommunalen Aufgabe „Schule und Bildung" mit geleiteten Schuleinheiten und unter Berücksichtigung der Vorgaben des kantonalen Volksschulamtes festzulegen. Sie leitet und beaufsichtigt zudem gemäß Gesetz die Schulen und vertritt diese nach außen.[3] Den Schulpflegeorganen obliegt überdies eine Reihe von Exekutivaufgaben betrieblicher Art. Namentlich, und immer beispielhaft im Kanton Zürich, sind dies die Festlegung von Organisation und Angeboten

[2]GG Kanton ZH, § 55.

[3]VSG Kanton Zürich, § 41, 42, 43.

mit entsprechenden Kompetenzzuweisungen innerhalb des Betriebs, die Anstellung und Entlassung von Schulleitung, Lehrpersonal und sonstigen Mitarbeitern, die Beurteilung von Schulleitung und Lehrpersonen, die Qualitätssicherung, die Zuteilung der Schüler in die Schuleinheiten, die Allokation der finanziellen Mittel und die Kontrolle über deren Verwendung sowie die Öffentlichkeitsarbeit.[4]

Die Schulbehörden agieren also qua Gesetz sowohl in politischer wie auch in betrieblicher Exekutivfunktion als Führungsinstanz. Sie führen zwei Typen von Experten: die Schulleitungen als pädagogische Experten und die Schulverwaltungsleitungen als Experten für das Verwaltungshandeln. Nicht selten integrieren die Gemeinden gleichzeitig die Schulverwaltungsabteilung in die kommunale Verwaltungsorganisation; und nicht selten hat die Schulverwaltungsleitung dann mit dem Schulpräsidium eine vorgesetzte Person sowie eine weitere vorgesetzte Person aus dem kommunalen Verwaltungsbetrieb. Aus Sicht der Schulbehörde ergibt sich zusammen mit den beiden Expertenführungsrollen, den Schulleitungen pro Schuleinheit und der Schulverwaltungsleitung eine funktionale Führungstrias, die gemeinsam für die Führung der Schule zuständig ist. Personell kann die Führungstrias durchaus aus mehr als drei Personen bestehen. Dies ist dann der Fall, wenn zur Führung der Schulleitungen eine zentrale Gesamtschulleitung oder etwa ein Rektor oder Schuldirektor eingesetzt wird. Kurz: Professionell sowie nicht-professionell legitimierte Führungsverantwortliche – also die Schulbehörde, Schulleitung und Schulverwaltungsleitung – werden in Schweizer Volksschulen in geteilter Zuständigkeit für die Führung der Gesamtorganisation „Volksschule“ eingesetzt. Sie gewährleisten gemeinsam, dass die öffentliche Aufgabe „Schule und Bildung“ als Teil der kommunalen Leistungen zugunsten der Bevölkerung erbracht wird. Dabei ist unbestritten, dass die Kernaufgabe von Volksschulen darin besteht, guten Unterricht zu gewährleisten. Alle Kinder und Jugendlichen haben ein Anrecht auf eine gute Bildung, damit sie die Anforderungen des eigenständigen Erwachsenenlebens erfüllen können (Rosenmund und Weber 2016, S. 26).

Diese doppelte (politische und betriebliche) Exekutive als Teil einer der drei Expertiseebenen – einer pädagogischen, einer administrativen und einer politischen – ist einzigartig für eine Expertenorganisation. Aktuell führt dies mangels verfügbarer, orientierungsstiftender Gestaltungsmodelle in der kommunalen Schulführungspraxis wiederholt zu Spannungen oder wenigstens aufwendigen Absprachebedürfnissen innerhalb der Führungstrias. An konkreten, aktuellen Beispielen werden wir noch aufzeigen, mit welchen Führungsfragestellungen die Beteiligten typischerweise[5] konfrontiert sein können.

[4]VSG, § 42, 47.

[5]Es handelt sich hier nicht um eine repräsentative Situierung von Problemlagen in einzelnen Gemeinden. Als Strategie- und Organisationsentwickler wurden wir selbstverständlich eher in Gemeinden gerufen, in denen Spannungen die alltägliche Arbeit belasteten. Viele Gemeinden dürften sich besser als die folgenden Beispiele mit den neuen Anforderungen arrangiert haben. Dennoch zeigen die Beispiele Konfliktlinien auf, die uns immer wieder begegnet sind und bei denen ein Entwicklungsbedarf besteht, der sich aufgrund struktureller Probleme ergibt.

6.2.2 Volksschulen als besondere Expertenorganisationen

Typischerweise pendeln in Expertenorganisationen die Mitarbeiter zwischen Organisation und Profession. Brüsemeister (2008, S. 179) hat aufgezeigt, dass dies auch für Lehrkräfte und Schulleitungen in Volksschulorganisationen gilt, die sich gemäß Managementlogik an den Zielen der Organisation und gemäß pädagogisch-professioneller Logik an den Lernzielen der Individuen orientierten. Ihre wichtigsten Mitarbeiter, die Lehrpersonen, orientieren sich also eher an ihrer Profession als an den Zielen ihrer Organisation.[6]

Die Führungstrias der Schweizer Volksschulen kennt darüber hinaus aber einen dritten Orientierungsbedarf: eine öffentlichkeitsorientierte Logik, die sich an den politischen Zielen der Gesellschaft orientiert. Spannungen bei der Ausführung der Führungsaufgaben ergeben sich, wie wir an Beispielen zeigen werden, oft dann, wenn an den Schnittstellen der jeweiligen Zuständigkeit für die Führungsaufgaben und angesichts der verschiedenen Orientierungsebenen – Management, Pädagogik und Politik – ein Konsens sowohl aus der politischen wie auch der professionellen Legitimierung gefunden werden muss. Daraus resultiert ein für Expertenorganisationen durchaus typisch hoher Absprachebedarf zwischen Führung und Mitarbeitern. Im Falle der Schweizer Volksschulen besteht aber ein zusätzlich erhöhter Absprachebedarf mit dem Ziel der Verständigung über die gemeinsame Organisationsgestaltung innerhalb der Führungstrias.

Die Schulen sind nun innerhalb der Gemeindeverwaltungsorganisation oft nicht nur größer als die übrigen Aufgabenbereiche, es handelt sich angesichts der qua Gesetz spezifisch zugewiesenen Führungskonstellation auch um einen ganz eigenständigen Organisationstypus. Sie werden von ihren pädagogischen Fachleuten zwar gerne und traditionellerweise als Expertenorganisationen[7] beschrieben, gleichzeitig agieren sie aber innerhalb der Verwaltungsorganisation der Gemeinden, die klassischerweise von stark

[6]Die Doppelrolle der Lehrkräfte zwischen Organisation und Profession wurde schon in den frühen 1970er-Jahren von Richard W. Scott beschrieben. Lehrkräfte sind ebenso Mitglieder in einem professionellen wie im bürokratischen System. Als Teil des professionellen Systems verfügen sie über Spezialwissen, komplexe Fertigkeiten und internalisierte Kontrollmechanismen. Als Teil des bürokratischen Systems arbeiten sie in einer hierarchischen Struktur und üben in einem System formaler Regeln eine eng umschriebene Funktion aus. Die bürokratische Organisation hat den Anspruch, ihre Mitglieder so zu steuern, dass sie die Ziele der Organisation zu erreichen vermögen. Gleichzeitig ist sich der bürokratische Teil des Systems bewusst, dass sich die Professionellen weiterhin vor allem mit ihrer Berufsgruppe identifizieren und an deren Standards und Normen festhalten werden. Wiederkehrende Konfliktbereiche sind daher vorhersehbar: der Widerstand der Professionellen gegen bürokratische Regeln, die Zurückweisung bürokratischer Standards, der Widerstand gegen bürokratische Überwachung und die nur bedingte Loyalität gegenüber der Bürokratie (Brüsemeister 2008, S. 178 f.).

[7]„Wenn alle Lehrer kündigen" (29. Mai 2017). Neue Zürcher Zeitung.

hierarchischen Verwaltungskulturen geprägt sind, in einem für Expertenorganisationen untypischen Rahmen.

Eine der zentralen Herausforderungen für die Führungstrias ist also, die Ziele der Gemeindeorganisation und diejenigen des angestellten pädagogischen Personals, das sich in erster Linie dem Lernprozess von Kindern und Jugendlichen verpflichtet fühlt, nicht allzu weit auseinanderlaufen zu lassen. Aus der Forschung zu Expertenorganisationen wissen wir, dass in diesem Fall die Durchsetzungsmacht der Schulleitungen gegenüber den Lehrkräften nur in geringem Maße besteht. Hinzu kommt in unserem Fall, dass auch die Durchsetzungsmacht der Behörde gegenüber den Schulleitungen wenig ausgeprägt sein dürfte, angesichts ihrer rein politischen Legitimation. Innerhalb der Führungstrias agieren also Verantwortungsträger, die sich im Rahmen einer gegebenen funktionalen Handlungslegitimation laufend ihrer Autorität vergewissern müssen, die sie wechselseitig aus ihrem politischen, pädagogischen oder verwaltungsbezogenen Selbstverständnis heraus beziehen. Während also Schulleitungen als pädagogische Experten für tragfähige Brücken zwischen dem pädagogischen Personal und den Behörden zuständig sind, sind es die Milizbehörden für Brücken zwischen Öffentlichkeit und pädagogischen Professionals im Allgemeinen. Den Brückenschlag zur kommunalen und kantonalen Verwaltung schlagen im operativen Tagesgeschäft die Schulverwaltungsleitungen.

6.3 Fallbeispiel Kanton Zürich

6.3.1 Zusammenspiel der Führungstrias

Im Folgenden geben wir einen Einblick in die individuellen Reflexionen von Führungsverantwortlichen der Führungstrias. An der Grenze zwischen Experten- und Nicht-Expertensystem wird angesichts der gegebenen Rahmenbedingungen der Bedarf an Orientierung an Modellen besonders gut sichtbar. Es fehlt ein gemeinschaftlich getragenes, differenziertes Rollenverständnis über die kommunal-spezifische Funktionsweise innerhalb der Führungstrias. Es werden Konfliktlinien und Spannungen sichtbar, die über die Grenzen des betrieblichen Expertensystems hinaus auszuhandeln sind. Immer wieder fällt auf, dass in der Führungstrias „Schulbehörde, Schulleitung und Schulverwaltung“ unterschiedliche Vorstellungen darüber bestehen, wie der gesetzliche Rahmen im Führungsalltag auszulegen sei.

6.3.2 Die Sicht der Schulleiterin

C. A. ist Schulleiterin der kleinen Volksschule einer Gemeinde mit rund 900 Einwohnern und nur 80 Schülern. Aufgrund der kantonalen Stellenplanung ist sie mit einer halben Stelle in Teilzeit angestellt. Sie führt ein Lehrpersonenteam von rund einem

Dutzend Personen und unternimmt aktuell die ersten Planungsschritte, um das neue Schuljahr – ihr zweites – vorzubereiten, das in wenigen Monaten beginnt. Ihr Überstundenkonto weist bereits eine Zahl im mittleren dreistelligen Bereich aus. Sie fragt sich:

> Sollte ich nicht lieber kündigen, schließlich wird diese Schulpflege niemals zu einem strategischen Steuerungsorgan heranwachsen und die Lehrpersonen dieses Teams haben ja gar keinen Grund dazu, sich fachlich und persönlich weiterzuentwickeln. Die Team- und Personalentwicklungsmaßnahmen, die ich gerne einleiten würde, werden von der Schulpflege nicht als notwendig erkannt – die wissen vermutlich gar nicht, was Personalentwicklung ist – und erst recht nicht finanziert. Immerhin habe ich mit der Schulverwaltungsleiterin, die ihren Auftrag in einem Teilzeitpensum und ohne Mitarbeiter erfüllt, eine echte Mitstreiterin. Sie ist zwar der Gemeindeschreiberin und nicht mir unterstellt, macht aber fachlich hervorragende Arbeit und hat viel Erfahrung.

6.3.3 Die Sicht des Schulverwalters

G. S. leitet die Schulverwaltung, ein Team von sieben Personen, einer mittelgroßen Volksschule. Seine Chefin ist die Schulpräsidentin, die gleichzeitig Mitglied des Gemeinderates ist. Er pflegt einen regelmäßigen, formlosen Austausch mit dem Gemeindeschreiber über Verwaltungsfragen. G. S. fühlt sich für die Mitglieder der Schulpflege sowie für die Lehrpersonen und die Eltern der Schüler in allen schuladministrativen Fragen gleichsam zuständig. In letzter Zeit ist die Stimmung in seinem Team jedoch von Eiseskälte geprägt, es gab sogar Kündigungen; der Kaffeeraum wird nur noch als Materiallager genutzt. Er fragt sich:

> Was kann ich tun, damit wir nicht dauernd wie das Kaninchen bei ‚Alice im Wunderland' der Zeit hinterherrennen und damit beschäftigt sind, Leute zu rekrutieren und einzuführen, weil es die Vorgänger bei uns jeweils nicht lange ausgehalten haben? Ich würde mich lieber mit unseren Kernaufgaben beschäftigen. Ehrlich gesagt glaube ich, dass die Schulpflege noch gar nicht verstanden hat, was wir alles leisten und was die Aufgaben einer Schulverwaltung eigentlich wären. Nur Schreiber der Schulpflege – wie zu Gottfried Kellers Zeiten – bin ich ja schon lange nicht mehr. Hinzu kommt zu meinem Entsetzen, dass die Schulpflege über meinen Kopf hinweg letzte Woche entschieden hat, den Schulleitungen nun eigene Administrativkräfte zuzuordnen, die von den Schulleitungen geführt werden.

6.3.4 Die Sicht des Schulpräsidenten

U. B. ist schon lange Jahre Präsident einer großen Volksschule in einer Stadt mit einer tiefen Sozialhilfequote. Er ist stolz auf seine Schulleitungspersonen, die hervorragend zusammenarbeiten und ein Klima mit den Eltern geschaffen haben, das seinesgleichen sucht. Er fragt sich:

Wie kann es mir gelingen, dass sich die Schulpfleger wirklich auf ihre strategischen Aufgaben beschränken und sich an der vereinbarten übergeordneten Planung orientieren? Allerdings werde ich mich wohl demnächst vom Schulverwaltungsleiter trennen müssen. Er hat noch nicht verstanden, dass er seine Rolle neuerdings als Leiter eines schulischen Dienstleistungszentrums zu verstehen hat. Er müsste nicht nur viel mehr Aufgaben an seine Mitarbeiter delegieren, sondern auch eine systematische Koordination mit der Gemeindeverwaltung initiieren. Diese fehlende Verständigung über seine Aufgaben führt laufend zu Konflikten zwischen uns beiden – und übrigens auch zwischen ihm und den Schulleitungen.

6.3.5 Folgerungen

Die Äußerungen machen deutlich, dass die Führungsrollen im Kanton Zürich nicht selten noch gesucht werden. Insbesondere hat die Schulverwaltung als Expertin für die Administration aller schulischen Belange und für die Koordination mit der politischen Gemeinde ihren Platz mancherorts noch nicht finden können. Symptomatisch dafür ist, dass es vielen Schulen mangels einer klaren und gemeinsam getragenen Vorstellung davon, wie ihre Aufbauorganisation ausgestaltet ist, nicht gelingt, ein Organigramm zu zeichnen. Gerade die Funktion der Schulverwaltungsleitung kann im Spannungsfeld zwischen Verwaltungs- und Expertenorganisation grafisch nicht dargestellt werden. Aber auch die Führungsrolle der Schulbehörde ist in kaum einer der Organisationsdarstellungen – insbesondere im Verhältnis zur Gemeindebehörde – adäquat beschrieben. Unbestritten ist demgegenüber die Position der Schulleitung als Führungsperson im Rahmen einer divisionalen Organisationsstruktur (Vahs 2015, S. 153).

Die Beispiele machen zudem deutlich, dass der Aufgabenbereich, der – verstanden unter „strategischer Führung" – den Behördenmitgliedern zugeordnet werden könnte, noch nicht in allen Schulorganisationen geklärt ist. Dabei ist daran zu erinnern, dass die gegebenen strukturellen Rahmenbedingungen im Kanton – allen voran die Gemeindegröße und die Gemeindeführungsorganisation[8] – enorme Unterschiede zwischen den Gemeinden sichtbar werden lassen. Die Aufgaben, die die Schulbehörden unter Einhaltung der kantonalen Vorgaben für sich finden müssen, können sie daher nicht wie die pädagogischen und verwaltungsfachlichen Experten als Standards beanspruchen, sondern nur unter der Prämisse der Gemeindeautonomie unter den jeweils spezifischen Bedingungen entwickeln, die vor Ort gegeben sind. Es gibt lediglich ein gemeinsames Volksschulgesetz für alle Gemeinden, aber nicht eine geeignete Musterbehördenorganisation, die allen unabhängig von ihren lokalen Bedingungen dienen würde. Dazu gehören neben den historisch gewachsenen Elementen mitunter auch personelle Gegebenheiten auf der Stufe der Behörde. Mancherorts werden Repräsentanten gewählt,

[8]Im Kanton Zürich können Volksschulen von autonomen Schulgemeinden betrieben werden oder im Rahmen von sogenannten Einheitsgemeinden von der politischen Gemeinde als Trägerschaft, die eine eigenständige, von der Bevölkerung gewählte Schulpflege einsetzt (Bonhage 2014).

die für die Amtsausübung nicht durchweg geeignet sind. Umgekehrt trägt die mangelnde Rollenabgrenzung innerhalb der Führungstrias fallweise durchaus dazu bei, dass vorhandene Fachexpertise über die Schulbehörde gewinnbringend in die Organisation einfließt.

6.4 Folgen des Orientierungsdefizits

Die Umsetzung der erneuerten Rahmenbedingungen in die Führungspraxis in den Kommunen ist, wie die Aussagen oben zeigen, bisher nicht reibungslos verlaufen. Es zeigt sich, dass entstehende Konflikte nicht nur persönlichkeitsbezogen sind, sondern sich auch infolge eines nicht abschließend geklärten Handlungs- und Organisationsrahmens ergeben. Im Folgenden führen wir aus, inwiefern Ansätze, die derzeit in der Praxis zur Anwendung gebracht werden, zwar Zugänge zu möglichen Orientierungsmodellen schaffen, es damit aber noch nicht gelingen kann, organisationsbezogen die besondere Wesensart der Volksschulen zu erfassen.

6.4.1 Orientierungshilfe Betriebswirtschaft

Manche Schulbehörden versuchen sich bei ihrer Aufgabenerfüllung heute daran zu orientieren, wie Verwaltungsräte bei der strategischen Führung ihrer Unternehmen handeln. Tatsächlich unterscheidet sich zunächst staatliches Management auf einer allgemeinen Ebene nur wenig von privatwirtschaftlichem Handeln. Als öffentliche Organisationen agieren Volksschulen – genauso wie das auch privatwirtschaftliche Betriebe tun – innerhalb einer Umwelt mit begrenzten Ressourcen, die sie effektiv und effizient zum Einsatz bringen müssen (Thom und Ritz 2008, S. 3 und 9). Ganz anders als manche Organisation der Privatwirtschaft hängt aber die Governance der lokalen Volksschulorganisation von einer gesetzlich vordefinierten spezifischen Akteurskonstellation ab, wie wir sie weiter oben beschrieben haben. Konzepte aus der Betriebswirtschaft hatten es daher insbesondere auf der Ebene der schulischen Experten bisher schwer, in den Volksschulorganisationen der Schweiz Tritt zu fassen.[9] Dies ist insofern zunächst erstaunlich, als die kantonalen Volksschulreformen der 1990er-Jahre mitunter aus der Forderung nach mehr Effizienz und Effektivität im Bildungssystem erwuchsen und sich an den Tendenzen des New Public Management mit ihrer klar betriebswirtschaftlich

[9]Sabine Seufert hat zwar in ihrem Lehrbuch „Bildungsmanagement" 2013 eine differenzierte und umfassende Anpassung des St. Galler Managementmodells für den Schulbereich entwickelt und stellt weitere Konzepte vor, die für die betriebswirtschaftliche Führung von Bildungsorganisationen äußerst wertvoll sind. Im spezifischen schweizerischen Kontext der Volksschulen sind ihre Modellbildungen bisher aber noch kaum umgesetzt geworden.

ausgerichteten Unternehmensführung orientierten (Hangartner und Heinzer 2016, S. 12). Es ging um Fragen, mit denen sich auch die Betriebswirtschaft unter den ihr eigenen Rahmenbedingungen beschäftigt, das heißt vor allem Fokussierung auf Leistungsfähigkeit und hohe Qualität (Appius et al. 2016, S. 78).

Zwar gelingt es dabei durchaus, die Modelle aus der klassischen Betriebswirtschaftslehre als Impulsgeber für die Gestaltung der kommunalen Volksschulorganisation nutzbar zu machen. Die Ansätze, „strategische Steuerung" durch die öffentliche Trägerschaft in der Praxis umzusetzen, erweisen sich aber selten als umsetzbar. Neben dem strategischen Steuerungsgremium fehlt im Kontext der Volksschulen und gemäß den gesetzlichen Grundlagen insbesondere eine Funktion, die analog einer CEO-Funktion gestaltbar wäre.

6.4.2 Orientierungshilfe Expertenorganisationen

Auch die Orientierung am Modell der Expertenorganisation ist, wie bereits gezeigt wurde, nur bedingt hilfreich. Während die Schulleitungen erkennbar über spezialisiertes Wissen, über Erfahrung als Lehrpersonen und evtl. als Schulleitende sowie über Problemlösungskompetenzen mit Bezug auf pädagogische und unterrichtsbezogene Fragen verfügen, agieren die Schulbehörden als Nicht-Experten. Auch wenn ihr Hintergrund fallweise mit Bezug auf ihre eigene Berufsbiografie pädagogische, bildungs-, schulbezogene oder anderweitige für die Volksschule fachlich relevante Wissensbestände enthalten sollte, qualifiziert sie das zwar möglicherweise, es legitimiert sie aber nicht zu ihrem Führungshandeln. Vielmehr agieren sie auf der Basis ihres politischen Mandats, das ihnen – anders als den Experten – nicht unter der Voraussetzung langjähriger Erfahrung im Praxisfeld erteilt wurde, sondern aufgrund einer gegenüber der lokalen Stimmbürgerschaft vermittelten Glaubwürdigkeit, einen Beitrag zur Führung der Schule vor Ort leisten zu können.

Die gegebenen Qualifikationsvoraussetzungen für Schulleitende in den Volksschulen, wonach gemäß Personalverordnung für Schulleitungen vorgesehen ist, dass sie selbst im Lehrberuf tätig gewesen sind, macht deutlich, dass Schulleitungen im Verständnis des Gesetzgebers nicht nur Experten führen sollen, sondern selbst auch Experten sein sollten.[10] Spezifisch an der Expertenorganisation Volksschule ist also, dass es den Mitgliedern der Schulbehörde gelingen muss, als Nicht-Experten Experten zu führen, die sich ihrerseits mit dem pädagogischen Personal auf Expertenebene verständigen können und sich eher an professionellen Zielen als an Organisationszielen orientieren. In

[10]Seit 1. August 2014 sieht das Lehrpersonalgesetz (LPG) vor, dass auch sogenannte „Quereinsteiger" die Führungsfunktion „Schulleitung" übernehmen können (LPG Kanton Zürich, § 7). In der Praxis zeigt sich aber, dass weiterhin nur in Einzelfällen Schulleitungen angestellt werden, die nicht aus dem Lehrberuf kommen.

anderen Expertenorganisationen gibt es diese verdoppelte Exekutivzuständigkeit nicht, die sich aus dem Zusammenspiel zwischen politischer und professioneller Legitimation im jeweiligen Führungshandeln ergibt.

6.4.3 Abschaffung von Schulpflegen

Als weitere Reaktion auf die Herausforderungen der gegebenen Führungskonstellation ergibt sich – sowohl aus Sicht der Betriebsexekutive wie auch seitens der politischen Öffentlichkeit – nicht selten die Forderung nach der „Abschaffung der Schulpflegen“[11], wie z. B. in Luzern[12] oder Solothurn[13]. Mancherorts gibt die Behörde dabei sämtliche betrieblich-exekutiven Führungsaufgaben etwa im Rahmen von Leistungsvereinbarungen an die Schulleitungen ab. Gerade in der öffentlichen Diskussion wird dabei aber oft der Tatsache zu wenig Rechnung getragen, dass auch nach der „Abschaffung“ der Führungs- und evtl. Aufsichtsfunktion der Schulbehörde die Trägerschaft der Volksschule bei der Gemeinde verbleibt. Nicht wenige der Gespräche um eine geeignete Aufgabenabgrenzung verschieben sich dadurch nur. Statt in der Schulbehörde stellen sich die gleichen Zuständigkeitsfragen beim jeweiligen Gemeindeführungsgremium, das heißt beim Gemeinde- oder Stadtrat – je nach kantonaler Terminologie und Gemeindegröße. Die Funktion der kommunalen Trägerschaft mit Aufsichtsfunktion bleibt dabei in jedem Fall erhalten.

6.5 Zusammenfassung und Fazit

Die Volksschulorganisationen in der Schweiz sind Expertenorganisationen mit besonderer Wesensart. Atypisch ist die Expertenorganisation „Volksschule“ aufgrund der folgenden drei Merkmale:

- Die Führung der Gesamtorganisation findet im Rahmen einer Führungstrias statt: Die drei Funktionen Schulbehörde, Schulleitung und Schulverwaltung übernehmen die Führungsaufgabe gemeinsam in kollaborativer Führung, aber mit nicht abschließend definierten Zuständigkeiten.

[11]Neben Solothurn wurden auch in Neuenburg die Gremien durch beratende Organe ersetzt oder ganz abgeschafft; andere Kantone stellen den Gemeinden frei, wie sie die Führungs- und Aufsichtsfunktion zwischen Behörde und betrieblicher Exekutive aufteilen wollen, z. B. Bern und Luzern (Heinzer und Hangartner 2016, S. 50).

[12]VGB Kanton Luzern, §§ 30, 33 u. 44.

[13]VSG Kanton Solothurn, §§ 5, 40 u. 70 f.

- Die Schulbehörde mit ihrer politischen Exekutivfunktion führt dabei weder aus einer klaren Experten- noch einer klaren Managementrolle heraus. Es kommt eine gesetzlich verankerte Führungsfunktion hinzu mit sowohl politischen als auch punktuell betrieblichen Exekutivaufgaben.
- Die betriebsexekutive Führungsfunktion als Teil der Führungstrias wird in Volksschulen nicht von einer Führungsperson in reiner Managementfunktion ohne spezifischen Professionsbezug übernommen, sondern in der Praxis vielmehr von Experten aus dem Kreis der Lehrerschaft mit ergänzender Managementausbildung.

Obwohl sich die Volksschulen also in ihrer Selbstbetrachtung gerne und traditionellerweise als Expertenorganisationen verstehen, ist ihre Führungsstruktur mit vorgegebener Führungstrias innerhalb der oft hierarchisch geprägten Organisationskultur von Verwaltungen mit den angebotenen Ansätzen dieses Forschungsbereichs nicht genügend zu entschlüsseln. Aber auch die aus der Privatwirtschaft angebotenen Modelle, zu deren Heranziehung sich viele Behördenmitglieder, die selbst in Unternehmen der Privatwirtschaft tätig sind, veranlasst fühlen, beantworten die Fragen, mit denen sich die Volksschulorganisationen konfrontiert sehen, kaum. Die strategische Steuerung und Planung sowie die betriebliche Führung von kommunalen Schulorganisationen ist keine verwaltungsratsähnliche Angelegenheit, wie wir sie aus der Privatwirtschaft kennen. Solche konzeptionellen Anleihen (Heizer und Hangartner 2016, S. 50) verkennen, dass bei Volksschulen ein von der stimmberechtigten Bevölkerung mandatiertes behördliches Gremium die Steuerung und Führung des Schulbetriebs auf Basis der geltenden Gesetze mit übernimmt. Mitglieder von Schulkommissionen, Schulräten oder Schulpflegen üben ihre Aufgaben als betriebsexekutive Führungsorgane, aber auch als Mitglieder der politischen Exekutive der Gemeinde aus und bewegen sich damit in ganz anderen Rahmenbedingungen als private Unternehmen. Die Diskussion, ob es angesichts der effizienteren und professionellen Schulleitungen überhaupt noch ein nicht-professionelles Führungsgremium brauche, wie sie von Hangartner und Heinzer (2016, S. 14) anschaulich zusammengefasst wird, trägt den Spezifika sowie der geschichtlichen Herkunft der Volksschulorganisationen mit ihren staatlich-öffentlichen Rahmenbedingungen noch nicht umfassend Rechnung.

Daher bietet der Diskurs um die „Abschaffung der Schulbehörden" nur unzureichende Ansätze zur Problemlösung an. Die Führung der Schweizer Volksschulen in kommunaler Trägerschaft ist politisch unbestritten: Alternativen zur kommunalen Führung und Aufsicht werden nirgends genannt. Dies gilt auch, nachdem im Zuge der strukturellen und pädagogischen Entwicklungen der letzten Jahrzehnte die Bedeutung der Behörden in Relation zur Rolle der Schulleitungen abgenommen hat.

Was also noch fehlt, ist eine sowohl bei der lokalen Führungstrias etablierte als auch von der politischen Öffentlichkeit getragene Sicht der spezifischen Organisationsform „Volksschule", wie sie sich auf der Basis der erneuerten gesetzlichen Grundlagen präsentiert.

Vor diesem Hintergrund wird der Bedarf manifest, Volksschulen prototypische Funktionsmodelle anbieten zu können.[14] Diese können die bestehenden Ansätze aus der Expertenforschung und der Betriebswirtschaftslehre mit Gewinn einbeziehen, sollen aber darüber hinaus die spezifische Wesensart der schweizerischen Volksschulorganisation abbilden. Weder im Rahmen der Harmonisierungsbestrebungen der pädagogischen Arbeit (Scientific Management) noch seitens der politischen Öffentlichkeit oder aus der Governance-Forschung wurden solche Modelle bisher vorgelegt.

Literatur

Appius, S., Nägeli, A., & Lewa, M. (2016). Schulreformen – Zusammenspiel von Kanton und Gemeinden. In J. Hangartner & M. Heinzer (Hrsg.), *Gemeinden in der Schul-Governance der Schweiz, Educational Governance Bd. 31.* (S. 77–100). Wiesbaden: Springer.

Bonhage, B. (2014). Vom Verschwinden spezialisierter Gemeindetypen. http://www.sgvw.ch/2014/04/22/vom-verschwinden-spezialisierter-gemeindetypen/. Zugegriffen: 2. Juni 2017.

Brüsemeister, T. (2008). *Bildungssoziologie. Einführung in Perspektiven und Probleme.* Wiesbaden: Springer.

Buser, P. A., & Näpfli, J. (2016). Wandel der Laienpartizipation in der Schweiz: Ein Vergleich der lokalen Governance der Volksschule in der Romandie und Deutschschweiz. In J. Hangartner & M. Heinzer (Hrsg.), *Gemeinden in der Schul- Governance der Schweiz. Steuerungskultur im Umbruch* (S. 165 – 198). Wiesbaden: Springer.

Dlabac, O. (2016). Lokale Autonomie und Milizprinzip unter veränderten Vorzeichen: Neue Modelle der Gemeinde- und Schulorganisation. In J. Hangartner & M. Heinzer (Hrsg.), *Gemeinden in der Schul-Governance der Schweiz, Educational Governance Bd. 31.* (S. 125–146). Wiesbaden: Springer.

Hangartner, J., & Heinzer, M. (2016). Einleitung. Die Gemeinde in der Educational Governance. In J. Hangartner & M. Heinzer (Hrsg.), *Gemeinden in der Schul- Governance der Schweiz. Steuerungskultur im Umbruch* (S. 1–29). Wiesbaden: Springer.

Hangartner, J., & Svaton, C. J. (2015). Kommunale Schulaufsicht zwischen demokratie-politischer Tradition und intensiver Führung. In D. Kübler & O. Dlabac (Hrsg.), *Demokratie in der Gemeinde. Herausforderungen und mögliche Reformen.* Zürich: Springer.

Heinzer, M. (2016). Gestaltungsspielräume der Gemeinden – Schulsteuerung zwischen Subsidiarität und Hierarchie. In J. Hangartner & M. Heinzer (Hrsg.), *Gemeinden in der Schul- Governance der Schweiz. Steuerungskultur im Umbruch* (S. 101–123). Wiesbaden: Springer.

Heinzer, M. & Hangartner, J. (2016). Politische Zuständigkeiten für die Volksschule in der Schweiz. In J. Hangartner & M. Heinzer (Hrsg.), *Gemeinden in der Schul- Governance der Schweiz. Steuerungskultur im Umbruch* (S. 31 – 53). Wiesbaden: Springer.

Hügli, A., & Künzli, R. (2016). Die Lehrerinnen- und Lehrerbildung auf der Suche nach ihrem Ort im Hochschulsystem der Schweiz. In P. Gonon et al. (Hrsg). *Governance im Spannungsfeld des Schweizerischen Bildungsföderalismus. Sechs Fallstudien* (S. 52 – 69). Bern: hep.

[14]Für den Kanton Bern haben Hangartner und Svaton (2015, S. 206 f.) erste anschauliche Modelle ausgearbeitet.

Rosenmund, M. (2016). Nachwort: Politische Kultur als Rahmung von Educational Governance. In J. Hangarnter & M. Heinzer (Hrsg.), *Gemeinden in der Schul-Governance der Schweiz, Educational Governance Bd. 31.* (S. 307–318). Wiesbaden: Springer.

Rosenmund, M. & Weber, K. (2016). Die obligatorische Schule: Res publica im Visier des Scientific Management. In P. Gonon et al. (Hrsg.), *Governance im Spannungsfeld des Schweizerischen Bildungsföderalismus. Sechs Fallstudien* (S. 25 – 38). Bern: Springer.

Seufert, S. (2013). *Bildungsmanagement. Einführung für Studium und Praxis.* Stuttgart: Schäffer-Poeschel.

Thom, N. & Ritz, A. (2008). *Public Management. Innovative Konzepte zur Führung im öffentlichen Sektor.* (4. Aufl.) Wiesbaden: Springer.

Vahs, D. (2015). *Organisation* (3. Aufl.). Konstanz: Schäffer-Poeschel.

Quellen

Gemeindegesetz des Kantons Zürich (GG) vom 20. April 2015, LS 131.1.

Gesetz über die Volksschulbildung (VBG) vom 22. März 1999 (Stand 1. August 2016), SRL 400a.

Volksschulgesetz (VSG) Kanton Zürich vom 7. Februar 2005, LS 1412.100.

Lehrpersonalgesetz (LPG) vom 10. Mai 1999, LS 1412.31.

Volksschulgesetz (VSG) Kanton Solothurn vom 14. September 1969 (Stand 1. Januar 2016), 413.111.

Wenn alle Lehrer kündigen. (29. Mai 2017), *Neue Zürcher Zeitung.*

Management- und Führungsherausforderungen an Schweizer Hochschulen

7

Exemplarische Einblicke in den Alltag von Bildungsmanager in der Aus- und Weiterbildung an Schweizer Universitäten und Fachhochschulen

Manuela Baumgartner

7.1 Hochschulen aus einer Outside-in-Perspektive: Wandel und Druck im Außenfeld

Von der Eliteinstitution zur Massenuniversität, von starker staatlicher Regulierung hin zu marktwirtschaftlichen Verhältnissen, von lokalen Bildungsanbietern zu internationalen Marktakteuren: Entwicklungen der vergangenen Jahrzehnte haben den tertiären Bildungssektor und dessen Funktionsweise stark verändert (Symanski 2012, S. 12–30). Die Wettbewerbsintensität innerhalb des „Ökosystems Bildung" hat sich verstärkt. Auch private Bildungsanbieter weiten ihr Angebot stetig aus und werden immer mehr zu direkten Konkurrenten von Hochschulen, insbesondere im Bereich der Weiterbildung. Im Zuge dieser Entwicklungen sind Hochschulen zu vielschichtigen, zum Teil undurchsichtigen Konstrukten gewachsen und sehen sich mit komplexen Rahmenbedingungen und einem dynamischen Außenfeld konfrontiert: Die Wissenschaft will, dass Hochschulen in wichtigen Zeitschriften publizieren. Die Politik erwartet, dass Hochschulen sowohl für den Staat als auch für die Steuerzahler einen Mehrwert generieren, und die Wirtschaft wünscht sich verwertbares Wissen und gut ausgebildete Nachwuchskräfte (Schedler 2017, S. 269). Zudem werden die finanziellen Mittel in der Hochschulbildung immer knapper, und immer mehr Studierende treten ins System ein. Kritische Betrachter hinterfragen gleichzeitig die akademische Freiheit an Hochschulen

M. Baumgartner (✉)
Edupolis und die Mobiliar, Bern, Schweiz
E-Mail: manuela.baumgartner@mobiliar.ch

P. Kels und S. Kaudela-Baum (Hrsg.), *Experten führen*, uniscope. Publikationen der SGO Stiftung, https://doi.org/10.1007/978-3-658-23028-9_7

und setzen sich immer mehr für Messbarkeit und Qualität von Lehr- und Forschungsleistungen ein. Forschungsfreiheit und Zweckfreiheit der Forschung genügen damit vielerorts den Anforderungen aus Gesellschaft und Politik nicht mehr, und Kriterien wie Wirtschaftlichkeit, Effizienz und Effektivität gewinnen immer mehr an Bedeutung (Symanski 2012, S. 23–24). Anspruchsgruppen im Außenfeld verlangen zudem, dass sie in ihrer jeweiligen Sprache und Logik bedient werden. Damit wird von den Hochschulen erwartet, dass sie ein und dieselbe Situation in unterschiedlichen Sprachen vermitteln können. Dies mag sowohl nach außen als auch nach innen widersprüchlich wirken und Konfliktherde verursachen (Schedler 2017, S. 267–269).

Gleichzeitig intensivieren globale Entwicklungen wie z. B. die Digitalisierung oder die Internationalisierung den Druck auf die Hochschulen und verlangen einerseits Flexibilität in der Steuerung des Bildungsportfolios bzw. in der Lernarchitektur und andererseits auch Agilität auf operativer Ebene in den Programminhalten und Lehrformen. Agil zu sein und Veränderungen auf dem Markt proaktiv und flexibel zu antizipieren, wird zu einem entscheidenden Erfolgsfaktor. Für Hochschulen heißt das, ihre organisatorische Ausrichtung und ihre inneren Strukturen entsprechend anzupassen und trotz der Schnelllebigkeit von Trends und der Notwendigkeit erhöhter Reaktionsgeschwindigkeit Programmentwicklungs- und -umsetzungsprozesse systematisch zu gestalten. Gleichzeitig gilt es, Lehre und Forschung besser zu verbinden. Die mit dieser organisatorischen Neuausrichtung verbundenen neuen Organisationstheorien, wie z. B. New Public Management, fordern Hochschulen heute stark in ihrem Selbstverständnis heraus, das historisch gewachsen und verankert ist (Symanski 2012, S. 23–24). Des Weiteren bringt die Digitalisierung Möglichkeiten und neue Lernformen mit sich, die die vorherrschende Grundannahme, gutes Lernen basiere auf der Interaktion mit kompetenten Professoren und Hochschuldozenten, ins Wanken bringen. An dieser Stelle wäre es aber falsch zu glauben, die Zukunft des Lernens sei ausschließlich digital. Innovative Lernformate können durchaus einen Mehrwert bringen, z. B. wenn man sie für die Vermittlung von Basiswissen einsetzt. Allerdings bleiben Formate wie das Lernen im Präsenzkurs oder im Austausch nach wie vor wichtige Elemente in der Aus- und Weiterbildung an Hochschulen. Eine Verschiebung von analogen hin zu rein digitalen Formaten mag in den Augen digitaler Befürworter eine gangbare Option sein. Didaktische Experten hingegen setzen sich für einen Mix aus verschiedenen Formaten ein, der nachhaltigen Lernerfolg zeitigen soll. Nichtsdestoweniger bietet die Digitalisierung die Chance, bestehende Bildungsprozesse zu überdenken sowie Lernformate neu anzuordnen. In diesem Prozess sind Bildungsmanager gefragt, die bereit sind, Bewährtes zu hinterfragen und neue Wege zu gehen – bei der Programmausgestaltung, -umsetzung und -revision sowie der Entwicklung von Lernarchitekturen. Das Aufgabengebiet von Bildungsmanager ist vielseitig und beinhaltet je nach organisatorischer und hierarchischer Einordnung auch Organisationsentwicklung, Personalmanagement, Bildungsfinanzierung, -marketing und -controlling (Griese und Marburger 2011, S. 14–16). Dabei bewegen sich Bildungsmanager ständig in einem Spannungsfeld betriebswirtschaftlicher und pädagogischer Ziele (Seufert 2013, S. 35). Es stellt sich die Frage, ob alle Bildungsmanager von heute über die notwendigen digitalen Kompetenzen und die didaktische Expertise verfügen, um den Bildungsbetrieb sowie die Bildungsprozesse in Zeiten der Digitalisierung adäquat zu steuern bzw. zu gestalten.

Die Betrachtung aus einer Outside-in-Perspektive zeigt: Die Komplexität an Hochschulen nimmt zu. Die Koordination der unterschiedlichen Leistungsaufträge sowie der Umgang mit dem Druck aus dem Außenfeld sind mit hohen Anforderungen an die Organisation und ihre Mitglieder verbunden. Künftig wird es darum gehen, das Hochschulmanagement zu professionalisieren sowie Servicestandards und -prozesse zu institutionalisieren. Gleichzeitig gilt es sicherzustellen, dass die Organisation Hochschule sich ständig weiterentwickelt und dazulernt und dabei die Digitalisierung und ihre Auswirkungen stets im Auge behält.

7.2 Hochschulen aus einer Inside-out-Perspektive: die Komplexität des Außenfeldes im Innern der Organisation abbilden

Wirft man einen Blick hinter die Fassade von Hochschulen, merkt man als Betrachter schnell, dass viele unterschiedliche Leistungsaufträge aufeinandertreffen, die Konfliktpotenzial bergen und deshalb aufeinander abgestimmt werden müssen. Wer die verschiedenen Leistungsaufträge (Aus- und Weiterbildung, Forschung sowie Dienstleistung) miteinander vergleicht und Berührungspunkte analysiert, stellt fest, dass unterschiedliche Rationalitäten innerhalb einer Organisation zusammenkommen, dass unterschiedliche Sprachen gesprochen werden und dahinter zum Teil ganz unterschiedliche Interessen stehen (Schedler 2017, S. 265). Dies bestätigt im Rahmen der vorliegenden Interviewstudie (vgl. Abschn. 7.3) ebenfalls eine Schweizer Expertin und Bildungsmanagerin (nachfolgend BM9-FH-WB genannt), die die Schweizer Hochschullandschaft gut kennt, im Weiterbildungsbereich einer Fachhochschule arbeitet und das Thema „Führung an Hochschulen" intensiv verfolgt: „Ich beobachte an verschiedenen Institutionen, dass das Personal die verschiedenen Sprachen nicht wirklich gut zusammenbringt." Die Autoren Krücken und Wild (2010) sprechen an dieser Stelle von Multifunktionseinrichtungen, die mehrere nicht hierarchisierbare Hauptziele verfolgen (S. 58). Trotz dieser Nicht-Hierarchisierbarkeit beobachtet man an Hochschulen in sich eng geschlossene Fachsysteme und -strukturen, die aufgrund ihrer Silohaftigkeit Probleme in der grenzüberschreitenden Zusammenarbeit und Kooperation auslösen. Gleichzeitig sind Hochschulen Expertenorganisationen, in denen mehrheitlich hoch qualifizierte Mitarbeiter beschäftigt sind, die einen hohen Grad an Autonomie in ihrem Arbeitsalltag fordern (Thomann 2016, S. 49). „Das traditionelle Prinzip der Freiheit von Forschung und Lehre prägt selbstverständlich auch das ganze Rollenverständnis von Professoren, in dem Autonomie, Individualität und Freiheit starke Werte sind" (Erlinghagen und Symanski 2014, S. 54). Thomann (2016) geht an dieser Stelle von einer stärkeren persönlichen Verpflichtung gegenüber der Profession als gegenüber der organisationalen Einheit aus (S. 49), während Erlinghagen und Symanski (2014) betonen, dass Reputation und

Seniorität die zentralen Währungen innerhalb von Fachcommunities sind. Machtgewährung ist im Kontext der Hochschule von diesen beiden Attributen abhängig (S. 54). Fachexpertise wird dabei oft höher gewichtet als Managementexpertise. Damit verbunden ist eine starke Tendenz zur Verpflichtung gegenüber der Wissenschaftsdisziplin festzustellen. Die tendenziell geringe Loyalität der Experten gegenüber der Gesamtorganisation stellt insbesondere für den internen Zusammenhalt eine Herausforderung dar und beeinflusst damit maßgeblich die Führungsarbeit an Hochschulen (Seufert 2008, S. 119).

Was bedeuten diese exemplarisch skizzierten Voraussetzungen und Rahmenbedingungen für Management und Führung an Hochschulen? Welche Management- und Führungsherausforderungen sowie inhaltlich-konzeptionellen und sozial-kommunikativen Spannungsfelder ergeben sich daraus für Bildungsmanager?

7.3 Methodik

Im Rahmen einer Bachelorarbeit an der Hochschule Luzern – Wirtschaft – wurden im Auftrag von Edupolis, einem in der Schweiz ansässigen Kompetenzzentrum für Bildungsmanagement, -innovation und -unternehmertum, acht Experten aus dem Schweizer Hochschulmanagement u. a. zu den Spannungsfeldern und Herausforderungen in ihrem Arbeitsalltag befragt. Zusätzlich wurde im Rahmen einer Vorstudie ein Fachgespräch mit einer Schweizer Expertin und Bildungsmanagerin (BM9-FH-WB) geführt, die die Schweizer Hochschullandschaft gut kennt, im Weiterbildungsbereich einer Fachhochschule tätig ist und das Thema „Führen an Hochschulen" intensiv verfolgt.

Die Bachelorarbeit wurde betreut von den Herausgebern dieses Sammelbandes, Prof. Dr. Peter Kels (Referat) und Prof. Dr. Stephanie Kaudela-Baum (Koreferat). Mittels leitfadengestützter qualitativer Experteninterviews wurde professionelles Erfahrungswissen von direkt betroffenen Bildungsmanager freigelegt. Die Auswahl der Experten basierte auf folgender Merkmalkombination:

- Anstellung an einer öffentlich anerkannten Hochschule (Universität oder Fachhochschule)
- Zugehörigkeit zum mittleren bis höheren Hochschulmanagement
- Funktionsträger mit Ergebnis-, Budget- und/oder Führungsverantwortung im Bereich der wettbewerbsorientierten Aus- und Weiterbildung

Unter den insgesamt acht befragten Bildungsmanagern (BM) befinden sich vier universitäre Vertreter (UNI) wie auch vier Vertreter der Fachhochschule (FH). Sie haben Funktionen auf unterschiedlichen Hierarchiestufen inne. Zudem beinhaltet das Sampling Informanten aus der Ausbildung (A) und der Weiterbildung (WB). Die Mehrheit der befragten Bildungsmanager bringt einen starken Bezug zur Organisation *Hochschule* mit, weist langjährige Arbeitserfahrung in Hochschulen auf und hat eine hochschulische Bildung genossen (z. T. bis zum Doktorat):

- Direktor eines Prorektorats einer Schweizer Universität (BM1-UNI-A)
- Leiter Ausbildung und Vizedirektor eines Departements einer Schweizer Fachhochschule (BM2-FH-A)
- Direktor Weiterbildung an einem Institut einer Schweizer Universität (BM3-UNI-WB)
- Leiter Weiterbildung und Vizedirektor eines Departements einer Schweizer Fachhochschule (BM4-FH-WB)
- Leiter eines Departementstabes an einer Schweizer Universität (BM5-UNI-A)
- Studiengangverantwortlicher auf Bachelorstufe an einer Schweizer Fachhochschule (BM6-FH-A)
- Studienleiter (inkl. Geschäftsführung) eines MAS-Studienprogramms an einer Schweizer Universität (BM7-UNI-WB)
- Studienleiter eines EMBA-Studienprogramms sowie Verantwortlicher für mehrere CAS-Studienprogramme an einer Schweizer Fachhochschule (BM8-FH-WB)

Das Datenmaterial aus den ein- bis eineinhalbstündigen Interviews wurde in themenanalytischer Vorgehensweise ausgewertet und in anonymisierter Form aufbereitet. Unter anderem wurden das Aufgabengebiet der Bildungsmanager eruiert, Spannungsfelder und Herausforderungen freigelegt, Bewältigungsstrategien beleuchtet, berufsbiografische Angaben ausgewertet und Anforderungen an Funktionsträger identifiziert.

Im Zentrum des vorliegenden Beitrags steht die Ausleuchtung von Spannungsfeldern und Herausforderungen im Arbeitsalltag von Bildungsmanager. Es ist anzumerken, dass die nachfolgenden Ausführungen und Zitate individuelle Praxissituationen der befragten Bildungsmanager widerspiegeln.

Die Erkenntnisse aus der vorliegenden Interviewstudie werden in die Kategorien Management- und Führungsherausforderungen, inhaltlich-konzeptionelle Herausforderungen sowie sozial-kommunikative Herausforderungen unterteilt. Die Auswahl der Gesichtspunkte erfolgt in Anlehnung an Überlegungen des Kompetenzmanagements. Die Erhebung von Spannungsfeldern und Herausforderungen kann u. a. im Rahmen einer Tätigkeitsanalyse Hinweise auf künftige Kompetenzanforderungen und Kompetenzentwicklungsgebiete geben (Fachhochschule Nordwestschweiz, online). Die Praxisproblemstellungen werden dabei handlungs- und nicht eigenschaftsorientiert strukturiert. Grundlage für die Kategorisierung ist das Modell KODE®, das personale, aktivitäts- und handlungsorientierte, fachlich-methodische und sozial-kommunikative Kompetenzen unterschiedet. Die Erfassung der Herausforderungen in Anlehnung an ein handlungsorientiertes Modell ist von umsetzungsorientierten Überlegungen motiviert und soll eine möglichst unkomplizierte Erhebung von Kompetenzanforderungen und Kompetenzentwicklungszielen ermöglichen.

7.4 Herausforderungen und Spannungsfelder im Alltag von Bildungsmanager: exemplarische Einblicke in die Empirie

Nachfolgend werden Spannungsfelder und Herausforderungen im Arbeitsalltag von befragten Bildungsmanager aufgezeigt. Die Erkenntnisse werden nach den Gesichtspunkten Management- und Führungsherausforderungen, inhaltlich-konzeptionelle Herausforderungen sowie sozial-kommunikative Herausforderungen strukturiert (vgl. Abschn. 7.3).

7.4.1 Management und Führungsherausforderungen in der Aus- und Weiterbildung

> Eine Herausforderung seitens Management ist diese Vielseitigkeit, weil vom studentischen Anliegen über die Finanzplanung bis zur Gestaltung von Lehrplänen oder der Gremienarbeit bzw. der Umsetzung von Gremienbeschlüssen alles funktionieren und zusammenspielen muss. Alle Fäden in der Hand zu haben, ist nicht ganz einfach (BM1-UNI-A).

Eingebettet in ein komplexes System sehen sich Bildungsmanager mit vielseitigen Aufgaben und Interessen konfrontiert, die schwierig zu integrieren und zu managen sind. Obiges Zitat illustriert an dieser Stelle ansatzweise, wie stark die Rollen und Aufgaben ein und desselben Bildungsmanagers differieren können. Allen Anspruchsgruppen und ihren Interessen gerecht zu werden und sie zum richtigen Zeitpunkt mit der passenden Dienstleistung zu bedienen, verlangt von Bildungsmanagern ein gutes Verständnis ihrer Rolle und Kompetenz. Die Vielschichtigkeit und der Komplexitätsgrad des Aufgabengebiets stellen gleichzeitig höhere Anforderungen an Führung und Koordination innerhalb der Hochschule. Komplexe Vernetzungen mit organisationsinternen und -externen Akteuren verlangen ein profundes Verständnis für die Gestaltung von Schnittstellen. In diesem Zusammenhang rücken weitere Problemfelder ins Zentrum der Diskussion: unklare bzw. undurchsichtige Zuständigkeiten sowie silohafte Strukturen. Ein Bildungsmanager, tätig an einer wirtschaftswissenschaftlichen Fakultät im universitären Kontext (BM5-UNI-A), spricht an dieser Stelle von einem *Kantönligeist in Reinkultur*, den er in seinem Arbeitsalltag erlebt. Schnittstellenverantwortlichkeiten am richtigen Platz zu verorten und organisationale Strukturen und Verantwortlichkeiten zu verstehen, wird laut Interviewaussagen praktisch unmöglich. Dieser Umstand hemmt sowohl die Integration der unterschiedlichen Ansprüche und Interessen als auch die Zusammenarbeit. Diesbezüglich legt ein in der Fachhochschule tätiger Bildungsmanager dar, mit welchen Anspruchsgruppen er in seiner Funktion Beziehungen pflegt und damit Verantwortung für die produktive Gestaltung dieser Beziehungen übernimmt (BM6-FH-A). Er spricht von den Ansprüchen der Dozierenden und der Studierenden, aber auch von den Erwartungen seiner Vorgesetzten und dem Anspruch, den die Öffentlichkeit an ihn stellt. Er beschreibt die Vermittlungsarbeit zwischen den unterschiedlichen Akteuren als Herausforderung, insbesondere wenn es um die Übersetzung von Managemententscheidungen geht. Er sieht sich in einer „Sandwichposition" und stellt fest, dass die Umsetzung von strategischen Entscheidungen oftmals an der mangelnden Verantwortungsübernahme von unten scheitert: „Von oben kommen gute strategische Ideen, aber unten fehlt eigentlich die Bereitschaft in der Basis, das dann wirklich umzusetzen" (BM6-FH-A). Das Motivieren und Überzeugen von Mitarbeitern scheint für die befragten Bildungsmanager hier zentral zu sein, insbesondere in der Übersetzung von strategischen Entscheidungen der Topmanagementebene. „Im Endeffekt ist es einfach schwierig, so eine Expertenorganisation zu steuern und auf eine Strategie zu verpflichten" (BM9-FH-WB). Gleichzeitig kommt an dieser Stelle das organisationale Commitment der Hochschulmitarbeiter zur Sprache. Mangelndes persönliches Bekenntnis der Mitarbeiter zur Organisation ist ein zentrales Spannungsfeld im Alltag der befragten Bildungsmanager. „Wir haben das Wissen. Dieses Wissen sitzt in den Köpfen der einzelnen Mitarbeiter. Aber wir müssen das verbinden" (BM4-FH-A). Das Horten von Wissen, Erfahrung und Information ist laut Interviewaussagen für eine Wissensorganisation wie die Hochschule suboptimal und führt auf lange Sicht zu Misserfolgen. Aus diesem Grund gilt es, Interdisziplinarität und Handeln aus einer Gesamtperspektive besser zu verankern und bei Mitarbeitern zu fördern.

Ein weiteres Spannungsfeld, das sowohl im Hochschulsektor als auch in allen anderen Wirtschaftssektoren omnipräsent ist und beschäftigt, ist die Digitalisierung. „Digitalisierung ist ein Trend, der vermutlich jedes Bein verändern wird. Irgendwo wird das ganze System instabil" (BM2-UNI-A). Die Digitalisierung verändert auf allen Schichten und wirkt sich z. B. auf die Kompetenzanforderungen von Studierenden und Dozierenden, auf Lehrformen und Lernformate, Arbeitsabläufe und die Gestaltung der Arbeitswelt aus. Eine befragte Bildungsmanagerin spricht an dieser Stelle von einer Reformation der Lehre hin zu digitalen Kompetenzen. Gleichzeitig wird die Lehre selbst Gegenstand der Digitalisierung (BM9-FH-WB). Dies führt zu einer Verschiebung von monotonen und eindimensionalen Lehrformen hin zu interaktiven Lehrformen und verlangt von Bildungsmanagern, dass sie diesen Wandel produktiv gestalten und gegenüber ihren Mitarbeitern und Anspruchsgruppen vermarkten (BM1-UNI-A). Im Zuge dieser Diskussion identifizieren mehrere Bildungsmanager die Stärkung der Fachlichkeit und qualitative Aspekte als große Herausforderung. Viele Hochschulen befinden sich aktuell in einer Konsolidierungsphase. „Das Wachstum, zumindest im großen Stil, ist vorbei. Wir sind jetzt in einem Verdrängungskampf" (BM2-FH-A). Gleichzeitig kämpfen einige Hochschulen mit einem Rückgang an Studierenden. Dies verlangt eine Neuplanung von Ressourcen, die man in Anbetracht der digitalen Möglichkeiten als Chance, aber auch als Gefahr wahrnehmen kann. „Es gibt weniger Studierende. Weniger Studierende heißt weniger Klassen. Weniger Klassen heißt weniger Arbeit. Weniger Arbeit auf gleich viele Dozierende gibt ein Haifischbecken. Wem geben Sie nun die Arbeit? Das ist ein großes Spannungsfeld" (BM6-FH-A).

Gleichzeitig verstärken die Internationalisierung und die damit verbundenen Akkreditierungsbestrebungen den Druck auf die Mitarbeiter und Führungskräfte. Ein in der Fachhochschule tätiger Bildungsmanager mit Führungsverantwortung illustriert in nachfolgendem Zitat, wie herausfordernd Führungsarbeit in einer Organisation ist, die sich immer mehr in einem akademischen Umfeld bewegt und gleichzeitig Praxisnähe als Verkaufsargument benutzt: „Die Fachhochschulen suchen nun Leute mit Doktortitel, sie suchen Leute mit möglichst vielen Publikationen. Ich glaube nicht, dass das der richtige Entscheid ist. Wir müssen Leute suchen, die aus der Praxis kommen. Die Studierenden sind unsere Kunden, das vergisst man oft an der Hochschule" (BM6-FH-A). Im Zuge dieser Diskussion rückt ebenfalls die Rekrutierung von geeignetem Führungsnachwuchs ins Zentrum. Die befragten Bildungsmanager stellen fest, dass sie freie Stellen nicht immer besetzen können. „Wir finden nicht in allen Bereichen die richtigen Leute. Es ist sehr disziplinabhängig. Dozenten und Führungspositionen zu besetzen ist die wichtigste Funktion, weil wenn man die falschen Leute hat, funktioniert es nicht" (BM2-FH-A). Ein anderer Bildungsmanager wirft zudem die Frage in den Raum, ob aufgrund der aktuellen Rahmenbedingungen überhaupt die richtigen Führungskräfte in Führungsfunktionen kommen. „Führen an Hochschulen beurteile ich unter den aktuellen Rahmenbedingungen als wenig attraktiv" (BM9-FH-WB). Zudem werden primär hochschulinterne Führungskräfte rekrutiert, die eine hohe Fachexpertise, aber unter Umständen keine hohe Managementexpertise mitbringen. Die Frage, ob Management- und Führungs-Know-how an Hochschulen in ausreichendem Maß vorhanden ist, bleibt indes an dieser Stelle unbeantwortet. Man ist sich jedoch einig, dass Führung an Hochschulen nicht immer als gegenseitiges Geschehen und als Beziehungsgestaltung definiert wird. „Ich denke, das ist im Moment ein nicht geteiltes Verständnis in einer Hochschule" (BM9-FH-WB).

Ähnliche Herausforderungen nehmen auch die in der Weiterbildung tätigen Bildungsmanager wahr. Allerdings kristallisiert sich für sie ein spezielles Spannungsfeld heraus: die mangelnde institutionelle Verankerung und unklare organisationale Einordnung der Weiterbildung in die Gesamtorganisation. Insbesondere im universitären Kontext ist diese Problematik allgegenwärtig. „Es gibt einen Teil, der meine Art von Funktion völlig ablehnt. Wir führen Diskussionen, ob Weiterbildung wirklich Kernaufgabe der Universität ist. Die ganze Aktivität wird infrage gestellt" (BM3-UNI-WB). Die befragten Bildungsmanager sprechen an dieser Stelle von den klassischen Säulen *Lehre* und *Forschung* auf der einen Seite, die entsprechend gewichtet und etabliert sind, und auf der anderen Seite von der Säule *Weiterbildung,* die nur am Rande entwickelt ist. „Von manchen geliebt, von manchen belächelt und als überflüssig betrachtet. Die meisten Professoren haben damit nicht viel am Hut" (BM7-UNI-WB). Eine derartige Haltung birgt die Gefahr, dass Produkte der Weiterbildung falsch eingeordnet und als Konkurrenz zur Lehre betrachtet werden. Auch an Fachhochschulen spürt man, dass der Fokus klar auf Produkten bzw. dem Leistungsauftrag der Lehre liegt. Nichtsdestoweniger nehmen dort tätige Bildungsmanager dieses Spannungsfeld in abgeschwächter Form wahr. Sie sprechen vor allem von verpassten Marktchancen, die sich aufgrund fehlender Steuerungsmöglichkeiten im Weiterbildungsbereich ergeben. Allerdings ist im Fall der Fachhochschule nicht von einer Infragestellung der gesamten Weiterbildungsaktivität zu sprechen. Die Widersprüchlichkeit der einzelnen Leistungsaufträge und die Zusammenführung der unterschiedlichen Philosophien, die innerhalb einer Hochschule zusammenkommen, werden im Zuge der Diskussion als zentrale Herausforderung identifiziert. „Wenn wir uns betreffend der Vision oder über unsere gemeinsamen Ziele schon nicht einig sind, dann zieht sich das nach unten in die einzelne Tätigkeit durch" (BM3-UNI-WB). Laut Interviewaussagen kommt dabei immer wieder die Frage auf, welcher Leistungsbereich bzw. Leistungsauftrag innerhalb der Organisation Vorrang hat. Dabei entstehen in finanzieller, personeller und zeitlicher Hinsicht Zielkonflikte. Die befragten Bildungsmanager sind sich an dieser Stelle einig, dass ein gemeinsames Verständnis nötig ist. Dabei steht insbesondere die Integration von marktorientierten und akademisch geprägten Sichtweisen im Zentrum. Allerdings stellen die Befragten fest, dass in Diskussionen und Entscheidungsprozessen an Hochschulen oftmals nicht Fakten, sondern politisches Kalkül zählt. „Man versucht, sich innerhalb des Systems so zu verhalten, dass keine Präjudizen geschaffen werden, die einem künftig irgendwelche Freiheiten einschränken könnten" (BM3-UNI-WB).

Während die Diskussion rund um den Stellenwert der einzelnen Leistungsaufträge primär Bildungsmanager aus der Weiterbildung stark beschäftigt, identifizieren sowohl Vertreter der Ausbildung als auch der Weiterbildung die Wettbewerbs- und Konkurrenzsituation am Bildungsstandort Schweiz als zentrale Managementherausforderung. In der Ausbildung tätige Bildungsmanager richten das Augenmerk primär auf die Konkurrenzsituation zwischen Universitäten und Fachhochschulen: *Was sind Kernaufgaben, die ausschließlich der Universität vorbehalten sind? Welche Funktionen haben die Fachhochschulen? Wie spielen Universitäten und Fachhochschulen in Zukunft zusammen?* Insbesondere an der Universität beobachtet man die Veränderungen an den Fachhochschulen kritisch: „Die Fachhochschulen drücken, dass sie den Doktor anbieten können. Die Universitäten wollen das natürlich nicht" (BM1-UNI-A). Diese Diskussion ist nach den Aussagen der befragten Bildungsmanager vor allem politisch getrieben. Dahinter stehe die Frage, was die jeweilige Aufgabe der einzelnen Hochschultypen ist. „Ziel ist es eigentlich, dass die einzelnen Hochschultypen ihre Stärken beibehalten" (BM1-UNI-A). Aber auch an Fachhochschulen nimmt man den steigenden Konkurrenzdruck wahr: „Die Konkurrenz wartet nicht. Wir müssen dafür sorgen, dass auf dem Markt der Tenor vorherrscht, dass unsere Absolventen gut sind. Wenn wir nicht mehr gut sind, dann wird die Studienrichtung geschlossen. Wenn die Studienrichtung geschlossen wird, dann gibt es meine Dozierenden schon in zwei Jahren nicht mehr" (BM6-FH-A). Besser zu spüren, was am Markt gefragt ist, und schneller darauf zu reagieren wird zur entscheidenden Fragestellung und Managementherausforderung. „Die Zahlen der Studierenden gehen zurück, und jetzt ist die Frage, wie man reagiert. Das sind natürlich strategische Fragen, bei denen man sich überlegen muss, wie positionieren wir jetzt Studiengänge neu, bis hin zu der Frage, ob sie noch adäquat sind oder man etwas Neues machen muss" (BM2-FH-A). Die befragten Bildungsmanager aus der Ausbildung sind sich an dieser

Stelle einig, dass Entscheidungsprozesse an Hochschulen oft zu lange dauern und man damit potenzielle Marktchancen vergibt.

Auch in der Weiterbildung tätige Bildungsmanager beschäftigen sich intensiv mit dem Marktgeschehen: „In diesem Wettbewerb zu Vollkosten zu bestehen, ist zunehmend schwierig" (BM3-UNI-WB). Ein anderer Bildungsmanager stellt fest, dass das Label *Hochschule* im Weiterbildungsbereich kein Erfolgsgarant mehr ist. „Das ist nicht wie vor acht oder zehn Jahren, als Sie etwas auf den Markt werfen konnten, Hauptsache es stand ein Label wie Uni oder Fachhochschule darauf" (BM7-UNI-WB). Insbesondere auch private Anbieter fordern die Hochschulen im direkten Konkurrenzkampf heraus. Zudem beobachten die befragten Bildungsmanager, dass sich Studierende immer kurzfristiger für Studienprogramme anmelden. Das sorgt für Planungsunsicherheit. „Das macht es für uns natürlich schwierig, dann auch die finanziellen Entscheide zu treffen" (BM8-FH-WB). Die Herausforderung besteht laut Aussagen der befragten Bildungsmanager insbesondere darin, das Augenmerk auf das Anmeldeverhalten der Zielgruppe zu richten und daraus Muster zu erkennen, die für mehr Planungssicherheit sorgen, sowohl in finanzieller als auch in personalplanerischer Hinsicht. Eng mit dieser Problematik verbunden ist laut Interviewaussagen auch die Tatsache, dass sich die Zielgruppe nicht mehr für zwei Jahre fix auf ein Programm festlegen will. Standardstudienverläufe werden selten. „Dieses One-size-fits-all gibt es nicht. Es ist sehr individuell, und das heißt natürlich für uns auch, dass wir die entsprechenden Ressourcen haben müssen, diese ganzen Leute dann auch zu betreuen über die gesamte Studienzeitdauer" (BM8-FH-WB).

7.4.2 Inhaltlich-konzeptionelle Herausforderungen in der Aus- und Weiterbildung

Das Datenmaterial zeigt, dass die befragten Bildungsmanager sowohl die Gestaltung von Studienprogrammen als auch Programmreformen als herausfordernd einstufen. Inhaltlich-konzeptionelle Änderungen haben Einfluss auf verschiedene Stellschrauben (z. B. die Qualität der Lehre) und vielfältige Akteure. Dabei ist immer auch die Aufnahme und Integration von neuen Themen und Trends in die Studiengänge ein Thema, wie die nachfolgende Interviewaussage illustriert: „Mein Hauptanliegen ist es, dass der Studiengang so konzipiert ist, dass er nicht schnelllebig ist. Wir wollen nicht auf Trends setzen. Das machen viele Konkurrenten schon" (BM2-FH-A). Der Bildungsmanager spricht von einem Aktivismus, der entsteht, wenn man sich dafür entscheidet, jedem Trend mit einem Studiengang zu begegnen. „Das ist nicht nachhaltig. Deshalb sage ich meinen Leuten immer, dass ich nicht modisch sein will" (BM2-FH-A). Ein anderer Bildungsmanager bringt die Thematik der Praktikabilität ins Spiel: „Das ist manchmal schwierig, weil es einerseits systembedingt und technisch, andererseits aber auch inhaltlich funktionieren muss" (BM5-UNI-A). Konkret sind damit u. a. die Sicherstellung der Durchlässigkeit und die inhaltliche Vernetzung der Studiengänge innerhalb des gesamten Bildungsportfolios gemeint (z. B. effizienter und effektiver Einbau von Möglichkeiten für ausländische Studierende oder von Querschnittsthemen). Im Zuge dieser Diskussionen spricht ein anderer Bildungsmanager über ein Spannungsfeld, das durch mangelnde operative Umsetzung von überarbeiteten Konzepten entsteht: „Die Hochschulleitung überlegt sich schon etwas. Aber wenn dann nur Papier angepasst wird, aber dann inhaltlich-konzeptionell das Produkt nicht – also deine Dienstleistung, dein Service – dann bringt das überhaupt nichts" (BM6-FH-A).

Auch Bildungsmanager in der Weiterbildung identifizieren den Umgang mit Trendthemen als große Herausforderung. „Die zeitliche Verfügbarkeit der Leute nimmt ab, das ganze Geschäft wird viel, viel kurzfristiger. Dort die Flexibilität zu haben, Trends aufzunehmen, das jonglieren zu können, dass Sie Ihre Produkte am Markt noch verkaufen können, das wird immer anspruchsvoller" (BM3-UNI-WB). Gleichzeitig gehen Vertreter aus der Weiterbildung vertieft auf die Problematik der ständigen Weiterentwicklung der Studienprogramme ein. Während man bei einer Erstlancierung eines Studienprogramms viel Zeit in den Prozess der Marktbeobachtung bis hin zum Design und zur Umsetzung investiert und den Gesamtprozess hoch konzentriert verfolgt, gerät man bei sich wiederholenden Studienprogrammen schnell in die Routine. „Herausforderung ist, zu vermeiden, dass der nächste Lehrgang allzu sehr ein Copy-Paste vom vorherigen ist" (BM7-UNI-WB). Sich selbst und das „liebgewonnene Alte immer wieder kritisch zu hinterfragen und gleichzeitig den Draht zu den Studierenden, Branchen, Industrien und Dienstleistern nicht zu verlieren" (BM8-FH-WB), sind hohe Anforderungen, die an eine Bildungsmanager gestellt werden. Neben der Servicekonzeption thematisieren Bildungsmanager aus der Weiterbildung die Einnahme der Kundenperspektive (Kundenzentrierung) und damit verbunden die Vermeidung einer betriebsblinden Haltung als Spannungsfelder: „Unsere Kunden sind da draußen, und die müssen wir im Blick haben. Denen ist egal, ob unser SAP-System funktioniert. Das ist unser Problem. Aber da dürfen wir nicht zu viel Energie aufwerfen, weil sonst verpassen wir das, was draußen passiert, und das wäre fatal" (BM8-FH-WB). Gleichzeitig sprechen die befragten Bildungsmanager von der Herausforderung, Studiengänge inhaltlich und methodisch so auszugestalten, dass man damit den Nerv der Zeit trifft und gleichzeitig auf bedarfsgerechte Inhalte setzt (BM4-FH-WB). „Das ist sicher eine inhaltliche Herausforderung. Man darf die Leute auch nicht überfordern. Zu funky und zu groovy funktioniert auch nicht" (BM8-FH-WB). Zudem decken sich laut Interviewaussagen Bildungsbedarf und -bedürfnis am Markt nicht immer zwingend und erschweren damit die Ausrichtung der Studiengänge (BM6-FH-WB). Im Zuge dieser inhaltlichen Diskussion identifizieren die befragten Bildungsmanager zusätzlich den Agilitätsgrad der Organisation und die Trägheit in den Entscheidungsprozessen als Herausforderung, insbesondere wenn es um Re-Designs und Neulancierungen von Studiengängen geht. „Viele Hochschulen agieren zu langsam am Markt. Bis die sich das intern überlegt haben, hat sich die Welt fünfmal gedreht." (BM4-FH-WB).

Ein weiteres Spannungsfeld, das aufgrund der Individualisierung und Flexibilisierung von Karrierewegen und -mustern vor allem von Bildungsmanagern aus der

Weiterbildung wahrgenommen wird, ist die Heterogenität der Kunden innerhalb eines Studiengangs. Dabei treffen ganz unterschiedliche (Lern)-Bedürfnissen aufeinander. „Diese heterogenen Bedürfnisse in ein Produkt hineinzupacken, sodass jeder für sich etwas mit nach Hause nehmen kann, das ist sehr wahrscheinlich eine von den großen Herausforderungen. Sie können gar nicht so klar selektionieren, dass Sie eine homogene Gruppe haben" (BM3-UNI-WB). Damit steigen die Anforderungen an die Modularisierung und Flexibilisierung von Studiengängen. Gleichzeitig erhöhen die heterogenen Bedürfnisse der Kunden das Koordinationserfordernis innerhalb des Bildungsportfolios. Trotz hohem Koordinationsbedarf stellt man laut Aussagen der betroffenen Bildungsmanager jedoch nach wie vor eine sehr starke Produktfokussierung bei verantwortlichen Studienleitern fest. „Das ist eine Herausforderung, weil natürlich jeder Studienleiter auch [...] nicht ein Einzelkämpfer, aber doch sehr auf sein Produkt fokussiert ist, sodass die Absprachen nicht immer optimal stattfinden können" (BM8-FH-WB).

7.4.3 Sozial-kommunikative Herausforderungen in der Aus- und Weiterbildung

Verständlich und stimmig kommunizieren. Was einfach klingt, ist in einem breiten und vielschichtigen Zuständigkeitsbereich eine Herausforderung. Interviewaussagen zufolge gilt es, genau zu überlegen, wie ein und dieselbe Botschaft bei unterschiedlichen Adressaten wirkt und welche Reaktionen sie hervorrufen kann. In der Ausbildung tätige Bildungsmanager gehen in den Interviews primär auf Reaktionen von innen ein, während ihre Kollegen aus dem Weiterbildungsbereich die Kommunikationsleistung nach außen ins Zentrum ihrer Interviewaussagen rücken: „Diese Kommunikation der eigenen Positionierung, des Dienstleistungsangebotes, des Weiterbildungsangebotes, das ist, glaube ich, immer wieder eine Herausforderung" (BM7-UNI-WB). Die befragten Bildungsmanager heben in diesem Zusammenhang insbesondere den Austausch mit den Studierenden als Schlüsselfaktor hervor. Nur wer im Austausch mit seinen Bildungsmanager steht, kann den Puls am Markt fühlen und erhält ungefiltert Informationen zu „Pain and Delight Points", die für die künftige Programmausgestaltung und -umsetzung wertvoll sind.

Zudem steht für die in der Weiterbildung tätigen Bildungsmanager die Zusammenführung von unterschiedlichen Kulturen und Philosophien im Zentrum sozial-kommunikativer Problemherde (vgl. Abschn. 7.2). Die Koexistenz bzw. die Zusammenarbeit verschiedener Fachkulturen und -philosophien in interdisziplinären Projekten sorgt in der Interaktion immer wieder für Spannungen. Diese sind insbesondere durch den hohen Autonomiegrad bedingt, der den einzelnen Fachdisziplinen und Einzelakteuren zugesprochen wird. In fachübergreifenden Projekten sind Bildungsmanager allerdings gezwungen, über Abteilungsgrenzen und den eigenen Fachbereich hinaus zu denken und gemeinsam Lösungen zu suchen. Laut Aussagen der betroffenen Bildungsmanager ist insbesondere die faire Integration und Zusammenführung aller Ansprüche und Perspektiven eine große Herausforderung. Gemeinsam einen Konsens zu finden und partnerschaftlich zusammenzuarbeiten, ist nicht in jedem Fall einfach. Gleichzeitig fordert der ständige Wandel befragte Bildungsmanager in ihrem Arbeitsalltag heraus, insbesondere in der Interaktion mit internen Anspruchsgruppen. Dabei sprechen primär Bildungsmanager mit Führungsverantwortung von der Notwendigkeit, Mitarbeiter in Zeiten des Wandels mitzunehmen und zu motivieren. Sie stufen diese Überzeugungs- und Übersetzungsarbeit als entscheidend ein, wenn es um die produktive Gestaltung von Beziehungen in einem dynamischen und zugleich hoch kompetitiven Umfeld geht. „Da muss ich überzeugen. Da bringen mir fachliche oder methodische Kompetenzen überhaupt nichts" (BM6-FH-A). Gleichzeitig beschäftigt sie die eigene Veränderungsbereitschaft. „Das ist sicher heute eine Herausforderung, dass man den Wandel mitträgt und dass man akzeptiert, dass ehemals erfolgreiche Produkte, Angebote oder Verhaltensweisen schon völlig veraltet sein können in einem Jahr" (BM8-FH-WB).

7.4.4 Von Herausforderungen zu Anforderungen: was von Bildungsmanager erwartet wird

> Einfach kein Verwalter. Es muss jemand sein, der etwas in die Welt bringen will!
> (BM4-FH-WB, 2017)

Was braucht es, um ein erfolgreicher Bildungsmanager bzw. eine erfolgreiche Bildungsmanagerin zu sein? Die Befragten sind sich einig: Es braucht zum einen ein tief greifendes Verständnis der Bildungslandschaft. „Bildungslandschaft verstehen insgesamt, mit allen Wettbewerbern und Mitbewerbern, ist sehr wahrscheinlich wichtiger als nur Universität und Fachhochschule. Das ist ein Teilbereich in dieser Bildungslandschaft drin" (BM3-UNI-WB). Nur wer das Gesamtsystem versteht, ist fähig, die richtigen Entscheidungen zu treffen und die zum Teil stark politisch geprägten Diskussionen innerhalb und außerhalb der Hochschule richtig zu deuten. Zum anderen müssen Bildungsmanager sowohl Fach- bzw. Feldkompetenz als auch Managementkompetenz mitbringen. Fachexpertise gilt nach wie vor als Währung für hochschulinterne Akzeptanz. „Wenn ich in der Managementexpertise eine Schwäche habe, werde ich nicht erfolgreich sein, weil ich das Programm nicht designen kann, nicht verstehe, was die Dynamiken sind. Und wenn ich in der Fachexpertise schwach bin, dann kriege ich keine Firmen, dann kriege ich die Dozenten nicht, weil ich als Partner oder Person nicht interessant bin" (BM7-UNI-WB). Persönliche Fachexpertise ist laut Interviewaussagen zudem notwendig, um in einem komplexen Aufgabengebiet das Wesentliche zu erkennen und weitreichende Veränderungsprozesse anzustoßen und in die gewünschte Richtung zu lenken. Die befragten Bildungsmanager betonen jedoch an dieser Stelle, dass man gleichzeitig die Fähigkeit haben muss, Expertise von außen zuzulassen (BM2-FH-A; BM4-FH-WB).

Des Weiteren sind laut Interviewaussagen Bildungsmanager gesucht, die verstehen, dass sie sich innerhalb der Hochschule in zwei Welten bewegen: der akademischen und der praxisorientierten. „Man muss in der Lage sein, mit unterschiedlichen Profilen umzugehen [...]. Es ist eine wichtige Anforderung, zu wissen, dass man mit unterschiedlichen Welten zu tun hat, die aber nur gemeinsam funktionieren können" (BM3-UNI-WB). Die Fähigkeit, positiv Einfluss zu nehmen, ist laut Interviewaussagen dabei entscheidend: „Was Sie können müssen, um in diesem Geschäft erfolgreich zu sein, ist positiv Einfluss zu nehmen, auch auf Leute, die Ihnen eigentlich nicht unterstellt sind" (BM7-UNI-WB). Zudem stellen die befragten Bildungsmanager fest, dass eine klare Entscheidungsfähigkeit und eine visionäre Haltung gefragt sind. „Ich muss den Drive entwickeln können, dass das Führungsteam und die Leute im Hintergrund in die richtige Richtung gehen" (BM2-FH-A). Für befragte Bildungsmanager heißt das konkret, Entscheidungen nachvollziehbar zu erklären und mit einer gewissen Beharrlichkeit auch dabei zu bleiben. „Nicht stur, aber klar. Die Linie muss erkennbar sein" (BM2-FH-A). Gleichzeitig betonen befragte Bildungsmanager, dass man Hochschulen bewusst als Expertenorganisationen verstehen muss – auch im Kontext der Führungsarbeit. „Experten muss man anders führen" (BM4-FH-WB). Die Befragten sprechen hier von einem „Kantengang" zwischen klaren Anweisungen, persönlicher Erklärungsarbeit und individuellen Handlungsspielräumen.

Hochschulen brauchen also Gestalter, die Offenheit und Mut für neue Wege beweisen sowie Energie in die Etablierung der grenzüberschreitenden Zusammenarbeit investieren. Mir selbst scheint an dieser Stelle die kulturelle Komponente wichtig, die in allen Aufgaben und Zielsetzungen ihren Platz hat. In einer Multifunktionseinrichtung wie einer Hochschule ist es entscheidend, sich der verschiedenen Rationalitäten und Handlungsweisen bewusst zu sein, die gelebt werden. Jeder Wissenschaftler wurde in seiner/ihrer Fachdisziplin sozialisiert. Die vermittelten Werte und Prinzipien können bisweilen sehr unterschiedlich sein. In einer Hochschule kommen diese konzentriert an einer Stelle zusammen und erschweren da und dort die Kooperation untereinander, wenn Wissen, Expertise und Erfahrung gehortet und nicht geteilt wird. Die Fähigkeit, eine Situation als solche zu erkennen, Komplexität zu reduzieren und nach Synergien sowie einem gemeinsamen Nenner zu suchen, ist aus meiner Sicht entscheidend. Es gilt, in Zukunft Grenzen abzubauen und Mitarbeiter zu ermutigen, interdisziplinär – also gemeinsam – zusammenzuarbeiten und ihre Expertise und Erfahrung einzubringen.

7.5 Ausblick, welche Rolle die Personalentwicklung künftig an Hochschulen spielt

Die Felduntersuchung zeigt, dass sich Bildungsmanager an Hochschulen in einem komplexen Umfeld bewegen. Der Wandel macht auch vor der Hochschule nicht Halt und die Aufgaben von Bildungsmanagern bleiben herausfordernd. In Zeiten des Wandels und der

Unsicherheit die Komplexität in den Aufgaben entsprechend zu reduzieren und in einem vernetzen System die richtigen Entscheidungen herbeizuführen, ist nicht einfach. Gleichzeitig beschleunigen digitale Entwicklungen Veränderungen am Markt, und Kundenbedürfnisse ändern sich rasant. Was heute gut funktioniert und Anklang findet, kann in einem Jahr schon veraltet sein. Bildungsmanager werden sich auch in Zukunft gut überlegen müssen, wie sie die Hochschulorganisation an die sich verändernden Rahmenbedingungen anpassen und Prozesse und Produkte ausgestalten, damit sie den Nerv der Zeit treffen und den Bedürfnissen der (neuen) digitalen Welt entsprechen. Offenheit und Mut für neue Wege sind gefragt. Die persönliche Veränderungsbereitschaft ist dabei zentral.

Welche Möglichkeiten haben Hochschulen, um ihre Mitarbeiter und Führungskräfte fit zu machen für die Zukunft? Welche Grundvoraussetzungen müssen seitens Human Resources (HR) gegeben sein, damit eine nachhaltige Kompetenzentwicklung überhaupt möglich wird? Welche Themen und Entwicklungsschwerpunkte sind zu priorisieren?

Personal- und Organisationsentwicklung als nicht delegierbare Aufgabe
Der künftige Entwicklungsbedarf der Organisation und der Organisationsmitglieder ist im Kontext veränderter Rahmenbedingungen zu beurteilen. Es ist Aufgabe der Hochschule als Organisation, gute Rahmenbedingungen für die Entwicklung von Führungskräften und Mitarbeitern zu schaffen – auch in Zeiten des Wandels und schnelllebiger Veränderungen. Personalentwicklung wird dabei zu einer strategisch hoch relevanten Aufgabe, die nachhaltig Veränderungsprozesse moderiert und gezielt die Kompetenzen von Mitarbeitern entwickelt. Die strategischen Wirkungsfelder der Hochschulen sollten dabei die Richtung aller Maßnahmen vorgeben.

Im Hochschulmanagement ist aktuell zu beobachten, dass die Personalentwicklung immer mehr mit den strategischen Wirkungsfeldern der Hochschule in Einklang gebracht wird. Nichtsdestoweniger ist es aus meiner Sicht noch nicht gelungen, Personalentwicklung systematisch im wissenschaftlichen Betrieb und seinen unterschiedlichen Disziplinen zu verankern. Vielerorts wird Personalentwicklung von den Betroffenen nach wie vor als Kann-Aufgabe aufgefasst. Man ist sich uneinig darüber, welche Aufgaben Personalentwickler in Hochschulen erbringen sollen und können. Gleichzeitig stellt sich die Frage, ob Personalentwickler ohne Feldkompetenz im jeweiligen Fachgebiet Entwicklungsmaßnahmen überhaupt richtig steuern können. Damit verbunden ist die Klärung der Rolle der Vorgesetzten: Welche Verantwortung übernehmen die direkten Vorgesetzten für die fachliche und persönliche Weiterentwicklung ihrer Mitarbeiter? Ebenso wenig besteht Einigkeit über die Zielsetzungen von Personalentwicklungsmaßnahmen an Hochschulen. Im Zentrum der Diskussion steht meines Erachtens die Klärung der Frage, was Personalentwicklung an Hochschulen – in einem komplexen, zum Teil undurchsichtigen und von zahlreichen Subkulturen geprägten System – in Zukunft überhaupt leisten soll. Gleichzeitig gilt es zu klären, wer die prioritäre Zielgruppe von Personalentwicklungsmaßnahmen sein soll. Wenn es um die Weiterentwicklung der Hochschule geht, ist für mich Führungskräfteentwicklung ein zentrales Stichwort. Immer mehr beobachtet man einen Führungskräftemangel oder ein Defizit, wenn es um das Vorhandensein von Führungs- und Managementkompetenzen innerhalb der Hochschule geht. Die Erkenntnisse aus meiner Interviewstudie untermauern jedoch, wie wichtig die Entwicklung dieser Kompetenzen ist.

Aus meiner Sicht kommt hier Personalentwicklung als zentrales Instrument ins Spiel. Personalentwicklung ist ein interner Treiber bzw. Promotor für Veränderung in der Organisation. Mit der nötigen Ressourcenkraft und hochschulinternen Akzeptanz von Personalentwicklung können Veränderungs-, Lern- und Entwicklungsprozesse fokussiert und damit verbunden auf die individuellen Bedürfnisse der unterschiedlichen Zielgruppen abgestimmt gesteuert werden. Allerdings ist Personalentwicklung als weitaus mehr zu verstehen als die Förderung von individueller beruflicher Entwicklung. Eine Kernaufgabe der Personalentwicklung ist sicher der Aufbau und die Weiterentwicklung von Kompetenzen der Mitarbeiter. Um einen nachhaltigen Kompetenzaufbau und eine entsprechende Weiterentwicklung sicherstellen zu können, braucht es jedoch geeignete Rahmenbedingungen in der Organisation. Konkret heißt das, dass sich nicht nur die Organisationsmitglieder, sondern auch die Organisation an sich und die Organisationskultur weiterentwickeln müssen. Aus diesem Grund ist die Personalentwicklung in diesem Kontext eng mit der Organisationsentwicklung zu verzahnen und nicht als losgekoppeltes Element zu betrachten. Nur mit einer adäquaten inneren Organisationsstruktur und dem richtigen Mindset innerhalb der Organisation, das den veränderten Bedingungen im Außenfeld angepasst ist, können nachhaltige Erfolge erzielt werden – auf Ebene der Organisation wie auch auf der Ebene der Mitarbeiter.

Meines Erachtens müssen Personalentwicklungsmaßnahmen also von Maßnahmen der Organisations- und Kulturentwicklung begleitet werden – insbesondere an Hochschulen, wo unterschiedliche Disziplinen zusammenarbeiten und der Erfolg maßgeblich davon abhängt, wie zusammengearbeitet und Wissen geteilt und verbunden wird. Doch nicht nur auf operativer Ebene sollte die Zusammenarbeit verbessert werden. Auch bei zukunftsbezogenen Fragestellungen auf übergeordneter Ebene sollten Fachexperten aus unterschiedlichen Bereichen und Disziplinen interdisziplinär Lösungen entwickeln, die auf ein gemeinsames Ziel hinarbeiten und die Organisation als Einheit weiterbringen. Organisationsentwicklung sollte künftig als Co-Creation-Prozess verstanden werden. Dabei gilt es, von den Führungskräften eine aktive Mitwirkung an der Gestaltung der Organisation einzufordern und gleichzeitig neue Ideen und Ansätze, die sie einbringen, zuzulassen. Eine solche „Co-Creation-Haltung“ ist essenziell, um die Weiterentwicklung einer Organisation nach einem wertorientierten Muster zu gestalten und Akzeptanz für strategische, strukturelle und kulturelle Veränderungen unter den Organisationsmitgliedern zu fördern. Dies verlangt jedoch von den Organisationsmitgliedern eine hohe Reflexionsfähigkeit und Sensibilität für ihre Rolle und Verantwortung – auch unterhalb der obersten Führungsebene. Schlussendlich sind es insbesondere auch die

Führungskräfte in der Mitte der Organisation, die die Leitlinien und -sätze übersetzen und für ihren eigenen Führungsbereich adaptieren.

Einmal mehr zeigt sich, dass Personalentwicklung bedeutet, verschiedene Ebenen zu involvieren – von der Organisation über das Team bis hin zur Einzelperson. Führungskräfte spielen in der Bewältigung der Auswirkungen des Wandels eine zentrale Rolle und sind gleichzeitig auch eine relevante Zielgruppe für Personalentwicklungsmaßnahmen. Nicht nur als direkte Adressaten von Maßnahmen, sondern auch als Promotoren für Maßnahmen gegenüber Mitarbeitern. Sie agieren in der Interaktion mit ihren Mitarbeitern als eine Art Personalentwickler und übernehmen Verantwortung für Entwicklungswege und die Förderung von individuellen Entwicklungspotenzialen. Damit erhalten sie die Möglichkeit, aktiv Veränderungen in ihren Teams zu gestalten. Dies bedingt jedoch, dass Führungskräfte Führungsarbeit an Hochschulen auch als solche verstehen. Dabei gilt es, Führung als Beziehungsarbeit und -gestaltung anzuerkennen und zu leben sowie, wo nötig, fremde Expertise zuzulassen. Die Etablierung eines gemeinsamen Führungsverständnisses ist an dieser Stelle eine entscheidende Voraussetzung für die Weiterentwicklung der Hochschulorganisation und ihrer Mitglieder. Konkret heißt das, Einigkeit über die richtige Mischung zwischen tatsächlicher Führung, individuellen Freiheitsgraden und einer gezielten positiven Einflussnahme zu finden – über den eigenen Führungsbereich und die eigene Disziplin hinaus. Ein gemeinsames Verständnis ist notwendig, um nachhaltige Kulturentwicklung und Beziehungsgestaltung über Bereichs- und Fachgrenzen hinweg zu ermöglichen.

Kulturveränderungen sind jedoch eng an Veränderungen der organisationalen Strukturen gebunden. Wer (erfolgreich) auf kultureller Ebene Veränderungen anstoßen möchte, begleitet diese auch auf struktureller Ebene. Weg vom Silodenken hin zu interdisziplinärer Zusammenarbeit – es müssen Rahmenbedingungen für einen gemeinsamen Diskurs geschaffen werden. Was an dieser Stelle theoretisch klingt, ist im Arbeitsalltag durchaus umsetzbar. So kann z. B. die Bearbeitung von zentralen Fragen, an denen mehrere Fachschaften und Disziplinen beteiligt sind, gemeinsam ausgestaltet werden. Dabei gilt es, die Interdisziplinarität von Problemstellungen bzw. die Vielschichtigkeit und Komplexität von Fragestellungen im Hochschulmanagement auszuleuchten und bewusst mit involvierten Akteuren zu thematisieren. Gerade weil eine zentrale Steuerung einer Multifunktionseinrichtung, wie die Hochschule, schwierig ist, sind in zentralen Fragestellungen Interdisziplinarität und die gemeinsame Entwicklung von Maßnahmen wichtig. Zudem ist es in einer Hochschule als einer Wissensorganisation entscheidend, dass Wissen geteilt und nicht innerhalb von Fachdisziplinen oder Funktionen gehortet wird. Dafür braucht es eine gewisse Offenheit und ein ordentliches Stück Mut, um aufeinander zuzugehen und Sachverhalte gemeinsam und gesamtperspektivisch zu bearbeiten. Die Personal- und Organisationsentwicklung muss genau an dieser Stelle ansetzen und hat die Aufgabe, die notwendigen Voraussetzungen für einen offenen Dialog zu schaffen.

Literatur

Erlinghagen, R., & Symanski, U. (2014). It takes two to tango. Followership: Zur Nützlichkeit des Konzepts für die Expertenorganisation Hochschule. *Wissenschaftsmanagement. Zeitschrift für Innovation, 20*(3), 54–57.

Fachhochschule Nordwestschweiz. KompetenzManager. Kompetenzmanagement. http://www.kompetenzmanager.ch/kompetenzmanagement.cfm. Zugegriffen: 18. Okt. 2017.

Griese, C., & Marburger, H. (2011). *Bildungsmanagement. Ein Lehrbuch*. München: Oldenbourg.

Krücken, G., & Wild, E. (2010). Zielkonflikte – Herausforderungen für Hochschulforschung und Hochschulmanagement. *Zeitschrift für Leitung, Entwicklung und Selbstverwaltung von Hochschulen und Wissenschaftseinrichtungen, 5*(2), 58–62.

Schedler, K. (2017). Rationalitäten der Universität. In M. Brönnimann (Hrsg.), Erfolgreiche Universitätsverwaltung. Erfahrungsberichte aus der Praxis. Wiesbaden: Springer.

Seufert, S. (2008). *Innovationsorientiertes Bildungsmanagement. Hochschulentwicklung durch Sicherung der Nachhaltigkeit von eLearning*. Wiesbaden: VS Verlag.

Seufert, S. (2013). *Bildungsmanagement. Einführung für Studium und Praxis*. Stuttgart: Schäffer-Poeschel.

Symanski, U. (2012). Uni, wie tickst Du? Eine exemplarische Erhebung von organisationskulturellen Merkmalen an Universitäten im Zeitalter der Hochschulreform. Veröffentlichte Dissertation. http://publications.rwth-aachen.de/record/197558/files/4347.pdf. Zugegriffen: 17. Okt. 2016.

Thomann, G. (2016). Dilemmata, Paradoxien und Ambivalenzen – Führen als Sicherheitsproduktion in unvorhersehbaren Situationen. In G. Thomann & F. Zellweger (Hrsg.), *Forum Hochschuldidaktik und Erwachsenenbildung: Bd. 6. Lateral führen. Aus der Mitte der Hochschule Komplexität bewältigen* (S. 37–52). Bern: Haupt.

Ein kassandrischer Zwischenruf – ausgewählte Phänomene von Führung in Expertenorganisationen am Beispiel von Hochschulen

8

Marlies W. Fröse und Annemarie Bauer

In unserem Essay treten wir als Fragende auf, die nach Antworten suchen, sie aber vielleicht nicht finden werden. Wir werden neue Probleme und zukünftige Themen einkreisen, auch wenn wir wissen, dass diese bereits in den unterschiedlichen Disziplinen thematisiert werden. Ein Essay ist eine geistreiche Abhandlung, in der wissenschaftliche, kulturelle oder gesellschaftliche Phänomene betrachtet werden; entsprechende Freiheiten nehmen wir uns. Es ist keine empirische Studie, sondern ein theoretisch ambitionierter Text. Als Metapher wählen wir für unsere Überlegungen Kassandra – auch wenn wir wissen, was Kassandras Hellsicht für sie letztendlich bedeutete. Wir setzen auf Diskurs!

> Wann Krieg beginnt, das kann man wissen, aber wann beginnt der Vorkrieg? Falls es da Regeln gäbe, müsste man sie weitersagen. In Ton, in Stein eingraben, überliefern. Was stünde da. Da stünde, unter anderen Sätzen: Lasst Euch nicht von den Eignen täuschen (Wolf 1984, S. 76 f.).

Kassandras Krieg bzw. „Vorkrieg" könnte für das Leben in Organisationen heißen: mehr Tempo und Unsicherheiten, mehr Entfremdung und Verfremdung, mehr Leistung und Verdichtung, mehr Perfektionismus bis hin zum Human Enhancement, mehr Selbststeuerung der Arbeitskraft (Voß 1998) und trotzdem mehr Abhängigkeiten bis hin zu inneren Abspaltungen, und dies, obwohl gerade Expertenorganisationen mehr Freiheiten, Individualitäten, Mitgestaltungs- und Entwicklungsmöglichkeiten erwarten und

M. W. Fröse (✉)
Evangelische Hochschule Dresden, Dresden, Deutschland
E-Mail: marlies.froese@ehs-dresden.de

A. Bauer
ConSeiL, Heidelberg, Deutschland
E-Mail: ambauer@gmx.de

P. Kels und S. Kaudela-Baum (Hrsg.), *Experten führen,* uniscope. Publikationen der SGO Stiftung, https://doi.org/10.1007/978-3-658-23028-9_8

wünschen, als dies in klassischen Organisationsformen üblich ist. Kassandras Vater im Gespräch mit der Tochter:

> Viel zu lange ließ ich dich gewähren. Gut, dachte ich, sie ist empfindlich. Gut, sie sieht die Welt nicht wie sie ist. Sie schwebt ein bisschen in den Wolken. Nimmt sich wichtig, das tun Frauen gerne. Ist verwöhnt, kann sich nicht fügen. Überspannt. Bildet sich was ein. Worauf denn, Tochter? Kannst du mir das sagen? Immer die Nase hoch? Und mit dem Mundwerk vorneweg? (Wolf 1984, S. 143).

Wir übernehmen Kassandras Position und wollen, wie sie, die Welt mit anderen Augen sehen. Das ist das Fundament unseres Aufsatzes zum Thema Führung in Expertenorganisationen: Wir wissen um die Analysen und die vielen Modelle, die wir auf der instrumentellen Ebene des Managements verorten. Wir stellen daneben die klassische Vorgehensweise, den Gegenstand kritisch von verschiedenen Seiten zu beleuchten. Das bedeutet: Organisationen als Bestandteil der Gesellschaft kritisch und aufklärerisch zu hinterfragen – hier, in Bezug auf ihre Auswirkungen auf Menschen (ob Führung oder Experte) und ihre Verfügbarkeit und Verdinglichung. An dieser Stelle sei bereits angemerkt: Wertschätzungskulturen sind kein Mittel gegen die Verdinglichung des Menschen in Organisationen. Wir beobachten, dass die Organisationen sehr viel fordernder werden, dass Menschen vorwiegend oder ausschließlich unter dem Aspekt ihrer Funktion und ihres Mehrwerts betrachtet werden. Des Weiteren beobachten wir, dass die Literatur über menschenwürdige Führung und über Wertschätzung umfangreicher wird. Zudem wird die Ethik zunehmend als Marketingfaktor verwendet. Wir nehmen dies als Gegensatz und als Widerspruch wahr. Möglich ist auch, dass es sich um eine symmetrische Eskalation handelt – durchaus im Sinne der Kommunikationstheorie Watzlawicks: Wenn das eine ansteigt, muss auch das andere ansteigen. Je anspruchsvoller die Berufe sind – und wir rechnen die Hochschulen und Wissenschaftsinstitutionen dazu –, umso weniger braucht es Menschen, die erklären, was sie an den Mitarbeitern haben: Deren Motivation und Selbsteinschätzung, deren Selbstwertgefühl und kommunikative Vernetzung bedarf nicht der verbalisierten Wertschätzungskultur, vor allem dann nicht, wenn diese ritualisiert und verdeckend ist. Zurück zu Kassandra:

> Der Vater sagte noch, sofort solle ich den Plänen, die zur Verhandlung stünden, nicht nur zustimmen; ich solle mich verpflichten, über sie zu schweigen und, wenn sie ausgeführt, sie gegen jedermann zu verteidigen (Wolf 1984, S. 143).

Wir gehorchen nicht Kassandras Vater, sondern interpretieren ihn, wie Kassandra es vermutlich auch getan hat, als Aufforderung zur Unterwerfung. Kassandra wird nicht schweigen. Und wir wagen es, ein Kaleidoskop des „neuen“ Phänomens „Führung von Expertenorganisationen“ mit kritischen Fragen zu eröffnen.

In unserem Aufsatz wollen wir verschiedene Phänomene in Expertenorganisationen – schwerpunktmäßig Wissenschaftsorganisationen – soziologisch und psychoanalytisch betrachten, ohne dass wir gültige und zufriedenstellende Antworten liefern können. Wir gehen davon aus, dass unbewusste Dynamiken in allen Organisationen vorhanden sind, die sich auf den verschiedenen Bühnen (Vorder-, Hinter- und Unterbühne, entsprechend Bailey, 1977) abspielen und unterschiedliche wirkmächtige Bedeutungen haben. Je weiter weg die Vorderbühne von den beiden anderen Bühnen mit ihrem jeweiligen Geschehen ist, desto deutlicher werden verborgene Regeln, Annahmen, Affekte und Taten sichtbar. Nach Frederick George Bailey (1977) findet der emotionale Austausch zwischen den Menschen in Organisationen häufig auf der Hinter- oder Unterbühne statt. Auf der Vorderbühne wird nur zur Schau gestellt, was offiziell gesehen werden darf, also nicht die „Unfälle" auf der Hinterbühne! AF2

Dafür möchten wir nachfolgend drei Phänomene diskutieren. Als Erstes werden wir Veränderungen in der klassischen Expertenorganisation benennen, also in Universitäten und anderen Formen von Hochschulen mit dem dualen Auftrag der Wissenschaft: der Forschung und der Lehre; dann betrachten wir neue Leitungsmodelle in diesen Organisationen aus dem Blickwinkel von Pierre Bourdieus Feld-und-Habitus-Theorie und deklinieren das Hybridleitungsmodell praktisch auf mögliche Folgen durch. Als Drittes beschreiben wir gesellschaftliche Veränderungen, die wir aus der Perspektive der Phänomene von Übertreibung und Überbietung betrachten; diese sind zwar kein alleiniges Spezifikum von Hochschulen, nichtsdestoweniger sind sie jedoch wirkmächtig – auch für den Bereich der Expertenorganisation.

8.1 Erstes Phänomen: die „reine" Hochschule und ihre Veränderungen

Sorgsame Infragestellung von Merkmalen klassischer Expertenorganisationen am Beispiel eines kleinen Vergleiches von Hochschulen und Universitäten (CH/D)
Ausgangspunkt für unsere Erörterung sind die Kriterien für idealtypische Merkmale von Expertenorganisationen (siehe Kap. 2 von Kaudela-Baum und Kels in diesem Buch), die wir den nachfolgenden Überlegungen als Grundlage voranstellen. Nachfolgend argumentieren wir eher polarisierend. Das bezieht sich auch auf die Unterschiede der beiden Hochschulsysteme Schweiz und Deutschland, die nicht ohne Weiteres vergleichbar sind. Gemäß der Bologna-Erklärung von 1999 gibt es in der EU nur noch den Begriff der Hochschulen.

Im Unterschied zu den anderen europäischen Ländern unterscheidet die Schweiz inhaltlich jedoch immer noch zwischen Universitäten, Fachhochschulen und Pädagogischen Hochschulen. Und nach der Gesetzgebung von 2015 (Hochschulförderungs- und -koordinationsgesetz) sollen sie gleichwertig, aber andersartig als Hochschultypus sein. Dies zeigt sich insbesondere darin, dass gegenwärtig gerade im Fachhochschulkontext Forderungen laut werden, „die Mitwirkungsrechte der Dozierenden […] zu stärken, hätten diese doch weder bei Forschung noch Lehre noch bei Berufungen faktisch mitzubestimmen. Im Gegensatz zu Universitäten kennen Fachhochschulen heute keine Berufungsverfahren, weder für Professorenstellen noch für das Leitungspersonal" (Krummenacher, 2018, S. 25). Diese Differenzen beziehen sich aber auch auf die unterschiedliche

Bewertung von Disziplinen. Wenn der Begriff Experte nachfolgend verwendet wird, sind Hochschullehrer, Professoren gemeint.

Nach dem Kriterium der *kollegialen Selbstkontrolle* kontrollieren Experten, in unserem Fall Professoren, ihre Standards nur für die jeweilige Profession. Sie werden bislang nicht durch den Markt und nicht durch die Organisation kontrolliert – dies befindet sich jedoch im Veränderungsprozess. Des Weiteren wissen wir, dass die *professionelle Ausbildung und Sozialisation* langfristig und grundlegend tragend ist für die Berufsidentität und für die damit verbundenen Werte. Es scheint so zu sein – aber das müsste untersucht werden (auch bezogen auf die unterschiedlichen Disziplinen) –, dass die deutsche Hochschulkultur freier ist als die der Schweiz, welche stärker auf die Akquise von Forschungsgeldern ausgerichtet ist. Dort scheint auf der Fachhochschulebene die professionelle Ausbildung deutlich mehr organisations- und marktorientiert zu sein, als dies an deutschen Hochschulen der Fall ist. Unterschiedliche Disziplinen haben unterschiedliche Sozialisations- und Bildungsprozesse.

Klassische Lehrstühle gibt es in der Schweiz nur an Universitäten. Dagegen vergeben schweizerische Hochschulen zwar Professuren; diese müssen sich jedoch vorwiegend selbst refinanzieren, und sofern dies nicht auf dem Wege der Drittmittelgenerierung vorgenommen bzw. sofern der Bedarf sogar neu oder anders definiert wird, werden diese Stellen auch wieder zügig verändert oder manches Mal sogar eingestellt. Der Finanzdruck, der in diesen Kontexten entsteht, verändert die Haltung der Professoren zum Wissenschafts- und Forschungsverständnis.

Die *berufsständische Regulation des Zugangs zur Profession* ist streng, mit den Folgen des gesellschaftlichen Ansehens und des Habitus. Das heißt, im deutschen wie im schweizerischen Universitäts- und Hochschulsystem bestehen streng akademische Zugangswege (Promotion verpflichtend, Habilitation weitgehend optional, juristisch definierte Berufungsverfahren). Der Schwerpunkt, je nach Disziplin, liegt zudem mehr auf Inhalten (Journals/Publikationen/ausgewiesene Lehre) als auf der Akquise von Geldern. Der Anspruch auf professionelle Autonomie wird an den Hochschulen wie auch in allen anderen Berufen gleichermaßen sowohl von der beruflichen Selbsteinschätzung und -steuerung als auch von der Organisation bestimmt. Das *Professional Commitment* der Experten ist meist wesentlich stärker als ihr *„Organizational Commitment"*, so Kels/ Kaudela-Baum in diesem Buch (Kap. **2**).

Gleichzeitig sehen wir jedoch einen deutlichen Wandel hin zu einer Organisation, in der dieses *Organizational Commitment* mehr beansprucht wird. Für die Schweiz sehen wir diesbezüglich eine umgedrehte Entwicklung in den vergangenen zehn Jahren. Die Bedeutung der Profession nimmt zu, was aber nicht zwangsläufig dazu führt, dass die Bedeutung der Organisationsbindung abnimmt, da der Finanzierungsdruck weiterhin bestehen bleibt.

Auch bezüglich der *Karrierewege* ist eine differenzierte Antwort erforderlich. Karrierewege positionieren sich zwischen Fach- und Organisationsbindung. Es gibt einen Punkt in der Karriere von Experten, wenn sie sich für die Wissenschaft beziehungsweise für den Markt entscheiden. Nehmen wir das Beispiel eines/einer promovierten

Betriebswissenschaftlers/-wissenschaftlerin, der/die sich entscheiden muss zwischen einem guten Verdienst auf der einen Seite und Forschung/Lehre auf der anderen. Die Kombination ist jedoch abhängig von verschiedenen Faktoren, wie etwa der Disziplin: So macht es einen Unterschied, ob wir über MINT-Fächer sprechen oder geisteswissenschaftliche Disziplinen, die nicht so ohne Weiteres renditeträchtig sind. Daraus resultieren Widersprüche zwischen der Organisationsbindung, der Fachdisziplin und dem Markt, die dann für die Führung von Experten auch entsprechende Konsequenzen hat.

Kaudela-Baum und Kels (2018) gehen davon aus, dass in Expertenorganisationen eine *Hierarchieaversion* vorhanden ist: In den gegenwärtigen unternehmerischen Managementkulturen haben Hierarchien eine andere Bedeutung als in der bisherigen Wissenschaftskultur, die aber insbesondere seit der Bologna-Reform eine zunehmende Bürokratisierung und Vermanagerung erfährt.

Hochschulen müssen den Umgang mit Ambiguitäten lernen: „Experten erbringen ihre Leistungsbeiträge zunehmend in einem durch Polaritäten, Zielkonflikte und Ambiguitäten geprägten Umfeld“ (Kels und Kaudela-Baum, Abschn.2.2, mit Bezug auf Johnson, 2014; Smith und Lewis, 2011). Auch in diesem Punkt bestehen Unterschiede zwischen schweizerischen und bundesdeutschen Hochschulen: In Deutschland werden von den Hochschuldozierenden bislang keine finanziellen Leistungsbeiträge erwartet. Die Aufgabe von Professoren ist definiert durch die Hochschulgesetze, die das Hochschulrahmengesetz des Bundes und die Hochschulgesetze der Länder umfassen. Für die Lehre bedeutet dies, dass an Universitäten acht Semesterwochenstunden (SWS) Unterricht und an Fachhochschulen 18 SWS zu leisten sind. Zusätzlich soll in der jeweiligen Disziplin bzw. Denomination geforscht und publiziert werden. Zunehmend wünschen sich insbesondere Universitäten von ihren Professoren die Einwerbung von Drittmitteln und beginnen dies bereits in Vertragsverhandlungen festzuhalten. Es ist damit zu rechnen, dass daraus mittel- und langfristig Zielkonflikte zwischen der Universitätsleitung und den Vertretern der Wissenschaften entstehen (siehe dazu die Diskussionen um die Exzellenzinitiative) – dies aber auch unter Berücksichtigung der jeweiligen Disziplin. In der Informatik sieht dies anders aus als in der Erziehungswissenschaft. Wenn wir davon ausgehen, dass die Freiheit von Forschung und Lehre ein organisationales Fundament für die Hochschulen ist, dann stellt sich die Frage, wie viel Führung und wie viel Leitung eine Organisation braucht oder zulässt – der Autonomieanspruch steht hier zur Disposition. Die konkurrierenden Aufgaben von Wissenschaftlern und Management verweisen auf die notwendige Ambiguität und noch deutlicher auf einen sensibleren Umgang miteinander. Im klassischen Modell von Hochschulen (Universitäten und Fachhochschulen) gefährden die zunehmenden Reglementierungen wie auch der vorhandene Marktdruck das Selbstbestimmungsrecht der Hochschulen und insbesondere die Freiheit von Forschung und Lehre.

Zudem verkompliziert das Experten-Machtbewusstsein die Führungsaufgaben in Hochschulen: Die klassischen Fachkräfte bzw. die wissenschaftlichen Mitarbeiter finden immer bessere Stellen auf dem Arbeitsmarkt (dies betrifft aber eher die Situation in der

Schweiz). Diese Gruppen der Fachkräfte bzw. wissenschaftlichen Mitarbeitern sind deshalb für eine Führungsperson, die etwa aus der Betriebswirtschaftslehre kommt, nicht leicht zu führen, da sie ihren Wert kennen und, wenn sie gut sind, die Organisation zielstrebig und schnell verlassen können. Das hat Konsequenzen für die Führungsperson. Ansätze zum Retention-Management können dabei hilfreich sein. Für Deutschland haben wir gesamtgesellschaftlich das Regularium, dass wissenschaftliche Mitarbeiter per Gesetz nicht mehr als sechs Jahre an der Hochschule tätig sein dürfen. Berufliche Angebote außerhalb von Hochschulen stehen kaum zur Verfügung. An Universitäten gibt es etwas größere Spielräume, etwa bei der Ausstattung von Professuren (Lehrstühlen). Die Verlockung des Marktes liegt in der Schweiz wie auch in Deutschland im ökonomischen Bereich. Den Hochschulen stehen diesbezüglich nicht genügend finanzielle Mittel zur Verfügung. Was sie stattdessen anbieten, ist ein anderes Tätigsein mit möglicherweise freieren Organisationskulturen als im normalen Erwerbskontext, die in der Freiheit von Forschung, Lehre und Demokratie ihr Fundament haben.

8.2 Zweites Phänomen: Bourdieu – Wissenschaftsorganisation – Hybridität als Ausweg?

Unser Schwerpunkt sind Wissenschaftsorganisationen, zu denen wir Universitäten, Fachhochschulen und Forschungsinstitute zählen. Das Modell einer hybriden Leitung stellt „Wissenschaft" und „Management" auf dieselbe Stufe, die oberste Spitze in einer Wissenschaftsorganisation. Dem Blick, den wir einnehmen wollen, folgen zunächst Überlegungen zu „Feld" und „Habitus" im Sinne Bourdieus (1982/1997/2005), dann folgt eine kurze Diskussion zum Verständnis der Organisation „Wissenschaft" bis hin zu einer professionsspezifischen Differenzierung.

8.2.1 Bourdieu und seine „Felder"

Wir setzen die Kenntnis der Theorie Bourdieus voraus, werden sie aber in Bezug auf unsere Gedanken kurz erläutern. Eines der zentralen Anliegen, das Pierre Bourdieu (1930–2002) mit seinen soziologischen Analysen stets verfolgt hat, ist die Entschleierung der verborgenen Grundlagen von Herrschaft. Ihm sind nicht nur Akteure wichtig, sondern auch „Felder", also Segmente der Gesellschaft. Das „Feld" umfasst die Gesamtheit der gesellschaftlichen Interaktionen und Konstellationen, aber auch Bereiche wie etwa Politik, Wirtschaft oder Kunst und deren Subfelder, wie Literatur oder Universitäten. Bourdieu verknüpft den Habitus mit einem Praxisbegriff, der den Ort markiert, an dem sich Subjekte begegnen, sich in einer relationalen Ordnung positionieren, im „Feld" handeln und damit genau diese Ordnung reproduzieren: Das Feld bestimmt den Habitus und der Habitus das Feld. Der Habitus ist gedacht als Körper gewordene Geschichte, Sozialisation, Prägung, also als das Feld, korrespondierend dazu die

Umgebung und die Ding gewordene Geschichte. Das Feld bietet die äußeren Handlungsfelder für das, was im Habitus als Disposition angelegt ist. Es handelt sich also um einen doppelten Prozess: den Prozess der Interiorisierung der Exteriorität und den der Exteriorisierung der Interiorität. Damit ist gemeint, dass die äußere Welt und die innere Welt, also Habitus und Feld, in zirkulären Zusammenhängen stehen.

In Bourdieus „sozialem Feld" geht es um Position und Ansehen, also um symbolisches Kapital, neben den anderen Kapitalsorten wie ökonomischem, sozialem und kulturellem Kapital. Es werden also Bereiche beschrieben, in denen für das Verhalten und Handeln eigene Spielregeln gelten. Die Habitus-Kapitalien (ökonomisches, kulturelles, soziales und symbolisches Kapital) setzen wir als bekannt voraus, ebenso das dahinterstehende Konzept der Wahrnehmungs-, Denk- und Handlungsprägungen auf der Folie einer weitgehend unbewussten Sozialisation und Musterübernahme der Herkunftsschicht oder des Herkunftsmilieus. „Felder" und ihre Subfelder brauchen Organisationen, in deren Strukturen, Regeln, Vereinbarungen und Kulturen die feldspezifischen Handlungen aufgehoben sind. In der Philosophie Bourdieus haben die „Felder", also auch alle Organisationen, „spezielle" Kapitalien, die in den Grenzen des Feldes Wert, Bedeutung und Gültigkeit haben, die sie außerhalb nicht zwingend haben müssen. Eine Universität hat eine andere Struktur, andere Machtverhältnisse, andere Kapitalien und andere Kämpfe als eine Schule, obwohl beide Bildungseinrichtungen sind. Es geht um den Erhalt oder die Veränderung eines bestimmten Kapitals. Menschen, die sich in einem bestimmten Feld bewegen, haben bestimmte gemeinsame Grundinteressen und verteidigen die Regeln des Feldes. Neulinge müssen diese Selbstverständlichkeiten kennenlernen, akzeptieren und anerkennen, selbst wenn sie antreten, um Dinge zu verändern.

Der Begriff der Organisationskultur (Schein 1991, 1995, 2003; Fröse und Bauer, 2015) hilft weiter. Unter „Kultur" verstehen wir mit Kroeber und Kluckhohn (1952, S. 357) die durch Symbole erworbenen und weitergegebenen expliziten und impliziten Verhaltensmuster menschlicher Gruppen. Der wesentliche Kern besteht aus selektierten Ideen und ihren zugehörigen Werten. Zu den Merkmalen einer Organisationskultur kommen die habituellen Merkmale einer Person hinzu und bilden damit einen zirkulären Zusammenhang. Hier kann man von einer „Passung" sprechen, die dann in einer Normierung des Umgangs mündet. Die Bindung an die Organisation geschieht über Attraktion, Motivation, interpersonale Beziehungen, Loyalität und Gratifikation, um nur einige Variablen zu nennen. Wenn man Bourdieu folgt, so ist ein „Feld" dann für einen Menschen interessant, wenn er alle Kapitalarten in diesem Feld mehren kann. Wenn Habitus und Feld gut miteinander harmonieren, wenige Anpassungsleistungen notwendig sind, dann funktioniert das Zusammenspiel „automatisch": Man ist am „richtigen Ort"! Wenn sie nicht zueinander passen, „knirscht" es. Gerade soziale Aufstiege sind anfällig für ein knirschendes Zusammenspiel von Habitus und Feld: Die Zirkularität ist nicht gegeben, die „feinen" Regeln sind nicht internalisiert, die Kultur des „Feldes" ist oft nur äußerlich bekannt, was dazu führt, dass der „Aufsteiger" erkannt und enttarnt wird und die Selbstverständlichkeit des Zusammenspiels gestört ist. Habitus und Feld gehören also eng zusammen. Sie sind gemeinsam dafür zuständig, den sozialen Raum zu strukturieren. Sie sind eine Konfiguration.

Die Wahrnehmungs- und Denkmuster, also die habituelle Ausstattung eines von seiner Gesellschaft und seinem Milieu strukturierten Menschen, führt dazu, was er erlebt, wahrnimmt und wie er im „Feld“ interagiert; aber das Feld strukturiert auch den Habitus einer Person. Barlösius (2006, S. 63) bringt es so auf den Punkt: „Die strukturierte Struktur wird in eine strukturierende Struktur umgewandelt.“ Die durch die Sozialisation erworbene habituelle Struktur ist ein Produkt der Außenstruktur und bekommt dadurch eine strukturierende Kraft: Diese Außenstrukturen, zu denen auch Feldkulturen zu rechnen sind, werden von der Person in die eigene Persönlichkeit hinein übersetzt und im Habitus verankert. Man kann sie nicht direkt beobachten, aber man kann sie rekonstruieren – an Szenen, an Denk- und Wahrnehmungsmustern, an Haltungen. In dieser vorgegebenen Struktur des Habitus sind die Muster des Feldes enthalten; mit ihr werden Unterschiede produziert und reproduziert. Diese Unterschiede sind in Wirklichkeit aber Ungleichheiten: Sie spielen eine entscheidende Rolle, auch bei den Zugängen zu Macht- und Entscheidungsräumen, d. h. im Kampf um die soziale Anerkennung, in der Konkurrenz und bei der Suche nach Macht.

Diese Überlegungen möchten wir auf Wissenschaftsorganisationen übertragen.

8.2.2 Wissenschaftsorganisationen

Die humboldtsche Idee der Universität (erschienen 1808 oder 1809), die „Denkschrift über die äußere und innere Organisation der höheren wissenschaftlichen Anstalten in Berlin“ beinhaltet vor allem zwei zentrale Punkte: die Einheit von Forschung und Lehre und die Staatsabhängigkeit. Einheit von Forschung und Lehre bedeutet: Die autonome Wissenschaft kann, zumindest nach Humboldt, nur den kollegial organisierten Wissenschaftlern überlassen werden; andere Einflussnahmen sollen ausgeklammert werden. Darin begründet sich die Staatsabhängigkeit: Der Staat gilt als gesellschaftlich neutraler, den allgemeinen Interessen verbundener Akteur und soll die Partikularinteressen anderer Akteure verhindern. Die organisatorische Folge der Kopplung von Staat und Universität ist die Zentralverwaltung, die neben der Regel der kollegialen Entscheidungsfindung steht (nach Huber 2012, S. 243).

Karl Jaspers (1883–1969) hat bereits im Jahr 1923 seine Schrift „Die Idee der Universität“ erstmalig herausgegeben, sie aber nach dem Faschismus im Jahr 1946 erweitert und dezidiert in den Kontext von Freiheit gestellt. In dieser Schrift hat er Folgendes, für diesen Zusammenhang Bedeutsames, formuliert:

> Die Universität ist an den Staat gebunden, aber nicht in jedem Staat sind Universitäten möglich. Da die Universität Bezeugung der Freiheit durch Wahrheit ist, kann nur ein Staat, der selber Freiheit und daher Wahrheit will und sich auf sie gründet, auch die Universität wollen. Denn nur ein solcher Staat identifiziert sich grundsätzlich mit dem Geist der Wissenschaft und der Wahrheit, der Idee der Universität (Jaspers 1923, S. 109 f.).

Freiheit ist aber ein Prozess, auch dies hat bereits Jaspers deutlich hervorgehoben:

> Der Unterschied ist nur der, ob Freiheit auf dem Wege ihrer Verwirklichung ist, oder ob ihr Weg verboten und versperrt ist. [...] Die Universität, frei im freien Staat, steht überstaatlich und übernational am Ort der Wahrheit, die in ihrer für unser Zeitdasein allein möglichen Gestalt alle Menschen verbinden würde, nicht in der einen nun wieder dogmatischen Gewußtheit, sondern in der Kommunikation des Vielfältigen durch unvollendbare Bewegungen. Wo Wahrheit wirkt, gibt es Pluralität der geistigen Mächte. [...] Daher war die Universität unmöglich im Staat des deutschen Nationalsozialismus und ist verschwunden in allen anderen totalitären Staaten.[1]

Es scheint lange her zu sein, dass Wissenschaft im Sinne von Humboldt (1808, S. 231) „etwas noch nicht Gefundenes und nie ganz Aufzufindendes" sein sollte, wozu dann das forschende Lernen gehört – mit den Studierenden. Gegenwärtig wird dieses Verständnis ersetzt durch das Konzept der „unternehmerischen Universität", einem nicht unproblematischen Verständnis, das der ursprünglichen Haltung nicht mehr entspricht. Man geht davon aus, dass auch Universitäten Unternehmen sind: Diese müssen sich selbst finanzieren über Produkte und Dienstleistungen und diese an ihren Kunden ausrichten, d. h. wenn die Finanzierung nicht als Refinanzierung über staatliche Steuern, also Zwangsabgaben der Bevölkerung geschieht. Bislang hatten Universitäten und Verwaltungen ein gemeinsames Verständnis: Sie leben „vom Bürger" und leisten für den Bürger! Warum sollten die Universitäten keine Unternehmen sein können? Wären sie Unternehmen, wären sie freier als staatsgebundene bzw. steuergebundene Organisationen. Allerdings trügen sie auch ihre Risiken allein – zumindest wäre das eine Folge, die sich aus den Organisationstheorien ableiten lassen müsste.

Das ist das Modell – wie aber sieht die Realität aus?

Wir folgen hier nur sehr kurz einem Gedankengang von Stefan Kühl (2012), der das Konzept, aber auch die Begrifflichkeit explizit vor dem Hintergrund der Folie der Expertenführung sehr kritisch sieht:

> Die Karriere des Begriffs unternehmerische Universität ist beachtlich. [...] Es hat fast eine gewisse Tragik, dass der Name des innovativen US-amerikanischen Hochschulforschers [Anm.: d. Autoren: gemeint ist Burton Clark, der den Begriff 1998 bildete] heute vorrangig mit dem Begriff der „unternehmerischen Universität" verbunden ist, obwohl er vielleicht nur das Ergebnis der Einflüsterung eines an einem verkaufswirksamen Titel interessierten Verlages gewesen ist. Andere stimulierende Konzepte Clarks, wie das der sich aus hochschulpolitisch einflussreichen Professoren zusammensetzenden „akademischen Oligarchie" [...] oder der „Auskühlungsfunktion von Hochschulen", die darin besteht, überambitionierte Jugendliche sanft mit ihrem Schicksal, Mittelmaß zu sein, vertraut zu machen [...] sind weitgehend in den Hintergrund getreten.[2]

[1] Jaspers, Karl (1923, S. 109 f.).

[2] Kühl, Stefan (2012, S. 3): Working Paper 3.

Der Begriff der „unternehmerischen Universität“ ist mit den Begriffen „Kunde“, „Wettbewerb“, „Innovation“, „Dynamik“ verbunden, worin er sich von der Trägheit des wissenschaftlichen Habitus und Feldes unterscheidet. Wobei der Begriff der vermeintlichen Trägheit schon eine Annahme ist, die u. a. nicht der Realität von Wissenschaft entspricht, denn Wissenschaft braucht Zeit, Freiheit und Neugierde. Fachhochschulen, Forschungsinstitute und Universitäten, die sich hier, vor allem aber auch in anderen Ländern, wie Unternehmen finanzieren, verkaufen in der Tat ihre Produkte wie andere Unternehmen, denken wir an Waschpulver, Alkohol oder Personenschutz: Sie verkaufen Ausbildung – mehr oder weniger gute Ausbildungen und mehr oder weniger gute Forschungsergebnisse.

Der Streit darüber ist vorprogrammiert: Einerseits weisen die Kritiker darauf hin, dass Wissen und Bildung mittlerweile zu einer Ware geworden sind.[3] Studierende werden zu Kunden. Professoren werden zu Dienstleistern. Die Chiffre lautet: Der „autoritär-neoliberale Umbau der Hochschulen“ hat begonnen.[4] Ein Unternehmen, das sich ohne eine mächtige Organisation im Rücken selbst finanziert, kann aber eben auch scheitern. Der Vorteil, den unternehmerische Universitäten haben, besteht vor allem in der eigenen Entscheidungsfähigkeit und Autonomie über ihre Belange. Gleichzeitig birgt das Risiken, da die Entscheidungsfähigkeit an Marktmechanismen gekoppelt ist: Angebot und Nachfrage entscheiden z. B. über die Bewerberzahlen und relevante oder vermeintlich relevante Studiengänge. Andererseits gibt es etliche Bereiche der Gesellschaft, die nicht „unternehmerisch“ geführt sein sollten, wie etwa die Polizei. Dies muss an dieser Stelle nicht weiter erläutert werden. Daraus resultiert auch die Frage, ob Vergleichbares dann auch mit Lehre und Forschung geschehen kann: Die Vermarktung bestimmt die Schwerpunkte, möglicherweise sogar die Inhalte generell. Und damit rückt man sehr weit von Humboldt weg!

Stefan Kühl geht noch weiter: Die „unternehmerischen Hochschulen übernehmen die Management-Konzepte mit ‚Copy and Paste‘“ aus der Unternehmenswelt, samt der Semantik – und diese habe Folgen, die den Wissenschaftsbetrieb massiv verändern, nicht nur auf der strukturellen und organisationalen Ebene, sondern auch bezogen auf die Ausrichtung und Zusammenarbeit von Führung. Als Stichworte seien zu nennen: Controlling, Berichtspflichten mit Bürokratisierungsfolgen als Aufgaben, die von wissenschaftlichen Mitarbeiter übernommen werden; Arbeitsverträge im Hochschulbereich, die an die Drittmittelakquise gebunden sind, Zunahme von kostenlosen Lehraufträgen über Honorarprofessuren oder Privatdozierende, selbst leistungsorientierte Prämienzahlungen ließen sich bereits finden – so Kühl (2012).

Damit würden Wissenschaftler gleichzeitig demotiviert, weil das nicht das ist, wozu sie berufen, befähigt und identifiziert sind. Diese marktorientierten Modelle seien an der Organisationskultur der Fließbandarbeit und damit am Ausstoß standardisierter Produkte

[3] Illouz, Eva (2018): Wa(h)re Gefühle. Authentizität im Konsumkapitalismus. Frankfurt am Main.

[4] Vgl. Kapfinger und Sablowski (2010, S. 260).

orientiert, also für eine Hochschule unpassend: Lerntempo und Lernfortschritte der Studierenden lassen sich nicht einfach optimieren, und Wissenschaftler werden nicht kreativer, wenn sie Ermäßigung im Lehrdeputat erhalten.

Sind Zielvereinbarungen, wie z. B. Zahlen über Absolventen-Quoten, wirklich dem Inhalt adäquat? Diese Parameter verweisen nur darauf, dass auch Hochschullehrende bereit sind, sich – wie willig auch immer – den politischen Regeln zu unterwerfen. Ein weiteres Ziel der „unternehmerischen Universität" ist neben einem professionellen Management die Verzahnung mit anderen Organisationen im Sinne von Kooperationen unter Beibehaltung der Autonomie. Die unternehmerische Universität stellte in den frühen 1980er-Jahren die Finanzierung in den Mittelpunkt und vollzog den Wechsel zu einer Angebotsorientierung. Einerseits sollen Universitäten ihrem ursprünglichen Anspruch entsprechen, andererseits sollen sie sich aber auch „gegen den Durchgriff wirtschaftlicher Partikularinteressen schützen" (Huber 2012, S. 247).

Wissenschaft ist charakterisiert durch die Spezialisierung der Disziplinen und durch Forschungsfelder. Für alle Forschungsorganisationen ist die Wissenschaft die relevante Umwelt. Dabei gibt es oft nicht nur eine einzige Referenz, sondern mehrere Umwelten und Systembezüge, die die Realität darstellen. Nun kommt für Hochschulen, Universitäten und Forschungsinstitute – für diese schon immer – die Managementaufgabe als gleichgestellte Aufgabe zur Wissenschaft hinzu.

8.2.3 Management und Wissenschaft: Gedanken zum Hybridmodell

In unseren Überlegungen wollen wir einer Spur nachgehen, die komplexer ist und im Forschungsdiskurs selten auftaucht: die Professionsunterschiede in der Leitung und Führung einer Organisation am Beispiel einer Doppelspitze.

Forschung und Lehre sind als kombinierte Aufgabe der Universität wie das Management auch ein eigenes „Feld" im Sinne Bourdieus. Dies bedeutet eine Konfiguration, ein Zusammenspiel von objektiven Relationen zwischen Positionen, die von Akteuren eingenommen werden. Es handelt sich um einen Raum mit bestimmten Merkmalen, die im Rahmen des Raumes und seiner Grenzen wirksam sind, die ihren Trägern Macht und Recht verleihen und ihnen gleichzeitig Grenzen setzen. Die Akteure definieren sich über ihre Stellung im Raum und in den Relationen zu den anderen Akteuren. Die Doppelspitze als Leitung einer Organisation steht also positioniert im Raum, der ein Ensemble von Kräfteverhältnissen ist, denen man sich nicht entziehen kann. Die jeweilige Kapitalausstattung definiert die Position der jeweiligen Akteure.

Die drei Kapitalsorten – das ökonomische Kapital, das kulturelle (Bildung) wie auch das soziale Kapital (Netzwerke) – unterscheiden sich voneinander durch soziale Merkmale. Qualifikation, Beruf und Einkommen auf der quantifizierbaren Ebene werden von den Merkmalen Geschlecht, Nationalität und Alter ausdifferenziert. Die soziale Position ist nicht festgeschrieben, aber vom „Feld" mitbestimmt und wird mit feldspezifischen

Kämpfen, auch Machtkämpfen um symbolisches Kapital, ausgefochten (Brake und Büchner 2009; zitiert nach Cornils 2011, S. 77). Von daher ist die Spitze einer Organisation (natürlich nicht nur diese, aber über diese sprechen wir hier) eine Kampfzone um Vorherrschaft und Deutungshoheit von Wahrnehmung, Denken und Handeln, um den Habitus von Führung in einer Doppelspitze und seine wiederum strukturierende Kraft. An der Spitze einer Organisation spielt dann auch noch das symbolische Kapital eine große Rolle, zu der die anderen Kapitalien ausdrücklich beitragen. Um das symbolische Kapital zu mehren, ist es gut, die Regeln des Feldes zu kennen. Sie sind entscheidend für die machtvolle Position im sozialen Raum. Dabei ist zu berücksichtigen, dass das symbolische Kapital für Wissenschaft ein anderes ist als jenes für das Management.

In der Konkurrenz um Macht und Entscheidungsbefugnis, dem Wunsch nach Mit- und Gegeneinander, dem Prägen und Einfügen, ist diese inhärent vorhandene Konkurrenz automatisch Bestandteil von Führung – auch in einer Doppelspitze, in der es darum geht, auch die eigenen Kapitalien durch Networking gut auszubauen. Wie das Mischungsverhältnis aussieht, ist keinesfalls nur das Ergebnis eines Kampfes zwischen Persönlichkeitsvariablen von Menschen, sondern ebenso Ausdruck der Definition des Raumes, in dem man sich mit seinem Habitus bewegt.

Hybridgeleitete Organisationen haben in der Regel zwei Manager an der Spitze. Hochschulen und Forschungsinstitute haben zwei Manager mit unterschiedlichen Professionen, unterschiedlichem Habitus, unterschiedlichen Kapitalien, mit unterschiedlichen Identitäten (im Sinne George Herbert Meads) und unterschiedlichen „Blicken“ auf die Organisation. Ihre Position im sozialen Raum ist zwangsläufig unterschiedlich. Ihre Macht sowie ihr Bewegungs- und Entscheidungsraum ist nur oberflächlich abgegrenzt, begrenzt und sogar begrenzbar; faktisch hängen sie aneinander und werden versuchen, Verschiebungen an Macht, Einfluss, Entscheidungen, Prägungen und Kultur nach innen und nach außen zu managen. Dabei geht es auch um die Chancen für Karrieren, zunächst aus professionsgebundener Sicht, zu der aber die Variablen Geschlecht, Alter und Nationalität hinzukommen.

Allein die vier Variablen Profession, Alter, Geschlecht, Nationalität und deren Untergruppen (wie etwa älter, jünger, gleich alt) ergeben eine Vielfalt von Kombinationen, die nicht nur Persönlichkeitsmerkmale sind, sondern eine Relation zwischen zwei Menschen zu einer bestimmten Zeit an einem bestimmten Ort: Es sind Elemente, die das Spiel im Feld strukturieren. Aus der jeweils eigenen Sicht werden der eigene Beruf und die Sozialisation identitätsstiftend sein. Der Status des eigenen Berufs wird hoch angesetzt.[5]

Wenn wir wieder auf Bourdieu zurückgreifen, gibt das Feld vor, welche Profession die ihm am besten entsprechende oder ihm gar zugeordnete ist. Das Feld, zu dem die

[5]Die Literatur zu Diversity im Management statushoher Organisationen, wie z. B. internationaler Konzerne, fokussiert zum größten Teil die Genderdifferenzen. Wahrscheinlich ist es der deutlichste, vielleicht aber auch der lieb gewonnene Unterschied, der einem gesellschaftlichen Themenbedürfnis am meisten entspricht. Andere Differenzvariablen werden kaum berücksichtigt.

Organisation Universität gehört, ist die Wissenschaft, nicht das der Wirtschaft. Das Management müsste also aus der Sicht des Feldes auf die zweite Position rücken. Daraus resultiert die Frage: Kann man das in einer Doppelspitze verlangen oder gar erwarten? Rollenträger, vor allem hohe Rollenträger, haben geheime, teils auch unbewusste „Grundannahmen", den Begriff entlehnen wir Bion (2001). Diese Vorstellung über die Rolle verleiht den Rollenträgern ihre Bedeutung, und die eigene Bedeutung wächst mit der Bedeutung, die der Organisation zugeschrieben wird. „Die perfekte Organisation" – eigentlich ein Phantasma – wird narzisstisch besetzt und zum Mittelpunkt der persönlichen Identität und Wertigkeit gemacht. Auf diesem Weg kann man den Kontakt zur Realität auch verlieren.

Organisationen produzieren und prägen Gefühle. Wissenschaftsorganisationen haben das Ideal von Humboldt und Jaspers – bei aller Modernisierung – irgendwo beibehalten, obwohl Wissenschaft im Alltag unserer Gesellschaft auch eine ambivalente Rolle spielt: Sofern sie nützlich ist, ist sie anerkannt, sobald sie aber als „unnütz" erscheint, wird sie z. B. als „Orchideenfach" schön- und gleichzeitig kaputtgeredet.

In der klassischen Wissenschaftsorganisation, also an Universitäten und Fachhochschulen, gibt es das Rektorat oder das Präsidialamt und die Verwaltungsleitung oder die Leitung des Kanzlers bzw. der Kanzlerin. In immer noch seltenen Fällen sind diese Positionen mit Frauen besetzt. Sollte aber eine Doppelspitze geschlechtsspezifisch besetzt sein, eröffnet sich daraus ein neues Denkmodell, das nach den obigen Prinzipien nicht mehr ohne Weiteres funktioniert. Man kann dies als neues Organisationsideal ansehen, schwierig wird es dadurch dennoch, da die bisherigen Regeln nicht mehr so ohne Weiteres zutreffen. Fröse und Szebel-Habig (2009) haben dies in ihrer Publikation „Mixed Leadership. Mit Frauen in die Führung!" bereits ausführlich thematisiert. Unabhängig von den Persönlichkeitsmerkmalen von zwei Leadern tauchen dem Modell selbst innewohnende Spannungspunkte auf. Die oberen Spitzen habitusbetonter Organisationen sind vorwiegend männlich besetzt. „Männliche Vergemeinschaftung" (Max Weber) beschreibt das Zusammengehörigkeitsgefühl, das zwischen Solidarität und Konkurrenz hin- und herschwingt. Mit dem Primat der Wissenschaft als dem gültigen „Feld" der Organisationen Universität, Hochschulen, Forschungsinstitute dürfte verbunden sein, dass der wissenschaftliche Habitus keinen anderen über sich haben will, eine Unterordnung niemals akzeptieren würde oder könnte. Daraus kann resultieren, dass die Vertreter der Wissenschaft in der Hybridleitung das Management zum Diener, zum *Servant Manager* degradieren, was auch bei formaler Gleichstellung durchaus passieren kann. Was aus einer solchen feld- und habitusstolzen Position dynamisch folgen kann, lässt sich leicht erahnen.

In dem Organisationsmodell der Doppelspitze übernimmt der „Leader" des Hybridteams, der die „Wissenschaft" vertritt, jedoch weitere Problemfelder, die auf ihn/sie zukommen. Der „Leitwolf", der sich aus einem Expertenteam herausschält, hat nun zwei Felder der Konkurrenz: das wissenschaftliche Team und das Leitungsduo. Zudem hat der „Leitwolf" die handelnde Forschungsebene verlassen, um sich der Leitung und Führung zuzuwenden. Damit verliert er an Forschungskompetenz, selbst wenn er weiterhin wissenschaftlich interessiert und gebildet ist; die Forschung geht nun an ihm vorbei, er muss sich informieren und informiert werden. Ob die wissenschaftlichen Kollegen dies anerkennen oder ob sie ihn als „abgemeldet“ ansehen, hängt von Interessen, Zeit und eigenen Schwerpunkten ab. Das wird nicht leicht zu bewältigen sein. Die Leitungsaufgabe ist also vermutlich mit einem Anerkennungsdefizit auf der Wissenschaftsebene verbunden, das individuell wie auch organisational sichtbar wird, und dazu gehören auch die verschiedenen Differenzvariablen. Dabei gibt es aber auch das Modell: Wissenschaftlich wurde alles erreicht (Preise, Auszeichnungen u. a.). Der Ausstieg aus dem Expertentum und die Hinwendung zum Management schafft dann eine Art „Außenkonkurrenz“ nach innen. Im Außen hat die Hinwendung zum Management eher eine positive gesellschaftlich legitimierte und anerkannte Funktion der Selbstrepräsentation.

8.2.4 Umgang mit diesen Veränderungen – Beratung als ein konstruktiver Weg

Wenn wir von der Doppelspitze ausgehen, also zwei Personen, die in diesen Strukturen und verborgenen Dynamiken und Spannungen sich nicht aufreiben, entwerten oder vertreiben wollen, scheint aus unserer Sicht eine flankierende Beratung in Form eines Coachings unabdingbar. Damit ist der Fokus herausgestellt: Nicht zwei Personen mit ihren Biografien, Persönlichkeiten und Problemen stehen im Mittelpunkt, sondern die Felddynamik, die habituellen Prägungen, die Normalität der Konkurrenz und die neuralgischen Punkte der Organisation, die das Zusammenspiel bestimmen und prägen. Mit Sievers (2009) verstehen wir darunter einerseits einen sozioanalytischen Fokus, der ein Pendant zum psychoanalytischen Fokus bilden sollte: die Suche nach den geheimen Regeln und verborgenen bis unbewussten Dynamiken in Organisationen, in Gesellschaften und Gruppen. Wir verstehen darunter aber andererseits auch die notwendige Fähigkeit, „Unsicherheiten, Geheimnisse und Zweifel“ auszuhalten, ohne sich ständig nach Tatsachen der Vernunft umsehen zu müssen (Sievers 2009, S. 15). Wir schlagen vor, die üblichen Diskussionen um die narzisstischen Persönlichkeitsanteile erfolgreicher Leader hintanzustellen, obwohl es diese natürlich auch genügend gibt, aber wir versuchen, die im Modell liegenden Spannungen feld- und habitusspezifisch zu erklären.

Diese Herangehensweise wird von gegenwärtigen Entwicklungen verschärft, und deshalb möchten wir diese nachfolgend betrachten. Damit gehen wir dann von der individuellen auf eine gesellschaftliche Ebene. Kaudela-Baum und Kels greifen in der hier vorliegenden Publikation die Expertenorganisation als Gegenstand der Forschung und Praxis auf.

Ausgangspunkt war die Hypothese, dass Führung in dieser Art der Organisation eine andere ist als in klassischen unternehmerischen Organisationen. Dem Zugang zu diesem dritten Phänomen liegt jedoch unsererseits die Annahme zugrunde, dass der Druck auf Organisationen grundsätzlich zunimmt. Das Phänomen, das wir nachfolgend beschreiben möchten, betrifft nicht nur Hochschulen als Expertenorganisationen, sondern hat unseres

Ermessens Einfluss auf Organisationen und Gesellschaft gleichermaßen. Das heißt, wir bleiben nachfolgend auf einer grundsätzlichen Ebene und nehmen keine spezifischen Rückkopplungen auf die Organisation „Hochschule" vor. Und in letztlicher Konsequenz haben diese Überlegungen Folgen, auf die wir aufmerksam machen möchten, eben auf die Expertenorganisation bis hin zur Führung solcher Expertenorganisationen.

8.3 Drittes Phänomen: Entwertung des *Normalen* in Übertreibungs- und Überbietungsgesellschaften[6]

> Das normale Leben wird entwürdigt. [...]
> Durchschnittliche Intelligenz ist Versagen. Die durchschnittliche Karriere ist eine Pleite. Anerkennung – und zwar nicht im destruierten Modus der Würdigung, sondern im gepriesenen Modus der „Bewunderung" – wird nur dem Außergewöhnlichen zuteil: demjenigen, der im Alter von fünfundzwanzig Jahren seine erste Million Dollar gemacht hat; dem besten Koch Mitteleuropas im prämierten Hotel; dem Model auf dem Titelblatt von Vogue; dem Designer, der gerade einen begehrten Preis gewonnen hat.
> (Prisching 2006, S. 52)[7]

Dieses dritte Phänomen geht davon aus, dass eine Vielzahl von „Übertreibungen und Überbietungen" den Alltag in Organisationen gestaltet.[8] Jede Organisation muss besser, anders, originärer, exklusiver, ungewöhnlicher sein. Und insbesondere der Experte/die Expertin muss immer besser sein. Dieser Druck kann zu einer Entwürdigung des normalen (auch wissenschaftlichen) Erwerbsarbeitslebens, organisational wie auch individuell, führen. Wir gehen davon aus: Dieser Druck wird vom Individuum wie auch von der Organisation unbewusst inkorporiert.

Deshalb wenden wir uns in diesem Teil exemplarisch dem Human Enhancement, der Mediokrität und insbesondere dem Leistungsverständnis zu, wobei uns wichtig ist, dass die nachfolgenden Überlegungen nicht grundsätzlich als Kulturkritik verstanden werden sollen – dazu ist unsere Welt viel zu komplex und interessant. Im Sinne Kassandras haben wir drei Aspekte ausgewählt, die zu betrachten uns relevant erscheint.

Erstens, die Übertreibung und Überbietung zeigt sich beispielsweise im Zusammenhang mit dem wirkmächtigen Human Enhancement, einer stetigen technologischen Verbesserung des Menschen, die der Soziologe Manfred Prisching (2006) als Angriff auf die sogenannte Normalität versteht. Die Normalität – dazu gehört auch das Verständnis von Leistung – scheint nicht mehr viel in unserer Gesellschaft zu gelten. Es zählt nur noch der vorderste Platz – nur dieser gilt als Erfolg, am besten kombiniert mit Geld und Spaß. Das Erfolgsversprechen ist zu einem Paradigma einer möglichen neuen Authentizität

[6]Fröse, Marlies W. (2015, S. 441).

[7]Vgl. Prisching, Manfred (2006, S. 52).

[8]Die nachfolgenden Überlegungen zum dritten Phänomen sind modifiziert entnommen aus: Fröse, Marlies W. (2015, S. 437 ff./441 ff.).

geworden: „Wenn Sie nicht erfolgreich, wohlhabend und glücklich sind (nicht Traumjob, nicht Traumfrau, Traumhaus und Traumfigur haben), so liegt das nur an einem Fehlverhalten, einem ineffizienten Verhaltenssystem und an falschen Glaubenssätzen, einer falschen oder unentschlossenen Lebenshaltung, die eine verfehlte und nicht zielführende Lebensweise bedingt", so der Literaturwissenschaftler Rudolf Helmstetter.[9]

Menschen (auch Experten), die aus dem System der gesellschaftlichen Teilhabe herausfallen, können diesen Maximen nicht folgen. Und das betrifft nicht nur das Individuum, sondern auch Organisationen, und damit auch die Hochschulen, die dem „Überbau" des Controllings (des internen Rechnungswesens), der Qualitätssicherung und deren Instrumenten folgen müssen. Untersuchungen weisen darauf hin, dass der „disziplinierende Überbau" zu Demotivationen, zum Abbau von Kreativität und „innerer Kündigung" führen kann. Prisching (2006) geht von Folgendem aus: „Die Normalitätsverachtung treibt dahin, vorne zu sein: eine Logik, die schon angesichts einer Vielzahl positioneller Güter zum Scheitern verurteilt ist."[10] Menschen, die diesem System nicht mehr standhalten können, sind uninteressant, eben normal. Prisching spricht von einem „epidemischen ‚Hitlistenwahn'" für das eigene Leben, bei dem nur Gewinnende zählen.

Auch der Ökonom Richard Layard stellt fest: „Das Letzte, was wir brauchen, sind noch mehr Rankings."[11] Manfred Prisching sieht darin die Notwendigkeit, neue Haltungen zu bedenken, die dann wiederum Auswirkungen nicht nur auf das Individuum haben werden, sondern auch auf die Positionierung von Organisationen. Vorstellungen von Steigerung, Exklusivität, Leistungsüberbietung, Schnelligkeit und immerwährender Originalität stehen im Vordergrund, während die zunehmende Markt- und Massenorientierung diese Ziele zugleich behindert:

> Professionelle Versprechensexperten und Dramatisierungskünstler aber haben nichts anderes zur Verfügung als ihre professionellen Standards. [...] Die Enttäuschung wird durch die Überbietungseuphorie zudem geradezu gezüchtet: Die Erwartungen werden auf eine Weise hochgejubelt, dass sie unerfüllt bleiben müssen, weil die Welt so nun einmal nicht beschaffen ist. Eine permanente Kluft zur Wirklichkeit tut sich auf.[12]

Zweitens, Prisching weist deutlich darauf hin, dass Massenmärkte nur aufgrund von Mittelmaß und Anpassung funktionieren können. Und nun spielen auch Organisationen und Unternehmen zunehmend auf der Klaviatur von Exzellenz einerseits und Mediokrität andererseits, um die Existenz dieser „einen besonderen" Organisation, also

---

[9]Helmstetter, Rudolf (2012, S. 961).

[10]Prisching, Manfred (2006, S. 53): Positionelle Güter im Sinne von Fred Hirsch (1976) sind diejenigen Güter, die auch durch das höchstmögliche Wirtschaftswachstum nicht allen Menschen bereitgestellt werden können: Nicht jeder kann ein Direktor sein, nicht jeder kann einen Gärtner haben, nicht jeder kann ein einsames Gutshaus/mondänes Schloss an einem See besitzen.

[11]Layard, Richard et al. (2005, S. 175).

[12]Prisching (2006, S. 54).

in unserem Fall der Hochschulen, zu sichern. Diese Maxime wird auch auf die Kunden, Klienten, Patienten übertragen; auch sie sind in den Prozess der „Abschaffung der Normalität“ eingebunden und zur „Exklusivität“ aufgefordert. Funktionieren soziale Organisationen hier nicht wieder entsprechend der Logik des Marktes? Prisching geht davon aus, dass „wo die Exzellenz beschworen wird, die Mediokrität nicht weit“ ist. Das ist nach Prisching das Gesetz der Mediokrität. Der Begriff der Professionalität werde genutzt, um den Prozess der Mediokrität noch zu befördern.[13] Unterstützt werde dies durch die stetige Schaffung und Eruierung von vermeintlich neuen Möglichkeiten (Multioptionalismus), kombiniert mit einer sich ausbreitenden „Enttraditionalisierung (Sinnabbau, vermeintliche Zunahme von Freiheit, Lösung von Obligationen, Immanenz)“, so Prisching.[14] Doch damit gerät die „Welt der Selbstverständlichkeiten“ an ihre Grenzen.[15]

Seit Jahren wird dieses Phänomen der Exklusion beschrieben, sei es von Pierre Bourdieu, der dies in seinem Buch „Elend der Welt“ (1997) nachgezeichnet hat, oder von Zygmunt Baumann (2011), der über die „Ausgegrenzten der Moderne“ schreibt und mit Sorge betrachtet, dass die vermeintlich ökonomische Rationalität dazu führen werde, dass kein Ort mehr für die ortlosen Migranten, Flüchtlinge oder für „überflüssig“ gehaltene Menschen existiert, der eine „wirtschaftliche Freisetzung“ oder auch „kulturelle Entwurzelung“ auffängt.[16]

Zur Übertreibung und Überbietung – dem stetig Besonderen, auch der Expertenorganisation – gehört ebenfalls der Druck, immer wieder hervorragende Leistung zu erbringen. Deshalb erscheint es uns drittens notwendig, auf das Thema Leistung dezidierter einzugehen, da dem möglicherweise ein unzureichend reflektiertes Leistungsverständnis zugrunde liegt.

Leistung gilt als „Heilsversprechen“ für eine bessere und abgesicherte Zukunft. Leistung ist zu einem Leistungs-Dogma geworden.[17] Immer wieder ist ein neuer Grad von Perfektion zu erreichen. Darin liegt das Versprechen: Wenn man Leistungen durch die

[13]Hier bezieht sich Prisching (2006, S. 56) auf Gehlen, Arnold (1986, S. 144). Siehe dazu die Diskussionen um die Exzellenzinitiative an Universitäten oder Kliniken.

[14]Ebd.

[15]Vgl. Gross, Peter (1994, S. 109).

[16]Vgl. Baumann, Zygmunt (2011).

[17]Die zehn wichtigsten Kriterien nach Ziad Mahayni (2010, S. 55–57), die zu den Erfordernissen gehören, wenn *jemand* an der Spitze der Leistungsgesellschaft tätig sein will, lauten: „Geringe Planbarkeit und Vorhersehbarkeit der Tätigkeiten, wenig Routine; hohe Arbeitsintensität und enge zeitliche Vorgaben; hoher Anteil an Reisetätigkeiten; berufsnahe Verpflichtungen außerhalb der regulären Arbeitszeit; breiter Verantwortungsbereich, der faktisch zu mehreren parallel geführten Jobs führt; Notwendigkeit, für den Kunden rund um die Uhr verfügbar zu sein; direkte Verantwortung für erzielte Profite und Verluste; hohe Anzahl an Berichtspflichten, Notwendigkeit der physischen Präsenz am Arbeitsplatz für mindestens zehn Stunden am Tag, Verantwortung für Rekrutierung und Betreuung von neuen Mitarbeitern als weitere Zusatzaufgabe.“

Steigerung von Wachstum und Konsum und durch die Schaffung von immer besseren Dienstleistungen steigere, dann werde die Welt sich verbessern. Das gilt als Voraussetzung für das Funktionieren von Wirtschaft und Gesellschaft. Bislang wird das „kapitalistische Agieren“[18] noch eher selten infrage gestellt.

Dieses Phänomen, „Leistung in allen Feldern und für alle Lebenslagen“ zu überprüfen, ist auch in Hochschulen sowie im Bildungs- und Gesundheitsbereich anzutreffen. Ob und inwieweit eine Reflexion darüber organisational eingesetzt hat, kann man im Moment noch nicht sagen. Diese Übertreibung bzw. Überbietung hat jedoch ihre Auswirkungen auf das organisationale Handeln im Management, also in der Führung und Leitung von Organisationen. Der Legitimitätsdruck steht im Vordergrund. Es geht um das „Überleben“ der Organisation, um ihre Absicherung. Leistung und Leistungskontrolle, auch die Überprüfung von Qualität haben ihre Berechtigung. Nur wann und wie oft und wie differenziert dieser Weg einzuschlagen ist, bedarf einer Reflexion.

Die Kritik an der Leistungsgesellschaft nimmt zu, aber gerade dieser exponierte Leistungsanspruch findet sich insbesondere in Expertenorganisationen. Der Philosoph Gernot Böhme und andere Autoren thematisieren offensiv, wohin dieser Leistungsanspruch in Bildung, Wirtschaft, Gesundheitswesen, Sport, in der Freizeit und im Alltag führt bzw. führen kann. Leistung bzw. Leistungsmessung, ein Begriff, der im Taylorismus und Fordismus zum Prinzip wurde, gerät in der anwendungsbezogenen Wissenschaft zu einem Instrument wie dem MTM (Methods-Time-Measurement):

> Es handelt sich also um eine Bewertung von menschlicher Tätigkeit und dann bei Ausweitung des Leistungsprinzips aller Lebensvollbezüge, um eine Bewertung quantitativer Art. [...] diese Betrachtungsweise führt zur Forderung von Effizienz, d. h. zu sparsamster Nutzung von Ressourcen, Material und Zeit, und es führt zur Rationalisierung, d. h. zur Organisation menschlicher Tätigkeit, insb. der Arbeit so, dass Umwege vermieden werden, Leer- und Ruhezeiten verkürzt, jede Verrichtung und ihre Gesamtheit optimal vollzogen werden.[19]

Dieses Leistungsverständnis (Leistung = Arbeit pro Zeiteinheit) ist quasi zu einer „Mentalität“[20] geworden, die sich auf fast alle Lebensbereiche des menschlichen Seins (bis hin zum Körper) ausgeweitet hat. Auf die Folgen wird mittlerweile ausreichend hingewiesen: Stress, Mobbing, Depression, Überlastungen mit den entsprechenden Folgen von Vernachlässigung der psychosozialen Sorge, aber auch die Einnahme von Medikamenten und anderen leistungssteigernden Mitteln bis hin zum erschöpften Menschen und zur erschöpften Organisation (Fröse 2015: 88 ff.), und das betrifft gleichermaßen die Hochschulen und deren Führungen.

---

[18]Der Finanzexperte Roman Eberle (Verdi 2009) klagt unter anderem die Drückermethoden am Bankschalter an.

[19]Böhme und Dischner-Vogel (2010, S. 8).

[20]Böhme und Dischner-Vogel (2010, S. 9).

Im Zusammenhang mit den Transformationen in Hochschulen ist deshalb zu klären: Inwieweit müssen Hochschulen dieses Leistungsprinzip intern, aber auch auf einer politisch-gesellschaftlich normierenden Ebene im Kontext qualitativ erforderlicher Arbeit neu zur Disposition stellen? Inwieweit muss dem *Mythos der Machbarkeit und stetigen Herstellbarkeit*[21] aller Prozesse ein langsameres und bedachtsameres Handeln bei der Arbeit mit Menschen entgegengesetzt werden?

Solch ein Leistungsverständnis habe, so Böhme, ein Unbehagen in unserer Gesellschaft zur Folge: Man frage sich nach den Gründen „der Diskrepanz zwischen einer wohleingerichteten Gesellschaft und der Befindlichkeit ihrer Bürger“[22]. Kürzungen, Spar- und Rationalisierungsprogramme gehören zum Alltag der politischen Verhandlungen. Der daraus resultierende Stellenabbau bei gleichzeitigem Anspruch, die Qualität der gesellschaftlich notwendigen Arbeit zu steigern, ist eine wirkmächtige Strategie geworden, die die Ängste des Einzelnen befördert:

> Für den Durchschnittsbürger, für die Mehrzahl der Erwerbstätigen läuft das auf verschärfte Leistungsbedingungen und Kontrolle am Arbeitsplatz hinaus und wird zu einer ständigen Bedrohung, den Job zu verlieren. Das führt zu einem verschlechterten Verhältnis zwischen Lehrenden und Lernenden im Bildungssystem, quantitativ wie qualitativ, und zu einer erhöhten Anzahl von Prüfungen. Für die Kranken, die Ärzte und Pflegenden führt das zu einer Verknappung der Betreuungszeit, zu einer Standardisierung von Fällen und zu einer wachsenden Beteiligung der Patienten an den Kosten.[23]

Gernot Böhme stellt die Fragen: „Ist denn Wachstum wirklich die oberste Notwendigkeit? Müssen wir wirklich mehr konsumieren, um unser Gesellschaftssystem zu stabilisieren? Ist die Steigerung von Leistung auf allen Gebieten wirklich die Lösung? Oder gibt es Alternativen?“[24] Weiterführend scheint in diesem Zusammenhang auch seine Überlegung, ob wir es mit einem „Reich der Notwendigkeit“[25] oder mit einem „Reich der Freiheit“[26] zu tun haben. Gerade für unsere westlichen Welten wird ersichtlich, dass „das Realitätsprinzip […] zum Leistungsprinzip“ geworden ist; denn es verlangt den „Menschen weiterhin Triebverzicht, Lustaufschub und Arbeit, also ein hohes Maß

[21] Hier verweist Böhme und Dischner-Vogel (2010, S. 11) auf das Verständnis von Barbara Sichtermann (1983), die den Mythos der Herstellbarkeit auch für die Leistungen bezogen auf Schönheit und Sexualität annimmt.

[22] Böhme und Dischner-Vogel (2010, S. 11).

[23] Böhme und Dischner-Vogel (2010, S. 12).

[24] Böhme und Dischner-Vogel (2010).

[25] „Reich der Notwendigkeit“, gekennzeichnet durch Knappheit, entfremdete Arbeit, Arbeit um des Erwerbs willen zur eigenen Reproduktionsabsicherung (Böhme und Dischner-Vogel 2010, S. 17).

[26] „Reich der Freiheit“, gekennzeichnet durch einen gesellschaftlichen Zustand ohne Not und mit freier, nicht entfremdeter Arbeit, die gesellschaftlich erforderlich ist (Böhme und Dischner-Vogel 2010, S. 17).

an Disziplinierung ab, obgleich die ökonomischen Verhältnisse das eigentlich nicht verlangten", so Böhme und Dischner-Vogel (2010, S. 19).

Richard Münch kommt zu dem Schluss, dass wir uns in einer Welt der „wütenden Kontrollapparate" bewegen. Sie führten zu einer „Kultur des Misstrauens", seien „Heilsversprechen" der Unternehmensberatungen und zeigten die „Schattenseiten des totalen Qualitätsmanagements" (Münch 2010, S. 39). Und sie münden in „moderne" Kontrollinstrumente (nicht Controlling-Instrumente) wie Peer Review, Benchmarking, Evaluationen, Steuerung von Kennzahlen (Lebrenz 2012 – „Kennzahlenfalle"), exakt definierte Bewertungsmaßstäbe, Maschinerien der Datenerhebungen, Berichterstattungen und Begutachtungen sowie der Mitarbeitergespräche[27] und anderes mehr.

Doch die Gefahr der Mediokrität, auf die Prisching bereits hingewiesen hat, ist nicht zu übersehen. Verloren geht nach Münch in dieser Art von System etwas, das auch gestaltend und konstruktiv förderlich für und in Organisationen gewirkt hat:

> Sozialisation, Berufsethik, professionelle Gemeinschaft, intrinsische Motivation, Selbstverantwortung, sorgfältige Personalrekrutierung, Vertrauen, spontanes Lob und auch bürokratische Verfahren sind vielfältige soziale Formen, die vor der Einführung der totalen Qualitätssicherung der Erzeugung einer Vielfalt von Leistungen gedient haben und je nach Aufgabenstellung zum Einsatz gekommen sind. Mit dieser Vielfalt von Formen war es möglich, nicht nur Qualität zu sichern, sondern auch Kreativität und Originalität zu fördern.[28]

Und auch Böhmes Analyse mündet in der Feststellung, dass es nicht mehr um Bedürfnisse gehe, sondern diese vielmehr zu „Begehrnissen" umformuliert worden seien. Diese Begehrnisse gehören inzwischen zum Alltag auch in akademisch ausgerichteten Organisationen. Es geht weniger um die Bedürfnisse der Menschen in den Organisationen (und dies trifft auch für den allgemeinen Sektor der Dienstleistungen und klassischen Unternehmen zu), sondern um unrealistisch hoch gesteckte, nicht zu erreichende Ziele, die über die geschaffenen, vermeintlich bedeutsamen Begehrnisse der Gesellschaft in den Einzelnen implementiert werden sollen. Gemeint sind Begehrnisse wie Perfektion, alles unter Kontrolle zu haben, die beste pädagogische Maßnahme initiiert, die effizientesten Abläufe in einer Klinik definiert zu haben,[29] aber auch Begehrnisse, die sich zu einer unausgesprochenen gesellschaftlichen Norm entwickeln; dazu gehören Schönheit und Attraktivität, gesündeste Ernährung, beste medizinische Versorgung und kompetenteste Mitarbeiter. „Das Leistungsdenken lähmt alle am Gesundheitswesen Beteiligten,

[27]Diese werden oftmals unreflektiert von Mitarbeitern des unteren/mittleren Managements durchgeführt. Schulungen zu psychologischen Grundlagen von Übertragungen, Projektionen u. a. finden kaum statt.

[28]Münch, Richard (2010, S. 41). Und einige Firmen wenden sich diesen „Formen" auch wieder zu, siehe einzelne Aussagen in den Interviews (Fröse, 2015, S. 291 f.). Ein weiteres positives Beispiel ist die „abat-Gruppe", die die Auszeichnung als bester Arbeitgeber im Jahr 2013 erhalten hat, so der Unternehmensvergleich 2013.

[29]Vgl. Riffel, Sibylle (2010, S. 71 ff.).

andere Perspektiven als wirtschaftliche einzunehmen", so Sabine Riffel (zit. n. Böhme und Dischner-Vogel 2010, S. 71 f.).

In diesen Begehrnissen hat eine Kultur des Vertrauens wenig Raum, stattdessen breiten sich im Individuum Ansprüche der Selbstkolonialisierung und Selbstdisziplinierung aus, und die Entstehung einer Misstrauenskultur drängt sich in den Vordergrund – fast sind wir beim Bentham'schen Panoptikum[30] angekommen. Die „verstärkte Instrumentalisierung" und die „verminderte Ausschöpfung des Kreativitäts- und Erneuerungspotentials"[31] wird nicht nur in den Hochschulen verhindert, sondern auch in der Arbeit mit Menschen.

Bislang hat es noch keinen „Abschied von der totalen (Erwerbs-)Leistungsgesellschaft" gegeben, so der Philosoph Lenk in seiner Schrift „Von der Arbeits- zur Selbstbildungs- und Eigenleistungsgesellschaft".[32] Die wachsende Verknappung von Arbeit in einer Überschuss-Industriegesellschaft mache es erforderlich, die westliche Ethik der Arbeit[33] zu thematisieren, mit dem Ziel, Arbeit einen neuen Wert zu geben: „Der Wert eines Menschen in der Gesellschaft sollte zukünftig nicht nur daran gemessen werden, wie viel Geld er verdient."[34] Es geht ihm nicht um eine grundlegende Kritik, sondern um die persönliche Eigenleistung, die für das menschliche Leben wichtig ist, ebenso wie das kreative Leistungsprinzip im Sinne einer „echten inneren Befriedigung"; dies habe eine wichtige erzieherische Funktion für den Einzelnen und für die Gesellschaft. Nur so, Hans Lenk weiter, sei die Unterscheidung zwischen selbstmotiviertem und fremdmotiviertem Handeln möglich:

> Eigenleistung und selbstmotiviertes Handeln scheinen ein Fundamentalwert menschlichen Lebens zu sein, ein Ausdruck von Freiheit, Selbsthingabe, Selbstbestätigung. […] Alle Zwangs- und Fremdmotivationen sollten Schritt für Schritt abgebaut werden und tendenziell einer freien Leistungsorientierung Platz machen.[35]

Ob diese Eigenleistung und das selbstmotivierte Handeln in Hochschulen weiterführend ist, welche zunehmend mit der Suche nach dem passenden USP (Unique Specific

[30]Jeremy Bentham (1748–1832, London), englischer Moral- und Rechtsphilosoph. Dabei geht es um die Schaffung eines künstlichen Machtgefüges. Foucaults Analyse des Bentham'schen Panoptikums zeigt die eher gewaltlose Disziplinierung durch Subjektivierung und Überwachung des zu Erziehenden. Des Weiteren zeigt er die Ent-Individualisierung der Macht durch eine Technologisierung der Beobachtungssituation. Es geht um die „Verstaatlichung von Disziplinarmechanismen" (Überwachen und Strafen).

[31]Münch, Richard (2010, S. 49).

[32]Lenk, Hans (2008, S. 51).

[33]Und hier bezieht sich Lenk auf das Bibelzitat: „[…] so jemand nicht will arbeiten, der soll auch nicht essen" (2. Thessalonicher 3: 10). Neues Testament (1969: 264): Absatz 3.10: „Denn schon als wir bei euch waren, geboten wir euch: Wenn jemand nicht will arbeiten, der soll auch nicht essen."

[34]Lenk, Hans (2008, S. 51).

[35]Lenk, Hans (2008, S. 62).

Product/Point) beschäftigt sind, um ökonomisch zu überleben, bleibt eine im Moment nicht zu beantwortende Frage. Wie könnte dem USP etwas „Normales“ entgegengesetzt werden, wie dies insbesondere in den sozialen, personenbezogenen Dienstleistungen Alltag ist, wie Erziehung, Bildung, Ausbildung und Weiterbildung, die den Menschen in seiner Persönlichkeitsentwicklung unterstützen und befähigen sollen?

Ein möglicher Ausweg! Ansätze für ein anderes Denken zeigt der Philosoph Michael Sandel in einem Plädoyer gegen die Perfektion:

> Statt unsere neuen genetischen Fähigkeiten dafür einzusetzen, das krumme Holz des Menschen zu begradigen, sollten wir tun, was wir können, um soziale und politische Verhältnisse zu schaffen, die für die Begabungen und Beschränkungen unvollkommener Wesen möglichst günstig sind.[36]

Dischner-Vogel und Böhme (2010) setzen sich mit „Muße als Voraussetzung des Denkens“ und mit dem Zusammenspiel vom „Konzept der Eigenzeit und dem Konzept des Zeitwohlstands“ auseinander. Und auch dabei geht es, so Rudolf Helmstetter, nicht nur …

> um eine Analyse der Verhältnisse, die das Gelingen verhindert, wenn nicht verbietet, und das richtige Leben nur als missratene Fälschung in Umlauf bringt. Es geht nicht nur um kritische Erkenntnis dessen, was ist, sondern um effektvolle Motivation zu dem, was man wünscht. Und während die Ideologiekritik bestrebt ist, verborgene Interessen und latente Motive aufzudecken und zu desavouieren, ist die Ratgeberei bestrebt, Subjekte zu motivieren, auf dass diese ihre Interessen und Motive manifestieren und realisieren.[37]

Es geht um eine Entwicklung, um Entwicklungsschritte, um möglicherweise modifizierte andere Modelle, die sich nicht nur auf der Ebene des Verhaltens des Individuums abspielen, sondern eine Veränderung der Wirtschafts- und Gesellschaftsformen gesamthaft erforderlich machen.[38] Ansätze dazu sind in Gesellschaft und Wirtschaft vorhanden.

8.4 Ausblick

Unser Ausblick wird kurz sein. Unser Text soll zum Nachdenken anregen. Viele Fragen werden hoffentlich gestellt werden. Manches mag zu kritisch sein, manches findet bereits statt, ohne dass wir es wahrhaben wollen, manches könnte vielleicht auch noch schärfer formuliert werden. Wir gehen davon aus, dass gerade diese Überlegungen eine relevante Herausforderung für die Führung von Expertenorganisationen darstellen könnten, Themen und Inhalte aufzugreifen, die zunächst einmal nicht so gerne gehört werden. Eingangs haben wir dafür Kassandra ausgewählt. Ansätze und Interventionen bieten wir an dieser Stelle nicht an. Verborgene Komplexitäten müssen auch erst einmal sichtbar

[36]Sandel, Michael J. (2008). In: Geipel, Ines (2010, S. 117).

[37]Helmstetter, Rudolf (2012, S. 958).

[38]Vgl. dazu Dischner-Vogel (2010, S. 135 ff.); Böhme, Gernot (2010, S. 150 f.).

gemacht werden (Fröse, 2015). Komplexitäten können nicht durch reduktionistische und vereinfachende Konzepte wegdiskutiert werden. Unseres Erachtens sollten Führungskräfte von Expertenorganisationen – auch von Hochschulen – sich mit genau diesen Themen in Aus- und Weiterbildungen dezidiert auseinandersetzen. Mit Didier Eribon (2017) möchten wir unsere Überlegungen zusammenführen bzw. zum Nachdenken anbieten – insbesondere für die Führung von Expertenorganisationen –, vielleicht, um einiges infrage zu stellen, vielleicht, um mit diesem Wissen auch sorgsamer in der Führung mit Experten umzugehen, und dazu kann Eribon weiterführend sein:

> Die Welt der Freiheit, nach der man strebte, erscheint schließlich als ein Ort einer allgemeinen, als Lebensmodus mehr oder weniger akzeptierten und verinnerlichten Quasi-Knechtschaft. (Die Welten des Journalismus und der Wissenschaften liefern andere erbauliche Beispiele, denn auch hier verbringt man seine Zeit damit, den Anforderungen und Aufforderungen zu entsprechen und die „Spielregeln" einzuhalten.) Um Teil einer „Profession" oder eines Milieus zu sein, muss man seinen Körper und seinen Geist unweigerlich den expliziten oder impliziten Voraussetzungen einer Welt unterwerfen, die existierte, lange bevor man in ihr nach einem Platz zu suchen begann, und die uns diesen Platz nur zu dieser Bedingung anbietet. Sie zwingt uns, den ausgewiesenen Weg Schritt für Schritt zu gehen, Riten und Rituale zu durchlaufen, Gepflogenheiten aufzusaugen und uns allmählich in die Gruppe derjenigen hineinzuarbeiten, die von den Neuankömmlingen all die Dinge einfordert, die man zuvor selbst erfüllen musste. […]
>
> Stattdessen dominieren Anbiederung, Opportunismus, Machtgier und Eitelkeit, Konservatismus und Prinzipienlosigkeit, das Nachbeten von Glaubenssätzen, denen garantiert applaudiert wird.[39]

Eribon schließt deshalb sein Plädoyer (2017: 120):

> Alle diese Haltungen machen das exakte Gegenteil von dem aus, was der Stolz eines Intellektuellen sein sollte.

Literatur

Bailey, F. G. (1977). *Morality and Expediency: The Folklore of Academic Politics.* London: Oxford.

Barlösius, E. (2006). *Pierre Bourdieu.* Frankfurt a. M.: Campus.

Baumann, Z. (2011). *Verworfenes Leben. Die Ausgegrenzten der Moderne.* Hamburg: Hamburger Ed.

Bion, W. (2001). Zur Beziehung zwischen einigen theoretischen Konzepten bei Melanie Klein und Wilfred Bion. *Psyche, 55*(2), 159–180.

Böhme, G., & Dischner-Vogel, G. (Hrsg.). (2010). *Kritik der Leistungsgesellschaft.* Bielefeld: Aisthesis.

Bourdieu, P. (1982). *Die feinen Unterschiede.* Frankfurt a. M.: Suhrkamp.

[39]Eribon, Didier (2017, S. 119–120): Gesellschaft als Urteil.

Bourdieu, P. (1997). *Das Elend der Welt. Zeugnisse und Diagnosen alltäglichen Leidens an der Gesellschaft*. Konstanz: UVK.
Bourdieu, P. (2005). *Die männliche Herrschaft*. Frankfurt a. M.: Suhrkamp.
Brake, A., & Büchner, P. (2009). *Bildung und soziale Ungleichheit: eine Einführung*, Band 35. Kohlhammer Verlag.
Cornils, D. (2011). Konkurrenz und Solidarität unter Frauen im Management. *Freie Assoziation, 14*(3/4), 75–102.
Eberle, R. – Verdi. (2009). http://www.azonline.de/aktuelles/wirtschaft/-1075584_Angst_und_Druck_am_Bankschalter.html.
Eribon, D. (2017). *Gesellschaft als Urteil*. Frankfurt a. M.: Suhrkamp.
Fröse, M. W. (2015). *Transformationen in „sozialen" Organisationen. Verborgene Komplexitäten*. Ein Entwurf. Würzburg.
Fröse, M. W., & Bauer, A. (2015/2016). Verborgene Regeln und Barrieren in Organisationen. 253-276. In: M. W. Fröse, S. Kaudela-Baum, & F. Dievernich (Hrsg.), *Emotion und Intuition in Führung und Organisation*. Springer / Gabler / SGO Schriftenreihe „uniscope".
Gross, P. (1994). *Die Multioptionsgesellschaft*. Frankfurt a. M.: Suhrkamp.
Helmstetter, R. (2012). Wenn ich Ihnen einen guten Rat geben darf. Experten für ein erfolgreiches Leben im falschen. In C. Demand (Hrsg.), *Merkur. Deutsche Zeitschrift für europäisches Denken, 66*(9/10), 957–970 (Macht und Ohnmacht der Experten).
Huber, M. (2012). Die Organisation Universität. In M. Apelt & V. Tacke (Hrsg.), *Handbuch Organisationstypen* (S. 239–252). Wiesbaden: Springer.
Humboldt, W. v. (1808/1809). *Denkschrift über die äußere und innere Organisation der höheren wissenschaftlichen Anstalten in Berlin*. Berlin: Humboldt.
Illouz, E. (2018). *Wa(h)re Gefühle. Authentizität im Konsumkapitalismus*. Frankfurt a. M.: Suhrkamp.
Jaspers, K. (1946). *Die Idee der Universität* (S. 109 ff.). Berlin: Springer (Erstveröffentlichung 1923).
Johnson, B. (2014). *Polarity management. Identifying and managing unsolving problems*. Amherst: HRD.
Kapfinger, E., & Sablowski, T. (2010). Bildung und Wissenschaft im Kapitalismus. In J.-C. Horst (Hrsg.), *Unbedingte Universitäten. Was passiert? Stellungnahmen zur Lage der Universität Zürich* (249–278). Zürich: Diaphanes.
Kroeber, A. L., & Kluckhohn, C. (1952). *Culture - A Critical Review of Concepts and Definitions*. Cambridge.
Kühl, S. (2012). Der Mythos von der unternehmerischen Universität. *Die Präzision eines unpräzisen Begriffes in der hochschulpolitischen Debatte*. Working Paper 3/2012.
Layard, R. (2005). *Die glückliche Gesellschaft*. Frankfurt a. M.: Campus.
Lebrenz, C. (6. August 2012). Führung in die Kennzahlenfalle. *FAZ, 181*, S. 12.
Lenk, H. (2008). *Von der Arbeits- zur Selbstbildungs- und Eigenleistungsgesellschaft. Aspekte und Thesen zum Wandel des Arbeitsbegriffs*. Karlsruhe: Karlsruhe Universitätsverlag.
Mahayni, Z. (2010). Das Lean als To-do-Liste. In G. Böhme (Hrsg.), *Kritik der Leistungsgesellschaft*. (S. 53–70). Bielefeld: Aisthesis.
Münch, R (2010). Die Audit-Universität. Forschung und Lehre in der Hand des neuen Qualitätsmanagements. In G. Böhme (Hrsg.) *Kritik der Leistungsgesellschaft* (S. 39–52). Bielefeld: Aisthesis.
Prisching, M. (2006). *Die zweidimensionale Gesellschaft: ein Essay zur neokonsumistischen Geisteshaltung*. Wiesbaden: Springer
Riffel, S. (2010). Leistung im Gesundheitssystem. In G. Böhme (Hrsg.), *Kritik der Leistungsgesellschaft* (S. 71–81). Bielefeld: Aisthesis.
Sandel, M. J. (2008). Plädoyer gegen die Perfektion. Ethik im Zeitalter der genetischen Technik. Mit einem Vorwort von Jürgen Habermas. Frankfurt am Main

Schein, E. H. (1991). *Organizational Culture and Leadership*, (10. Aufl.). San Francisco: Jossey-Bass.
Schein, E. H. (1995). *Unternehmenskultur: Ein Handbuch für Führungskräfte.* Frankfurt am Main, New York: Campus-Verlag.
Schein, E. H. (2003). *Organisationskultur* (3. Aufl.). Berlin: EHP.
Sievers, B. (2009). Coaching in den Zeiten der Krise – Einige Überlegungen aus sozioanalytischer Sicht. *Freie Assoziation, 12*(3), 7–20.
Smith, W., & Lewis, M. (2011). Toward a theory of paradox. A dynamic equilibrium model of organizing. *Academy of Management Review, 36*(2), 381–403.
Voß, G. G. (1998). Die Entgrenzung von Arbeit und Arbeitskraft. Eine subjektorientierte Interpretation des Wandels der Arbeit. Mitteilungen aus der Arbeitsmarkt- und Berufsforschung. *Wandel der Organisationsbedingungen von Arbeit, 31*(3), 473–487.
Wolf, C. (1984). *Kassandra. Erzählungen* (S. 76). Darmstadt: Suhrkamp.

Leadership in Schweizer Spitälern – Führung im Spannungsfeld von Grenzen und Paradoxien

9

Widar von Arx, Nada Endrissat und Claus D. Jacobs

9.1 Einführung

> Running even the most complicated corporation must almost be child's play compared to managing almost any hospital (Mintzberg 1997, S. 16).

Der Management-Forscher Henry Mintzberg hat wie kein anderer die Herausforderung der Führung einer Spitalorganisation treffend dargestellt: Im Vergleich zu einem Spital sieht die Führung jeder noch so komplizierten Unternehmung wie ein Kinderspiel aus. Was veranlasst ihn zu dieser Einschätzung? Internationale Untersuchungen haben gezeigt, dass Spitäler pluralistische Organisationen sind, die sich durch unterschiedliche, zum Teil widersprüchliche Handlungslogiken und Werte der Akteursgruppen, wissensintensive Arbeitsprozesse sowie eine distribuierte, zum Teil situative Machtverteilung auszeichnen (Denis et al. 2005). Diese Ergebnisse haben Glouberman und Mintzberg (2001a) in einer zugegebenermaßen vereinfachenden, aber dennoch sehr eindrücklichen Weise zusammengefasst. In der Praxis als *Kreuz des Spitals* vielfach verwendet, zeigt es die widersprüchlichen Werte und Handlungslogiken der vier zentralen Anspruchsgruppen des Spitals auf: Demnach orientieren und profilieren sich die Mediziner in

W. von Arx (✉)
Hochschule Luzern, Luzern, Schweiz
E-Mail: widar.vonarx@hslu.ch

N. Endrissat
Berner Fachhochschule, Bern, Schweiz
E-Mail: nada.endrissat@bfh.ch

C. D. Jacobs
Universität Bern, Bern, Schweiz
E-Mail: claus.jacobs@kpm.unibe.ch

P. Kels und S. Kaudela-Baum (Hrsg.), *Experten führen*, uniscope. Publikationen der SGO Stiftung, https://doi.org/10.1007/978-3-658-23028-9_9

ihren jeweiligen Fachdisziplinen (statt in der Gesamtorganisation) und nehmen für sich in Anspruch, über Behandlungen autonom zu entscheiden. Die Pflegenden hingegen widmen sich den Betreuungsprozessen und versuchen, die Gesamtsituation des Patienten zu berücksichtigen und praktische Belange der Pflege zu koordinieren. Das Management hat den Anspruch, das Gesamtsystem zu leiten. Es identifiziert sich mit der formalen Hierarchie und plant Ressourcen wie Budget, Betten und Stellen. Das der Gesamtorganisation vorgesetzte Aufsichtsgremium ist als Repräsentant der Öffentlichkeit zur Aufsicht verpflichtet und bildet gleichzeitig die formale Verbindung zur Außenwelt (vgl. Glouberman und Mintzberg 2001a). Obwohl die Gegenüberstellung stark vereinfachend ist, hilft sie zur Einordnung mancher Kooperations-, Koordinations- und Kommunikationsschwierigkeiten, mit denen sich Spitäler häufig konfrontiert sehen.

Vor dem Hintergrund dieser heterogenen Ziele, Werte und Handlungslogiken stellt sich die Führung, d. h. die Ausrichtung der Organisation, auf gesamtorganisationale Ziele sowie die Sicherstellung der Motivation der Organisationsmitglieder auf diese Richtung als herausfordernd dar. Diese Herausforderungen verschärfen sich aktuell noch durch die Ökonomisierung der Spitalpraxis. Vor diesem Hintergrund versucht das vorliegende Kapitel, die Bedingungen gelingender Führung im Spital zu beleuchten.

Dabei ist wichtig zu beachten, dass wir aus dem breiten Spektrum des Aufgabenbereichs eines Spitalmanagers (z. B. Tarifverhandlungen, IT, Gebäude, Kommunikation, Marketing) den Fokus auf die Möglichkeiten und Grenzen der Einflussnahme auf Wandelvorhaben in medizinischen Kernprozessen richten, d. h. auf den Anspruch der Manager, die Mediziner zu führen. Dies betrifft im Kern Fragen der Beziehungsgestaltung zwischen Ärzten und Managern und ihres professionellen Selbstverständnisses. In einem ersten Schritt widmet sich der Beitrag daher der Darstellung der Kultur der Mediziner und betrachtet dabei vor allem Fragen der Koordination. In einem zweiten Schritt identifizieren wir die Spannungsfelder, Paradoxien und Grenzen, die sich durch das Wesen des Spitals für die Führung (das Management) ergeben. Daran anschließend präsentieren wir die Ergebnisse unserer empirischen Studien in zwei Dimensionen: Führung auf Basis impliziter versus expliziter Paradoxien und Führung innerhalb versus außerhalb akzeptierter Grenzen. Den Abschluss des Kapitels bilden Implikationen für die Praxis.

9.2 Die Kultur der Spitalorganisation

Zentral für die Leistungserbringung der Spitalorganisation sind die in ihr arbeitenden Experten – dazu werden im Allgemeinen sowohl die Mediziner als auch die Pflege gezählt, wobei wir uns im Folgenden auf die Betrachtung der Mediziner beschränken. In der Literatur wird diese Expertengruppe als hoch spezialisiert dargestellt, die nach eigener Einschätzung für die Koordination und Ausübung ihrer eigenen Fachexpertise keine Anleitung oder Instruktion durch das Management benötigt. Dies soll nicht bedeuteten, dass ein kluges Qualitätsmanagement oder Best-Practice-Benchmarking unbedeutend wären. Stattdessen weist es daraufhin, dass die Mediziner traditionell einen sehr hohen

Autonomieanspruch haben. Dies kann zum Teil auf ihre langjährige Ausbildung sowie die hohe Verantwortung zurückgeführt werden, die mit medizinischen Entscheidungen verbunden ist und die die Mediziner persönlich tragen müssen. Aus diesem Grund lässt sich auch heute noch immer feststellen, dass sich Mediziner stark an ihren Professionsstandards und -werten orientieren (vgl. z. B. Glouberman und Mintzberg 2001a, b). Ziel und Antrieb vieler Experten ist die *Produktion von Wissen,* beispielsweise über Therapieansätze. Das neue Wissen führte bisher zu einer Ausweitung ihrer Möglichkeiten und stellte damit die Basis für eine weitere Spezialisierung dar. *Spezialisierung* war somit lange Zeit das Erfolgsgeheimnis für den Fortschritt in der Medizin. Der Wille der Experten, ihr Wissen zu vermehren, hatte konstitutiven Charakter, denn er legitimierte ihren Anspruch, sich nur selbst kontrollieren zu können. Bisher ist man daher davon ausgegangen, dass die Spitalleitung den Experten idealerweise vertrauen und ihnen eine beträchtliche Autonomie über die Arbeitsgestaltung zugestehen sollte (Goode 1957).

Die Kultur eines Spitals war aus diesen Gründen lange Zeit dadurch geprägt, dass die Experten ihre Tätigkeiten in und zwischen ihren Anwender- oder auch Praktikergemeinschaften („communities of practice", Wenger 1998, S. 73) sowie über die Standardisierung des Wissens im operativen Kern (Behandlungsschema, Sprechstundenablauf, Visite) selbst koordinieren. Nicht das Management, sondern die *Standardisierung des Expertenwissens* schaffte Orientierung. Zum Beispiel: Wenn ein Anästhesist und ein Chirurg im Operationssaal einen Blinddarm entfernen, wissen beide, was sie zu tun haben; sie brauchen keine zusätzliche Anleitung. Das Professionswissen minimiert die Abweichungsmöglichkeit in der Patientenarbeit („pigeonholding", Mintzberg et al. 2002). Die Logik der Ausdifferenzierung von Wissen wurde von den Experten praktisch eins zu eins auf die Organisationsstruktur des Spitals übertragen. Kollegen werden zwar um Rat gefragt, aber die Entscheidungsautonomie wird dadurch nicht eingeschränkt (Weick 1976). Die Medizin hat sich daher über lange Zeit *funktional* nach Fachspezialitäten organisiert. Und obwohl der Ruf nach einer integrativen Medizin immer lauter wird, erfolgt noch heute die Koordination eines behandelnden Teams durch den Arzt im höchsten Rang. Die *Hierarchien* gewährleisten die Entscheidungsfindung nach professionalen Standards auch unter Bedingungen der Ungewissheit, weil sie nicht hinterfragbar sind. Die hierarchische Führung beschränkt sich jedoch nicht auf das Fachliche, sondern betrifft auch Fragen zur Organisation und zur Führung der Klinik und des Gesamtspitals (Stratmeyer 2002).

Gleichzeitig ist die medizinische Arbeit mit dem individuellen Patienten von Ungewissheit gekennzeichnet. Diese dient als Erklärung der Experten für die Notwendigkeit ihres *„Ad-hoc"-Stils des Organisierens.* Zuerst ist das Patientenaufkommen nie genau planbar und produziert eine grundlegende Instabilität. Dann muss die Therapie immer an den Einzelfall angepasst werden, weil jeder Mensch auf eine Intervention anders anspricht (Kayser und Schwefing 1998, S. 112). Die Folge davon war, dass die Ärzteschaft ganz auf die Interaktion mit dem Patienten und mit den Kollegen fokussierten. Der Entwicklung des organisationalen Kontextes in Form von strukturierten Prozessen wurde dagegen nur wenig Aufmerksamkeit geschenkt (Rüegg-Stürm et al. 2008). Andere Forscher betonen hingegen, dass der natürliche Patientenprozess wiederum eine stabilisierende Wirkung hat: Der Patient zeigt über seinen Gesundheitszustand den Experten an, welcher Handlungsschritt als Nächstes ansteht (Strauss et al. 1975). Man spricht deshalb auch von typischen Patientenpfaden oder „trajectories" (Strauss et al. 1997). Diese Tatsache trägt neben der Standardisierung des Expertenwissens dazu bei, dass in Spitälern bisher ein hohes Maß an *Selbstorganisation* vorzufinden ist.

Erleichtert hat diese Spezialisierung und die Ad-hoc-Organisation der Umstand, dass in der Medizin in den letzten Jahrzehnten kaum Restriktionen in Form von knappen finanziellen Ressourcen bestanden. Der Überschuss hat bisher sichergestellt, dass die notwendige Fachexpertise für eine notfallmäßige Behandlungsinteraktion schnell mobilisiert werden konnte (Tuckermann 2007, S. 20). Diese Situation hat sich jedoch in den letzten zehn Jahren substanziell verändert. Die *Ökonomisierung der Spitäler* erfordert nunmehr kollektive Entscheidungen, gemeinsame Nutzung von Ressourcen und eine engere Kooperation und Koordination. Viele Spitäler in der Schweiz sehen sich seither mit verschiedenen Herausforderungen konfrontiert, die im Konflikt mit dem bisherigen Funktionsprinzip und der bisher gelebten Professionskultur stehen. Dazu gehören die Ressourcenknappheit, vermehrte transdisziplinäre Zusammenarbeit, gestiegene Erwartungen der Patienten an Einbindung und Prozessqualität, Zwang zum Nachweis der Qualität und neue Finanzierungsmodelle (z. B. DRG-Pauschalen). Die Spitäler haben mit Kostenoptimierungen, Managementsystemen sowie Struktur- und Prozessveränderungen reagiert (vgl. z. B. Amelung und Schumacher 2004; Boos 2002; Endrissat 2008; Juhasz 2004; von Arx 2008; Wiechmann 2003).

9.3 Führung von Experten im Spitalkontext

Die genannten Veränderungen der Spitalorganisation betreffen die traditionellen Rollenverständnisse der Experten, insbesondere der Mediziner. Die Veränderungen wurden (und werden noch immer) von einem Teil der Ärzte als realer Kontrollverlust (Atun 2003) gesehen: Durch die Veränderungen und neuen Managementsysteme nehmen die Mediziner sowohl ihre Einflusssphäre als auch ihre (professionelle) Autonomie als zunehmend eingeschränkt wahr (Vogd 2002; Davies und Harrison 2003). Aus der Sicht mancher Experten besitzt das Management aufgrund fehlender Fachexpertise oftmals keine Legitimation, sich in die Organisation der konkreten medizinisch-pflegerischen Prozesse einzumischen. Führung wird von diesen Experten eher als „upside down" interpretiert, mit ihnen an der Spitze (als diejenigen, die Wertschöpfung am Markt erbringen) und den Managern als Bereitstellern der Voraussetzungen in Form von Ressourcen und Infrastrukturen (Mintzberg 1998).

Mintzberg et al. differenzieren zwei Entscheidungskontexte der Führung in komplexen Organisationen. Solche, in denen die Interessen aller Beteiligten gewahrt werden können, und solche, in denen ein Entscheid die Handlungsmöglichkeit wenigstens eines

Beteiligten einschränkt (Mintzberg et al. 2002). Bisher war der erste Entscheidungskontext die Regel. Es bestand das wechselseitige Einverständnis, den „Garten" des anderen nicht ohne Erlaubnis zu betreten, und implizit wurde eine „Wie du mir, so ich dir"-Logik angewendet (Tuckermann 2007). Die Spitalleitung beschränkte sich in diesem Prozess auf eine Makrosteuerung bezüglich der Ressourcenzuteilung und Infrastrukturplanung. Im Kontext sich widersprechender Interessen konnte eine politische Aushandlung beobachtet werden (Mintzberg et al. 2002. S. 370). Politisches Aushandeln bedeutet, dass Konflikte an diversen Orten, insbesondere natürlich in der Spitalleitung, verhandelt werden (Greenwood und Hinings 1996). Die Rolle der Führung in der Medizin war bisher aber eher „unterstützend als direktiv" (Ferlie und Geraghty 2005, S. 425); die meisten Entscheidungen konnten sogar als „demokratisch" (Mintzberg 1997) beschrieben werden. Die Führungspersonen haben nun aber zunehmend die Aufgaben, die Grenzziehungen der Zuständigkeiten zwischen den verschiedenen „Bühnen", Wissensbereichen und Rollen neu festzulegen und zu legitimieren. Dabei kann es passieren, dass auch solche Rollen und Wissensbereiche zusammengeführt werden, die selbstständig besser funktioniert haben, was zu Konflikten, Rivalität und Duplikation führen kann (Belling et al. 2011; Ferlie et al. 2005; Hodgson et al. 1965). Aus Sicht der Führung besteht die Kunst darin, den geeigneten methodischen Ansatz für Wandelinitiativen zu wählen, ohne sich dabei in inhaltliche Querelen mit den Medizinern zu verstricken. *Wir charakterisieren dieses Spannungsfeld als die Achse von Führung innerhalb akzeptierter Grenzen versus Führung außerhalb akzeptierter Grenzen.*

Die zweite Herausforderung für die Führung von Spitalorganisationen liegt in der Existenz multipler Paradoxien gerade innerhalb von Universitätsspitälern. Ein Paradox besteht aus zwei Komponenten: erstens aus dem Spannungsfeld von „elements that seem logical individually but inconsistent and even absurd when juxtaposed" und zweitens aus den inkommensurablen Entscheidungen der Entscheidungsträger im Hinblick auf diese widersprüchlichen Elemente (Smith und Lewis 2011, S. 382). In paradoxen Situationen befinden sich Entscheidungsträger demnach im Spannungsfeld von widersprüchlichen, aber miteinander korrespondierenden Polen. Beispielsweise ist die industrielle Logik etwa von Lean Management inkommensurabel mit einer Forschungslogik, die neue Erkenntnisse aus seltenen Einzelfällen und aufwendigen Experimenten generieren will (Boltanski und Thévenot 2006). Aber auch im Kontext der operativen Führung, z. B. in medizinischen Zentren oder in Behandlungspfaden, mögen sich Spezialisten nur selten dem Kollegen unterordnen. Wie oben ausgeführt orientierten sich Mediziner bisher vor allem an den eigenen „peers". Das heißt, es werden tendenziell nur solche Ziele verfolgt, die mit den eigenen (professionsspezifischen) Werten und Zielvorstellungen übereinstimmen (Quinn et al. 1996, S. 11). *Die zweite zentrale Achse stellt demnach den Entscheidungsspielraum des Managements dar, seine Führungsarbeit auf Basis impliziter Paradoxien ohne deren Problematisierung versus Führung auf Basis expliziter Paradoxien mit deren Problematisierung anzugehen.*

Führung in Spitälern ist aufgrund der oben dargestellten strukturellen Kontextfaktoren und Professionskulturen grundsätzlich sehr anspruchsvoll und herausfordernd.

Die empirische Fragestellung lautet demnach: Wie gestaltet sich Führung unter diesen Bedingungen? Wie sieht die konkrete Praxis von Spitalmanagern in der Schweiz aus? Diese Fragen waren der Ausgangspunkt von zwei empirischen Studien, die wir im Folgenden kurz skizzieren.

9.4 Empirische Untersuchungen

Der konzeptionelle Ausgangpunkt unserer Forschungsfrage ist ein Verständnis von Führung als kulturelle Praxis, die sich nach den lokalen und weitgehend impliziten Alltagstheorien und Perspektiven der sie praktizierenden Menschen richtet. Das Hauptaugenmerk unserer Forschung lag daher auf der Erkundung der individuellen und kollektiven Vorverständnisse von Führung und selbstverständlichen Führungspraktiken. Wir verstehen Führung als einen Aspekt der täglichen Interaktionen am Arbeitsplatz, wobei der Einfluss sowohl von oben nach unten wie auch umgekehrt stattfinden kann (vgl. z. B. Crevani et al. 2010). Die empirischen Daten und Erkenntnisse für den vorliegenden Beitrag basieren auf narrativen Interviews mit Chefärzten und Spitalmanagern, in denen die individuellen und kollektiven professionsspezifischen Führungsverständnisse eruiert wurden (Endrissat 2008), sowie auf einer ethnografischen Studie zur Führung im Kontext eines strategischen Wandels in einem Schweizer Spital (von Arx 2008). Beide Studien folgen einem qualitativen Forschungsansatz, der eine starke Anwendungsorientierung aufweist und dem Gedanken der Kontextualität verpflichtet ist (Flick et al. 2000). Die Handlungen und Ereignisse werden dementsprechend aus der Perspektive der Akteure betrachtet (Bryman et al. 1988). Mit anderen Worten: Die Ergebnisse, die wir hier präsentieren, reflektieren die rekonstruierten Wirklichkeiten von Schweizer Spitalmanagern und Chefärzten. Sie sind nicht als normativ richtig oder falsch zu verstehen und spiegeln nicht unsere eigenen Ansichten wider. Ziel ist es, mithilfe der empirischen Ergebnisse zu einem besseren Verständnis sozialer Wirklichkeiten beizutragen und auf Deutungsmuster und Strukturmerkmale aufmerksam zu machen (Flick et al. 2000, S. 14), die zu Implikationen für die Praxis führen können.

Studie 1: Führung in Schweizer Spitälern (Endrissat, 2008)
Die erste Studie basiert auf 30 narrativen Interviews: 15 mit Spitalmanagern aus unterschiedlichen Schweizer Institutionen (Privatspital, Universitätsspital, Kantons-, Regional- und Bezirksspital) sowie 15 Chefärzten, ebenfalls aus unterschiedlichen Institutionen und Fachdisziplinen (Chirurgie, Notfallstation, Anästhesie, Radiologie, Dermatologie, Innere Medizin, Gynäkologie, Urologie). Die Stichprobe erfüllt die Anforderung, das Phänomen Führung facettenreich und in seiner maximalen Variation zu erfassen (Merkens 2004; Patton 1990). Die Analyse der Interviews erfolgte induktiv in Anlehnungen an das Vorgehen der Grounded Theory (vgl. z. B. Suddaby 2006). Für dieses Buchkapitel werden nur die Ergebnisse aus den anonymisierten Interviews mit den Spitalmanagern herangezogen.

Studie 2: Führung von strategischem Wandel (von Arx 2008; Endrissat und von Arx 2013)

In der zweiten Studie, die auf einer longitudinalen ethnografischen Forschung beruht, wurde die Implementierung strategischer Wandelinitiativen in einem Universitätsspital erforscht. Das Ziel der Wandelinitiativen war, das medizinische Angebot durch die Einführung von interdisziplinären Behandlungszentren stärker am Patientenprozess und an den Marktbedürfnissen auszurichten. Konkret wurde versucht, für gewisse Krankheiten (z. B. Brustkrebs) oder Organe (Herz, Bewegungsapparat) alle zentralen Spezialisten (Chirurgen, Onkologen, Gynäkologen, Pflege) in einer Zentrums-Organisation statt in disziplinären „Silos" zu strukturieren und interdisziplinäre Behandlungsformen zu etablieren. Die Analyse der ethnografischen Daten erfolgte mit dem Ziel, interaktive Führungspraktiken und Wandelprozesse en détail zu rekonstruieren. Für dieses Buchkapitel wurden einige Praktiken ausgewählt, um die vier grundlegenden Führungsansätze zu illustrieren.

9.5 Ergebnisse: Führung als Spannungsfeld von Grenzen und Paradoxien

Ausgangspunkt der Darstellung unserer empirischen Ergebnisse ist, dass der mit der Ökonomisierung einhergehende neue Gestaltungsanspruch des Managements auf ein traditionelles Autonomiestreben der Experten stößt. Das Management hat es mit „multiplen Diskursen" zu tun, d. h. mit verschiedenen professionellen Selbstverständnissen, Werten, Erwartungen und Problemlösungspraktiken, die integriert und in abgestimmte Prozesse zusammengeführt werden müssen (Barrett et al. 1995).

In unserer Untersuchung konnten wir feststellen, dass oberste Führungskräfte von Spitälern die Bewältigung dieser Paradoxien und den Umgang mit den Grenzen als immanentes *Spannungsfeld* wahrnehmen. Die Pole dieser Spannungsfelder lassen sich in einer Matrix mit vier Feldern verdichten (siehe Abb. 9.1). In der Praxis sind die Felder durch eine Vielzahl von Mikropraktiken ausgefüllt. Der Einfachheit halber beschränken wir uns im Folgenden auf eine Auswahl von charakteristischen Praktiken (für eine Detailanalyse siehe Endrissat 2008; von Arx 2008).

Achse 1: Führung auf Basis von expliziten oder impliziten Paradoxien

- **Führung auf Basis impliziter Paradoxien** bedeutet, dass die unterschiedlichen Werte und Prioritäten nicht expliziert werden. Dies geschieht, indem jede Abteilung für sich arbeitet, kein „Psychologisieren" stattfindet, man sich gegenseitig nicht hinterfragt und jede Fachdisziplin ihre eigene Erfolgsdefinition entwickelt. Das Erarbeiten einer Gesamtführung ist damit schwierig, dafür funktionieren die Teilsysteme aber meist gut.

- **Führung auf Basis expliziter Paradoxien** bedeutet, dass Konflikte um Werte und Prioritäten z. B. im Kontext von Entscheidungen zur Ressourcenallokation explizit ausgetragen und in eine Hierarchie gebracht werden. Es kommt damit zu Werturteilen mit Gewinnern und Verlierern. Die Gesamtsicht ist jetzt vorhanden, aber Teilsysteme spielen eventuell bei der Implementierung nicht mehr mit.

Achse 2: Führung innerhalb oder außerhalb akzeptierter Grenzen

- **Führung innerhalb akzeptierter Grenzen** bedeutet für die Spitalleitung eine Führungsrolle als Dienstleister und Ermöglicher, Verwalter, Außenminister und Zudiener. Die Art von Makro-Steuerung reduziert das Konfliktpotenzial mit den Professionals, aber auch den Einfluss auf das eigentliche Produkt des Spitals, nämlich die Behandlungs- und Betreuungsqualität der Patienten, und auf die Kosten, die dabei entstehen.
- **Führung außerhalb akzeptierter Grenzen** bedeutet eine Rolle von Führung als Strategiechef auch für ärztliche Belange und Angebote sowie für medizinische Strukturen und Prozesse. Damit entstehen Potenziale für effektive Prozessverbesserungen und Kosteneinsparungen. Die unklare Legitimität des Managements aufgrund von „fachfremdem" Wissen und nicht akzeptierten Werthaltungen bildet aber auch den Ausgangspunkt für Konflikt und Ablehnung vonseiten der Mediziner.

Abb. 9.1 Führung im Spannungsfeld von Grenzen und Paradoxien

Tab. 9.1 Vier beobachtete Führungsansätze der Spitalleitungen im Umgang mit Medizinern

Bezeichnung	Quadrant	Führungsansatz
Q1	Führung innerhalb akzeptierter Grenzen und auf Basis impliziter Paradoxien	Kontextsteuerung – Trust the Experts
Q2	Führung innerhalb akzeptierter Grenzen und auf Basis expliziter Paradoxien	Steuerung der Matchbalance – Mediate the Experts
Q3	Führung außerhalb akzeptierter Grenzen und auf Basis expliziter Paradoxien	Steuerung der Inhalte – Manage the Experts
Q4	Führung außerhalb akzeptierter Grenzen und auf Basis impliziter Paradoxien	Subkutane Steuerung – Nudge the Experts

Aus diesen beiden Achsen spannen sich vier idealtypische Quadranten auf, die sich in ihren effektiven Führungsansätzen unterscheiden (vgl. Tab. 9.1).

Im Folgenden stellen wir diese vier Führungskontexte anhand von empirischen Beispielen vor.

Quadrant 1: Kontextsteuerung – Trust the Experts
Führungspraktik 1.1: Ideen säen und aufgehen lassen

Eine in der traditionellen Spitalkultur naheliegende Führungsstrategie liegt im Eröffnen von Entwicklungsräumen und dem Zulassen von Entwicklungsprozessen. Die Spitalmanager benennen dazu verschiedene Voraussetzungen. Zunächst erfordert diese Strategie einen „großzügigen Geist“ und die Einsicht, dass es Leute gibt, die näher an der Sache sind und genauer hinschauen können als man selbst (Spitalmanager 2, Zeile 161 ff.). Weiter setzt sie eine Gelassenheit des Managers voraus, aus der Einsicht, dass Misserfolge und Fehlentscheidungen vorkommen, aber immer Ausgangspunkt für neue Chancen und Ideen sind (Spitalmanager 7, Zeile 284 ff.).

> Das andere Führungserlebnis ist: Wie erlebt man ein solches System? Das ist natürlich hochinteressant und braucht eine gewisse Gelassenheit, weil man grundsätzlich viele Dinge viel, viel rascher hätte umsetzen können. Oder jetzt meint, man hätte das viel rascher tun können. Vielleicht zu Recht, vielleicht aber auch nicht, weil diese Systeme eine gewisse Trägheit haben. Es braucht quasi die Geduld, zu warten, bis sich das bewegt (Spitalmanager 11, Studie 1).

Statt Dinge schnell verändern zu können, muss man sich damit abfinden, dass es nur langsam vorwärtsgeht. Eine wirksame Führungsstrategie stellt das „Ideen-Säen bei den Betroffenen“ dar, Ideen die – wenn sie anschlussfähig sind – von den Betroffenen aufgenommen und als die eigenen angesehen und umgesetzt werden (Spitalmanager 7, Zeile 203 ff.). Die Rede ist von „iterativen Prozessen“. Sie lassen sich zwar nicht spezifischen Führungspersonen – auch nicht dem Spitalmanager – zuordnen, führen aber irgendwann einmal zu einem „Es begab sich“ (Spitalmanager 11, Zeile 170 ff.). Dazu muss sich der Spitalmanager selbst sehr zurücknehmen können und bereit sein, die Früchte des Erfolgs nicht selbst zu ernten, sondern sie als Produkt des „gemeinsamen Handelns" anzuerkennen.

> Wenn ein großzügiger Geist hinter der Führung ist, … dann kommt etwas Gutes zustande. Und sobald ein Kleinkrämer oder eine Kleinkrämerin an der Arbeit ist, dann geht es nicht weiter (Spitalmanager 2, Studie 1).

Eine erfolgreiche Führungspraktik des Säens von Ideen bei den Ärzten bestand im Rahmen eines strategischen Wandels beispielsweise darin, mit dem Begriff der „Behandlungszentren"[1] *geschickt* auf eine keineswegs neue, sondern von den medizinischen Führungskräften bereits mehrfach initiierte, aber meist an der Umsetzung gescheiterte Idee *aufzubauen*.

> Also die Idee gibt es schon lange. Es gibt auch so Behandlungszentren … das Behandlungszentrum „Herz" ist ein gutes Beispiel. An und für sich gibt es das Behandlungszentrum „Herz" auf dem Papier. Ja, und es gibt es nicht de facto. Das ist ein klassisches Beispiel. Das Behandlungszentrum gibt es seit Jahren. Ein Lungenzentrum gab's, als ich Oberarzt war (Chefarzt A, Studie 2).

Die beobachtete Praktik, die von Führungskräften mit medizinischem Hintergrund auch als „subkutaner Wandel" bezeichnet wurde, ermöglicht, gleichzeitig anschlussfähig zu kommunizieren und dennoch Veränderung hineinzubringen. Der „Kunstgriff" besteht darin, bei der Einführung von Innovationen gewisse Bereiche (zum Beispiel die Form) stabil zu halten, um unter dieser Form einen neuen Inhalt quasi als „trojanisches Pferd" einführen zu können (Baker und Nelson 2005; Lanzara 1999)[2]. In diesem Fall ist die Form bekannt. Der Begriff Behandlungszentrum schafft Vertrautheit, und das vorhandene Wissen ordnet auch eine Transformation dieses Konzepts seinem vertrauten Platz zu (Cohen und Levinthal 1990). Die so ausgelösten Assoziationen lassen die Initiative als unmittelbar sinnvoll und relevant erscheinen.

Führungspraktik 1.2: Ermöglicher sein und einen konstruktiven Beitrag leisten

Viele Spitalmanager sehen sich mit der Schwierigkeit konfrontiert, den Anschluss an die Experten finden zu müssen, um ihrer Aufgabe gerecht werden zu können und um sich selbst als wirkungsvoll zu erfahren. Eines der häufigsten und prominentesten Themen in

---

[1]Medizinische „Zentren" sind kein genau definierter Begriff. In diesem Fall ist gemeint, dass sich die verschiedenen Fachärzte organisatorisch um Organe (z. B. Herz) oder Krankheiten strukturieren, statt nach disziplinären Ausprägungen (Kardiologie und Herzchirurgie).

[2]Lanzarra (1999) beschreibt, dass der Erfinder Thomas Edison seine elektrischen Glühbirnen zuerst mit einer künstlichen Rauchfahne ausstatten musste, um das Produkt als Ersatz für die bekannten Gaslichter anschlussfähig zu machen.

ihren Berichten bezieht sich denn auch auf die Herstellung des Anschlusses über wertschätzende und vertrauensvolle Beziehungen.

> Führung ist etwas, das immer stattfindet. Die Frage bei diesen Beziehungen ist, aus welchen Grundverständnissen sie zustande kommen. Und eine der wichtigsten Voraussetzungen für mich ist das gegenseitige Vertrauen. Wenn man sich vertraut, wenn man offen ist, wenn man transparent ist, ehrlich, authentisch, dann ergibt sich eine Entscheidungssituation in einer Gruppe als ganz natürlicher Prozess (Spitalmanager 7, Studie 1).

So wird etwa erzählt, wie man sich zu Beginn explizit gegenseitig die Frage gestellt hat: „Wie gehen wir miteinander um?" (Spitalmanager 3, Zeile 509 ff.), oder wie das Gewinnen von Konfrontationen zwar das eigene Standing verbessert, aber wenig zu einer vertrauensvollen Beziehung beigetragen hat (Spitalmanager 4, Zeile 323 ff.). Vertrauen sucht die Führung über ein respektvolles, wertschätzendes und verständnisvolles Wahrnehmen des medizinischen Personals. Sie weist auf den fast unendlich großen, inhärenten Willen der Akteure im System hin, die Patienten gut zu behandeln (Spitalmanager 11, Zeile 321 ff.). Es wird auch auf die Gefahr des Klischee-Denkens hingewiesen, aus dem Misstrauen entsteht:

> Aber nachher geht es vor allem um die Wertschätzung. Das ist auch so etwas: Sie können nicht permanent sagen, die Ärzte verdienen zu viel, oder andere Vorwürfe wie, dass sie schlecht kommunizieren. Sie dürfen nicht immer nur diese [negativen] Botschaften vermitteln (Spitalmanager 15, Studie 1).

Eine besonders bewährte Strategie, um als Spitalmanager geschätzt zu werden, besteht darin, mehr Ressourcen zu organisieren, damit die Experten *„noch mehr oder noch interessantere Sachen machen"* können. Denn „die Spezialisierung in der Chirurgie ist ein Fakt". Sie wird weitergehen, „ja weitergehen müssen, weil nur durch Spezialisierung Innovation, Wissen und Können anwachsen können" (Chefarzt B, Studie 2).

Diese auf Innovation ausgerichteten Tätigkeiten sind für den Ruf und die Position der Medizin und ihrer Exponenten enorm wichtig, aber sie kosten immer Geld. Ähnlich geschätzte Errungenschaften von Spitalleitungen waren die Umbenennung des Spitals von einem Kantons- in ein Universitätsspital oder die Ansiedlung universitärer innovativer Technologien und Angebote in einem eigentlich nicht dafür vorgesehenen Kantonsspital. Spitalmanager können sich damit viel Vertrauen erwerben. Wenn diese Manager später ein schwieriges Projekt starten, brauchen sie diesen Vertrauensvorschuss:

> Ein Vertrauen der Mitarbeiter, wenn DER [bestimmter Spitalmanager] dahinter steht, wird es schon gut kommen. Er ist einer von uns, der uns diese Arbeit, diese Dinge abnimmt und unsere Interessen nicht bach-ab gehen lässt dabei (Chefarzt D, Studie 2).

Ansonsten, so der Chirurg weiter, könnte man mit passiv hinhaltendem Widerstand praktisch jede Initiative „bodigen" (Chefarzt D, Studie 2). Durch die Einsetzung verdienter Kollegen als Projektleiter kann sich kein Chirurg erlauben, nicht einigermaßen kooperativ in die Verhandlungen einzusteigen.

Das Verständnis für die Situation der Ärzte und die Hilfeleistung bei der Organisation von Ressourcen sind jedoch nur zwei der Voraussetzungen für den Vertrauensgewinn. Das Vertrauen muss sich auch im gegenseitigen Umgang äußern, ohne aber einer situativen Beliebigkeit Vorschub zu leisten. Es setzt einen klaren Standpunkt und die Geradlinigkeit und Verlässlichkeit des Spitalmanagers voraus, sodass nachhaltige Beziehungen und tragfähige Bündnisse eingegangen werden können (Spitalmanager 3, Zeile 106 ff.).

> So wie wir hier sitzen, so unkompliziert – einfach ein fairer, offener Austausch. Und ein Handschlag muss ein Handschlag sein. Sie müssen einfach ein verlässlicher Partner sein. Und wenn Sie das nicht sind, dann sind Sie tot. Dann können Sie das Spital vergessen. Das geht rum, dann sind Sie weg. Und das ist so ein bisschen das, was sich durchgezogen hat (SM 3, Studie 1).

Das obige Zitat deutet auf das Spannungsfeld hin, das sich ergibt, wenn man sich als Spitalmanager zu sehr um „Anschluss" bemüht und dabei seinen eigenen Standpunkt und die eigene Unabhängigkeit verliert. Führung bedeutet immer auch, zu seinem Wort zu stehen, Entscheide konsequent umzusetzen, Erwartungen klar zu formulieren und Verpflichtungen einzufordern.

> Und das ist dann für mich als Führungsperson auch ein Punkt gewesen – als ich den Stiftungsrat nicht mehr überzeugen konnte, dass es eine Veränderung braucht, dass die ganze Struktur und das Konstrukt [des Spitals], so wie es ist, aufgelöst werden muss, zugunsten von einem anderen Behandlungskonzept und zugunsten von einer [bestimmten] Patientengruppe. Auf das sind sie aus verschiedenen Gründen nicht eingestiegen und darum habe ich gekündigt (SM 9, Studie 1).

Diese Form der Konsequenz kann zu Konflikten mit den Experten führen, falls diese von den Entscheidungen nicht überzeugt sind oder den Eindruck gewinnen, dass ihre Interessen verletzt werden. Doch solche Konflikte müssen ausgehalten werden, um nicht bei aller Bemühung um eine vertrauensvolle Beziehung zu einem „vertrauensseligen Weichei" (Spitalmanager 4, Zeile 242) zu verkommen.

Quadrant 2: Steuerung der Machtbalance – Mediate the Experts
Führungspraktik 2.1: Austarieren von Machtansprüchen zwischen den Experten

Ein zentrales Ziel der Spitalleitung ist das Schaffen von Strukturen und Prozessen, die aus Patientensicht optimale Behandlungsabläufe sicherstellen. Das bedingt die Notwendigkeit, eine fachliche Führung für solche Gebilde zu definieren und andere Experten dieser Fachführung zu unterstellen. Unter den Experten ist jedoch die Angst beträchtlich, dass die fremde Führung ihre eigene „Ethnie" bevorzugen (Chefarzt, Studie 2) und keine Fairness der Ressourcenzuteilung (Kim und Mauborgne 1991) an den

Tag legen könnte. Diese Ängste kumulierten sich in dem Gefühl, „Macht zu verlieren, angestammte Rechte aufgeben zu müssen, ja sich in irgendeiner Weise auch nur verändern zu müssen" (Projektleiter, Studie 2).

Nach dem Eindruck der Spitalmanager neigen die Experten dazu, nur die eigenen Nachteile der Veränderung zu sehen. Mehrere beobachtete Initiativen scheiterten oder drohten aufgrund dieser Ängste vor Machtverlust zu scheitern. In unserer Forschung konnten wir ein ganzes Repertoire an paradoxen Praktiken identifizieren, die solche Widerstände durch bilaterale „Deals" auflösen konnten, gleichzeitig aber auch den Sinn der angestrebten Ziele verwässerten. Beispielsweise wurde bei einer Zentrumsbildung das Problem der hierarchischen Unterordnung durch eine Hypertextstruktur[3] (Nonaka 1994) aufgelöst. Die Struktur war in der Lage, die zwei zentralen Vorbehalte der Mediziner zu entkräften: 1. Alle leitenden Ärzte konnten in einer Chefrolle untergebracht werden, und 2. die Matrix wurde um so viele Wissensebenen erweitert, dass alle Fachdisziplinen vertreten waren. Durch dieses neue Gebilde einer „nichtlinearen" Struktur sowie den zusätzlich verliehenen Chefarzttitel sahen die leitenden Ärzte ihre professionelle Autonomie sogar erhöht.

> Was schlussendlich dazu geführt hat, dass wir dieses Behandlungszentrum überhaupt durchsetzen konnten, war die Tatsache, dass wir jeden Leiter des Behandlungszentrums zu einem Chefarzt befördert haben. Wenn wir das nicht gemacht hätten, hätten wir die Zustimmung dieser Leitungsebene nicht bekommen. Es ist eine Kompensation um eben die Sorge, dass ein persönlicher Machtverlust resultieren könnte (Projektleiter, Studie 2).

Dieser „Kauf" der Zustimmung ist natürlich paradox, denn das Ziel der Zentrumsbildung besteht gerade in der stärkeren Integration von Experten in durchgängigen Strukturen, was eine gewisse Unterordnung in die Organisation bedingt.

Quadrant 3: Steuerung der Inhalte – Manage the Experts
Führungspraktik 3.1: Die Spitalleitung als Ort der Entscheidung etablieren

Die bisherige, meist erfolgreiche Entwicklung von Spitälern ist stark von herausragenden Experten geprägt. Fachliche Ausdifferenzierungen resultieren in neuen Angeboten. Genau dieser Entwicklungsmodus wird von Spitalleitungen als nicht mehr opportun kritisiert. Es handle sich um ein „naturwüchsiges Wachsen" ohne rationale Strategie. Es hätten Einzelperspektiven dominiert, die einen „Gemischtwarenladen" ohne

[3] Eine Hypertextorganisation zeichnet sich durch eine Art komplexe Matrixstruktur aus: Es gibt das Geschäftssystem (Linie), die Wissensbasis (z. B. Prozesse) und die Projektbasis (Entwicklung neuer OP-Techniken). Alle Ebenen (Positionen) sind gleichberechtigt und stehen miteinander in einer Wechselbeziehung.

spezifische Kernkompetenzen hervorgebracht haben (Mitglied der Spitalleitung, Studie 2). Die Kritik an den Experten ist gleichzeitig die Legitimation des Managements, eine stärkere eigene Rolle zu spielen (Dutton und Dukerich 1991), und resultiert in der Forderung der Spitalleitung an sich selbst: „Wir als Management *müssen* eine Strategie haben" (Projektleiter, Studie 2). Konkret ist die Vorstellung:

> Strategische Vorgaben werden in der Spitalleitung, wenn nicht sogar gemeinsam mit dem Sanitätsdepartement, entwickelt und dann auf die Abteilungen und Kliniken heruntergebrochen (Projektleiter, Studie 2).

Eine Spitalleitung versichert sich ihres Selbstbildes eines Entscheiders, der weiß, „what a company should do and how they should do it". In Strategiedokumenten wird auf bekannte Konzepte wie Fokussierung und Kernkompetenzen verwiesen, die es umzusetzen gelte. Es findet daher eine Annäherung von Spitalleitungen an die Selbstdefinition der Manager aus der Industrie statt (Denis et al. 2005, S. 449). Spitalleitungen bekräftigen diesen Gestaltungsanspruch durch die Auslösung von diversen Wandelinitiativen.

Das Selbstbild von Führung geht einher mit einem hohen Maß an Ungewissheit[4] über die eigene Identität, „wer man als Manager ist". Denn aufgrund der Tatsache, dass im Führungsgremium auch einzelne Akteure sind, die sich ganz als Forscher, Pflegende oder Mediziner sehen, ist ein hohes Maß an Identitätsarbeit notwendig (Maguire und Hardy 2005). Die Spitalleitung ist sich gleichzeitig über ihre beschränkte Führungs*fähigkeit* im Klaren. Die Präsenz der Bereichsleiter in der Spitalleitung bringt mit sich, dass weiterhin *Partikularinteressen* vertreten werden. Gerade die Übersetzung übergeordneter Visionen auf die konkrete Ebene der Ressourcenallokation ist schwierig. Die Spitalleitungsmitglieder haben die Solidarität mit ihrer Fachdisziplin nicht vergessen, wodurch das Gremium eine Abbildung der fragmentierten Wissensgemeinschaften dieser Organisation darstellt. Strategischen Initiativen, wie der oben erwähnten Zentrumsbildung, wird zugestimmt, weil es der Kollege will, allerdings nur, solange sie den eigenen Bereich nicht tangieren.

> Ich glaube, jeder Einzelne denkt: Das trifft mich nicht, da muss ich mich irgendwo nicht auseinandersetzen, da lass ich ihn gehen (Spitalleitung, Studie 2).

Umgekehrt bedeutet diese Personalisierung, dass der Spitaldirektor selbst sich nicht daran gebunden fühlt, entsprechend der strategischen Intention der Initiative zu handeln. Tatsächlich ...

> ... braucht nur der nächste Chefarzt ins Büro des CEO zu laufen, und unsere Strategie bricht zusammen. Wie mit dem Chefarzt [Z], der jetzt auch sein eigenes Zentrum bekommen wird (Mitglied der Spitalleitung, Studie 2).

---

[4]Der Begriff Ungewissheit (Uncertainty) wird von Weick (1995: 91) definiert als „an ongoing stream that supports several different interpretations at the same time".

Diese Beobachtungen lassen vermuten, dass es sich bei solchen Entscheidungen im Spital meist um eine „Zustimmung unter Vorbehalt" handelt. Das „Ja" der Kollegen aus der Spitalleitung gilt nur, solange die Initiative sie nicht betrifft, ...

> ... weil man es nicht als einen gemeinsamen Auftrag anschaut. Also das fehlt mir wirklich: so das Interesse, etwas Gemeinsames zu gestalten (Mitglied der Spitalleitung, Studie 2).

Führungspraktik 3.2: Experten für Organisationsarbeit ins Boot holen und verantwortlich machen
Viele Spitalmanager nehmen die „Verantwortung für das Ganze" für sich in Anspruch und reagieren damit auf eine ausgeprägte professionelle Differenzierung nicht nur zwischen Ärzteschaft, Pflege und Verwaltungsbereich, sondern auch zwischen den verschiedenen medizinischen Disziplinen (Spitalmanager 8, Zeile 346). Die Fragmentierung und beanspruchte Autonomie der Bereiche stellt für die Spitalmanager eine große Herausforderung dar, sodass sie die Themenbereiche „Leute ins Boot holen", „gemeinsame Lösungen finden", „Entscheide breit abstützen" häufig in ihren Erzählungen ansprechen. Es scheint sich hierbei nicht einfach nur um einen sozialen Grundsatz der Partizipation im Kontext einer direktdemokratischen politischen Kultur zu handeln, sondern um die Überzeugung, dass nur auf diese Weise die notwendige Unterstützung für Veränderungen gewonnen werden kann.

> Es ist noch viel wichtiger, die Leute ins Boot zu holen – auch die Ärzte und die Pflege ins Boot zu holen, sie zu gewinnen, um etwas verändern zu können. Es läuft vielleicht etwas mehr auf der Ebene von Kompromissen. Aus wirtschaftlichen Überlegungen sind es gelegentlich nicht immer „first best"-, sondern „second best"-Lösungen. Dafür sind alle im Boot, und es wird gedreht, das hat durchaus seine Qualität (Spitalmanager 14, Studie 1).

An diesem Punkt sehen sich Spitalmanager vor der Frage, möglicherweise langwierige Prozesse des Zusammenwachsens und der gegenseitigen Verständigung geduldig und gelassen zu fördern oder selbst effizient Initiativen auszuformulieren und durchzusetzen. Die Frage nach dem „Selbermachen" gegenüber dem „Einbinden" ist für Führungskräfte in Spitälern ein klassisches Dilemma.

Das „Durchpeitschen" verhindert, sich kollektiv zu fragen: Wird dieser Wandel wirklich funktionieren? Der absolut kritische Punkt ist dabei immer: Worin liegt die Motivation der einzelnen Experten, mitzumachen? Handelt es sich bei einer Initiative dann wirklich um ein „gemeinsames Projekt", oder sind es im Grunde doch wieder nur die „individuellen Anliegen", die zum vordergründigen Mitmachen motivieren.

> Das kommt zu wenig auf den Tisch. Etwas gemeinsam zu machen, das genügt dann halt nicht, nur über Organisationsformen zu gehen. Aber Herzblut – ich sage immer: erst dann lebt es – das habe ich nirgends gespürt (Mitglied der Spitalleitung, Studie 2).

Die Option „Selbermachen“ bedeutet in der Konsequenz auch, dass sich die Führung stark auf formelle Dinge wie Strukturen und Prozesse fokussiert. Die bestehende Kultur ist auf diese Weise einer Bearbeitung nicht zugänglich.

> Wir reden immer von dem, was wir irgendwie machen können, also auf organisatorischer und administrativer Seite, und dem anderen schenken wir eigentlich sehr wenig Beachtung. Aber es ist zum Gelingen von einem engen Miteinander schon entscheidend, woher ich komme und wie unsere Art war, miteinander umzugehen in der Kommunikation, in der Führung auch. Und ich denke, das schauen wir zu wenig an (Mitglied der Spitalleitung, Studie 2).

Ein „Heraushalten“ der betroffenen Chefärzte, deren Beziehungen von Animositäten und Verlustängsten geprägt sind, hat umgekehrt den Vorteil, diese Spannung nicht in die Projektarbeit hineinzutragen. Damit kann ein konfliktgeladener Start umschifft werden. Auch aus der Perspektive der Chefärzte geht es darum, den Zeitaufwand für das „Administrieren“ minimal zu halten. Gerade Chirurgen reagieren sensibel auf eine Unterbrechung des Alltags und die damit verbundene Reduktion der eigenen Operationszahlen. Das Ausarbeiten von Change-Initiativen beschreibt ein Chefarzt als Spezialistenarbeit, wofür es spezifisches wirtschaftswissenschaftliches Wissen brauche, denn …

> … die „Arbeit“ [die Tätigkeit als Chirurg] verschwindet nicht. Ja, jede Minute länger nicht arbeiten [„Administrieren“], und schon kommt keine Arbeit mehr herein für den ganzen Betrieb (Chefarzt N, Studie 2).

„Arbeit“ umfasst vom Standpunkt des Chirurgen aus die *chirurgische* Arbeit. Jede Sitzung ist daher tendenziell eine Zumutung, weil „dann bin ich nicht am Arbeiten für das, für das mich das Spital angestellt hat“ (Chefarzt N, Studie 2).

Das „Heraushalten“ hat zur Konsequenz, dass die Experten mit „leeren Händen“ in die Sitzung kommen und dort auf eine Management-Fachsprache treffen. So meint ein Arzt:

> Ich habe zum Teil nicht alles verstanden. Es scheint mir sehr kompliziert (Chefarzt C, Studie 2).

Das Gefühl wird von der Projektleitung noch verstärkt, indem gewisse wissenschaftliche Register wie die Kenntnis „der fünf Arten von Effizienzen“[5] als eigentliche Vorbedingung deklariert werden, um vernünftig betriebswirtschaftliche Fragen diskutieren zu können (Freese 2005, S. 309 ff.). Führungspersonen sprechen teilweise den Experten schlicht die Kompetenz ab, in diesen Belangen mitzureden. Es gelte zu vermeiden, *„das Rad jedes Mal neu zu erfinden“*. Das „Selbermachen“ ist also die Folge davon, ...

> … dass wir einen Mangel an Managementkapazität haben. Das äußert sich darin, dass die Expertengruppe unvorbereitet zu Sitzungen kommt, eher Vorurteile abgegeben werden als gut reflektierte Argumente (Projektleiter, Studie 2).

[5]Ressourcen-, Prozess-, Delegations-, Innovations- und Führungseffizienz.

Die Praktik des Auslagerns der Erarbeitung von Veränderungen führt dazu, dass voraussetzungsreiche strategische Entscheide praktisch „aus dem Nichts heraus“ den Chefärzten vorgelegt werden. Vielleicht stimmen die Experten aus anderen Gründen der Initiative zu, aber ohne die Ideen wirklich mitzutragen.

> Nein, ich glaube nicht, also, ich weiß nicht, wie viel so kommuniziert worden ist, dass jeder die Struktur hat verstehen können. Ich glaube, das interessiert viele Leute auch nicht. Viele wollen einfach wissen, wie es in Zukunft weitergeht. Ob die Leitungsstruktur so wirklich verstanden worden ist, ist schwierig zu sagen, aber ich habe eher nicht das Gefühl (Chefarzt B, Studie 2).

Quadrant 4: Subkutane Steuerung – Nudge the Experts

Führungspraktik 4.1: Neue Strukturen vorgeben und auf Selbstorganisation vertrauen

Durch das „Auslagern“ der Organisationsentwicklung an die Spitalmanager ist es relativ einfach, Wandelinitiativen zu entwickeln, besonders wenn sich die Pläne durch Abstraktion und Vieldeutigkeit auszeichnen. Umso schwieriger gestaltet sich dann deren Implementierung in den medizinisch-pflegerischen Alltag. Im Rahmen der Studie 2 kam der Zeitpunkt, an dem die Initiative an die Fachverantwortlichen abgegeben werden musste. Für die Alltagspraxis ist dies der Moment der Wahrheit: Hält der Plan seine Versprechen? Eine wiederholt beobachtete Praxis bestand nur darin, dass das Management das „Go Live“ von Wandel-Initiativen beschloss, ohne dass in den relevanten Dokumenten die Alltagsdetails geregelt waren. Es war nicht klar, *wie* die Organisation von ihrem Ausgangspunkt A zu ihrem Zielpunkt B verändert werden sollte. Man hatte nur das „große Bild“ – notwendig wäre aber das „große Bild plus Detailauskunft“ (Assistenzarzt, Studie 2) gewesen. Entscheidend ist in solchen Momenten, dass die Führung konkrete Informationen kommuniziert, die Implikationen für den einzelnen Experten haben. Zum Beispiel, ...

> ... wann er nun tatsächlich umzieht, und in welcher neuen Einheit darf oder muss er arbeiten (Mitglied der Spitalleitung, Studie 2).

Die Einführung neuer Strukturen und Prozesse verlief in der Studie 2 oft ausgesprochen chaotisch. Dennoch lief die Organisation immer weiter, auch wenn die Fehlleistungen der Fachführung offensichtlich wurden. Die Chirurgen griffen dabei auf ihre Kompetenz im Umgang mit Extremsituationen zurück. Diese impliziert auf organisatorischer Ebene sozusagen ein „Break-down-Verbot“ (Touskas und Chia 2002). So gut das für die Patienten ist, so nachteilig ist es für die Organisation. Denn eine wirkliche Reflexion findet unter diesen Bedingungen nicht statt (Weick 2003):

> Also das finde ich eben das Problematische: Die schlechte, die wirklich katastrophale Leistung bei der Umstellung kommt gar nicht zutage, weil die Leute drum 'rum zum Wohle des Patienten das kompensieren. Und ich habe so insgeheim ein bisschen das Gefühl, mit dem wurde gerechnet: „Irgendwie geht es ja schon, weil die schauen.“ Mit dem wurde gerechnet, und es wurde fast auch so formuliert (Assistenzarzt, Studie 2).

Das Wissen darum, dass es *schon irgendwie geht,* scheint den Verantwortlichen vom Zwang zu befreien, Prozesse und Verantwortlichkeiten ex ante bis auf das Niveau der Alltagsarbeit hinunter auszuarbeiten. Solche Detailarbeit ist für Spitalmanager unangenehm, weil genau hier die Gefahr besteht, aufgrund des Wissensrückstandes gegenüber den Medizinern in Auseinandersetzungen die schlechteren Argumente zu haben. Dieses Vakuum führt zu Situationen extremer Ungewissheit, in welcher der Experte mit der meisten Erfahrung die Führung übernimmt. Er bestimmt in der konkreten Situation das medizinische Vorgehen und über die Verteilung der Aufgaben an das verfügbare Personal. Dieser Mechanismus ist oft gleichbedeutend mit einem Rückfall in die Routine, ein Team wie gewohnt „um eine Chefarzt-Persönlichkeit herum“ zu organisieren. Die Konsequenz dieses Vertrauens auf Selbstorganisation besteht darin, dass besonders kritische Bestandteile des Wandels – in diesem Fall die strikte Prozessorientierung – sich schon nach wenigen Wochen in tradierte Führungsmodelle „um Personen“ zurückentwickelt haben. Unbestrittene Bestandteile der Reform haben hingegen überlebt.

Führungspraktik 4.2: Wandel vom Patientenprozess und den Unterstützungsprozessen her initiieren
Damit die Implementierung neuer Arbeitsprozesse erfolgreich ist, müssen diese einen unmittelbaren Nutzen bei der Patientenbehandlung schaffen. Ideen für solche Verbesserungen setzen zumeist unmittelbar am Behandlungspfad an. Sie versuchen meist, moderne Prinzipien des Prozessmanagements anzuwenden (Bohmer 2009). Ein erfolgreiches Beispiel war die relativ einfache Einführung einer Triage in der Notfallstation zur Unterscheidung von Standard- und komplexen Fällen. Dadurch konnte der Behandlungsprozess beschleunigt und die Qualität erhöht werden. Ebenfalls als erfolgreich haben sich gewisse „Grenzverschiebungen“ in der Definition der Zuständigkeiten erwiesen. Beispielsweise konnte ein Spitalarzt der Inneren Medizin auf der chirurgischen Bettenstation stationiert werden. Diese Maßnahme hat den Pflegeprozess beschleunigt, weil die Chirurgen aufgrund ihrer operativen Tätigkeit für das Pflegepersonal nur schlecht ansprechbar waren.

Als eigentlich unbeabsichtigte Folge mussten aufgrund der strukturellen Veränderungen in der Studie zu den Behandlungszentren auch die Administration und weitere Unterstützungsprozesse angepasst werden. Es zeigte sich rasch, dass mit der Aufwertung der bisher marginalisierten Administration (Anmeldung, Sekretariate) der Patientendurchfluss auf einfache Art verbessert werden konnte. So wurden die Anmeldung der Patienten und das Schreiben der Arztberichte zentralisiert und überhaupt für jeden Teilschritt wie „Planung Eintritt stationär“ ein genauer Prozess definiert. Ferner wurden IT-Systeme, Personalplanung und die Ablage der Dokumente standardisiert. Es waren alles Veränderungen, die kaum bestritten waren und die die Qualität substanziell erhöht haben, die aber bisher einfach zu wenig Aufmerksamkeit erhalten hatten.

Die Daten der Fallstudie weisen darauf hin, dass sich ein Spital je länger desto mehr zum *informationsverarbeitenden System* entwickelt. Folgt man einem Patienten oder einem Arzt durch den Spitalalltag, fällt auf, dass nicht *die Operation als solche* am meisten Zeit braucht, sondern die Anmeldung, das Zusammensuchen von Unterlagen, das Warten auf die Visite, das Röntgenbild und so weiter. Zusammensuchen, Herstellen und wieder Archivieren von Informationen, die für die Diagnosestellung, das Controlling und die Abrechnung gebraucht werden, sind aufwendig und für den Patienten *unmittelbar spürbar.*

Die ergriffenen Maßnahmen außerhalb der Konfliktzonen der Mediziner haben folgende positiven Konsequenzen ermöglicht: Die Standardisierung und Zentralisierung von Aufgaben hat die *Transparenz und die Erwartbarkeit* erhöht. Die Entflechtung der Aufgaben vermeidet Doppelspurigkeiten und erhöht die Qualität. Die damit insgesamt verbesserte Prozessqualität ermöglicht die Vermeidung von dringlichen organisatorischen Notfällen und Improvisation. Die beobachteten Abteilungen konnten auf Informationsredundanz (Mehrfachablage) und Kapazitätsreserven (Geräte, Personal, Material) verzichten. Weniger Bereitschaftsleistungen und eine höhere Geschwindigkeit haben den Patientennutzen erhöht, ohne mehr zu kosten (Rüegg-Stürm 2008). Die Ärzte ihrerseits können sich auf ihr Kerngeschäft der Patientenbehandlung fokussieren.

9.6 Schlussfolgerungen für die Praxis

Bei der Führung von Spitälern besteht die Kernherausforderung des Pluralismus darin, dass die „Problemlandkarten" – die Bedürfnisse, Ansprüche und Erwartungen – je nach Alltagserfahrung der Beteiligten (Mediziner) ganz unterschiedlich sind. Die Herausforderung für die Führung besteht darin, diese Ideen und Probleme miteinander zu verbinden und bearbeitbar zu machen. Die schwierige Aufgabe der Führung ist, Initiativen zu entwickeln, die zumindest einzelne Bedürfnisse der jeweiligen Interessengruppen adressieren. Dabei entstehen enorme Spannungsfelder, die die Führungsarbeit äußerst herausfordernd machen. Die vorliegende Untersuchung legt nahe, dass Spitalmanager sich in der Gewichtung ihres Führungsansatzes entlang der Matrix unterscheiden, aber dennoch von Zeit zu Zeit auf Praktiken aller Felder zurückgreifen. Man könnte gelingende Führungsarbeit als adaptiv und situationsbezogen bezeichnen (Randall und Coakley 2007). Unsere Forschung legt nahe, dass der entscheidende Unterschied zwischen erfolgreichen und nicht erfolgreichen Spitalmanagern darin liegt, ob es gelingt, im Umgang mit Grenzen und Paradoxien einen positiven „Virtuous Circle" entstehen zu lassen oder in einen negativen „Vicious Circle" (Teufelskreis) abzugleiten (Chreim et al. 2013). Manche Spitalmanager haben es geschafft, einen gewissen Erfolgspfad zu etablieren, der sie gegen einige Führungsfallen immunisiert. Umgekehrt konnten auch Führungsstrategien identifiziert werden, die mit hoher Wahrscheinlichkeit in eine negative Spirale von Konflikten und Vertrauensverlust münden. Die identifizierten Spannungsfelder, die mit jedem der vier Führungsansätze verbunden sind, werden in Abb. 9.2 noch einmal für jeden Quadranten zusammengefasst dargestellt.

Die Führung durch eine **Kontextsteuerung („Trust the Experts")** ist relativ einfach; sie setzt aber voraus, dass genügend Ressourcen vorhanden sind. Es geht darum,

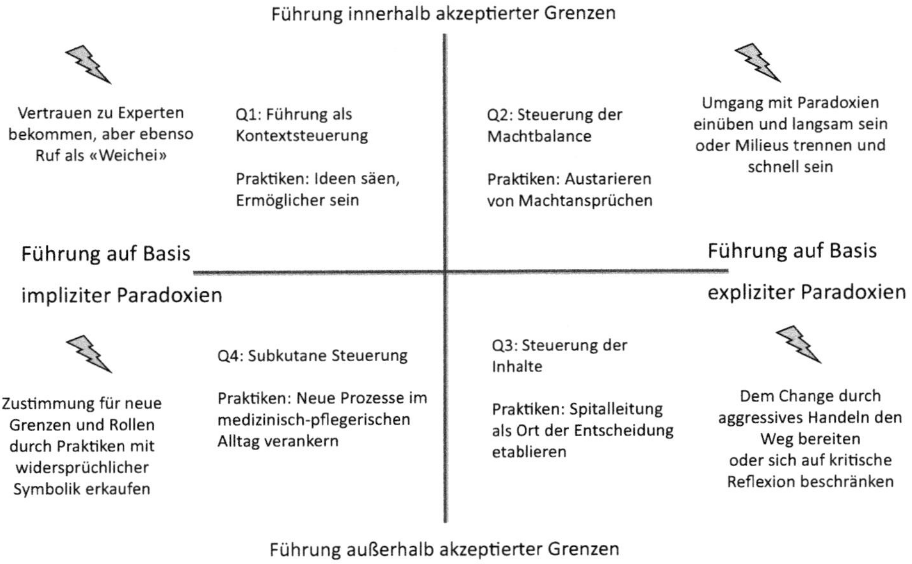

Abb. 9.2 Praktiken und Spannungsfelder in der Führung von Spitälern

Kontexte zu schaffen, die den Experten eine attraktive Entwicklung ermöglichen. Unumstritten ist auch das Ziel, mehr Medizin zu ermöglichen und die Administration zu vereinfachen. Wichtig für einen „Virtuous Circle" ist ein guter Einstieg der Führungsperson in die Beziehung mit den Experten. Hilfreich ist es, deren differenzierte, paradoxale Werte (Forschung, Grundversorgung, Fachbereiche) und Bedürfnisse anzuerkennen und auch zu unterstützen. Wenn es der Führung gelingt, den eigenen Nutzen durch Taten nachzuweisen und nicht nur als „Reduzierer" wahrgenommen zu werden, ist das eine Basis für Vertrauen. Auch in Zeiten knapper Finanzen gibt es für eine Spitalleitung immer Möglichkeiten, sich Vertrauen und Legitimation zu erarbeiten, indem die unbestrittenen Ziele eines Spitals betont werden. Sich als Führung nur in diesem Quadranten „auszuruhen", entspricht aber nicht mehr den Ansprüchen an ein modernes Spitalmanagement.

Die Führung durch eine **Steuerung der Matchbalance („Mediate the Experts")** kommt meist dann zum Tragen, wenn die Spitalleitung zwischen konfliktträchtigen Fachbereichen vermitteln muss oder Prioritäten und Hierarchien zu definieren hat. In diesem Augenblick treten die unterschiedlichen Performance-Kriterien und Werte zutage. Trotzdem besteht ein bestimmter Anreiz zur Kooperation, da alle Akteure das Ziel haben, Synergien zu nutzen, um ihr Fachgebiet auf medizinisch höchstem Niveau zu fahren. Umgekehrt ist die Gefahr für einen „Vicious Circle" groß, wenn Spitalmanager versuchen, aus Sicht der Betroffenen revolutionäre Initiativen durchzusetzen, die die etablierte Hierarchie infrage stellen. Um solche Entscheide erfolgreich umzusetzen, bedient sich die Führung „tradierter" Praktiken, wie beispielsweise die Trennung der verschiedenen Experten-Milieus, um Spannungen und Paradoxien zu vermeiden. Es hat sich gezeigt, dass diese Konfliktvermeidungsstrategie (die Trennung von „Formulieren“ und „Implementieren“) sehr teuer erkauft wird. Hilfreich ist hingegen, den Beginn von kulturellem Wandel nicht immer hinauszuzögern, sondern Wandelveranstaltungen wie Workshops zu nutzen, um innovative Praktiken und neue Institutionen im Alltag einzuüben. Das können neue Formen des Umgangs, das ehrliche Darlegen des eigenen Standpunktes, das Reflektieren und das Einbeziehen sein. Es geht darum, ein neues Set von Führungs- und Kommunikationspraktiken gezielt im Alltag zu institutionalisieren. Dazu gehören auch die Erarbeitung von Prozess-Landkarten und die Definition neuer Rollen (Spitalärzte, Clinical Nurse), um eine Art „Middle Management“ zu etablieren. Die Belegschaft sieht die neue Kultur entstehen, und der Wandel gewinnt Glaubwürdigkeit. Mit dieser Art von Intervention können Spitalmanager zudem der Gefahr entgegenwirken, von den Medizinern als „Weichei“ abgeschrieben zu werden.

Die Führung durch eine **Steuerung der Inhalte („Manage the Experts“)** umfasst Themen wie die Etablierung einer strategischen Positionierung durch das Vorgeben des medizinischen Leistungsangebots und der Wettbewerbsstrategie auf Ebene des Gesamtspitals oder durch die Durchsetzung von einheitlichen Entscheidungskriterien, z. B. ausschließlich nach Marktattraktivität. Es ist naheliegend, dass die Gefahr für einen „Vicious Circle“ mit diesem Führungsansatz groß ist. Häufig kommt dabei zum Tragen, dass die Spitalleitung aggressiv versucht, die Steuerungsorte und die Entwicklungslogik des Spitals auf den Kopf zu stellen, aber gleichzeitig selbst für diesen Wandel nicht bereit ist, da die Mehrheit der Entscheider die marktorientierte Kultur gar nicht mit Herzblut vertritt. Auch verabschiedete Strategien erhalten in der Konkretisierung keinen Support oder werden mit gegenläufigen Entscheiden torpediert. Eine verträglichere Form der Intervention besteht hingegen darin, im ständigen Dialog mit den Experten zu sein. Es kann damit so etwas wie „verdeckte Führung“ (Mintzberg 1998) entstehen, die der Führungspraktik des „Ermöglichens“ und „Ideen-Säens“ ähnelt. Durch das Abholen von Bedürfnissen und Emotionen, den Austausch mit den Anspruchsgruppen und das Anregen und Abstimmen von Ideen und Initiativen, IT-Programmen und sonstiger Infrastruktur können Führungskräfte viel Wirkung entfalten.

Die **Führung durch eine subkutane Steuerung („Nudge the Experts“)** bedeutet z. B. Prozesse so auszurichten, dass der Patient im Zentrum steht, ohne alle Grundannahmen der beteiligten Experten zu durchleuchten. Für die Auszubildenden bedeutet dies, als Zentrumsspital sollten Aus- und Weiterbildung im Zentrum stehen, ohne jedoch am Kern der „Kultur um Persönlichkeiten“ zu rütteln. Gefährlich ist aber die Verlockung, den Anspruchsgruppen zu viel zu versprechen oder den Einsatz widersprüchlicher Praktiken, etwa die Zustimmung der Chefärzte zu „kaufen“, zu extensiv zu nutzen. Mit diesen Strategien kann eine Führungsperson den Change auch außerhalb der gewohnten Grenzen formell weit vorantreiben. Aber das kulturelle Unverständnis derjenigen, die die Strukturen und Prozesse leben sollen, zeigt sich in der Phase der Implementierung. Ausgelöst durch Ängste und Uneinigkeit kann es zu einem Rückfall in traditionelle Muster kommen. Gefährlich ist auch die damit verbundene widersprüchliche Symbolik durch das oberste Management. Die vielen Beobachter in und außerhalb des Spitals (Oberärzte, Pflege, Administration, Zuweiser) nehmen die Führung und den Wandel nicht mehr ernst. Sie glauben vielmehr dem beobachteten „walk", und nicht dem kommunizierten „talk".

Wichtig scheint weiter, bei der Verschiebung der Grenzziehungen zwischen Experten und Management das richtige Maß und den richtigen methodischen Ansatz zu finden. Sinnvoll ist, den medizinischen Kernbereich zu respektieren und keinen Streit um Fachliches anzufangen. Gleichzeitig gilt es, die Zuständigkeiten für verschiedene „Bühnen" und deren Schnittstellen neu auszuhandeln. Anstatt dabei selbst die Lösungen vorzuschlagen, sollte die Führung die Experten in die Pflicht nehmen, um z. B. zu klären, ob es für „Standardfälle" und „komplexe Fälle" nicht zwei Patientenpfade braucht, um effizient zu arbeiten. Es gilt also, *Anforderungen an die medizinische, operative Führung zu formulieren* und diese mit einem Methodenkoffer (Lean-Prinzipien, Projektmanagement etc.) zu unterstützen, *ohne zu bestimmen.* Neben der Führung bezüglich neuer Arbeitsmethoden ist auch ein Diskurs über prozessuale und strukturelle Anforderungen zu führen, wie die Förderung der jungen Mitarbeiter, gute Durchlaufzeiten und sinnvolle Qualitätsindikatoren. Es geht, wie in der Empirie angesprochen, um das *Vermeiden von Grabenkämpfen, ohne den Ruf als „Weichei" zu erhalten.* Als sehr wirksam hat sich der Ansatz erwiesen, bisher hierarchisch tiefergestellte Support-Funktionen wie die Patientenadministration, IT-Infrastruktur, Sozialdienst etc. aufzuwerten. Dies wirkt als Entlastung und komplementäre Arbeit und nicht als Konkurrenz zu den Ärzten. Es ist also sinnvoll, den Wandel *bottom-up von Patientenprozessen oder Supportprozessen zu starten und dann zu skalieren und auszubauen.* Damit können große ideologische Restrukturierungen vermieden werden, für die die Voraussetzungen fehlen. Die Führung nimmt dabei eher eine Unterstützungsfunktion für die Medizin und Pflege ein. Dabei ist auch innerhalb der Spitalleitung eine Ausdifferenzierung anzustreben. Die Senior Manager sind für die Kontakte zur Regierung und zu den externen Stakeholdern zuständig, während operative Manager (evtl. mit medizinischem Hintergrund) Veränderungen innerhalb der Organisation bearbeiten.

Ziel unseres Beitrags war, die Komplexität der Führung von Spitalorganisationen zu veranschaulichen. Die empirischen Ergebnisse schaffen ein Bewusstsein für die Spannungsfelder und die darin möglichen negativen und positiven Dynamiken. Zusammenfassend kann gesagt werden, dass Führung von Spitälern die Kompetenz bedingt, situativ auf die unterschiedlichen Führungspraktiken zuzugreifen, eine Fähigkeit, die Heifetz et al. (2009) „Adaptive Leadership" nennen. Damit wird die Gefahr reduziert, blindlings in unproduktive Konflikte oder einen Vertrauensverlust hineinzurutschen. Die Implikationen zeigen somit Ansatzpunkte auf, wie man mit den Spannungsfeldern konstruktiv umgehen und wie Führung in Spitälern gelingen kann.

Literatur

Amelung, V. E., & Schumacher, H. (2004). *Managed care: Neue Wege im Gesundheitsmanagement; mit 12 Fallstudien aus den USA*. der Schweiz und Deutschland: Springer.
Arx, W. von. (2008). *Die dynamische Verfertigung von Strategie: Rekonstruktion organisationaler Praktiken und Kontexte eines Universitätsspitals*. MWV.
Atun, R. A. (2003). Doctors and managers need to speak a common language. *BMJ: British Medical Journal, 326*(7390), 655.
Baker, T., & Nelson, R. E. (2005). Creating something from nothing: Resource construction through entrepreneurial bricolage. *Administrative Science Quarterly, 50*(3), 329–366.
Barrett, F. J., Thomas, G. F., & Hocevar, S. S. (1995). The central role of discourse in large-scale change: A social construction perspective. *Journal of Applied Behavioral Science, 31*(3), 351–372.
Bate, P. (2000). Changing the culture of a hospital: From hierarchy to networkedcommunity. *Public Administration, 78*(3), 485–512. https://doi.org/10.1111/1467-9299.00215.
Belling, R., Whittock, M., McLaren, S., Burns, T., Catty, J., Jones, I. R., et al. (2011). Achieving continuity of care: Facilitators and barriers in community mental health teams. *Implementation Science, 6*(1), 23.
Bohmer, R. M. (2009). *Designing care: Aligning the nature and management of health care*. Boston: Harvard Business Press.
Boltanski, L., & Thévenot, L. (2006). *On justification: Economies of worth*. Princeton: Princeton University Press.
Boos, L. (2002). *Soziales Dilemma und die Organisation des Krankenhauses* (1. Aufl.). Bern: SGGP.
Bryman, A., Bresnen, M., Beardsworth, A., & Keil, T. (1988). Qualitative research and the study of leadership. *Human Relations, 41*(1), 13–29.
Chreim, S., Langley, A., Comeau-Vallée, M., Huq, J. L., & Reay, T. (2013). Leadership as boundary work in healthcare teams. *Leadership, 9*(2), 201–228.
Cohen, W. M., & Levinthal, D. A. (1990). Absorptive capacity: A new perspective on learning and innovation. *Administrative Science Quarterly, 35*, 128–152.
Crevani, L., Lindgren, M., & Packendorff, J. (2010). Leadership, not leaders: On the study of leadership as practices and interactions. *Scandinavian Journal of Management, 26*(1), 77–86.
Davies, H. T., & Harrison, S. (2003). Trends in doctor-manager relationships. *BMJ: British Medical Journal, 326*(7390), 646.
Denis, J.-L., Langley, A., & Rouleau, L. (2005). Rethinking leadership in public organizations. In *The Oxford Handbook of Public Management* (S. 446–467). https://doi.org/10.1093/oxfordhb/9780199226443.001.0001
Dutton, J. E., & Dukerich, J. M. (1991). Keeping an eye on the mirror: Image and identity in organizational adaptation. *Academy of Management Journal, 34*(3), 517–554. https://doi.org/10.2307/256405.
Endrissat, N. (2008). *Connecting who we are with how we construct leadership: An identity-interactionist perspective on leadership in Swiss hospitals*. Lengerich: Pabst Science Publishers.
Endrissat, N., & Arx, W. von (2013). Leadership practices and context: Two sides of the same coin. *Leadership, 9*(2), 278–304.
Ferlie, E., Fitzgerald, L., Wood, M., & Hawkins, C. (2005). The nonspread of innovations: The mediating role of professionals. *Academy of Management Journal, 48*(1), 117–134.
Flick, U., Kardorff, E. V., & Steinke, I. (2000). Qualitative Forschung. *Ein Handbuch, 5,* 14.
Glouberman, S., & Mintzberg, H. (2001a). Managing the care of health and the cure of disease—part I: Differentiation. *Health Care Management Review, 26*(1), 56–69.

Glouberman, S., & Mintzberg, H. (2001b). Managing the care of health and the cure of disease—part II: Integration. *Health Care Management Review, 26*(1), 70–84.
Goode, W. J. (1957). Community within a community: The professions. *American Sociological Review, 22*(2), 194–200. https://doi.org/10.2307/2088857.
Greenwood, R., & Hinings, C. R. (1996). Understanding radical organizational change: Bringing together the old and the new institutionalism. *Academy of Management Review, 21*(4), 1022–1054.
Heifetz, R. A., Grashow, A., & Linsky, M. (2009). *The practice of adaptive leadership: Tools and tactics for changing your organization and the world*. Boston: Harvard Business Press.
Hodgson, R. C., Levinson, D. J., & Zaleznik, A. (1965). *The executive role constellation*. Division of Research, Graduate School of Business Administration: Harvard University.
Kayser, B., & Schwefing, B. (1998). *Managed Care und HMOs. Lösung für die Finanzkrise der Krankenversicherung?*. Bern: Huber.
Kim, W. C., & Mauborgne, R. A. (1991). Implementing global strategies: The role of procedural justice. *Strategic Management Journal, 12*(S1), 125–143.
Lanzara, G. F. 1999. Between transient constructs and persistent structures: Designing systems in action. *Journal of Strategic Information Systems, 8,* 331–349.
Maguire, S., & Hardy, C. (2005). Identity and collaborative strategy in the Canadian HIV/AIDS treatment domain. *Strategic Organization, 3*(1), 11–45. https://doi.org/10.1177/1476127005050112.
Merkens, H. (2004). 4.4 Selection procedures, sampling, case construction. *A Companion to Qualitative Research*. In Flick, U., von Kardoff, E., & Steinke, I. (Hrsg.). A companion to qualitative research. Sage. (S. 165–171).
Mintzberg, H. (1997). Toward healthier hospitals. *Health Care Management Review, 22*(4), 9–18.
Mintzberg, H. (1998). Covert leadership: Notes on managing professionals. *Harvard Business Review, 76,* 140–148.
Mintzberg, H., Lampel, J., Quinn, J. B., & Goshal, S. (2002). The strategy process: Concepts, contexts, cases. *Financial Times Management.*
Nonaka, I. (1994). A dynamic theory of organizational knowledge creation. *Organization Science, 5*(1), 14–37.
Patton, M. Q. (1990). *Qualitative evaluation and research methods*. SAGE .
Quinn, J. B., Anderson, P., & Finkelstein, S. (1996). Leveraging intellect. *The Academy of Management Executive, 10*(3), 7–27.
Randall, L. M., & Coakley, L. A. (2007). Applying adaptive leadership to successful change initiatives in academia. *Leadership & Organization Development Journal, 28*(4), 325–335.
Rüegg-Stürm, J. (2008). Operation gelungen, Patient gestorben – glückliche und weniger glückliche Wege zu einer besseren Kosteneffizienz von Spitälern. *Schweizerische Ärztezeitung, 89*(33), 1413–1416.
Smith, W. K., & Lewis, M. W. (2011). Toward a theory of paradox: A dynamic equilibrium model of organizing. *Academy of Management Review, 36*(2), 381–403.
Strauss, A., Fagerhaugh, S., & Suczek, B. (1997). *Social organization of medical work*. Edison: Transaction Publishers.
Strauss, A., Schatzman, L., Bucher, R., Ehrlich, D., & Sabshin, M. (1975). *Negotiated order and the coordination of work. AL strauss, professions, work and careers* (S. 175–202). New Brunswick: Transaction Books.
Stratmeyer, P. (2002). Das patientenorientierte Krankenhaus: Eine *Einführung in das System Krankenhaus und die Perspektiven für die Kooperation zwischen Pflege und Medizin*. Beltz Juventa.
Suddaby, R. (2006). From the editors: What grounded theory is not. *Academy of Management Journal, 49*(4), 633–642.
Tsoukas, H., & Chia, R. (2002). On organizational becoming: Rethinking organizational change. *Organization Science, 13*(5), 567–582.

Tuckermann, H. (2007). *Organisationaler Wandel als Entfaltung von Paradoxien – systemtheoretische Rekonstruktion einer Krankenhausfusion*. Bamberg: Difo-Druck GmbH.

Vogd, W. (2002). Professionalisierungsschub oder Auflösung ärztlicher Autonomie: Die Bedeutung von Evidence Based Medicine und der neuen funktionalen Eliten in der Medizin aus system-und interaktionstheoretischer Perspektive. *Zeitschrift für Soziologie, 31*(4), 294–315.

Weick, K. E. (1976). Educational organizations as loosely coupled systems. *Administrative Science Quarterly, 21*(1), 1. https://doi.org/10.2307/2391875.

Weick, K. E. (2003). Theory and practice in the real world. In H. Tsoukas & C. Knudsen (Hrsg.), *The Oxford handbook of organization theory*. Oxford: Oxford University Press.

Wenger, E. (1998). *Communities of practice: Learning, meaning, and identity, Seite 73*. Cambridge University Press.

Wiechmann, M. (2003). *Managed care. Grundlagen, internationale Erfahrungen und Umsetzung im deutschen Gesundheitswesen*. Wiesbaden: Springer.

Developing Leadership: Innovation, Adaptability and Integration in Large-Scale Health Care Organizations

10

Ken Otter

Expert organizations practice and apply knowledge-intensive expertise, such as in medicine, law and engineering. In a world characterized by increased volatility, uncertainty, complexity, and ambiguity (VUCA), expert organizations must learn to adapt to changing conditions while continuing to execute their expertise. Whether in small-scale professional service firms, such as a medical practice, or large-scale organizations, such as a regional hospital, key to effective adaptation is cultivating capacities for learning, experimentation, and collaboration (Hanson and Ford 2010). In this paper, I explore the role leadership can play in cultivating the adaptive capacity in expert organizations, focusing on health care organizations by drawing upon one single-in depth case study.

I begin this exploration by describing the unique challenges of delivering health care in general and of large-scale health care organizations (LSHOs) in the face of the increasing complexity in both internal (e.g., coordination of various kinds of expertise) and external environments (e.g., the changing regulatory environment) (Augl 2012; Lipsitz 2012). I then describe a tripartite view of organizational life, consisting of three distinct spheres: technical, managerial, and leadership, whose differentiation and integration is key to developing adaptive capacity (Burns 2001; Glouberman and Mintzburg 2001; Heifetz and Linsky 2002; Lipsitz 2012; Weick 2009).

Although research and practice in LSHOs have focused on the technical and management spheres, they have not considered leadership as a distinct sphere (Barriere et al. 2002; Burns 2001; Dunoon 2008; Henochowicz and Hetherington 2006). I offer a perspective of leadership in health care organizations in which medical experts and managers can participate together to enhance the adaptive capacity of the organization

K. Otter (✉)
Saint Mary's College of California, Moraga, CA, USA
E-Mail: kotter@stmarys-ca.edu

P. Kels und S. Kaudela-Baum (Hrsg.), *Experten führen,* uniscope. Publikationen der SGO Stiftung, https://doi.org/10.1007/978-3-658-23028-9_10

(Burns 2001; Lipsitz 2012). I present a case of a healthcare organization that illustrates the importance of attending to the leadership sphere as a distinct sphere. Adaptive skills on the leadership level not only bring more clarity about the knowledge, mindset and skills needed for the effective practice of leadership in healthcare but, as I argue in this paper, are central to its effectiveness in today's VUCA world.

10.1 Navigating Complexity in a VUCA World

The complexity and change to which LSHOs must attend and adapt exist both internally and externally to the organizations. Moreover, these two directions of attention and response are interlinked and interrelated. Externally, LSHOs face several issues, among them changing national policies and regulations, rising health care costs, increasing occurrences of chronic diseases, innovations in medical technology and patient record-keeping, an aging population, and greater demand for coordination among the different treatment modalities and delivery (Lipsitz 2012). Each of these external forces presents unique challenges and requires certain kinds of competency and coordination on the part of the LSHO if it is to respond effectively. An effective response is a primary outcome of the *internal* orientation of attention that LSHOs must adopt in order to develop the adaptive capacity necessary to function and flourish (Barriere et al. 2002; Burns 2001; Lipsitz 2012).

The internal environment is equally as complex and dynamic for LSHOs. For one, no matter whether the LSHOs are regional (e.g., Kaiser Permanente in the United States[1]) or national actors (e.g., as in many European countries), various kinds of expertise must be coordinated and aligned. Most pronounced are diverse kinds of medical expertise in patient care delivery, such as surgery, radiology, anesthesiology, pharmacology, and nursing, each with their specialized knowledge and practice. Adding to the complexity, various administrative and managerial components, such as accounting, data management, insurance payment, budgeting, facilities, regulation, policy, and advocacy (Glouberman and Mintzberg 2001), all require coordination and collaboration for the organization to deliver quality care and to adapt to the external changes described above.

For the purpose of this paper, I categorize medical components (i.e., physicians practicing medicine) as belonging to the *technical* sphere and administrative and managerial components (i.e., executives administrating and managing the organization) to the *managerial* sphere. The idea that different value orientations, structures and logics are

[1]Kaiser-Permanente is a non-profit health care organization that combines insurance plans, medical groups and hospitals in an integrated healthcare system operating in eight regions in the United States. As of 2016, it had over 11 Mio. members and earned 60 billion USD in revenues. As an integrated health care system, Kaiser-Permanente is considered by many to be a model for the future of health care in the United States (Abelson, March 20, 2013).

in play, as well as a variety of sources of tension and conflict in organizational life – particularly in knowledge-intensive professions such as medicine – has been a central theme in organizational and institutional theory for decades (Friedson 2001; Mintzberg 1979; Noordegraaf 2007; Scott et al. 2000; Scott 2004). It is critical for contemporary health care organizations to identify the distinct value orientations embedded in these different spheres or logics and to find links among them in order to improve integration and effectiveness, given the VUCA environment within which these organizations exist (Augl 2012; Henochowicz and Hetherington 2006; Scott et al. 2000).

There are two distinctions to be made between the *technical* and the *managerial* sphere, which dominate the practice of medicine as well as large-scale health care delivery. First, although management strives for an empiricism and the analysis and quantitative measurement of its activities, the complexity and social dimensions of its activity belie achieving the kind of precision and predictability hoped for in medical science. Second, the focus on the controls, efficiency, and application of best practices – essentially a "one-size fits all" approach – as well as the exercise of authority over physicians and other technical experts conflict with the mindset of knowledge-intensive expertise and the collegial culture in which physicians have been socialized in medical school and professional associations. Consequently, the coordination and collaboration between physicians and administrators, a necessary prerequisite for successfully managing LSHOs, are rife with challenges. According to Henochowicz und Hetherington (2006), often, *"health care administrators do not have the credibility, respect, or the skill to 'manage' physicians and nurses"* (p. 187).

This represents a serious issue, given that the ability of the organization to deliver health care to people and communities in need is predicated on the effective coupling of these two domains (Weiss et al. 2013). Indeed, Henochowicz and Hetherington (2006) write that *"medicine, in order to make that transition into effective twenty-first century care, must, in addition to integrating technological advances into therapeutics, focus on the human dimension of interpersonal and organizational structures"* (p. 188).

In the next section, I discuss leadership, in particular a more relational (Uhl-Bien 2006) and systemic model (Senge et al. 2015), as a distinct sphere in LSHOs which cannot only help in the coupling of the technical and management spheres but also in cultivating a more human dimension of LSHO, which contributes to developing the adaptive capacity of complex organizations needed in today's VUCA world (Barriere et al. 2002; Burns 2001; Heifetz and Linksy 2002; Henochowicz and Hetherington 2006).

10.2 Rethinking Organizational Life and Leadership

The conventional view of organizations is that they consist of the two domains or spheres described above – the technical and the managerial. In health care organizations, the importance of the close coupling of the technical and managerial spheres cannot be overstated (Glouberman and Mintzburg 2001; Henochowicz and Hetherington 2006).

In health care, the technical sphere consists of knowledge-intensive medical and other kinds of expertise involved in diagnosing and treating illness, as well as other aspects of patient care. This medical expertise encompasses highly sophisticated knowledge requiring continuous attention to the latest advances and research, quality controls, and the development of various support systems, to name just a few (Augl 2012; Glouberman and Mintzburg 2001).

The management sphere consists of a wide range of activities, processes, policies, and systems that make it possible to deliver medical and patient care. Beyond providing the resources, personnel, and administrative support and structures for the development, application, and quality of medical expertise, this sphere involves additional administrative, coordinating, and managing systems, processes and structures that make it possible to achieve financial, regulatory, and health care delivery outcomes.

In this traditional two-part view of organizational life, leadership activity is considered part of the management sphere (Goodhall 2009; Kotter 1996; Rost 1993; Stoller 2014). Such an encompassing view of leadership activities within the management sphere reflects the conflation of the terms *manager* and *leader* in organizational life. The prevailing view is that managers are leaders, and therefore they practice leadership. However, many scholars identify important distinctions between leadership and management activities and recognize that making these distinctions can positively enhance the practice and development of both management and leadership (Dunoon 2008; Heifetz and Linsky 2002; Hunt 1991; Otter 2012; Rost 1993).

One way to differentiate leadership from management is based on functionality. According to Bernstein et al. (2016), management is primarily responsible for the *reliability* of an organization, while leadership is responsible for its *adaptability.* Management attends to reliability in both processes and outcomes through a focus on control, efficiency, and predictability, through the exercise of authority by those in formal roles with a specific scope of responsibilities, and by applying best practices to produce predetermined and preferred results (Heifetz et al. 2009; Rost 1993). Leadership, on the other hand, attends to adaptability through innovation, the buildup of capital, collaboration, and cultural change (Bernstein et al. 2016; Hartley and Benington 2010). Autonomy, flexibility, and experimentation are central to cultivating the adaptive capacity of an organization (Heifetz et al. 2009).

In this way, the leadership sphere attends to the emergent aspects of organizational life, which may involve some disruption of organizational forms and renewal of them in light of this emergence (Otter 2017). According to Burns (2001), speaking specifically of healthcare, *"leadership offers opportunities in the chaotic healthcare environment to focus less on prediction and control and more on fostering relationships and creating conditions in which complex adaptive systems can evolve to produce creative outcomes"* (p. 474). In other words, when realizing that what has been tried in the past may not work in new circumstances, best practices give way to novel practices (Heifetz et al. 2009). As a property of the organization and not merely the traits and behaviors of designated leaders, leadership is an activity that all members enact, regardless of their formal roles (Hanson and Ford 2010). Thus, leadership permeates throughout the organization and becomes embedded in the way people interact and work together, which is more an expression of the organizational culture than merely of an individual in his or her managerial role (Burns 2001; Heifetz and Linsky 2002; Kezar et al. 2006; Otter 2012, 2017).

In addition, the requisite skills and capacities for leadership differ in many ways from those required in the other two spheres. Self-awareness, emotional intelligence, building social capital, promoting inclusivity, collaboration, and the ability to experiment and innovate are viewed by many as key to the practice of leadership (Barriere et al. 2002; Hartley and Benington 2010; Henochowicz and Hetherington 2006). On this point, Henochowicz and Hetherington (2006) write, *"medicine, in order to make that transition into effective twenty-first century care, must … focus on the human dimension of interpersonal and organization structures"* (p. 188).

Given the importance of this adaptability function in LSHO and the role leadership plays in cultivating it, it warrants attention as an equally important sphere as the management and technical spheres described above (see Fig. 10.1). In fact, I would argue that as is true for the leadership sphere, all organizational members participate in the technical and management spheres as well: all job functions have a technical dimension to them, and management systems and processes touch everyone and every facet of organizational life. In this tripartite view of organizational functioning, each sphere has its own specialized knowledge base and skill set. As discussed above, in health care settings, it may be hard at times to bridge the differences among them, for medical expertise differs from managerial expertise, and both differ from leadership expertise in significant ways

Fig. 10.1 Figure 1

(Hartley and Benington 2010). In articulating the differences and distinctions among these three spheres, the competencies needed in each sphere become easier to identify, which in turn informs their practice and development (Otter 2012; Weiss et al. 2013).

Developing capacity in each sphere is only one part of the equation. For effective integration in complex systems such as health care, these differentiated parts must be linked and coordinated (Augl 2012; Hanson and Ford 2010). A fundamental tenet of complex systems theory is effective integration derived from the linkage between differentiated parts within the system (Siegel 2012). According to Siegel (2012), *"differentiation means that subsets of a collection of elements ... are to become unique or specialized in their individuality. Linkage means that subsets interact with one another"* (pp. 16–1-2). It follows, then, that in LSHO, differentiating the distinctions in the technical, managerial, and leadership spheres, as well as developing and coordinating the linkages among them, is an important means for developing integration. For example, the acquisition and application of medical expertise (technical sphere), various business and administrative functions (management sphere), responsiveness to changes in demographics, regulations, and technology, as well as collaboration with various stakeholders internal and external to the organizations (leadership sphere) need to be linked and coordinated in the service of integration (Augl 2012; Barriere et al. 2002; Goodall et al. 2015).

Given the tendency to conflate the spheres of management and leadership in organizational systems, I focus my discussion below on articulating the distinction between the management and leadership spheres, on how they interact, and on how the leadership sphere serves to link all three spheres as a dynamic and integrative system. I conclude the paper with a case from a hospital in Norway, which helps illustrate the integrative power of leadership as a path toward effectiveness in LSHOs.

10.3 Coupling the Management and Leadership Spheres

In LSHOs, all organizational stakeholders participate in the leadership sphere: physicians, patients, administrative staff, policy-makers and public health advocates are all potential contributors to the health and effective functioning of health care organizations (Hartley and Benington 2010). For example, maternity care in hospitals has undergone significant changes as a result of women, their families, and maternity care advocates requesting better pre- and post-natal care and providing more home-like environments for giving birth (OBOS Pregnancy and Birth Contributors 2014).

Being central to the management sphere, managers also are key contributors inside the leadership sphere (Weiss et al. 2013). While they are primarily responsible for managing the operation of the business, developing and monitoring various operational and administrative systems and processes in the service of reliability and results, they serve an important role in developing the leadership capacity in the organization as well (Hanson and Ford 2010). For the most, managers have the role of authority to direct attention and to allocate resources needed to develop the leadership sphere, which is discussed here as being embedded in the culture of the organization (i.e., not just in the actions of individual managers) and in the service of adaptability (Otter 2017). For example, a senior manager may sponsor leadership development opportunities for all organizational members and not just those in senior management roles. Managers could promote self-managed project teams whose membership draws from different departments and different levels of responsibility, as well as stakeholders outside the organization, to collaborate on new initiatives and innovations.

The practice of leadership as presented here is key to this integration. According to Henochowicz and Hetherington (2006), health care is characterized by *"uncoordinated care"* (p. 184) while being under enormous pressure to be more interlinked and integrated. While the management and leadership spheres have important distinctions and perform specific functions, exploring the ways they interact and interlink is key to their integration and adaptive capacity (Heifetz and Linsky 2002; Henochowicz and Hetherington 2006). Because of the attention to the human, relational, and systemic dimensions of organizational life, the leadership sphere plays an important role in linking the three distinct spheres discussed here (Otter 2017).

10.4 The Case of KKT[2]

To demonstrate how this theory-based approach discussed above is illustrated in practice, I discuss a brief case from the world of LSHOs. Kreft, Kirurgi-og Transplantasjonsklinikken (KKT), is a new division in Oslo University Hospital (OUH), which formed from a 2011 merger of the previously distinct divisions of "Surgery and Cancer" and "Specialized Surgery and Medicine". This case illustrates how attention to the leadership sphere served to link and integrate all three spheres – technical, managerial, and leadership – through the managerial contributions described above, all of which helped KKT adapt to the complex health care environment it is operating in. The merger of these three distinct diversions into one was to address particular needs in the technical sphere, such as through diagnostics, treatment, and research in several medical specialty areas; and in the management sphere, a better alignment among a range of organizational performance processes, improved information systems, and an improved administrative infrastructure in divisions (Otter et al. 2017).

Dr. Smeland, the CEO of KKT and a physician himself, believed that in order to be successful in this new division, attention to the development of a new leadership culture was warranted. Moreover, while this merger of previously distinct divisions into KKT

[2]The full case study on which this section is based is published as: Otter, K et al. (2017). Putting Values to Work at KKT: Nourishment for a Positive Leadership Culture. In R. Koonce, P. Robinson, & B. Vogel (eds.). Developing Leaders for Positive Organizing: A 21st Century Repertoire for Leading in Extraordinary Times. Bingley, UK: Emerald Publishing Limited.

was executed as part of the OUH hospital's larger response to challenges (About OSLO University Hospital 2016), it brought forth a new level of complexity and a set of challenges of its own, to which the practice of leadership is more suited to respond (Hanson and Ford 2010). Hanson and Ford (2010) describe the importance of leadership, and the more relational and adaptive leadership this chapter promotes, to address both technical and managerial problems this way.

The underlying logics of a bureaucracy are ill-suited to the shifting demands facing administrative leaders and managers today and merely entrench century-old concepts of management. Successful adaptation does not simply refer to rearranging organizational structures or to increasing the individual skills and performance of medical professionals. Leading complex adaptive organizations through dynamical processes requires leaders and managers to view both organizations and leadership differently (Hanson and Ford 2010, p. 6589).

The new division now included 3,000 employees in four locations, 260 of which were managers at various organizational levels, some of whom were physicians, while others were not. Prior to the merger, each of the two divisions had its own culture reflective of its respective medical specialty and its own ways of operating, both clinically and administratively. Dr. Smeland understood that for the merger to succeed in terms of improved patient care and organizational performance, attention had to be paid to the organizational and leadership culture within the new division. Key to this was to acknowledge existing cultural norms, to build effective working relationships between the people across the previously separate divisions, and to discover shared values. Now, these needed to be combined into a cohesive and smooth-running new whole.

The CEO realized that the goals of improving medical care and achieving better organizational efficiency and effectiveness, involving both the technical and managerial sphere of KKT, could not be achieved without developing a new organizational culture in which trust, respect, learning, collaboration, and adaptability were core practices (Otter et al. 2017). By attending to these success factors, which reflect elements belonging to the leadership sphere, he set about to enhance the leadership capacity of people and the organization as a whole through a values-based leadership development program. Below, I present a brief narrative of this program and its outcomes.

In partnership with Value@Work, a values-driven leadership development company in Norway, KKT embarked on a 2-year leadership development program in 2012. It focused on identifying personal and team values as a primary path for enhancing leadership capacity in people and throughout the organization. It was viewed as an important pathway toward building the new organizational culture needed for the new division to succeed. The program initially focused on the executive management team and moved to the second tier of management in KKT after 1 year.

Initially, the program was met with much skepticism. With physicians in many top management roles, the old divisions were acculturated to a more scientific and analytic approach to problem-solving. For many, a values-based approach was a stretch. It was considered “soft stuff”, lacking research and empirical evidence, appearing ambiguous, time-consuming, and risky, given the pressure to make the merger work. Adding to the challenge, some in the executive team thought that the cultural differences inside the new division were too big to bridge and concluded that the merger could not be successful, regardless of the program meaning to unify the new division. Despite these hesitations, the CEO was able to use his credibility as a physician and department chief to enlist a team of executives willing to embark on a leadership development training.

Framed initially as an experiment, the program was designed as a series of 2-day workshops with reflective work in between and involved the KKT executive team in the following activities:

1. Define the executive leadership team mission and success factors.
2. Initiate shared goals and strategic action plans for the merged division.
3. Identify the appropriate values for creating the culture as conducive to achieve the goals in the action plan.
4. Enable and support leaders to develop the desired values and build a new culture in their teams.

The executive leadership team’s mission and success factors

The first 2-day workshop with the executive team aimed at creating a purpose statement that linked strategy, goals, and culture. In response to the questions *“Why do you have to be a team? Where do you see the benefits?”*, the team identified ten success factors to establish a baseline for themselves (see Fig. 10.2).

Shared goals and strategic action plans for the merged division

In a subsequent workshop, using a balanced scorecard (Kaplan and Norton 1996), the executive team identified four goals they wanted KKT to achieve:

1. Contribute to making OUS an outstanding hospital and a value creator in Norwegian society.
2. Improve diagnostics, treatment, research, and education in the medical divisions within their responsibility.
3. Ensure the alignment of processes, quality equipment, improved information systems, and infrastructure in the newly formed division.
4. Develop KKT with exceptional learning and attention to the development of the new organization by having the right culture, competence, and leadership to work in the most efficient and effective way.

Identifying the right values and culture for achieving the goals. In another workshop, the executive team used a values-and-cultural-assessment tool and process to identify their existing cultural values and problem-solving capabilities. The problem-solving

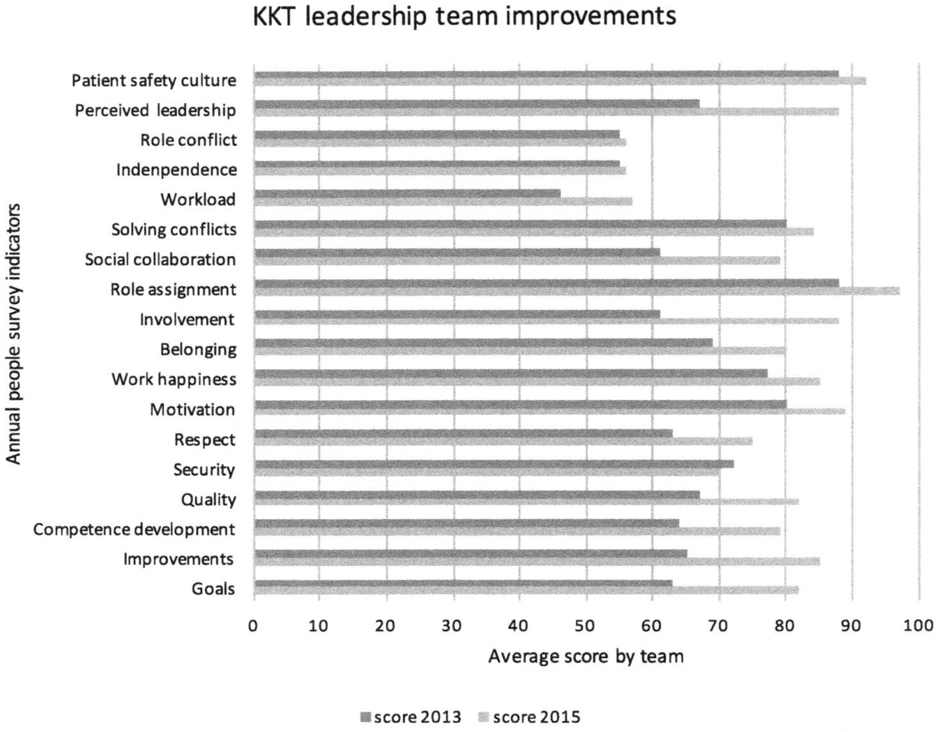

Fig. 10.2 Baseline scores on ten success factors. (cited in Otter et al. 2017, p. 12)

capabilities they felt were necessary for the team included having more agility in managing change, creating development opportunities, solving complex problems, and dealing with the unexpected, as well as handling conflicts.

Incorporating the values embedded in the strategic goals of Oslo University Hospital, in combination with the values of the individuals and the team, the executive team envisioned a team culture to which they aspired. Visionary thinking, synergy, team development, collaboration, and courage were attributes of this culture, underpinned by values of trust, courage, responsibility, and flexibility. These four values became part of their identity and were to guide the culture of KKT.

Subsequent workshops explored each of the values separately. In these workshops, each team member identified their own high-priority values. Through a team dialogue process, each member then explored how their values align with each of the KKT values and the high-priority values of other team members. Ultimately, this led to each member being able to identify their own development needs. At the conclusion of this first phase of the leadership development program with the executive team, three primary outcomes were generated:

1. There was greater synergy in the executive team, which resulted in a more positive team culture and improved performance.
2. Key organizational values, success factors, and leadership capacities were identified to which each team within the organization was to be held accountable.
3. A developmental pathway and program was created that other teams in the organization could use to develop their own team culture and performance.

Now it was time for the executive team to take on the fourth task to begin to engage the next tier of managers in this values-based leadership development and culture change program.

Enabling managers to build new cultures

Following the success of the leadership development work of the executive team, this fourth task was for other management teams to begin a similar leadership development process to provide direction and motivation for a personal and team-values-driven leadership journey. The plan was that, eventually, each of these team members would do something similar with *their* teams until all organizational members were reached.

During this phase of the leadership development program, the four goals and values of KKT developed by the executive leadership team were shared across all teams. Each team also engaged in the values and cultural assessment process toward developing an aspired team culture and toward creating individualized and team development plans.

By the end of the 2-year program, there was ample evidence in KKT of positive change, including an increase in work engagement and retention, a decrease in team conflicts as compared to other divisions, better team relations and performances, an improved ability to address challenges constructively, and better relationships between managers and subordinates. An important result of the attention to the leadership sphere in KKT occurred when physicians in management roles observed that the delivery of patient care improved as much as the quality of the culture within the division did. In order to further spread these results, some department managers became advisors to other divisions' managers on cultural and leadership issues, demonstrating cross-boundary engagements reflective of relational leadership (Otter 2012). In this way, building a culture that works became the shared ambition for many.

Reflecting on the 2-year leadership development program,[3] the CEO of KKT described the journey this way:

> We had early in the process hard counter forces and resistance to change ... We needed a new strategy, a new platform that works in a university hospital with high ambitions like OUS. Deciding on the values that cover our assignment and ambitions ... became the platform we searched for ...

[3]As of writing, KKT continues its leadership and organizational development work with Values@ Work in a cultural and values change approach.

> We now have a culture that works and enables us to face new and unexpected challenges. We have in addition created good results not only for the team and team members but also for the division, delivering high-level patient care, excellent research and recently also a sustainable economy (Smeland, as cited in Otter et al. 2017, p. 383).

10.5 Conclusion

The KKT case exemplifies the challenges many health care organizations face and demonstrates the need to adapt to the volatile, uncertain, complex, and ambiguous conditions in which they are embedded. It demonstrates how managers and technical experts can expand their role and scope of responsibility by cultivating the conditions for the leadership sphere to emerge and to develop their own capacity in leadership. The study also helps illustrate why attention to, and the development of, the leadership sphere – one in which a more relational, adaptive and collaborative approach is taken – in concert with the technical and management spheres are key to organizational effectiveness and adaptability.

When organizations such as KKT begin attending to leadership activities and developing this capacity in people, they are in effect bringing forth leadership as a third sphere in organizational life. With the development of the leadership sphere as a distinct and complementary one to the technical and management sphere, they help develop and apply the knowledge, mindset, and skills needed for the effective practice of leadership. As we have seen in the case of KKT, developing the leadership sphere, particularly in its more systemic and relational forms, can help bridge the divides between the technical and management spheres while fulfilling the goals and enhancing the effectiveness of each sphere. In this way, both the reliability and adaptive functions of the organization become enhanced.

Organizations face two significant and seemingly contradictory needs, on both of which their survival and future depend. On the one hand, they need to continually deepen and develop expertise in order to advance the scientific and technological knowledge our sophisticated world requires. On the other hand, they need to broaden and develop their capacity to work across disciplines, organizations, and sectors to advance their relational know-how in an interdependent world. Attending to the leadership capabilities and expanding the leadership culture brings organizations one step closer to meeting both of those goals.

References

About OSLO University Hospital. (2016). https://oslo-universitetssykehus.no/Documents/Engelsk-presentasjon-av-OUS-juli-2016.pdf.

Abelson, R. (2013, March 20). The face of future health care. The New York Times http://www.nytimes.com/2013/03/21/business/kaiser-permanente-is-seen-as-face-of-future-health-care.html).

Augl, M., (2012). Building a conceptual roadmap for systemic change: A novel approach to change management in expert organizations in health care. In: C. Stary (Ed.), S–BPM ONE – Scientific Research. *Lecture Notes in Business Information Processing,* 104. Heidelberg: Springer.

Barriere, M. T., Anson, B. R., Ording, R. S., & Rogers, E. (2002). Culture transformation in a health care organization: A process for building adaptive capabilities through leadership development. *Consulting Psychology Journal: Practice and Research, 54*(2), 116–130. https://doi.org/10.1037/1061-4087.54.2.116.

Bernstein, E., Bunch, J., Canner, N., & Lee, M. (2016). Beyond the holacracy hype. *Harvard Business Review,* (July-August), S. 2 – 13. https://hbr.org/2016/07/beyond-the-holacracy-hype.

Burns, J. P. (2001). Complexity science and leadership in healthcare. *Journal of Nursing Administration, 31*(10), 474–482.

Dunoon, D. (2008). *In the leadership mode.* Victoria: Trafford Publishing.

Freidson, E. (2001). *Professionalism: The third logic.* Chicago: University of Chicago.

Glouberman, S., & Mintzberg, H. (2001). Managing the care of health and the cure of disease: Part I: Differentiation. *Health Care Management Review, 26*(1), 56–69.

Goodhall, A. H. (2009). *Socrates in the boardroom: Why research universities should be led by top scholars.* Princeton: Princeton University Press.

Goodall, A. H., Bastiampillai, T., Nance, M., Roeger, L., & Allison, S. (2015). Expert leadership: Doctors versus managers for the executive leadership of Australian mental health. *Australian and New Zealand Journal of Psychiatry, 49*(5), 409–411.

Hanson, W. R., & Ford, R. (2010). Complexity leadership in healthcare: Leader network awareness. *Procedia-Social and Behavioral Sciences, 2*(4), 6587–6596.

Hartley, J., & Benington, J. (2010). *Leadership for healthcare.* Bristol: Policy.

Heifetz, R. A., & Linsky, M. (2002). *Leadership on the line.* Cambridge: Harvard Business School.

Heifetz, R., Grashow, A., & Linksy, M. (2009). *The practice of adaptive leadership.* Boston: Harvard Business Press.

Henochowicz, S., & Hetherington, D. (2006). Leadership coaching in health care. *Leadership & Organization Development Journal, 27*(3), 183–189. https://doi.org/10.1108/01437730610657703.

Hunt, J. G. (1991). *Leadership: A new synthesis.* Newbury Park: Sage.

Kezar, A. J., Carducci, R., & Contreras-McGavin, M. (2006). Rethinking the "L" word in higher education: The revolution of research on leadership. ASHE higher education report: 31(6). San Francisco: Jossey-Bass.

Kotter, J. P. (1996). *Leading change.* Boston: Harvard Business School.

Lipsitz, L. A. (2012). Understanding health care as a complex system: The foundation for unintended consequences. *JAMA: The Journal of the American Medical Association, 308*(3), 243–244. https://doi.org/10.1001/jama.2012.7551.

Mintzberg, H. (1979). *The structuring of organizations.* Englewood Cliffs: Prentice Hall.

Noordegraaf, M. (2007). From "pure" to "hybrid" professionalism: Present-day professionalism in ambiguous public domains. *Administration & Society, 39*(6), 761–785.

OBOS Pregnancy & Birth Contributors. (2014). Problems with U.S. maternity care system. http://www.ourbodiesourselves.org/health-info/maternity-care-today/.

Otter, K. (2012). *What difference does it make? A qualitative inquiry into the longer-term outcomes of a transformative education in relational leadership.* (Doctoral Dissertation). Available from ProQuest Dissertations and Theses database (Order No. 3539799) California Institute of Integral Studies, California.

Otter, K. (2017). Navigating the terrain of positive organizing: An engagement with values. In R. Koonce, P. Robinson, & B. Vogel (Ed.), *Developing leaders for positive organizing* (pp. 357–372). Bingley: Emerald.

Otter, K., Ringstad, S. T., & Smeland, S. (2017). Putting values to work at KKT: Nourishment for a positive leadership culture. In R. Koonce, P., Robinson, & B. Vogel (Ed.), *Developing leaders for positive organizing: A 21st century repertoire for leading in extraordinary times* (pp. 373–387). Bingley: Emerald.

Rost, J. (1993). *Leadership for the twenty-first century*. New York: Praeger.

Scott, R. S. (2004). Reflections on a half-century of organizational sociology. *Annual Review of Sociology, 30*(1), 1–21.

Scott, W. R., Ruef, M., Mendel, P. J., & Caronna, C. A. (2000). *Institutional change and healthcare organizations: From professional dominance to managed care.* Chicago: University of Chicago Press.

Senge, P., Hamilton, H., & Kania, J. (2015). *The dawn of system leadership*. Winter: Stanford Social Innovation Review.

Siegel, D. (2012). *Pocket guide to interpersonal neurobiology: An integrative handbook of the mind*. New York: W.W. Norton & Company.

Stoller, J. K. (2014). Help wanted: Developing clinician leaders. *Perspectives on Medical Education, 3*(3), 233–237.

Uhl-Bien, M. (2006). Relational leadership theory: Exploring the social processes of leadership and organizing. *The Leadership Quarterly,17*(6), 654–676.

Weick, K. E. (2009). *Making sense of the organization: The impermanent organization* (Vol. 2). West Sussex: Wiley.

Weiss, D., Tilin, F., & Morgan, M. J. (2013). The interprofessional health care team: Leadership and development. Burlington: Jones & Bartlett Publishers.

Führung und Bindung von Consultants 11

Marcel Oertig und Nicole Jordi

11.1 Einleitung: Unternehmens- und Personalberatung als Professional Service Firm

Die Unternehmensberatung wie auch die Personalberatung im engeren Sinne werden als Teil der sogenannten **Professional Service Firms** (PSF) verstanden. Darunter fallen des Weiteren auch Wirtschaftsprüfungsgesellschaften, Anwaltskanzleien, Ingenieurdienstleister, Kommunikationsagenturen und Marktforschungsunternehmen (vgl. dazu u. a. Ringlstetter et al. 2004). Obwohl die Branche der PSF damit sehr breit gefasst ist und es dadurch zwangsläufig zu sehr unterschiedlichen Ausprägungen dieser Organisationen kommt, lassen sich aus Literatur und Praxis doch einige gemeinsame grundlegende Charakteristika erkennen. Diese können wie folgt zusammengefasst werden (vgl. u. a. Kaiser 2004, S. 163; Løwendahl 2005, S. 22; Gering 2016, S. 6):

- hohe Bedeutung der Ressourcen **Wissen** und **Humankapital** (dies beinhaltet sowohl individuelles und kollektives als auch implizites und explizites Wissen);
- hohe **Kaufunsicherheit** durch eine (zu Beginn) schwer zu beurteilende Ergebnisqualität und damit entsprechende Wichtigkeit der **Reputation;**
- hohe **Kundenbezogenheit** bzw. Interaktion mit den Kunden (Relationship Management) sowie
- geringe Bedeutung des Faktors Kapital.

M. Oertig (✉) · N. Jordi
Avenir Consulting AG, Bern, Schweiz
E-Mail: marcel.oertig@avenirgroup.ch

N. Jordi
E-Mail: nicole.jordi@avenirgroup.ch

P. Kels und S. Kaudela-Baum (Hrsg.), *Experten führen*, uniscope. Publikationen der SGO Stiftung, https://doi.org/10.1007/978-3-658-23028-9_11

Das „Geschäftsmodell“ der PSF basiert damit in hohem Maße auf (Fach-)Wissen, Erfahrung, Beziehungskompetenz und Problemlösungsfähigkeit der Mitarbeiter, den sogenannten **Professionals** (vgl. Kaiser 2004, S. 163).

Zusammenfassend kann von folgender **Definition von PSF** ausgegangen werden (Gering 2016, S. 8):

> Professional Service Firms generieren wissensintensive Dienstleistungsangebote, die innerhalb des Dienstleistungssektors mit hoch ausgebildeten Fachkräften und unter geringem Einsatz des Faktors Kapital komplexe, unstrukturierte Probleme für andere Institutionen oder Unternehmen bearbeiten.

Um langfristigen Erfolg sicherstellen zu können, müssen die PSF vor allem vier zentrale Merkmalskomplexe erfolgreich bearbeiten (vgl. Kriegmeier 2003, S. 4 ff., zit. nach Kraus et al. 2008, S. 163):

1. **Management der Humanressourcen:** Die wichtigste Ressource von PSF sind ihre hoch qualifizierten Mitarbeiter. Aus diesem Grund kommt der Gewinnung und langfristigen Bindung ebendieser eine hohe Bedeutung zu. Grundsätzlich bieten insbesondere bei PSF die Netzwerke einen entscheidenden Wettbewerbsvorteil im „Kampf um die besten Talente“. Deshalb empfiehlt es sich, die eigenen Mitarbeiter als aktive „Markenbotschafter“ einzusetzen und auch die Kontakte mit ehemaligen Mitarbeiter (z. B. über sogenannte „Alumni-Programme“) weiter zu pflegen.
2. **Management der Kundenbeziehungen:** Neben der Akquisition von neuen Kunden sind auch „Investitionen“ in die bestehenden Kunden sehr wichtig, um Beziehungen nachhaltig zu gestalten und so Folgeaufträge generieren zu können. Langfristige Kundenbeziehungen und eine stabile Kundenbasis bilden den Kern einer gesunden Geschäftsentwicklung. Dabei ist eine Konzentration auf allenfalls wenige Großkunden achtsam im Auge zu behalten. Eine ausgewogene Mischung aus Aufträgen von neuen und bestehenden Kunden ist besonders erfolgversprechend. Kundenorientierte Mitarbeiter und Dienstleistungen, hohe Qualität und eine gute Vermarktung sind beim Management von Kundenbeziehungen von zentraler Bedeutung.
3. **Wissensmanagement:** Die hohe Bedeutung der Ressource „Wissen“ führt dazu, dass die Mitarbeiterfluktuation eine große Herausforderung für PSF darstellt. Der Wissenstransfer sollte jedoch nicht erst bei austretenden Mitarbeiter thematisiert werden, sondern vielmehr ein kontinuierlicher Prozess sein. Verschiedene Standorte (vor allem auch länderübergreifend) erschweren diese Aufgabe zusätzlich.
4. **Management der Unternehmensorganisation:** Bis heute dominiert das Modell der Partnerschaften die Organisationsform von PSF. Eine neue Entwicklung ist insbesondere bei sehr großen PSF (wie größeren Wirtschaftskanzleien und Wirtschaftsprüfungsunternehmen) erkennbar, die nun neue Organisations- bzw. Gesellschaftsformen anstreben, z. B. die der Aktiengesellschaft.

11.2 Aktuelle Herausforderungen der Beratungsbranche

Die Herausforderungen der Beratungsbranche stehen in engem Zusammenhang mit den Trends und Entwicklungen und den sich daraus ergebenden Herausforderungen der zu beratenden Kunden. Zudem ist auch der Wettbewerbsdruck innerhalb der Beratungsbranche – trotz des aktuell starken Wachstums – in den letzten Jahren gestiegen (vgl. dazu u. a. ASCO-Studien 2015a, b):

- Zeit- und Kostendruck auf Kundenseite führen zu höheren Anforderungen an die Effizienz, aber auch zu höheren Erwartungen bezüglich mehr Innovation und Flexibilität zu günstigeren Preisen.
- Trends zu Konsolidierung und Spezialisierung einerseits sowie Netzwerkbildung und Globalisierung andererseits zwingen zu strukturellen Anpassungen und zum Überdenken von Geschäfts- und Servicemodellen auch in der Beratungsbranche („adapt or die").
- Fachkräftemangel und Wettbewerb um die besten Talente auf der einen Seite sowie Wertewandel der Mitarbeiter auf der anderen Seite erfordern attraktive Angebote und Leistungsversprechen als Arbeitgeber, z. B. bezüglich Arbeitsmodellen, die eine flexible Lebensgestaltung unterstützen sowie Partizipation, Transparenz und eine entsprechende Feedbackkultur in der Führung ermöglichen.
- Schließlich wirken sich die Herausforderungen der digitalen Transformation sowohl bei den Kunden als auch in der Beratungsbranche selbst zunehmend stärker auf die Führung und Organisation der Beratungsunternehmen aus (u. a. bezüglich IT-Know-how und -Investitionen bis hin zu digitalen Geschäftsmodellen und entsprechenden Kulturveränderungen).

11.3 Anforderungen an die Führung und Bindung von Beratern

Daraus lassen sich grob die folgenden Anforderungen an die Führung und Bindung von Mitarbeiter in der Beratungsbranche ableiten:

- Entwicklung von Organisations- und Führungsmodellen, die mehr Agilität erlauben – z. B. neue Ansätze wie „Holacracy" bzw. Netzwerkorganisationen und agile Rollenkonzepte (vgl. Robertson 2016)
- glaubwürdige Alternativen zum klassischen Laufbahnmodell „up or out", das in vielen Beratungsunternehmen nach wie vor die Entwicklung der Berater prägt
- verstärkt transformationale – anstelle einseitig transaktionaler – Führung von spezialisierten Hochleistungsteams (vgl. Bass und Avolio 1990)
- Ausgestaltung und Umsetzung von Führung auf Distanz in der mobilen Arbeitswelt
- Erhaltung einer langfristigen und nachhaltigen Leistungsfähigkeit sowie Bindung trotz teilweise sehr hoher Arbeitsbelastung

Ausgehend von den beschriebenen Herausforderungen und Anforderungen an die Führung und Bindung von Beratern sollen im Folgenden einige der wesentlichen Aspekte weiter vertieft werden.

11.4 Alternative Organisations- und Führungsmodelle für Consultants

Je intensiver sich Beratungsunternehmen mit der Förderung von Agilität bei ihren Kunden beschäftigen, umso notwendiger werden auch die Überlegungen, wie sie sich selbst agil aufstellen. Kunden- und Mitarbeiterorientierung stehen im Zentrum der agilen Organisation und Führung – Strukturen, Prozesse und Methoden werden darauf ausgerichtet (vgl. u. a. Goldmann 1996). Die Transformation von Hierarchien zu Netzwerkorganisationen erfordert Organisation und Führung auf verschiedenen Ebenen (vgl. Abb. 11.1).

Wesentlicher Aspekt einer agilen Organisation ist der Umgang mit Unberechenbarkeit und Komplexität. Dies erfordert dynamische Organisationsstrukturen und -prozesse. In vielen Fällen gilt es, mit dem Kunden zusammen in „Echtzeit" Lösungen zu entwickeln (sogenannte Co-Creation) und mit Prototypen rasch in eine Test- bzw. Pilotphase einzutreten. Von den Beratern verlangt dies viel Eigenverantwortung sowie einen hohen Grad an Selbstorganisation (vor allem auch in interdisziplinären oder multidisziplinären Teams). Für die Führung wiederum heißt dies, viel Vertrauen zu schenken, weniger eng zu kontrollieren, Entscheidungen rollengerecht zu delegieren und gezielt in die kontinuierliche Weiterentwicklung der Mitarbeiter zu investieren (vgl. Arnold 2016).

Abb. 11.1 Transformation zur agilen Organisation. (Eigene Darstellung)

11.5 Laufbahnentwicklung und Bindung von Consultants

Für Hochschulabsolventen stellen Beratungsunternehmen einen attraktiven Einstieg als sogenannte Juniors in die Berufswelt dar, können sie doch von den erfahrenen Partnern, Consultants und Projektleitern viel lernen (vgl. Ringlstetter et al. 2004, S. 15). Doch wie steht es um die Bindung eben dieser erfahrenen Mitarbeiter? Viele PSF sind nach wie vor stark hierarchisch geprägt und verfügen über ein starres Modell vorgezeichneter Karrierewege. Das typische Karrieresystem lautet dann „up or out". Das bedeutet, dass nur jene Professionals im Unternehmen bleiben dürfen, die alle 2–3 Jahre die Beförderungshürde in eine höhere Hierarchieebene schaffen (Kraus et al. 2008, S. 163). Das Problem dabei: Nicht alle können oder wollen diesen Anforderungen entsprechen und mit diesem Druck umgehen. Hohe Mitarbeiterfluktuation ist eine der Konsequenzen (vgl. Ringlstetter und Bürger 2004, S. 284). Ein zweites, vielfach im Zusammenhang mit Beratungsunternehmen in Verbindung gebrachtes Prinzip ist „grow or go". Gerade in klein- und mittelständischen Organisationen, wie es die meisten Beratungsgesellschaften sind, sind die Strukturen zu klein für eine klassische vertikale Karriereentwicklung. Sie fokussieren die fachlich-inhaltliche Weiterentwicklung (in die Breite und/oder Tiefe). Für KMU in der Beratungsbranche bilden kompetente, leistungsfähige und sich ständig weiterentwickelnde Mitarbeiter den zentralen Erfolgsfaktor. Generell lässt sich auch ein Trend hin zu Portfoliokarrieren feststellen (vgl. Kels et al. 2015, Abschn. 2.5.2.4 sowie das Anwendungsbeispiel in Abschn. 2.5.3). Beratungstätigkeit kann eine Etappe oder ein wiederkehrendes Element in einer Berufslaufbahn sein oder komplementär zu einem anderen Tätigkeitszweig verfolgt werden.

Nicht alle Mitarbeiter haben das Ziel, Partner zu werden. Mitarbeiter von PSF zeichnen sich typischerweise durch folgende vier Bedürfnisse aus (Kaiser und Loscher 2015):

- Suche nach herausfordernden, entwicklungsfördernden Aufgaben
- Autonomie
- Mitbestimmung
- Anerkennung

Aus diesem Grund müssen auch nichtmonetäre Anreize geschaffen werden, und Beratungsunternehmen sind gefordert, alternative Laufbahnmodelle anstelle der klassisch hierarchischen „Leverage-Strukturen" (vgl. Abb. 11.2) zu entwickeln. Gerade die Entwicklung hin zu agileren Organisationen erlaubt Entwicklungsoptionen, die stärker auf Rollen anstelle traditioneller Hierarchien basieren (vgl. u. a. Robertson 2016). So kann ein Berater – abhängig von seiner Maturitätsstufe – in verschiedenen Rollen tätig sein und seine Laufbahnentwicklung stärker nach seinen Bedürfnissen und Kompetenzen ausrichten. Unterstützt wird er oder sie dabei durch individuell gestaltete Entwicklungspläne. Dabei ist ein Wachstum „in die Breite" ebenso attraktiv wie ein Wachstum „nach oben". Einerseits sind Wechsel von Rollen innerhalb eines Beraterkreises möglich,

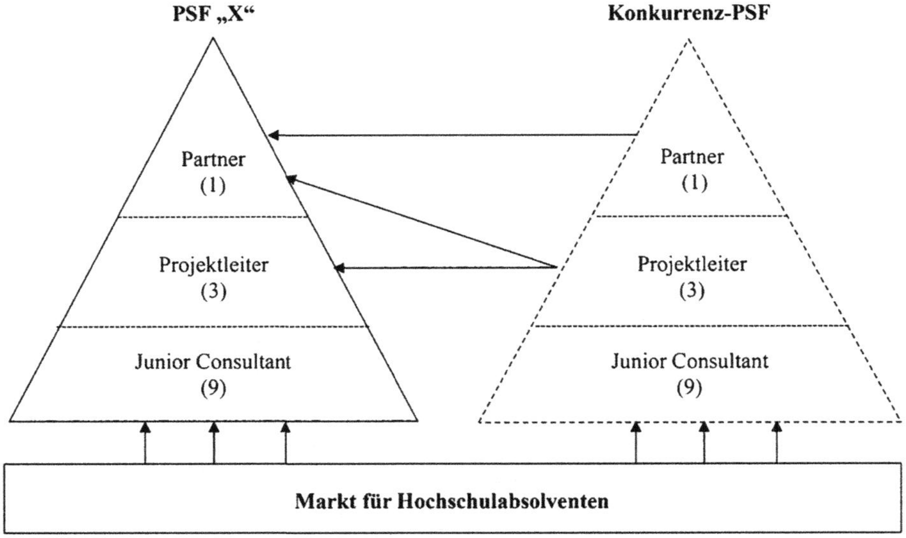

Abb. 11.2 Klassische „Leverage-Struktur“ von PSF. (Gehring 2016, S. 10, in Anlehnung an Ringlstetter und Bürger 2004, S. 290)

andererseits können diese übergreifend z. B. in andere Geschäftsfelder erfolgen. Je nach Kompetenz und Eignung kommt zusätzlich auch die Relationship-Management- oder Key-Account-Rolle gegenüber dem Kunden hinzu. Angelehnt an die holakratische Idee (www.holacracy.org) können Kreis-Strukturen, Rollenbündel und bspw. Lead-Link-Rollen herausgebildet werden: Wirkt der Berater dann als Lead-Link, „führt“ respektive koordiniert er ein gegebenenfalls cross-funktionales Berater-/Projektteam (vgl. Abb. 11.3). Noch weiter gehen Ansätze, bei denen Berater ihre eigenen Geschäftsideen einbringen und – wenn der Business Case erfolgversprechend ist – realisieren können. Dies fördert gleichzeitig sowohl Innovationen und Unternehmertum als auch Commitment und Bindung zum Unternehmen.

Eine weitere Herausforderung liegt in den für PSF typischen hohen Beanspruchungen, wie lange Arbeitstage und hohe Arbeitsintensität (vgl. Kaiser und Ringlstetter 2010). Um die Mitarbeiter langfristig zu binden, müssen sie ihre Leistungsfähigkeit in diesem Umfeld aufrechterhalten können. Erschwerend für die Bindung ist, dass viele Mitarbeiter nach einigen Jahren eine „ruhigere“ Arbeitsstelle suchen, die sich besser mit ihrer privaten Lebensgestaltung verbinden lässt, z. B. bei Familiengründung oder intensiven Hobbys (vgl. Kaiser und Ringlstetter 2010). Dass flexible Arbeitsmodelle, unbezahlter Urlaub und Sabbaticals auch in Beratungsunternehmen möglich sind, zeigt das Fallbeispiel der Avenir Group AG weiter unten.

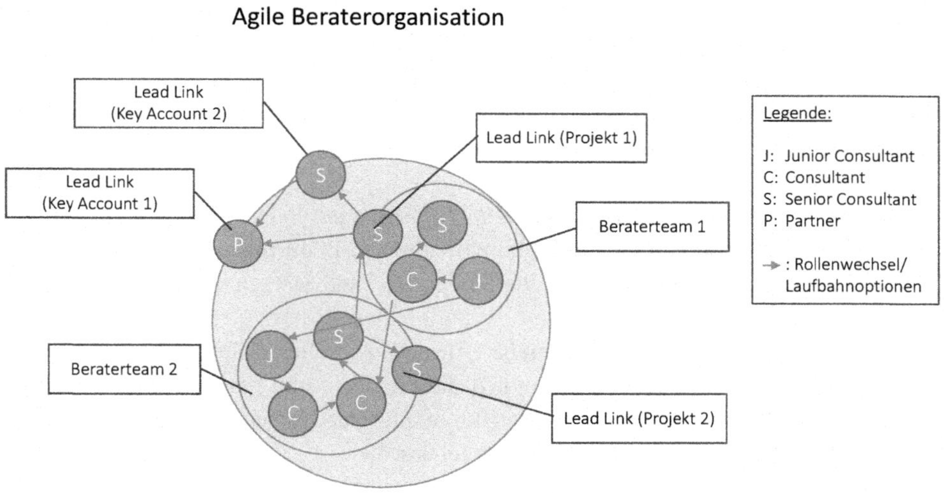

Abb. 11.3 Alternatives Organisations- und Laufbahnmodell in agilen Beratungsunternehmen. (Eigene Darstellung in Anlehnung an Robertson 2016, S. 47)

11.6 Herausforderungen in der Führung von Consultants

Beratung erfolgt per se meist projektbasiert und unter Einbezug verschiedener Wissensträger. Beratungsarbeit funktioniert damit oft in ganz unterschiedlichen Konstellationen arbeitsteilig und „agil". Die Führung von Beratern im agilen Umfeld bedingt einen Führungsstil, der viel Autonomie und Vertrauen sowie weitgehende Verantwortungsdelegation mit einschließt.

Wird wie oben beschrieben in verschiedenen „Kreis-Strukturen" (vgl. Robertson 2016, S. 47) gearbeitet, ergeben sich situativ immer neu zusammengesetzte Teams mit unterschiedlichen Menschen, die unterschiedliche Kompetenzen auf sich vereinen (d. h. als Führungskraft hat man nicht mehr einfach ein bestehendes Team für fünf Jahre). Diese Mitarbeiter wollen individuell geführt und gefördert werden, was andere Anforderungen an die Führungskräfte mit sich bringt. Typisch für Beratungsunternehmen ist, dass Berater häufig bei den Kunden vor Ort arbeiten. Dies stellt die Führungskräfte vor die Herausforderung, dass sie wenig Face-to-Face-Kontakt mit ihren Mitarbeiter haben – sie führen auf Distanz. Allgemein müssen Führungskräfte von mobilen Mitarbeiter bereit sein, stärker auf Vertrauen anstelle von Kontrolle zu setzen (Schulze und Cornelius 2011). Dieser Führungsstil stimmt auch mit dem oben erwähnten Bedürfnis der Mitarbeiter nach Autonomie überein. Besonders in der Onboarding-Phase eines neuen Mitarbeiters ist es wichtig, dass gegenseitiges Vertrauen und Wertschätzung aufgebaut werden. Hierzu empfiehlt es sich, einen Kommunikationsrhythmus zu etablieren, der zwischen Einzel- und Teamarbeit sowie zwischen physischen und virtuellen Treffen abwechselt (Schulze und Cornelius 2011). Während der täglichen Arbeit hat sich das kontinuierliche und wertschätzende Feedback der

Führungskraft, aber auch von den anderen Teammitgliedern als wichtiges Instrument zur Bindung erwiesen (Schulze und Cornelius 2011).

Diesen Anforderungen wird am ehesten ein transformationaler Führungsstil gerecht. Bass und Avolio (1990) umschreiben die wichtigsten Verhaltensweisen einer transformationalen Führungskraft anhand der sogenannten „vier I" wie folgt:

1. *Individualized consideration (individuelle Unterstützung):* Die Führungskraft agiert als Mentor und Coach und geht auf die individuellen Bedürfnisse und Anliegen ihrer Mitarbeiter ein. So werden individuelle Fähigkeiten und Stärken gezielt gefördert und Selbstentwicklung gestärkt.
2. *Intellectual stimulation (intellektuelle Anregung):* Die Führungskraft regt zu unabhängigem Denken an und unterstützt die kreativen und innovativen Fähigkeiten ihrer Mitarbeiter. Bestehendes zu hinterfragen und das Lernen aus Fehlern oder aus unerwarteten Situationen werden als wertvoll erachtet.
3. *Inspirational motivation (inspirierende Motivation):* Durch die Kommunikation einer inspirierenden Vision vermag die transformationale Führungskraft Sinn und Bedeutung zu vermitteln und so die intrinsische Motivation ihrer Mitarbeiter zu steigern. Diese nehmen die Herausforderungen optimistisch an und sind bereit, sich in erhöhtem Maße für die Ziele des Unternehmens einzusetzen.
4. *Idealized influence (Vorbildfunktion):* Die Führungskraft wird als Vorbild für ethisches Verhalten sowie für vertrauens- und respektvollen Umgang wahrgenommen.

Umgesetzt auf Führungsrollen in der Beratung könnten diese Prinzipien übersetzt und zusammengefasst werden als (siehe Abb. 11.4):

- Challenger für die Ziel- und Leistungsorientierung (z. B. im Hinblick auf Akquisitions- oder Produktentwicklungsziele),
- Coach für die Entwicklung von Selbstverantwortung und autonomem Handeln,
- Moderator zu Stärkung von Selbststeuerung und Partizipation sowie
- Mentor zur Förderung und Entwicklung der menschlichen und fachlichen Kompetenzen.

Je nach Situation und Reifegrad des Mitarbeiters wird eine der Rollen im Vordergrund stehen resp. können die Rollen von verschiedenen Leitungspersonen abgedeckt werden.

Die Ausprägungen dieser Führungsrollen kommen auch den Grundprinzipien des „Servant Leadership" nahe, worauf sich das holokratische Konzept bezieht: Führungskräfte stellen sich in den Dienst von kompetenten, effektiven Teams, um effektiver und schneller Nutzen für die Kunden zu schaffen.

Mit der Weiterentwicklung hin zu agilen Organisationskonzepten werden die Führungsrollen vermehrt nicht mehr nur bei einer „Führungskraft" angesiedelt sein, sondern je nach Projekt bzw. Kundenmandat wechseln können. „Verteilte Führung" ist vielfach schon und wird sicherlich noch verstärkt zur Normalität in der Führung von Beratern werden. Studien zeigen auch, dass in Expertenorganisationen mit verteilter

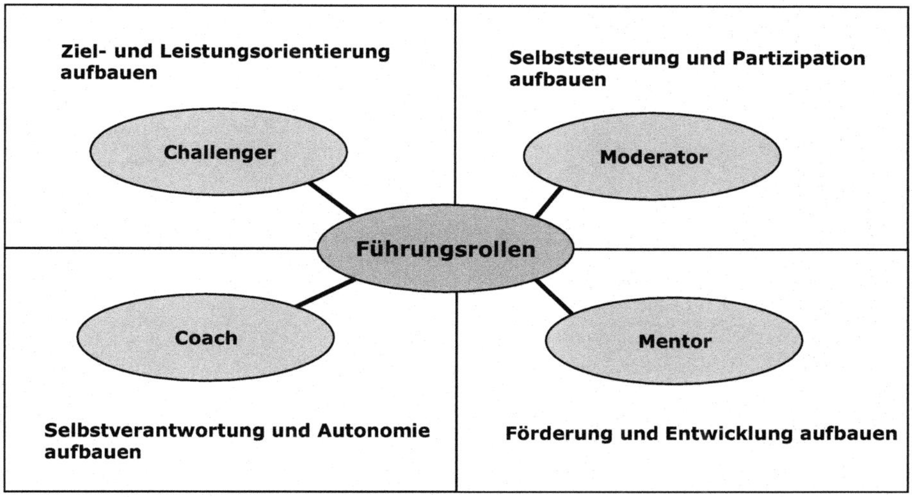

Abb. 11.4 Rollen in der Führung von Consultants. (Eigene Darstellung)

Führung durchaus bessere Ergebnisse erzielt werden als von solchen mit traditioneller Führung. Die Potenziale verteilter Führung liegen nach Wick und Blessin (2014) darin begründet, dass die leistungsbezogene Führungskomponente mit der humanzielorientierten Komponente von Partizipation, Selbstorganisation und Anerkennung von Expertise integriert wird. Die Zuteilung von Führung wird nicht von außen vorgegeben, sondern durch die Teammitglieder in einem dynamischen Prozess auf die Person mit den für die entsprechende Situation und Phase am besten geeigneten Kompetenzen übertragen. Insgesamt sind die Führung auf Distanz in einer mobilen Arbeitswelt, die Erhaltung einer langfristigen, nachhaltigen Leistungsfähigkeit sowie die Bindung bei sehr hoher Arbeitsbelastung die zentralen Herausforderungen für das HRM in Beratungsunternehmen.

11.7 Fallbeispiel Avenir Group

Die Avenir Group (nachfolgend Avenir) hat sich über die letzten zehn Jahre zu einem der führenden HR-Beratungs- und Serviceunternehmen in der Schweiz entwickelt. Gegründet wurde sie 2005 in Zürich. Heute beschäftigt das mit sechs Partnern immer noch eigentümergeführte Unternehmen rund 80 Mitarbeiter an fünf Standorten in der Schweiz. Neben der eigentlichen Beratung in strategischen HR-Themen umfasst das Angebot insbesondere die Konzeption und Umsetzung von Assessment Centern für Führungskräfte, Leadership- und Sales-Trainings sowie operative HR-Services im Sinne des Business Process Outsourcing (siehe Abb. 11.5). Eine Differenzierung des Unternehmens gegenüber Wettbewerbern ergibt sich vor allem aus der engen Kooperation mit Universitäten und

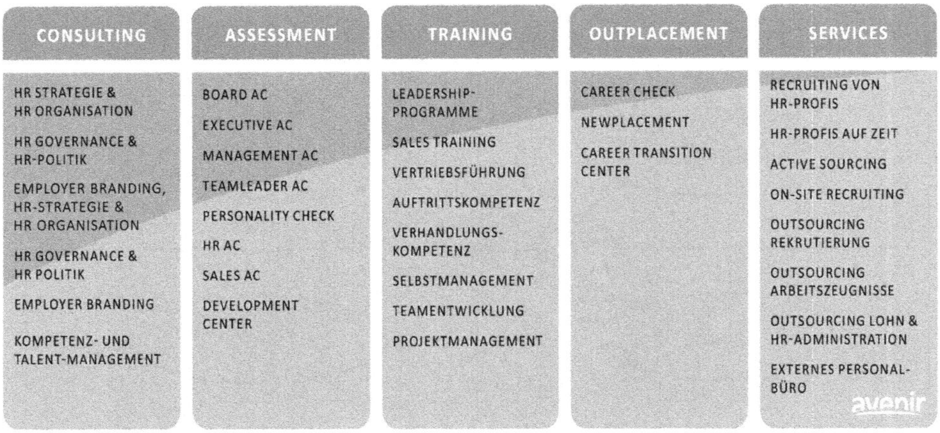

Abb. 11.5 Übersicht der Avenir-Geschäftsfelder

Hochschulen in den Bereichen Lehre und Forschung im strategischen HR-Management. Daraus resultieren auch regelmäßige Publikationen, und das Unternehmen konnte sich damit für den Bereich „strategisches HR-Management" eine gewisse „Thought Leadership" aufbauen.

Avenir zeichnet sich durch eine langjährige und erfahrene Mitarbeiterschaft aus. Die Fluktuationsrate ist insbesondere in den Senior-Positionen gering, was für die Gestaltung der auf Langfristigkeit ausgelegten Kundenbeziehungen sehr vorteilhaft ist. Naturgemäß ist die Verweildauer jüngerer Mitarbeiter, die am Anfang ihrer beruflichen Entwicklung stehen, kürzer, wobei Avenir mit den Talenten in Verbindung bleibt, die auch eine mögliche Rückkehr in Betracht ziehen können.

Um Engagement und Bindung der Mitarbeiter weiter zu stärken und eine wahrnehmbare „Employee Value Proposition" zu entwickeln, wurde im Jahr 2016 eine schriftliche und anonyme Befragung zur Arbeitgeberattraktivität bei den Mitarbeitern der Consulting-Gesellschaft der Gruppe durchgeführt. Insgesamt haben 24 Mitarbeiter teilgenommen. Dies entspricht einer Rücklaufquote von 80 %. Die Ergebnisse wurden in einem Teamworkshop besprochen, und gemeinsam wurden daraus Umsetzungsmaßnahmen abgeleitet. Zudem ist geplant, die Befragung regelmäßig zu wiederholen.

Die Befragung hat aufgezeigt, dass viele Bedürfnisse der Mitarbeiter bereits gut abgedeckt sind (vgl. Abb. 11.6). Als besonders positiv wurden folgende Aspekte genannt:

- herausfordernde Tätigkeit
- Eigenverantwortung/Gestaltungsspielraum
- flexible Arbeitszeitmodelle
- sinnstiftende Aufgaben

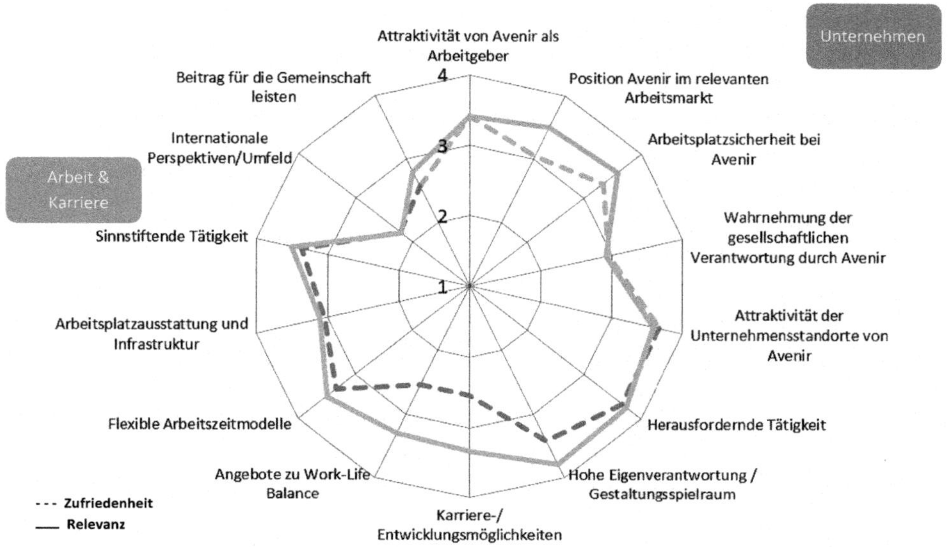

Abb. 11.6 Arbeitgeberattraktivität Avenir. (Eigene Darstellung)

Die Beratungstätigkeit an sich wird von den Consultants als spannend und fordernd beurteilt. Sich immer wieder neu eindenken, die Funktionsweise verschiedener sozio-technischer Systeme kennen und verstehen lernen, gemeinsam mit Kunden erfolgreiche Strategien und Umsetzungsmaßnahmen für brennende Fragestellungen entwickeln, werden als die besonderen Anforderungen im Beratungsgeschäft beschrieben. Das Wirkungsfeld ist vielfältig: Der Einblick in und die Tätigkeit für unterschiedlichste Kunden und Branchen – von öffentlichen bzw. öffentlich-rechtlichen Organisationen bis hin zu Industrieunternehmen oder Finanzdienstleistern – sind mit ein Anreiz für eine Beratungstätigkeit. Die Beratung im Bereich Human Resources ist eng mit Menschen verknüpft, was die Sinnstiftung für viele Mitarbeiter erhöht. Zudem kann rasch Verantwortung in Projekten und Kundenmandaten übernommen werden, und der Gestaltungsspielraum ist hoch.

Aus Sicht der Mitarbeiter sollen zusätzlich folgende Aspekte unbedingt beibehalten werden:

- teambildende Aktivitäten
- Wertschätzung
- polyvalenter Einsatz
- Dienstleistungsqualität

Die Beratertätigkeit erfolgt meist extern beim Kunden. Umso mehr schätzen die Mitarbeiter interne Zusammenkünfte und den Austausch untereinander. Der Umgang und die Zusammenarbeit werden als wertschätzend erlebt. Consultants ziehen Energie und Freude aus ihrem polyvalenten Einsatz in verschiedenen Themenfeldern und der Tätigkeit bei einem Qualitätsanbieter.

Verbesserungspotenzial sahen die Mitarbeiter vor allem bei folgenden Punkten:

- internationale Perspektive
- Karriere-/Entwicklungsmöglichkeiten
- Beitrag für die Gemeinschaft

Während die weniger stark ausgeprägte internationale Perspektive bei einem auf die Schweiz fokussierten Beratungsunternehmen mehr oder weniger offensichtlich ist, gab es bezüglich der Karriere- und Entwicklungsmöglichkeiten durchaus Klärungsbedarf, was auch zu konkreten Maßnahmen für die Weiterentwicklung geführt hat (siehe nächsten Abschnitt). Die vertikalen Aufstiegsmöglichkeiten sind in einer mittelgroßen, flach organisierten und spezialisierten Beratungsgesellschaft naturgemäß beschränkt. Persönliches Wachstum und Entwicklung erfolgen eher in die „Breite" durch erweiterte Verantwortungsübernahme, Key-Account-Management, laterale Führung in Projektteams etc. Nichtsdestoweniger haben Verwaltungsrat und Geschäftsleitung diese Rückmeldung zum Anlass genommen, das bestehende Laufbahnmodell zu überprüfen und vor dem Hintergrund moderner Rollenkonzepte (z. B. agile Organisation) kritisch zu reflektieren.

Im Vergleich zu klar gemeinnützig ausgerichteten Non-Profit-Organisationen wird auch der Aspekt des Beitrags für die Gemeinschaft nur beschränkt entwickelbar sein. Anstelle von Kundengeschenken werden beispielsweise Spenden für gemeinnützige Einrichtungen geleistet, und es werden auch regelmäßig Beratungsprojekte zu nicht kostendeckenden Tarifen abgewickelt. Vereinzelt bekleiden Consultants unentgeltlich Ämter oder Nebenbeschäftigungen sowie soziale Einsätze, die wir unterstützen.

Die Folgefrage, was sich die Mitarbeiter zusätzlich oder anders wünschen, hat die folgenden Punkte aufgedeckt:

- vermehrter Wissenstransfer / fachlicher Austausch
- Weiterentwicklung der Vergütungsmodelle

Lernen mit- und voneinander bleibt eine dauernde Herausforderung für alle Organisationsmitglieder. Auch in den Kundenprojekten und mit dem Kunden lernen die Consultants und lernt Avenir als Ganzes, schafft und erwirbt die Organisation weiterführendes und neuartiges Wissen, das in einer schnelllebigen, rasanten und intensiven Zeit geteilt werden muss. Ein weiteres Ergebnis der Befragung war die Realisierung eines Projekts zum internen Wissenstransfer, verbunden mit der Investition in eine technologische Unterstützung zum Knowledge-Sharing. Ebenso wurde eine Weiterentwicklung der Vergütungsmodelle in die strategische Agenda aufgenommen. Auf Basis dieses kurzen Einblicks werden im Folgenden verschiedene Beispiele erläutert, die aufzeigen sollen, wie die Avenir Group ihre Mitarbeiter führt und langfristig bindet.

Ansätze zur Führung und langfristigen Bindung von Consultants
Die Beratungstätigkeit geschieht naturgemäß in Kundenprojekten, wobei Beratende häufig allein oder in kleinen Teams im Einsatz sind. Gerade deshalb sind teambildende Aktivitäten wichtig, die den fachlichen Austausch und die interne Kohäsion stärken. Geschäftsfeldspezifisch und auch -übergreifend reflektieren Mitarbeiter in Teamworkshops, Practice Groups und Strategie-Tagen ihre Arbeit, betreiben über Meetings Wissenstransfer, entwickeln gemeinsam Produkte weiter und generieren neue Dienstleistungen oder Lösungskonzepte. Dieser Wissenstransfer und der fachliche Austausch werden seitens der Mitarbeiter noch stärker gewünscht. Die genannten regelmäßig stattfindenden Practice Groups sollen diesen Bedarf decken. Hier werden innerhalb der Teams Fachfragen bearbeitet, neue Ansätze vorgestellt oder kollegiale Fallberatungen im Zusammenhang mit Kundenprojekten durchgeführt. Die Mitarbeiter erleben bei der Avenir Group insgesamt ein hohes Maß an Partizipation und Involvierung. Dieses soll kontinuierlich weiter erhöht werden, und dem Austausch soll künftig noch mehr Raum zukommen.

Gerade weil Beratende häufig sehr eigenständig und „alleine" bei den Kunden im Einsatz sind und in wechselnden Projekten mit unterschiedlichen internen Auftraggebern arbeiten, ist Wertschätzung besonders wichtig. Nicht immer sind erbrachte Leistungen sofort oder unmittelbar sichtbar. Umso bedeutender sind regelmäßige Feedback-Runden. Nicht selten sind die Beratenden gefordert, selbst aktiv zu werden und sich Feedback von Auftraggebern, zuständigen Partnern und Kunden einzuholen. Auch in diesem Bereich kann Avenir sich noch weiterentwickeln.

Die Arbeit bei Avenir ermöglicht den Einsatz in verschiedenen Themen und Geschäftsfeldern. Sowohl Generalisten wie auch Spezialisten finden ein entsprechend vielfältiges Betätigungsfeld. Der in der Umfrage genannte Punkt „polyvalenter Einsatz" kommt daher nicht von ungefähr. Die Consultants sind primär in einem Geschäftsfeld tätig und erreichen damit eine vertiefte Professionalisierung (z. B. Spezialist in Diagnostik im Geschäftsfeld Assessment). Gleichzeitig entwickeln sie sich in der Breite durch Einsätze in einem zusätzlichen sekundären Geschäftsfeld (z. B. Weiterentwicklung der Coaching-Skills durch Begleitung von Outplacement-Mandaten). Dies hat einerseits den Vorteil, dass die Mitarbeiter flexibel einsetzbar sind und sich durch Vielfalt und Abwechslung motivierter und zufriedener einschätzen. Außerdem wird ein Beitrag zu ihrer Arbeitsmarktfähigkeit geleistet. Andererseits lassen sich so die Ressourcen und die Auslastung gleichmäßiger verteilen und steuern. Gleichzeitig arbeiten viele der Consultants an regionalen Standorten. Auch dies verlangt eine Flexibilisierung von Rollen und Aufgaben, wie z. B. Standortleitung oder Akquisition und Kundenbetreuung vor Ort über die Geschäftsfeld-Grenzen hinaus. Die Tendenz zur Arbeit in Netzwerkstrukturen und mit agilen Rollen lässt sich also auch bei der Avenir Group beobachten und reflektiert deren Credo „Wir bewegen Menschen und Organisationen". Für das Unternehmen bedeutet dies, dass Consultants gleichzeitig mehrere Rollen ausfüllen und Mitglied verschiedener Kreis-Strukturen sind, und zwar sowohl extern (z. B. im Kundenkontakt) als auch Avenir-intern.

Abb. 11.7 zeigt eine Übersicht von Rollen bzw. „Kreis-Strukturen“ (im Sinne der oben beschriebenen Ansätze) am Beispiel eines Senior Consultant bei Avenir, der in mehreren Geschäftsfeldern tätig ist und zusätzlich interne Verantwortlichkeiten übernimmt.

Das Beratungs- und Projektgeschäft ist unbeständig, von Schwankungen geprägt und verlangt einen flexibilisierten Ressourceneinsatz. Entsprechend gibt es bei Avenir verschiedene Arbeits- und Zeitmodelle, um den Bedürfnissen des Unternehmens, der Kunden und der Mitarbeiter möglichst Rechnung zu tragen. Festangestellte in Voll- und Teilzeit mit Jahresarbeitszeit bilden die Kernbelegschaft. Freelancer und Kooperationspartner ergänzen im Sinne von „Flexible Workforce“ das Geschäft. Avenir bietet wie viele andere Beratungsunternehmen flexible Modelle, und dies wird von den Mitarbeitern geschätzt (vgl. Abb. 11.6). So kann der Mitarbeiter beispielsweise auftrags- und situationsadäquat selbst entscheiden, wo und wann er seine Aufgaben erledigen möchte, solange die Termine und die Qualität eingehalten werden. Homeoffice für konzeptionelle Tätigkeiten ist beispielsweise gängige Praxis. Weniger typisch für ein Beratungsunternehmen bietet Avenir Teilzeitmodelle bis einschließlich der Stufe „Partner“ an. Auf der Stufe „Consultant“ hat sich ein Mindestpensum von 60 % bewährt. Auch Auszeiten und verlängerte Urlaube oder unbezahlte Ferien sind möglich, um persönlichen Bedürfnissen und der Vereinbarung von Berufs- und Familienwelt Rechnung zu tragen.

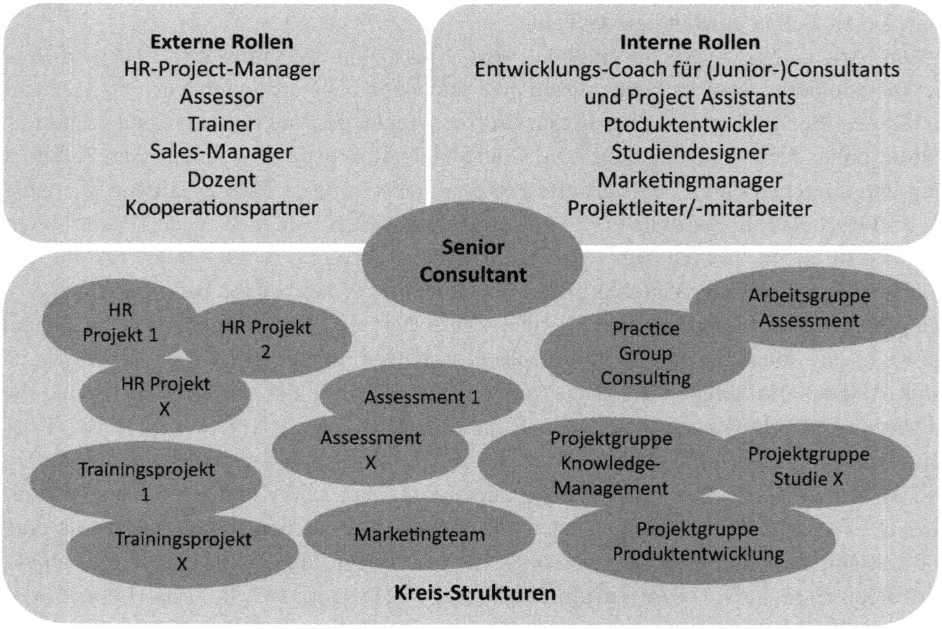

Abb. 11.7 Rollen und Kreis-Strukturen am Beispiel eines Senior Consultant. (Eigene Darstellung)

Das Führen von Beratern erfordert – wie bereits erwähnt – aus Gründen erhöhter Mobilität sowie des häufigen Arbeitens beim Kunden vor Ort ein starkes Vertrauen aufseiten der Führungskraft. Die Ergebnisse der Befragung zur Arbeitgeberattraktivität von Avenir zeigen, dass dieses Vertrauen den Consultants im Rahmen des ausgeprägten Gestaltungsspielraums entgegengebracht wird. Weiter lässt sich beobachten, dass das vermehrte Arbeiten in agilen Strukturen zu einer stärkeren Aufteilung der Führungs- bzw. Entscheidungsverantwortung führt. Das heißt, dass Entscheidungen (z. B. im Rahmen von Projekten bzw. Kreisen) zunehmend kooperativ statt hierarchisch getroffen werden bzw. die Führungsverantwortung stärker aufgeteilt wird. Dies bringt für beide Seiten ein Umdenken bzw. neue Herausforderungen mit sich. Das Abgeben von Verantwortung und die Erhöhung der Transparenz seitens der Führungskräfte sowie das Übernehmen von stärkerer Eigenverantwortung sind dabei nur einige Beispiele.

Auch bezüglich der Führungsinstrumente lassen sich bei den Consultants veränderte Bedürfnisse erkennen. So erfüllt z. B. das jährlich bzw. halbjährlich stattfindende Zielvereinbarungs- und Beurteilungsgespräch seinen Zweck nur noch teilweise. Vielmehr sind kürzere Feedbackzyklen sowie eine regelmäßige Anpassung der Ziele notwendig, was einen intensiveren Austausch bzw. eine verstärkte Kommunikation zwischen Führungsperson respektive Lead-Link und Mitarbeiter bzw. innerhalb der Kreis-Strukturen bedingt. Der ständige Dialog steht im Vordergrund. Auch in diesem Bereich befindet sich Avenir in einer Lernphase.

Schließlich gilt es, die Anreizsysteme zu überdenken, um den verschiedenen Bedürfnissen sowie individuellen Motivationsstrukturen der einzelnen Consultants (z. B. auch in Bezug auf einzelne Lebensphasen bzw. Lebensmodelle) nachhaltig gerecht werden zu können. Dies könnte beispielsweise bedeuten, das bisherige Anreizsystem zu überprüfen und anzupassen – ein Thema, mit dem sich Verwaltungsrat und Geschäftsleitung in den nächsten Jahren beschäftigen werden.

Fazit

Im Folgenden fassen wir für Sie die wichtigsten Erfolgsfaktoren für die Führung und Bindung von Beratern in Empfehlungen für die Praxis zusammen:

- Zeigen Sie das „Warum" Ihrer Vision und Ihre unternehmerischen Ziele auf und füllen Sie Ihre Ambitionen mit Werten und Sinn.
- Binden Sie Ihre Mitarbeiter aktiv in den Strategieentwicklungsprozess ein und lassen Sie sie an wichtigen Schritten der Unternehmensentwicklung teilhaben.
- Schenken Sie Vertrauen. Gewähren Sie Ihren kompetenten Mitarbeiter Gestaltungs- und Handlungsspielräume.
- Denken Sie in Rollen statt in Hierarchien. Sorgen Sie für agiles, interdisziplinäres Zusammenarbeiten.
- Fragen Sie Ihre Mitarbeiter regelmäßig, was sie dazu bewegt, sich für das Unternehmen nach besten Kräften einzusetzen.

- Hören Sie zu und stimmen Sie die Rückmeldungen mit Ihrer Sicht der Dinge mit Ihren unternehmerischen Zielsetzungen ab.
- Klären Sie Bedürfnisse und gegenseitige Erwartungen regelmäßig. Sprechen Sie Klartext, z. B. bezüglich zeitlicher Verfügbarkeit oder erwarteter Selbstständigkeit.
- Seien Sie ansprechbar – auch wenn Zeit und Distanz Sie scheinbar trennen. Nutzen Sie die digitalen Möglichkeiten zur Zusammenarbeit.
- Geben Sie Feedback und holen Sie es aktiv ein – von Ihren Mitarbeiter und von Kunden. Lernen Sie gemeinsam und auf Augenhöhe.
- Fordern und fördern Sie fachliche und persönliche Weiterentwicklung. Agieren Sie dabei auch selbst vorbildhaft und beginnen Sie zunächst bei sich selbst.
- Vergessen Sie Freude und Spaß bei der Arbeit nicht: Ab und zu gemeinsam etwas zu erleben und etwas Humor zu zeigen, gehört auch dazu.

Literatur

Arnold, H. (2016). *Wir sind Chef.* Freiburg: Haufe-Lexware.

Association of Management Consultants Switzerland (ASCO). (2015a). Management Consulting. Zusammenfassung ASCO-Studie 2015 Teil 2: Qualitative Resultate – Digitalisierung bei den Kunden und Bedeutung für die Beratungsbranche, Konsolidierung der Beratungsbranche. http://www.ubszm.ch/uploads/ASCO_Studie_MC_2015_Teil_2_Qualitative_Resultate.pdf.

Association of Management Consultants Switzerland (ASCO). (2015b). Management Consulting. Zusammenfassung ASCO-Studie 2015 Teil 1: Quantitative Resultate – Fakten und Entwicklungen im Schweizer Beratungsmarkt. http://www.ubszm.ch/uploads/ASCO_Studie_MC_2015_Teil_1_Quantitative_Resultate.pdf.

Bass, B. M., & Avolio, B. J. (1990). Developing transformational leadership: 1992 and beyond. *Journal of European Industrial Training, 14*(5), 21–27.

Gehring, M. (2016). *Unternehmensreputation und Professional Service Firms. Eine empirische Untersuchung zur Hochschulabsolventenakquise*. Wiesbaden: Springer Fachmedien.

Goldman, S. L. (Hrsg.). (1996). *Agil im Wettbewerb: Die Strategie der virtuellen Organisation zum Nutzen des Kunden.* Berlin: Springer.

Kaiser, S., & Ringlstetter, M. J. (2010). Work-life balance in professional service firms. In S. Kaiser & M. J. Ringlstetter (Hrsg.), *Strategic management of professional service firms* (S. 117–127). Berlin: Springer.

Kaiser, S. (2004). Humanressourcen-management in professional service firms. In M. J. Ringlstetter, B. Bürger, & S. Kaiser (Hrsg.), *Strategien und Management für Professional Service Firms* (S. 163–184). Weinheim: Wiley-VCH.

Kaiser, S., & Loscher, G. (2015). Professional service firms. *WiSt – Wirtschaftswissenschaftliches Studium, 44*(1), 45–48.

Kels, P., Clerc, I., & Artho, S. (2015). Karrieremanagement in wissensbasierten Unternehmen. Innovative Ansätze zur Karriereentwicklung und Personalbindung. Wiesbaden: Gabler.

Kraus, S., Jensen, S.H., & Poulfelt, F. (2008). Professional service firms. *WiSt-Wirtschaftswissenschaftliches Studium, 3*, 162–163.

Løwendahl, B. R. (2005). *Strategic Management of Professional Service Firms.* Frederiksberg: Copenhagen Business School.

Ringlstetter, M. J., & Bürger, B. (2004). Strategische Entwicklung von Professional Service Firms. Optionen, Herausforderungen und Umsetzungsformen. In M. J. Ringlstetter, B. Bürger, & S. Kaiser (Hrsg.), *Strategien und Management für Professional Service Firms* (S. 283–305). Weinheim: Wiley-VCH.

Ringlstetter, M. J., Kaiser, S., & Bürger, B. (2004). Professional Service Firms. Geschäftstypen, Vergütungsformen und Teilbranchen. In M. J. Ringlstetter, B. Bürger, & S. Kaiser (Hrsg.), *Strategien und Management für Professional Service Firms* (S. 39–61). Weinheim: Wiley-VCH.

Robertson, B. J. (2016). *Holacracy. Ein revolutionäres Management-System für eine volatile Welt.* München: Vahlen.

Schulze, H., & Cornelius, C. (2011). Management Mobiler Arbeit. In SPS Stiftung produktive Schweiz. (Hrsg.), *Zwischen Produktivität und Lebensqualität: Herausforderungen und Chancen von flexiblen Arbeitsplatzmodellen* (S. 13–15). http://www.produktive-schweiz.ch/ProduktiveSchweiz/media/ProduktiveSchweiz/Docs%20de/HOD-White-paper-final-110311.pdf. Zugegriffen: 9. Juli 2017.

Wick, A., & Blessin, B. (2014). *Führung im Wandel. Neue Kooperationsstrukturen fördern und gestalten.* Konstanz: uvk.

Arbeitswerte, Rollenverständnisse und Karriereorientierungen von Juristen im Wandel

12

Impulse für die Karriereentwicklung in Expertenorganisationen

Peter Kels und Pius Breu

12.1 Einleitung

Traditionsreiche Berufe wie die der Ärzte oder der Juristen werden innerhalb der Professionssoziologie auch als „starke Professionen" bezeichnet. Das liegt unter anderem daran, dass die Berufsausübung an ein hoch spezialisiertes Fachwissen, eine eigene Professionsethik und somit an professionelle Autonomie gebunden ist. Hinzu kommt, dass Ärzte und Juristen auf eine starke berufsständische Vertretung ihrer Interessen bauen können (vgl. Mieg und Pfadenhauer 2003).

Die historischen Wurzeln des Berufsstands des professionellen Juristen reichen zurück bis ins europäische Hochmittelalter, wo Juristen zunächst rechtsstreitende Parteien berieten und vor Gericht vertraten. Heute arbeiten ausgebildete Juristen in zahlreichen Aufgabengebieten, die über klassische Berufe wie die des Rechtsanwalts, des Gerichtsschreibers, der Staatsanwältin oder der Richterin hinausreichen. Sie be- und erarbeiten neue Gesetzestexte und juristische Gutachten in der öffentlichen Verwaltung, beraten im diplomatischen Dienst oder nehmen hoch qualifizierte Fach-, Generalisten- und Führungsaufgaben (in der Kommunikation, der Öffentlichkeitsarbeit, im Personalmanagement) bei Banken und Versicherungen, bei Treuhandfirmen oder Unternehmensberatungen wahr. Juristische Kompetenzen, wie logisches und analytisches Denken, Verhandlungsfähigkeit und eine ausgeprägte Vertrautheit mit dem

P. Kels (✉)
Hochschule Luzern, Luzern, Schweiz
E-Mail: Peter.Kels@hslu.ch

P. Breu
Eidgenössisches Personalamt - EPA, Bern, Schweiz
E-Mail: pius.breu@epa.admin.ch

P. Kels und S. Kaudela-Baum (Hrsg.), *Experten führen*, uniscope. Publikationen der SGO Stiftung, https://doi.org/10.1007/978-3-658-23028-9_12

geltenden Recht, sind demnach in vielen anspruchsvollen Spezialisten-, Generalisten- und Führungsaufgaben in Politik, Wirtschaft und Verwaltung gefragt (vgl. Hausner 2017, S. 217–219; BizNext 2015, S. 7; Gastomzyk und Jahn 2015).

Aus Sicht einer Organisation wie der Bundesverwaltung, einem der größten Arbeitgeber der Schweiz, zählen Juristen zu einer zentralen Angestelltengruppe, da ihre Kompetenzen und ihre Expertise in zahlreichen Aufgabengebieten der einzelnen Departements der Bundesverwaltung benötigt werden. Vor diesem Hintergrund ist ein wichtiges Anliegen der Bundesverwaltung, ihre bis dato hohe Attraktivität als Arbeitgeber für Juristen aufrechtzuerhalten und somit deren Identifikation mit dem Arbeitgeber bzw. ihr Organizational Commitment zu stärken (vgl. auch Rybnicek et al. 2016). In dieser Ausgangslage wurde die Hochschule Luzern damit beauftragt, Juristen der Bundesverwaltung zu ihren Arbeitswerten, beruflichen Entwicklungszielen und zu ihren Erwartungen an ihren Arbeitgeber mittels qualitativer Interviews zu befragen. Ziel dieser qualitativen Interviewstudie war, besser als bislang verstehen zu können, an welchen Karrierevorstellungen sich Mitarbeiter in der Querschnittsfunktion „Jurist" orientieren und wie sie sich beruflich weiterentwickeln wollen, respektive zu identifizieren, welche Unterstützungsangebote von Arbeitgeberseite hierbei hilfreich wären. Der vorliegende Beitrag stellt zentrale Ergebnisse dieser Studie vor und skizziert Möglichkeiten zur Anreizgestaltung, Entwicklung und Bindung von Juristen in komplexen Organisationen.

Dieser Beitrag beleuchtet einleitend die Veränderungen in den Arbeitswerten und Karrieremustern betrieblicher Experten (Abschn. 12.2). Nach einer Beschreibung des Untersuchungskontextes und des methodischen Vorgehens (Abschn. 12.3) beleuchtet Abschnitt 12.4 die Haupterkenntnisse der erwähnten Interviewstudie mit Juristen der Bundesverwaltung und skizziert abschließend Möglichkeiten für deren wirksamere Entwicklung in solchen Organisationen (Abschn. 12.5).

12.2 Karrieremuster betrieblicher Experten im Wandel

Mit den tief greifenden Umbrüchen innerhalb der Arbeitswelt (u. a. forciert durch die Flexibilisierung von Arbeit, den beschleunigten Wandel von Technologien und Wissen wie auch die Pluralisierung von Arbeitswerten im Zuge des Werte- und Generationenwandels) geraten auch die Karrierevorstellungen und Laufbahnmuster vieler Expertenberufe in Bewegung. Die Wertewandelforschung betont etwa das polyphone und zugleich widersprüchliche Bild der Werteorientierungen heutiger Erwerbstätiger, in welchem individuelle Selbstverwirklichungsansprüche, Multioptionalität, Life-Domain-Balance und eine nach wie vor ausgeprägte Leistungsorientierung neue Mischungsverhältnisse eingehen (vgl. Thomas 2014, S. 71–72; Albert 2011, S. 5). Auch das lange Zeit vorherrschende Bild einer linear verlaufenden, berechenbaren und Erwartungssicherheit suggerierenden organisationalen Karriere hat deutliche Risse bekommen. In Anbetracht der Flexibilisierung der Arbeitswelt und Personalpolitik, aber auch der Suche nach Abwechslungsreichtum und neuen Herausforderungen haben viele hoch qualifizierte Angestellte eine höhere Tendenz, ihr Tätigkeitsfeld und ihren Arbeitgeber zu wechseln. Vor diesem Hintergrund orientiert sich die internationale Karriereforschung heute an der Perspektive dynamisch veränderlicher und individuell aktiv mitgestalteter beruflicher Karrieren (Inkson et al. 2012; Inkson und Myers 2003; Kels 2009; Kels und Vormbusch 2008; Hall und Moss 1998). Erwerbstätige, die sich in dynamisch verändernden Arbeits- und Karrierewelten als Karriereakteure erfolgreich bewegen wollen, stehen heute vielfach vor der „paradoxe[n] Aufgabe, ihre berufliche Biografie, Karrierepläne und Lernanstrengungen systematisch und reflexiv" auf eine zunehmend unsichere berufliche Zukunft hin auszugestalten (Kels et al. 2015, S. 34). In Anbetracht dieser sich wandelnden Karriererealitäten ist ein auf Merkmale wie Status, Einkommen, Prestige und schnellen positionalen Aufstieg perspektivisch verkürztes bzw. normativ verengtes traditionelles Karriereverständnis (wie etwa bei Kräkel 1999, oder Hartmann 2003) ungeeignet, um die Varianz der heutigen berufsbiografischen Deutungs- und Gestaltungsmuster zu erfassen. Im vorliegenden Beitrag orientieren wir uns stattdessen an dem angloamerikanisch geprägten, sehr offenen Verständnis von „career" als einem individuell mitgestalteten und subjektiv gedeuteten beruflichen Verlauf (vgl. Greenhaus et al. 2009). Karrieren lassen sich aus dieser Perspektive rekonstruieren und analysieren als ein „individuell einzigartige[s] Muster arbeitsbezogener Erfahrungen und Stationen in der Lebensspanne einer Person", welches „alle Formen arbeitsbezogener Ereignisse wie etwa den Wechsel von Aufgaben und Positionen, Organisationszugehörigkeiten, Berufen oder auch Phasen der Erwerbsunterbrechung" mit einschließt (Kels et al. 2015, S. 34).

Anknüpfend an diese Perspektive auf berufliche Karrieren wurden im Rahmen der erwähnten Explorativstudie die Arbeitsmotive, Arbeitswerte und Karriereorientierungen von Juristen der Bundesverwaltung genauer untersucht.

12.3 Anlage, methodisches Vorgehen und Kontext der Studie

12.3.1 Fragestellung und methodisches Vorgehen

Im Frühjahr 2013 wurden von der Hochschule Luzern 15 rund 90-minütige problemzentrierte Interviews (Witzel 2000) mit Juristen aus zwölf verschiedenen Bundesämtern (Verwaltungseinheiten) sowie drei Experteninterviews mit Linienverantwortlichen geführt, aufgezeichnet und vollständig transkribiert. Ziel dieser Explorativstudie war, besser als bislang verstehen zu können, wie sich bei der Bundesverwaltung angestellte Juristen beruflich weiterentwickeln wollen, respektive zu identifizieren, welche Unterstützungsangebote von Arbeitgeberseite hierbei hilfreich wären. Die Teilnahme an den Interviews war freiwillig und erfolgte unter Zusicherung von Vertraulichkeit und

Anonymität.[1] Die Auswahl der Interviewpartner erfolgte nach einer selektiven Samplingstrategie (Flick 2016), um im qualitativen Sample ein hinreichend breites Spektrum an Kriterien, wie Geschlecht, Alter, Berufserfahrung, Anstellungsdauer, Beschäftigungsgrad (Vollzeit/Teilzeitpensum), Sprache (Deutsch, Italienisch, Französisch) und Lebenssituation (mit/ohne Kinder), abzubilden. Acht der 15 befragten Juristen sind weiblich, elf von 15 haben Kinder im Haushalt, zwölf von 15 Befragten waren zum Befragungszeitpunkt zwischen 35 und 50 Jahren alt. Fünf der 15 Befragten sind Führungskräfte. Das Bildungsniveau ist sehr hoch: Elf von 15 Befragten verfügten über einen Hochschulabschluss, vier weitere Befragte zusätzlich über einen Doktortitel. Sieben von 15 Befragten arbeiteten zum Befragungszeitpunkt seit zwei bis sechs Jahren bei der Bundesverwaltung, acht Befragte seit mehr als 6 Jahren. Zwölf Befragte stammen aus der Deutschschweiz, zwei Befragte aus der Westschweiz und ein Befragter aus dem Tessin.

Die Interviews wurden mithilfe eines flexibel eingesetzten Gesprächsleitfadens so strukturiert, dass die Befragten aus der Perspektive ihrer jeweils individuellen beruflichen Biografie wie auch ihrer aktuellen Arbeits- und Lebenssituation über ihre Vorstellungen und Ziele beruflicher Weiterentwicklung sprechen und reflektieren konnten. Hierbei wurden die Interviewpartner gebeten, explizit Bezug zu nehmen auf die betrieblichen Rahmenbedingungen in ihrer Organisation (Verwaltungseinheit, Departement), welche sie in ihrem Handeln berücksichtigen und für ihre Absichten interpretieren müssen. Zu diesen Rahmenbedingungen zählen insbesondere die aktuelle Arbeitsaufgabe (Funktion), das Tätigkeitsumfeld, Aspekte der Organisationskultur und Führungsbeziehungen und im Besonderen die wahrgenommenen beruflichen Entwicklungsmöglichkeiten und -perspektiven.

Die transkribierten Interviews wurden zunächst codiert, dann im Forschungsteam fallintern analysiert und schließlich fallübergreifend miteinander verglichen, um Gemeinsamkeiten und Unterschiede in den Arbeitsmotiven, Karriereorientierungen, berufsbiografischen Strategien und Lebensentwürfen zu identifizieren. Die gewählte Methode zur Rekonstruktion und Analyse von Karrierepolitiken und zur Bildung von Karrieretypen wird in Kels (2009) genauer beschrieben.

---

[1]Als Gesprächsvorbereitung und auch für die Interviewinterpretation wurde ein von jedem Befragten vorab ausgefüllter kurzbiografischer Fragebogen hinzugezogen. Der kurzbiografische Fragebogen enthält Angaben zum Bildungshintergrund der Person (Schulbildung, erlernter Beruf, Studium, sonstige formale Bildungsabschlüsse, Teilnahme an betrieblicher Weiterbildung), zu den Stationen beruflicher Entwicklung (Tätigkeiten, Arbeitgeber-, Abteilungs- oder Stellenwechsel, Karriereschritte innerhalb der Bundesverwaltung), zur jetzigen Aufgabenstellung (und ihren Tätigkeitsanforderungen) wie auch zur aktuellen Lebenssituation (Partnerschaft, familiäre Situation, Freizeitaktivitäten).

12.3.2 Kontext der Bundesverwaltung

Als einer der größten Arbeitgeber der Schweiz verfügt die Bundesverwaltung über fortschrittliche Anstellungsbedingungen für ihre rund 37 000 Mitarbeiter. Die Bundesverwaltung besteht aus sieben Departementen, der Bundeskanzlei und rund 80 Verwaltungseinheiten. Die Vielfalt ihrer Aufgaben spiegelt sich auch im Stellenangebot, in den unterschiedlichsten Branchen und Berufen. Die verschiedenen Aufgabengebiete reichen von komplexen, finanzspezifischen Angelegenheiten über klassische administrative Tätigkeiten bis hin zu operativen Aufgaben, beispielsweise in der eidgenössischen Zollverwaltung. Die Bundesverwaltung ist an zahlreichen Standorten in der ganzen Schweiz und im Ausland präsent.

Einerseits unterstreicht die aktuelle Universum-Communications-Studie (2016) die hohe Anziehungskraft der Bundesverwaltung für die jüngere Arbeitnehmergeneration (Absolventen und Young Professionals insbesondere in den Rechts- und Geisteswissenschaften). Andererseits reflektiert auch das jährliche Personalreporting des Bundes die Zufriedenheit der Bundesangestellten mit ihrem Arbeitgeber. Die Personalbefragungsergebnisse zur Arbeitszufriedenheit aus den Jahren 2012–2016 entsprechen einer mittleren positiven Beurteilung und liegen im Bereich des externen Benchmark.[2] Das Commitment wie auch die Bindung der Mitarbeiter an die Bundesverwaltung konnten auf einem hohen Niveau gehalten werden. Die Möglichkeit, Arbeit und Privatleben in Einklang zu bringen, wurde im Auswertungszeitraum stetig positiver beurteilt. Beispielsweise nutzten 2016 rund 53 %[3] der Mitarbeiter der Bundesverwaltung die Möglichkeit der Teilzeitarbeit.

Verschiedene Stellenprofile in Fach- und Führungsfunktionen verlangen explizit eine juristische Ausbildung (Hochschulabschluss (Master), evtl. Anwaltspatent/LL. M.), beispielsweise die fachliche Verantwortung über ein größeres Rechtsgebiet oder die Leitung eines Bereiches Recht in einer Verwaltungseinheit. Zudem sind analytische und konzeptionelle Kompetenzen sowie Ziel- und Ergebnisorientierung gefragt. Die Bereitschaft, überzeugende Lösungen zu erarbeiten, rundet das Anforderungsprofil ab. Die Aufgabengebiete sind sehr vielfältig und reichen von der Planung, Steuerung, Koordination und Überwachung der Arbeitsprozesse im Bereich Recht bis zur Leitung von Gesetzgebungs- und Verordnungsprojekten, Erarbeitung von Stellungnahmen zu Beschwerden sowie Beratungen von internen und externen Stellen. Viele Funktionen beinhalten neben eher operativen auch strategische Aufgaben. Das Lohnsystem der Bundesverwaltung

[2]Die Arbeitszufriedenheit stellt ein subjektives Bewertungsergebnis der individuellen Arbeitssituation bezüglich unterschiedlicher Faktoren wie beispielsweise Arbeitsinhalt, Entwicklungsperspektiven und Zusammenarbeit/Klima dar. Die Mitarbeiter der Bundesverwaltung können sich dazu regelmäßig mittels Personalbefragung äußern. Die daraus gewonnenen Erkenntnisse dienen dazu, die Arbeitssituation in der Bundesverwaltung weiter zu verbessern.

[3]Vgl. Eidgenössisches Personalamt (2016).

ist fair, flexibel und marktgerecht. Der Lohn ist abhängig von der funktionsrelevanten Ausbildung und der Berufs- bzw. Lebenserfahrung der Mitarbeiter sowie der Lohnklasse. Die Lohnklasse wird aufgrund der Aufgaben, Kompetenzen und Verantwortlichkeiten des Stellenprofils festgelegt. Die Lohnklasse nennt den Höchstbetrag, der in der jeweiligen Funktion verdient werden kann. Die Vorgesetzten führen jährlich ein Mitarbeitergespräch und eine Personalbeurteilung mit ihren Mitarbeitern durch. Das Mitarbeitergespräch dient der Personalentwicklung sowie der Überprüfung der Arbeitssituation und der Zielvereinbarung. Die Vorgesetzten erhalten in diesem Gespräch von den Mitarbeitern Rückmeldungen zu ihrem Führungsverhalten. Die Personalbeurteilung bildet die Grundlage für die Lohnentwicklung aufgrund der vereinbarten Ziele bezüglich Leistung, Verhalten und Fähigkeiten.

12.4 Arbeitswerte, Rollenverständnisse und Karriereorientierungen von Juristen in der Bundesverwaltung

Die meisten der befragten Juristen identifizieren sich stark mit ihrer *Rolle als juristische Generalisten und Spezialisten* wie auch mit der Bundesverwaltung als Arbeitgeber. Aus der Möglichkeit, mit einem hohen Grad an professioneller Autonomie an intellektuell herausfordernden wie abwechslungsreichen fachjuristischen und verwaltungsprozessualen Themen (z. B. der Bearbeitung komplexer Dossiers) arbeiten zu können, ziehen die meisten Interviewpartner eine starke Befriedigung. Auch die als kollegial und wertschätzend empfundene *Zusammenarbeit* mit Kollegen, Vorgesetzten, in Kommissionen oder in Beratungskontexten wird als sehr motivierend erlebt.

> Hier ist es mehr ein Miteinander, du erarbeitest Sachen miteinander. Klar sind die Leute auch auf dich angewiesen, du gibst noch Auskunft, du berätst sie, aber man ist irgendwie auf der gleichen Stufe. Und beim Anwaltsberuf hast du natürlich viel mehr das Abhängigkeitsverhältnis eben von deinem Klienten, der mit einem Anliegen zu dir kommt, und musst versuchen, möglichst gut seine Interessen vertreten zu können (I 16).

Dass ihre Tätigkeit die Chance bietet, *sich für das öffentliche Wohl einzusetzen* und gesellschaftliche Verantwortung zu übernehmen, ist ein weiterer Faktor für das Sinnerleben und die Arbeitszufriedenheit mancher Gesprächspartner. Besonderen Wert legen nahezu alle Befragten auf die Möglichkeit, ihre *berufliche Rolle in Einklang mit einem aktiv gestalteten Privatleben* bringen zu können (Life Domain Balance) – denn die Bundesverwaltung bietet für viele anspruchsvolle Tätigkeiten die Möglichkeit, in Teilzeit zu arbeiten oder einen Teil der Arbeit im Homeoffice zu erledigen.

Die Mehrzahl der Interviewpartner assoziiert mit dem Begriff Karriere spontan das traditionelle Verständnis eines Aufstiegs in gehobene Führungspositionen, verbunden mit einem Zugewinn an Status, Einkommen und Verantwortung, betont aber im gleichen Atemzug, sich persönlich nicht an entsprechenden Karrierevorstellungen zu orientieren.

Im Zentrum stehen stattdessen die Suche nach Herausforderungen und die Freude bei der Arbeit, das Sinnerleben, ein erfülltes Privatleben und insgesamt das Ziel einer selbstinitiierten, den eigenen Wertvorstellungen folgenden Karriereentwicklung:

> Das Wichtigste ist, dass einem nie langweilig wird und man Verantwortung tragen kann, soweit man das möchte [...] dass man auf verschiedenen Ebenen gefordert wird und dass man sich irgendwie ausleben kann – „sich verwirklichen" ist ein großes Wort –, aber dass man natürlich schon auch das Gefühl hat, dass man eine nützliche Tätigkeit erfüllt, dass man andere Leute auch weiterbringen kann mit seiner Tätigkeit, mit seinen Inputs. Das ist mir schlussendlich wichtig (I 3).

Die aus systematischen fallinternen und fallübergreifenden Analysen und Vergleichen der Interviews entlang der drei Dimensionen „zentrale Arbeitsmotive und Arbeitswerte", „Rollenverständnis" und „Karriereorientierung" gewonnenen Erkenntnisse konnten zu zwei Karrierehaupttypen („Generalisten" und „Spezialisten") mit jeweils zwei Karrieresubtypen pro Haupttypus („führungsorientierte Generalisten" und „selbstentfaltungsorientierte Generalisten"; „balanceorientierte Spezialisten" und „werteorientierte Spezialisten") verdichtet werden.

Generalisten und Spezialisten unterscheiden sich dabei grundsätzlich in ihrem beruflichen Rollenverständnis: Die Generalisten sehen sich vor allem als „juristische Allrounder", die aus dem Abwechslungsreichtum und der Vielfalt an Beratungs- und Führungsaufgaben ein hohes Maß an Identifikation und Arbeitszufriedenheit gewinnen und den kommunikativen Austausch mit unterschiedlichen Anspruchsgruppen innerhalb und außerhalb der Organisation aktiv suchen. Im Gegensatz dazu speist sich das Rollenverständnis der Spezialisten aus dem Wunsch, sich in fachjuristische, spezialisierte Fragestellungen mit der gebotenen Sorgfalt zu vertiefen, expertisebasierte Entscheidungsgrundlagen zu liefern und dabei insgesamt eher fachlich-beratend „im Hintergrund" zu agieren.

Die von uns gebildeten Karrieresubtypen zeigen zudem, dass sich die Arbeitsmotive und Arbeitswerte, die Rollenverständnisse wie auch die Karrierevorstellungen der befragten Juristen mitunter deutlich voneinander unterscheiden und mit distinkten Erwartungen an die Unterstützung des Arbeitgebers bei der eigenen beruflichen Weiterentwicklung verbunden sind (siehe Tab. 12.1).

Im folgenden Abschnitt werden die Arbeitsmotive und Arbeitswerte, Rollenverständnisse und Karriereorientierungen der vier Karrieresubtypen genauer dargelegt.

12.4.1 Führungsorientierte Generalisten

Zwei Interviews haben wir der Gruppe der „führungsorientierten Generalisten" zugerechnet. Diese Juristen ziehen aus der Vielseitigkeit ihres generalistischen Aufgabenprofils zwischen intellektuell herausfordernden Fach- und Beratungsaufgaben (z. B. Dossiers, Gesetzestexte oder Vernehmlassungen zu erarbeiten oder parlamentarische Diskussionen zu begleiten) und Führungsaufgaben ein hohes Maß an

Tab. 12.1 Karrieretypen von Juristen in der Bundesverwaltung (eigene Darstellung)

	Generalisten		Spezialisten	
	führungsorientierte	selbstentfaltungs-orientierte	balanceorientierte	wertorientierte (Idealisten)
zentrale Arbeitsmotive & Arbeitswerte	▪ herausfordernde Fach- und Führungs-aufgaben bearbeiten	▪ Aufgabenvielfalt ▪ Potenzialentfaltung und Selbstverwirk-lichung in der Arbeit	▪ Bearbeitung anspruchsvoller Fachaufgaben ▪ positives Arbeitsklima ▪ sicherer Arbeits-platz, gute Work-Life-Balance	▪ komplexe Fachaufgaben bearbeiten ▪ gesellschaftspolitisch mitgestalten können ▪ Integrität und Wertekongruenz
Rollenverständnis	▪ Führungskraft als Coach und Förderer ▪ Generalis mit solidem fachjuristischem Kompetenzprofil	▪ juristischer Allrounder	▪ Fachspezialist bzw. Berater	▪ unabhängiger Fachexperte und mündiger Bürger
Karriere-orientierung	▪ Übernahme von Personalverant-wortung ▪ Auf- und Ausbau generalistischer Kompetenzen ▪ Management Development	▪ optionenorientiert, entwicklungsoffen (horizontale Entwicklung) ▪ Ausbau des eigenen Arbeitsmarktwertes ▪ lebensphasen- und potenzialorientierte Entwicklung	▪ keine Karriere-ambition ▪ Update oder Weiterentwicklung fachlicher Kenntnis-se (Fachkarriere)	▪ optionenorientiert, entwicklungsoffen (Fach- und Führungsaufgaben, Engagement in der Politik, Fachkarriere)

Arbeitszufriedenheit. Ihre Präferenz für die Übernahme von Führungsaufgaben (z. B. die Leitung von Teams oder Abteilungen) hat dabei eher am Rande mit deren Prestige und Sichtbarkeit zu tun. Das Führungsverständnis dieser Generalisten orientiert sich vielmehr am Bild eines Vorgesetzten, der, weil er sein fachjuristisches Handwerk versteht und viel Erfahrung in unterschiedlichen Aufgabengebieten gesammelt hat, in der Lage ist, Mitarbeiter sowohl zu ihrer beruflichen und persönlichen Weiterentwicklung als auch bei der Bearbeitung juristischer Aufgaben kompetent wie kollegial zu beraten und zu begleiten:

> Verstehen und führen, die Sorgen von den Leuten vernehmen, mit ihnen materiell Sachen diskutieren zu können, Strategien vorschlagen zu können, wie kommen wir weiter, wie kommen wir aus welchen Fehlern heraus, das coachen zu können […] Das ist mir eigentlich immer wichtig gewesen (I 14).

Die „Führungsorientierten" signalisieren, bis zu einem gewissen Grad mehr Personalverantwortung übernehmen zu wollen (z. B. eine Abteilungsleitung), legen aber zugleich viel Wert darauf, sich ihre fachjuristische Kompetenz zu erhalten. Demzufolge sehen sie sich als Juristen mit Führungsfunktion und nicht als zukünftige General Manager, und sie begrenzen ihre Aufstiegsambitionen innerhalb der Organisation daher bewusst:

> Ich habe auch die Juristerei noch gerne [...] Und da war eine Stelle, wo ich als Stellvertreter in der Poleposition war, wo ich mich aber bewusst nicht beworben habe, weil das dann wirklich der Manager gewesen wäre. Also ich würde nicht sagen, es hätte mich nicht gereizt, aber es ist, ich hatte das Gefühl, es ist nicht der richtige Schritt (I 14).

Die beiden Befragten kennen ihren Arbeitsmarktwert recht gut und versuchen diesen kontinuierlich weiterzuentwickeln (z. B. über Aufgabenwechsel, Führungsweiterbildungen, Diplome). Eine klare und realistische Karriereperspektive, einen nächsten Schritt vor Augen zu haben, ist für sie ein wichtiger Anreiz. Beide Befragten äußern insgesamt ihre Zufriedenheit mit ihrer Gehaltsentwicklung wie auch mit den Anstellungsbedingungen des Bundes. Aus ihrer Sicht ist aber nicht die absolute Lohnhöhe, sondern vielmehr die Erfüllung ihres psychologischen Vertrags ausschlaggebend für ihre Zufriedenheit mit dem Arbeitgeber im Sinne eines subjektiv als ausgewogen (äquivalent) empfundenen Verhältnisses von Arbeitseinsatz und Arbeitgeberunterstützung. Konkret betonen sie, im Gegenzug für ihre ausgeprägte Leistungs- und Flexibilitätsbereitschaft und ihr hohes persönliches Engagement klar erkennbare Aufstiegsmöglichkeiten aufgezeigt zu bekommen und zugleich hinreichend Zeit für ein aktiv gestaltetes Privat- und Familienleben finden zu können.

12.4.2 Selbstentfaltungsorientierte Generalisten

Auf der Grundlage von sieben Interviews haben wir den Karrieretyp der „selbstentfaltungsorientierten Generalisten" gebildet. Diese meist im Kontext des Rechtsdienstes oder einer Rechtssektion/-abteilung beratend tätigen Personen ziehen ein hohes Maß an innerer Befriedigung aus der Möglichkeit, Aufgaben und Projekte anzugehen, die ein vielseitiges Tätigkeits- und Kompetenzspektrum erfordern, und ihre Auftraggeber dabei fachlich kompetent wie lösungsorientiert zu beraten. Hierzu zählt etwa, in Kommissionen mitzuarbeiten, sich in der Aus- und Weiterbildung zu engagieren, eigene Impulse in die Rechtsprechung einbringen zu können und in Kontakt mit Bürgern oder Vertretern aus Branchen, Medien und Politik am gesellschaftspolitischen Geschehen teilzuhaben.

> Ich finde es spannend, von einem zum anderen zu springen, [...] eine neue Aufgabe, ein neuer Gesprächspartner, ein neues Projekt oder eine neue Frage. Das finde ich super. Das, finde ich, ist wirklich befriedigend (I 16).

Die Suche nach Aufgabenvielfalt und neuen Herausforderungen ist angetrieben von dem Wunsch, sich im Kontext der eigenen beruflichen Biografie, aber auch im außerberuflichen Leben *kontinuierlich weiterzuentwickeln.* Routinearbeiten geht man dabei eher aus dem Weg, um gar nicht erst das Gefühl von Langeweile, Monotonie oder Stillstand aufkommen zu lassen. Leitend für ihre Karriereorientierung ist das Motiv, ein sehr vielseitiges Spektrum an Talenten – u. a. Überzeugungskraft, diplomatisches Geschick, Fach- und Führungskompetenz, hohe sprachliche Sensibilität, Kreativität, Einfühlungsvermögen, Begeisterungsfähigkeit, Umsetzungskompetenz – aktiv in die Ausgestaltung ihrer Rolle als „juristische Allrounder" einzubringen und fortlaufend nach Selbstentfaltungs- und Weiterentwicklungschancen bzw. bereichernden Erfahrungen im Berufs- wie Privatleben zu suchen:

> Ich glaube, es gibt kaum eine Stelle für mich jetzt in der Bundesverwaltung, die mir so spannende Aufgaben bietet, so aktuelle Fragen, also dass ich heute das diskutiere, was nächsten Mittwoch im Bundesrat entschieden wird oder in der Sonntagspresse steht, und das trotzdem in Teilzeit erledigen kann (I 11).

Anstelle von positionalem Aufstieg (wie dies für die „aufstiegsorientierten Generalisten" gilt) orientieren sich die „Selbstentfalter" an einem *subjektiven Karriereverständnis* im Sinne einer nach persönlichen Maßstäben als sinnstiftend und befriedigend erlebten beruflichen Entwicklung.

> Eine Karriere ist für mich etwas, worin ich mich selber nach meinen Bedürfnissen, nach meinen Fähigkeiten entwickle in einem Bereich, wo ich noch zufriedener bin, wo ich vielleicht noch mehr Leistung auf den Boden kriege, wo ich Anerkennung erhalte, nicht wegen meiner Funktion oder meinem Einkommen oder meinem großen Auto, sondern weil ich dort eben dann wertgeschätzt werde wegen meines Wissens, wegen meiner Fähigkeiten, die ich dort einsetzen kann. Das ist für mich Karriere (I 13).

Die „Selbstentfalter" verfolgen kein konkretes Karriereziel, sondern halten sich bewusst offen für attraktive zukünftige Entwicklungsmöglichkeiten und -optionen, insbesondere Entwicklungsschritte im Rahmen einer Horizontalkarriere (wie z. B. Job Enrichment, Job Enlargement, Job Rotation, Ämterwechsel). Ihre Aufmerksamkeit und ihr Gespür für neue Herausforderungen und Gelegenheiten zur beruflichen Weiterentwicklung sind ebenso ausgeprägt wie ihre Bereitschaft, kontinuierlich in den Ausbau der eigenen Arbeitsmarktfähigkeit zu investieren (z. B. über Fortbildungen, externe Zertifikate, Studiengänge etc.). Indem sie ihr Kompetenzprofil beständig weiterentwickeln und eine große Flexibilitätsbereitschaft und Initiative hinsichtlich der Übernahme neuer Aufgaben zeigen, erhöhen sie ihren „Wert" für die Verwaltungseinheit, in der sie tätig sind. Im Gegenzug erwarten sie von Arbeitgeberseite aber auch ein großes Maß an Flexibilitätsbereitschaft – denn sie erhoffen sich, möglichst anspruchsvolle und vielseitige Fach-, Projekt- und Führungsaufgaben auch in Teilzeit ausüben zu können. In dem Wissen um ihren hohen Arbeitsmarktwert und ihre meist weitverzweigten Netzwerke innerhalb der Bundesbehörde können die „Selbstentfalter" mitunter recht selbstbewusst auftreten und für sie stimmige Arrangements zwischen Beruf und Privatleben aushandeln.

12.4.3 Balanceorientierte Spezialisten

Verglichen mit allen anderen Typen zeichnen sich die „balanceorientierten Fachspezialisten" durch ein *nüchtern-sachliches Verhältnis zu ihrer Arbeit* aus: Ein sicherer Arbeitsplatz, der finanzielle Unabhängigkeit, interessante Fachaufgaben und ein gutes Arbeitsklima bietet, trägt für sie zu einem hohen Ausmaß an beruflicher Zufriedenheit bei. Nach außen sichtbarer beruflicher Erfolg (z. B. eine Führungsposition auszuüben) wird dabei ebenso wenig gesucht wie die Möglichkeit, sich über häufigere Stellenwechsel immer wieder mit Neuem zu konfrontieren.

„Balanceorientierte Fachspezialisten" (drei Interviewpartner) wirken oftmals an fachjuristischen Aufgabenstellungen wie Verordnungen, Weisungen oder Gesetzgebungsprojekten mit. Ihr Rollenverständnis als Fachspezialist gründet auf dem Anspruch, sich in eine Materie zu vertiefen und eine hohe Arbeitsqualität zu erbringen: Informationen und Vorgänge sorgfältig zu recherchieren, Entscheidungen gründlich vorzubereiten und dort, wo gefordert, den fachlichen und sozialen Austausch mit Kollegen, Vorgesetzten oder Kooperationspartnern anderer Ämter zu suchen. Ein freundliches und wertschätzendes Teamklima, eine als kooperativ und vertrauensvoll erlebte Führungsbeziehung sowie herausfordernde juristische Fachaufgaben sind wesentliche Faktoren beruflicher Zufriedenheit und organisationaler Verbundenheit:

> Ja, einfach die Stimmung am Arbeitsplatz finde ich extrem wichtig (I 12).
>
> Sicher eine gewisse Autonomie zu haben, und dann die Entwicklung der Materie [...] Und dann für mich sehr wichtig ist noch, ja, das Umfeld, also die Arbeitskollegen, gute Referenzen zu haben, keine Konflikte und, ja, einfach froh zu sein am Morgen, wenn man aufsteht, und nicht sagen, nein, ich muss noch dort sein, diese Gesichter, und ich kann diese nicht sehen (I 4).

Die „balanceorientierten Fachspezialisten" distanzieren sich klar sowohl von einer klassischen Karriere (im Sinne eines hierarchischen Aufstiegs) als auch gegenüber einem subjektivierten Karriereverständnis, das Arbeit als Ort der Selbstverwirklichung betrachtet, wie dies bei den „selbstentfaltungsorientierten Generalisten" der Fall ist. Die Interviewpartner betonen vielmehr, sich nicht primär über Arbeit und beruflichen Erfolg definieren zu wollen und daher eine Anstellung in Teilzeit zu bevorzugen:

> Ich finde nur Arbeiten schrecklich. [...] Das habe ich immer gewusst, ich will nicht voll arbeiten, es gibt noch anderes (I 12).
>
> Es ist schön, ja, auch Zeit für mich zu haben und Zeit für Hobbys zu haben. Ich habe auch das Gefühl, dass die Arbeitsqualität dadurch eigentlich nur positiv beeinflusst wird (I 7).

Eine Übernahme von Personalverantwortung im Rahmen einer Führungsaufgabe ist aus Sicht der Befragten (im Gegensatz zu den „aufstiegsorientierten Generalisten") wenig attraktiv, da man erstens lieber fachorientiert mit der gebotenen Gründlichkeit und „im Hintergrund" arbeitet als allzu exponiert und unter dem Druck schneller Entscheidungen und man zweitens auch die hohe zeitliche Belastung einer Führungsaufgabe scheut. Stattdessen streben balanceorientierte Spezialisten danach, ihr juristisches Know-how zu vertiefen oder neue Fachaufgaben zu übernehmen, registrieren aber mit Bedauern bis Resignation, dass der Bund bis heute insbesondere für fachlich orientierte Juristen keine alternativen Förder- und Entwicklungsmöglichkeiten bietet. Als Folge des Eindrucks blockierter Entwicklungsmöglichkeiten, fehlender Aufstiegsambitionen wie auch infolge einer eher nüchtern-realistischen Einschätzung der Alternativen am Arbeitsmarkt bildet sich mit der Zeit tendenziell eine *Haltung „resignativer Zufriedenheit“*[4] (vgl. Büssing et al. 2005) heraus. Man betont den Wert einer sicheren Anstellung und einer guten Vereinbarkeit von Berufs- und Privatleben, verzichtet aber auf weitergehende Karriereambitionen und verwirklicht sich stattdessen in den Lebensbereichen außerhalb der Erwerbsarbeit.

> Was ich in meinem Umfeld feststelle, ist: Viele Juristen, die mit mir studiert haben, die nicht Karriere machen wollen, die stagnieren irgendwann mal in einem Rechtdienst. [...] Das ist eben das, was man ja immer sagt, man will die Fachkarriere fördern, aber wie? Ich bin eben da auch etwas ratlos. Ja, mit der Zeit glaube ich, werden die Leute halt auch so, wie – ja, ja, jetzt warten wir noch die 10 Jahre und nachher sind wir pensioniert, jetzt krass ausgedrückt (I 12).

Ein Wechsel des Anstellungsverhältnisses in die Privatwirtschaft (z. B. als Anwältin zu arbeiten) erscheint den Befragten hierbei wegen der hohen zeitlichen Arbeitsbelastung und Flexibilitätserfordernisse wenig attraktiv. Daher ist es recht wahrscheinlich, dass viele „balanceorientierte Fachspezialisten“ trotz blockierter Entwicklungsperspektiven dem Arbeitgeber Bund die Treue halten.

12.4.4 Werteorientierte (idealistische) Spezialisten

Die „idealistischen Fachspezialisten“ (drei Interviews) identifizieren sich deutlich leidenschaftlicher als etwa die „balanceorientierten Fachspezialisten“ mit ihrer Experten-Rolle, die sie dabei *explizit mit einem gesellschaftspolitischen Gestaltungsauftrag verbinden.* Die Befragten möchten einen „Dienst an der Öffentlichkeit leisten“, setzen sich mit Tatkraft und innerer Überzeugung für Werte wie Gerechtigkeit, Chancengleichheit, gesellschaftlichen Fortschritt oder die Wahrung demokratischer Prinzipien ein und geben an, im legislativen Prozess eigene Fußspuren hinterlassen zu wollen.

---

[4]Der aus der Arbeits- und Organisationspsychologie stammende Begriff „resignative Arbeitszufriedenheit“ bezeichnet eine häufig beobachtete Tendenz von Arbeitnehmern, die Unzufriedenheit mit ihrer Arbeitssituation dadurch in eine zufriedene Haltung umzuwandeln, dass sie ihr Anspruchsniveau senken, sich also mit dem fehlenden Befriedigungspotenzial ihrer Arbeitssituation abfinden (vgl. hierzu Büssing et al. 2005).

> Das Gesetz ist nichts anderes als der Volkswille. Also was hat das Volk mal gesagt, was es gerne will, wie man es macht. Und die Verwaltung muss sich nach dem Volkswillen richten, das ist im Auftrag vom Volk, ja. Und das ist wieder, das hat auch wieder mit meinem Gerechtigkeitssinn zu tun (I 8).
>
> Also ich muss sagen, wenn ich meinen Namen ins Google eingegeben habe, dann sind die ersten zehn Nennungen irgendwelche Bundesgerichtsentscheide oder Berichte oder Abhandlungen, [...] schau mal, jetzt werde ich schon wieder zitiert. [...] Das gebe ich ganz klar zu, das ist eine Motivation, da stehe ich dazu (I 6).

Die „Idealisten" verzichten auf eine explizite Planung ihrer Karriere und halten sich bewusst offen für vielfältige Entwicklungsoptionen, wie z. B. spannende neue Aufgabengebiete, die Übernahme einer Führungsposition oder ein Engagement in der Politik. Insgesamt aber ist das Streben nach Wertekongruenz (zwischen eigenen Idealen und der Möglichkeit, diese im Rahmen der Arbeitstätigkeit wirksam werden zu lassen) wesentlich bedeutsamer als das Aufstiegsmotiv. Eine Karriere auf Kosten des Privatlebens oder auch eine prestigereiche Position wird im Zweifelsfall ausgeschlagen, denn man möchte sich selbst (den eigenen Idealen, Werten und Selbstbildern) wie auch dem beruflichen Selbstbild als unabhängiger, unparteilicher und intrinsisch motivierter Fachspezialist treu bleiben. Auch wenn sich die Idealisten der Bedeutung persönlicher und beruflicher Netzwerke wie auch der Pflege ihres Kompetenzprofils (in puncto Arbeitsmarktfähigkeit) sehr bewusst sind, äußern sie in den Interviews ein gewisses Unbehagen, diese Karrierekapitalien auch strategisch zum eigenen Vorteil einzusetzen – vermutlich, weil dies im Widerspruch zu den eigenen idealistischen Wertvorstellungen stünde und man seine Integrität und Unabhängigkeit bewahren möchte:

> Begeisterung und gleichzeitig aber auch der Respekt vor der Autonomie als Experte in dem Bereich, dass man nicht [das] Gefühl hat, man ist in so eine Befehlskette so eingegliedert (I 6).

12.5 Fazit und Limitationen der Studie

Die vorgestellte Explorativstudie zeichnet ein differenziertes Bild der Arbeitswerte und -motive, Rollenverständnisse und Karriereorientierungen von Juristen wie auch ihrer Wahrnehmung der aktuellen Entwicklungsperspektiven innerhalb der Bundesverwaltung. Die befragten Personen nehmen dabei die Bundesverwaltung grundsätzlich als attraktiven Arbeitgeber wahr. Konkret schätzen sie es, abwechslungsreiche, vielfältige und intellektuell herausfordernde Aufgaben im Dienste des öffentlichen Interesses ausüben zu können und sind in großer Mehrheit mit ihrer Lohnentwicklung wie auch mit der Vereinbarkeit von beruflichen und privaten Lebensbereichen zufrieden. Zugleich wünschen sich die meisten Befragten mehr Unterstützung durch Linienvorgesetzte und mehr Transparenz hinsichtlich ihrer beruflichen Weiterentwicklungsmöglichkeiten. In der heutigen Situation schätzen viele der Befragten ihre Weiterentwicklung als nur beschränkt beeinflussbar ein. Als Ursachen dafür werden unter anderem eine starke Fokussierung der Führungskräfte auf das Tagesgeschäft, eine primär bedarfsorientierte und oftmals auf das eigene Amt begrenzte Bereitschaft, Mitarbeiter in ihrer Entwicklung zu fördern, wie auch eine insgesamt fehlende Transparenz der Entwicklungsmöglichkeiten von Juristen innerhalb der Joblandschaft der Bundesverwaltung genannt. Grundsätzlich haben die befragten Juristen den Eindruck, dass die Initiative zur Weiterentwicklung bislang ausschließlich bei ihnen liegt und zu selten ein Dialog mit den Vorgesetzten über das eigene Potenzial und eine mögliche Weiterentwicklung stattfindet.

Die von uns identifizierten vier Karrieretypen lassen darauf schließen, dass viele Juristen innerhalb der Bundesverwaltung keine klassische Aufstiegskarriere anstreben, sondern ihr Kompetenzprofil entweder fachlich vertiefen oder erweitern wollen. Die Bereitschaft, sich beispielsweise über Aufgaben- und Tätigkeitswechsel, Job-Rotationen oder Job Enrichment neues Wissen anzueignen und sich quer (horizontal) zu den klassischen Aufstiegswegen zu bewegen, ist dabei groß. Insgesamt orientiert sich die Mehrzahl der von uns befragten Personen an einem subjektiven Karriereverständnis: Eigene Fähigkeiten und Talente in ihre Arbeit einbringen zu können, selbstständig wie teamorientiert herausfordernde Fachaufgaben zu bearbeiten und sich offen zu halten für zukünftige Aufgaben (immer im Einklang mit dem Wunsch nach einer möglichst hohen Vereinbarkeit von Beruf und Privatleben) – dies sind die zentralen Faktoren eines Arbeits- wie Lebenszufriedenheit umspannenden modernen Karriereverständnisses der Juristen. Die gewonnenen Erkenntnisse können genutzt werden, um die allgemein hohe Attraktivität des Arbeitgebers Bund aus Sicht der Juristen (und ggf. auch anderer Querschnittsfunktionen) insbesondere für den Bereich beruflicher Entwicklungsmöglichkeiten auszubauen.

Aufgrund der methodischen Anlage der Untersuchung (eine explorative Interviewstudie innerhalb der Bundesverwaltung) sowie der vergleichsweise geringen Anzahl von insgesamt 15 Interviews mit Juristen kann grundsätzlich kein Anspruch auf Generalisierbarkeit der Resultate erhoben werden. Die gewonnenen Erkenntnisse sind des Weiteren nicht unmittelbar übertragbar auf andere Expertenorganisationen, die Juristen beschäftigen, wie z. B. Anwaltskanzleien oder Beratungsfirmen. Allerdings lassen sich aus den gewonnenen Ergebnissen einige aufschlussreiche Erkenntnisse zur Förderung der Karriereentwicklung von Juristen innerhalb der Bundesverwaltung ableiten.

12.6 Implikationen für die HR- und Führungspraxis

Zunächst ist festzustellen, dass die beruflichen Karrieren von Juristen heute auch im Kontext der Bundesverwaltung (wie andernorts) nur noch bedingt planbar sind. Sie verlaufen oftmals (betrachtet man die tatsächlichen Berufsverläufe der interviewten Juristen, mit Ausnahme der Fachspezialisten) dynamisch, d. h. jenseits vorgegebener Laufbahnpfade oder eines klassischen Karriereplanungsansatzes.

In Anbetracht der heutigen Rahmenbedingungen für berufliche Karrieren von Juristen in Expertenorganisationen wie etwa der Bundesverwaltung sowie in Anbetracht der Varianz an Karrierevorstellungen lassen sich abschließend einige praktische Implikationen für die Laufbahn- und Personalentwicklung ableiten, welche im Kern auf eine Förderung flexibler, selbstinitiierter Karrieren und die Sensibilisierung von HR-Verantwortlichen und Führungskräften für die Bedürfnisse unterschiedlicher Karrieretypen zielen:

1. *Geteilte Verantwortung:* Gelingende berufliche Karrieren sowie die Entwicklung individueller Arbeitsmarktfähigkeit erfordern grundsätzlich eine aktive Mitwirkung von Arbeitgeber- wie Arbeitnehmerseite im Sinne einer geteilten Verantwortungsübernahme (vgl. Fugate et al. 2004; Peiperl und Baruch 1997). Von Mitarbeiter muss etwa erwartet werden, dass sie über ihre Leistungen, ihr aufgabenbezogenes oder organisationales Engagement und ihre Bereitschaft zur Weiterentwicklung auf sich aufmerksam machen. Da gerade Fachspezialisten dazu tendieren, mit einer soliden Facharbeit eher im Hintergrund zu agieren, sollten die Organisationen auch die Potenzialentfaltung und die Kompetenzen dieser mitunter etwas weniger sichtbaren bzw. „introvertierten" Mitarbeitergruppe systematisch fördern. Führungskräfte und Geführte sollten generell im Rahmen ihrer Zusammenarbeit genug Zeit und Aufmerksamkeit investieren, um sich dialogisch über Entwicklungsbedürfnisse und -möglichkeiten und über Potenziale auszutauschen und individuelle Entwicklungsschritte gemeinsam anzugehen. Der Arbeitgeber wiederum sollte entsprechende Rahmenbedingungen (insbesondere durchlässige Karrierepfade sowie karrieretypensensible Anreizsysteme) sowie unterstützende Maßnahmen und Instrumente zur Förderung flexibler, selbstinitiierter Karrieren bereitstellen.
2. *Durchlässigkeit von Entwicklungspfaden* – alternative Entwicklungspfade ausbauen und transparent machen: Zentral erscheint uns generell, die unterschiedlichen ämter- und departementübergreifenden Entwicklungswege für Juristen der Bundesverwaltung (in horizontaler, vertikaler oder auch lateraler Dimension) inklusive der dazu notwendigen Schritte auszubauen bzw. existierende Entwicklungswege transparenter darzustellen. Auf diese Weise kann die Durchlässigkeit und Transparenz von Entwicklungspfaden innerhalb der Joblandschaft der Bundesverwaltung erhöht werden (vgl. hierzu auch Kels et al. 2015, S. 95 ff.). Insbesondere die „aufstiegsorientierten Generalisten" und die „selbstentfaltungsorientierten Generalisten" wie auch etwas abgeschwächt die „werteorientierten Spezialisten" zeigen eine ausgeprägte Affinität zu Möglichkeiten zum Aufgaben- und Bereichswechsel bzw. zu horizontalen Entwicklungsoptionen.
3. *Beratung und Potenzialanalyse:* Das HR-Management und die Linienvorgesetzten sollten talentierte Mitarbeiter bei ihrer Weiterentwicklung orientierend und beratend unterstützen. Hierbei ist es sicherlich von Vorteil, wenn sich HR-Spezialisten und Führungskräfte fortlaufend für die Varianz an Karriereorientierungen, Arbeitswerten und Rollenverständnissen innerhalb der Organisation sensibilisieren und den Mitarbeitern im Rahmen von Beratung entsprechende Tools zur Analyse und Reflexion individueller Arbeits- und Karriereorientierungen bereitstellen. Potenzialanalysen und Career Coaching können den Mitarbeiter dabei helfen, ihre Karrieremotive,

Kompetenzen und Potenziale (unter Einbezug ihrer spezifischen Arbeits- und Lebenssituation) klarer zu erkennen und attraktive wie realistische Entwicklungsziele zu formulieren (vgl. hierzu auch Hüttner, 2010, sowie Kels et al. 2015, S. 112 ff.). Im darauf aufbauenden Dialog zwischen Führungskraft und Mitarbeiter können dann mögliche Entwicklungswege und -schritte inkl. begleitender Personalentwicklungsangebote konkretisiert und vereinbart werden.

4. *Maßgeschneiderte Personalentwicklung zur Förderung flexibler Karrieren:* In den Interviews mit den Juristen wurde deutlich, dass Maßnahmen zur Förderung flexibler Karrieren, wie etwa Job-Rotation, temporäre Seitenwechsel zwischen Gesetzgebung und -umsetzung, klassische Initiativen zu Job Enrichment und Job Enlargement oder horizontale Karriereschritte in Form amtsübergreifender Jobwechsel in ähnliche und andere Spezialisten- oder Generalisten-Funktionen, auf eine hohe Akzeptanz treffen. Job-Rotationen von unterschiedlicher Dauer wecken insbesondere das Interesse der Generalisten, doch auch die Fachspezialisten sprechen auf dieses Instrument an, sofern sie dadurch ihre Kenntnisse in ihrer Materie vertiefen können. Auch die Übernahme neuer Projekte, Coaching und Mentoring oder die Förderung der Karriereentwicklung von Leistungs- und Potenzialträgern mit Teilzeitanstellung dürften in Zukunft an Bedeutung gewinnen.

Abschließend betrachtet trägt die gezielte Förderung flexibler Karrieren unter Einbezug individueller Arbeits- und Karrieremotive (bei Vorhandensein individueller Kompetenz- und Leistungsvoraussetzungen und unter Beachtung betrieblicher Führungs- und Beurteilungsprozesse; vgl. hierzu exemplarisch Abschn. 12.4.2) maßgeblich zu einer erhöhten Arbeitszufriedenheit, Leistungsbereitschaft und Personalbindung bei. Zugleich gewinnen traditionell-hierarchische Silos (Abteilungen, Bereichskulturen) durch den regelmäßigen Austausch von Personal und Know-how an Durchlässigkeit, was entsprechende Potenziale für die funktions-, bereichs- und disziplinübergreifende Leistungserbringung und Innovation erschließt.

Literatur

Albert, E. (2011). Über Backlash, Neukonstellationen und einige Schweizer Wertentwicklungen. *SwissFuture, 01*(2011), 3–7.

BizNext. (2015). Laufbahnen für Juristinnen und Juristen. Herausgegeben vom Berufsberatungs- und Informationszentrum der Erziehungsdirektion des Kantons Bern. http://www.biz.erz.be.ch/biz_erz/de/index/ueber_uns/merkblaetter.assetref/dam/documents/ERZ/MBA/de/berufsberatung/Merkblaetter/SLB_Merkblaetter/S006_de_Laufbahnen_fuer_Juristinnen.pdf. Zugegriffen: 7. März 2017.

Büssing, A., Herbig, B., Bissels, T., & Krüsken, J. (2005). Formen der Arbeitszufriedenheit und Handlungsqualität in Arbeits- und Nicht-Arbeitskontexten. In L. Fischer (Hrsg.), *Arbeitszufriedenheit* (S. 135–159). Göttingen: Hogrefe.

Eidgenössisches Personalamt. (2016). Personalreporting der Bundesverwaltung. Bern.

Flick, U. (2016). *Qualitative Sozialforschung. Eine Einführung* (7. Aufl.). Reinbek bei Hamburg: Rowohlt.

Fugate, M., Kinicki, A. J., & Ashforth, B. E. (2004). Employability: A psycho-social construct, its dimensions and applications. *Journal of Vocational Behavior, 65,*14–38.

Galonska, C. (2002). *Die Wirtschaftselite im gesellschaftlichen Abseits.* Wiesbaden: Springer Fachmedien.

Gostomzyk, T., & Jahn, J. (Hrsg.). (2015). *Briefe an junge Juristen.* München: Beck.

Greenhaus, J., Callanan, G., Godshalk, V. (2009). Career management. London: SAGE.

Hall, D. T., & Moss, J. E. (1998). The new protean career contract: Helping organizations and employees adapt. *Organizational Dynamics, 26*(3), 22–37.

Hartmann, M. (2003). Individuelle Karrierepolitik oder herkunftsabhängiger Aufstieg? Spitzenkarrieren in Deutschland. In R. Hitzler, M. Pfadenhauer (Hrsg.), *Karrierepolitik. Beiträge zur Rekonstruktion erfolgsorientierten Handelns* (S. 159–171). Opladen: Leske + Budrich.

Hausner, U. (2017). *Karrieredestination Europäisches Parlament.* Wiesbaden: Springer Fachmedien.

Inkson, K., Gunz, H., Ganesh, S., & Roper, J. (2012). Boundaryless careers: Bringing back boundaries. *Organization Studies, 33,*323–341.

Inkson, K., & Myers, B. A. (2003). „The big OE": Self-directed travel and career development. *Career Development International, 8*(4), 170–181.

Kels, P. (2009). *Arbeitsvermögen und Berufsbiografie. Karriereentwicklung im Spannungsfeld zwischen Flexibilisierung und Subjektivierung.* Wiesbaden: VS Verlag.

Kels, P., & Scherrer, S. (2013). Report „Karriereorientierungen von JuristInnen innerhalb der Bundesverwaltung". Ergebnisse einer explorativen Analyse im Rahmen des EPA-Projekts Laufbahnen (August 2013). Unveröffentlichte Studie im Auftrag des Eidgenössischen Personalamts, Bern.

Kels, P., & Vormbusch, U. (2008). Berufskarrieren Hochqualifizierter: On the road to nowhere? In K. Dröge, K. Marrs, & W. Menz. (Hrsg.), *Subjekt – Leistung – Markt. Neue Koordinaten betrieblicher Leistungspolitik* (S. 137–160). Berlin: Edition Sigma.

Kels, P., Clerc, I. & Artho, S. (2015). *Karrieremanagement in wissensbasierten Unternehmen – Innovative Ansätze zur Karriereentwicklung und Personalbindung.* Wiesbaden: Springer Gabler.

Kräkel, M. (1999). *Ökonomische Analyse der betrieblichen Karrierepolitik.* München: Hampp.

Mieg, H., & Pfadenhauer, M. (Hrsg.). (2003). *Professionelle Leistung – Professional Performance: Positionen der Professionssoziologie.* Konstanz: UVK.

Peiperl, M. A., & Baruch, Y. (1997). Back to square zero: e post-corporate career. *Organizational Dynamics, 25*(4), 7–22.

Rybnicek, R., Bergner, S., & Suk, K. (2016). Führung in Expertenorganisationen. In J. Felfe, & Dick, R. van. (Hrsg.), *Handbuch Mitarbeiterführung: Wirtschaftspsychologisches Praxiswissen für Fach- und Führungskräfte, Springer Reference Psychologie.* https://doi.org/10.1007/978-3-642-55080-5_42. Berlin: Springer-Verlag.

Schwickert, D. (2011). *Strategieberatúng im Zentrum der Macht. Strategische Planer in deutschen Regierungszentralen.* Wiesbaden: VS Verlag.

Thomas, P. M. (2014). Wer kommt nach der Generation Y? Die zukünftigen Zielgruppen des Ausbildungsmarketings. In C. Beck & S. F Dietl. (Hrsg.), *Ausbildungsmarketing 2.0. Die Fachkräfte von morgen ansprechen, gewinnen und binden* (S. 71–90.). Köln: Luchterhand.

Universum Talent Research, Switzerland. (2016). The most attractive employers, ranking release.

Wagener, M., & Fiebiger, J. (2015). Ausbildung und Berufseinstieg als Syndikus. In T. Lenz (Hrsg.), *Die Rechtsabteilung* (S. 247–261). Wiesbaden: Springer Fachmedien.

Witzel, A. (2000). Das problemzentrierte Interview [25 Absätze]. Forum Qualitative Sozialforschung/ Forum: Qualitative Social Research, 1(1), Art. 22,.http://nbn-resolving.de/urn:nbn:de:0114-fqs0001228.

Teil III

Experten wirksam führen und entwickeln

13 Welche Weiterbildung brauchen Experten?

Grundlagen für die Konzeptionierung von Weiterbildungen für Experten auf der Basis eines aristotelischen Wissensbegriffs

Martin Brasser

Experten sind zentrale Leistungsträger wissensbasierter Unternehmen. Ihr oft exklusives Wissen ist ihre Macht. Zentrale Aufgabe des Personalmanagements ist, diese Macht für das Unternehmen zu nutzen. Welche Instrumente sind hierbei besonders hilfreich? Die Studie von Becker et al. (2014) kommt zu dem Schluss, dass affektives organisationales Commitment von Experten an ihre Organisation nicht durch das Führungsverhalten (auch nicht durch ein transformationales) und nicht durch entsprechendes Entgegenkommen bei der Gestaltung der Arbeitsbedingungen hergestellt werden kann. Die Lösung heißt vielmehr: Personalentwicklung. Ein zentraler Aspekt davon ist die Weiterbildung. Becker et al. fassen ihre Erkenntnisse zusammen: „Ohne rechtzeitige, ausreichende und systematische Weiterbildung senken Experten ihre Leistung und ihre Loyalität ab. Sie lenken den Blick auf attraktivere Arbeitgeber“ (Becker et al. 2014, S. 107). Ergänzend weisen die Autoren darauf hin, dass sich durch gezielte Maßnahmen der Personalentwicklung nicht nur das gewünschte Arbeitsverhalten, sondern damit einhergehend auch das organisationale Citizenship Behaviour (OCB, Becker et al. 2014, S. 100, v. a. Abb. 35) mit einstellt, das Experten zu Leistungsträgern auch im Bereich des werteorientierten Verhaltens in Unternehmen macht.

Im Folgenden soll dieser innere Zusammenhang von Expertise und ethischem Verhalten verständlich und plausibel gemacht werden. Dieser Konnex wird hierbei als die Konsequenz aus der Explikation derjenigen Art von Wissen und Wissensorganisation ausgewiesen, wie sie für Experten spezifisch ist. Typische Merkmale des Expertenwissens arbeite ich in Abschn. 13.1 anhand von zentralen Erkenntnissen aus der **empirischen Expertenforschung** heraus. Im Anschluss werden die Ergebnisse

M. Brasser (✉)
Hochschule Luzern, Luzern, Schweiz
E-Mail: martin.brasser@hslu.ch

P. Kels und S. Kaudela-Baum (Hrsg.), *Experten führen*, uniscope. Publikationen der SGO Stiftung, https://doi.org/10.1007/978-3-658-23028-9_13

typologisiert, und zwar mithilfe einer **Theorie des Wissens** (Abschn. 13.2), die die erklärungsschwache Dichotomie von Theorie und Praxis durch eine Unterscheidungssystematik ersetzt, die Expertenwissen in drei verschiedene Arten von Theoriewissen unterteilt. Diese Dreiteilung wurde erstmals von Aristoteles in der *Nikomachischen Ethik* entwickelt. Er unterscheidet dort das herstellende Wissen („poiesis"), das praktische Wissen („praxis") und das wissenschaftliche Wissen („episteme"). In jeder dieser Formen nutzen und organisieren Experten Wissen auf spezifische Art und Weise. Den jeweiligen Eigenheiten des Expertenwissens, die vor dem Hintergrund der aristotelischen Wissenstheorie sichtbar werden, sollte die Personalentwicklung von Experten Rechnung tragen, insbesondere dann, wenn es sich, wie von Becker et al. (2014) empfohlen, um Maßnahmen der Weiterbildung handelt. Ich skizziere am Ende der Überlegungen einige **Grundsätze für die Konzeptionierung von Weiterbildungen für Experten** (Abschn. 13.3). Ein zentraler Baustein wird dabei auch die Einbindung ethischer Themenstellungen zur Stärkung des Organisational Citizenship Behaviour sein, was in der Studie von Becker et al. (2014) empfohlen und durch die aristotelische Wissenstypologie im Folgenden bekräftigt wird. Vielleicht kann eine solche Rückversicherung dazu beitragen, der Vorherrschaft von Bullshit und dem dadurch befürchteten „death of expertise" (Nichols 2017) etwas Stabiles entgegen zu setzen.

13.1 Wie bilden Experten Wissen? Empirische Befunde

Folgt man der Typologie von Wissensträgern bei Kels et al. (2015, S. 59), kann man Experten zum einen gegen Fachspezialisten und zum anderen gegen Generalisten abgrenzen. Aus der Abgrenzung ergeben sich gute Hinweise darauf, was einen Experten zum Experten macht. Wie der Fachspezialist besitzt auch der Experte ein überdurchschnittliches Know-how in einem spezifischen Wissensbereich. Doch anders als beim Fachspezialisten erschöpft sich beim Experten die Kompetenz nicht in einem solchen Fachwissen. Der Experte hat über das große Faktenwissen hinaus zugleich ein Wissen über den großen Zusammenhang, in den das einzelne Wissen und dessen Anwendungsfall eingebettet ist. Das verbindet ihn mit dem Generalisten und unterscheidet ihn von diesem. Denn Experten sind Generalisten nur jeweils auf ihrem eigenen – in der Regel einem einzigen – Gebiet, während Generalisten den Überblick über viele verschiedene Gebiete und darüber hinaus über deren Gesamtzusammenhang haben können. Expertise wird entsprechend definiert als „Kenntnisse und intellektuelle Fähigkeiten einzelner Personen, deren Leistung auf einem bestimmten Fachgebiet weit über dem Durchschnitt liegen [sic!]" (Gabler Wirtschaftslexikon online), und zwar sowohl was die Eindrücklichkeit des Gesamtbildes betrifft, das Experten von ihrem Wissensgebiet haben, als auch bezüglich des Detaillierungsgrades dieses Wissens im Einzelfall. Der Experte verknüpft beide Ränder des Wissens – das Generelle des Einzelfalls und den Einzelfall des Generellen – in die Einheit seines Wissens, und genau dies macht ihn zu dem, was er ist: ein Experte.

13.1.1 Experten behalten die sinnvollen Details

In Experimenten zeigen Experten, dass ihr Wissensspeicher häufig signifikant größer ist als derjenige von Nichtexperten, seien diese Laien (Sachgebietsunverständige) oder Novizen (Sachgebietsungeübte). Schachmeister z. B. können selbst unter den Bedingungen des Blind-Schachs bis zu 40 verschiedene Brettvariationen in Erinnerung behalten (Hattie und Yates 2015, S. 85), was jemandem, der zwar ein exzellentes Kurzzeitgedächtnis, aber keine Erfahrung mit Schach hat, kaum gelingt. Er stünde – um den Vergleich von Gobet zu zitieren – vor derselben Aufgabe wie jemand, der mathematische Funktionen visualisieren soll, ohne dass ihm die Grundlagen der Geometrie zur Verfügung stehen (Gobet 2011, S. 169). Ein anderes Beispiel, von dem Yates berichtet: Eine erfahrene und eine neu ausgebildete Sportlehrerin sehen ein Video mit 22 zufällig angeordneten Körperübungen und sollen diese nach Ablauf des Videos nachmachen. Die unerfahrene Lehrerin reproduziert 10 Übungen, die erfahrene kann sich an 20 korrekt erinnern (zitiert aus Hattie 2015, S. 84).

Dabei ist genau besehen nicht so sehr die schiere Menge der Wissenselemente das Erstaunliche an der Erinnerungskompetenz von Experten, sondern vielmehr der Detaillierungsgrad dieses Wissens. Das hängt eng damit zusammen, dass Experten nachweislich auch solche Elemente in ihre Erinnerung aufnehmen, die sich in der Mitte einer Verlaufskette befunden haben. Laien und Novizen hingegen tendieren dazu, sich eher an das erste und das letzte Element einer Verlaufskette zu erinnern. Was in der Mitte einer Abfolge war, geht verloren, und darunter leidet der Genauigkeitsgrad der Erinnerung. Die Vermeidung des „Loch-in-der-Mitte-Effekts" durch Experten ist eng mit einer für sie spezifischen Kompetenz verbunden, die schon W. G. Chase und H. A. Simon bei ihren Untersuchungen von Schachexperten Ende der 60er- und Anfang der 70er-Jahre aufgefallen war. So haben Schachmeister deutlich mehr Konstellationen von Figurenaufstellungen in ihrer Erinnerung abrufbar als Novizen, wobei diese Konstellationen ihrerseits auch mehr Figuren enthalten und folglich komplexer aufgebaut sind als diejenigen von Novizen (Chase und Simon 1973, ausführlich diskutiert bei Gobet 2011, S. 100–111). Die Bündel im Kurzzeitgedächtnis (sog. „chunks") enthalten bei Nichtexperten in der Regel 7 bis 10 Elemente, bei Experten hingegen sind diese „chunks" deutlich komplexer angelegt. Das gelingt Schachmeistern, weil und wenn es sich beim Schach um solche Figurenkonstellationen handelt, die spielerisch sinnvoll und zielführend sind. Lässt man sie eine Folge von Aufstellungen sehen, bei denen die Figuren nur zufällig und ohne Sinnmuster auf dem Brett aufgestellt sind, schneiden Experten beim Erinnern dieser Aufstellungen sogar schlechter ab als Novizen: Ihr Erinnerungsvermögen streikt gewissermaßen (Hattie und Yates 2015). Es müssen schon sinnvolle Zusammenhänge, aussagekräftige Muster, Schemata mit semantischem Gehalt, **Faktenbündel mit Bezug auf eine kohärente Ganzheit** sein, damit ein Experte seine Erinnerungskompetenz darauf anzuwenden bereit ist.

Dabei spreche ich ganz bewusst von Bereitschaft und von **Streik.** Die Bereitschaft steht und fällt mit der Einschätzung, dass ein bestimmtes Detailwissen Teil einer größeren Einheit ist oder werden kann, in die das Detail eingeordnet und wo es mit Sinn gefüllt werden kann.

Man könnte zugespitzt sagen: **Experten wollen nur dasjenige Detail wissen und weiter abrufbar halten, das für ein größeres Ganzes auch einen Sinn ergibt.** Das ist eine energetische Optimierung und tendenziell auch eine kritische Abgrenzung gegenüber reinem Spezialistentum.

Bei ihren Untersuchungen von Lehrenden einer Physikfakultät haben Chi und seine Kollegen (Chi et al. 1988) den Unterschied zwischen Experten und Laien (hier: Studierenden) wie folgt festgemacht: Laien orientieren sich bei Aufgaben deutlich stärker an der Oberflächenstruktur einer Fragestellung (Zahlen, Fakten, Phänomene) als die Experten, die sich an der Tiefenstruktur einer Aufgabe ausrichten. Sie wollen zunächst das „Problem hinter dem Problem" verstanden haben, bevor sie sich an die Nutzung von konkreten Daten und Instrumenten machen (Bromme 1992, S. 19). In diese Richtung hatten schon die Studien zum Expertenwissen von Medizinern gewiesen, die zwischen 1969 und 1973 mit Klinikärzten in Michigan durchgeführt worden sind (Elstein et al. 1973, zitiert nach Bromme 1992, S. 22 f.). Die Experten unter diesen Medizinern unterscheiden sich von den Studierenden im Kern nicht darin, dass sie mehr über ein Krankheitsbild oder über eine diagnostische Situation wissen (die zahlenmäßig meisten Details können i. d. R. fortgeschrittene Medizinstudierende abrufen und übertreffen darin die an der Studie beteiligten Experten aus der ärztlichen Praxis sogar deutlich). Vielmehr gelingt es den medizinischen Experten besser, die für die Diagnose eines Krankheitsbildes relevanten Details abzurufen. Erklärbar ist dies mit der spezifischen Art und Weise, wie Experten ihr Detailwissen organisieren: um solche Einheiten herum, innerhalb derer ein Detail oder Einzelfaktum Sinn ergibt. Andere Details werden einfach gar nicht abgerufen.

13.1.2 Experten suchen Kohärenz im Begriff

Expertenwissen zeichnet sich nicht so sehr durch die Menge an Fakten aus, sondern durch die spezifische Art ihrer Organisation. Diese Organisation hat schon stattgefunden, bevor Fakten aus der Erinnerung abgerufen werden. Die Fakten werden wie Flüssigkeit gefiltert, wobei der Filter nur diejenigen Fakten durchlässt, die von vornherein als zweckdienlich und lösungsunterstützend bewertet worden sind (Bromme 1992, S. 22). Experten „oszillieren" in ihrer Denkbewegung zwischen Einzelfakt und Gesamtzusammenhang hin und her – und zwar so lange, bis sie das faktisch Relevante und das sinnhaft Ganze vor ihrem „inneren Auge" zur Deckung bringen können. Von außen wird dies gelegentlich als Verlangsamung des Denkprozesses beschrieben (Hattie und Yates 2015, S. 85). Es erklärt aber auch, weshalb Experten Probleme typischerweise mit deutlich weniger Fehlern lösen. Sie „stocken" in ihrem Problemlösungsprozess immer dann, wenn sie den Zusammenhang zwischen Einzelfakten und dem Ganzen nicht mehr erkennen können. Noch wichtiger: Sie bleiben an diesem Problem so lange, bis eine Art „Kohärenzgefühl" zurückkehrt, die Sicherheit, dass sie noch immer oder wieder auf dem richtigen Weg zur Lösung sind.

Dieses „Kohärenzgefühl" bezieht sich auf das, was Bromme eine „kategoriale Wahrnehmung" nennt (Bromme 1992, S. 42) und von mir ein „Filter" genannt wurde. Experten nehmen das, was sie wahrnehmen, strukturiert wahr. Diese Vorstruktur hat die Qualität dessen, was in der philosophischen Tradition seit Aristoteles eine „Kategorie" genannt und mit Immanuel Kant als apriorische mentale Struktur zur Sortierung von Erfahrung interpretiert wird. Wir vollziehen diese Strukturen durch die Anwendung von Begriffen auf das, was uns unsere Sinne als Material zur Verarbeitung anbieten.

So erhält das, was Experten von Spezialisten trennt und sie mit Generalisten verbindet, eine präzisere Bestimmung. Kategorien sind einzelfallübergreifende Vorstrukturen, die die gegebenen Fakten in „sinnvoll" und „nicht sinnvoll" sortieren. Ihre Form ist die des abstrakten Begriffs. Diese an sich schon abstrakten Begriffe sind bei Experten typischerweise weiter und genauer ausdifferenziert, als dies bei Spezialisten allgemein der Fall ist. Anders als den Generalisten gelingt es den Fachexperten allerdings auch ausgesprochen erfolgreich, Einzelfakten und übergeordnete Abstraktionen unmittelbar und plausibel miteinander zu verbinden. Möglicherweise hat diese Fähigkeit damit zu tun, dass die Kategorien bei Experten genauer ausdifferenziert sind, als dies bei Generalisten der Fall ist. Das setzt eine differenziertere Abstufung abstrakter Begrifflichkeiten und eine größere Beweglichkeit bei deren Anwendung auf den Einzelfall voraus. Viele Laien machen die Erfahrung, dass sie mit Experten besser und verständlicher fachsimpeln können als mit Fachspezialisten oder mit Generalisten. Ein selbst erlebtes Beispiel: Der Leiter einer Schweizer Bundesbehörde hat mit seinen Spezialisten einen Vorschlag zur Lösung eines dringenden politischen Problems erarbeitet. Er soll diesen Vorschlag nun vor Politikern verschiedener Parteien vorstellen. Als Spezialist für diese Sache würde er Ansatz und Details dieses Vorschlags sachkundig vertreten. Als Experte auf seinem Gebiet stellt er den Vorschlag so vor, dass er anschlussfähig an die politischen Positionen seiner Zuhörenden ist. Er positioniert sich so: „Den Rechten gegenüber zeige ich die Aspekte der Sicherheit, die in unserem Vorschlag liegen, und den Linken gegenüber betone ich die Aspekte der Humanität." Von Huber stammt diese aussagenstarke Unterscheidung von „Sache" und „Gebiet". Sie definiert den Experten treffgenau als jemanden, der „weiß, was die *anderen* Spezialisten auf seinem Gebiet wissen und wie das Wissen zusammenhängt" (Huber 2014, S. 29).

Diese erhöhte Kommunikationskompetenz kann erklärt werden mit einer größeren Differenziertheit im **System der abstrakten Begriffe.** Höhere Flexibilität bei der Beschreibung und Deutung von Fakten geht jedenfalls unmittelbar mit höherer Binnendifferenzierung des abstrakten kategorialen Begriffssystems einher und wird von Bromme als zweites typisches Kernmerkmal der „kategorialen Wahrnehmung" beschrieben (Bromme 1992, S. 42 f.). Experten haben mit ihrer kategorialen Wahrnehmung gewissermaßen einen Zoom zur Verfügung, mit dem sie Faktenwissen fallspezifisch so organisieren können, dass die Beschreibung eines Sachverhalts quasi stufenlos variiert werden kann – und zwar bis zu dem Grad von Distanz, der für Laien und Novizen anschlussfähig ist – auch und gerade wenn diese auf einem anderen Gebiet Spezialisten oder tendenziell eher Generalisten sind.

13.1.3 Experten ziehen den Anschluss dem Neuanfang vor

Die Variabilität auf Stufe der Kategorien erlaubt zudem eine der individuellen Situation gut angepasste Filterung der Fakten. Die Expertenärzte von Michigan stellen nicht mehr, aber die treffenderen Fragen bei der Diagnose von individuellen Krankheitsbildern (Bromme 1992, S. 30 f.). Diese **These von der höheren *Treffsicherheit* des Expertenwissens aufgrund der höheren Variabilität im System der abstrakten Begrifflichkeiten (Kategorien)** macht außerdem plausibel, weshalb Experten das deklarative Wissen rascher in Handlungen umsetzen können, als dies bei Nichtexperten der Fall ist: Sie haben ohnehin nur solches Faktenwissen abgerufen, das zielführend und lösungsorientiert zur konkreten Situation passt, deren spezifischen Sinn sie kategorial bereits vorweggenommen haben. Die Fakten, die Experten zur Lösung einer Aufgabe beiziehen, sind sinnvoll, weil Experten den Sinn des Falls, der zu lösen ist, bereits verstanden haben bzw. die Fakten nicht eher beiziehen, als sie den Sinn einer Aufgabe verstanden haben. Fakten organisieren sich um Sinn. Dieser wird beschreibbar durch die Kategorien der abstrakten Anschauung. Solche stehen den Experten in differenzierterer Form zur Verfügung als den Laien oder Novizen, da ihre Kategoriensysteme systematisch ausdifferenziert sind.

Mit dieser Ausdifferenzierung hängt eine weitere empirische Beobachtung zusammen: Experten kann es, wenn sie ein bestimmtes Fachgebiet detailliert kennen, rasch langweilig werden. Wir können auf Basis der bisherigen Beschreibungen von Expertenwissen vermuten, dass die Langeweile ab dem Moment einsetzt, in dem Experten zur Überzeugung gelangt sind, dass sie das Problem verstanden haben. Danach suchen sie nicht wie die Fachspezialisten den „Kick“ in der weiteren Vertiefung des Einzelfalls durch noch tiefere Faktenanalyse, sondern sie wenden sich einem neuen fachbezogenen Aufgabengebiet zu und werden mit zunehmender Breite tendenziell zu „Fachgeneralisten“. Kels zitiert einen Experten so: „… dann trägt man das Etikett eines Spezialisten und ist sehr schnell blockiert in seiner Entwicklung“ (Kels et al. 2015, S. 62). Mit dem Modell der „kategorialen Wahrnehmung“ kann man diese empirisch beobachtbare Scheu der Experten vor dem Spezialistentum gut erklären: Eine weitere Vertiefung des Einzelfalls führt nicht mehr zu einer Erweiterung des Begriffssystems – man hat den Sinn ja bereits verstanden. Aber die Einarbeitung in ein neues Thema bringt zwangsläufig neue Begriffe mit sich, und genau das scheinen Experten als Bereicherung und Weiterentwicklung zu erfahren – allerdings nur dann, wenn das Neue auch hinreichend fachnah ist. Das ist es, wenn **das Neue mit seinen neuen begrifflichen Anforderungen an das bestehende Kategoriensystem andocken** und es zugleich bereichern kann. Ein Wechsel von der Fachexperten- in eine Führungsfunktion beispielsweise enthält diese Anschlussfähigkeit auf Stufe der Kategorien gerade nicht und wirkt auf Experten daher nur wenig reizvoll. Ihr Interesse ist auf die Erweiterung ihres Kategoriensystems an den Stellen gerichtet, an denen dies bruch- und nahtlos möglich ist.

Damit ist nun ein grundlegendes Verständnis davon gewonnen, wie Experten ihr Wissen organisieren. Sie sind Experten der Abstraktion und der Begriffe, die systematisch in dem Maß erweitert werden können, in dem die Anschlussfähigkeit des Neuen an das Alte gewahrt bleibt. Damit ist ein wichtiger Erfolgsfaktor für die Weiterbildung von Experten benannt. Man weiß allerdings aus der Expertenforschung auch, dass es eine spezifische Form der Resistenz gibt, mit der sich Experten Neuem gegenüber ablehnend verhalten.

13.1.4 Experten sind selbst keine Experten darin, Automatismen zu unterbrechen

Oft sagen Experten, dass sie nicht sagen könnten, wie sie auf eine Lösung kommen oder warum sie in diesem Fall diese und nicht andere Fakten zur Lösung beiziehen. Experten haben häufig kein explizites Vollzugswissen. Wir sind gewohnt, diesen Vorgang als Intuition zu deuten, die ihrerseits als unbewusster Automatismus abläuft. Gobet spricht von der „magischen Rolle des Unbewussten" (Gobet 2011, S. 136) und gibt doch gleich zu, dass die Erklärungsmodelle dazu „ziemlich schwach" sind. Biedermann und Shiffrar berichten von Personen, die anhand von Bildmaterial gelernt haben, sechs Tage alte Küken auf den ersten Blick als männlich oder weiblich zu identifizieren, ohne dass sie sagen können, woran sie das erkennen oder wie sie bei ihrer Identifizierung vorgehen. Sie „sehen es einfach" (Biedermann und Shiffrar 1987, S. 644; auch zitiert bei Hattie 2015, S. 87). Gute Tennisspieler „spielen den Ball einfach", freilich nach unzähligen Wiederholungen eines ganz bestimmten Bewegungsmusters. Ein zu übender Schlag wird so lange wiederholt, bis er perfekt und quasi von selbst abläuft – frei von bewusster Steuerung. Die Aufmerksamkeit bewusst auf eine Bewegung zu richten, kann die Perfektion beim Ausüben dieser Bewegung sogar hemmen, wie es Roger Federer berichtet, der beim Australian-Open-Finale vom 28. Januar 2018 gegen Marin Cilic auf seinen Aufschlag vertrauen konnte, aber im Moment der bewussten Fokussierung darauf die Souveränität einzubüßen begann. Den kleinen Einbruch im 4. Satz, den sein Gegner gewinnen konnte, erklärt er sich im Interview mit der Luzerner Zeitung so:

> Und wie war der Verlust des vierten Satzes zu erklären? Bei einer 3:1-Führung hatten Sie den Sieg schon vor Augen.
>
> Federer: Ich sagte mir: Du musst jetzt nur noch gut servieren, dann bringst du das Ding nach Hause. Und im nächsten Moment wurde der Aufschlag schwächer, weil ich sehr auf diesen Aspekt achtete. Es ist schon verrückt, dieses Spiel.
> (Interview in der Luzerner Zeitung vom 18.01.2018)

Steckt also hinter der Intuition der Experten ein unbewusster Automatismus, der die Intuition formt und umgekehrt von ihr mit gesteuert wird – eingeübt in unzähligen Malen der Wiederholung des Oszillierens zwischen Fakt und Kategorie, Einzelhandlung und begrifflicher Abstraktion? Die Erfahrung zeigt, dass Talent nur dann zur Meisterschaft führt, wenn es durch sehr viel Übung zur Entfaltung gebracht wurde. Hinzu kommen Betreuungsmuster, die Erwachsene mit Spitzenleistungen in Sport, Kunst oder Wissenschaft in ihrer Kindheit typischerweise erfahren haben – und Roger Federer ist hierfür übrigens ein gutes Beispiel. Sie wachsen in einer Umgebung von Eltern und Erziehenden auf, die sich kompromiss- und selbstlos in den Dienst der Entfaltung des Talents stellen (vgl. Hattie und Yates 2015, S. 91), und erhalten so den maximalen Freiraum für das Training ihres Talents. Karl Anders Ericssons Zielgröße von 10 000 Übungsstunden zur Erreichung des Meisterstatus ist populär geworden (Ericsson 2000). Gemäß Ericsson haben Topsolisten diese Zielgröße im Alter von 20 Jahren in Form von Einzelübungsstunden erreicht, wobei sie aufgrund ihres Talents nach ca. 2000 h bereits auf einem sehr guten Amateurniveau angekommen waren. Dass sie sich damit nicht zufriedengegeben haben, verdanken sie ihrem Ehrgeiz und der stimulierenden Umgebung. Was durch Erziehung und Umfeld möglich ist, zeigt das Beispiel der drei Polgar-Schwestern, die von ihren Eltern so intensiv und systematisch gefördert wurden, dass sie alle drei in die Weltelite des Schachs gelangten (ausführlich beschrieben bei Ericsson und Pool 2016, S. 250 ff.). Dass sich Talentierte durch fortgesetztes Training auch tatsächlich weiterentwickeln, verdanken sie allerdings nicht dem Wiederholungseffekt im Training, sondern gezielter pädagogischer Intervention guter Lehrer. Auf diesem Niveau führen nämlich eingespielte Automatismen häufig zu einer Stabilisierung bestehender Verhaltensmuster (vgl. Hattie und Yates 2015, S. 94) und hemmen so die Weiterentwicklung. Gute Lehrer erkennen dieses Risiko im Moment seines Auftretens. Sie erzeugen dann gezielt Aufmerksamkeit und eine solche Fokussierung, durch die **neue Spielräume** möglich werden. Es geht nicht um blind wiederholendes, sondern um **„gezieltes Üben“** (Ericsson und Pool 2016, S. 45), was immer auch mit einer Überschreitung der Grenze der Komfortzone einhergeht. Bei vielen Ballsportarten erkennt man den Erfolg dieses Übens daran, dass die Champions messbar länger auf den gespielten Ball schauen als Anfänger dies tun (Quelle: Clip PBS Quiet Eye). Das sog. „quiet eye“ (Moore et al., 2014) wird gezielt trainiert, um Automatismen der Bewegungsabläufe so zu kontrollieren und zu steuern, dass die automatisierten Bewegungsabläufe weiter optimiert werden.

Etwas allgemeiner gesprochen könnte man auch sagen: Experten sind besser als Nichtexperten in der Lage, ihre Fokussierung länger auf das Ereignis zu richten, das sich unmittelbar vor ihren Augen abspielt. Um dies zu leisten, lernen Experten, **eingespielte Automatismen so zu unterbrechen, dass neue Spielräume entstehen.**

Was in diesem Moment geschieht, in dem durch die unnatürliche Fokussierung und Aufmerksamkeitsverstärkung eine (mentale) Unterbrechung in den Automatismus eingebaut wird, beschreibt das Team um Dearani et al. (2017) bei seinen Recherchen zu Topleistungen von Herzchirurgen als eine Orchestrierung, die sich zwischen den Polen von Struktur und Improvisation hin und her bewegt. Dem Experten gelingt es, im

Moment der Höchstleistung strukturiertes Vorgehen und Improvisation in ein Kontinuum des Verhaltens einzubauen, das keinen Automatismus abbildet, sondern eine „deliberate and independent practice" darstellt (Dearani et al. 2017, S. 1335).

Zwei externe Faktoren machen das Üben zum Expertentraining: ein wohlwollend-forderndes Umfeld und geführte Kontrolle über das, was als Automatismus eingeübt worden ist. Vor allem Letzteres ist ein interessanter Ansatzpunkt, wenn man Expertenwissen weiterentwickeln will. Eine entsprechende Weiterbildung muss konzeptionell der Differenziertheit dieses Automatismus gerecht werden können. Das ist mit einem einfachen Theorie-Praxis-Schema nicht erreichbar. Denn dieser Automatismus ist eine Bewegung gewissermaßen innerhalb der Theorie selbst, nämlich innerhalb des organisierten „theoretischen" Wissens und seiner Organisationsform als Kategorie. Es ist deshalb sinnvoll, hinter die grobe Unterscheidung von „Theorie" und „Praxis" zurückzusteigen in ein Konzept, das Wissen im Sinne von „Theorie" in binnendifferenzierter Form analysiert. Älter als die neuzeitliche Zweiteilung von Theorie und Praxis ist **das Wissenskonzept des Aristoteles,** das bis zum Ende des Mittelalters weite Teile der Wissensorganisation im Abendland bestimmte. Es unterscheidet innerhalb der Theorie drei Typen, bei denen die jeweilige Bezugnahme auf die Praxis unterschiedlich organisiert ist. Mittels eines solch ausdifferenzierten Wissenskonzepts kann – wie ich zeigen möchte – auch die Art und Weise besser verstanden werden, wie Experten zwischen Theorie und Praxis „oszillieren", um ihr Wissen optimal zu organisieren.

13.2 Wie kann man Expertenwissen einteilen? Die dreifache Typologisierung nach Aristoteles

Es liegt nahe, das Expertenwissen nach dem Modell zu beschreiben, mit dem Aristoteles die Expertise von Menschen analysiert, die ein Handwerk hervorragend beherrschen. Schuhmacher, Landvermesser und andere Handwerksberufe fallen genauso darunter wie Architekten (die Gebäude konstruieren) oder Historiker (die Geschichte rekonstruieren), Steuermänner (auf See oder in der Politik), Ärzte und sogar Philosophen. Sie alle können in ihrem Fach zu Experten werden, d. h. ihr Know-how dadurch zur Meisterschaft bringen, dass sie in der Ausführung ihrer Tätigkeit zeigen, wie gut sie ihr Wissen auf einen einzelnen Fall anwenden können. Ihnen ist auch die Art und Weise gemeinsam, wie sie Theorie und Praxis zu einem Expertisewissen verbinden: Sie alle stellen etwas her – etwas Sichtbares wie der Schuster Schuhe, der Architekt Häuser und der Arzt die Gesundheit, oder etwas Unsichtbares wie der Historiker die rekonstruierte Geschichte, der Staatsmann die Gerechtigkeit im Gemeinwesen und der Philosoph ein allgemeingültiges Wissen. Ihre Expertise besteht darin, dass sie in besonders geschickter Weise das Produkt herstellen, zu dem sie die Experten sind. Der Prozess dieser Herstellung *(„poiesis")* ist ihre Expertise. Wenn man weiß, wie die Herstellung durchgeführt wird, dann kennt man das Organisationsprinzip der Expertise der Herstellungsexperten. Worin besteht ihre Expertise also? Sie besteht in der exzellenten Beherrschung der Technik des Herstellens. In ihrer Grundstruktur ist diese Technik in allen Bereichen, in denen etwas hergestellt wird, dieselbe: Ein Handwerker legt zunächst das Produkt als das Ziel des Herstellens fest und wählt dann die Mittel zu seiner Erreichung so aus, dass der Weg dahin optimal verläuft. Experten zeichnen sich dadurch aus, dass sie dieses Ziel-Mittel-Verhältnis rascher und fehlerfreier festlegen, als es Nichtexperten normalerweise tun. Das wurde oben bereits ausführlich beschrieben und passt bestens zu Aristoteles‘ Beschreibung des „poietischen“ Expertenwissens.

13.2.1 Erste Expertise: vollendetes Herstellen

Soweit so unspektakulär. Die Brücke zu dem, was oben über das Expertenwissen gesagt wurde, ist endgültig geschlagen, wenn man berücksichtigt, dass Aristoteles die vollendete Form der Handhabung der Herstellung als eine Tugend bezeichnet, die man nicht wie die meisten anderen Tugenden durch ständiges Üben, sondern in diesem Fall durch Unterweisung erlernen kann. Ihre Handhabung wird nämlich über den Verstand erworben und durch Einsicht verbessert (sog. „dianoetische Tugenden“). Das passt gut zu Ericssons Charakterisierung des Erwerbs von Expertise als „deliberate practice“ (Ericsson 2000; kritisch, aber der Grundstruktur zustimmend: Gobet 2011, S. 107 f.) Das macht die aristotelische Sicht auf die Organisation von Wissen für unsere Fragestellung nach Leitlinien für die Weiterbildung von Experten umso relevanter. Auf Verstand und Einsicht beruht auch die Ausbildung des Expertenstatus bei den anderen beiden Formen von Wissen, die Aristoteles vom herstellenden Wissen unterscheidet (siehe Tab. 13.1): die Expertise des Wissens von der situativ richtigen Handlung („praxis“) und die Expertise im Wissen vom Typ Wissenschaft („eptisteme“).

Was am Herstellungswissen ist das, was über Verstand und Einsicht erworben wird? Nach Aristoteles ist es das Ziel des Handelns selbst, das diesen Charakter einer Verstandesqualität hat. Die Ziele sind schon vor ihrer Realisierung da, aber als solche bestehen sie nur „im Verstand“. Oben hatten wir von „kategorialer Wahrnehmung“ gesprochen, die bei Experten differenzierter ausgeprägt ist als bei Nichtexperten. Das kann man nun genauer beschreiben: Experten haben ihr Ziel nicht nur differenzierter vor Augen, sie erkennen auch dessen Sinnhaftigkeit besser als Nichtexperten. Das hängt eng damit zusammen, dass ihr Begriffssystem weiter ausgebaut ist als dasjenige

Tab. 13.1 Dreiteilung des Expertenwissens nach Aristoteles

Expertise darüber, …	Wissensform	Begriff bei Aristoteles
… wie etwas hergestellt wird	Herstellungswissen	poiesis
… was die situativ richtige Handlung ist	Handlungswissen	praxis
… was der „wahre“ Kern eines Sachverhaltes ist	Wissenschaftswissen	episteme

von Laien oder von Anfängern. Konkret bedeutet „ausgebaut“, dass das Ziel, das ein Herstellungsexperte in seinem Herstellungsprozess anvisiert, seinerseits in den größeren Kontext des nächstumfassenderen Zieles eingebettet ist, dieses wieder in den Kontext des wieder nächsten umfassenderen Zieles usw. – und zwar so lange und so weit, bis das Endziel aller Ziele mit in die Zielvision integriert ist. Dieses Endziel ist nach Aristoteles das Glück oder die Lebenszufriedenheit, die er die *„eudaimonia“* nennt, was man etwas freier als „Beseeltsein mit einem guten Geist“ übersetzen könnte (Rapp und Corcilius 2011, S. 232). Damit ist nicht das moderne Konzept eines bewusst erlebten Glückszustands gemeint, sondern die Erfahrung erfüllten Lebens, deren Qualität sich an Handlungen zeigt, die erfüllend sind. Konkret heißt dies am Beispiel eines Arztes: Der Spezialist kennt viele Mittel und Wege, um das Ziel, die Gesundheit des Patienten, zu erreichen. Über dieses Wissen verfügt auch der Experte (zumindest teilweise, wie wir am Beispiel der Ärzte aus Michigan gesehen haben). Aber der Experte ordnet das Ziel der Gesundheit zusätzlich in den weiteren Kontext des umfassenderen Ziels der Lebensqualität und Lebenszufriedenheit des Patienten ein und hat damit bereits zwei Kriterien mehr zur Verfügung, anhand derer er aus der Palette der Maßnahmen diejenigen auswählt, die in diesem konkreten Fall die bestgeeigneten sind. Je mehr solcher Kategorien, in die ein gewähltes Ziel eingebettet ist, demjenigen, der entsprechende Mittel auswählen soll, zur Verfügung stehen, desto spezifischer wird er die Auswahl der Mittel treffen können. Mit anderen Worten: Die Kompetenz der „kategorialen Wahrnehmung“ ist größer; deshalb ist der Fokus auf die zu wählenden Mittel differenzierter und die Auswahl situativ präziser. Ein guter Arzt hat immer auch die gute Lebensqualität des Patienten im Auge – und der Experte findet die Mittel dazu einfach schneller.

Nicht nur die begrifflich-hierarchische Einbettung eines Ziels in den größeren Sinnzusammenhang macht die kategoriale Wahrnehmungskompetenz von Experten aus. Sie können auch rasch erkennen, um welchen Typ von Ziel es sich in einem spezifischen Fall handelt. Aristoteles unterscheidet dabei im Grundsatz zwischen solchen Zielen, die angestrebt werden, um durch sie etwas zu bewirken, was nicht das Ziel selbst ist (Architekten bauen ein Haus, damit Menschen darin wohnen und leben können), und solchen Zielen, die um ihrer selbst willen erstrebt werden. Darunter fallen wissenschaftliche Erkenntnisse, die aus Freude an der Erkenntnis gewonnen werden, oder die erreichte Lebenszufriedenheit. Der Experte kennt diese Unterscheidung nicht nur intellektuell, sondern er baut sie auch in den Kriterienkatalog mit ein, auf den er intuitiv zurückgreift, wenn er sich vor die Auswahl der Mittel gestellt sieht, die optimal zum Ziel führen.

Man kann es auch so sagen: **Der Experte verfügt über ein ausgebautes abstraktes Kategoriensystem,** das es ihm erlaubt, die jeweilig gewählten Handlungsziele so zu verorten, dass sie eingebettet sind in ein größeres Ganzes, innerhalb dessen ein konkret gewähltes Ziel und dann auch die entsprechenden Mittel einen Sinn ergeben. Ein differenziertes Verständnis von Sinn geht einher mit einem differenzierten System von Kategorien, in welches das erstrebte Ziel einer Handlung begrifflich-verstandesmäßig eingebettet werden kann. Dabei dringt der Experte in neue Felder so lange vor, bis er das gesamte relevante Kategoriensystem dieses Feldes erfasst und begriffen hat. Dort beginnt dann übrigens auch schon die Langeweile. Denn danach gibt es aus Sicht des Experten nichts wirklich Neues mehr auf diesem Feld.

Bei den Zielen unterscheidet Aristoteles, wie erwähnt, die fremd- und die selbstzweckhaften Ziele. Der Großteil der Interpreten der aristotelischen Theorie des Wissens nimmt diese Unterscheidung als die Basis für die Unterscheidung des Wissenstyps „Herstellung" („poiesis") von einem anderen, den Aristoteles die Handlung oder die Praxis („praxis") nennt (Volpi 2006 und Welsch 2012) und der eine eigene Form von Wissen und Expertentum darstellt. „Selbstzweckhaft" sind Ziele wie Glück und Zufriedenheit, weil diese Ziele nicht erstrebt werden, um etwas anderes damit zu erreichen, sondern um ihrer selbst willen. Folglich wäre dieser Wissenstyp derjenige, über den Experten in Fragen von Glück, Zufriedenheit etc. verfügen. Allerdings weiß schon jeder Herstellungsexperte um diesen Unterschied. Folglich kann man daran den Unterschied zwischen Herstellungs- und Handlungsexperten nicht festmachen. Ich folge für diese Fragestellung deshalb der Interpretation von Theodor Ebert (1976). Auch er unterscheidet mit Aristoteles den Wissenstyp der „poiesis" von dem der „praxis". Im ersteren Fall werden Ziele verfolgt und umgesetzt, die zur Herstellung eines Produktes (im weitesten Sinn) führen. Im zweiten Fall werden Ziele verfolgt und umgesetzt, die ihrerseits selbst wieder Handlungen des Herstellens hervorrufen (und nur in diesem Sinn „selbstzweckhaft", besser „selbstreferenziell" oder „handlungs-iterativ" sind).

Zu diesem Wissenstyp zählt Aristoteles z. B. alle Experten im Sinn von Verantwortlichen in politischen oder sozialen Gemeinschaften in der Funktion, die Aristoteles den „Steuermann" nennt und die bei uns Manager, Führungskraft oder ganz allgemein Entscheidungsträger heißt. Die guten unter ihnen sind deshalb Experten, weil sie es in besonderer Weise verstehen, situativ die richtige Führungsentscheidung zu treffen, sei dies als Steuermann auf hoher See, in der Führungsposition einer politischen Einheit oder bei der Leitung eines Unternehmens. Was durch ihre Entscheidung „hergestellt" wird, ist immer etwas, das zum Ziel hat, dass andere zum Handeln veranlasst werden. Insofern ist auch ein Arzt nach Aristoteles ein Experte vom Wissenstyp des Praktikers, denn er veranlasst den Patienten, diese oder jene Therapie zu machen oder bestimmte Medikamente einzunehmen etc. Am Beispiel des Arztes sieht man auch schön, dass der Wissenstyp „Praxis" denjenigen des Herstellungswissens nicht nur nicht ausschließt, sondern erweitert und ergänzt. Das Expertenwissen des Arztes umfasst folglich zwei kategoriale Kompetenzbereiche: den des Herstellens („poiesis") und seines Zieles (die Gesundheit) und den des Handelns („praxis") und seines Vollzugs (durch den Patienten). Letzterer Kompetenzbereich ist der des praktischen Handlungswissens. Auch hierin kann man Experte werden.

13.2.2 Zweite Expertise: richtig entscheiden

Was hier mit *praxis* genau gemeint ist, wird aus einer Abgrenzung klar, auf die Aristoteles offensichtlich großen Wert legt: Wer Experte im Herstellen ist, darf auch mal absichtlich einen Fehler in den Herstellungsprozess einbauen, um bestimmte Abweichungen zu testen und dann zu Zwecken der Optimierung auszuwerten – ein Experte im Handeln darf dies auf gar keinen Fall. Was beim Experten des Herstellungstyps durchaus „hingehen mag, falls es mit Absicht geschieht“ (Aristoteles, NE 1140 b 24; Dirlmeier 1956, S. 127), soll beim Experten des Handlungstyps, auch wenn es mit Absicht geschieht, auf gar keinen Fall zulässig sein. Man stelle sich vor, ein Arzt machte absichtlich einen Operationsfehler, nur um zu erkunden, wie sich dieser Fehler beim Patienten auswirkt! Oder ein Manager unterschlüge absichtlich eine bestimmte Geldsumme; er würde rechtliche Schwierigkeiten bekommen, und – was für uns hier entscheidend ist – er würde in unseren Augen (jedenfalls in den Augen von Aristoteles) seinen Status als Experte verlieren. Das erinnert an die oben besprochene für Experten so typische Fehlerminimierung auf dem Weg der Lösungsfindung, erhält aber bei Aristoteles auch eine moralische Note: In die Auswahl oder Anwendung der Mittel absichtlich einen Fehler einzubauen, das kann sich nur der Herstellungsexperte, nicht aber der Handlungsexperte erlauben, wenn beide ihren Expertenstatus aufrechterhalten wollen. Bei Letzterem wird man sich solche Ärzte oder Politiker oder Führungskräfte vorstellen müssen, die kraft ihrer Erfahrung, ihrer Autorität und ihres Überblicks laufend Entscheidungen fällen, welche sich – wie man zumindest im Nachhinein konstatieren kann – als weitblickend und langfristig positiv auswirken. Für Aristoteles ist Perikles (um 490 bis 429 v. Chr.) ein Politiker dieses Kalibers gewesen, der ein Jahrhundert vor Aristoteles die Demokratie in Athen konsolidiert hatte und dabei aus Aristoteles‘ Sicht dem Ideal des Experten der Praxis ziemlich nahe gekommen ist. Perikles hat zur richtigen Zeit die richtigen Entscheidungen getroffen, die die Polis Athen zur Blüte gebracht haben. Bei Ärzten spielt diese Kompetenz zu solchen Entscheidungen, die zeitlich genau richtig liegen, eine zentrale Rolle, wenn man mit einbezieht, dass Krankheiten Prozesse sind, bei denen der richtige Zeitpunkt der Intervention *(„kairos“)* über Erfolg oder Misserfolg mit entscheidet. Dasselbe gilt für alle Experten, sofern sie in der Lage sind, handlungsleitende Entscheide besonders treffsicher zu fällen.

Am Beispiel der Ärzte als Experten wird noch ein weiteres Spezifikum dieser aristotelischen Form von Wissen deutlich. Wir anerkennen einen Arzt als Experten, wenn er zum richtigen Zeitpunkt das dann wirksame Medikament verschreibt. Ärzte sind Experten in der Praxis des medizinischen Geschäfts *(„praxis“)*. Wer hier nicht erfolgreich ist, ist in unseren Augen auch kein Experte. Ärzte sind aber auch Experten im Herstellungswissen *(„poiesis“)*, was sich darin zeigt, dass man die Kunst des Heilens so beherrscht wie ein Handwerker seinen Herstellungsprozess. Strukturell setzt sich das Expertenwissen des Arztes also aus dem Wissen zusammen, das Aristoteles dem Herstellungsexperten und dem Handlungsexperten zuschreibt. Man kann es auch so sagen: Das Expertenwissen solcher Entscheider, die mit situativ variablen Interventionen zu tun haben, ist zweischichtig. Sie müssen sich auf die Herstellung und den Ziel-Mittel-Mechanismus genauso verstehen wie auf die Einschätzung des richtigen oder falschen Zeitpunkts einer Intervention. Ein Arzt, der die Fachexpertise im Sinn des Wissens über die Zusammenhänge von Medikamenten und ihre Wirkungen nicht hat, ist sicher kein

Experte. Allein dies zu haben, macht ihn aber noch nicht zum Experten. Er muss auch wissen, zu welchem Zeitpunkt welches Medikament mit welcher Wirkung am besten zu dem Ziel führt, das für den konkreten Patienten das individuell passendste ist. Letzteres Wissen allein reicht aber ebenfalls nicht, um einen Arzt als Experten zu qualifizieren. Die eine Kompetenz setzt die andere voraus: Die Praxis baut auf dem Herstellen auf und wird durch sie bedingt, und das Herstellen (der Gesundheit) wird durch die Praxis (der richtigen Entscheidung) vollendet.

Hinter dieser Zuordnung von „praxis" und „poiesis" steht die aristotelische Überzeugung, dass es sich beim Herstellungswissen und beim praktischen Wissen um zwei grundlegend verschiedene Arten von Wissensorganisation handelt. Weiter oben wurde bereits der empirische Befund der Ärzte von Michigan erwähnt, wonach Medizinstudierende in den letzten Semestern häufig mehr Faktenwissen bei Diagnosen abrufen konnten als die ausgewiesenen Experten. Bei diesen kam zum reinen Faktenwissen eine überdurchschnittliche Trefferquote bei den Interventionen (Medikamentenverschreibungen) in den konkreten Behandlungssituationen hinzu. Dass dieser Erfolg nicht nur aus der Erfahrung, also aus der Häufigkeit der (erfolgreichen und erfolglosen) Anwendung bestimmter Mittel in vergleichbaren Situationen resultiert, sondern zusätzlich aus einer Sensibilität für die Besonderheit von Zeitpunkt und Situation, ist der Kernpunkt, den wir aus der Analyse der Strukturen des Expertenwissens bei Aristoteles gewinnen können. Einmal mehr wird verständlich, weshalb die Aneignung von Expertise kein „latenter Automatismus" sein kann. Wie ist dieser Erwerb von Anwendungswissen aber dann zu verstehen?

Hier bietet Aristoteles das Modell des praktischen Wissens an, dessen Expertenform darin besteht, in jeder Situation das situativ spezifisch Richtige zu tun. Das hier zur Anwendung kommende Wissen ist nicht wie in der *„poiesis"* das Wissen darüber, wie Mittel und Zweck am besten aufeinander bezogen werden (nämlich über das differenzierte Wissen um das Ziel). Wir können mit Aristoteles auch sagen: Das Wissen dieser Praxis ist keine Technik *(„techne"),* die man wie das Herstellen durch häufiges Wiederholen und durch die kognitive Steuerung der Abweichungen bis zur Expertise vervollkommnen kann. Denn …

> es geschieht, dass der Zweck gut ist, dass man aber in der Handlung die Mittel verfehlt, es [scl. das Ziel, M. B.] zu erreichen; ein andermal hat man die geeigneten Mittel, sich jedoch einen schlechten Zweck gesetzt; in wieder anderen Fällen täuscht man sich zugleich über den Zweck und die Mittel, wie es in der Medizin geschieht […] Dann muss man […] beide Bereiche beherrschen.
>
> (Aristoteles: Politik VII, 13, 1§ 132b 26–38, zitiert nach Aubenque 2007, S. 131)

Das entscheidende Wort hier ist „beherrschen". Anders als in der „poiesis" des herstellenden Expertentums braucht es im Wissensbereich der richtigen Entscheidungen eine kritische Distanz zu und ein reflexives Wissen von dem, was man dabei jeweils als Mittel und als Ziel wählt. Die Expertenform dieses Wissens nennt Aristoteles die

Klugheit („phronesis"). Sie ist keine Technik, sondern eine besondere Kompetenz der Reflexion auf sich, auf das eigene Verhalten, die eigenen Ziele und Mittel. Typisch für einen hohen Entwicklungsstand dieser Kompetenz sind nach Aristoteles zwei Merkmale:

Experten im Fach „Klugheit" gehen mit sich (und anderen) zurate, und zwar typischerweise früher, häufiger und länger, als Nichtexperten dies tun würden. Experten dieses Wissenstyps sind typischerweise offener für die Unterbrechung des Mittel-Zweck-Mechanismus, spätestens ab dem Moment, da ihnen die Kohärenz der Gesamtsituation verloren geht. Auch das haben wir oben bereits als auffälliges Merkmal von Experten festgehalten (Hattie und Yates 2015, S. 85). Sie ziehen anders als die Experten der Herstellung auch sich selbst verstärkt in diese Unterbrechung mit ein und machen sich selbst zum Gegenstand der Reflexion.

Hinzu kommt nach Aristoteles ein zweites Merkmal: Um abschätzen zu können, ob etwas situativ richtig oder falsch ist, muss man wissen, was überhaupt richtig und überhaupt falsch ist. Der Einsatz der Mittel bemisst sich hier nicht (nur) am Erfolg (wie im Fall der *„poiesis"*), sondern (auch) an der Richtigkeit dessen, was hier und jetzt zu tun ist. Dieses Wissen geht noch einmal über das Wissen um die kategorialen Bedeutungsebenen des Ziels hinaus, das für das Herstellungswissen typisch war. Es betrifft das Verständnis von Richtig und Falsch – und damit von einer Unterscheidung, die nicht kategorial-begrifflicher, sondern normativer Natur ist. Der Experte, der auch in Entscheidungssituationen der Führung das Richtige tut, ist folglich auch ein **Experte in normativen Belangen.**

Aristoteles drückt dies so aus: Klugheit ist keine Technik, sondern eine Tugend. Wie die Haltung hinter der Technik ist diese Tugend auf der Stufe des Verstandes angesiedelt, d. h., man kann sie kognitiv gestalten. Eine wichtige Form ist die Hinterfragung seiner selbst als Träger und Verwirklicher von Normen. Es geht um die Verbesserung der Haltung durch Ausrichtung auf solche Normen, die die Expertise unterstützen.

Das Expertenwissen der Herstellung wird durch Üben und ständige gezielte Wiederholung zur Perfektion gebracht, indem durch die Wiederholung die Fehlerquote, d. h. die Zielabweichung immer weiter verkleinert wird, bis sie schließlich eliminiert ist. Eine ethische Haltung wie die Klugheit hingegen erreicht man nicht durch wiederholtes Üben im Sinne der schrittweisen Reduktion der Fehlerrate. Ansonsten könnte man tugendhaft werden, wenn man sich im lasterhaften Leben übt. Das aber geht nicht, denn, so Aristoteles: „Die Schlechtigkeit verdirbt das Prinzip" (Aristoteles, NE 1140b 15 f., übersetzt von Gigon 2001, S. 247), oder – wie Dirlmeier etwas freier dieselbe Stelle übersetzt: „Die Verdorbenheit nämlich ist es, die grundsätzlich die Ansatzpunkte des Handelns zerstört" (Aristoteles NE 1140 b 15 f., übersetzt von Dirlmeier 1956, S. 127).

Klugheit ist nach Aristoteles eine innere Haltung, die auf Werte bezogen ist. Sie ist „eine mit richtigem Planen verbundene, zur Grundhaltung verfestigte Fähigkeit [...], die auf das Handeln im Bereich der Werte abzielt, die dem Menschen erreichbar sind" (Aristoteles, NE a. a. O. 16–18, übersetzt von Dirlmeier, 1956, S. 127); und in der Übersetzung von Gigon ist die Klugheit „ein mit richtiger Vernunft verbundenes handelndes Verhalten im Bezug auf die menschlichen Güter" (Gigon 2001, S. 247).

Experten der Wissensform *„praxis"* lernen ihre Kompetenz der richtigen Entscheidung durch **Vertiefung und Verfestigung der Haltung,** in der man sich als Experte von Anfang an bereits befindet. Das beginnt mit der Steuerung und Kontrolle der Absicht und ihrer konzentrierten Ausrichtung auf das Gute auch dann, wenn Ablenkungen noch so verlockend sind. Es endet damit, dass der Kluge sich in eine grundsätzliche Lebenseinstellung begibt, die stets nur das will, was für alle gut ist. Es geht dabei um die Werte, die die Handlungen der Experten leiten. Offensichtlich hat Perikles in den Augen des Aristoteles diese Tugend in besonderer Weise besessen:

> Aus diesem Grunde glauben wir, dass Perikles und Männer seiner Art sittliche Einsicht haben, weil sie nämlich einen Blick dafür besitzen, was für sie selbst und für den Menschen wertvoll ist. Einen solchen Blick schreibt man denen zu, die in der Verwaltung des Hauses und des Gemeinwesens tüchtig sind (Aristoteles NE 1140b 12–16, Dirlmeier 1956, S. 127).

Diese zweite Stufe von Expertise entfaltet sich in Form einer hohen Kompetenz in Fragen der Tugend und der richtigen inneren Haltung. Damit erhebt Aristoteles den Anspruch, dass der Experte seine Expertise auch im Bereich der Normen, Werte und Tugenden entwickeln muss, wenn er derjenige sein will, der besonders gut entscheiden kann, was situativ richtig oder falsch ist. Genau das aber ist es, was Experten der Handlung als solche auszeichnet und was Führungskräfte besonders gut können müssen.

13.2.3 Dritte Expertise: rational-intuitives Erfassen des Wesentlichen

Von der Expertise im Bereich des Herstellens mit ihrer spezifischen Lerntechnik und von der Expertise im Bereich des Entscheidens mit ihrem spezifischen Wertebezug unterscheidet Aristoteles einen dritten Bereich von Wissen mit einer weiteren Form von Expertise, die in den anderen beiden noch nicht mit enthalten ist. Es ist der Bereich des Wissens von solchen Dingen, die „immer so sind, wie sie sind", also von den wissenschaftlichen Wahrheiten.

Es gibt diese Experten in Fragen der Wissenschaften, die sich vor anderen dadurch auszeichnen, dass sie ihre Sachgebiete schneller und effizienter erfassen und daraus besser Wahrheiten ableiten können, die situationsübergreifende Gültigkeit haben. Diese Experten der Wissenschaft zeichnen sich nach Aristoteles durch die überragende Fähigkeit aus, das Wissen eines Faches in logischer Stringenz zur Darstellung zu bringen. Sie wissen, wie die Dinge untereinander zusammenhängen, und können diese Zusammenhänge (ihre „chunks") auch mit großer Klarheit und Verständlichkeit ausdrücken. Das hängt eng mit ihrer zweiten Kompetenz zusammen: Sie können Problemstellungen wissenschaftlicher Natur besonders rasch in ihrem prinzipiellen Kern erfassen. Logizität und Prinzipienerkenntnis zeichnen Experten als Wissensorganisatoren in diesem dritten Wissenstyp aus, der bei Aristoteles weitgehend identisch ist mit dem, was wir auch heute noch Wissenschaft *(„episteme")* nennen.

Hier hängen laut Aristoteles die Lernfortschritte wie beim Herstellungswissen stark davon ab, dass man sich regelmäßig mit einem Thema beschäftigt und sich zusätzlich insbesondere in logischem Denken übt. Diese Expertise entsteht also wie die Herstellungsexpertise durch Training und Übung, weil sie eine spezifische Technik *(„techne“*, vgl. Löbl 2003 und Horn und Rapp 2002*)*, ist. Was diese Expertisenbildung unterstützt, ist einerseits das Training logischen Denkens auch in komplexen strukturellen Zusammenhängen und andererseits die Übung, vielschichtige Situationen so weit zu analysieren, bis man die wesentlichen Elemente und Strukturen dieser Situation und deren allgemeine Gültigkeiten extrahiert hat. So geht Wissenschaft, und so wird aus einem talentierten Wissenschaftler ein Experte (siehe Tab. 13.2).

Für unsere Frage nach den Grundlagen von Weiterbildungen für Experten ist dabei Folgendes wichtig: Die beiden Kernkompetenzen des wissenschaftlichen Expertentyps sind mitenthalten in der Art, wie jeder Experte sein Wissen strukturiert hat, damit er es situativ passend abrufbar hat. Aus den empirischen Befunden konnte man ersehen, dass alle Experten – nicht nur diejenigen aus dem Bereich der *„episteme“* – als Experten sozusagen „Wissenschaftler“ sind, d. h. zu hoher Klarheit der Darstellung und rascher Intuition fähig waren. Wir haben es bei dem, was Aristoteles als typische Form der Wissensorganisation von Experten der Wissenschaft beschreibt, mit dem dritten Komplex an Kernkompetenzen zu tun, der auf Experten als solche zutrifft. **Weiterbildungen werden konzeptionell bei diesem dreifachen Bündel von Wissenstypen bei Experten ansetzen** – an dem, was sie als Experten des Herstellungswissens, des Handlungswissens und des Wissenschaftswissens bereits können.

Tab. 13.2 Die aristotelischen Expertenformen in der Übersicht

Wissensform	Expertise im	Die damit verbundene Kompetenz ist	Expertise zeigt sich an der	Expertise betont die	Expertise wird vervollkommnet durch
Herstellungswissen	Erzielen von Ergebnissen	Kunstfertigkeit („techne“)	Schnelligkeit der Zuordnung der Mittel zum Zweck	Fachlichkeit	Unterbrechung der Automatismen; Lernen aus Fehlern
Handlungswissen	situativen Entscheiden	Klugheit („phronesis“)	Wirksamkeit der angestoßenen Handlung	Menschlichkeit	Vorbild; sittliche Lebensführung
Wissenschaftswissen	Verstehen	Denken („nous“)	Klarheit der Kommunikation	Denkfähigkeit	Schärfung von Intuition; logisches Denken

13.3 Einige Grundlagen der Konzeptionierung von Weiterbildungen für Experten

Eine Weiterbildung für Experten zu konzipieren, bedeutet im Anschluss an die empirischen Befunde und die aristotelische Wissenstypologie, die einfache Dichotomie aus Theorie und Praxis methodisch-didaktisch zu unterlaufen. Wissenschaftsgeschichtlich ist dies schon einmal gelungen, als sich die sogenannten „nützlichen Wissenschaften" wie Bergbau-, Forst-, Maschinenbau- oder Salzwerkwissenschaften als eigenständige Disziplinen etablierten, ohne sich dabei auf ein einheitliches Theoriefundament oder ein einheitliches Ziel eines umrissenen Berufsbildes berufen zu können. Klein (2016, S. 184) beschreibt das Besondere dieser Ausbildung zu praktischen Experten in den gegen Ende des 18. Jahrhunderts neu konzipierten Akademien als Mix aus Elementen wie der Erfahrung aus der Praxis, der wissenschaftlichen Theorien wie Mathematik, aus Naturgesetzen oder an Objekten und Modellen gewonnenes, als Regeln formalisiertes Wissen – kurz als **„hybrides Wissen"**.

Um die Hybridität von Weiterbildungen für Experten möglichst weit auszubauen, kann man bei deren Konzeptionierungen auf folgenden Grundsätzen aufbauen:

- Weiterbildungen sprechen Experten auf allen drei Ebenen ihrer Expertise an: in ihrer fachlichen Kunstfertigkeit, in ihrer menschlich-moralischen Entwicklung und in ihrer logisch-denkerischen Brillanz. Weiterbildungen definieren den Ort des größten Potenzials und legen dann die Schwerpunkte fest.
- Weiterbildung von Experten ist Arbeit am Begriff. Experten lernen in der Weiterbildung vorrangig, die fachliche Terminologie zu schärfen, indem diese nicht nur nach innen ausdifferenziert, sondern auch auf thematisch umliegende Themenfelder bezogen und so erweitert wird.
- Durch ihre Weiterbildung können Experten Aufgaben- und Problemstellungen besser in ein größeres Ganzes einbetten, das ihnen hier vermittelt wird. Es geht in der Weiterbildung mehr darum, den Sinn zu erschließen, der aus dieser Einbettung entsteht, als darum, Sachverhalte im Detail zu verstehen. Begreifen geht über Analysieren.
- Weiterbildungen führen Experten aus den Komfortzonen ihrer eingespielten Automatismen heraus. Der Widerstand wird methodisch-didaktisch antizipiert und (nur) so rücksichtsvoll aufgelöst, dass Lerneffekte erzeugt werden.
- Experten verlassen Weiterbildungen als Experten darin, Automatismen kritisch zu hinterfragen. Sie haben im Idealfall Werkzeuge und Wege kennengelernt, Automatismen aktiv zu unterbrechen.
- Experten sollten aus Weiterbildungen hervorgehen als Experten in Fragen der Normen und Werte, die sie selbst teilen und die ihre Organisation bestimmen.
- Experten lernen nicht gerne Theorien um der Theorien willen, sondern fokussieren auf (problematische) Situationen um ihres Sinnes willen. Theorien sind dann besonders lernfördernd, wenn sie die Grenzen von Intuition und Logizität erfolgreich hinausschieben.

- Experten beschäftigen sich mit konkreten Einzelfallsituationen so lange, bis sie deren Sinn und Muster begreifen. Sie brauchen dabei während der Weiterbildung die externe Unterstützung zur Unterbrechung von Automatismen bei der Interpretation dieser Situationen.
- Lernfortschritte von Experten sind bereits dann am Ziel angekommen, wenn Experten klar benennen und beschreiben können, was zu tun ist. Die konkrete Ausführung überlassen sie gerne anderen (Spezialisten); Aufgabenstellungen in Weiterbildungen berücksichtigen diese Grenze.
- Experten entwickeln ihr Wissen dadurch weiter, dass sie ihr Begriffssystem laufend ausdifferenzieren. Sie entwickeln ihr Begriffssystem allerdings am liebsten dort weiter, wo neue kategoriale Systeme eine hohe bis maximale Anschlussfähigkeit an das Bestehende bieten.
- Experten stärken die Präzision ihrer Entscheidungen durch die Arbeit an der inneren Haltung gegenüber den Einzel- und den Endzielen. Die Stabilisierung bestehender Grundeinstellungen hat die Form des ethischen Diskurses über die Werte und Tugenden, die dem eigenen Handeln und dem der Organisation zugrunde liegen.
- Ethische Entscheidungssituationen, an denen Experten sich weiterbilden, beinhalten neben dem Fachaspekt zugleich auch das Ganze der Lebenswelt, auf die die Experten einwirken können. Das beinhaltet auch die Auseinandersetzung mit den zentralen Themen und Fragen ihrer aktuellen Lebenswelt.
- Weiterbildung stärkt die Fähigkeit von Experten, die Kerninteressen der umgebenden Lebenswelt in die Auslegungsprozesse und Handlungsentscheide konstitutiv zu integrieren. Diese Kerninteressen sind als Werte formulierbar.

Derartige Leitlinien dienen dazu, Weiterbildungen so zu konzipieren, dass sie die Experten wirklich weiterbringen, und das heißt nach den Befunden von Becker et al. (2014), dass deren Bindung an das Unternehmen gestärkt wird. Dass dies mit einer gezielten Stärkung des **Organizational Citizenship Behaviours** einhergeht, belegen sowohl Beckers empirische als auch Aristoteles‘ wissenstypologische Analysen.

Literatur

Aristoteles. (1956). *Nikomachische Ethik, übersetzt von Franz Dirlmeier. Aristoteles, Werke in deutscher Übersetzung* (Bd. 6). Berlin: Akademie.

Aristoteles. (2001). *Die Nikomachische Ethik, übersetzt von Olof Gigon, neu herausgegeben von Rainer Nickel.* Zürich: Artemis & Winkler.

Aubenque, P. (2007). *Der Begriff der Klugheit bei Aristoteles.* Hamburg: Meiner.

Becker, M., Herz, A., & Beck, A. (2014). *Das Lockführersyndrom. Wachsende Expertenmacht in alternden und schrumpfenden Organisationen. Empirische Befunde und personalwirtschaftliche Handlungsimpulse.* München: Hampp.

Biederman, I., & Shiffrar, M. (1987). Sexing day-old chicks: A case study and expert systems analysis of a difficult perceptual-learning task. *Journal of Experimental Psychology: Learning, Memory, and Cognition, 13*(1987), 640–645. http://citeseerx.ist.psu.edu/viewdoc/download?doi=10.1.1.278.7238&rep=rep1&type=pdf. Zugegriffen: 10. März 2018.

Bromme, R. (1992). *Der Lehrer als Experte. Zur Psychologie des professionellen Wissens*. Bern: Huber.

Chase, W. G., & Simon, H. A. (1973). *Perception in chess. Cognitive Psychology, 4*, 55–81.

Chi, M., Glaser, R., & Rees, E. (1988). *The nature of expertise*. Hillsdale: Erlbaum.

Dearani, J., et al. (2017). The role of imaging, deliberate pracits, structure, and improvisation in approaching surgical perfection. *The Journal of Thoracic and Cardiovascualar Surgery, 154*(2017), 1329–1336. https://www.jtcvs.org/article/S.0022-5223(17)30865–6/pdf. Zugegriffen: 6. Febr. 2018.

Ebert, T. (1976). Praxis und Poiesis. Zu einer handlungstheoretischen Unterscheidung des Aristoteles. *Zeitschrift für philosophische Forschung, 30*(1), 112–130. http://www.jstor.org/stable/20482231. Zugegriffen: 20. Febr. 2018.

Ericsson, K. A. (2000). Expert performance and deliberate practice. An updated excerpt of Ericsson. https://psy.fsu.edu/faculty/ericssonk/ericsson.exp.perf.html. Zugegriffen: 6. Febr. 2018.

Ericsson, K. A., & Pool, R. (2016). *Top: Die neue Wissenschaft vom bewussten Leben*. München: Pattloch

Federer, R. (2018). Die Nervosität hat mich aufgefressen. Interview mit Roger Federer in der Luzerner Zeitung vom 18.01.2018. http://www.luzernerzeitung.ch/sport/tennis/federer-kaempfte-gegen-cilic-mit-nervositaet;art2051,1190187. Zugegriffen: 6. Febr. 2018.

Gobet, F. (2011). *Psychologie du talent et de l'expertise*. Brüssel: Groupe de Boeck.

Hattie, J., & Yates, G. (2015). *Lernen sichtbar machen aus psychologischer Perspektive*. Baltmannsweiler: Schneider Verlag.

Horn, C., & Rapp, C. (2002). *Wörterbuch der antiken Philosophie*. München: Beck.

Huber, B. (2014). *Öffentliche Experten*. Wiesbaden: Springer VS.

Jonasson, D., Beissner, K., & Yacci, M. (1993). *Structural knowledge: Techniques for representing, conveying, and acquring structural knowledge*. Hillsdale: Erlbaum.

Kels, P., Clerc, I., & Artho, S. (2015). *Karrieremanagement in wissensbasierten Unternehmen. Innovative Ansätze zur Karriereentwicklung und Personalbindung*. Wiesbaden: Springer Fachmedien.

Klein, U. (2016). *Nützliches Wissen. Die Erfindung der Technikwissenschaften*. Göttingen: Wallstein.

Löbl, R. (2003). *TEXNH – Techne. Untersuchungen zur Bedeutung dieses Worts in der Zeit von Homer bis Aristoteles, Band II: Von den Sophisten bis zu Aristoteles*. Würzburg: Königshausen & Neumann

Moore L.J., Wilson M.R., & Vine S., (2014). Quiet eye training: The acquisition, refinement and resilient performance of targeting skills. *European Journal of Sport Science, 14*(sup1), 235–242.

Nichols, T. (2017). *The death of expertise. The campaign against established knowledge and why it matters*. New York: Oxford University Press.

Rapp, C., & Corcilius, K. (2011). *Aristoteles-Handbuch. Leben – Werk – Wirkung*. Stuttgart: Verlag J.B. Metzler

Volpi, F. (2006). Art. „Praktische Philosophie". In H. von Cancik, H. Schneider, & M. Landfester (Hrsg.), Der Neue Pauli http://dx.doi.org/10.1163/1574–9347_dnp_e1007500. Zugegriffen: 07. Febr. 2018.

Welsch, W. (2012). *Der Philosoph. Die Gedankenwelt des Aristoteles*. München: Fink.

Onlinequellen

Interview mit Roger Federer in der Luzerner Zeitung vom 18. 10. 2018. http://www.luzerner-zeitung.ch/sport/tennis/federer-kaempfte-gegen-cilic-mit-nervositaet;art2051,1190187. Zugegriffen: 28. Apr. 2018.

Clip „PBS Quiet Eye". https://www.youtube.com/watch?v=knfC978EoWc. Zugegriffen: 28. Apr. 2018.

Kommunikation in Expertenorganisationen

14

Philipp Ott

14.1 Zur Ausgangslage von Expertenorganisationen

Bereits Mitte des letzten Jahrhunderts hat Peter Ferdinand Drucker mit seinem Ausdruck des „Knowledge Worker" auf die sich verändernden Herausforderungen in der Arbeitswelt hingewiesen (Drucker 1959). Routinearbeiten wurden und werden durch individualisierte und hoch komplexe Arbeitsabläufe ersetzt, die ein hohes Maß an Expertise erfordern (Swanson und Holton 2001; Ericsson et al. 2007). In einer Expertenorganisation verrichten Personen mit einem Höchstmaß an Expertise die zentralen wertschaffenden und wertvermehrenden Tätigkeiten, die als Primary Task bezeichnet werden können. Beispiele von Expertenorganisationen sind Hochschulen, Spitäler, Anwaltskanzleien, Vermögensverwaltungen und Engineering-Organisationen (Informatik, Maschinen, Elektrizität und Bauwesen), um nur einzelne aus Bildung, Gesundheit, Recht, Finanzen und Ingenieurwesen zu nennen. Merkmale einer Expertenorganisation haben Rybnicek et al. (2016, S. 229) anschaulich zusammengetragen. Besonders zu erwähnen sind das hohe Maß an Autonomie der Experten, die beschränkte Nutzbarmachung ihres Wissens in der Organisation und ihr Widerstand gegenüber Veränderungen. Obwohl Experten den Primary Task (Steiger 2013a, S. 24) einer Expertenorganisation repräsentieren, sind sie auf Personen angewiesen, die diese erst nutzbar machen. Führungspersonen und Verwaltungsmitarbeitende übernehmen eine integrative Rolle in der Expertenorganisation. Aufgrund der Einstellungen, Bedürfnisse und Motivationen von Experten sind diese schwierig zu führen, widersetzen sich oftmals internen Vorgaben und Regeln und identifizieren sich weniger mit

P. Ott (✉)
Hochschule Luzern, Luzern, Schweiz
E-Mail: philipp.ott@hslu.ch

P. Kels und S. Kaudela-Baum (Hrsg.), *Experten führen,* uniscope. Publikationen der SGO Stiftung, https://doi.org/10.1007/978-3-658-23028-9_14

der eigenen Organisation als vielmehr mit ihrem Fach sowie mit der damit zusammenhängenden Community (Rybnicek et al. 2016). Es stellt sich die Frage, wie die drei erwähnten Personengruppen interagieren sollen, um sich zu verständigen und den Nutzen des Primary Task für die Organisation zu erhöhen. Eine Antwort bietet die systemische Betrachtungsweise von Expertenorganisationen anhand des Modells des Kommunikationsraums. Es zeigt anschaulich kommunikative Interaktionsmöglichkeiten auf. Konkrete Handlungsmöglichkeiten zur Gestaltung einer gemeinsamen Wirklichkeit und Weiterbildungsempfehlungen für verantwortliche Personen einer Expertenorganisation sind am Schluss des Beitrags aufgeführt.

14.2 Expertenorganisationen systemisch betrachtet

Der Begriff der Organisation ist mehrdeutig. In Abhängigkeit von der disziplinären Perspektive gibt es einander widersprechende Definitionen. Nach Greif et al. (2004) ist eine Organisation ein sich selbst organisierendes System. Menschen bearbeiten nach zugewiesenen expliziten und impliziten Regeln Aufgaben, lösen Probleme und entwickeln die Organisation weiter. Die Selbstorganisation beinhaltet geplante und zielgerichtete wie spontan auftretende und somit ungeplante Wirkungen. Prozesse können entsprechend vorhersehbar oder nicht vorhersehbar verlaufen. Eine Organisation ist Teil der sozialen Realität (Hug 2013) und somit ein einzigartiges soziales System, das spezifisch in der System-Umwelt-Unterscheidung wahrgenommen werden kann. Als offenes System steht es im Austausch mit seiner Umwelt. Die verschiedenen Personengruppen einer Expertenorganisation können als soziale Teilsysteme bezeichnet werden und unterscheiden sich in ihren Aufgaben, Problemstellungen, Kultur und Struktur. Elemente dieser sozialen Teilsysteme sind Menschen, die unterschiedliche Rollen ausüben und mit anderen Menschen des gleichen oder eines anderen sozialen Teilsystems in Form von Kommunikation interagieren und somit Wirkung erzeugen. Jedes der sozialen Teilsysteme etabliert sich in der Organisation, indem es sich gegenüber den anderen Teilsystemen innerhalb der Organisation abgrenzt und differenziert. In einer Expertenorganisation gibt es mindestens drei soziale Teilsysteme: Die Experten, die der Expertenorganisation ihren Namen geben und für den Primary Task verantwortlich sind, die Führungspersonen, die die Organisation strategisch und operativ leiten (Kotter 1990), sowie die Verwaltungsmitarbeiter, die für das Funktionieren der Organisation gemäß den internen, den volks- und betriebswirtschaftlichen, aber auch den gesellschaftlichen Anforderungen zuständig sind.

Abb. 14.1 zeigt symbolhaft die drei sozialen Teilsysteme einer Expertenorganisation. Die kleinen Kreise symbolisieren Menschen, die als Elemente eines sozialen Teilsystems Wirkungen mit ihrer Kommunikation auslösen.

Systeme werden meistens unter dem Aspekt besonders interessierender oder spezifischer funktioneller Elemente betrachtet, die untereinander verbunden sind. Das System ist nicht die Realität, sondern ein reduziertes Abbild davon. Eine weit gefasste Definition

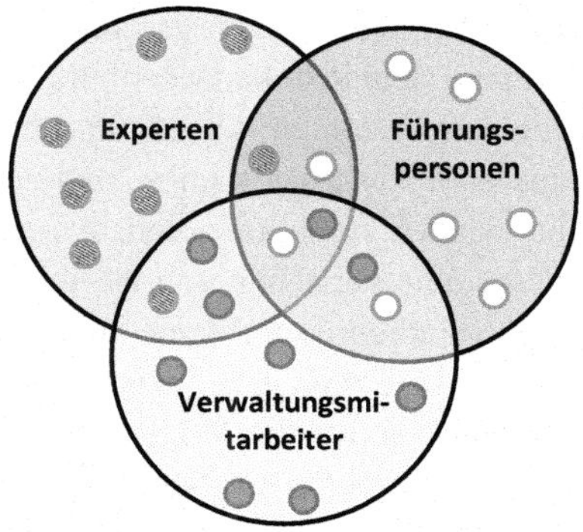

Abb. 14.1 Soziale Teilsysteme einer Expertenorganisation

von System bietet Bischof (2016, S. 40) an: Ein System sei *„ein konkreter Ausschnitt aus der physischen Realität, in dem Interaktionen stattfinden, also Prozesse ablaufen"*. Interaktionen sind Wechselwirkungen zwischen zwei oder mehr Elementen, die einander operativ beeinflussen. Sie sind veränderlich und können als kommunikative Variablen bezeichnet werden. Die Wirkungen der Interaktionen sind vielfältig, laufen parallel und breiten sich netzwerkartig aus. Darum wird eine lineare Betrachtung der Kommunikation einem sozialen System nicht gerecht. Soziale Systeme generieren aus sich selbst heraus ihre Kommunikation. Kommunikationen in unserem Kontext sind an Menschen gebunden. Aus psychologischer Sicht interessieren im Zusammenhang mit sozialen Systemen auch psychische Systeme. Menschen erleben wahrgenommene Kommunikation in ihrem psychischen Raum, andererseits liefern sie mit ihren kommunikativen Wirkungen die Einflussgrößen eines sozialen Systems.

Das soziale System der Experten ist hoch qualifiziert, arbeitet autonom und weist ein hohes Durchsetzungsvermögen ihrer systemrelevanten Interessen gegenüber den anderen sozialen Teilsystemen auf (Hanft 2008, S. 155; Rybnicek et al. 2016).

Vor dem Hintergrund der verschiedenen sozialen Teilsysteme ist die oben erwähnte Frage zu beantworten, wie die Personen der sozialen Teilsysteme interagieren und sich verständigen sollen. Diese auf den ersten Blick unscheinbare Frage gewinnt an Bedeutung, wenn die kulturellen Unterschiede der sozialen Teilsysteme betrachtet werden. Bestandteil der Kultur jedes sozialen Systems sind geteilte Werteorientierungen, die als gemeinsames Wissen das Handeln der Menschen leiten. Ein passendes Handlungsrepertoire hat sich in jedem Subsystem als Antwort auf Anforderungen an das Teilsystem herausgebildet. Sowohl Werteorientierungen als auch das Handlungsrepertoire wirken für das Teilsystem integrierend und sind zeitlich betrachtet stabil.

Gemäß Schmidt (2013, S. 30–31) wird die menschliche Identität zu einem großen Teil in kommunikativen Interaktionen mit der sozialen Umwelt gebildet. Da die Akteure der drei oben erwähnten sozialen Teilsysteme unterschiedlich sozialisiert sind, ist ihre individuelle Kommunikation unterschiedlich. Sie bedienen sich spezifischer kommunikativer Techniken, um sich dem sozialen Teilsystem kulturell als zugehörig zu erkennen zu geben. Da kein System geschlossen ist, findet zwischen den drei sozialen Teilsystemen an ihren Schnittstellen ebenfalls Kommunikation statt. Es sind drei Schnittstellen, an denen die systemtypische Kultur zwischen jeweils zwei sozialen Teilsystemen kommunikativ zum Ausdruck kommt, und eine Schnittstelle, an der alle drei sozialen Teilsysteme miteinander kommunizieren. An diesen Schnittstellen zeigt sich, ob sich die sozialen Teilsysteme verstehen und sie ihre Expertenorganisation weiterentwickeln können oder ob Verständigungsprobleme mit möglicherweise großen Konsequenzen bestehen.

Abb. 14.2 zeigt eine Variante von Abb. 14.1, allerdings mit symbolhaft offenen Grenzen. Diese sollen die Möglichkeit einer verstärkten Interaktion zwischen den drei sozialen Teilsystemen darstellen. Eine Antwort auf die eingangs gestellte Frage lautet in Form einer Hypothese: Je mehr Interaktionsmöglichkeiten zwischen den sozialen Teilsystemen vorhanden sind, desto besser können sie sich verständigen. Offene Grenzen zwischen den sozialen Teilsystemen sind eine Voraussetzung für eine gelingende Kommunikation; sie garantieren sie aber nicht. Darum ist ein spezielles Augenmerk auf die Art und Weise der Kommunikation zu legen.

Da Experten die Macht der Expertise höher als die Macht der hierarchischen Führung einstufen (Rybnicek et al. 2016, S. 229), ist ein besonderes Augenmerk auf die Schnittstelle dieser beiden sozialen Teilsysteme zu legen. In der Realität sind zwei Szenarien häufig zu beobachten: In Szenario eins stammen die Führungspersonen aus dem sozialen Teilsystem der Experten. Beispielsweise besteht seit dem Mittelalter das Recht von europäischen Universitäten, sich selbst zu verwalten. Die Führung der Expertenorganisation wird nach diesem Szenario von den Experten selbst ausgeübt. Meistens wechseln sie sich nach einem bestimmten zeitlichen Turnus ab. Diese universitären Hochschulen sind in der Regel dezentral organisiert. Hier stellt sich die Frage, ob diese Experten relevantes Wissen und Handlungskompetenz haben, um die Expertenorganisation mit ihren kommunikativen Interaktionen zu führen.

Im zweiten Szenario stammen die Führungspersonen aus anderen Fachgebieten. Sie sind ebenfalls Experten, ihre inhaltliche Ausrichtung orientiert sich jedoch nicht am Primary Task der Expertenorganisation. Beispielsweise leiten Ärzte den gesundheitlichen

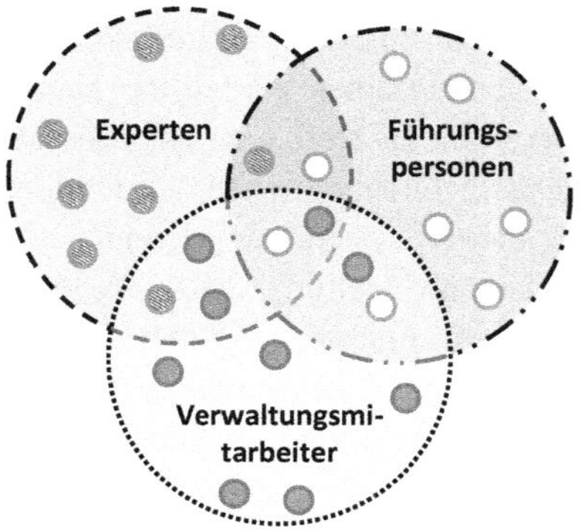

Abb. 14.2 Soziale Teilsysteme einer Expertenorganisation mit hoher Interaktion

Teil eines Spitals, und Ökonomen oder Personen anderer Disziplinen leiten dessen gesamte Organisation. Meistens sind diese Personen ebenfalls Experten, es sind aber keine Ärzte. Wir haben es also in einer gewissen Weise mit einer doppelten Expertenorganisation zu tun.

Während beim ersten Szenario mit eher geringen kommunikativen Divergenzen zwischen den beiden sozialen Teilsystemen der Experten und der Führung zu rechnen ist, steigt in Szenario zwei das Risiko kommunikativer Probleme an. Dies allerdings nur, sofern es den Repräsentanten beider sozialer Teilsysteme nicht gelingt, ein Gefühl der Stimmigkeit mittels ihrer kommunikativen Interaktionen entstehen zu lassen (Storch und Tschacher 2016).

In jedem sozialen Teilsystem – hier also die Experten, die Führungspersonen und die Verwaltungsmitarbeiter – herrscht eine andere kommunikative Kultur. Es ist unmittelbar einsichtig, dass ein Buchhalter, der der Verwaltung zuzuordnen ist, einen anderen Werdegang hat als eine Biochemikerin, die die Wirkung von neuartigen Medikamenten testet, oder eine Führungsperson der obersten Führungsebene mit einer Verkaufsausbildung. Personen in der Produktion – beispielsweise von Medikamenten – kommunizieren wiederum anders. Mit dem unterschiedlichen Werdegang „wachsen" die Personen in ihren jeweiligen Arbeitsbereich hinein, der auch durch unterschiedliche Sprachübereinkommen charakterisiert ist. Wer schon einmal mit Vertretern unterschiedlicher sozialer Teilsysteme ein Projekt geführt oder auch nur an einer Sitzung mit ihnen teilgenommen hat, wird die unterschiedliche Sprache wahrgenommen haben. Diese hat einen direkten Einfluss auf die gegenseitige Verständigung. Gemeinsame Sprache ist wesentlich für die Verständigung, die wiederum als Voraussetzung für das erfolgreiche Funktionieren einer Expertenorganisation gilt.

Ein besonderes Augenmerk ist folglich auf den Dialog zwischen den sozialen Teilsystemen zu legen (Abb. 14.3). Dabei ist zu berücksichtigen, dass die Organisationsstrukturen die Kommunikationsform mitbeeinflussen.

Abb. 14.3 Dialog in einer Expertenorganisation erweitern

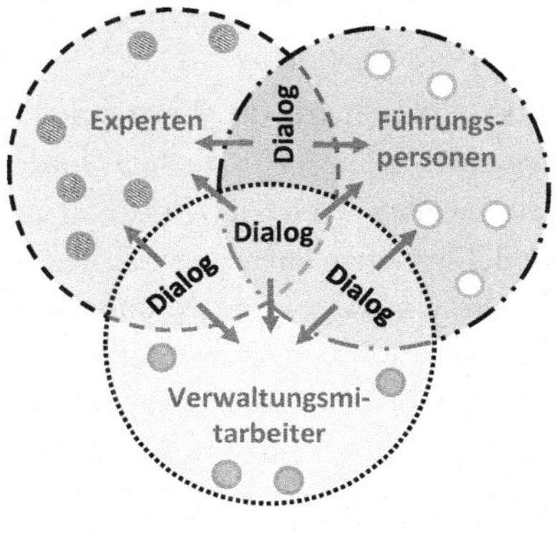

14.3 Das Modell des Kommunikationsraums

Bekannte Kommunikationsmodelle basieren auf einer Sender-Empfänger-Beziehung. Sie legen unterschiedliche Schwerpunkte und bilden verschiedene Aspekte ab. Bovée und Thill stellen in ihrem Kodierer-Dekodierer-Modell die Kodierung und Dekodierung des Inhalts einer Botschaft in den Vordergrund (Bovée und Thill 2008). Das Intentionalitätsmodell betont das kooperative Prinzip von Sender und Empfänger. In Botschaften tauschen Sender und Empfänger kommunikative Intentionen aus (Grice 1969). Echterhof et al. (2008) betonen im Modell der Perspektivenübernahme, dass in einer erfolgreichen Kommunikation die sprechende Person – Sender – die Perspektive der zuhörenden Person – Empfänger – übernimmt. Das wahrscheinlich berühmteste Modell ist das Vier-Seiten-Modell der Kommunikation von Schulz von Thun (1994). Es basiert auf dem Kommunikationsmodell von Bühler (1934) und hat das von Watzlawick, Beavin und Jackson (2017) formulierte zweite Axiom in Form des Inhalts- und Beziehungsaspekts einer Botschaft um den Selbstoffenbarungs- und Appellaspekt erweitert. Schulz von Thun (2010a, b) machte das Vier-Seiten-Modell einem breiteren Publikum zugänglich.

Alle hier erwähnten Kommunikationsmodelle suggerieren, dass es eine objektive Botschaft an sich gibt, die richtig gesendet und richtig empfangen oder entschlüsselt werden kann. Die Kommunikationsmodelle mit ihrer Sender-Empfänger-Thematik sind plausibel. Wer möchte schon in Abrede stellen, dass in der Kommunikation Inhalte mitgeteilt werden, dass es Sprechende und Zuhörende gibt oder Botschaften unterschiedliche Aspekte beinhalten können. Allerdings ist bei genauerem Hinsehen der Erklärungsbeitrag der Sender-Empfänger-Modelle in der dargestellten Weise gering. Ihre Praktikabilität ist eingeschränkt. Im Vier-Seiten-Modell von Schulz von Thun (2010a, b) senden Personen auf vier Ebenen, Zuhörende müssen also auf vier Ebenen empfangen. Da Sender gleichzeitig auch Empfänger sind, müssen acht Ebenen gleichzeitig beachtet werden. Schulz von Thun führt an, dass für jede der vier sendenden und empfangenden Ebenen weitere Aspekte zu berücksichtigen sind, z. B. die Prüfung der Botschaft auf ihren Wahrheitsgehalt, Relevanz und Hinlänglichkeit. Diese drei zusätzlichen Aspekte sind auf die acht erwähnten Ebenen anzuwenden. Das ergibt bereits 24 Aspekte ((4 + 4) x 3 Ebenen). Es ist undenkbar, dass kommunizierende Personen während des Kommunikationsprozesses auf all diese Aspekte in adäquater Weise eingehen können (Storch et al. 2016, S. 57).

Erklärbar wird die Konzeption der Sender-Empfänger-Modelle, wenn ihr zugrunde liegendes Konzept betrachtet wird. Dieses stammt aus der Nachrichtentechnik zur Zeit des Zweiten Weltkriegs (Storch et al. 2016). Die oben erwähnten Kommunikationsmodelle bauen auf diesen Erkenntnissen auf. Die Sender-Empfänger-Modelle wurden für die einseitige, lineare und störungsfreie Übermittlung einer Information entwickelt, damit die empfangende Stelle die Nachricht korrekt erhält (Bischof 2016, S. 384). Es interessiert dabei nicht, was die Information enthält, sondern dass sie korrekt gesendet wird und an der ankommenden Stelle richtig entschlüsselt werden kann. Die oben dargestellten Sender-Empfänger-Modelle bedienen sich dieses Grundgedankens, den sie weiterentwickelt haben. Ihr Aussagegehalt liefert sicherlich wichtige Erkenntnisse über die menschliche Kommunikation, wird ihr aber in ihrer Komplexität nicht gerecht.

Andere Erklärungsmodelle stammen aus Schulen des systemtheoretischen Umfelds. Hier ist sicher die soziologische, radikal-konstruktivistische Systemtheorie von Luhmann die bekannteste (Luhmann 2010). Gemäß seinen Aussagen sind die Elemente jedes sozialen Systems die Kommunikationen. Diese lassen das soziale System autopoietisch entstehen. Menschen können aufgrund des autopoietischen Grundgedankens keine Elemente sein, da sie von sozialen Systemen nicht selbst produziert werden können. Es fehlt hier der Raum, um die oft zitierten Aussagen mit Ausschließlichkeitscharakter von Luhmann (2010) gebührend zu diskutieren. Darum hier nur so viel: Eine Kommunikation kann nicht auf andere Kommunikationen reagieren, weil sie keine Operationen zu deren Verarbeitung ausführen kann. Es braucht eine Zwischeninstanz, ein verarbeitendes Element, das im sozialen System der Mensch ist.

Die systemtheoretischen Ansätze haben es nicht geschafft, sich auf gewisse grundlegende interdisziplinäre Erkenntnisse zu einigen. Viele sind nicht über allgemeine Aussagen hinausgekommen. In einigen Fällen sind die logisch korrekten Konstrukte für die Anwendung unbrauchbar. Namhafte Psychologen wie z. B. Bischof (2016) sehen in der Systemtheorie dagegen nicht nur ein Instrument zur Erklärung psychologischer (und anderer) Sachverhalte, sondern einen theoriebildenden Zugang zum wahrnehmbaren Raum.

Gemäß Bierhoff (2013, S. 79) kommt dem Menschen als dem bestimmenden Wesen für seine Kommunikation eine zentrale Rolle zu. Er schreibt:

> Kommunikation ist ein Prozess, in dem ein Individuum (oder eine Gruppe von Individuen) Informationen über Ideen, Gefühle und Absichten einer anderen Person (oder einer Gruppe von Personen) übermittelt. Kommunikation ist aber mehr als reine Übermittlung einer Botschaft. Sie stellt ein Mittel wechselseitigen Austauschs und wechselseitiger Steuerung dar.

Kommunikationen sind bewusst oder unbewusst konstruierte Vorstellungen der eigenen Wirklichkeit (Röhner und Schütz 2016, S. 22). Sie enthalten nebst bedeutsamen Sachinhalten motivationale, emotionale und soziale Aspekte (Frey und Bierhoff 2011). Die von anderen Personen wahrnehmbaren Verhaltensweisen von Personen sind die Kommunikationen und somit die Wirkungsvariablen im sozialen System. Sobald eine Person für eine andere Person wahrnehmbar wird, betritt sie den Kommunikationsraum; ihre Kommunikationen sind in diesem Sinne öffentlich, da sie von anderen Menschen beobachtbar sind. Der Kommunikationsraum besteht aus allen zu dieser Zeit vorhandenen kommunikativen Variablen, die eine Person wahrnehmen kann. Das Modell des Kommunikationsraums beinhaltet Personen als operative Elemente und ihre von anderen Personen wahrnehmbaren Kommunikationen mit Signalcharakter als Wirkungsvariablen.

Der Mensch entscheidet selbst bewusst oder unbewusst, welche Kommunikationen er im Kommunikationsraum wahrnimmt und welche nicht. Diese Kommunikationen können ausschließlich über die menschliche Sensorik wahrgenommen werden. Es erfolgt eine individuelle Bedeutungszuordnung, die abhängig von Psyche, Körper und Geist dieses Menschen ist. Der Mensch erschließt sich den für ihn relevanten subjektiven

Sinn der wahrgenommenen kommunikativen Variablen und zeigt seinerseits über seine Motorik frei wählbares Verhalten (Geramanis 2017), das wiederum als Kommunikation im Kommunikationsraum wahrnehmbar ist. Jedes Verhalten als Bestandteil der kommunikativen Variablen ist intendiert, da jede kommunizierende Person etwas bewirken will (Bischof 2016; Geramanis 2017; Rehbein 1985). Den Sinn oder die Bedeutung der wahrgenommenen Kommunikationen erstellt die wahrnehmende Person ausschließlich selbst, und zwar mental in Bruchteilen von Sekunden, indem sie diese mit ihren individuellen Erinnerungen, Eindrücken und Gefühlen in Beziehung setzt. Es gibt keine „da draußen liegende Botschaft", sondern nur den mental-subjektiven Sinn und die mental-subjektive Bedeutung von Inhalten, die für die wahrnehmende Person relevant und aus der eigenen Sichtweise immer richtig sind. Denn jede Person hat nur die eigene Wahrnehmung zur mentalen Verarbeitung zur Verfügung, um für sich objektiven Sinn, der in Wahrheit subjektiv ist, zu erschließen. Verstehen entsteht im psychischen System einer Person, indem netzwerkartig bewusstes und unbewusstes Wissen sowie Erfahrungen untereinander in Beziehung gesetzt werden und daraus wiederum intendierte Kommunikationen entstehen. Die Wahrnehmung der kommunikativen Variablen mittels Sensorik und der Ausdruck der Intentionen mit eigenem Verhalten über die Motorik erfolgen parallel und nicht sequenziell. Durch *Beobachtung* trifft eine Person eine Unterscheidung zwischen allen vorhandenen kommunikativen Variablen. Das Wort *Beobachtung* impliziert, dass der Beobachtung eine bewusste Unterscheidung zugrunde liegt. Dies ist allerdings oftmals nicht der Fall. Personen wählen bewusst oder unbewusst aus der Flut möglicher Kommunikationsvariablen die für sie aus irgendeinem Grund relevanten aus und reagieren darauf. Die im Kommunikationsraum vorhandenen Kommunikationen können beliebig verwendet werden. Das Wort *Wahrnehmung* beschreibt den Vorgang treffender. Es ist davon auszugehen, dass Kommunikation zwischen den Dimensionen Verstehen, Missverstehen und Nichtverstehen stattfindet (Schäflein-Armbruster 1994; Falkner 2007). Vollständiges Verstehen wie auch vollständiges Missverstehen oder Nichtverstehen existieren vermutlich nicht. Alles, was eine Person wahrnimmt, ist aus der eigenen Sichtweise richtig. Damit haben alle Personen recht, wenn nur ihre eigene Sichtweise berücksichtigt wird. Kommunikation findet über fünf verschiedene Modalitäten statt, die über die Motorik in den Kommunikationsraum „geschickt" wird. Die kommunikativen Variablen sind diesen fünf Modalitäten zuzuordnen. Zur Veranschaulichung sind im Folgenden einzelne kommunikative Wirkungsvariablen beispielhaft aufgeführt:

- Als *verbale Kommunikation* wird alles bezeichnet, was mit dem gesprochenen Wort zusammenhängt. Zum Beispiel ist dies der Inhalt einer Sache, die Dauer des Sprechens, die Häufigkeit der Wortmeldungen, das Unterbrechen der kommunizierenden Person oder sich selbst unterbrechen zu lassen, die Verständlichkeit und Klarheit des Sprechens.
- Die *nonverbale Kommunikation* gibt Auskunft über die Intentionen der sprechenden Person. Dazu gehören Mimik inkl. Blickkontakt, Gestik, Haltung, Bewegung, Habitus (Frisur, Kleidung, Accessoires), Zuhören (Schweigen), Körperkontakt, Distanzverhalten, Gerüche und Schweiß(perlen).

- Die Stimme wird als *paraverbale Kommunikation* bezeichnet. Hier geht es um die kommunikativen Effekte von Stimmlage, Betonung, Lautstärke, Sprechtempo, Sprachmelodie, Luftgeräusche beim Sprechen, Atemverhalten und Aussprache (z. B. Zischen, Pfeifen).
- Die *schriftliche Kommunikation* enthält alles, was als Text auf den unterschiedlichsten Medien festgehalten wird.
- *Bildliche Kommunikation* drückt über alle Arten von statischen und bewegten Bildern Inhalte aus, mittels derer die Gestalterin oder der Gestalter eine kommunikative Wirkung erzielen will.

Im Kommunikationsraum ist meist eine „Flut" von kommunikativen Variablen der unterschiedlichsten Modalitäten vorhanden. Diese sind in ihrer Gesamtheit nicht erfassbar, sondern die Personen im Kommunikationsraum filtern selektiv die für sie relevanten Kommunikationen, was bewusst oder unbewusst geschehen kann. Damit bestimmt die wahrnehmende Person selbst die Kommunikationen und deren Wirkungen, welche sie wahrnehmen und auf die sie reagieren will. Kommunikation ist somit interaktiver Austausch von kommunikativ relevanten Wahrnehmungen oder Beobachtungen zweier oder mehrerer Personen.

Das in Abb. 14.4 dargestellte phänomenologische Modell des Kommunikationsraums zeigt beispielhaft die vier Personen Klara, Heinrich, Anna und Egon, die im Kommunikationsraum sind und miteinander kommunizieren. Selbstverständlich ist die Anzahl kommunizierender Personen beliebig veränderbar. Im Minimum müssen sich zwei Personen im Kommunikationsraum befinden, ansonsten existiert er nicht.

Die vier Personen sprechen über irgendetwas. Alle vier wollen ihre Gedanken und Ideen mitteilen. Dabei haben sie unausgesprochene und für sie selbst oftmals nicht klare Intentionen, was sie mit ihrer Kommunikation erreichen möchten. Mit ihrer Motorik – in der verbalen, nonverbalen oder paraverbalen Kommunikationsmodalität – offenbaren sie von sich selbst viele kommunikative Variablen, die ihre drei Gesprächspartner wahrnehmen können und gemäß der individuellen Bedeutungszuordnung wiederum ihrerseits mit kommunikativen Variablen beantworten. Es entsteht ein Kommunikationsprozess, der in einem Gespräch schnell abläuft, sodass alle vier Personen nur eine Auswahl der vorhandenen kommunikativen Variablen für ihre kommunikativen Wirkungen verwenden können. Nach einer gewissen Zeit entstehen kommunikative Muster, das heißt, die kommunikativen Variablen wiederholen sich; beispielsweise fällt Heinrich seinen Gesprächspartnern ständig ins Wort. Da alle kommunikativen Variablen mittels der Motorik einer Person ausgedrückt werden, kommt ihrem Körper die zentrale Funktion zu. Die Kommunikationen oder kommunikativen Muster sind nicht voraussehbar. Die Personen strukturieren, organisieren und kontrollieren ihre Kommunikation im Kommunikationsraum selbst. Die Bedeutungszuschreibung geschieht erst bei den wahrnehmenden Personen. In diesem Zusammenhang ist „Axiom 1" von Watzlawick et al. (2017, S. 60) zu verstehen: *„Man kann nicht* nicht *kommunizieren."*

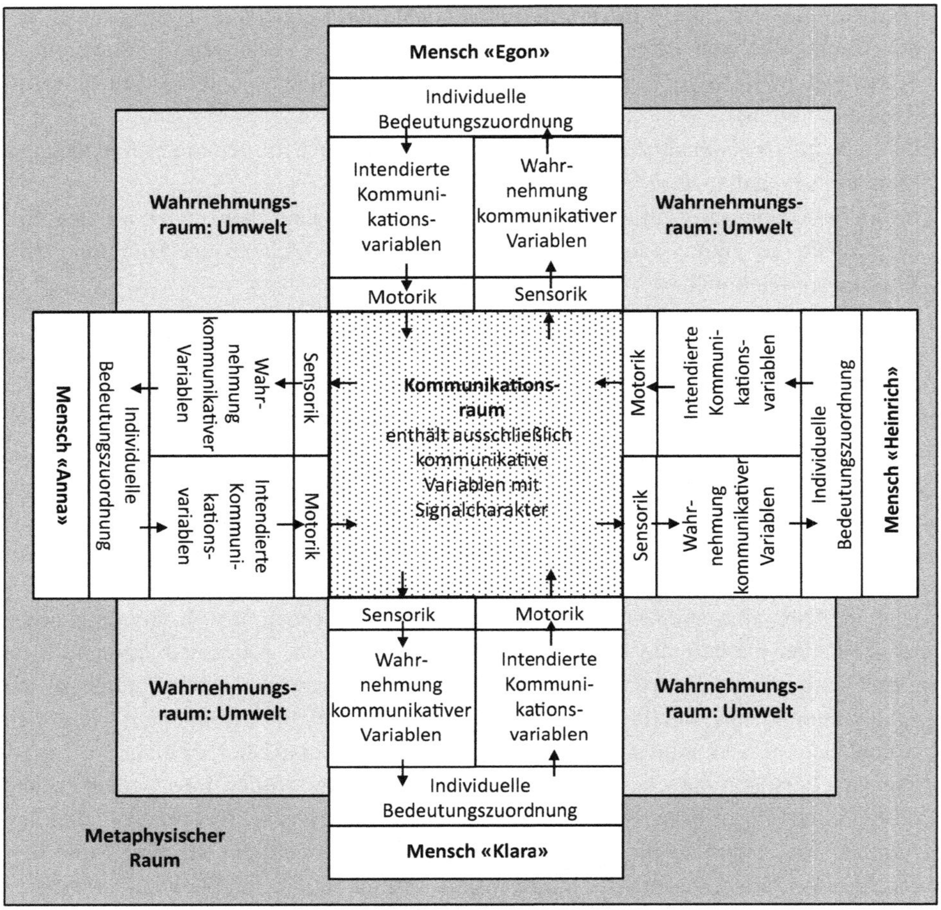

Abb. 14.4 Das Modell des Kommunikationsraums

Die Wirkungsvariablen der fünf Kommunikationsmodalitäten verweisen auf Inhalte, die die Personen mitteilen möchten. „Axiom 2" von Watzlawick et al. besagt, dass jede Kommunikation einen Inhalts- und einen Beziehungsaspekt umfasst, wobei der Beziehungsaspekt die Wahrnehmung des Inhaltsaspekts beeinflusst. Im Kommunikationsraum gehen Personen über ihre kommunikativen Variablen sofort eine Beziehung zu den anderen Personen ein. Dabei gibt die Art und Weise der durch die Motorik mitgeteilten kommunikativen Variablen die Qualität der Beziehung zu erkennen. Beispielsweise verweist das freundschaftliche gegenseitige Schulterklopfen auf eine andere Beziehung als das sich aus einer gewissen räumlichen Distanz bei gegenseitigem Blickkontakt mit leichtem Kopfnicken wortlos Grüßen. Diese Erkenntnis führt zu der Schlussfolgerung, dass körperliche Anteile in jedem kommunikativen Element enthalten sein müssen, sofern die nonverbale Kommunikation im Kommunikationsraum wahrnehmbar ist. Bei einem Telefongespräch fehlt die nonverbale Kommunikationsmodalität, der Kommunikationsraum wird verbal und paraverbal gebildet. Bei einer schriftlichen Botschaft, z. B. einer E-Mail, trifft ebenfalls Axiom 2 von Watzlawick et al. zu. Allerdings wird der Kommunikationsraum dann lediglich über die eingeschränkte verbale Kommunikationsmodalität – nämlich die geschriebenen und nicht ausgesprochenen Worte – gebildet.

Haben die kommunizierenden Personen den Eindruck, von der jeweils anderen Person verstanden zu werden, ergibt sich eine gelingende Kommunikation, umso mehr, wenn die kommunikativen Muster in eine Synchronisation münden (Storch et al. 2016). Synchronisation ist daran erkennbar, dass die Personen die Qualität ihrer kommunikativen Variablen auf der verbalen, nonverbalen oder paraverbalen Kommunikationsmodalität bewusst oder unbewusst einander anpassen (Storch et al. 2016, S. 117). Beispielsweise sind gemeinsames Lachen, ähnliche Körperhaltungen oder bejahende Aussagen über ein analysiertes Resultat synchrone Kommunikation.

Im Modell des Kommunikationsraums drücken Personen ihre Intentionen mittels kommunikativer Variablen aus. Sie verbinden damit eine Erwartungshaltung, wie die anderen Personen im Kommunikationsraum sich verhalten sollen. Die wahrnehmenden Personen geben den relevanten kommunikativen Variablen eine Bedeutung. Es ist anzunehmen, dass ein Stimmigkeitsgefühl zwischen den Personen entsteht, wenn diese Personen die Bedeutung wiederum mit kommunikativen Variablen ausdrücken und diese die Intention der anderen Personen erfüllen. Es entsteht nicht nur synchrone Kommunikation, sondern Vertrauen.

Kommunikation ist interpersoneller, intentionaler Austausch von Inhalten, die einer Bedeutungszuordnung unterzogen werden und kognitiv (über den Neocortex) sowie emotional (über das limbische System) bewertet wird. Alles, was über die Sensorik wahrgenommen werden kann, ist kommunikativer Inhalt im Kommunikationsraum. Der Kommunikationsraum wiederum ist Teil des Wahrnehmungsraums. Menschen können ihre Umwelt wahrnehmen, ohne dass sie mit anderen Personen kommunizieren. Auch hier findet in gewissem Sinn eine Kommunikation statt, aber nicht zwischen Menschen, sondern zwischen einem Menschen und der Umwelt. Dem Menschen stehen für den gesamten Wahrnehmungsraum nur seine Sinne zur Verfügung, und die Wahrnehmung über die menschlichen Sinne ist begrenzt. Darum gibt es einen Raum außerhalb der sinnlichen Wahrnehmung, der als metaphysisch bezeichnet wird und nicht direkt Beobachtbares umfasst. Es ist keineswegs ganz klar, wie viele Sinne der Mensch hat, da der menschliche Körper über eine Vielzahl von spezialisierten Sinnesrezeptoren verfügt. Üblicherweise werden auditive, visuelle, taktile und olfaktorische Sinne unterschieden, zudem noch gustatorische sowie der Sinn für die Wärmewahrnehmung. In der Regel wird ein Inhalt intermodal wahrgenommen, d. h., es findet eine multisensorische Integration der Beobachtung statt. Die Inhalte werden auf verschiedenen Ebenen dargeboten, die den einzelnen Sinnen entsprechen. Beobachtungen finden immer im Kommunikationsraum statt und werden im psychischen Raum verarbeitet. Die

Beobachtung wird mental repräsentiert und mit der Individualität in Beziehung gesetzt. Die Bedeutungszuordnung verwendet die ganze Individualität der wahrnehmenden Person, frühere Erfahrungen, das Wissen sowie die ganzen bewussten und unbewussten Erinnerungen, die auf der persönlichen Sozialisation beruhen. Der psychische Raum ist nicht direkt beobachtbar, sondern nur über den Kommunikationsraum erschließbar. Auch psychophysische Beschreibungen, die in der Regel computergestützt erstellt werden und die mentalen Aktivitäten beschreiben, können nur das physische Korrelat des psychischen Raums abbilden, das aber nie auf der Ebene des persönlichen Denkens, Erlebens und Fühlens stattfindet. Der Kommunikationsraum ist interindividuell, der psychische Raum intraindividuell. Beobachtungen sind ohne den psychischen Raum nicht denkbar, weil erst dieser sie konstruiert und so den Austausch im Kommunikationsraum ermöglicht.

14.4 Handlungsmöglichkeiten zur Gestaltung einer gemeinsamen Wirklichkeit

Soziale Systeme können nur mittels ihrer Repräsentanten kommunizieren. Selektive Wahrnehmungs-, Volitions-, Motivations- und Emotionsprozesse wirken als individuelle Störfaktoren, welche die Entwicklung eines gemeinsamen Verständnisses behindern. Kommunikation kann aufgrund von Kommunikationsbarrieren gestört sein (Bovée et al. 2008). Personen, die diese Sachverhalte kennen, können Rahmenbedingungen für gelingende Kommunikation schaffen. Dem Dialog kommt als Kommunikationsform eine zentrale Rolle zu (Hörmeyer 2015). Mittels kommunikativer Variablen schaffen die sozialen Teilsysteme die Basis für eine gemeinsame Realität, welche zu einem Stimmigkeitsgefühl bei den involvierten Personen führt. Kommunikation erzeugt eine gemeinsame Wirklichkeit. Das Gespräch und im Speziellen der Dialog ist immer auf die kommunizierenden Personen der sozialen Teilsysteme bezogen (Deppermann und Schmidt 2016). Um die unterschiedlichen Wirklichkeiten der sozialen Systeme in eine gemeinsame Realität zu überführen, können die folgenden Empfehlungen für Expertenorganisationen hilfreich sein:

- *Kultur:* Das Entwickeln einer gemeinsamen Kultur in Form von Werten, Normen und Regeln, von Denk- und Verhaltensmustern sowie operativen Handlungsweisen, die von allen sozialen Teilsystemen mitgetragen wird, fördert das gemeinsame Verständnis. Organisationsintegrierende Projekte mit Repräsentanten aller sozialen Teilsysteme bilden optimale Voraussetzungen, um bei den Projektrealisierungen eine gemeinsame Wirklichkeit zu schaffen. Ein funktionierendes Projektmanagement zwischen den sozialen Teilsystemen kann die gemeinsame Kultur nachhaltig entwickeln.
- *Führung:* Experten erwarten Führungspersonen auf „Augenhöhe". Da dies in den wenigsten Fällen bezüglich ihrer eigenen Expertise der Fall ist, sollten Führungspersonen Experten in einem anderen Gebiet sein. Inhaltliche Exzellenz reicht

allerdings nicht aus. Führungspersonen mit wertschätzendem Verhalten, die Experten Verständnis für ihre herausragenden Tätigkeiten und Resultate entgegenbringen, gewinnen ihr Vertrauen, sofern sie synchrone Kommunikation auf menschlicher, organisationaler oder projektbezogener Zusammenarbeit praktizieren. Führungspersonen müssen folglich sicher in der Kommunikation und über die Wirkung ihrer Kommunikationsvariablen im Bilde sein.

- *Anreizsystem:* Eine Expertenorganisation hat ein Anreizsystem zu schaffen, das mehrere Funktionen erfüllt: Es fördert den inhaltlichen Freiraum der Experten, damit sie entsprechend ihrem hohen Autonomiebedürfnis ihrer Arbeit bestmöglich nachgehen können. Gleichzeitig sind geeignete Ressourcen zur Verfügung zu stellen, die nichtfachliche oder organisationsbezogene Tätigkeiten auf ein Minimum reduzieren, damit sie maximal intrinsisch motiviert arbeiten können. Schließlich muss das Anreizsystem die Integration der Experten in die Expertenorganisation erhöhen oder sicherstellen.
- *Organisationsstruktur:* Da die Machtmotivation der Experten in der Regel hoch ausgeprägt ist, sollte eine Expertenorganisation eine Struktur wählen, in der die Zusammenarbeit gefördert wird. Interne Konkurrenzstrukturen bestärken die Machtmotivation und verhindern eine gemeinsame Wertschöpfung.
- *Dialog:* Dem Dialog kommt eine besonders wichtige Rolle zu. Im Dialog findet Kommunikation von Angesicht zu Angesicht statt. Alle beteiligten Personen einer Expertenorganisation sind zu schulen, damit sie die Wirkmechanismen der Kommunikation verstehen und sicher Kommunikationsprozesse gestalten können, um synchrone Kommunikation erzielen zu können. Das Verständnis füreinander wird zunehmen, Vertrauen bildet sich aus. Dies ist nur mit häufig praktiziertem Dialog möglich.
- *Schriftliche Kommunikation:* Diese ist spärlich einzusetzen und mit Dialogen konstruktiv zu ergänzen. Digitalisierung als aktueller Megatrend der Arbeitswelt favorisiert die schriftliche Kommunikation, die auch von Experten bevorzugt eingesetzt wird. Schriftliche Kommunikation reduziert jedoch die Vielfalt an kommunikativen Variablen gegenüber einem Dialog erheblich, was kommunikative Missverständnisse erhöht.
- *Fokussiertes Gesprächsmodeling:* Um Nichtverstehen oder Missverständnissen vorzubeugen, wird im Rahmen des Wissensmanagements ein fokussiertes Gesprächsmodeling durchgeführt, um argumentativ die expliziten Gesprächsziele bearbeiten zu können (Büttner und Quindel 2013). Speziell ausgebildete Kommunikationscoaches stellen sicher, dass die Gespräche zielführend verlaufen.
- *Kommunikationsbarrieren:* Das Wissen um Kommunikationsbarrieren erleichtert den Dialog (Bovée et al., 2008). Je weiter die sozialen Teilsysteme kulturell voneinander entfernt sind, desto schwieriger wird es, ein gemeinsames Verständnis zu erzielen.
- *Reflexion:* Die Reflexionskompetenz kommunizierender Personen erhöht die Chance, unterschiedliche, divergierende Intentionen und Bedeutungszuordnungen in Einklang zu bringen. Zwei Arten von Reflexionskompetenz können unterschieden werden: Mittels Selbstreflexion kann sich eine Person mit den wahrgenommenen kommunikativen Variablen auseinandersetzen und sich fragen, ob diese den Intentionen anderer

kommunizierender Personen gerecht werden. Die Selbstreflexion thematisiert die eigenen Intentionen, die zu einem bestimmten kommunikativen Verhalten führen, und fokussiert sich auf die eigenen kommunikativen Variablen. Die Fremdreflexion thematisiert Intentionen und kommunikatives Verhalten anderer Personen, das im Kommunikationsraum wahrgenommen wird (Fiehler 2001). Beide Arten von Reflexion erhöhen die Sensibilität für die sozial-konstruktivistische Sichtweise, die zu erhöhtem empathischen Verhalten führen kann.

- *Supervision:* Mittels einer Supervision kann eine Metasicht des Kommunikationsraums eingenommen und thematisiert werden. Gleichzeitig ist zu beachten, dass verantwortliche Personen der Supervision Beobachter zweiten Grades sind, das heißt, sie beobachten die kommunizierenden Personen, die ebenfalls beobachten (oder besser: wahrnehmen). Idealerweise sind Supervisionspersonen Experten, die ein vertieftes Verständnis für Kommunikationsprozesse erworben haben.
- *Intervision:* Mittels spezifischer Methoden beantworten Repräsentanten verschiedener sozialer Teilsysteme Fragen oder lösen Problemstellungen der Expertenorganisation. Die Reflexion des Intervisionsprozesses erhöht das Lernen der Intervisionsteilnehmer auf dem Weg zu gelingender Kommunikation.
- *Instrumente und Methoden:* Zusammenarbeits- und Führungsinstrumente stellen eine große Hilfe für das Entwickeln eines gemeinsamen Verständnisses der Realität dar. Bewährt haben sich beispielsweise konkrete Rollenteilungen oder bei Unstimmigkeiten Rollenklärungen (Steiger 2013b). Management by Objectives ist eine der bewährtesten Führungsmethoden, wobei berücksichtigt werden muss, dass ihre Wirksamkeit in kreativen, innovativen Organisationen beschränkt ist, sofern sie nach klassischer Art eingesetzt wird. Innovative Formen des Management by Objectives erleichtern dagegen die Zusammenarbeit. Mittels Job-Rotationen können Personen die Kultur anderer sozialer Teilsysteme kennenlernen.
- *Tätigkeitsfelder und Ziele:* Die Bildung gemeinsamer Tätigkeitsfelder oder zu erreichender Ziele verschiedener sozialer Teilsysteme erleichtert das Entwickeln des gemeinsamen Verständnisses. Dies ist bei der Konzipierung der Organisationsstruktur sowie beim Einsatz zielgerichteter Instrumente zu berücksichtigen.

Kommunikation mit dem Fokus, ein gemeinsames Verständnis zu schaffen, braucht Zeit. Es ist aber die einzige Möglichkeit, eine gemeinsame Realität der sozialen Teilsysteme zu schaffen. Gelingt es den Repräsentanten verschiedener sozialer Teilsysteme, ihre Intentionen sowie ihre Bedeutungszuordnung der wahrgenommenen kommunikativen Variablen in eine Übereinstimmung zu bringen, bildet sich ein Stimmigkeitsgefühl bei den kommunizierenden Personen heraus, das zu einem gegenseitigen Verständnis führt. Verstehen ist eine Voraussetzung in der Kommunikation (Deppermann 2010), damit Expertenorganisationen professionell funktionieren. Können Intentionen und Bedeutungszuordnungen nicht in Übereinstimmung zueinander gebracht werden, wird das soziale Teilsystem irritiert. Unstimmigkeitsgefühle und Unverständnis werden die Folge sein.

Zwischen den Personen, die miteinander kommunizieren, wird nie eine Verschmelzung, sondern höchstens eine Verstehensannäherung stattfinden, die nicht repliziert werden kann, weil nur jedem Menschen selbst sein Verstehen zugänglich ist.

Literatur

Bierhoff, H. W. (2013). Sozial- und Kommunikationspsychologie. In M. A. Wirtz (Hrsg.), *Dorsch. Lexikon der Psychologie* (S. 78–81). Bern: Huber.

Bischof, N. (2016). *Struktur und Bedeutung* (3. Aufl.). Göttingen: Hogrefe.

Bovée, C. L., & Thill, J. V. (2008). *Business communication today* (9. Aufl.). Upper Saddle River: Pearson.

Bühler, K. (1934). *Sprachtheorie*. Jena: Fischer.

Büttner, C., & Quindel, R. (2013). *Gesprächsführung und Beratung. Sicherheit und Kompetenz im Therapiegespräch* (2. Aufl.). Berlin: Springer.

Deppermann, A. (2010). Konklusionen: Interaktives Verstehen im Schnittpunkt von Sequenzialität, Kooperation und sozialer Struktur. In A. Deppermann, U. Reitemeier, R. Schmitt, & T. Spranz-Fogasy (Hrsg.), *Verstehen in professionellen Handlungsfeldern* (S. 363–384). Tübingen: Narr.

Deppermann, A., & Schmidt, A. (2016). Partnerorientierung zwischen Realität und Imagination: Anmerkungen zu einem zentralen Konzept der Dialogtheorie. *Zeitschrift für germanistische Linguistik, 44*(3), 369–405.

Drucker, P. F. (1959). *The Landmarks of Tomorrow*. New York: Harper.

Echterhoff, G., Higgins, E. T., Kopietz, R., & Groll, S. (2008). How communication goals determine when audience tuning biases memory. *Journal of Experimental Psychology: General, 137,*3–21.

Ericsson, K. A., Prietula, M. J., & Cokely, E. T. (2007). The making of an expert. *Harvard Business Review, 85*(7–8), 114–121.

Falkner, W. (2007). Missverstehenshermeneutik. In F. Hermanns & W. Holly (Hrsg.), *Linguistische Hermeneutik: Theorie und Praxis des Verstehens und Interpretierens*. Niemeyer: Tübingen.

Fiehler, R. (2001). Gesprächsanalyse und Kommunikationstraining. In K. Brinker, G. Antos, W. Heinemann, & S. F. Sager (Hrsg.), *Text- und Gesprächslinguistik: Ein internationales Handbuch zeitgenössischer Forschung (Halbband 2)* (S. 1697–1710). Berlin: De Gruyter.

Frey, D., & Bierhoff, H.-W. (2011). *Sozialpsychologie – Interaktion und Gruppe*. Göttingen: Hogrefe.

Geramanis, O. (2017). *Mini-Handbuch Gruppendynamik*. Weinheim: Beltz.

Greif, S., Runde, B., & Seeberg, I. (2004). *Erfolge und Misserfolge beim Change Management*. Göttingen: Hogrefe.

Grice, H. P. (1969). Utterer's meaning and intentions. *Philosophical Review, 78,*147–177.

Hanft, A. (2008). *Bildungs- und Wissenschaftsmanagement*. München: Vahlen.

Hörmeyer, I. (2015). *Der Einsatz von Körper und Maschine in der unterstützten Kommunikation: eine konversationsanalytische Untersuchung*. Mannheim: Verlag für Gesprächsforschung.

Hug, B. (2013). Menschenbilder. In T. Steiger & E. Lippmann (Hrsg.). Handbuch Angewandte Psychologie für Führungskräfte (Bd. I, 4. Aufl., S. 4–15). Berlin: Springer.

Kotter, J. P. (1990). *A force for change: How leadership differs from management*. New York: The Free Press.

Luhmann, L. (2010). *Soziale Systeme. Grundriss einer allgemeinen Theorie*. Suhrkamp: Frankfurt a. M.

Röhner, J., & Schütz, A. (2016). *Psychologie der Kommunikation* (2. Aufl.). Wiesbaden: Springer.

Rehbein, J. (1985). *Interkulturelle Kommunikation*. Tübingen: Narr.

Rybnicek, R., Bergner, S., & Suk, K. (2016). Führung in Expertenorganisationen. In J. Felfe & R. van Dick (Hrsg.), *Handbuch Mitarbeiterführung* (S. 227–237). Berlin: Springer.

Schäflein-Armbruster, R. (1994). Dialoganalyse und Verständlichkeit. In G. Fritz & F. Hundsnurscher (Hrsg.), *Handbuch der Dialoganalyse* (S. 493–518). Berlin: De Gruyter.

Schmidt, J.-H. (2013). *Social media*. Wiesbaden: Springer.

Schulz von Thun, F. (1994). Psychologische Vorgänge in der zwischenmenschlichen Kommunikation. In B. Fittkau, H. M. Müller-Wolf, & F. Schulz von Thun (Hrsg.), *Kommunizieren lernen (und umlernen)* (7. Aufl., S. 9–100). Braunschweig: Hahner.

Schulz von Thun, F. (2010a). *Miteinander reden 1: Störungen und Klärungen. Allgemeine Psychologie der Kommunikation*. Reinbek: Rowohlt.

Schulz von Thun, F. (2010b). *Miteinander reden 2: Stile, Werte und Persönlichkeitsentwicklung; Differentielle Psychologie der Kommunikation*. Reinbek: Rowohlt.

Steiger, T. (2013a). Organisationsverständnis. In T. Steiger & E. Lippmann (Hrsg.). Handbuch Angewandte Psychologie für Führungskräfte (Bd. I, 4. Aufl., S. 18–33). Berlin: Springer.

Steiger, T. (2013b). Das Rollenkonzept der Führung. In T. Steiger & E. Lippmann (Hrsg.). Handbuch Angewandte Psychologie für Führungskräfte (Bd. I, 4. Aufl., S. 35–61). Berlin: Springer.

Storch, M & Tschacher, W. (2016). *Embodied Communication. Kommunikation beginnt im Körper, nicht im Kopf* (2., erw. Aufl.). Göttingen: Hogrefe.

Swanson, R. A., & Holton, E. F. (2001). *Foundations of human resource development*. San Francisco: Berrett-Koehler.

Watzlawick, P., Beavin, J. H., & Jackson, D. D. (2017). *Menschliche Kommunikation. Formen, Störungen, Paradoxien* (13. Aufl.). Bern: Huber.

Konfliktmanagement in Expertenorganisationen: zwischen Thematisieren und Dethematisierung

15

Markus Hess

Das Dethematisieren von Konflikten birgt große Risiken für Expertenorganisationen, wie am Praxisfall „Störenfried" detailliert aufgezeigt und reflektiert wird. Die Konsequenzen eines Dethematisierens können gravierend sein: Sie reichen vom schleichenden Weggang von guten Mitarbeitern bis zu Leistungs- und Produktionseinbußen inklusive Kündigungen mit kostspieligen Gerichtsprozessen. Die im vorliegenden Buch (vgl. Kels und Kaudela-Baum, Kap. 2 und 3) diskutierten Experten-Attribute haben im Fall „Störenfried" wesentlich dazu beigetragen, den Konflikt jahrelang schleifen zu lassen. Dysfunktional wirkende Experten-Attribute müssen in einer Organisation thematisiert werden. Auch Experten sollen sich mittel- und langfristig in einer Organisation funktional integrieren – eine herausfordernde aber spannende Aufgabe für Führungskräfte.

Die Vorteile des Thematisierens von Konflikten überwiegen bei Weitem die eventuell trügerische Ruhe, die durch ein Nicht-beachten, Unter-den-Teppich-Kehren oder Aussitzen-wollen von Konflikten eventuell kurzfristig gewonnen werden kann. Das beschriebene konfliktprophylaktische Führen erleichtert und stützt das Thematisieren von Konflikten in der Organisation. Zudem kann als Folge einer verstärkt feedbackorientierten Führung von Experten eine menschlichere Zusammenarbeitskultur entstehen, die mithilft, die traditionelle Distanz zwischen akademisch und nichtakademisch ausgebildeten Mitarbeitern in einer Organisation zu verringern. Damit wird der „organisationale Kitt" gestärkt und die Zusammenarbeit in der Organisation neu und auf qualitativ höherem Niveau positioniert.

M. Hess (✉)
Hochschule Luzern, Luzern, Schweiz
E-Mail: markus.hess@hslu.ch

P. Kels und S. Kaudela-Baum (Hrsg.), *Experten führen*, uniscope. Publikationen der SGO Stiftung, https://doi.org/10.1007/978-3-658-23028-9_15

15.1 Einleitung

Die oftmals spezifischen Berufsbiografien von Experten, ihr verstärkter Fokus auf die Profession und die gleichzeitige Distanz zur Organisation führen dazu, dass Konflikte in Expertenorganisationen unbeachtet bleiben und auch aus Mangel an Wissen zum Thema schleifen gelassen werden – man spricht in diesen Fällen auch von Dethematisierung. Das Dethematisieren von Konflikten belässt diese verdeckt im organisationalen System. Dort schwelen sie als sogenannte „kalte Konflikte"[1] und treten eventuell periodisch wieder auf – oft auf höherer Eskalationsstufe. Die Leistungsfähigkeit von Mitarbeitern und Führungskräften wird durch die belastete Atmosphäre gemindert, die Reputation einer Organisation gefährdet. Leicht entsteht daraus materieller und immaterieller Schaden (Ahrens et al. 2017, S. 194). Dies wurde 2014 in einer umfangreichen Studie der Beratungsfirma KPMG in Zusammenarbeit mit der Hochschule Regensburg und der Berner Fachhochschule eindrücklich bestätigt.[2]

Das folgende Kapitel soll dazu beitragen, dass aktive und zukünftige Führungskräfte in Expertenorganisationen das Bearbeiten von Konflikten explizit als Führungsaufgabe verstehen – auch im Sinne von Matthias Lauterbach, Experte und Autor im Gebiet des betrieblichen Gesundheitsmanagements: Er führt aus, dass die Bearbeitung von instabilen Beziehungen und inkohärenten Organisationen ins Pflichtenheft von Führungskräften gehört (Lauterbach 2005, S. 21).

Im vorliegenden Kapitel werden praktische Vorgehensweisen diskutiert, die Führungskräften helfen können, Konflikte frühzeitig als solche zu erkennen, sie anzunehmen und kompetenter zu bearbeiten. Der eingangs präsentierte Praxisfall ermöglicht Vorgesetzten die Reflexion der eigenen Führungsarbeit sowie das Abprüfen der persönlichen Haltung im Umgang mit Konflikten. Anschließend werden theoretische Aspekte des Konfliktmanagements diskutiert, die als Basis dienen für die nachfolgende Schilderung der Konfliktbearbeitung mittels Mediation am Beispiel des Praxisfalls „Störenfried". Das Kapitel wird mit Leitideen für die Führung von Experten aus der Perspektive des Konfliktmanagements abgeschlossen.

Anmerkung: Mit Rücksicht auf die Lesefreundlichkeit des Textes verwenden wir nachfolgend grundsätzlich die männliche Schreibform; die weibliche Form ist selbstverständlich stets mitgemeint.

---

[1]„Kalter Konflikt": Konflikt, der unterschwellig, verdeckt vorhanden ist oder ausgetragen wird: Vordergründig herrscht vermeintliche Ruhe und Eintracht (Pühl 2013).

[2]Konfliktkostenstudie KPMG: Sie zeigt bei den befragten 4000 Industrieunternehmen, dass in Organisationen drei Hauptgebiete signifikante Konfliktkosten generieren: der einzelne Mitarbeiter (Krankheit, Fluktuation), Teams (Mängel in Projektarbeit, Kundenfluktuation) und die Organisation (Über- oder Unterregulierung, Kundenfluktuation). Als am kostspieligsten erweisen sich die durch Konflikte ausgelöste Verschleppung von Projekten und ein Scheitern derselben. Die Hälfte der Befragten geht von Konfliktkosten im Umfang von € 50.000 jährlich aus, 10 % der Befragten sprechen von Summen, die jährlich über € 500.000 liegen würden (KPMG AG 2009).

Der Umgang mit Konflikten ist eine herausfordernde Führungsaufgabe, die im Falle einer Dethematisierung zu schwerwiegenden und teuren Problemen führen kann. Aus mehreren Gründen ist es für eine Organisation lohnend, Konflikte rasch, konsequent und professionell zu bearbeiten sowie sich ganz bewusst der Konfliktprophylaxe zu widmen:

- Der kurzfristige Nutzen eines proaktiven Konfliktmanagements liegt vor allem in der Beruhigung von schwierigen Situationen und von konfliktbetroffenen Mitarbeitern in der Organisation. Einer Ausweitung und Verschärfung von Auseinandersetzungen mit möglichen Kündigungen, Reputationsschäden und daraus folgenden Leistungseinbußen kann durch rasches Handeln vorgebeugt werden. Ebenfalls wird verhindert, dass eine akute Konfliktsituation in einen intransparenten, kalten Konflikt abgleitet (Glasl 2000, S. 92).
- Mittel- und längerfristig wird durch das proaktive Bearbeiten von Konflikten der psychologische Vertrag – sprich, die Identifikation von Mitarbeitern mit der Organisation – gestärkt und das Erreichen von Leistungs- und Verhaltenszielen maßgeblich gestützt (Hauser 2002, S. 315).
- Von einem proaktiven Umgang mit Konflikten profitiert nicht nur die Organisation als Ganzes, sondern auch die individuelle Führungskraft. Im Annehmen und Bearbeiten von Konfliktsituation liegt ein beachtliches Lern- und Weiterbildungspotenzial, das die Führungsqualität des Einzelnen entscheidend stärken kann.

15.2 Das Dethematisieren von Konflikten: ein Praxisbeispiel

15.2.1 Didaktisches Vorgehen

Der anonymisierte Praxisfall „Störenfried“ verdeutlicht, wie die in den einleitenden Kapiteln beschriebenen Experten-Attribute die Dethematisierung eines Konflikts begünstigen. Der Fall weist auf die Entstehungsgründe des Konflikts hin, untersucht Motive von betroffenen Personen und beschreibt die Konsequenzen einer Dethematisierung des Konflikts. Im Anschluss an den Praxisfall werden relevante Fragen dazu präsentiert, die dem Leser helfen können, den Fall zu reflektieren.

15.2.2 Einführung Praxisfall „Störenfried“

Bei einem öffentlich-rechtlichen Arbeitgeber wird in einem Forscherteam über die Dauer von drei Jahren ein Teamkonflikt mitgetragen. Im Zentrum des Konflikts steht ein neuer, junger Teamverantwortlicher: **Peter**[3] ist 40 Jahre alt, verheiratet und hat zwei Kinder

[3]Die Namen aller Protagonisten wurden geändert.

(fünf- und achtjährig). Nach einer Berufslehre als Chemielaborant erlangte er über den zweiten Bildungsweg die Matura (das Abitur). Nach einigen Jahren in der Privatwirtschaft entschied er sich für ein Universitätsstudium mit anschließender Promotion. Vor seinem Wechsel zum neuen Arbeitgeber arbeitete er fünf Jahre als **Entwickler und Forscher** in einem interdisziplinären Forschungsteam eines großen Pharma-Unternehmens. Aus dieser Welt und aufgrund seiner bisherigen Erfahrungen hat er mehrere für ihn sinnvolle und erfolgversprechende Arbeitsgrundsätze und -haltungen auf die neue Anstellung beim staatlichen Arbeitgeber übertragen. Vom Typ her kann er als „unternehmerischer Macher" bezeichnet werden. Kurz nach Antritt der Stelle kaufte Peter für seine junge Familie ein Haus, ganz in der Nähe des neuen Arbeitsortes. Dies mit der Absicht, die Kinder vor Ort einzuschulen und die nächsten 10–15 Jahre in der neuen Stelle zu bleiben. Mit der Anstellung als Teamleiter in einer Forschungsabteilung im öffentlichen Sektor ging für Peter ein länger gehegter Wunsch in Erfüllung: Endlich konnte er ein Team führen – er leitete eine Assistenzperson sowie drei Laborangestellte.[4] Weiter war es ihm mit einem 80 %-Pensum in Kombination mit der geregelten Arbeitszeit möglich, eine Führungsposition wahrzunehmen und gleichzeitig zu Hause bei der Kinderbetreuung mitzuhelfen. Peter konnte dreimal wöchentlich den Arbeitsplatz um 16:30 Uhr verlassen, um das fünfjährige Kind bereits um 17 Uhr in der Kindertagesstätte abzuholen.

Rasch stieß der anfänglich hoch motivierte, dynamische Peter mit seinem selbstbewussten, fordernden Verhalten auf Ablehnung und Widerstand – v. a. bei Rolf und Karl, zwei Kollegen von Peter auf gleicher Hierarchiestufe. Sie lehnten Peters Vorschläge für eine neue, effizientere Zuteilung von Laborpersonal und -zeiten kategorisch ab. Rolf und Karl hatten sich bisher bei jeder Reservation von Laborzeiten „Reservezeiten" mit eingetragen, sodass im Fall eines erfolglosen Versuchs oder einer misslungenen Analyse sofort Zeit für Neu-Durchläufe zur Verfügung stand. Diese Reservezeit wurde jedoch nur in rund 30 % der Fälle beansprucht. Zudem kam es immer wieder vor, dass die Zeit ungenutzt verstrich, weil für das Verbessern und Starten eines neuen Versuchs der verantwortliche Team- und Projektleiter hätte vor Ort sein müssen – aufgrund von Terminkollisionen und anderen Engpässen waren Karl und Rolf jedoch oftmals nicht verfügbar. Peter wollte diesen Prozess effizienter gestalten. Sein fordernder, auch anschuldigender Ton provozierte Rolf und Karl jedoch und verschob die Meinungsverschiedenheit hinsichtlich der Laborzeitplanung von der Sach- auf die emotionale Ebene. Zwischen den drei Teamleitern entfachte ein Konflikt.

Nun war Peter nicht der Typ, der den Bettel einfach so hinwirft: Er fand es ehrenwert und korrekt, für etwas aus seiner Sicht Wichtiges und Richtiges einzustehen und auch dafür zu kämpfen. Obwohl das ständige Sticheln und die wiederkehrenden lauten Streitereien an Peters Selbstwertgefühl rüttelten und ihm schlaflose Nächte bereiteten, wollte

[4]Die Stelle von Peter wurde neu geschaffen. Damit verbunden war das Führen von drei Labormitarbeitern. Weitere Labormitarbeiter aus anderen Teams (Rolf, Karl) konnten je nach Absprache temporär für ein Projekt zusätzlich einem Teamverantwortlichen zugeteilt werden.

er durchhalten – auch, weil es sich abzeichnete, dass sein Vorgesetzter Otto die Organisation Tamifa[5] verlassen könnte. Den Gedanken, selbst zu kündigen, verwarf Peter, weil es nicht selbstverständlich gewesen wäre, eine neue Stelle mit ähnlich vorteilhaften Arbeitsbedingungen zu finden. Peter hoffte auf eine Fortsetzung seiner Karriere bei Tamifa wie auch darauf, sich mit einem neuen Abteilungsleiter besser verständigen zu können.

Rolf und Karl waren beide ebenfalls hoch qualifizierte, promovierte Akademiker und Forscher. Rolf, 60 Jahre alt, ledig und kinderlos, Karl, 55 Jahre alt, in Partnerschaft, ebenfalls ohne Kinder. Beide arbeiteten seit 12 beziehungsweise 18 Jahren als Experten bei Tamifa. Seit rund fünf Jahren leiteten beide jeweils ein Team, ebenfalls bestehend aus einer Assistenzperson und drei bis vier Laborangestellten. Sie konnten sich ihre bevorzugten Laborangestellten und -zeiten selbst zuteilen, wurden von den Mitarbeitern respektvoll behandelt und genossen in nationalen (und Karl auch in internationalen) Fachkreisen hohes Ansehen. Die beiden verfügten zudem intern über Einfluss und Prestige: Von ihrem Chef, Otto, wurden sie nicht eigentlich geführt – es waren Rolf und Karl, die das „Agenda-Setting" vornahmen und sich auch Otto gegenüber durchsetzen konnten, falls nötig. Rolf und Karls Hauptmotivation bestand darin, sich fachlich voll und ganz einbringen zu können. Dies umfasste einen regen Austausch mit den ihnen vertrauten nationalen und auch internationalen Forschungspersonen und -gremien. An Otto schätzten die beiden vor allem, dass er ihnen Administratives abnahm und sich um die Beschaffung der Forschungsgelder kümmerte.

Als der Konflikt zwischen Peter, Rolf und Karl sich zuspitzte, gerieten weitere Forschungs- und Labor-Mitarbeiter in einen Loyalitätskonflikt: Zu wem sollten sie nun bei Differenzen und Auseinandersetzungen bei Auftragserteilungen, Laborbenutzungszeiten und anderem halten?[6] Zum dynamischen, an sich sympathischen Team- und Projektleiter Peter oder doch zu den vertrauten, langjährigen Vorgesetzten Karl und Rolf? Zwei bewährte Labor-Mitarbeiter verließen die Tamifa rund vier Monate nach dem Eintritt von Peter, dies ohne im Austrittsgespräch besonders auf den Konflikt oder die daran Beteiligten Bezug zu nehmen.

Abteilungsleiter **Otto,** 45-jährig, in Partnerschaft, ohne Kinder, in seinem Fach promoviert und seit sechs Jahren bei Tamifa aktiv, führte seit vier Jahren die insgesamt 12 Mitarbeiter, die den drei Teamleitern Peter, Rolf und Karl unterstellt waren. Otto war bei Peters Einstellung positiv gestimmt gewesen, denn er glaubte, endlich jemanden gefunden zu haben, der gerne führen wollte. Damit erfüllte er einerseits die Empfehlung der Personalabteilung, das Kriterium „Führungskompetenz" bei der nächsten Rekrutierung hoch zu gewichten; andererseits hoffte er, sich selbst von der unbeliebten Führungsarbeit entlasten zu können. Das gelang insofern, als Peter den Raum, den er sich wünschte, von Otto erhielt und voll ausnutzte. Otto respektierte Rolf und Karl und

[5]Der Name der Organisation wurde geändert.

[6]Es war vertraglich vereinbart, dass die Labormitarbeiter vorübergehend auch anderen Team- und Projektleitern zugeteilt werden konnten.

wollte nicht in ihre Abläufe eingreifen – sie waren ja beide bereits vor seinem Eintritt bei Tamifa etabliert gewesen und sorgten für ein fachlich hohes Prestige der Abteilung sowie der gesamten Organisation.

Unter der Leitung von Otto schwelte der Konflikt zwei Jahre lang vor sich hin. Aufgrund eines weiteren Führungsproblems verließ Otto zwei Jahre nach Peters Einstieg die Tamifa. Nach Ottos Weggang wurde Anton als neuer Abteilungsleiter eingestellt. Anton übernahm die Mitarbeiter der Abteilung und damit auch die Konfliktsituation.

Anton war 42-jährig, verheiratet mit zwei Kindern (acht- und zehnjährig). Er hatte an einer renommierten Universität habilitiert und wechselte von der Universität direkt in die neue Stelle. Er verfügte weder über eine Führungsausbildung noch über spezielle Kenntnisse in der Konfliktbearbeitung. Jedoch war Anton an Menschen interessiert und verfügte über die Fähigkeit, mediativ und gesichtswahrend mit anderen umzugehen. Eine Frage, die ihn umtrieb und die zu Beginn der Konfliktberatung besprochen wurde, lautete: „Wie soll ich mit diesem Konflikt umgehen, ohne jemanden zu verletzen? Ich mag alle drei gut leiden und will sie behalten." Mit seinem Vorgesetzten Martin, dem Departementleiter, sprach er gelegentlich über die Konfliktsituation, die er nach kurzer Zeit bemerkt und ziemlich gut durchschaut hatte. Kleine Erfolge in seinen Schlichtungsbemühungen ließen ihn hoffen – manchmal gelang es Anton, den Konflikt ein paar Wochen lang zu beruhigen. Doch in jeder Intervention von seiner Seite sahen Rolf und Karl einen Versuch, sie in ihrer Ausübung von „wohlerworbenen Rechten" bzw. Freiheiten einzuschränken – ja, sie fürchteten sogar, dass Anton die Position von Peter stärken könnte.

Der Konflikt eskalierte aus unterschiedlichsten Anlässen – meistens in den monatlichen Team-Sitzungen. Anton fiel auf, dass in den gemeinsamen Sitzungen immer wieder schlechte Stimmung herrschte und dabei öfter zwischen Peter, Rolf und Karl auch verletzende, kränkende Aussagen fielen. Mit vermittelnden, einzeln geführten Gesprächen versuchte Anton die Akteure des Streits zu versöhnen – letztlich erfolglos. Teamleiter Peter setzte seinen Führungsstil in klaren Worten und Taten um, und regelmäßig kam es bei ihm gegenüber Karl und Rolf auch zu Wutausbrüchen. Diese revanchierten sich bei Peter mit Vorwürfen in den Abteilungssitzungen. Bei den übrigen Mitarbeitern, vor allem bei den Laborangestellten, herrschte seit dem Eintritt von Peter in die Tamifa eine bedrückte Stimmung.

Martin, Departementleiter und Vorgesetzter von Anton, war seit rund zwei Jahren über den Konflikt in groben Zügen informiert. Er wartete ab. Seine Antwort anlässlich eines Treffens mit Anton auf dessen Schilderung der letzten Vorkommnisse lautete: „Ich will einfach Ruhe, und dass es rund läuft!" Im Grunde hoffte Martin auf das Siegen der Vernunft in dem Sinne, dass die Streitenden sich finden würden, und die Situation sich beruhigte. Ebenfalls vertraute er in Antons Fähigkeiten als Schlichter.

Die Personalabteilung kannte die Schwierigkeiten rund um Peter, Karl und Rolf: Sie war vom ehemaligen Abteilungsleiter Otto beim ersten Ausbruch des Konflikts darüber informiert worden. Von Zeit zu Zeit erhielt sie über formelle und informelle Kanäle verschiedene Informationen und Rückmeldungen von den Direktbetroffenen sowie von Mitarbeitern, die den Konflikt aus der Distanz miterlebten. Vertreter der Personalabteilung standen deswegen ebenfalls in gelegentlichem Kontakt mit den Abteilungsleitern Otto und später Anton sowie mit dem Departementchef Martin.[7]

Als auf einer Departementsitzung Rolf mit lauter Stimme erneut eine Einmischung Peters in die Labororganisation beklagte und sich vor allen Anwesenden über das regelmäßige frühzeitige „Abmelden vom Dienst“ von Peter lustig machte,[8] stand dieser erbost auf und verließ den Sitzungsraum mit dem Ausruf „Affe!“.

Nach diesem Eklat nahm Anton Kontakt mit der Personalabteilung auf, um die Situation zu besprechen. Die zuständige Fachperson empfahl Anton nun, einen externen Berater zu kontaktieren, diesen zu evaluieren und mit ihm die Situation und das weitere Vorgehen zu besprechen.

Es muss davon ausgegangen werden, dass auch die Direktion der Tamifa vom Konflikt wusste. Sie unternahm nichts. Es dauerte insgesamt drei Jahre, bis die Personalabteilung nach Besprechung mit Anton, dem zuständigen Linienverantwortlichen, Ernst machte und eine professionelle Bearbeitung des Konfliktes anregte.

15.2.3 Fragen zum Fall

Schritt 1: Analyse des Praxisfalls
In einem ersten Schritt reflektieren wir den Fall und fragen, was bei Tamifa falsch gelaufen ist.

a) Wie kommt es, dass aus einem Sachproblem so rasch ein hoch eskalierender Konflikt werden kann?
b) Wieso stehen die Führungspersonen Otto, Anton und Martin dem Konflikt und seinem Verlauf so lange taten- und mutlos gegenüber?
c) Wieso lässt auch die Personalabteilung dem Konflikt ihren Lauf, obschon sie früh über die Situation informiert ist?
d) Inwiefern erweisen sich die im vorliegenden Buch diskutierten Experten-Attribute als dysfunktional?

Schritt 2: Diskussion der Problemlösung
Nach der ersten Analyse und mit den daraus erhaltenen Antworten widmen wir uns der Bearbeitung des Konflikts. Wir fragen entsprechend weiter: Was ist jetzt zu tun?

e) Wie könnte ein Bearbeitungs- und Lösungsweg aussehen; welche Optionen stehen zur Verfügung?

---

[7]Die Personalabteilung der Tamifa ist als klassische Stabsabteilung konzipiert, verfügt also über Mitspracherechte, aber keine Weisungsbefugnisse gegenüber Linienfunktionen.

[8]Peter holte dreimal wöchentlich eines seiner Kinder frühzeitig von der Kindertagesstätte ab.

a) Könnte die Situation durch Anton selbst bearbeitet werden?
b) Wie sollen sich die Führungspersonen, vor allem Anton und Martin verhalten; was sollen sie wie tun?
c) Wie ist jetzt mit Peter, Karl und Rolf umzugehen?
d) Welche Rolle soll die Personalabteilung übernehmen?
e) Wie soll mit den Experten-Attributen umgegangen werden?

Versuchen Sie nun, die gestellten Fragen spontan und stichwortartig zu beantworten – und zwar, bevor Sie weiterlesen. Die anschließenden Ausführungen und Antworten des Autors zu den gestellten Fragen eröffnen Ihnen dann eine Reflexions- und Lernmöglichkeit aus konflikttheoretischer Sicht.

15.3 Einblick ins Konfliktmanagement

Krisen sind keine Quittung für falsch gelebtes Leben, sondern nützliche Vorboten einer notwendig gewordenen Änderung! (Ingeborg Rückert-Embden[9])

Die Erforschung von Organisationen und zusammenhängenden Systemen zeigt, dass zwischen Organisationsmitgliedern aus den unterschiedlichsten Gründen Konflikte entstehen können (Schwarz 2001, S. 16 ff.). Konflikte sind auf den ersten Blick störend: Sie fordern den Beteiligten viel Energie ab, können laut, aggressiv und verletzend sein, können die Harmonie zerstören und Personen, Teams und Organisationen, ja Gesellschaften aus den gewohnten Bahnen werfen und in Krisen stürzen (Glasl 2000, S. 92 f.). Dies – etwas fatalistisch formuliert – bleibt zu akzeptieren; schließlich gehört es zum Menschsein, zu lernen, mit Differenzen, Konflikten, Krisen und Enttäuschungen umzugehen. Es liegt in der Verantwortung der Führungspersonen, durch Konflikt verursachten potenziellen Schaden in der Organisation und mögliches Leid für Mitarbeiter zu vermeiden. In Konflikten selbst und in den darin „gefangenen" Mitarbeitern steckt grundsätzlich ein Energiepotenzial und ein auch unbewusstes Suchen nach dem Normalzustand oder nach psychischem Gleichgewicht (Lauterbach 2005, S. 42). Dieses Energiepotenzial zu fassen und es in neue, konstruktive Bahnen zu lenken, um damit ein neues, gesundes Gleichgewicht zu finden, ist ein zentrales Ziel der Konfliktbearbeitung. Dieses Sichtbarmachen und Packen einer „Konflikt-Chance" ist eine Führungsaufgabe, die gelernt sein muss (Lauterbach 2000, S. 21; Jungbauer-Komarek 2017, S. 264): Schlüsselpersonen und Führungskräfte müssen die Chancen, die sich aus einem vermeintlich wüsten Streit ergeben können, sehen wollen und nutzen können. Dann führen Konflikte tatsächlich zu Veränderungen im Verhalten und in der Kommunikation

[9]Geäußert in Lack-Strecker und Zurmühl 2017, S. 210.

wie auch zur Verbesserung von Abläufen und Strukturen (Schwarz 2001, S. 42). Die Beteiligten können in einem sorgfältig geführten Konfliktbearbeitungsprozess lernen, dass das Loslassen von Altem entlasten kann, und der Blick in die Zukunft Freude auf Neues auszulösen vermag.

15.3.1 Was ist ein „Konflikt" – was ein „Problem"?

Bei der Beurteilung eines Streits erweist sich die Definition von „Konflikt" als hilfreich. Handelt es sich beim Streit um eine niederschwellige Auseinandersetzung auf sachlicher Ebene, können diese Differenzen normalerweise von den Protagonisten selbst bearbeitet werden – ohne Hinzuziehung eines ausgebildeten, eventuell externen Konfliktbearbeitenden (Glasl 2000, S. 130). Sobald jedoch die Auseinandersetzung mit Kränkungen und weiteren emotionalen Verletzungen einhergeht und eskaliert (entspr. Eskalationsstufe 4–9; vgl. Abb. 15.1), wie im geschilderten Fall „Störenfried", wird es schwierig bis unmöglich, diesen Konflikt mit Hoffnung auf Erfolg durch die Betroffenen selbst bearbeiten zu lassen. Die Beteiligten sind zu „Gefangenen" des Konflikts geworden, das heißt emotional zu stark ein- und angespannt, um sich und das Vorgefallene kognitiv ausreichend verstehen, reflektieren und konstruktiv bearbeiten zu können. Die Fähigkeit zur Empathie, eine Grundvoraussetzung, um das Gegenüber verstehen und sein Verhalten begreifen zu können, ist in solchen Fällen zu stark eingeschränkt (Glasl 2000, S. 27).

▶ **Konflikt** Wir sprechen nachfolgend von einem Konflikt, wenn Differenzen im Wahrnehmen, Fühlen und Wollen als Beeinträchtigung erlebt werden und diese Beeinträchtigung bei mindestens einer vom Konflikt betroffenen Person verletzte Gefühle verursacht hat (in Anlehnung an Glasl 2000, S. 22).

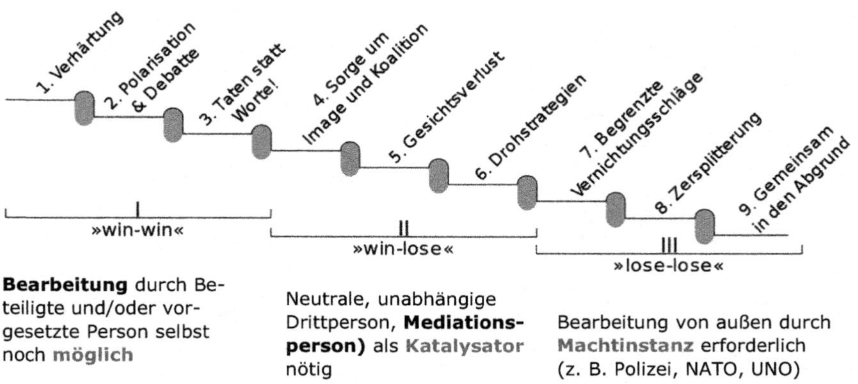

Abb. 15.1 Die Eskalationsstufen nach Glasl. (2000, S. 94; ergänzt vom Autor)

In Abgrenzung zum Konflikt wird als „Problem" eine Differenz auf der Sachebene bezeichnet. Immer wieder geschieht es jedoch, dass sich ein relativ einfaches sachliches Problem in einen hoch emotionalen Konflikt wandelt (Duss-von Werdt 2008, S. 43). So im Fall „Störenfried": Ein Teil des eskalierenden Konflikts bestand aus einem organisatorisch-planerischen Problem, nämlich dem nicht einheitlichen Buchen von Laborzeiten und -personal. Der andere, den eigentlichen Konflikt auslösende Teil lag im forschen Auftreten – in Ton, Wortwahl und Haltung – von Peter gegenüber Rolf und Karl.

Der hier verwendete Begriff „Konfliktmanagement" wird im gegebenen Kontext mit dem „Annehmen, Analysieren und Bearbeiten von Konflikten" definiert. Zum Konfliktmanagement gehört auch die Konfliktprophylaxe: Sie umfasst das Planen, Einführen und Durchsetzen eines Verhaltens in der täglichen Zusammenarbeit, dass das Entstehen von Konflikten minimiert. Das Thema Konfliktprophylaxe wird unter Abschn. 15.5 (Leitideen für die Führung) noch vertieft.

15.3.2 Analyse eines Konflikts

Ist eine Führungsperson bereit, sich eines Konflikts anzunehmen, ihn zu analysieren und zu bearbeiten – sei es persönlich oder durch eine beauftragte Person –, gilt es, sich die Kriterien und Voraussetzungen für den gefragten Richtungs- und Methoden-Entscheid gut zu überlegen – Konflikte sind komplex (Schwarz 2001, S. 37). Die sorgfältige, detaillierte Analyse hilft dabei und beantwortet Fragen wie:

1. Wie soll eine Führungsperson in einem Teamkonflikt vorgehen, wenn bei einem am Konflikt hauptbeteiligten Mitarbeiter selbst ein größeres persönliches Problem besteht, diese Person also in einem *intra*personalen Konflikt steht?
2. Inwieweit ist es als Führungsperson sinnvoll, einen Konflikt im eigenen Team selbst bearbeiten zu wollen?
3. In welchen Fällen ist es angezeigt, die Justiz mit der Bearbeitung eines Konfliktes in der Organisation zu beauftragen?
4. Wie könnte sich eine Führungsperson bei „normalen" Arbeitsplatzkonflikten idealerweise unterstützen lassen?

▶ Notieren Sie sich Ihre Überlegungen vor dem Weiterlesen. Im Folgenden werden mögliche Antworten zu den gestellten Fragen entwickelt.

15.3.2.1 Intra- und interpersonale Konflikte

Eine wichtige Unterscheidung, die in den folgenden Ausführungen thematisiert wird und in der praktischen Konfliktbearbeitung eine Rolle spielt, ist das Vorhandensein von ***intrapersonalen* oder auch persönlichen Konflikten** (Schwarz 2001, S. 92). Es handelt sich dabei um innere Spannungen und Konflikte, begründet in der Vergangenheit, wie sie jede

Person mit sich herumträgt. Schwarz sieht die Spannungen sogar als „Lebenselixier" und als Antrieb einer lebenslangen Persönlichkeitsentwicklung.[10] Laut Schwarz beeinflusst die Art und Weise, wie in der Kindheit Grundkonflikte bewältigt worden sind, maßgeblich, wie im Erwachsenenalter mit Konflikten umgegangen wird. Es kann daher für die Selbstführung sehr lohnend sein, sich der unbewussten Muster in die man in Konfliktsituationen immer wieder leicht verfällt beziehungsweise denen man folgt, in einem Coaching oder in einer Intervision bewusst zu werden. Dies kann ein erster Schritt weg von überholten Abläufen, hin zur persönlichen Weiterentwicklung sein.

Mitarbeiter können leicht durch die Zuspitzung einer schwierigen privaten Situation (Partnerschaft, Unfall, Krankheit) oder auch aufgrund beruflicher Umstände (Leistungsdruck am Arbeitsplatz) emotional außerordentlich stark belastet werden. Für eine Führungsperson ist es jedoch schwierig und heikel, diese überdurchschnittliche Belastung durch einen *intra*personalen Konflikt immer rasch und eindeutig einzuordnen, außer, wenn die betroffene Person mit dem Vorgesetzten so vertraut ist, dass Privates proaktiv angesprochen werden kann. Gesellt sich nun aber zum vorhandenen *intra*personalen Konflikt zusätzlich ein ***inter*personaler Konflikt,** also ein Konflikt zwischen zwei oder mehreren Personen, vermag der bestehende *intra*personelle Konflikt die Bearbeitung des offensichtlichen *inter*personalen Streits am Arbeitsplatz zusätzlich zu erschweren oder sogar zu verunmöglichen (Riemann 2017, S. 42).

Wird bei einer konfliktbeteiligten Person ein *intra*personaler Konflikt vermutet, hilft es dem Verfahren und vor allem der betroffenen Person, diese Vermutung respektvoll bilateral zu thematisieren und zu klären. Je nach Ergebnis des Gesprächs kann die prozessleitende Person gemeinsam mit der betroffenen Seite einen anderen, passenderen Weg der Konfliktbearbeitung suchen und vereinbaren. Je nach Tiefe der emotionalen Betroffenheit des Mitarbeiters bietet ein persönliches Coaching oder eine therapeutische Begleitung in solchen Fällen einen hilfreichen Weg.

15.3.2.2 Die Eskalationsstufen nach Glasl

In Konfliktsituationen liegen bei Betroffenen öfter „die Nerven blank". Die Skala der Betroffenheit umfasst jeweils sehr unterschiedliche Ausprägungen. Sie reichen von „am Rande beteiligt" über „wütend, zornig, maßlos enttäuscht" bis hin zu Tätlichkeiten bzw. zur Anwendung von Gewalt. Der Konfliktforscher Friedrich Glasl gibt Konfliktbearbeitenden und Interessierten ein sehr hilfreiches Analyseinstrument an die Hand. Mit der Erforschung, Einteilung und Beschreibung von Eskalationsstufen erleichtert Glasl (2000) die Analyse und Bearbeitung von Konflikten.

[10]Weitergedacht und auf die Organisation übertragen lässt sich dazu anmerken, dass es nicht zielführend wäre, jede Differenz, jedes Problem und jeden Konflikt vorzeitig eliminieren zu wollen. Denn jede transparent vorliegende Differenz gibt den Beteiligten die Chance, aus dem Inhalt dieser Differenz (Informationen, Argumente, Interessen, Motive) zu lernen. Auch Organisationen können dazulernen und von Konflikten profitieren.

Für das Bearbeiten von Konflikten ist es indes nützlich zu wissen, dass die Fähigkeit, vernunftorientiert zu denken und zu handeln, mit zunehmender Eskalationsstufe abnimmt (Hüther 2009, S. 33). Bis und mit Eskalationsstufe 3 können Konflikte grundsätzlich auch von den Betroffenen selbst bearbeitet und gelöst werden. Ab Stufe 4 wird dies sehr viel schwieriger oder sogar unmöglich, weil ab dieser Stufe die einzelnen Betroffenen emotional so stark im Konflikt gefangen sind, dass es für sie kognitiv nicht mehr möglich ist, mit anderen Betroffenen in einen konstruktiven Dialog zu treten.

Entsprechend hilfreich und notwendig wird die Anwesenheit einer unparteiischen Drittperson, damit verletzte Gefühle überhaupt angesprochen werden können und ein Gespräch zwischen den Konfliktbetroffenen initiiert werden kann. Ab Stufe 7 kommt Gewalt ins Spiel: Auf dieser Stufe der Eskalation wird eine Drittperson als Vermittler von den Beteiligten in der Regel nicht mehr gehört und akzeptiert, weil die Emotionen der Betroffenen zu dominant sind und das rationale Denken zu stark einschränken (Glasl 2000, S. 109). Eine Beruhigung der Situation muss oft durch eine Machtinstanz (z. B. Polizei, Militär) erzwungen werden.

15.3.2.3 Wege der Konfliktbearbeitung

Zivilisatorische Fortschritte haben dazu geführt, dass im Konfliktfall das Faustrecht oder das Recht des physisch Stärkeren mehrheitlich durch humanistische, gerechtere Verfahren ersetzt wurde (Ponschab und Schweizer 2010, S. 78). Die Überzeugung, im Recht zu sein, und der Drang, dieses selbst durch den Einsatz von kruder Gewalt einseitig durchzusetzen, existieren jedoch leider nach wie vor. Kommt es im Arbeitsleben zu Handgreiflichkeiten und zur Anwendung von Gewalt – auch psychischer (Mobbing) –, kommen gesetzliche Regelungen und Vorgaben ins Spiel (Bräunlich und Keller 2006, S. 70).

Das gerichtliche Vorgehen

Das Beschreiten des Rechtsweges oder gar ein Prozessieren vor Gericht steht bei Konflikten am Arbeitsplatz nur selten an erster Stelle – dies auch deshalb, weil mit dem Arbeitsgericht als erste externe Anlaufstelle in der Schweiz bereits eine Schlichtungsstelle zur Verfügung steht. Bei der großen Mehrzahl von Arbeitsplatzkonflikten handelt es sich um verletzte Gefühle und Kränkungen, verursacht durch Missverständnisse, oft in Kombination mit organisationalen Begebenheiten (Neubesetzungen von Schlüsselpositionen, Schnittstellenprobleme, Matrix- und Projektorganisationen, Reorganisationen). Oft liegen die Auslöser von Konflikten schlicht auch „nur" in Unklarheiten bei der fehlerhaften Zuteilung von Aufgaben, Kompetenzen und Verantwortung. Zuweilen können auch Führungsfehler als Ursachen von Konflikten festgestellt werden.

Liegen in einer Organisation Anzeichen für strafrechtlich relevante Sachverhalte vor (zum Beispiel im Zusammenhang mit sexueller Belästigung am Arbeitsplatz, Nötigung, schwerer Drohung, Gewaltanwendung), ist die Hinzuziehung einer juristischen Fachperson zu empfehlen. Diese vermag die Situation kompetent zu beurteilen, und es stehen der Führungsperson solide Entscheidungsgrundlagen zur Abwägung des weiteren Vorgehens zur Verfügung. Bei zivilrechtlichen Streitigkeiten, die öfter auch finanzielle

Ansprüche umfassen (z. B. bei empfundener ungerechtfertigter Kündigung), ist das Einbeziehen eines fachkundigen Juristen ebenfalls zu empfehlen. In der Praxis zeigt sich aber auch, dass bei strittigen Kündigungen, die das Verhandeln über die Trennungsmodalitäten beinhalten, eine Aufarbeitung von erlittenen Kränkungen und anderen emotionalen Verletzungen rascher zu einer nachhaltigen Einigung führen kann als das Prozessieren über rein materielle Ansprüche.

Der Vorteil einer Konfliktbearbeitung über den Rechtsweg liegt in der Möglichkeit, von einer Drittperson (Richter) ein Urteil zu erhalten, abgestützt auf gesetztes Recht und die aktuelle Rechtsprechung. Damit wird zum Beispiel Klarheit zwischen einem Gläubiger und seinem Schuldner, wie auch zwischen rechtlich korrektem und widerrechtlichem Verhalten geschaffen. Die Nachteile beim Beschreiten des Rechtswegs liegen im pekuniären und emotionalen Bereich: Gerichtsverfahren können mehrere Jahre dauern, sehr viel Geld kosten und emotional sehr belastend sein. Der zuletzt genannte Aspekt, die emotionale Belastung, wird von den prozessführenden Parteien regelmäßig unterschätzt.

Das außergerichtliche Vorgehen

Natürlich finden auch außergerichtliche Verfahren zur Konfliktbearbeitung innerhalb eines gegebenen Rechtsrahmens statt. Zur Verfügung stehen Vorgehensweisen wie die Mediation – mit ihr befassen wir uns nachfolgend intensiver –, die Supervision, ein Coaching oder eine Teamentwicklung, um damit die in der Praxis bekanntesten Vorgehen zu nennen. Im Falle von Konflikten in detailliert geregelten Rechtsgebieten mit zahlreichen verbindlichen Vorschriften, wie zum Beispiel im Familien-, Erb-, Güter- und Baurecht, empfiehlt es sich, das Ergebnis von außergerichtlichen Verhandlungen durch einen neutralen Fachjuristen auf ihre Rechtskonformität prüfen zu lassen.

Bei den aufgeführten außergerichtlichen Verfahren wird bewusst auf die Motive und Interessen der Beteiligten fokussiert. Lösungsideen entwerfen die Betroffenen selbst, sie werden nicht im Gesetz gesucht. In diesen freiwilligen und in hohem Grade eigenverantwortlich gestalteten Verfahren wird von der dafür verantwortlichen Leitperson versucht, gesichtswahrend aufzuzeigen, was zur Verletzung der Emotionen von Beteiligten geführt hat, wie idealerweise damit umgegangen werden sollte und wie ein zukünftiges Verhalten aussehen könnte.

Überall dort, wo Emotionales vertieft im Vordergrund stehen kann, wie z. B. bei Konflikten in Familienangelegenheiten (Ehe, Erbschaft, Unternehmensnachfolge) aber auch bei Arbeitsverhältnissen, eignen sich vorerwähnte außergerichtliche Wege der Konfliktbearbeitung grundsätzlich sehr gut.

Fazit zur Analyse eines Konflikts

- Die Unterscheidung zwischen Problem und Konflikt ist nicht bloß theoretisch interessant, sondern erleichtert in der Praxis einer Führungsperson bei der Bearbeitung eines Konflikts die Entscheidung über das weitere Vorgehen.

- Mit einer Person, die mit sich selbst einen Konflikt austrägt, also in einem *intra*personalen Konflikt steht und zugleich in einen *inter*personalen Konflikt verstrickt ist, empfiehlt es sich, sehr achtsam umzugehen. Im Vordergrund steht ein bilaterales Thematisieren und Klären der Situation zwischen Führungskraft und betroffener Person. Gemeinsam soll das weitere Vorgehen vereinbart werden.
- Die Eskalationsstufen von Glasl (2000) erlauben der Führungsperson, den Konflikt in Bezug auf die Eskalationsstufe recht exakt einzuordnen. Diese Einordnung liefert ebenfalls Erkenntnisse über und Hinweise auf die Art und Weise des weiteren Vorgehens im Konflikt – insbesondere mit Blick auf die Hinzuziehung einer Drittperson oder sogar den Einbezug der Justiz.
- Außergerichtliche Konfliktbearbeitungsverfahren eignen sich besonders bei Differenzen und Konflikten in Langzeitbeziehungen (Familie, Arbeitsplatz, Nachbarschaft).

15.3.3 Die Mediation und das mediative Vorgehen

Die große Mehrzahl von Arbeitskonflikten besteht aus niederschwelligen Konflikten (Eskalationsstufe 1–3 nach Glasl). Dies bedeutet nun auch, dass diese Konflikte grundsätzlich von einer Führungsperson selbst bearbeitet werden können. Ein Vorgehen, das sich hierfür sehr gut eignet, wird als mediatives Vorgehen bezeichnet (Mayer 2014, S. 214). Das mediative Vorgehen leitet sich von der „klassischen Mediation" ab. Aus diesem Grund wird im Folgenden auf die Mediation, ihre Grundsätze, ihre Struktur und die damit verbundene Haltung von Mediations- und Führungsperson vertieft eingegangen. In die Sinnhaftigkeit und die praktischen Anwendungsmöglichkeiten von Mediation gewährt auch das Buch „Mediation, die Kunst der Vermittlung in Konflikten" von Christoph Besemer einen leicht verständlichen tieferen Einblick (Besemer 2016).

Definition der Mediation

Mediation Mediation ist ein Verfahren der Konfliktbearbeitung, bei dem ein unparteilicher Dritter (Mediator) die Beteiligten darin unterstützt, ihren Streit einvernehmlich zu lösen. In vertraulichen Verhandlungen entscheiden die Parteien selbst, was sie klären und wie sie in Zukunft miteinander umgehen wollen.[11]

Zum tieferen Verständnis dieses Vorgehens werden die Elemente der vorerwähnten Definition im Folgenden genauer ausgeführt. Dies hilft zudem, die Einstellung und Haltung besser zu verstehen, die für die Leitung eines Mediationsprozesses erforderlich sind.

„Unparteilicher Dritter": Distanz und Unbefangenheit kann in einem Arbeitskonflikt rasch zu einem entscheidenden Kriterium werden. Zum Beispiel hat Mitarbeiter A mit Mitarbeiterin B einen Konflikt auf Eskalationsstufe 2. Der Konflikt ist also durch den

[11] Definition des Schweizerischen Dachverbandes Mediation (SDM).

Vorgesetzten C grundsätzlich bearbeitbar. Nun ist A aber bereits seit acht Jahren als Mitarbeiter bei C im Team. Die beiden kennen sich sehr gut, spielen über Mittag zweimal wöchentlich gemeinsam Fußball. B ist neu in der Organisation und hat gerade die Probezeit erfolgreich abgeschlossen. Ist nun C für beide Konfliktparteien und die Organisation noch ein annehmbarer Vermittler? Bei einer deutlichen Befangenheit – sie wird gegen das Vertrauen der Konfliktbeteiligten „abgewogen" – ist es oft trotz eines niederschwelligen Konflikts grundsätzlich angezeigt, eine externe Person mit der Bearbeitung zu betrauen.[12]

„Vertrauliche Verhandlungen": Vertraulichkeit ist eine Kernkomponente eines erfolgreichen Verfahrens in der Konfliktbearbeitung. Das Vertrauen wird durch die Mediationsperson aufgebaut und gestärkt. Besprochene Inhalte verbleiben bei den an der Mediation Beteiligten. Wird es aus besonderen Gründen wichtig, dass etwas Besprochenes bspw. einer Führungsperson weitergeleitet werden sollte, diskutieren und entscheiden die am Konflikt Beteiligten gemeinsam, was genau wie und von welcher Person übermittelt werden soll. Je nach Begebenheit hilft es, die Führungsperson temporär in den Kreis der Beteiligten einzuladen, um sich etwas für die Teilnehmenden Wichtiges anzuhören oder selbst über etwas Auskunft zu geben.

„... entscheiden die Parteien selbst": Damit wird die Eigenverantwortlichkeit der Teilnehmenden angesprochen. Aus der Motivationsforschung ist bekannt: Je höher der Eigenanteil an einem Entscheid ist, desto größer ist die Umsetzungsmotivation und desto wahrscheinlicher ist die Nachhaltigkeit der Entscheidumsetzung (Hackmann 2011, S. 109; Besemer 2016, S. 56). Diese Erkenntnis macht sich die Mediation zunutze. Entsprechend halten sich Mediationspersonen mit Lösungsvorschlägen zurück, denn dies würde sie rasch in eine richterähnliche Rolle versetzen und das Vertrauen in das Mediationsverfahren beeinträchtigen.

15.3.3.1 Die Struktur und das Handwerk

Die Phasen der Mediation

Der nachfolgend vorgestellte und diskutierte Phasenverlauf wird weltweit in sehr ähnlicher Art und Weise angewandt. Dabei ist es wichtig anzumerken, dass auf bereits durchlaufene Phasen jederzeit wieder zurückgekommen werden kann, und dass eine eingebrachte Lösungsidee auch bereits zu Beginn einer Mediation gehört, gewürdigt und festgehalten werden kann.

---

[12]Eine mögliche Alternative für C, als Vermittler zu agieren: C klärt beide Mitarbeiter genau über die vorliegende Asymmetrie in der Beziehungsdauer und -intensität auf. Er bietet sich den beiden trotzdem als Vermittlungsperson an. Dies verbindet er mit dem Angebot, dass sich A und B im Vermittlungsprozess im Falle einer subjektiv empfundenen Ungleichbehandlung sofort melden. Mit diesem Angebot delegiert C einen kleinen Teil der Leitungsverantwortung elegant und im Sinne erhöhter Eigenverantwortung an die Teilnehmer. Weiter beugt er damit einer eventuellen Parteilichkeit vor und gibt sich die Möglichkeit, falls sie doch eintreten sollte, rasch darauf zu reagieren.

Nachfolgend werden die Phasen der klassischen Mediation und ihre Inhalte angelehnt an Besemer (2016) kurz beschrieben. Nach Nennung der Phase (i. S. der Mediation) folgt jeweils eine Umsetzungsvariante im Rahmen von ***mediativem Vorgehen.*** In Kursivschrift beschreiben wir, wie die Phasen der klassischen Mediation von einer Führungsperson, zum Beispiel anlässlich der Bearbeitung eines Teamkonflikts, in der Praxis mit *mediativem Vorgehen* umgesetzt werden können. Als Ausgangslage der Ausführungen wird ein niederschwelliger Teamkonflikt am Arbeitsplatz angenommen (Eskalationsstufe 1–3).

Definition von mediativem Vorgehen
In einer Konfliktbearbeitung werden Elemente der klassischen Mediation situativ eingesetzt. Diese Elemente – sie umfassen z. B. die Fragetechnik, neutrales, nicht wertendes Verhalten und das Anwenden der Phasenstruktur – sind auch ohne eine umfassende Mediationsausbildung erlern- und anwendbar. Entsprechend vermag das mediative Vorgehen auch Führungspersonen und Coaches dazu dienen, Konflikte strukturierter, vertiefter und damit erfolgreicher zu bearbeiten (vgl. Mayer 2014, S. 214).

Phase 1: Kontaktgespräch mit Auftragspersonen (Contracting)
Mediation
Im Arbeitskontext treten meistens Vorgesetzte oder Schlüsselpersonen aus dem Human-Resources-Management (HRM) als Auftraggeber von Mediatoren auf. In Phase 1 finden eine Klärung des Auftrags und eine Erläuterung des Mediationsverfahrens statt. Rollen werden diskutiert und vereinbart. Es erfolgt eine Auftragsklärung und die Prüfung, ob der Fall für die Mediation geeignet ist oder nicht. Die Bereitschaft der Konfliktparteien zur Teilnahme wird besprochen. Organisatorische und finanzielle Fragen werden erläutert und bereinigt. Häufig wird ein schriftlicher Vertrag zwischen Auftraggeber und Mediator abgeschlossen.

Mediatives Vorgehen von Führungskräften: Eine Führungsperson setzt sich mit den Streitenden in ihrem Team zusammen und informiert sie darüber, dass sie aus bestimmten Gründen diesen Konflikt gemeinsam mit den Anwesenden bearbeiten möchte. Sie nennt das Ziel, den Zweck und die ungefähr dafür zu investierende Zeit. Sie sagt und zeigt, dass sie gewillt ist, die je nachdem bereits gut oder weniger gut bekannte Situation mit den Betroffenen zu besprechen und zu bearbeiten. Sie beschreibt ihre Rolle, die nun etwas von der klassischen Führungsrolle abweicht: Die mediative Rolle lässt die Führungsperson stärker als Coach und neutralen Unterstützer aktiv werden. Sie leitet das Gespräch. Weiter werden Termine, Örtlichkeiten und Stellvertretungen während des Engagements im Prozess besprochen sowie das Einverständnis der Mitarbeiter zum Vorgehen wie auch zur Führungsperson als Vermittler eingeholt.[13] Falls eine der

[13]Natürlich stellt sich die Frage, wie weit das Prinzip der Freiwilligkeit hier noch hochgehalten werden kann. Durch das vertragliche Anstellungsverhältnis und die Anwesenheit der Führungsperson kann bei den Beteiligten zu Beginn des Prozesses Widerstand oder Unmut sicht- und hörbar werden. In der Regel klappt die Kooperation gut, sobald die Teilnehmer feststellen, dass sie ernst genommen werden und dass dieses Verfahren ihnen auch Vorteile bringen könnte.

am Konflikt beteiligten Personen die Führungskraft als Vermittler ablehnt, wird ein Entscheid zum weiteren Vorgehen fällig. Sofern die Organisation für solche Situationen keinen institutionalisierten Vorgehensweg vorsieht, hilft es, die Situation mit einer Fachperson zu besprechen.[14]

Phase 2: Informations- und Themensammlung
Mediation
Annahme: Die Konfliktbeteiligten treffen nun erstmals mit der Mediationsperson zusammen. Nach dem gegenseitigen Vorstellen der Anwesenden schildert die Mediationsperson ihren Wissensstand zur Situation, fragt die Erwartungen der Anwesenden ab und stellt die Prinzipien der Mediation vor: Vertraulichkeit, Eigenverantwortung, Neutralität/Unparteilichkeit der Mediationsperson, Freiwilligkeit und Ergebnisoffenheit (innerhalb des Verhandelbaren). Eventuell weist sie bereits auf die Möglichkeit von Einzelgesprächen hin, schlägt Gesprächsregeln vor und holt dazu das Einverständnis der Beteiligten ab, sich generell auf das Verfahren, von ihr geleitet, einzulassen. Anschließend startet der eigentliche Verhandlungsprozess mit dem Anhören und Würdigen der Sichtweisen der Beteiligten. Beim Nachfragen spricht die Mediationsperson neben der Sach- auch die emotionale Ebene der Betroffenen an.

Mediatives Vorgehen von Führungskräften: Die vorgesetzte Person fragt in dieser Phase die Betroffenen – im Beisein aller – einzeln nach dem Vorgefallenen, Störenden, nach den Differenzen, aber auch nach Gemeinsamem. Dabei hört sie gut zu, fragt nach, versucht das Gehörte als Thema zu erfassen und hält dieses – wenn nötig neutral und für alle annehmbar umformuliert – auf einem Flipchart fest. Dabei bringt sie Aussagen mit eigenen Worten auf den Punkt und fragt zurück, ob sie Gesagtes auch richtig verstanden habe. Dies geschieht zur Würdigung des Geäußerten, zur Kontrolle des Inhaltlichen und zur Absicherung von erreichten Fortschritten im Gespräch und im Prozess. Die Führungsperson wertet die Aussagen nicht. Die notierten Themen werden priorisiert und so zur eigentlichen „Traktandenliste" der folgenden Besprechungen zum vorliegenden Konflikt.

Phase 3: Konflikterhellung, Vertiefung, Klärung
Mediation
Nun werden die Hintergründe des Konflikts erhellt und die Gefühle der Konfliktbeteiligten erfragt, erklärt und gewürdigt; mögliche Interpretationen und Missverständnisse werden aufgedeckt, Interessen, Bedürfnisse und Wünsche der Betroffenen werden formuliert, adressiert und festgehalten. Je nach Art von Beziehung der Anwesenden untereinander erfolgt eine gesichtswahrende Klärung dieser Beziehung mittels geeigneter Interventionen.

---

[14]Eine interne Regelung könnte lauten, dass der nächsthöhere Vorgesetzte oder eine andere intern designierte Ansprechperson (HRM, andere) hinzugezogen werden soll.

Mediatives Vorgehen von Führungskräften: Die Führungsperson spricht nun auch die emotionale Ebene der Betroffenen an und fragt kontextbezogen und wertfrei bei den Anwesenden nach ihren Empfindungen. Damit unterstützt sie die Betroffenen auf gesichtswahrende Art beim Formulieren von bisher vielleicht noch schwer Formulierbarem aber Wichtigem. Sie regt an, die Situation auch aus dem Blickwinkel des jeweils anderen zu betrachten wie auch aus Sicht der Organisation.

Phase 4: Lösungssuche

Mediation

Unterschiedliche Lösungsmöglichkeiten werden erfragt und gesammelt auf dem Flipchart festgehalten (Brainstorming). Es folgt die gemeinsame Bewertung der Lösungsmöglichkeiten nach ebenfalls gemeinsam vereinbarten und akzeptierten Kriterien; Lösungsvorschläge werden ausgearbeitet und je nach Situation und Erfordernis werden noch zusätzliche Sachinformationen von Fachleuten eingeholt. Teillösungen werden gesucht und vorläufige Lösungen vereinbart, falls eine Gesamtlösung (noch) nicht erreichbar ist.

Mediatives Vorgehen von Führungskräften: Bei der Lösungssuche hält sich die Führungsperson vorerst zurück: Die am Konflikt beteiligten Mitarbeiter werden aufgefordert, eigene Lösungsideen einzubringen. Dies basiert auf der bereits ausgeführten Tatsache, dass eigene Ideen in der Regel eher angenommen und in höherem Wirkungsgrad umgesetzt werden als von außen auferlegte Maßnahmen. Die Lösungsvorschläge werden von der Führungsperson idealerweise für alle transparent auf dem Flipchart oder der Pinnwand festgehalten. In der Rolle als Vertreter der Organisation ist es nun angezeigt, dass die Führungsperson sagt, was aufgrund der organisationalen Ziele und Regeln weiter verfolgt, diskutiert und verhandelt werden kann und was nicht. Aus den verschiedenen Lösungswegen gilt es, die für alle bestmöglich akzeptable Lösung herauszufiltern: durch Diskutieren, Argumentieren und Verhandeln. Für den ungewöhnlichen Fall, dass die Beteiligten keinerlei eigene Lösungswege vorschlagen, ist es an der Führungsperson, ihre Ideen einzubringen.[15]

Phase 5: Übereinkunft, Vereinbarung

Mediation

Die Übereinkunft oder der Konsens wird schriftlich formuliert und eventuell von allen Anwesenden inklusive der Mediationsperson unterzeichnet. Dies erhöht das Gewicht der erlebten Gespräche, Verhandlungen und der getroffenen Vereinbarung. Fragen zur Umsetzung des Vereinbarten werden gestellt und geklärt. Die Kontrolle der Vereinbarung und der Umgang mit künftigen Problemen werden diskutiert und festgelegt. Es wird

---

[15]Vorzugsweise tut sie dies in Frageform; so können die Adressaten die Ideen immer noch ablehnen, ohne dadurch die Führungsperson zu brüskieren und die Fortsetzung des Prozesses zu gefährden.

geprüft, ob eine juristische Kontrolle der Übereinkunft durch einen Spezialisten notwendig ist. Die Mediationsperson erbittet von den Konfliktbeteiligten ein Feedback zur Leitung des Verfahrens. Die gemeinsame Arbeit wird von der Leitperson gewürdigt und eventuell mit einem Ritual abgeschlossen.

Mediatives Vorgehen von Führungskräften: Die Konfliktbeteiligten beschreiben den für sie bestmöglichen Lösungsweg so detailliert wie möglich. Die Führungsperson unterstützt sie bei der Ausformulierung der Vereinbarung. Ein eigentlicher Handlungsplan wird erstellt mit den Rubriken und Antworten zu den Fragen, wer was wie mit wem bis wann macht. Damit ist der Lösungsfindungsprozess abgeschlossen. Die ausformulierte Vereinbarung wird auf ihre praktische Umsetzbarkeit überprüft, falls nötig werden Anpassungen vorgenommen. Die Führungsperson fragt die Anwesenden nach inhaltlich noch offenen Punkten. Ein Datum zur Überprüfung der vereinbarten Maßnahmen wird vereinbart (Follow-up). Anschließend bedankt sich die Führungsperson für die Zusammenarbeit im Verfahren und erfragt ein Feedback zum erlebten Prozess mit Blick auf Inhalte, Form und persönliche Empfindungen. Der Vorgesetzte schließt den Prozess mit einem Dankeschön für das Geleistete und idealerweise mit einem gemeinsamen Umtrunk ab.

Phase 6: Umsetzung
Mediation
Die Umsetzungsphase erfolgt in Eigenverantwortung der Konfliktbeteiligten. Die Mediationsperson organisiert ein Nachfolgetreffen mit den am Prozess Beteiligten oder führt mit ihnen ein Telefonat zum aktuellen Stand der Dinge durch. Es folgt eine Auswertung des erlebten Prozesses und der vereinbarten Maßnahmen, eine Würdigung von Gelungenem und ein Besprechen von eventuell noch Offenem, auch Neuem. Je nach Ergebnis werden Punkte nachverhandelt und ein neues Treffen vereinbart.

Mediatives Vorgehen von Führungskräften: Die Führungsperson wird die ehemaligen Konfliktbeteiligten im Tagesgeschäft beobachten und die Umsetzung des Vereinbarten aus der Nähe mitverfolgen können. Trotzdem empfiehlt es sich, zwei bis drei Wochen nach der Vereinbarung noch einmal in einem Treffen mit allen Beteiligten auf das nun Erreichte zurückzuschauen, es zu beurteilen, zu würdigen oder wenn nötig neu zu diskutieren und zu verhandeln.

Das Strukturieren eines Konfliktbearbeitungsprozesses ist wichtig und hat sich bewährt. Die Abfolge der Phasen beruht auf erforschten Settings, die sich Menschen in Verhandlungen üblicherweise geben (Hasler-Dierauer 2007. S. 85). Entscheidender für den Erfolg einer Konfliktbearbeitung ist jedoch die Haltung der Leitperson: Zugewandtsein Authentizität und Integrität bestimmen über den Grad an Vertrauen zwischen Leitperson und anwesenden Konfliktbeteiligten.

15.3.3.2 Die Haltung

Die Mediationsperson

Das Beiziehen einer Mediationsperson ist mit zusätzlichem Aufwand für die betroffenen Führungskräfte, Mitarbeiter und weiteren Involvierten (z. B. HRM) verbunden. Entsprechend lohnt es sich, einen Blick auf nützliche Eigenschaften und deren Ausprägung bei einem Berater-Kandidaten zu werfen. Neben den Standardanforderungen, wie qualifizierte Ausbildung im Fachgebiet und ausreichende praktische Erfahrung in Mediation und ähnlichem Vorgehen, sind vor allem auch die Haltung und die Authentizität der Mediationsperson Schlüssel zum vertrauensvollen, erfolgreichen Zusammenarbeiten mit den Konfliktbeteiligten. Joseph Duss-von Werdt (2015, S. 179 f.) beschreibt in seinem Werk „Homo mediator" dieses Wesen unter anderem wie folgt:

- **„Philosophierer":** Die Mediationsperson reflektiert im Sinne eines selbstverantwortlichen Denkens und Handelns über die eigenen Erfahrungen in allen Bereichen des Lebens mit all seinen Licht- und Schattenseiten. Sie ist auch dank dieser hohen Reflexionsfähigkeit in der Lage, konstruktiv mit Widersprüchen umzugehen, und kann Komplexität auf Wesentliches und für das Gegenüber Annehmbares reduzieren.
- **„Mittelsmensch und Wegbereiter":** Die Mediationsperson vermittelt das Verhandeln – sie verhandelt selbst nicht. Aber sie organisiert das Verhandeln, leitet das Verfahren. Wer letztlich am Tisch sitzt und vor allem über was gesprochen und verhandelt wird, bestimmen jedoch die am Konflikt Beteiligten. Die Mediationsperson bereitet den Weg für mentale Veränderung: Konflikte werden nicht im gleichen mentalen Zustand gelöst, in dem sie entstanden sind. Es werden Lernprozesse gestaltet. Die Mediationsperson ermuntert die Beteiligten, zuversichtlich in die Zukunft zu blicken und erste Schritte mutig zu gehen.
- **„Schweiger – Hörer – Frager":** Die Mediationsperson beachtet mit Ohr und Auge, wie und über was sich die Anwesenden austauschen. Duss-von Werdt schreibt: „Wird von allen geschwiegen, höre ich hin, worüber es sein könnte." Oder er fragt: „Worüber schweigen Sie gerade? Falls beide über dasselbe, könnten Sie ja jetzt darüber reden.". Duss-von Werdt sagt weiter, er werde nicht für die Wörter bezahlt, die er verbrauche, sondern für die Aufmerksamkeit, die er aufwende (2015, S. 228). Das Fragenstellen schafft Überlegungs- und Entscheidungsräume in Bezug auf das konstruktive Verarbeiten des Konflikts. Die Antworten kreieren neue Erkenntnisse, können Blockaden abbauen, Perspektiven verändern und Lösungsoptionen aufzeigen.

Vertiefende Ausführungen zur Mediationsperson, insbesondere zu ihrer Rolle, finden sich im Buch von Besemer (2016, S. 19). Wie bei einer Mediationsperson von einem eigentlichen Anforderungsprofil gesprochen werden kann, ist es für eine Organisation auch aus materiellen Gründen sinnvoll, verstärkt auf die Kompetenz von Führungskräften zur Konfliktbearbeitung zu achten (vgl. KPMG AG 2009).

Die Führungsperson beim Führen in Konflikten

Erfolgt eine Intervention, ist es von großer Bedeutung, welche Haltung eine Führungskraft den beteiligten Mitarbeitern und dem Konflikt entgegenbringt.[16] Wenn sie den Schiedsrichter spielt und einem der Beteiligten Recht gibt oder sogar den Konflikt entscheidet, wird dieser dadurch sehr häufig gerade nicht gelöst. Reine Machtentscheidungen lösen einen Konflikt meist nicht nachhaltig.[17] Durch eine von außen aufgedrängte Entscheidung lösen sich unterdrückte Gefühle und Frustration nicht auf. Deutlich bessere Chancen gibt sich die Führungsperson, wenn sie den betroffenen Mitarbeitern echten Respekt und adäquate Wertschätzung entgegenbringen kann. Entsprechend ist es für das Gelingen einer Konfliktintervention zentral, dass die Führungsperson in der Vermittlung von Konflikten ihre Werte authentisch und transparent zeigen kann. Verordnet sich die Führungskraft selbst eine bestimmte Haltung, ohne dass sie innerlich beteiligt ist, wird dies von den Mitarbeitern regelmäßig erspürt und erkannt. In der Folge fühlen sich diese verunsichert und eventuell sogar manipuliert. Sie werden der Führungskraft nicht mehr voll vertrauen, und sie verliert bei ihnen an Glaubwürdigkeit und Durchsetzungsvermögen (Ahrens et al. 2017, S. 194).

Empathie und Wertschätzung ebnen den Weg zu Offenheit und Verständnis für die jeweils eigene Lage. Dabei werden auch Widersprüche auftauchen, die es nun von der Führungsperson auszuhalten gilt – ja, sie sollte damit möglichst konstruktiv umgehen können.[18] Eine Haltung der Ergebnisoffenheit – innerhalb der organisational gegebenen Regeln –, der Zuversicht und des Zutrauens in die Lösungskompetenz der Beteiligten aufseiten der Führungsperson sind dabei wichtig. Nur dann kann ausreichend Raum für eine kooperative Lösungsfindung entstehen (Ahrens et al. 2017, S. 198).

---

[16] Eine Faustregel besagt, dass der Erfolg einer Vermittlung zu 90 % von der Haltung der Vermittlungsperson bestimmt wird und nur 10 % des Erfolgs dem geschickten Einsetzen von Handwerksinstrumenten zuzurechnen sind.

[17] Eine Differenzierung drängt sich hier auf: Beim Führen in Kommandostrukturen (Polizei, Rettungsdienste, Militär) hat der wegweisende autoritäre Führungsstil seinen Sinn. Differenzen oder gar Konflikte können aufgrund der Dringlichkeit des Auftrags und Handelns kaum im Einsatz vor Ort, besprochen oder ausgetragen werden. Sie sollen im Debriefing der Operation besprochen und bereinigt werden.

[18] Umgang mit Widersprüchen: Eine Möglichkeit besteht in einer Einigung auf den Stand von „We agree to disagree". Das kann ein gemeinsames Weiterfunktionieren ermöglichen oder erleichtern – auch wenn tiefer liegende emotionale Ebenen noch nicht versöhnt sind. Eine weitere Option im Umgang mit Widersprüchen bietet das Betrachten und damit Relativieren der Situation auf einer neuen, höheren Ebene (Meta-Ebene) und damit aus anderer Perspektive (vertiefend dazu Ponschab und Schweizer, S. 238).

15.4 Mögliches Vorgehen im Fall „Störenfried"

Mit Blick auf die obigen theoretischen Ausführungen zum Konfliktmanagement sowie auf erlebte Vorgänge und Erfahrungen bei der Fallarbeit werden nun die eingangs gestellten Fragen zum Fall „Störenfried" beantwortet.

15.4.1 Antworten auf die Analysefragen

Was ist schiefgelaufen?

a) **Wie kommt es, dass aus einem Sachproblem (Planung von Laborzeiten und -personal) ein hoch emotionaler Konflikt wird?**

Eine Hauptursache für die lange Dauer des mehrjährigen Konflikts lag in der Fehlbesetzung der Funktion des Abteilungsleiters: Otto war in dieser Führungsrolle überfordert; eine Führungsausbildung hatte er nie genossen. Sein Hauptinteresse galt den Arbeitsinhalten, der Forschung und Entwicklung. Das Führen der zwölf Mitarbeiter stellte für ihn ein „notwendiges Übel" dar. Auch deshalb ließ er Karl und Rolf gewähren, mischte sich in ihre Themen und Abläufe kaum ein. Solange es um fachliche Anfragen und Inputs ging, klappte der Austausch mit den beiden bestens.

Die lange Führungsleine von Otto gegenüber Rolf und Karl sowie die über mehrere Jahre eingeschliffene Rollenverteilung führte beim Eklat mit Peter für Otto zu unüberwindbaren Problemen: Einerseits fehlte es ihm im entscheidenden Moment als Führungsperson an Autorität, Respekt und damit Durchsetzungsvermögen gegenüber Karl und Rolf, aber auch gegenüber Peter. Andererseits war ihm unklar, wie mit sich selbst und den Konfliktbeteiligten in der anspruchsvollen Situation umzugehen sei. Der neu eintretende Peter überforderte Otto mit seiner starken Persönlichkeit. Otto realisierte, dass er das Rad bei Karl und Rolf nicht mehr zurückdrehen und dabei glaubwürdig bleiben konnte. Sein Selbstwertgefühl litt stark. Er zog deshalb die Konsequenzen und verließ die Organisation, auch weil er noch eine zweite schwierige Situation zu verantworten hatte.

Bei Peter handelte es sich um eine starke Persönlichkeit mit Führungsanspruch. Er war von sich und seinem Vorgehen überzeugt. Die Auseinandersetzung mit Karl und Rolf rüttelte dann aber doch zunehmend an seinem Selbstwertgefühl, wie auch an seiner Bindung zur Organisation. Auch existenzielle Fragen trieben Peter um, nämlich: Wie ernähre ich meine Familie und wie lebe ich meine Werte am Arbeitsplatz? Karl und Rolf waren ein fachlich aber auch personell gut eingespieltes Team. Sie fühlten sich als „Hausherren" und ertrugen es schlecht, dass ein Neuer, kaum angekommen, von ihnen eingeführte und aus ihrer Sicht sehr bewährte Abläufe hinterfragte und reorganisieren wollte. Das Rütteln an ihrer Festung verstanden sie als persönlichen Angriff. In tieferem

Sinne bedrohte es ihren Selbstwert, ihr Bedürfnis nach Kontrolle und *ihre* Ordnung. Bei Peters Vorgehen befürchteten sie zudem, dass das bisherige Niveau der Arbeitsqualität und ihre damit verbundene Zufriedenheit und Freude an der Arbeit maßgeblich beeinträchtigt werden könnten.[19]

b) **Wieso stehen die Führungspersonen Otto, Anton und Martin dem Konflikt und seinem Verlauf so lange taten- und mutlos gegenüber?**

Die Begründung bei Otto liegt einerseits in seiner Ungeeignetheit für diese Führungsfunktion. Solange die Abteilung reibungslos funktionierte und Rolf und Karl als informelle Leitpersonen ausreichend Raum und (Labor-)Zeit hatten, lief der Betrieb ungestört. Der Eintritt von Peter brachte mit sich, dass der Aktionsradius von Rolf und Karl eingeschränkt wurde. Otto hatte zu wenig antizipiert, welche Dynamiken beim Zu- und Weggang eines Team-Mitarbeiters ausgelöst werden können (Steiger und Lippmann 2013, S. 314 f.). Die zusätzliche Belastung, hervorgerufen durch den Streit zwischen starken Charakteren, überforderte Otto erst recht. Er wusste nicht, wie er intervenieren und was er sagen sollte – außer, um Vernunft und Anstand zu bitten. Sein Vorgesetzter, Martin, stand im Austausch mit Otto, aber begleitete das Geschehen eher passiv. Für ihn waren Kontrolle und Ordnung noch ausreichend gewährleistet. Martin kannte die unterschwellige Eskalationsdynamik von schwelenden kalten Konflikten nicht. Er baute darauf, dass so gescheite und vernünftige Leute sich dann schon finden würden. Entsprechend hielt er sich zurück, auch weil sich abzeichnete, dass Otto die Organisation aufgrund weiterer Probleme verlassen könnte.

Ottos Nachfolger Anton wollte sich nach Antritt seiner Funktion als Abteilungsleiter Zeit geben, seine Abteilung und seine Mitarbeiter kennenzulernen. Auch Anton war sich der Eskalationsgefahr von kalten Konflikten nicht bewusst – er wurde von der Heftigkeit der periodischen Auseinandersetzungen überrascht. In seinem bisherigen universitären Arbeitsleben hatte er solch harsche und aus seiner Sicht „komplexe" Auseinandersetzungen nicht erlebt. Eher intuitiv als geplant nahm Anton gleich zu Beginn der Schlichtungsversuche zwischen den Streitenden eine neutrale, vermittelnde Position ein – dies wohl auch dank seiner Affinität zu Verhaltensfragen und generell zum Umgang mit Menschen. Teilerfolge im Schlichten ließen ihn dann (zu) lange auf eine definitive Besserung der Situation hoffen. Antons Kontakte zu den Streitpersonen waren zufriedenstellend, man akzeptierte und respektierte einander. Die fehlenden Kenntnisse im Konfliktmanagement, über das Führen allgemein wie auch die nur kurze vorgängige praktische Führungserfahrung, beschränkt auf Projektleitungen an der Universität, ließen Anton zögern.

[19]Zum Umgang mit menschlichen Grundbedürfnissen in der Führung empfiehlt sich die Lektüre des Buches von Denis Mourlane (2015): „Emotional Leading".

c) **Wieso lässt auch die Personalabteilung dem Konflikt seinen Lauf, obschon sie früh über die Situation informiert ist?**

Die Personalabteilung hatte in dieser Organisation zur Zeit des Konflikts den Status einer Stabsstelle und war als solche gegenüber der Linie nur beratend aktiv. Sie verfügte über keine im Konfliktmanagement ausgebildeten Mitarbeiter. Den Kontakt zu Otto pflegte die zuständige HRM-Verantwortliche zwar – Otto fühlte sich aber nicht verpflichtet, die Empfehlungen umzusetzen, und das entsprach auch nicht dem Usus des Hauses. Anton, Nachfolger von Otto, zeigte gegenüber HRM-Fragen eine gewisse Affinität und kommunizierte mit der zuständigen Person, auch bezüglich des zu bearbeitenden Konflikts. Martin, Anton und die Vertreterin der Personalabteilung waren sich einig, den Einsatz von Anton als Schlichter im Konflikt zu versuchen. Nach rund einem Jahr vergeblicher Anstrengungen und einem Eklat in der Abteilungssitzung kamen Anton, Martin und die Vertreterin der Personalabteilung überein, nun doch einen externen Berater mit der Bearbeitung des Konflikts zu beauftragen.

Fazit: Die Personalabteilung hatte ein Akzeptanz- und Kompetenzproblem, vor allem in Themen außerhalb von Rekrutierungs- und Lohnfragen. Letztlich war es aber dann doch die Personalabteilung, die half, den Konflikt einer Lösung zuzuführen: Die zuständige Person verfügte über Kontaktadressen zu Beratern und schlug den Linienverantwortlichen eine externe Person zur Bearbeitung des Konflikts vor.

d) **Inwiefern erweisen sich die im vorliegenden Buch diskutierten Experten-Attribute als dysfunktional?**

Im Schleifenlassen des Konflikts durch die drei Führungskräfte (Otto, Anton, Martin) bestätigt sich das Vorhandensein und Wirken von Experten-Attributen, wie sie im Buch bereits ausgeführt wurden. Im Fall „Störenfried" zeigten sich die Experten-Attribute wie folgt:

Experten-Attribute

- **Biografie, Autarkie und Hierarchie-Distanz**
  Die über viele Jahre gewachsene Kultur der „sehr langen Leine" für die Forscher, gepaart mit dem individuellen Selbstverständnis von Unabhängigkeit, ja sogar einer gewissen „Unberührbarkeit", behinderte das rasche, unkomplizierte Miteinander-reden, Sich-zusammenraufen und das Eingehen von Kompromissen in einer schwierigen Situation grundsätzlich. Die beiden Abteilungsleiter Otto und Anton waren vor ihrer Führungsfunktion bei der Tamifa AG beruflich als Forscher aktiv und bewegten sich ebenfalls in selbst gestaltbaren Arbeitsumfeldern – übrigens seit ihrer Zeit an der Universität. Das verbaute den Abteilungsleitern die Sicht einerseits auf die Verhältnisse, wie sie Peter auf seinem bisherigen Berufsweg erlebt hatte und nun teilweise einforderte, und anderseits auf die Möglichkeit, den gewohnten hiesigen Arbeitsstil ernsthaft infrage zu stellen. In ihrer Biografie fehlten schlicht entsprechende Erfahrungswelten. Zum bekannten und gewohnten Arbeitsstil und -umfeld gehörte auch ein lockeres und eher distanziertes Verhältnis zu Vorgesetzten in der

Hierarchie. Diese verfügten über ähnliche Biografien und störten sich nicht an der gelebten Distanz – das war für alle „so in etwa normal".

- **Prestige, Macht, Führungsstil**
  Rolf und Karl waren seit 12 und 18 Jahren in der Organisation. Sie konnten sich ihre bevorzugten Laborangestellten und -zeiten selbst zuteilen, wurden von diesen respektvoll behandelt und genossen in ihrem Forschungsgebiet national und sogar international hohes Ansehen, was intern zu einer gewissen „Unantastbarkeit" führte. Der Einfluss und das Prestige waren für Rolf und Karl ein wichtiger Teil ihrer Arbeitsmotivation. Fachlich besaßen sie als anerkannte Wissenschaftler intern und sogar gegen außen Deutungsmacht in ihrem Forschungsgebiet. Intern setzten sie gegenüber Otto die Agenda. Die Labormitarbeiter wurden korrekt, mit einer gewissen Distanziertheit behandelt. Beim Eintritt von Kollege Peter fühlten sich Rolf und Karl nun aber in ihren Gewohnheiten massiv gestört. Diese Störung vertrugen die beiden schlecht: Ihr bisheriger Arbeits- und Führungsstil und damit verbunden ihr Umgang mit Macht wurde zum ersten Mal in ihrer beruflichen Laufbahn fundamental infrage gestellt.
- **Peer-Loyalität, Organisationskultur**
  Für ihr berufliches Fortkommen war für Rolf und Karl der Kontakt zu führenden Kollegen im Fach stets wichtiger als die Orientierung an ihren Vorgesetzten. Die wissenschaftlich auf gleichen oder ähnlichen Gebieten forschenden Fachkollegen waren die „Benchmark", nicht die Vorgesetzten. Diese wussten wohl gerade noch, mit welchem Thema sich ihre Forscher beschäftigten, waren aber über Details zu Inhalten nicht mehr im Bilde. Rolf und Karl anerkannten und respektierten zwar ihre Vorgesetzten und waren froh, dass sie sich um Organisatorisches und Administratives kümmerten. Die Arbeitsatmosphäre, bestehend aus der Orientierung an Experten-Kollegen, hierarchie- und organisationsaversem Verhalten sowie aus einer hohen Eigenverantwortlichkeit in Handeln und Entscheiden, entsprach aber auch dem Selbstverständnis der ganzen Organisation. Allein die Tatsache, dass Rolf und Karl jahrelang ihren Arbeits- und Führungsstil unwidersprochen leben konnten, bestätigte den beiden die Legitimität ihres Vorgehens.

15.4.2 Antworten zu den Lösungsfragen

Was ist jetzt zu tun?

Die Vorgehensschritte in einer klassischen Mediation haben wir zuvor beschrieben, ebenfalls haben wir das *mediative Vorgehen* anhand eines Teamkonflikts in der Praxis aufgezeigt. In den folgenden Ausführungen beschränken wir uns deshalb auf fallbezogene Zusatzinformationen pro Vorgehensphase. Die Mediation im Fall „Störenfried" wurde von einem Mediationsteam geführt, geleitet vom Autor dieses Beitrags, in Zusammenarbeit mit einer ihm vertrauten, professionellen Mediationsperson.

a) **Wie könnte ein Bearbeitungs- und Lösungsweg aussehen? Welche Optionen stehen zur Verfügung?**

Im Contracting-Treffen (Phase 1) zwischen Anton, Martin und dem Beraterteam wurden von den Auftraggebern folgende Elemente besonders hoch gewichtet: Einerseits war es Martin und Anton wichtig, dass die Mediatoren über eine akademische Qualifikation verfügten wie auch über mehrjährige praktische Erfahrung in der Mediation. Zudem wünschten sich die Auftraggeber eine sehr detaillierte Angebotserstellung, mit Details zum geplanten Vorgehen und Ablauf des Beratungsprozesses sowie zum Budget.

Martin und Anton interessierten sich sehr für die Arbeit der Berater und wollten deshalb auch in regelmäßigen Abständen von rund 2–3 Monaten oder bei besonderen Vorfällen über den Stand der Dinge informiert werden. Laut Contracting-Gespräch waren weder Anton noch Martin Teil des Konflikts.[20] Entsprechend konnte auf eine Teilnahme der beiden an den Mediationssitzungen grundsätzlich verzichtet werden. Aus Eigeninteresse nahm Anton regelmäßig an den Treffen teil. Martin schaute jeweils kurz rein und ging dann wieder. Dies war aus Sicht der Verfahrensleitung suboptimal, wurde aber mit den permanent Teilnehmenden besprochen und von diesen akzeptiert. Eine wichtige Frage anlässlich des ersten Treffens mit Anton und Martin betraf eine mögliche Kündigungsabsicht aufseiten des Arbeitgebers gegenüber den Direktbetroffenen. Es war für das Beraterteam wichtig, davon ausgehen zu können, dass mindestens während des Verfahrens alle Involvierten über eine gesicherte Anstellung verfügten. Dies wurde vom Auftraggeber so bestätigt.[21]

Als Option diskutierten die Linienvorgesetzten und die Berater die Möglichkeit, mit Anton ein Führungscoaching durchzuführen, ohne Mediation durch Externe. Aufgrund der vom Auftraggeber vorgegebenen Dringlichkeit und Wichtigkeit der Konfliktbearbeitung wurde diese Option jedoch verworfen und man entschied sich für ein direktes, möglichst rasches Aktivwerden der Mediatoren.

Nach einer Besprechung und Ergänzung der Offerte erfolgte ein Kick-off (Phase 1–2) mit allen zwölf Mitarbeitern der Abteilung. Nach der Begrüßung der Anwesenden, Bekanntgabe von Ziel, Zweck/Nutzen und Zeitbudget des Mandats durch Anton, in Anwesenheit von Martin, stellte sich das Beratungsteam vor. Arbeitsgrundsätze und

---

[20]Dies ist die Sicht der Führungsseite. Diese stimmt nicht immer mit der Sicht der Mitarbeiter überein – gerade in Konfliktfragen. Hätten die Ergebnisse der Einzelinterviews im Fall „Störenfried" eine direkte Involvierung von Anton und Martin in den Konflikt gezeigt, wäre ein Miteinbeziehen der beiden in die Mediationssitzungen unabdinglich gewesen.

[21]Diese Klärung ist stets wichtig. Arbeitet der Berater mit Mitarbeitern, die im Kopf der Verantwortlichen eigentlich bereits entlassen sind, dient das der Sache nicht – es wird eine Scheinaktivität vorgenommen. Beteiligte im Prozess, inklusive des Beraters, müssen sich irregeführt vorkommen. Kann hingegen bei Beginn eines Mediationsprozesses von den Verantwortlichen in Anwesenheit der Berater und vor den Betroffenen zugesichert werden, dass niemand gekündigt ist (auch nicht „innerlich") und dass die Organisation mit den Beteiligten weiter zusammenarbeiten will, hilft das üblicherweise dabei, Erleichterung und Ruhe in den Prozess hineinzutragen.

Vorgehen wurden erläutert. Die praktische Handhabung der wichtigsten Grundsätze wie Vertraulichkeit, Ergebnisoffenheit, Freiwilligkeit, Eigenverantwortung wurden mit Blick auf den Kontext näher erläutert und Fragen dazu geklärt.

Nachdem sich auch die Teilnehmenden vorgestellt hatten, zog sich Martin zurück.

Anton war bei drei Treffen mit seinem gesamten Team (12 Mitarbeiter) dabei. Nach Beendigung der organisatorischen Fragen konnte mit der eigentlichen Klärungsarbeit begonnen werden. Zur Standortbestimmung wurden den 12 Anwesenden folgende drei Fragen gestellt:

1. Was läuft bei Ihnen gut?
2. Wie empfinden Sie die Zusammenarbeit aktuell?
3. Wie möchten Sie in Zukunft idealerweise zusammenarbeiten?

Die Analyse der Antworten erlaubte dem Mediationsteam eine präzisere Einschätzung der Eskalationsstufe, der persönlichen Betroffenheit und damit des einzuschlagenden Weges.

Mit den Anwesenden wurden anschließend Einzelgespräche vereinbart (Phase 2–3). Einmal, um die Hintergründe des mehrjährigen Konfliktes besser kennen und verstehen zu lernen, und weiter, um das Vertrauen zwischen den Beteiligten und den Mediatoren aufbauen zu können. Auch halfen die Gespräche dabei, vertieft zu eruieren und zu verifizieren, wer von den Beteiligten im Zentrum des Konflikts stand und deshalb auch im Fokus der Beratungsaktivität stehen sollte. Weiter erlaubten die Einzelgespräche den Beratern, die individuelle Betroffenheit recht exakt zu bestimmen, was am Schluss der Gespräche ein ziemlich klares Bild der vorliegenden Eskalationsstufe[22] ergab.

Nach Abschluss und Auswertung der Einzelgespräche folgte eine Präsentation der anonymisierten Ergebnisse für alle Konfliktbeteiligten. In der Folge fokussierten sich die Mediatoren auf die Hauptbetroffenen: Peter, Rolf und Karl, nachfolgend als „Kernteam" bezeichnet. Mit den drei Personen wurden drei Sitzungstermine (Halbtage) in Abständen von rund einem Monat vereinbart.

Die erste Sitzung (Phase 2) bestand noch stark aus Argumentieren und Verteidigen eigener Vorstellungen und Positionen. Karl und Rolf beharrten stark auf dem Erhalt des Status quo. Fragen der Mediatoren, die auf die Beziehungsebene abzielten, wurden von den Mitgliedern des Kernteams zu diesem Zeitpunkt knapp oder gar nicht beantwortet.

In der zweiten Kernteam-Sitzung (Phase 2–3), es war die lauteste, kam es zum Eklat: Peter verließ wütend den Raum. Allein diese Reaktion verblüffte und erschreckte Rolf und Karl so sehr, dass die anschließende Besprechung und Klärung dieses Vorkommnisses, ohne Peter, bei den beiden viel Nachdenken auslöste. So fragten sie sich unter anderem, warum Peter weggegangen sein könnte, was genau diese „Flucht"

[22]Die Eskalationsstufe lag im Zeitpunkt des Auftrags beim Kernteam (Peter, Rolf und Karl) bei Stufe 4, zwischenzeitlich erreichte sie auch Stufe 5 (Glasl 2000).

ausgelöst haben könnte, was sie denn gesagt oder getan hätten, dass so etwas habe passieren können. Seit sehr langer Zeit bekamen sie von jemandem (Peter) zu ihrem für sie selbstverständlichen, „normalen" Verhalten ungefragt einen Spiegel vorgehalten. Mit dem Spiegelbild beziehungsweise Feedback mussten sie erstmals umzugehen lernen.

Peter verließ das Gebäude. Der Autor besprach mit ihm abends telefonisch den Vorfall, sein Befinden und das weitere Vorgehen. Anderntags kam Peter wieder normal zur Arbeit und nahm auch an den folgenden Mediationssitzungen wieder teil.

Die dritte Kernteam-Sitzung (Phase 3–4) bestand aus dem Weiterverarbeiten der Vorfälle der zweiten Sitzung, dem Sich-Erklären. Erstmals hörten sich die Teamleiter ruhig zu, ließen einander durchgängig aussprechen. Die unter der glatten Oberfläche des Tagesgeschäfts verborgenen „Monster" konnten in der zweiten und dritten Sitzung transparent gemacht und auf der Beziehungsebene besprochen werden. Das löste bei den Teilnehmenden spürbar einiges an Spannung und veränderte die Atmosphäre in der Sitzung. Es wurde ruhiger, konzentrierter, friedvoller.

Anknüpfend an die Erklärungen des eigenen Verhaltens und der damit verbundenen Motive wurden in der dritten Sitzung auch erste Vorstellungen und Wünsche genannt, bezogen auf ein zukünftig möglichst gutes Umgehen miteinander am Arbeitsplatz. Die Notwendigkeit einer vierten Kernteamsitzung wurde offenkundig und eine solche musste vereinbart werden.[23]

Die vierte Sitzung (Phasen 4 und 5) mit dem Kernteam war konstruktiv: Nach Absicherung der zuletzt erzielten Gesprächsfortschritte war es möglich, gemeinsam einen detaillierten Maßnahmenplan zu vereinbaren: einerseits zur Regelung des persönlichen Umgangs miteinander, andererseits zur Ein- und Zuteilung von Laborzeiten und -personal.

Zwischen den Kernteam-Sitzungen 2 und 4 fanden zwei weitere Sitzungen mit allen 12 Mitgliedern der Abteilung statt. In der Vorbereitung der Treffen vereinbarten die Mediatoren mit dem Kernteam, wer inhaltlich was aus den bisherigen Kernteam-Treffen an die Mitarbeiter der Abteilung weitergeben würde. Die meiste Information erfolgte durch das Mediatorenteam selbst, ergänzt durch die Kernteam-Mitglieder. Bei diesen Treffen waren auch Anton und kurzzeitig Martin anwesend. Auf Fragen, Aussagen und Bemerkungen der Anwesenden wurde vom Mediationsteam je nach Bedarf auch vertieft eingegangen. Insofern hatten die Treffen auch den Charakter einer Team-Entwicklung.

b) **Könnte die Situation durch Anton selbst bearbeitet werden?**

Anton verfügte weder über eine langjährige Erfahrung in der Linienführung noch über spezifische Kenntnisse im Bereich Konfliktmanagement. Zudem handelte es sich um einen kalten Konflikt auf einer relativ hohen Eskalationsstufe (4–5), was die Bearbeitung noch erschwerte. Deshalb wäre es Anton auch mit der Unterstützung eines

[23]Weil diese nicht budgetiert war, musste mit dem Auftraggeber Rücksprache gehalten und das Einverständnis dazu eingeholt werden. Dieses Einverständnis wurde erteilt.

professionellen Coachs wohl schwergefallen, diesen Prozess für sich, die Beteiligten und die Organisation erfolgreich zu führen. Das Durchführen des Konfliktbearbeitungsprozesses im Alleingang hätte Anton fachlich, zeitlich und persönlich überfordert.

c) **Wie sollen sich die Führungspersonen, vor allem Anton und Martin, verhalten? Was sollen sie wie tun?**

Die Antwort darauf hängt mit der Entscheidung zum Vorgehen zusammen: Hätten sich Anton und Martin entschieden, den Prozess in Eigenregie zu leiten, hätten sie idealerweise die Schritte und Phasen des vorerwähnten ***mediativen Vorgehens*** anwenden können. Dieser Weg, inklusive eines professionellen Coachings wurde im Contracting-Gespräch erörtert, aber letztlich verworfen. Im gewählten Vorgehen (Mediation) nahmen Anton und Martin ihre zuvor mit den Mediatoren besprochenen Rollen wahr, wie oben beschrieben. Im Tagesgeschäft führten Martin und Anton normal weiter. Mitarbeiterfragen, die sich auf die Konfliktsituation und die Mediation bezogen, beantworteten sie selbst direkt – soweit dies mit Blick auf ihren Informationsstand und die zu berücksichtigende Vertraulichkeit möglich war. Bei darüber hinausführenden Fragen verwiesen sie auf das Beraterteam oder die nächste Sitzung im Konfliktbearbeitungsprozess.

d) **Wie ist jetzt mit Peter, Karl und Rolf umzugehen?**

Nach rund drei Monaten Einsatz am Arbeitsplatz stand Peter gleich in mehreren wichtigen persönlichen Grundbedürfnissen unter großem Druck: Er verlor die Planungssicherheit und Kontrolle über seine Arbeitsabläufe, weil die Zuteilungen von Laborpersonal und -zeiten wiederkehrend umstritten waren. Weiter wurden durch das periodische, teilweise auch laute Streiten sein Selbstwert und damit seine Selbstsicherheit auf die Probe gestellt. Die Auseinandersetzungen mit Rolf und Karl wie auch die latente Konfliktsituation forderten viel Kraft, was an der Freude und an der Identifikation mit der Organisation zehrte.

Peter hatte im Verlaufe seines Berufslebens bereits mehrmals mit Schwierigkeiten und sogar persönlichen Angriffen umzugehen – nicht zuletzt, weil er als Macher- und Kämpfertyp im Arbeitsleben öfter auf Menschen stieß, die nicht das gleiche Arbeitsethos und -tempo pflegten. Der Umgang mit Differenzen und auch Konflikten war deshalb bereits vor der neuen Anstellung ein Thema für ihn.

Was bei Peter half:

- Das Zuhören, Nachfragen und Bewusstmachen seiner bisher erfolgreichen Bewältigungsstrategien (Coping) durch das Mediationsteam.
- Das Sich-Einlassen auf das Ausprobieren von Perspektivwechseln.[24]

[24] Perspektivenwechsel: Eine hilfreiche Intervention dazu bietet das Instrument der Konfliktperspektiven-Analyse (KPA); entwickelt und patentiert von inmedio GmbH, Berlin.

- Das bilaterale Besprechen von möglichen kurz-, mittel- und langfristigen Konsequenzen, sofern sich von den Betroffenen niemand wirklich bewegte und sich im Verhalten der Personen nichts veränderte.
- Auch das Formulieren und Ausarbeiten von Zielvorstellungen und -verhalten mit der Orientierung nach vorne – in seine Zukunft – war erleichternd. Das Besprechen von Maßnahmen zum Erreichen seiner selbst definierten Ziele gab ihm neue Zuversicht und eine gewisse neue Motivation.

Während des Mediationsprozesses wurde Peter von seinem Vorgesetzten Anton grundsätzlich „normal" geführt: Bei auftauchenden Fragen zum Prozess ermunterte Anton ihn, diese direkt an die Mediatoren zu richten. Bei sich anbahnenden Auseinandersetzungen zwischen Peter, Karl und Rolf intervenierte Anton während des laufenden Vermittlungsprozesses bestimmt und eher autoritär, entschied direkt, was zu entscheiden war. Er forderte die Beteiligten auf, die Streit-Themen in den Mediationsprozess einzubringen.

Karl und Rolf fürchteten nicht wirklich um ihre Stellen – dafür waren ihr Selbstbewusstsein und das Gefühl einer sicheren Verankerung in der Organisation zu stark. Sie missbilligten einfach den Auftritt, den Stil und die Forderungen von Peter komplett. Sie fühlten sich in ihrem Berufsstolz getroffen und verletzt und in ihrem Selbstwertgefühl und Prestige als führende Experten auf ihrem Gebiet angegriffen. Das plötzliche Kämpfen-müssen um ausreichend Laborzeit und -personal beleidigte und demütigte sie ein Stück weit. Ihre Kontrolle über den gewohnten Gang der Dinge und ihre „gute Ordnung" waren in Gefahr. Ebenfalls litten unerwartet die Freude und der Spaß an ihrer Arbeit.

Was bei Rolf und Karl half:

- Es war spürbar, dass allein die Tatsache, dass jemand (die Mediatoren) sich für ihre Arbeit und vor allem ihr Befinden interessierte und ihnen lange aufmerksam zuhörte, für sie „Nahrung" war und ihnen guttat. Die Gespräche mit ihnen wurden zunehmend angeregter, offener und persönlicher. Das Vertrauen in den Mediationsprozess und in die Mediatoren stieg. Dabei wurde deutlich, dass ihr Hauptinteresse im möglichst ungestörten Ausüben ihrer Forschungsaktivitäten lag. Dazu gehörte natürlich auch die möglichst uneingeschränkte Nutzung des Labors. Gerade dies aber war ohne die Integration von Peters Labor-Ansprüchen in die Benutzungsplanung unmöglich.
- Das explizite Wertschätzen und Würdigen ihrer akademischen Aktivität und deren Ergebnisse und Wichtigkeit für die Abteilung und die gesamte Organisation. Ein schöner Moment ereignete sich, als in der dritten Kernteamsitzung auch Peter diese Wertschätzung formulieren konnte.
- Das Besprechen von und gedankliche Arbeiten an realen Folgen von Nichtstun, also einem Belassen des Status quo, zeigte Wirkung: Langsam erwachte bei Rolf und Karl die Vermutung, dass bei Nichtstun und einer Fortsetzung des Streits längerfristig auch ihre Arbeitsmotivation unter Druck kommen und ihre Gesundheit Schaden nehmen könnte.

- Gemeinsam, zeitweise ohne Peter, herauszuarbeiten, wie v. a. gegenüber Peter, aber auch gegenüber den Labormitarbeitern ein möglicher Kompromiss in der Laborplanung gefunden und etabliert werden könnte.

Das Führen von Karl und Rolf während des Mediationsprozesses verlief ohne größere Schwierigkeiten: Die beiden waren angespannt und wurden durch den Prozess gedanklich engagiert und auch etwas absorbiert. In ihrem Tagesgeschäft gab es während des Mediationsverfahrens keine weiteren größeren Störungen.

e) **Welche Rolle soll nun die Personalabteilung übernehmen?**
Es ist der Personalabteilung zugute zu halten, dass sie über die dreijährige Konfliktperiode hinweg stets für alle am Konflikt beteiligten Mitarbeiter ein Ansprechpartner blieb. Ebenfalls verfügte sie über eine Liste von externen Spezialisten im gefragten Thema und konnte damit den Linienvorgesetzten eine Hilfestellung bieten.

Aufgrund ihres Status als Stabsstelle, also nicht weisungsberechtigte Abteilung, musste sie sich auf ihre informelle Durchsetzungsmacht verlassen. Leider war diese in der beleuchteten Zeitspanne gering. Entsprechend ihrem internen Status vermochte die Personalabteilung auch im laufenden Konfliktbearbeitungsprozess nicht substanziell zu helfen. Die Organisation und der Einsatz des Berater-Teams liefen vollumfänglich über die Linienvorgesetzten, insbesondere über Anton, den designierten Ansprechpartner für das Team der Mediatoren.

Alternativ zur erlebten Situation sollte eine moderne HRM-Abteilung in Absprache mit ihrer Organisation es wagen, sich in organisationalen Entwicklungsthemen zu profilieren. So zum Beispiel in Gebieten wie:

- Aus- und Weiterbildung von Mitarbeitern
- Coaching von Führungspersonen und Mitarbeitern
- Durchführen oder Organisieren von Intervisionen bei Kadermitgliedern
- Anbieten von Mediation und Unterstützung von mediativem Vorgehen

Das würde bedeuten, dass motivierte Mitarbeiter der Personalabteilung sich in den genannten Themen aus- oder weiterbilden lassen und damit spezialisieren. Die Organisation verfügte dann in der Folge über ein eigenes qualifiziertes und jederzeit abrufbares Know-how im Konfliktmanagement.

f) **Wie soll mit den Experten-Attributen umgegangen werden?**
Im Fall „Störenfried“ war die Bearbeitung des Konflikts mit Abschluss der Mediation beendet. Es ist offensichtlich, dass in diesem Fall mehrere der im Buch behandelten Experten-Attribute explizit gelebt wurden und wesentlich zum Schleifenlassen und zur Eskalation des Konflikts beitrugen (z. B. die organisationale Arbeitsatmosphäre des gegenseitigen „Machenlassens“, die biografiebedingte Distanz zu alternativem Denken und Handeln außerhalb des eigenen Expertengebiets oder die Prestige- und Machtthematik).

Entsprechend gilt es generell, mit diesen Attributen in der Führungsarbeit möglichst empathisch umzugehen und zu versuchen, sie für alle Beteiligten inklusive Arbeitgeber wertschätzend zu nutzen. Dort, wo die Eigenständigkeit für Beteiligte dysfunktional für die Ziele der Organisation wirkt (siehe Fall „Störenfried") oder zu wirken droht, sollte die Situation analysiert werden. Die Funktionalität, auch eines Experten-Mitarbeiters, muss mittel- und langfristig gegeben sein. Störende, dysfunktionale Experten-Attribute gilt es zwischen Arbeitgeber und Arbeitnehmer zu thematisieren, um gemeinsam beiderseits akzeptable Lösungen im Thema zu suchen und zu finden.

Ergebnis der Mediation im Fall „Störenfried"

In rund neun Monaten konnte der Beratungsprozess erfolgreich abgeschlossen werden.[25] Entscheidende Wendepunkte zum Guten erfolgten in den Einzelgesprächen durch die jeweils angepassten Vorgehensweisen, wie vorstehend geschildert. Mitentscheidend für das Aufbrechen von Blockaden war im Fall „Störenfried" die spezielle zweite Sitzung mit dem Kernteam, als Peter im Rahmen eines laut eskalierenden Streitgesprächs den Raum verließ. Der Weggang rüttelte auf, wirkte schockartig: Rolf und Karl begannen ab diesem Moment, sich vertieft mit der Wirkung ihres eigenen Verhaltens auseinanderzusetzen. Dadurch stieg plötzlich auch ihr Interesse an Peter als Mensch, wie auch am gesamten Mediationsprozess überhaupt.

Das Schlussergebnis wie auch Teilergebnisse wurden mit Anton und Martin besprochen. Während des Prozesses fanden insgesamt zwei sogenannte Rückbindungsgespräche mit Anton und Martin statt. Die Inhalte der Gespräche bezogen sich stets auf Einschätzungen zum Fortschritt des geleiteten Prozesses wie auch auf eventuell notwendig gewordene Anpassungen des Ablauf-Designs mit Auswirkungen für den Auftraggeber (Budget, Zeitbedarf, Sitzungsplanung, Räumlichkeiten). Die Durchführung dieser Rückbindungsgespräche war den Mitarbeitern bekannt – wie auch die Vereinbarung, dass in diesen Treffen die Vertraulichkeit bezüglich Inhaltlichem gewahrt bleibt.

15.5 Leitideen für die Führung von Experten aus der Perspektive des Konfliktmanagements

Vertrauen und Bewusstsein schaffen, Vorbild sein

Für eine Expertenorganisation ist es letztlich gewinnbringend, über klare und hilfreiche Regeln zur Bearbeitung von Konflikten und Krisen zu verfügen. Ohne die ausdrückliche und transparente Unterstützung des Topmanagements einer Organisation geschieht jedoch auf unterer Managementebene nichts langfristig Entscheidendes. Das heißt, dass Organisationen auf Geschäftsleitungsebene vorgeben und vor allem vorleben müssen,

[25] Definition von Erfolg: Die anlässlich der letzten gemeinsamen Mediationssitzung vereinbarten Maßnahmen sind erfolgreich umgesetzt, und sie werden sechs Monate nach Abschluss der Mediation noch befolgt.

was ihrer Organisation im Führen bei Konflikten wichtig ist. Dabei ist der Einfluss von Führungskräften enorm: Sie beeinflussen die Kognition, die Emotionen und das Verhalten von Mitarbeitern unmittelbar (Möller 2017, S. 168). Die maßgebenden Kommunikatoren und Übermittler von Absichten der Geschäftsleitung sind die Führungskräfte aller Hierarchiestufen. Entsprechend müssen sie bei der Ausgestaltung eines institutionalisierten Konfliktmanagements mit einbezogen werden. Gestalten die Führungskräfte ein Konzept zum Konfliktmanagement mit, nehmen sie es selbst leichter und schneller zur Umsetzung an. Wenn es den Führungspersonen dann noch gelingt, sich in Konfliktsituation dem Konzept entsprechend zu verhalten, dieses also vorzuleben, so ist die Chance hoch, dass neue Maßnahmen zum Thema Konfliktmanagement von den Mitarbeitern nicht nur akzeptiert, sondern im Alltag auch gelebt werden (Bornschein und Redlich 2017, S. 66).

Interne Ansprechstelle einrichten
Es sollte eine neutrale interne Stelle oder Person für Konfliktmanagement, inklusive Mobbing-Sachverhalte[26] , bestimmt werden. Damit findet sich im Hause eine offiziell zuständige Person zur Beantwortung von Fragen im Zusammenhang mit Konflikten. Sie arbeitet vertraulich und ist für Mitarbeiter leicht erreichbar. Mögliche organisationale Stellen für Fragen zum Konfliktmanagement könnten beim HRM, einer Ombudsperson oder bei einem Diversity-Verantwortlichen angesiedelt werden. Damit besteht für Mitarbeiter, zum Beispiel im Falle von Befangenheit des direkten Vorgesetzten, eine weitere hilfreiche Möglichkeit, angehört und mit ihren Anliegen ernst genommen zu werden.

Mitbestimmung ermöglichen
Aus der Stressforschung wissen wir, dass die Stress- und Burn-out-Gefahr eines Mitarbeiters umso geringer ausfällt, je höher die Selbstbestimmung in der Arbeitsausübung ist (Kernen 2005; Lauterbach 2005). Entsprechend weitergedacht hilft es der Organisation – konfliktprophylaktisch –, auch die Mitarbeiter in strategischen Fragen mitbestimmen zu lassen. Flache Hierarchien und weitgehende Mitbestimmung entsprechen modernen Formen von Team- sowie von Unternehmensführung (Laloux 2015). Weiter wird das Mitreden- und Mitentscheiden-Wollen zunehmend vom Selbstverständnis der jüngeren Mitarbeitergenerationen umfasst.

Internes Schlichtungsverfahren definieren
Alljährlich werden Mitarbeiterbeurteilungen vorgenommen, bei denen Differenzen zwischen Führungsperson und Mitarbeiter auftauchen. Dies kann dazu führen, dass Mitarbeiter ihre Beurteilung nicht akzeptieren und das entsprechende Dokument nicht unterschreiben wollen. Statt die Sache unbearbeitet und ungelöst ad acta zu legen und

[26]Laut einer Studie des Staatssekretariats für Wirtschaft (seco) von 2002 sind bei Mobbing in 51,3 % der Fälle die Vorgesetzten verantwortlich (Bräunlich und Keller 2006, S. 19).

damit das Risiko von kalten Konflikten einzugehen, was die Bindung des Mitarbeiters an die Organisation gefährden könnte, lohnt es sich für die Organisation, einen internen Eskalationsweg zu definieren. Der Eskalationsweg übernimmt die Wirkung eines Ventils und hilft mit, weiteres Wuchern von Ungemach und verzögertes Ausbrechen von Unheil zu minimieren.

Konfliktprophylaxe einführen und leben

Es liegt auf der Hand: Je besser eine Führungsperson die Beziehungsebene zwischen sich und dem einzelnen Mitarbeiter entwickeln und pflegen kann, umso leichter wird das Austragen von Differenzen oder sogar Konflikten auf der Sachebene fallen. Es klingt selbstverständlich, ist es aber im täglichen Arbeitsleben für Führungskräfte nicht: zum Beispiel das proaktive morgendliche freundliche Grüßen der Mitarbeiter, das aufmerksame Nachfragen beim Entdecken einer „krausen Stirn" oder bei sonstigen Anzeichen von Unstimmigkeiten im Team. Es lohnt sich, bei Mitarbeitern mit Problemen sofort hinzuschauen, sich Zeit zu nehmen und da zu sein, nicht nur wenn sie Unterstützung benötigen. Malik empfiehlt Führungspersonen aus gutem Grund, herauszufinden, was für Menschen ihre Mitarbeiter genau sind (Malik 2015, S. 144).

Ein Wort zur Sprache: Die Bedeutung von verwendeter Sprache ist hoch, denn Worte und Tonfall haben immer eine vielschichtige Aussagekraft, werden aber vom Empfänger immer subjektiv verstanden und eingeordnet – häufig nicht nach Meinung und Absicht des Senders. Wörter sind bewusstseinsbildend – was jemand versteht oder verstehen will, kann zu weitreichenden Konsequenzen führen. Gerade in Konfliktsituationen und der damit verbundenen, meist hohen emotionalen Anspannung spielen die Wortwahl und der getroffene Tonfall für die Fortsetzung oder den Abbruch des Gesprächs eine wichtige Rolle (Rosenberg 2005, S. 25).

Aus- und Weiterbildung im Thema Konfliktmanagement und Führen

Der Fall „Störenfried" hat es gezeigt – und der Fall steht stellvertretend für weitere Expertenorganisationen: Oft verfügen Experten bei Antritt einer Führungsfunktion weder über eine Ausbildung in Führung noch im Konfliktmanagement. Es ist also dringend und wichtig, dass Experten, die führen, sich mit den Chancen und Risiken des Thematisierens bzw. Dethematisierens von Konflikten auseinandersetzen! Sie sollten sich ein Basiswissen zu Konfliktanalyse und mediativem Vorgehen aneignen, damit in Konflikten und Krisen die nötigen Entscheidungsgrundlagen rasch erarbeitet werden können. Dies erlaubt in der Folge, den gewählten Weg kompetenter und wirksamer zu gehen. Beim Thema „Führen" fehlen meist vertiefte Kenntnisse über die Grundbedürfnisse von Mitarbeiter-[27] und Menschen-Typen. Letzteres ist aus Gründen der typenspezifischen

[27]Vergleiche dazu allgemein Mourlane (2015) sowie bezogen auf das Thema „Change Management" Doppler (2017, S. 75 f.).

Kommunikation von Innovatoren und Forschern besonders wichtig (Huber et al. 2014, S. 123).

Explizites Feedback zur Führung einholen – und daraus lernen wollen
Gerade weil sich Experten tendenziell hierarchieavers verhalten, ist es wichtig, auf sie zuzugehen und von ihnen Rückmeldungen einzufordern – formell, aber besser noch auf informelle Art. Dadurch kann gleichzeitig die Beziehung zum Experten gepflegt und ein vertieftes Diskutieren ermöglicht werden. Diese Feedbacks zur Führungsarbeit sollen nicht die Sachebene allein betreffen, sondern müssen auch emotionale Tiefen ansprechen und möglichst echte und aktuelle Informationen zu Empfindungen umfassen (vgl. Damasio 2017). Dazu eignet sich das direkte, vertrauliche, bilaterale Gespräch mit dem direkten Vorgesetzten – rund drei- bis viermal pro Jahr. Das Gespräch soll so geführt werden, dass ein Nachfragen, Erklären und genaues Verstehen des Gesagten möglich wird. Weitere Möglichkeiten für Feedback können genutzt werden: Eine hervorragende Möglichkeit, über sich als Führungsperson von Experten dazuzulernen, bietet das System der Intervision, einer strukturierten Fallberatung, durchgeführt in einer Kleingruppe mit hierarchisch gleichgestellten Führungskräften. Eine weitere, auch oft genutzte Möglichkeit ist das bilaterale Führungscoaching; sein Vorteil besteht im stark individualisierten, fokussierten und damit effektiven Zusammenarbeiten von Führungsperson und Coach.

Literatur

Ahrens, O., Bauer, E., & Stachel, C. (2017). Konfliktbewältigung in Unternehmen – Handwerkszeug für Führungskräfte. *KonfliktDynamik, 3,* 194–200.

Besemer, C. (2016). *Mediation, Die Kunst der Vermittlung in Konflikten,* Werkstatt für *gewaltfreie Aktion.* Baden.

Bornschein, D., & Redlich, A. (2017). Die Vertrauensbrücke. *KonfliktDynamik, 1,* 66–70.

Bräunlich, Keller I. (2006). *Mobbing – Was tun? So wehren Sie sich am Arbeitsplatz.* Zürich: Beobachter.

Damasio, A. (2017). *Im Anfang war das Gefühl, Der biologische Ursprung menschlicher Kultur.* München: Siedler.

Doppler, K. (2017). *Change, wie Wandel gelingt.* Frankfurt a. M.: Campus.

Duss-von Werdt, J. (2008). *Einführung in Mediation.* Heidelberg: Carl-Auer.

Duss-von Werdt, J. (2015). *Homo mediator, Geschichte und Menschenbilder der Mediation.* Baltmannsweiler: Schneider Hohengehren.

Glasl, F. (2000). *Selbsthilfe in Konflikten.* Bern: Haupt.

Hackman, R. (2011). *Collaborative intelligence, using teams to solve hard problems.* Oakland: Berrett-Koehler.

Hasler-Dierauer, A. (2007). *Verhandlungserfolg – Zyklische und phasenbedingte Einflüsse.* Dissertation, Irchel, Zürich.

Hauser, C. (2002). *Eine ökonomische Theorie der Mediation.* Dissertation, Rüegger, Zürich.

Huber, D., Kaufmann, H., & Steinmann, M. (2014). *Bridging the Innovation Gap – Bauplan des innovativen Unternehmens*. Berlin: Springer Gabler.

Hüther, G. (2009). *Biologie der Angst*. Göttingen: Vandenhoek & Ruprecht.

Jungbauer-Komarek, A. (2017). Konfliktkompetenz durch Mediation bei Führungskräften. *Perspektive Mediation, 4,* 264–268.

Kernen, H. (1997). *Burnout-Prophylaxe im Management*. Bern: Haupt.

Kernen, H. (2005). *Arbeit als Ressourcen*. Bern: Haupt.

KPMG AG. (2009). Konfliktkostenstudie, die Kosten von Reibungsverlusten in Industrieunternehmen. http://seventools.at/wp-content/uploads/2014/12/KPMG_Konfliktkostenstudie.pdf. Zugegriffen: 29. März 2018.

Lack-Strecker, J., & Zurmühl, S. (2017). Die Klienten müssen wissen, durch welche Tür sie gehen. *Perspektive Mediation, 4,* 208–214.

Laloux, F. (2015). *Reinventing Organizations, Ein Leitfaden zur Gestaltung sinnstiftender Formen der Zusammenarbeit*. München: Vahlen.

Lauterbach, M. (2005). *Gesundheitscoaching, Strategien und Methoden für Fitness und Lebensbalance im Beruf*. Heidelberg: Auer.

Steiger, Th., & Lippmann, E. (2013). *Handbuch Angewandte Psychologie für Führungskräfte* (Aufl., Bd. I). Berlin: Springer.

Malik, F. (2015). *Navigieren in Zeiten des Umbruchs, die Welt neu denken und gestalten*. Frankfurt a. M.: Campus.

Mayer, C. H. (2014). Mediative Führung, eine Annäherung. *Perspektive Mediation, 4,* 214–218.

Möller, H. (2017). Vertrauens- und Misstrauenskulturen in Organisationen. *KonfliktDynamik, 3,* 168–175.

Mourlane, D. (2015). *Emotional Leading, Die Kunst sich und andere richtig zu führen*. München: dtv.

Ponschab, R., & Schweizer, A. (2010). *Kooperation statt Konfrontation*. Köln: Schmidt.

Pühl, H. (2013). Mediation bei hierarchischen Konflikten im Spital. *Perspektive Mediation, 2,* 68–71.

Riemann, F. (2017). *Grundformen der Angst*. München: Reinhardt.

Rosenberg, M. B. (2005). *Gewaltfreie Kommunikation, Eine Sprache des Lebens*. Paderborn: Junfermann.

Schwarz, G. (2001). *Konfliktmanagement, Konflikte erkennen, analysieren und lösen*. Wiesbaden: Gabler.

Schweizerischer Dachverband Mediation (SDM). http://www.swiss-mediators.org/cms2/was-ist-mediation/was-ist-mediation/. Zugegriffen: 29. März 2018.

Autonomiefördernde Führung in wissensintensiven Organisationen

16

Stephanie Kaudela-Baum

16.1 Einleitung

> Although all jobs require some autonomy, it is assumed that autonomy is particularly important to knowledge workers (Nesheim et al. 2017, S. 243).

Autonomie spielt in den gegenwärtigen Diskursen in vielen wissensintensiven Organisationen eine zentrale Rolle, um den Komplexitätsanstieg, generiert durch die digitale Transformation, die Globalisierung und den immensen Innovationsdruck, zu bewältigen. In traditionellen Unternehmen, z. B. Industrieunternehmen, wurde der Bedarf an zentralistischer Kontrolle und Top-down-Führung als gegeben bzw. als Notwendigkeit erachtet. In modernen Organisationen und insbesondere in wissensintensiven Organisationen hat sich das massiv gewandelt. Die vielfältigen Ausdrucksformen von Autonomie widerspiegeln diesen Wandel und sind Ausdruck des *„Control Shift"* (Langfred und Rockmann 2016, S. 632) von der Organisation hin zum Mitarbeiter. Langfred und Rockmann (2016) argumentieren, dass dieses Überlassen von Kontrolle gezwungenermaßen zu Spannungen und Stress für Führungskräfte führe, denn ihre Rolle bestehe u. a. in der Übernahme einer Kontroll- und Stabilitätsfunktion für die Organisation.

Individuelle oder teambezogene Arbeitsautonomie, d. h. Formen der Selbstbestimmung auf unterster Hierarchieebene, steht in engem Zusammenhang mit verschiedenen New-Work-Organisationsdesigns wie z. B. netzwerkorientierten und agilen Strukturen (Hinssen 2015; Laloux 2014), soziokratischen Strukturen (Robertson 2015) oder ambidextren Strukturen (O'Reilly und Tushman 2016). Diese Designs wenden sich klar von einer einseitigen Ausrichtung von Organisationen entlang hierarchischer

S. Kaudela-Baum (✉)
Hochschule Luzern, Luzern, Schweiz
E-Mail: Stephanie.Kaudela@hslu.ch

P. Kels und S. Kaudela-Baum (Hrsg.), *Experten führen,* uniscope. Publikationen der SGO Stiftung, https://doi.org/10.1007/978-3-658-23028-9_16

Strukturen ab und stützen sich maßgeblich auf Prinzipien der Selbstorganisation und Selbstbestimmung – Autonomie gilt in diesem Kontext als *die* Hochleistungsformel im Umgang mit den Veränderungsanforderungen der digitalen Revolution. Wissensintensive Organisationen sind heute viel stärker mit Kunden vernetzt, und lineare Wertschöpfungsmodelle verwandeln sich in adaptive, reaktionsschnelle, kontinuierlich innovierende, d. h. agile Netzwerke (Gray 2014). Um den damit verbundenen Anstieg an Komplexität zu bewältigen, organisieren sich Unternehmen zunehmend demokratischer und kooperativer, Mitarbeiter erhalten mehr Mitspracherechte und werden stärker in Führungsentscheidungen eingebunden. Rigide Hierarchien, vertikale Karrieremodelle und institutionalisierte Aufgabenbereiche stehen in immer mehr Unternehmen bzw. Unternehmensbereichen auf dem Prüfstand. Der Erfolg von Robertsons Holocracy-Buchveröffentlichung und seines Beratungsansatzes (Robertson 2015, vgl. dazu auch Kap. 20 von Marcel Altherr im Buch) bringt dies deutlich zum Ausdruck.

Die Entwicklung hin zur digitalen Wissensgesellschaft, in der Wissen und Expertise einem Prozess der radikalen individuellen und kollektiven Revision unterworfen und von Technologiesprüngen begleitet ist, führt zu einem Bedeutungszuwachs von Wissens(-entwicklung) in Organisationen, von individuellem und organisationalem Lernen und der Adaptionsfähigkeit von Organisationen.

Während bei Routinetätigkeiten die Lösungen häufig standardisiert und damit weniger wissensintensiv sind, ist bei kreativen, unternehmerischen oder strategisch ausgerichteten Tätigkeiten das eingesetzte Wissen äußerst kontextsensitiv und prozesshaft und veraltet damit relativ rasch. Das relevante Wissen ist einer andauernden Revision unterworfen und bedarf der ständigen Aktualisierung (Willke 1998). Charakteristisch für *„wissensintensive Organisationen"* (Laske et al. 2006, S. 114 ff.; Starbuck 1992) wie z. B. *„Expertenorganisationen"* (Rybnicek et al. 2016; Swanson und Holton 2001) oder *„Professional Service Firms"* (Nordenflycht 2010) ist, dass ihre wirtschaftliche Existenz und ihre Wettbewerbsposition ausschließlich von ihrem intellektuellen Kapital, ihrer Lern- und Innovationsfähigkeit abhängen. Diese *„Knowledge-Intensive Firms"* (Starbuck 1992) beschäftigen v. a. hoch qualifizierte Experten, die wissensbasierte Arbeit bzw. Wissensarbeit (Wilkesmann 2005) verrichten.

> In einer ersten Begriffsdefinition sei unter Wissensarbeit eine Tätigkeit verstanden, die zum einen den Tausch von Daten oder Informationen (bei einer Community of Practice) und zum anderen die interaktive Generierung neuen Wissens beinhaltet. [...]
>
> Bei programmierter Arbeit handelt es sich um Routinetätigkeiten, bei nicht-programmierter Arbeit um komplexe und sehr unterschiedliche Arten von Tätigkeiten. [...]
>
> Sind Mittel und Zweck programmiert, dann handelt es sich um eine standardisierte Produktion. Flexible Spezialisierung ist ein Beispiel für eine Arbeitsform, bei der die Mittel programmiert sind, nicht aber die Zwecke. Hochverantwortliche Tätigkeiten, wie etwa in der Flugsicherung oder am Leitstand eines Kernkraftwerks, sind Beispiele für Arbeit, deren Zwecke programmiert, deren Mittel aber nicht programmiert sind. Der letzte Fall, bei dem sowohl Mittel als auch Zwecke nicht programmiert sind, stellt Wissensarbeit dar (Wilkesmann 2005, S. 59–60).

Die Produktion von Wissen ist ein komplexer, auf kontinuierliche Weiterentwicklung angelegter Vorgang, der zudem unter Bedingungen von *Unsicherheit* stattfindet. Die zunehmende Komplexität durch Netzwerk-Beziehungen, Globalisierung, Dezentralisierung, Wissens-Abhängigkeit (z. B. Gray 2014) erzeugt Unsicherheit bei Führungskräften, es bleibt kaum mehr Zeit für die Etablierung von Routinen. Organisationen stehen ständig unter Druck; Reflexion, Regeneration und Freiräume kommen zu kurz (Kaudela-Baum et al. 2014). Unsicherheit macht sich vor allem in Form von Zweifeln bei der Entscheidungsfindung bemerkbar. Durch instabile Strukturen und häufiger wechselnde Entscheidungspartner ist Unsicherheit allgegenwärtig.

Organisationen wie z. B. Hochschulen, Forschungsinstitute, Forschungs- und Entwicklungsabteilungen in Unternehmen, Krankenhäuser oder Beratungen können als *wissensintensive Organisationen* bezeichnet werden. Dieser Organisationstyp steht aufgrund der hohen Anzahl von hoch qualifizierten Mitarbeiter und Professionals (daher kann man diesen Organisationstyp auch als *„Expertenorganisation"* bezeichnen) besonders unter Druck, mehr Autonomie zu ermöglichen bzw. die Mitarbeiter im Umgang mit den Autonomieerfordernissen des Jobs zu unterstützen (Langfred und Rockmann 2016). Knell (2000, zitiert in Donnelly 2006) charakterisiert Wissensarbeiter als *„Free Workers"* und nennt zwei Gründe für deren Streben nach Autonomie: Erstens bestehen Knowledge-Worker darauf, ihre eigene Entwicklung selbst zu gestalten, und zweitens fordern sie ein Arbeitsumfeld, das ihrer eigenen Arbeitsphilosophie sowie ihrer Laufbahn- und Lebensvorstellung entspricht. Donnelly (2006, S. 82) spricht in diesem Zusammenhang von einem *„Empowered Status"* von Wissensarbeitern in einer Arbeitswelt, die von flexiblen Arbeitsarrangements und -zeiten geprägt ist. Stanworth (1998, S. 57) charakterisiert Wissensarbeiter wie folgt: „… they are usually well paid, with relatively scarce skills, with high trust relationships and some degree of autonomy over where and when they work".

Expertise gründet in Wissensarbeit und ist gemäß Swanson und Holton (2001) ein dynamischer Zustand, ein kontinuierlicher Lernprozess, basierend auf der beständigen Aneignung von spezifischem Wissen, der Reorganisation von Informationen und der Erweiterung der Lösungskompetenzen von komplexen Problemstellungen. Wissensarbeit ist im Vergleich zu materieller Arbeit inhärent weniger eindeutig, von Unsicherheit geprägt (Alvesson 2001) und daher grundsätzlich schwieriger zu kontrollieren (Blackler 1995).

Das Ergebnis ist eine sukzessive Verlagerung von hierarchiebetonter hin zu einer autonomiefördernden Führung (Langfred und Moye 2004), die die Selbstbestimmung von Individuen und Teams bewusst fördert und professionell begleitet. Ohne eine „Do-it-yourself-Kultur" im Sinne von Dezentralisierung und Verantwortungsdelegation von oben nach unten könnten sich moderne wissensintensive Organisationen (Teece 2015; Willke 1998) wie z. B. Forschungsorganisationen, High-Tech-Industrieunternehmen oder IT-Beratungen heute gar nicht mehr entwickeln. Die Komplexität von Problemstellungen in diesen Organisationstypen nimmt heute zu und nicht ab. Daher müssen sich Mitarbeiter in diesem Kontext ständig weiterbilden, ihre Tätigkeiten selbst koordinieren, ihre Wissenspartner selbst suchen und einbinden usw., um den Anschluss an neues Wissen nicht zu verlieren. Wissensarbeitern (Drucker 1999; Bell 1985) wird zunehmend die Rolle des „Intrapreneurs“ (Antoncic und Hisrich 2003) zugeschrieben. Sie werden zu „Unternehmern-ihrer-selbst“ (Sichler 2006, S. 60) bzw. zu selbstständigen „Wissens-Brokern“ in ihren Unternehmen. Schermuly (2017) plädiert bspw. bei der Umsetzung von New-Work-Maßnahmen in sich digitalisierenden und wissensintensiven Organisationen für psychologisch empowerte Mitarbeiter, die sich und ihre Arbeit autonom organisieren können. Anders kann die Beständigkeit und Innovationsfähigkeit von Wissensorganisationen nicht garantiert werden (vgl. z. B. Menzel et al. 2007). Individuelle Autonomie wird aus dieser unternehmerischen Perspektive zunehmend zum Kompetenzbegriff und teambezogene Autonomie zur wichtigen Voraussetzung für die Entwicklungsfähigkeit wissensintensiver Organisationen.

These 1
Gerade Wissensarbeitende und -teams, so die hier aufgestellte *erste These,* müssen in der Unüberschaubarkeit des rasanten Wandels gezwungenermaßen zunehmend selbstorganisiert und eigenverantwortlich handeln.

Die Unternehmensbeispiele in der New-Work-Literatur (z. B. Bock 2015; Dark Horse Innovation 2016; Laloux 2014) zeigen: Je höher die Entwicklungsdynamik bzw. je höher der Innovationsdruck, desto mehr Unsicherheit kommt auf. Durch die Zunahme von Unsicherheitszonen entsteht automatisch mehr Raum für kreatives Chaos, d. h. Raum für Individuen, ihre Arbeit selbst neu zu erfinden. Gleichzeitig müssen Organisationen vor diesem Hintergrund Ambiguität, d. h. Mehrdeutigkeit und Unübersichtlichkeit im Umgang mit Freiräumen intelligent bewältigen. Dieser Kontext schafft einerseits kontinuierlich neue Handlungs- und Entscheidungsspielräume, andererseits aber auch wieder neue Zwänge, Anforderungen, Verpflichtungen sowie Rollen- und Aufgabenangebote für die Mitarbeiter.

> Ohne Führungskräfte verschwinden die Führungsaufgaben nicht. Macht löst sich nicht dadurch in Luft auf, dass man die Machthaber vor die Tür setzt. Sie wird nur fluider, unsichtbarer und informeller und damit schwerer zu steuern (Schermuly 2017, S. 13).

Die Leidenschaft von autonomieorientierten Organisationen, sich selbst zu beforschen, wie z. B. die Agentur „Dark Horse“ (Dark Horse Innovation 2016), Google (z. B. Bock 2015) oder der Firmen, die sich an den Forschungsprojekten von Laloux (2014) beteiligt haben, zeigt, dass die Vermehrung von Selbstbestimmungsmöglichkeiten in Organisationen durchaus herausfordernd ist und einer ständigen Thematisierung und Reflexion bedarf. Einen guten Überblick über außergewöhnlich autonomieorientierte, durch kollaborative Führungssysteme geprägte Organisationen bieten auch Beratungen wie die „Corporate Rebels“ (https://corporate-rebels.com/bucketlist/) oder die „Musterbrecher“ (http://www.musterbrecher.de/).

Untersucht man die neuen Arbeitsformen genauer, zeigt sich, dass die Mitarbeiter Diskurse über adäquate Praktiken im Umgang mit Autonomie mit ihren Kollegen sowie

Vorgesetzten führen. Diese führen wiederum Diskurse mit anderen Organisationen über wirksame Praktiken. Der wirksame Umgang mit Autonomie in der Arbeitswelt gleicht einem Experiment (Schaller 2016), einem Herantasten an die richtige Balance zwischen institutioneller Sicherung von Freiräumen bei gleichzeitiger Einbindung der Knowledge-Worker in ein organisationales Ordnungssystem (Gebert et al. 2003; Kaudela-Baum et al. 2014).

These 2

Die *zweite These* lautet: Die richtige Balance zwischen Fremd- und Selbstbestimmung in der Organisation zu finden, scheint nur diskursiv zu funktionieren.

Viele Unternehmen, die z. B. gerade dabei sind, sich soziokratisch bzw. holokratisch (vgl. Beitrag von Marcel Altherr, Kap. 20) zu organisieren, und die sich mit verschiedenen Spielarten der Autonomieförderung auseinandersetzen, tun dies in Form von Buchpublikationen, Videos, Blogs oder Fachartikeln in Zeitschriften (Schaller und Zacher 2017; Schermuly 2017). Beispielhaft dafür stehen Beiträge über das amerikanische E-Commerce-Unternehmen Zappos (Hsieh 2012), die Haufe-Umantis AG aus Deutschland (Sywotteck 2014) oder die Schweizer Softwareentwicklungsfirma Liip (Andrey und Jung 2016). Google inszeniert seine Autonomieorientierung u. a. mit Videos über die Arbeitsräume im Bereich Forschung und Entwicklung und verbreitet die Bilder auf Youtube. Google-Mitarbeiter führen die Zuschauer wortwörtlich durch Spielräume, Räume ohne Bürowände, mit farbigen Einrichtungsgegenständen, die an ein Kinderspielzimmer erinnern (mit der Kindheit wird Freiheit assoziiert), und signalisieren den Generationen Y und Z damit: Hier schaffen wir Freiräume für deine Kreativitätsentfaltung! Rutschbahnen und bunte Sitzbälle können vor diesem Hintergrund als Artefakte einer autonomiefördernden Führungskultur betrachtet werden.

Autonomie spielt also erstens eine bedeutende Rolle im Kontext neuer Arbeitswelten, die durch die drei D: Demokratisierung, Digitalisierung und Dezentralisierung (Väth 2016) geprägt sind, und zweitens insbesondere in wissensintensiven Organisationen. Der Arbeitsautonomiebegriff bleibt aber trotz der zahlreichen v. a. arbeits- und organisationspsychologischen Forschungsarbeiten zum Thema „Job Autonomy" begrifflich wie konzeptionell unscharf und ist bisher nicht systematisch in die Konzeptionalisierung neuer Führungsansätze und -instrumente eingeflossen. In der Beratungsliteratur werden häufig – nach dem Motto: „Mit mehr Freiraum zum Erfolg!" – relativ oberflächlich und anekdotisch Freiräume zur Förderung von Unternehmertum, Innovationsförderung, Kreativitätsförderung, Agilitätsförderung oder generell zur Performance-Förderung propagiert. Eine genauere Beschreibung der Freirauminhalte und eine Kontextualisierung der aufgestellten Thesen bleiben meist aus. Die Grundlage für die Entwicklung autonomieorientierter Führungsansätze ist daher relativ dünn. Obwohl sich immer mehr Organisationen mit Self-Management-Ansätzen (Gloger und Rösner 2014; Schaller und Zacher 2017) auseinandersetzen und Pilotprojekte zur Einführung von Holokratie durchführen, zählt Autonomie in der Praxis noch nicht zum alltäglichen Handlungsrepertoire von Führungspersonen.

Die bewusste Gestaltung von Autonomie ist ein kompliziertes Vorhaben, widerspruchsreich, riskant (Gebert et al. 2003; Langfred und Rockmann 2016; Schaller und Zacher 2017), und sie erfordert Kompetenzen, die bisher nur wenige Führungskräfte in ihrer Laufbahn entwickelt haben. Die Beständigkeit und auch die Innovationsfähigkeit hängen eben auch von bürokratischen Prozessen und Kontrollmechanismen ab (Langfred und Rockmann 2016, S. 630) und daher ist Autonomie-Management inhärent paradox.

These 3
Diese Beobachtung führt zur *dritten These,* die hier aufgestellt wird: Die Verlagerung von Kontrolle von der Ebene „Organisation" auf die Ebene „Team" bzw. „Mitarbeiter" bedeutet für Organisationen einen „Stress-Test" und erzeugt Spannungen.

Autonomie bedeutet Kontrollverlust: Die Handlungsweisen autonom agierender Mitarbeiter sind nicht genau vorhersehbar, sie sind kontingent. Eine wirksame autonomiefördernde Führung muss also Wege finden, dass trotz dieser Kontingenz und den damit verbundenen Spannungen Kooperation und eine gemeinsame Zielerreichung zustande kommt. Vor diesem Hintergrund wird nun die zentrale Problemstellung ausgebreitet, die im Rahmen des Artikels vertieft diskutiert wird:

Problemstellung: Eine autonomiefördernde Führung in wissensintensiven Organisationen generiert automatisch Spannungen, und diese gilt es als Führungskraft wirksam zu gestalten. Welche organisationalen und führungsbezogenen Kompetenzen fördern eine effektive autonomiefördernde Führung? Wo liegen Chancen und Gefahren?

Basierend auf einer umfassenden Literaturanalyse in den Themenfeldern „Arbeitsautonomie" und „Führung" in einem wissensintensiven Organisationskontext sowie einer Synthese von Erkenntnissen aus qualitativen und quantitativen Forschungsarbeiten erfolgt im nachfolgenden Abschn. 16.2 erstens eine Annäherung an den Begriff Arbeitsautonomie sowie zweitens eine Diskussion über die Bedeutung von Autonomiekonzepten für die Führung in wissensintensiven Organisationen. In Abschn. 16.3 werden Rahmenbedingungen, Beispiele und Herausforderungen autonomieorientierter Führung erläutert und in Abschn. 16.4 verschiedene Ansatzpunkte autonomiefördernder Führung bzw. Ansatzpunkte zur Kompetenzentwicklung von Führungspersonen diskutiert. Abschn. 16.5 schließt mit einem kritischen Blick auf die Kopplung von individueller Autonomie und Führung.

16.2 Was ist Arbeitsautonomie? Eine begriffliche Annäherung

Autonom sind wir nie allein: Wir sind autonom immer in sozialen und politischen Kontexten (Rössler 2017, S. 322).

16.2.1 Geschichtlicher Hintergrund

In der Forschungsliteratur stützt sich die Auseinandersetzung mit Arbeitsautonomie vor allem auf quantitative arbeits- und organisationspsychologisch informierte Studien (vgl. z. B. Nesheim et al. 2017; Orth und Volmer 2017). Bereits 1932 führt Lipmann (1932) aus, dass arbeitswissenschaftliche Überlegungen die Forderung nahelegen, dem Arbeitenden die Gestaltung seiner Arbeit und die Wahl der Arbeitsmittel und Arbeitsmethoden in möglichst hohem Grade selbst zu überlassen (zitiert in Sichler 2006, S. 87). Nur gut begründete wirtschaftliche Überlegungen würden eine Begrenzung von Autonomie legitimieren. „Arbeitsfreude" kann es gemäß Lipmann (1932) nur dann geben, „wo Arbeitende bei der Ausführung einer zielgerichteten Tätigkeit das Ziel und deren Ablauf autonom bestimmen und regulieren können und wo deren Merkmale ihrer Arbeitsneigung entsprechen" (Sichler 2006, S. 87). Unter Autonomie wurde also *Selbstbestimmung* und *Selbstregulation* verstanden, und es wurde bereits in den 1930er-Jahren die Beziehung zu Motivation hergestellt. Die Konzeption von Autonomie im Rahmen der „Job Characteristic Theory" von Hackman und Oldham (1975, 1976, 1980) weicht davon kaum ab. Auf diese wird klassischerweise in arbeitswissenschaftlichen Studien Bezug genommen. Hackman und Oldham (1980) definieren Arbeitsautonomie bzw. „Job Autonomy" als „the degree to which the job provides substantial freedom, independence, and discretion to the individual in scheduling the work and in determining the procedures to be used in carrying it out" (Hackmann und Oldham 1980, S. 162). Gemäß dieser Definition erfahren Mitarbeiter Ermessensspielräume vor allem in Bezug auf die Arbeitsaspekte *Arbeitsabläufe* und *Arbeitszeitplanung.* Hackmann und Oldham (1980) haben nachgewiesen, dass sich diese Autonomieaspekte positiv auf die Motivation von Mitarbeitern auswirken. Dieser positive Zusammenhang wird auch in neueren Studien im Kontext von Expertenorganisationen belegt (Petroni und Colacino 2008; Peus et al. 2015).

Im Vordergrund stand ab den 70er-Jahren das Humanisierungsbestreben. Als *Humanisierung der Arbeit* galt explizit die autonomieorientierte Gestaltung von Arbeitsprozessen. Autonomie galt als zentrale Prämisse für die Konzeption des Menschenbildes der Arbeits- und Organisationspsychologie und fand vor allem Eingang in motivations- und handlungstheoretische Ansätze (Sichler 2006, S. 89–91). Nicholson (1984) hat neben den etablierten Autonomiedimensionen von Hackmann und Oldham (1980) eine weitere integriert: die Freiheit der Mitarbeiter, ihre Ziele selbst zu definieren. Bailyns (1985) Konzeption geht in eine ähnliche Richtung. Sie unterscheidet zwischen strategischer und operationaler Autonomie. *Strategische Autonomie* basiert auf der Freiheit, die Agenda des eigenen Arbeitsbereichs selbst festzulegen, und *operationale Autonomie* basiert auf der Freiheit, eine vordefinierte Problemstellung in einer selbstbestimmten Weise mit den zur Verfügung stehenden Ressourcen zu bearbeiten.

Nach Hackmann und Oldham (1980) präsentierte Breaugh (1985) etwas später ein Konzept mit drei *Dimensionen von Arbeitsautonomie:* 1) die Arbeitsmethode, 2) die Arbeitsplanung und 3) Beurteilungskriterien der Arbeit.

- Die *methodische Autonomie* bezieht sich auf die Selbstbestimmung der Arbeitsmethode.
- Die *autonome Arbeitsplanung* bezieht sich auf die Arbeitseinteilung, die Zeiteinteilung sowie die Sequenzierung der Arbeit.
- Die *selbstbestimmte Definition von Beurteilungskriterien* bezieht sich auf den Grad der Selbstbestimmung sowohl der Arbeitsziele als auch der Beurteilungskriterien der eigenen Arbeit.

Morgeson und Humphrey (2006) unterscheiden in einer jüngeren Studie weiterhin zwischen den Autonomieaspekten: 1) Arbeitsplanung, 2) Entscheidungsfindung und 3) Arbeitsmethode. Langfred und Moye (2004) legen den Fokus auf die Handlungsautonomie. Auch Moldaschl (2001) bezieht sich auf diese Autonomiedimension und unterscheidet zusätzlich zwischen Handlungsautonomie und Verhandlungsautonomie.

- *Handlungsautonomie* wird als Handlungs-, Entscheidungs- oder Dispositionsspielraum definiert. Sie bezieht sich auf Kontrolle in der Arbeit im Sinne der Möglichkeit, eigene Ziele zu bestimmen und selbstständig über Mittel und Wege zur Zielerreichung zu entscheiden.
- *Verhandlungsautonomie* definiert die Kontrolle über Arbeits- sowie Beschäftigungsbedingungen (z. B. Einfluss auf Kontextbedingungen der Arbeit, Zeitsouveränität, wann und wo ein Mitarbeiter arbeitet).

Die Konzeptionalisierungen überschneiden sich teilweise relativ stark und finden in unterschiedlichen Kombinationen Eingang in quantitative Studien, die die Wirkung von Autonomie messen. Die meisten wurden in den Jahren zwischen 1980 und 2000 entwickelt, daher sind einige gegenwärtige Autonomieausprägungen, wie die in Abschn. 16.2.2 ausgeführten, durch diese Arbeiten nicht ausreichend erfasst (De Spiegelaere et al. 2016). Insgesamt existiert inzwischen eine Vielfalt an arbeitspsychologischen Fachausdrücken in Angrenzung zum Autonomiebegriff (Hacker und Richter 1990). So vielfältig die Terminologie auch ist, die *Möglichkeit der Selbstbestimmung* von Menschen vereint alle Autonomiekonzepte (Rössler 2017, S. 29).

Weiterhin kann die Möglichkeit zur Selbstbestimmung erstens auf das Handlungsspektrum von Individuen *(Individual Autonomy),* zweitens auf das Handlungsspektrum von Gruppen (*Group Autonomy,* Langfred 2000) und drittens auf das Handlungsspektrum von Organisationen (*Organizational Slack,* Bourgeois 1981; March und Simon, 1959) bezogen werden. Sowohl individuelle als auch gruppenbezogene Autonomie im Arbeitsumfeld können nicht unabhängig von *organisationaler Autonomie* betrachtet werden. Diese kann aus einer organisationswissenschaftlichen Perspektive in Form von Puffer- und Ressourcenbeständen als „Organizational Slack“ konzipiert und als Grundlage für individuelle oder teambezogene Autonomie im Sinne von Handlungs- und Entscheidungsspielräumen betrachtet werden. Der Begriff „Organizational Slack“ (kurz: Slack) wurde von March und Simon (1959) eingeführt. Slack kann man als „Überschusszustand“ bezeichnen; er kann sich auf Finanzen, Investitionsgüter, Personen, Informationen,

Know-how etc. beziehen (vgl. Krcal 2009, S. 2). Je größer der Überschusszustand an zeitlichen, personellen oder materiellen Ressourcen ist, desto wahrscheinlicher müssen Entscheidungen über die Zukunft der Organisation nicht unter Zeitdruck getroffen werden und desto größer ist die Bereitschaft von Organisationen, mit Unsicherheit und Risiken umzugehen. Gemäß Bourgeois (1981) dient Slack der Förderung von organisationaler Kreativität. Slack sorgt auch für Schutz bei ausbleibenden Projekterfolgen; Slack fördert eine „Kultur der Experimente" (Krcal 2009, S. 15) und wirkt sich positiv auf das Gefühl der Selbstwirksamkeit aus. Freie Ressourcen der Führung fördern Toleranz und Akzeptanz neuer Ideen (Krcal 2009, S. 15). Der Pufferressourcenbestand eröffnet Freiheit im Sinne eines *Vorhandenseins von Alternativen,* und der Reservebestand sorgt bei risikoreichen Vorhaben für Sicherheit im Sinne einer *Reduktion von Zwang.*

Wenn eine Organisation genügend Pufferressourcen hat, dann sind potenzielle Spannungen, Widersprüche oder Paradoxien im Umgang mit Autonomie zwischen Führungskräften und Mitarbeitern in ein Klima der Wahlfreiheit und Großzügigkeit eingebettet. Ein weiterer interessanter Aspekt ist gerade in Bezug auf Arbeitsautonomie in wissensintensiven Organisationen und der Forderung von De Spiegelaere, et al. (2016), zeitgemäßere Konzeptionen von Arbeitsautonomie in Untersuchungen zu integrieren, das Konzept des *„Cooperative Slack"*. Diese Form von Slack entsteht, wenn „Kooperationspartner in einem Kooperationsnetzwerk durch Kollektivierung einen erforderlichen Sicherheitsbestand aufbauen. Nicht gebrauchte Ressourcen aller beteiligten Unternehmen bilden den Sicherheitsbestand" (Krcal 2009, S. 22–23). Das heißt, im Rahmen von Wissensnetzwerken mit internen und externen Partnern entwickelt sich mit der Zeit ein Überschuss an Wissen und Reaktionsmöglichkeiten auf sich potenziell wandelnde Umweltanforderungen (z. B. durch gesteigerte Know-how-Quantität und -Qualität im Netzwerk). Das ist der Sicherheitsüberschuss. Wenn ein Unternehmen einen Überschuss an Sicherheit aufbaut, schafft das in Veränderungssituationen Freiräume, denn die Zeit, die man in Veränderungsphasen z. B. für kreative, innovative Tätigkeiten aufwenden sollte, wird nicht durch Zeit für den Aufbau von Sicherheit gefährdet. Das steigert die organisationale Autonomie. Überschüssige Zeit *(Slack Time)* kann für unternehmerische Tätigkeiten eingesetzt werden (Lawson 2001).

Diese traditionellen arbeits- und organisationspsychologischen Autonomiekonzepte weisen einen deskriptiven Charakter auf. Es werden Handlungs-, Gestaltungs- und Entscheidungsspielräume beschrieben und analysiert. Im nachfolgenden Kapitel wird in knapper Form die Weiterentwicklung der arbeitsbezogenen Autonomieforschung beschrieben und kritisch gewürdigt.

16.2.2 Begriffliche Weiterentwicklung und kritische Diskussion des Autonomiekonzepts

Das Verständnis von Autonomie als Persönlichkeitsentfaltung wird seit Anfang des 21. Jahrhunderts von einem Verständnis von *Autonomie als Selbstorganisationsfähigkeit, als Verhandlungsspielraum, Zeitsouveränität* und *Prozessautonomie* von Personen und

Teams im Kontext moderner Leistungsanforderungen abgelöst (Sichler 2006). Gerade im Zuge der digitalen Transformation von Organisationen entsteht zunehmend das Bild einer agilen, selbstorganisierten und vernetzten Arbeitswelt (Gloger und Rösner 2014; Kaltenecker 2016). Die moderne Arbeitswelt wird oft mit der Formel „VUCA" bezeichnet. Das Akronym VUCA (kurz für *Volatility, Uncertainty, Complexity, Ambiguity*) beschreibt die veränderten Rahmenbedingungen, unter denen Knowledge-Worker geführt werden bzw. sich selbst führen.

Das Humanisierungsbestreben aus den 80er-Jahren weicht aktuell einem ausgeprägten Agilitätsbestreben und der Betonung von Unternehmertum. Organisationsmitglieder werden zunehmend als selbstorganisierendes System bzw. als „Arbeitskraftunternehmer" (Voss und Pongratz 1998) betrachtet. Das unternehmerische und innovatorische Potenzial von Mitarbeitern steht im Vordergrund (Kaudela-Baum et al. 2014). Auch vor dem Hintergrund der zunehmenden Flexibilisierung der Arbeit und der Tendenz zum mobilen Arbeiten erstaunt es nicht, dass in neueren arbeits- und organisationswissenschaftlichen Arbeiten Konzepte wie *Arbeitszeitautonomie* (Barney und Elias 2010) oder *Arbeitsplatzautonomie* (Ten Brummelhuis et al. 2012) Eingang finden.

Die *Flexibilisierung der Arbeit* und die Förderung der Selbstbestimmung von Mitarbeitern ist inzwischen aus ökonomischer und psychologischer Perspektive eine Notwendigkeit, und Flexibilität verlangt die Autonomie des Individuums (Sichler 2006, S. 51). Ohne eine Zunahme von Selbstkontrolle oder Kontrolle in Teams könnten sich Organisationen nicht flexibler gestalten, nicht offen für kurzfristige Veränderungen sein, nicht rasch auf Veränderungen reagieren. Während der Begriff „Arbeitskraftunternehmer" eher den Blick auf die Chancen der gegenwärtigen Arbeitswelt lenkt, kommen in Richard Sennetts Buch „Der flexible Mensch" (1998) die Gefahren zum Ausdruck, die mit der vom Kapitalismus erzwungenen Notwendigkeit, autonom zu handeln, einhergehen. Sennett sieht den ökonomisch forcierten Autonomiezuwachs von Mitarbeitern eher als Bedrohung, und man bekommt den Eindruck, die Mitarbeiter seien überfordert und Opfer eines perfiden Machtsystems mit neuen Formen der Kontrolle, die aber in ihrer Funktion schwerer durchschaubar sind als die alten (hierarchischen) Regeln und Strukturen. In der betriebswirtschaftlich geprägten Literatur fällt häufig der Begriff Flexibilität im Zusammenhang mit Autonomie (vgl. z. B. Sydow et al. 2002, S. 10). Flexibilität wird im Allgemeinen als passive Anpassungsfähigkeit und auch als aktive Beweglichkeit verstanden und unterscheidet sich somit klar vom Konzept der Autonomie im Sinne von „Selbstgesetzgebung" (Moldaschl 2001, S. 133). Flexibilität bezeichnet ganz generell die Fähigkeit (von Organisationen und deren Mitgliedern) „zur Bewältigung widersprüchlicher und sich wandelnder Anforderungen bzw. komplexer Umwelten" (Sydow et al. 2002, S. 10–11). Flexibilität und Autonomie haben also eine unterschiedliche Bedeutung, bedingen sich jedoch wechselseitig.

Neuere Studienergebnisse geben Aufschluss über die Zusammenhänge von Arbeitsautonomie und anderen Erfolgsfaktoren. Unter anderem zeigt die Studie von De Spiegelaere et al. (2016), dass sich weder Arbeitszeitautonomie noch selbstbestimmte Arbeitsplanung noch eine selbstbestimmte Wahl des Arbeitsortes positiv auf das

Arbeitsengagement von Mitarbeitern auswirkt. Sie konnten lediglich einen positiven Effekt von *methodischer Autonomie* auf das Arbeitsengagement statistisch signifikant nachweisen. Zudem wirken sich die freie Methodenwahl und die freie Wahl des Arbeitsortes positiv auf das individuelle Innovationsverhalten von Mitarbeitern aus (S. 525). Eine aktuelle Studie von Kaudela-Baum et al. (2015) zeigt u. a., dass die Faktoren *Eigeninitiative* und *Eigenverantwortung von Mitarbeitern* die Wirkung von Arbeitsautonomie auf das individuelle innovative Verhalten stark beeinflussen. Ohne eine ausgeprägte Neigung der Mitarbeiter zu eigeninitiativem und eigenverantwortlichem Handeln kann individuelle Autonomie z. B. nicht effektiv zur Förderung der Innovation eingesetzt werden.

Die Erhöhung von Freiheitsgraden allein wirkt sich also laut den genannten Studien nicht positiv auf erfolgsrelevante Faktoren aus. Wenn Organisationen also bspw. die individuelle Autonomie fördern, sollten sie vorher prüfen, ob die beteiligten Mitarbeiter den geplanten Autonomiegrad auch wollen und damit verantwortlich umgehen können. Diese differenzierte Betrachtung und Kopplung von Autonomievariablen mit verschiedenen Kontext- und Persönlichkeitsfaktoren wurde in der frühen Autonomieforschung noch vernachlässigt.

Sichler (2006) weist zu Recht darauf hin, dass bei den klassischen Autonomiestudien der 80er-Jahre der *normative* Charakter des Autonomiebegriffs ausgeblendet wurde. Es wurde implizit davon ausgegangen, dass eine Erhöhung von Freiheitsgraden bei Mitarbeitern per se erwünscht ist (Sichler 2006, S. 247). Für eine kritische Diskussion des Autonomiekonzepts als Führungsansatz in wissensintensiven Organisationen reicht diese eingeschränkte Sichtweise nicht aus. Denn wenn es um die konkrete Gestaltung von Autonomie und damit verbunden um die Definition von Normen im Umgang mit Autonomie in der Unternehmenspraxis geht, dann stellt sich sofort die Frage, was vor dem Hintergrund des jeweiligen organisationalen Kontextes, der Organisationskultur, unter Arbeitsautonomie verstanden werden soll. Sollte den Mitarbeitern z. B. Autonomie gegeben werden in Bezug auf die Art und Weise, wie sie ihre Arbeit organisieren, wann sie ihre Arbeit ausführen, wann sie Urlaubstage einplanen, wann sie zur Arbeit erscheinen sollen, mit wem sie kooperieren sollen? In dieser Hinsicht sind viele Organisationen bzw. Führungskräfte überfordert und können die Ergebnisse aus der quantitativ geprägten Autonomieforschung nur schwer als Gestaltungsauftrag inkl. der damit verbundenen Folgen für die Organisation deuten.

Im Zuge der Weiterentwicklung des Autonomiebegriffs vor dem Hintergrund neuerer Arbeitskontexte wird Autonomie erstens stärker als subjektiver Begriff (Moldaschl 2002), zweitens als relationaler Begriff (Müller 1990; Rössler 2017) aufgefasst, drittens wird die paradoxe (Trevelyan 2001) und viertens die präskriptive Dimension (Sichler 2006) des Autonomiebegriffs stärker ins Licht gerückt. Im Zuge der Subjektivierung des Autonomiebegriffs kommt es stärker auf die Fähigkeiten eines Individuums an, Arbeitstätigkeiten und Arbeitsprozesse selbst zu regulieren bzw. selbst zu organisieren. Ein relationaler Begriff lenkt den Blick auf die Führungsbeziehung und die soziale Konstruktion von Autonomie: Der paradoxiebewusste Autonomiebegriff versteht Autonomie immer im unauflösbaren Widerspruch zu (potenziellen) Gegenspielern; der präskriptive Autonomiebegriff konzipiert die Selbstbestimmung hingegen so, dass das individuelle Handeln auch in Bezug auf gesellschaftliche und organisationale Werte und Normen gedeutet werden kann. Das betrifft z. B. den Grad der Partizipation an der Entwicklung der Organisation oder die Bewertung der eigenen Autonomiegrade vor dem Hintergrund gesellschaftlicher Diskurse. Mitarbeiter werden aus dieser Perspektive als ethisch urteilende und handelnde Subjekte betrachtet, die Verantwortung für ihre Handlungen tragen (Sichler 2006, S. 247) und sich in einem offenen Feld von Beziehungsmöglichkeiten, Widersprüchen und Paradoxien bewegen.

Diese Weiterentwicklungen des Arbeitsautonomiebegriffs sind eine wichtige Grundlage für die Thematisierung von autonomieorientierter Führung in wissensintensiven (Experten-)Organisationen. Nachfolgend werden zwei neuere Ansätze vertieft dargestellt. Diese bilden die Grundlage für die Diskussion der einleitend genannten Thesen und der Problemstellung.

16.2.3 Autonomie als relationales Konstrukt

„Autonomie wird konstituiert durch soziale Kontexte und soziale Beziehungen und realisiert sich in ihnen" (Rössler 2017, S. 326), – das heißt, Autonomie wird zur „Beziehungsfrage" (Müller 1990) zwischen selbstbewussten Verhandlungspartnern. Müller (1990) konzipiert Autonomie nicht nur als Beziehungsfrage zwischen Mitarbeitern und der Organisation oder ihrer Arbeit (im Sinne von Selbstverwirklichung), sondern auch als *Beziehungsfrage des Mitarbeiters zu sich selbst* (im Rahmen seiner Arbeit). Das heißt, dass Organisationsmitglieder sich weder nur aus Existenzgründen engagieren noch, um sich selbst zu verwirklichen, sondern weil sie sich in autonomen Entscheidungen an einen *Sinn* binden und sich so in der Arbeit wiedererkennen. Arbeit wird aus dieser Perspektive als *identitätsstiftender Prozess,* als bewusst gewählte und verantwortbare Beziehung des Menschen zu seiner Welt verstanden. Müller interpretiert Autonomie als *„Selbstständigkeit"*.

> Selbstständig ist jemand, der inmitten aller Umweltansprüche und auch unter dem Einfluss eigener Bedürfnisse selber steht, und der nicht in der Watte eines überdimensionierten Sozialkollektivs oder durch ein Korsett sozialer Rollenzwänge am Umfallen gehindert wird (Müller 1990, S. 218).

Autonomie wird aus sozialkonstruktivistischem Blickwinkel also weniger als Handlungs- bzw. Entscheidungsspielraum, sondern vielmehr als *Kompetenz* verstanden, die sich im Rahmen sozialer Beziehungen entwickelt und daher auch eine normative Dimension aufweist. Autonomie hat einen *reflexiven Charakter,* ist identitätsstiftend und wird damit zum „dynamischen Entwicklungskonstrukt" (Sichler 2006, S. 260). Im Zentrum steht ein Verständnis von Autonomie als das *Vorhandensein von Alternativen* (im Gegensatz zu einem Verständnis von Freiheit als Gegensatz zu Zwang, siehe

Abschn. 16.2.4), die verantwortungsvoll gegeneinander abgewogen werden müssen. Gerahmt wird diese Diskussion von der Erkenntnis, dass sich individuelle Formen von Autonomie nur im Kontext einer spezifischen *Autonomiekultur* deuten lassen.

Auch die neuere Systemtheorie thematisiert Autonomie. Autonomie wird aus dieser Perspektive als *Selbstorganisation* (im Zusammenspiel mit Selbstaktualisierung und Responsivität) verstanden. Gemäß Luhmann (2006) kann man von Selbstorganisation sprechen, wenn die Strukturen eines operational geschlossenen Systems durch die eigenen Organisationen aufgebaut werden müssen, d. h., es gibt keinen *„Strukturimport"* (Luhmann 2006, S. 101). Soziale Systeme kann man demnach als strukturell selbstorganisierende Systeme verstehen; sie können ihre eigenen Zustände selbst determinieren. Wenn die Interaktionen, die das System selbst als Einheit definieren, nur durch das System selbst bestimmt werden, dann kann man von einem *autonomen System* sprechen. Autonomie bezieht sich jedoch nur auf bestimmte systeminterne Kriterien, da eine Austauschbeziehung mit der Umwelt weiterhin besteht. Autonomie ist daher ein *ambivalentes Element* selbstorganisierender Systeme; es bezieht sich in erster Linie auf deren Fähigkeit der *Selbstregulierung* und *Selbstgestaltung.* Es bedeutet nicht, dass das System keinen Einflüssen aus der Umwelt ausgesetzt wäre. Aus der Perspektive (teil-)autonomer, selbstorganisierender Systeme erscheint es schwierig, dass Veränderungsinitiativen in einem Unternehmen wie geplant umgesetzt werden können. Die „Regulierungsmöglichkeiten" von Organisationen sind aus systemischer Sicht stark beschränkt. Aus dieser Sichtweise ist eine Organisation als Produkt menschlicher Kommunikation – aber nicht zwingendermaßen menschlicher Absichten – zu verstehen (Bergmann und Daub 2008, S. 38–39). Das Konzept der Selbstorganisation zwingt Entscheidungsträger zum *Respekt vor Autonomie* im Sinne von (spontanen und evolutionären) Selbstorganisationsmechanismen. Das heißt, Führungskräfte können zwar von außen Anstöße geben bzw. das System „irritieren", können aber selbstorganisierende Systeme *nicht direkt führen.* Führung kann nur als Kontextsteuerung gedacht werden.

Das systemtheoretisch fundierte Autonomiekonzept lässt sich nur schwer auf das Individuum beziehen. Individuen werden als Teil sozialer Systeme betrachtet, aber nicht selbst als sozial konstituiertes System verstanden. Es gibt jedoch auch konstruktivistische und lerntheoretische Ansätze in der Systemtheorie, die das Individuum als *selbstreflexives System* (Baitsch 1993) bzw. die individuelle Lebensführung als *selbstreferenzielles System* betrachten (Sichler 2006, S. 300–301). Autonomie heißt aus dieser Perspektive, dass Menschen sich selbst in der autonom gesteuerten Auseinandersetzung mit der Umgebung realisieren. Menschen haben das Bedürfnis, Identität zu erleben und über ihre Identitätsentwicklung Kontrolle auszuüben. Ohne Möglichkeit zur autonomen Realisierung seiner selbst wird das Spezifische eines Menschen unterdrückt, seine Überlebensfähigkeit bedroht (Baitsch 1993). „Das Bedürfnis nach Autonomie wird als anthropologische Konstante angenommen" (Baitsch 1993, S. 44). Der Entzug von Autonomie käme einer *Identitätsbedrohung* gleich.

▶ **Autonomie** In Wissensorganisationen, die durch intra- und interorganisationale sowie personelle Vernetzung geprägt sind, bezieht sich Autonomie maßgeblich auf die Möglichkeit von Akteuren, *selbstständig* und *selbstorganisiert* in Absprache mit anderen oder unter Berücksichtigung von Handlungen anderer zu handeln.

16.2.4 Autonomie als Paradoxon

Die paradoxe Beschaffenheit der Beziehung zwischen Wissensarbeitenden und Managern gründet u. a. im unauflösbaren Widerspruch zwischen individueller Autonomie und einer gemeinsamen organisationalen Ausrichtung. Bereits der Begriff „Organisation" impliziert ein gewisses Maß an Struktur. Wenn eine Tätigkeit keinen Bedarf an zentralistischer Kontrolle bzw. Koordination aufweisen würde, gäbe es auch keinen Bedarf für eine Organisation (Weber 1921/2002) und damit auch keine Grundlage für den Bezug zwischen Autonomie und Arbeit. Letztlich läuft alles auf die Grundfrage hinaus, wie man in einer Organisation Freiheit zulassen kann, wenn der Eintritt in die Organisation durch Verträge und Stellenbeschreibungen und die Arbeit in der Organisation durch Standards und Normen geprägt ist, die Mitarbeiter geradezu dazu bringen, ihre eigenen Präferenzen zurückzustellen und sich den Bedingungen der Organisation zu fügen (vgl. Luhmann 2000, S. 107). *Zwang versus Freiheit* zählt zu den Grundwidersprüchen in der Gestaltung sozialer Systeme, woraus sich alle weiteren Widersprüche in der Gestaltung von Organisationen ableiten lassen (Müller-Christ 2007). Auch der Widerspruch zwischen dem klassischen arbeitswissenschaftlichen Verständnis von Autonomie als „Selbstständigkeit" und Kontrolle zählt dazu (vgl. Tab. 16.1).

Tab. 16.1 Zwang versus Freiheit: ausgewählte Widersprüche in der Organisationsgestaltung. (Quelle: Müller-Christ 2007, S. 141)

Zwang		Freiheit
Determinismus	versus	Voluntarismus
Kontrolle	versus	Selbständigkeit
Standardisierung	versus	Flexibilisierung
Zentralisierung	versus	Dezentralisierung
Fremdorganisation	versus	Selbstorganisation
Fremdsteuerung	versus	Selbststeuerung
Kooperation	versus	Konkurrenz
Ordnung	versus	Kreativität
Kollektivität	versus	Individualität

Wenn man davon ausgeht, dass die Mitgliedschaft in der Organisation aus freien Stücken zustande gekommen ist, dann ist „Freiheit" unter diesen Voraussetzungen auf die Selbstständigkeit in Bezug auf die Berufs- und Arbeitgeberwahl beschränkt (Kaudela-Baum et al. 2014, S. 116–117), und hochqualifizierte Wissensarbeiter mit einer relativ hohen „Employability" können sich lediglich entweder für eine Organisation mit einer Tendenz zu Freiheitselementen oder für eine Organisation mit einer Tendenz zu Zwangselementen „frei" entscheiden (vgl. Tab. 16.1). Die Institutionalisierung der Form des Arbeitsvertrags macht Wahlfreiheit im organisationalen Kontext kommunizierbar und verständlich.

Autonomie kann grundsätzlich vor dem Hintergrund von Grenzen in Form von Verträgen, Klauseln, Gesetzen, Richtlinien etc. (institutionalisierte Zwänge) konzeptionell als „Gegenspieler" erfasst werden. Alles, was sich jenseits dieser institutionellen Regelungen befindet, kann als Autonomie verstanden werden (Kaudela-Baum et al. 2014, S. 117; Müller-Christ 2007). Der Umgang mit Autonomie ist in Organisationen inhärent paradox, die Widersprüchlichkeit von Autonomie und Organisation ist unauflösbar, und jede Form von Kompetenzentwicklung von Führungspersonen sollte dies berücksichtigen.

16.2.5 Autonomieorientierung zwischen Differenzierung und Integration

Wie die vorherigen Abschnitte gezeigt haben, ist Autonomie kein eindimensionales Konstrukt, sondern umfasst mehrere Dimensionen. Abb. 16.1 bietet einen Überblick über die Mehrdimensionalität und die inhaltliche Vielfalt des Autonomiekonzeptes.

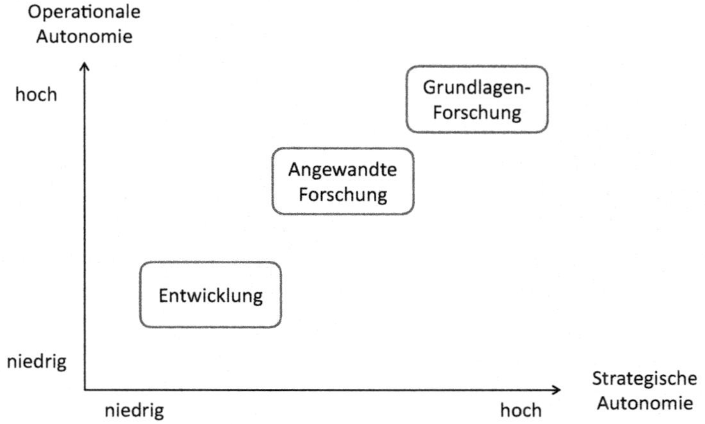

Abb. 16.1 Multidimensionalität des Autonomiekonzeptes

1. Autonomielevel (strategisch/operativ)
2. Autonomieakteure (Individuum/Gruppe/Organisation)
3. Handlungs- und Entscheidungsautonomie
   a) Zeitliche Autonomie (Zeitbudget und Festlegung der Reihenfolge der Handlungen)
   b) Arbeitsplatzautonomie (Wahl des Arbeitsplatzes)
   c) Methodische Autonomie (Wahl der Mittel und Verfahren zur Ausführung der Arbeit)
   d) Beurteilungsautonomie (Festlegung der Erfolgskriterien der Arbeit)
4. Verhandlungs- und Kooperationsautonomie (Einfluss auf die Arbeitsbedingungen/ Zusammenarbeit mit Kooperationspartnern)
5. Prozessautonomie (Ausgestaltung von Prozessen)

Autonomieorientierung ist also eine sehr breit gefasste Orientierung für die Führung. Um daraus Handlungsweisen abzuleiten, muss das Zusammenspiel zwischen einzelnen Autonomiedimensionen im Kontext von Arbeit und dessen Wirkung auf organisationale Erfolgsgrößen noch differenzierter erforscht werden. Trotzdem bieten die vorgestellten Dimensionen bereits hilfreiche Anhaltspunkte für die organisationsinterne Analyse von Autonomiegestaltungsfeldern und die Planung von Maßnahmen zur effektiven Gestaltung von Arbeitsautonomie.

Arbeitsautonomie umfasst die folgenden Elemente (Sichler 2006, S. 260 ff.):

- Mitarbeiter verwirklichen ihre individuellen Lebensziele und Potenziale in Abgrenzung zu den organisationalen Zielen. Um autonom zu handeln, benötigen Mitarbeiter einen eigenen Standpunkt, die Möglichkeit, Stellung zu nehmen und ihren Prinzipien und Werten zu folgen.
- Mitarbeiter verfügen über Selbstmanagementkompetenzen im Umgang mit Selbstbestimmung und den daraus hervorgehenden Entwicklungs- und Lernprozessen. Ein durch Autonomie geprägtes Arbeitsumfeld verlangt ein hohes Maß an Selbstgestaltungs- und Reflexionswillen.
- Mitarbeiter tragen Verantwortung für ihre autonom getroffenen Entscheidungen.

Es gilt also einerseits, einen differenzierten Blick einzunehmen und zu reflektieren, welche Form von Autonomie konkret vor dem jeweiligen organisationalen Kontext die Potenziale der Mitarbeiter am effektivsten freilegt. Andererseits gilt es, einen integrativen Blick einzunehmen und den individuellen sowie organisationalen Kompetenzaspekt und die Veränderungsdynamik, die mit der Schaffung von Autonomie einhergeht, im Kontext der Arbeit sowie der individuellen Lebensführung zu betrachten.

Im folgenden Abschn. 16.3 werden nun Rahmenbedingungen und Herausforderungen, insbesondere Spannungsfelder, mit denen die Führung in einem wissensintensiven Kontext konfrontiert ist, aus einer Autonomie-Perspektive dargelegt und mit typischen Führungssituationen illustriert.

16.3 Wissensarbeit und autonomieorientierte Führung: Rahmenbedingungen, Beispiele, Herausforderungen

16.3.1 Rahmenbedingungen

Gerade Führungskräfte in wissensintensiven Organisationen mit einer ausgefeilten digitalen Kommunikationsinfrastruktur und hoch qualifizierten Mitarbeitern sehen sich – im Gegensatz zu Führungskräften in Organisationen, deren Wertschöpfung eher auf standardisierten Produkten oder Dienstleistungen basiert – einem besonders hohen Druck ausgesetzt (Debackere et al. 1995; Langfred und Rockmann 2016; Trevelyan 2001). Die *Spannung* zwischen organisationsseitigen Bürokratie- und mitarbeiterseitigen Autonomieanforderungen ist in diesem Organisationstyp besonders ausgeprägt. Diese Spannung ist unabhängig vom Organisationstyp unauflösbar, d. h., auch wenn die Mitarbeiter in einer Organisation eine enorme Autonomie haben, ein gewisses Maß an Kontrolle, Bürokratie, Anweisung, Bindung, gemeinsamer Ausrichtung etc. wird es immer geben. Das Ringen um das richtige Maß an Autonomie ist ein wichtiger Prozess zum Erhalt der Lern- und Innovationsfähigkeit von Expertenorganisationen und aus lern- und entwicklungspsychologischer Sicht eine wichtige Führungsaufgabe.

Eine autonomiefördernde Führung im Sinne einer *bewussten* Gestaltung von Arbeitsautonomie im Rahmen der Führung von Knowledge-Workern ist unabdingbar:

- Erstens haben Experten durch ihre von anerkannten Institutionen überprüfte und bestätigte Fähigkeit zur Bewältigung von komplexen Problemstellungen im jeweiligen Wissensgebiet *einen legitimen Anspruch auf Autonomie.* Man kann davon ausgehen, dass sie aufgrund ihrer Ausbildung und ihrer Leistungsorientierung (Ericsson et al. 2007) das notwendige Maß an Selbstständigkeit mitbringen bzw. die Fähigkeit, das eigene Tätigkeitsfeld selbst zu strukturieren. Dieser Typ Mitarbeiter tritt proaktiv in die Aushandlung von arbeitsbezogenen Freiräumen ein.
- Zweitens erhöht es die *Zufriedenheit, die Motivation und das Engagement* von Experten, autonom zu arbeiten. Dies gründet u. a. darin, dass Führungskräfte die Expertise ihrer Mitarbeiter oft nicht im Detail einschätzen können (Blessin und Wick 2014, S. 382; Rybnicek et al. 2016). Die Bedingungen für eine direktive Führung sind daher gar nicht gegeben.
- Drittens zählt Autonomie in diesem Kontext inzwischen zum *Leistungsanspruch.* Von Knowledge-Workern wird aufgrund der meist hohen Aufgabenkomplexität und des hohen Grads an virtueller Zusammenarbeit in (Projekt-)Teams erwartet, autonom zu entscheiden und zu handeln. Bei ausgesprochenen Experten können sehr anspruchsvolle Aufgaben durch die üblichen Führungsansätze nicht effektiv koordiniert werden (Bourgault et al. 2008).

Im Vordergrund stehen in wissensintensiven Organisationen also *Verhandlungen über Autonomieverhältnisse auf Augenhöhe.* Nachfolgend werden zur Illustration einige typische Beispiele aus der Praxis wissensintensiver Organisationen beschrieben und jeweils mit passenden Autonomiekonzepten diskutiert.

16.3.2 Beispiele

Beispiel 1: Der langsame Richter

Ein Richter ist mit seiner Klage gegen seine Chefin (die Gerichtspräsidentin) beim zuständigen Dienstgericht gescheitert. Die Chefin hatte ihn ermahnt, schneller zu arbeiten. Der wegen angeblicher Langsamkeit gerügte Richter des Oberlandesgerichts hatte deshalb gemeinsam mit externen Juristen aus anderen Bundesländern eine Klage gegen seine Kritikerin eingereicht. Er fühlte sich in seiner richterlichen Unabhängigkeit angegriffen. Er hatte in verschiedenen Instanzen eine Niederlage erlitten. Eine Ermahnung wegen Langsamkeit verletze nicht die richterliche Unabhängigkeit, hatte das Dienstgericht in einem Pilotverfahren entschieden. Dem Mann war vorgehalten worden, er sei erheblich hinter den durchschnittlichen Erledigungszahlen von Fällen zurückgeblieben. Er soll nur etwa 68 Prozent der Durchschnittsleistung anderer Richter erreicht haben. In den Verfahren wurde deutlich, dass es keineswegs um das Thema Faulheit ging, sondern darum, wie gründlich ein Richter arbeiten darf (SWR Online 2017).

Ist die Unabhängigkeit der Justiz also höher einzuschätzen als die Erwartung der Dienstaufsicht, dass alle gleich viele Fälle bearbeiten? Der Richter, Experte auf seinem Fachgebiet, stützt sich auf seine professionelle Urteilsfähigkeit, seine Autonomie im Amt als Richter. Er nimmt für sich nicht nur eine inhaltliche Autonomie in Anspruch, sondern auch eine administrative Autonomie, und fühlt sich nicht an die Vorgaben und Kontrollmechanismen der Organisation bzw. seiner Vorgesetzten gebunden (Debackere et al. 1995). Durch die Klage hat der Richter v. a. versucht, seine Verhandlungsautonomie im Sinne eines Einflusses auf die Kontextbedingungen seiner Arbeit (Moldaschl 2001) zu vergrößern. Das Beispiel des Richters ist symptomatisch für Expertenorganisationen. Ähnlich gelagerte Spannungsfelder sehen wir in Arztpraxen oder Krankenhäusern, wo häufig Fallpauschalen mit der unabhängigen Einschätzung von Ärzten, die ein Heilversprechen gegenüber einem Patienten abgegeben haben, kollidieren. So wird in Deutschland beispielsweise aktuell von Fachexperten eine Personaluntergrenze für die Pflege in Krankenhäusern eingefordert und der Deutsche Ärzteverband fordert einen Einbezug bei der „Erarbeitung der Personalvorgaben sowie der Konsequenzen bei Nichteinhaltung", gemeinsam mit Pflegenden und Therapeuten (Deutscher Ärztetag 2017). Dieser Einbezug wird voraussichtlich durch zahlreiche Verhandlungen in Gremienarbeit oder auch durch rechtliche Prozesse sichergestellt. Durch eine ausführliche und durchaus politische Thematisierung der eigenen Perspektive wird – wie auch am Beispiel der

Diskussion um die Klage des Freiburger Richters ersichtlich – der Boden für eine größere Verhandlungsautonomie von Ärzten geschaffen.

Wissensintensive Unternehmen (z. B. Google, 3M oder Gore) mit einem hohen Anteil an Software-Ingenieuren sowie Forschungs-und-Entwicklungs-(F&E)-Mitarbeitern, gelten mit ihren expliziten Freiraum-Regelungen als Pioniere und Rollenmodelle für eine autonomiefördernde Führung (Kaudela-Baum et al. 2014; Tate 2012). Es werden freie Halbtage ausgerufen und 20 %-Freiräume in die Jahresarbeitszeit einkalkuliert (vgl. Tate 2012). Autonomie zählt heute in wissensintensiven Unternehmen zu den zentralen Charakteristika einer Stelle für Knowledge-Worker. Google z. B. führt immer wieder die Spitze der beliebtesten Arbeitgeber in diversen Rankings weltweit an. Das setzt andere Unternehmen in der gleichen Branche unter Zugzwang. Unternehmen orientieren sich in Bezug auf die Stellendesigns immer in gewissem Maße am Arbeitsmarkt (Langfred und Moye 2004) und gleichen ihre Praxis mit den Besten ab.

Beispiel 2: Der CEO als Coach

Die Jaywalker GmbH mit Sitz in Luzern ist eine Experten-Organisation, die überwiegend junge, hoch qualifizierte Arbeitskräfte aus dem IT-Bereich beschäftigt. Der neu eingeführte Führungsansatz der Jaywalker GmbH beruht grundsätzlich auf drei Kernprinzipien: Mitdenken, Mitentscheiden und Mitgestalten. Dabei geht es in erster Linie darum, alle Mitarbeiter stärker miteinzubeziehen und ihnen so die Möglichkeit zu geben, sich und ihre Fähigkeiten optimal einzubringen und weiterzuentwickeln. Sie sollen das Gefühl haben, ihre Lebenszeit sinnvoll zu investieren. Für klassische Führungspersonen sei da kein Platz, betont Sam Kurath, der Gründer und Eigentümer des Unternehmens. Es existiert zwar nach wie vor ein operativer Geschäftsführer; dieser sei aber vielmehr ein Coach als ein Vorgesetzter. Die wichtigste Funktion dieses Coachs sei, den Mitarbeiter zu helfen, herauszufinden, was sie wirklich wollen und wo ihre Fähigkeiten liegen. Die Idee dahinter: Die Mitarbeiter sollen selbst zu Führungspersonen werden, in ihren Teams gemeinsam nach Lösungen suchen und mehr Verantwortung übernehmen. Anstelle von Führungserfahrung und -qualitäten würden neu die Fähigkeiten der Mitarbeiter in den Vordergrund gestellt. Dadurch hätten alle automatisch einen Führungsanspruch, da sie in ihrem Aufgabenfeld und Themenbereich Experten darstellten.

Um einen solchen Ansatz zu realisieren, sind verschiedene Voraussetzungen zu erfüllen. So müssen die Mitarbeiter über ein hohes Maß an intrinsischer Motivation verfügen, die benötigten Fähigkeiten und Kompetenzen mitbringen sowie ähnliche Einstellungen und Werte wie der Geschäftsführer vertreten, denn ansonsten kann keine Vertrauenskultur entstehen. Jaywalker verknüpft die Autonomiebetonung auch mit den Bedürfnissen der Generationen Y und Z. Autonomiebetonung zur Steigerung der Arbeitgeberattraktivität (Langfred und Rockmann 2016) eröffnet aber wiederum ein neues Dilemma. Auch das stellt man bei Jaywalker fest: Unternehmen müssen im „War for Talents“ um hoch qualifizierte Wissensarbeiter neben Autonomie auch die *Bindung ihrer Talente* sicherstellen. Bindung beinhaltet u. a. Loyalität, Identifikation mit der Organisation und damit Autonomieverlust. In diesem Zusammenhang wird auch häufig die *dilemmatische Loyalitätsbeziehung* von Wissensarbeitern oder Professionals betont. Das typische Argument lautet: Professionals (z. B. Forschende) verhalten sich eher loyal zu ihrer professionellen Gemeinschaft als zu ihrem Arbeitgeber. Es existiert ein Spannungsfeld zwischen „professionellem Commitment" und „organisationalem Commitment". Knowledge-Worker verfügen grundsätzlich über eine relativ hohe Autonomie bei der Frage, ob und inwieweit sie einen Beitrag zum Unternehmen leisten möchten und sich mit diesem identifizieren (Rybnicek et al. 2016). Dieses Dilemma sollte bewusst thematisiert werden, um gemeinsam mit den Mitarbeitern konstruktive Ansätze zu seiner Überwindung zu entwickeln (z. B. eine Austrittskultur, die es Talenten ermöglicht, leicht wieder ins Unternehmen einzusteigen).

Beispiel 3: Abschaffung von Urlaubsanträgen bei Virgin

Richard Branson, Chef der Unternehmensgruppe Virgin, hat 2014 medienwirksam für 170 Angestellte (alles hoch qualifizierte Stabsmitarbeiter aus der Konzernzentrale) die Urlaubsanträge abgeschafft und verkündet, dass es allein Sache des Arbeitnehmers sei, zu entscheiden, ob und wann er ein paar Stunden, einen Tag, eine Woche oder einen Monat freinehmen will. „Wir sollten uns darauf konzentrieren, welches Pensum die Leute schaffen, und nicht darauf, wie viele Stunden oder Tage sie im Büro absitzen", schreibt Branson. Für die großzügige und öffentlichkeitswirksame Ankündigung gelten allerdings zwei wichtige Einschränkungen: 1) Die Urlaubsregelung gilt nur für die ausgewählten 170 Mitarbeiter, und 2) die Arbeit muss erledigt werden und darf nicht liegen bleiben. Er erwarte von seinen Angestellten, dass diese verantwortungsvoll mit der Regelung umgingen (Manager Magazin 2014).

Durch diesen Entscheid wurde die Handlungsautonomie der Mitarbeiter radikal erhöht, aber die Verhandlungsautonomie gleichzeitig ein Stück weit eingeschränkt. Die Individuen müssen nun nicht mehr mit der Organisation die Kontextbedingungen ihrer Arbeit aushandeln, sondern sich auf kollegialer Ebene, in einem lateralen Führungsmodus (Kühl 2017), in komplexen impliziten sowie expliziten Verständigungsprozessen auf Regeln im Umgang mit Urlaubstagen einigen. Unter lateraler Führung wird generell die Führung unter Kollegen und ohne hierarchischen Hintergrund verstanden (Blessin und Wick 2014, S. 355).

Folgt man der Argumentation von Moldaschl (2001), wird die Zeit, die für die faire Aushandlung von Autonomieverhältnissen eingesetzt werden muss, evtl. rasch wieder zur Belastung. Durch diese Zeit könnte wieder Zeit für die Freizeit jenseits der Organisationsgrenzen verloren gehen, d. h., das „Geschenk" von Richard Branson könnte auch schnell zur Belastung werden, insbesondere in wissensintensiven Organisationen, deren Mitglieder auch andere Leidenschaften pflegen als das Management komplexer kollaborativer Verständigungsprozesse über Regeln und Normen der Zusammenarbeit.

Beispiel 4: Dark Horse: Es lebe die freiwillige Selbstkoordination!

„In regelmäßigen Abständen prüfen wir, ob die Regeln noch funktionieren oder ob die Umstände sich so geändert haben, dass es Zeit für neue Regeln ist. Prinzipiell mit einer Regel einverstanden zu sein, hilft, sie zu befolgen. Weil uns im Alltag trotzdem oft Zeitmangel, Emotionen oder schlicht Faulheit überwältigen, haben wir zudem Mechanismen, die uns helfen, im Rahmen unserer selbstgesteckten Regeln zu handeln. Unsere freiwillige Selbstkoordination in all diesen Bereichen ermöglicht es uns, mit dem großen Paradox umzugehen, vor dem jede Organisation steht und das so bezeichnend für die Generation Y ist: die Vereinbarung von individueller Selbstbestimmtheit und stabiler Kooperation“ (Dark Horse Innovation 2016, S. 133).

In dem Buch „Thank God it's Monday“ von der Berliner Agentur „Dark Horse“ (Dark Horse Innovation 2016) kommt das *Autonomie-Belastungs-Paradox* gut zum Ausdruck. Unabhängig davon, wer oder was individuelle Selbstbestimmtheit, also Autonomie, regelt, es bleibt ein paradoxes Unterfangen, erfordert einen hohen Grad an Selbstreflexion und Lust auf laterale „Nitty Gritty“-Führung. Die individuelle Autonomie zählt heute neben der Sinnfindung zu den zentralen Erwartungen der neuen Arbeitnehmergeneration (Kels et al. 2009, 2016; Rousseau et al. 2006). Autonomiekonzepte finden sich in der Diskussion rund um Empowerment (Schermuly 2017; Spreitzer 1996), Job Crafting (die aktive, stärkenbetonte Gestaltung des eigenen Arbeitsplatzes, Le Blanc et al. 2017; Wrzesniewski und Dutton 2001), Soziokratie (Oestereich und Schröder 2017; Reijmer und Strauch 2017) oder auch der Demokratisierung von Organisationen (Sattelberger et al. 2015; Zeuch 2015) wieder. Autonomie ist als normatives Ideal konstitutiv für die Idee von unternehmensstrategischer und -politischer Mitsprache von Mitarbeitern.

16.3.3 Herausforderungen

Die Beispiele zeigen, wie kontextabhängig, relational und auch widersprüchlich Autonomiegestaltung in der Praxis abläuft. Die beteiligten Akteure experimentieren mit Freiräumen, ringen (sogar vor Gericht) um Selbstbestimmung und Selbstverwirklichung. Im Zuge einer zunehmenden Abtretung von Kontrolle und somit Schaffung von individueller Autonomie seitens der Organisation an ihre Mitglieder hat sich zunehmend ein Klima der Autonomieförderung entwickelt, und in den Köpfen zahlreicher Führungspersonen die Annahme, dass die Mitarbeiter sich nun automatisch proaktiver verhalten werden. Diese Annahme bestätigt sich größtenteils. In einigen Organisationen hat sich in diesem Zuge jedoch auch eine Proaktivität seitens der Knowledge-Worker in Bezug auf die bewusste *Einforderung von Autonomie* bzw. zumindest die gezielte *Verhandlung* mit dem Arbeitgeber über ihre Autonomieverhältnisse entwickelt (Hornung et al. 2010).

Je größer das Wissen, das Beziehungsnetzwerk oder die Reputation ist – je größer also die Ressourcen eines Experten sind –, desto besser ist die Ausgangslage dieses Mitarbeiters für Verhandlungen über Autonomie. Diese Ressourcen sind für Organisationen von Interesse; sie sind abhängig davon. Wissensorganisationen bieten dagegen Beschäftigung, Möglichkeiten zur Weiterentwicklung von Fähigkeiten und Wissen und ebenso Zugang zu vielfältigen Ressourcen. Wenn Experten hohe Einstellungschancen auf dem Arbeitsmarkt haben (Employability), dann werden sie versuchen, den Wert ihrer Ressourcen zu ihren Gunsten auszuhandeln und ihre (Ver-)Handlungsspielräume zu erhöhen. Autonomie wird so im *Spannungsfeld zwischen Ressourcenkontrolle und -abhängigkeit* ausgehandelt (Donnelly 2006; Sydow et al. 2002) und zum *Machtfaktor.*

Gerade wissensintensive Organisationen lassen sich oft als entgrenzte, offene Organisationen charakterisieren, und diese tendieren dazu, die Handlungsautonomie (Selbstbestimmung in der Arbeit) konstant zu erweitern, während die Verhandlungsautonomie (also z. B. der Einfluss auf die Kontextbedingungen der Arbeit oder die Gestaltung der Life Balance) von Wissensarbeitern oft schrumpft (Moldaschl 2001).

Ein hoher Grad an Autonomie stellt grundsätzlich hohe Anforderungen an Mitarbeiter: „Die neuen Freiheiten müssen mit neuen Unsicherheiten erkauft werden – selbst wenn man die Freiheiten gar nicht will" (Moldaschl 2001, S. 137). Je entgrenzter eine Organisation, desto höher die Anforderungen an Individuen, sich selbst Grenzen zu setzen, ständig Unbestimmtheit zu reduzieren.

Es besteht also gerade in sich digitalisierenden wissensintensiven Organisationen die Gefahr, dass Autonomie zur Belastung wird und dass während der Arbeit von den Knowledge-Workern sehr viel Zeit für die Regulation von Unsicherheit und weniger Zeit für die Entwicklung von neuem Wissen verwendet wird.

Zu berücksichtigen gilt es auch, dass eine sehr hohe Spezialisierung und damit Autonomie von Individuen auch dazu führt, dass diese Mitarbeiter nur schwer von einem Tätigkeitsfeld zu einem anderen „switchen" und sich damit nur begrenzt entwickeln können. Dies ist im Zeitalter von interdisziplinärer Zusammenarbeit in wissensintensiven Organisationen grundsätzlich kritisch zu betrachten. Was den *Autonomiegrad* anbetrifft, gilt es daher zu berücksichtigen, wie viel Know-how-Transfer von einem Organisationsbereich in einen anderen notwendig ist. Wenn Führungskräfte Spezialisten zu stark abschirmen, könnte in deren „Elfenbeintürmen" ein „Not-invented-here-Syndrom" entstehen (Debackere et al. 1995). Auch weisen Forschungsergebnisse darauf hin, dass ein zu einseitiger Fokus auf ein Wissensgebiet in einer Zeit, die von einer enormen Technologiedynamik geprägt ist, kontraproduktiv sein kann. Wer sich zu stark spezialisiert, kann in diesem Zeitalter rasch den Anschluss verlieren (Debackere et al. 1995). Führungskräfte in diesem Umfeld sollten also die „Knowledge Economy" (Debackerer et al. 1995, S. 421) in ihrem Bereich genau beobachten und daraus in der Rolle als *Autonomy Agents* kontinuierlich ableiten, welche Formen von Autonomiebegrenzung gerade nützlich bzw. welcher Grad von Autonomie noch tolerierbar ist. Über Verständigung und die gemeinsame Entwicklung von Regeln können Autonomiegrade in Organisationen gut ausgehandelt werden. Die Voraussetzung dafür ist jedoch ein *gemeinsamer Erfahrungshintergrund* oder zumindest ein bewusstes Eintauchen in die jeweiligen Perspektiven der Beteiligten. Das ist vor allem in großen Organisationen nicht immer möglich.

Der folgende Abschn. 16.4 stellt – unter Beibehaltung einer kritischen Perspektive – ausgewählte Gestaltungsansätze und -instrumente einer autonomiefördernden Führung vor.

16.4 Ansatzpunkte autonomiefördernder Führung – Chancen und Risiken

> When someone asked Indian-born Zubin Mehta about the difficulties of conducting the Israel Philharmonic, where everyone is said to consider him or herself a soloist, he reportedly replied, „I'm the only Indian; they're all the chiefs!" (Mintzberg 1998, S. 144).

Die grundlegenden Ausführungen in den vorangegangenen Abschnitten haben verdeutlicht, dass Autonomie im Arbeitskontext keine Illusion und kein Fundstück ist, sondern eine gemeinschaftliche Aufgabe, und dass man sich die Kompetenzen, um diese Aufgabe zu bewältigen, als Führungsperson (und auch als geführte Person) aneignen muss. Daher greift dieser Abschn. 16.4 die in Abschn. 16.1 formulierte Problemstellung auf, sprich, die Frage, welche *organisationalen und führungsbezogenen Kompetenzen* eine effektive autonomiefördernde Führung unterstützen und wo *Chancen und Gefahren* damit verbunden sind.

Ansatzpunkt 1: Verständigung und Reflexivität

Zuvor wurde vor dem Hintergrund eines relationalen Autonomiekonzeptes ausgeführt, dass mit Autonomie ein eigener Standpunkt der Mitarbeiter einhergeht. Wer nur rollenkonform handelt, handelt nicht autonom. Daher ist es wichtig, dass sich sowohl Führende als auch Geführte in einem ersten Schritt über ihre eigenen Standpunkte klarwerden. In diesem ersten Schritt sollten sich Führungskräfte daher fragen, welche typischen Denkmuster über Autonomie in der Organisation vorherrschen: Welche Auffassungen von Autonomie gibt es? Passen diese Auffassungen zusammen? Welche Interessen unterstellt man Mitarbeiter, die Autonomie einfordern? Welche Interessen verbindet man selbst mit Autonomie? Welche autonomieerschwerenden oder -verhindernden Strukturen existieren im Arbeitsalltag? Welche Vorannahmen prägen die Förderung von Autonomie? Welche Beispiele gibt es bereits in der Organisation? Passen diese zu den Vorstellungen der Beteiligten?

Autonomiefördernde Führungskräfte hinterfragen ihre eigene Haltung im Hinblick auf Autonomie und werden sich bewusst, wie sie in einer bestimmten Situation Autonomie in Beziehung zur Organisation und zu ihren Mitarbeitern gestalten und welche Perspektiven sie bei Entscheidungen beeinflussen. Die Reflexionsfragen für Führungskräfte (Tab. 16.2) könnten diesen Verständigungsprozess erleichtern.

Wenn die Mehrheit der Fragen mit „nein" beantwortet wird, dann bestehen in der Organisation ungenutzte Potenziale für eine wirksame autonomiefördernde Führung.

Tab. 16.2 Reflexionsfragen zu potenziellen Autonomiebarrieren und -chancen

Reflexionsfragen für das Topmanagement	**Ja**	**Nein**
Wir ermutigen Führungskräfte, situativ Sonder-Ressourcen für Entwicklungsvorhaben zu organisieren und die Autonomie von Mitarbeitern oder Teams auch kurzfristig zu erhöhen. Ausnahmen sind bei uns die Regel		
Wir kontrollieren die strategische Zielerreichung langfristig, wir versuchen, Mikromanagement zu vermeiden. Wir fördern dezentrale Entscheidungen		
Wir ermutigen Führungskräfte, auch unkonventionellen Ideen ihrer Mitarbeiter Gehör zu schenken und eine Feedback-Kultur zu pflegen		
Wir ermutigen Führungskräfte, die Leistungskriterien der Arbeit mit ihren Mitarbeitern gemeinsam zu entwickeln		
Dort, wo es geht, schauen unsere Führungskräfte auch mal nicht so genau hin und lassen die Dinge laufen. Das ist wichtig. Kontrolle ist gut, Vertrauen ist besser		
Reflexionsfragen Management		
Wir haben viele Mitarbeiter, die sehr viel Engagement zeigen. Sie arbeiten sehr selbstständig, können gut mit Autonomie umgehen und fordern diese auch ein		
Wir haben für Mitarbeiter klare Regeln in Bezug auf ihre Handlungsfreiheiten. Diese Regeln sind allen bekannt und werden regelmäßig in Workshops reflektiert		
Wer bei uns Autonomie sucht, der kann sich diese erarbeiten		
Unsere Mitarbeiter überziehen ab und zu auch mal Deadlines, das ist aber normal. Die Planung von Neuentwicklungen kann man nie genau vorhersagen		
Die Mitarbeiter bestimmen mehr oder weniger selbst über die Einteilung ihrer Arbeitszeit		
Die Mitarbeiter können mitreden, wenn es um die Zusammenstellung von Projektteam-Mitgliedern geht		
Die Mitarbeiter beeinflussen die Auswahl externer Kooperationspartner immer wieder mit		
Die Mitarbeiter stimmen sich dezentral bzw. projektbezogen ab, an welchem Ort sie arbeiten		
Mit welchen Methoden ein Mitarbeiter oder ein Team zum Ziel kommt, entscheiden die jeweiligen Mitarbeiter selbst. Hauptsache ist, dass die Lösung stimmt		

„Nein"-Organisationen sind hierarchiebetont und pflegen einen direktiven Führungsstil, d. h. dieses Ergebnis wäre für wissensintensive Organisationen ein „Alarm-Signal".

Wenn sehr viele Fragen mit „ja" beantwortet werden, dann wird die Organisation eher heterarchisch strukturiert und kontinuierlich mit der Formulierung bzw. Reformulierung von Regeln zur Koordination von Autonomie beschäftigt sein (siehe Zitat von Dark Horse Innovation). Organisationen mit einem hohen „Ja"-Anteil sind definitiv agiler, stellen aber auch deutlich höhere Anforderungen an die Mitarbeiter in Bezug auf Eigeninitiative und Eigenverantwortung. Neben der Beantwortung der grundlegenden Frage, *welche Formen der Autonomie* die Mitarbeiter im Unternehmen wirksam zur Sicherung der organisationalen Beständigkeit und Erneuerungsfähigkeit einsetzen, sollten sich autonomiefördernde Führungskräfte die Frage stellen, wer gut mit Autonomie umgehen kann und wer nicht. Dies könnten Führungspersonen z. B. neben einer guten Beobachtungsgabe auch über die *Durchführung von Assessments* in Erfahrung bringen.

Die Liste ist als einfache „Checkliste“ für mögliche Eintrittsdebatten über Autonomieverhältnisse bzw. die Autonomiekultur in der Organisation aus der Sicht von Führungskräften zu verstehen.

Ansatzpunkt 2: Organisationale Verankerung und Gestaltungsformen
Dieser Punkt bezieht sich auf die Klärung der Frage, auf welcher organisationalen Ebene Autonomieverhältnisse ausgehandelt werden bzw. wer sich mit wem auf Autonomieverhältnisse verständigt. Das sind operative, aber sehr wichtige Überlegungen. Autonomie-Management muss erstens klar verortet und zweitens personifiziert werden. Weiter oben wurde betont, wie spannungsreich und diskursiv Verhandlungen über Autonomieformen und -grade ablaufen.

Daher ist es absolut illusorisch zu glauben, dass sich alle Führungskräfte proaktiv an der Abschaffung ihrer Entscheidungsbefugnisse beteiligen werden. Kontrollverlust stellt die professionelle Identität als Führungskraft infrage. Wer etwas „treiben“ lässt, hat nicht alles im Griff. Es besteht dann die Gefahr, dass man als „Laissez-faire“-Führungsperson gilt. Autonomieorientierte Führung setzt voraus, dass sich *alle* Beteiligten die Fragen stellen, wie genau Autonomie organisiert und gestaltet werden kann.

Wie beschrieben existieren z. B. Unternehmen, die für ihre Mitarbeiter zeitliche Autonomie in Prozentangaben festgelegt haben. In anderen Unternehmen vollzieht der CEO einer Unternehmensgruppe höchstpersönlich und offiziell eine Deregulierung der Urlaubsplanung. Das sind formale Akte, die klar von der Geschäftsleitung kommuniziert werden. Wenn oft implizit geltende Führungsfunktionen wie Mentoring, Coaching, Puffer sein, Rücken freihalten, an der langen Leine führen oder implizite Mitarbeiterfunktionen/-bezeichnungen wie Macher, freier Radikaler, bunter Vogel, Querdenker, Musterbrecher usw. mit „offiziellen“ Rollen verknüpft werden würden, dann könnten sich in Zukunft interessante neue Rollen und Funktionen für die Entwicklung wissensintensiver Organisationen herauskristallisieren.

Eine Studie von Kaudela-Baum et al. (2014) in F&E-Abteilungen Schweizer High-Tech-Unternehmen hat ergeben, dass sich Arbeitsautonomie anhand der folgenden Formalisierungs- bzw. Institutionalisierungsgrade einteilen lässt (Kaudela-Baum et al. 2014, S. 128 ff.):

a) *fremdorganisierte Freiräume,* d. h. von der Unternehmensführung längerfristig institutionalisierte, legale Freiräume,
b) *selbstorganisierte Freiräume* der Mitarbeiter, die auf Eigeninitiative und Eigenverantwortung basieren und
c) *Promotoren-Freiräume,* die situativ, kurz- und mittelfristig, von Fall zu Fall durch Macht- und Fachpromotoren in Führungsbeziehungen organisiert werden.

Die Checkliste in Tab. 16.3 könnte einen Beitrag zur Klärung leisten.

Auch hier gilt: Wenn sehr viele Fragen mit „nein“ beantwortet werden, dann bestehen in der Organisation ungenutzte Potenziale für ein professionelles Autonomie-Management. „Nein“-Organisationen klammern einen bewussten Umgang mit dem inhärent bestehenden Willen zur Selbstbestimmung und Selbstorganisation von Wissensarbeitenden aus. Sie überlassen das Autonomie-Management komplett den Mitarbeiter und haben im Hinblick auf Autonomie einen „blinden Fleck“. Die Lern- und Innovationsfähigkeit der Organisation würde dem Zufall überlassen.

Autonomie kann also grundsätzlich strategisch geplant und top-down organisiert oder auf einer individuellen bzw. kollegialen Ebene situativ und spontan erarbeitet werden. Die Forschungsergebnisse der oben genannten Studie haben gezeigt, dass die

Tab. 16.3 Reflexionsfragen zur organisatorischen Einbettung von Autonomie-Management

Reflexionsfragen für das Topmanagement	**Ja**	**Nein**
Bei uns existieren explizite Freiraum-Regelungen für selbstbestimmtes Arbeiten von Mitarbeiter(teams) (Tage, Wochen, Monate, Events, Auszeiten für Forschung an externen Institutionen, Sabbaticals usw.). Wir sind überzeugt davon, dass es klare Regeln im Umgang mit Autonomie braucht		
Wir haben klar definierte Abteilungen bzw. Teams, die über deutlich mehr Autonomie verfügen als andere		
Die Kriterien, welche Tätigkeiten bzw. welche Erfahrung oder Leistung zur Gewährung eines gewissen Autonomiegrades führen, sind bei uns klar kommuniziert		
Im Rahmen von Strategieprojekten gewähren wir immer wieder einmal größere Freiräume für einzelne Abteilungen bzw. Mitarbeiter(teams). Diese sind zeitlich begrenzt und werden nach speziellen Regeln kontrolliert		
Ausnahmen sind bei uns die Regel. Die Wettbewerbsentwicklung ist so dynamisch, dass wir immer wieder gezielt Raum für Entwicklung schaffen. Das ist Teil unserer Strategie. Wir fördern gezielt eine Kultur der Ausnahmeregelungen		
Reflexionsfragen für das Management		
Mitarbeiter, die Autonomie suchen, müssen sich bei uns dafür selbst einsetzen und für mehr Freiräume kämpfen. Wir ermutigen diese Mitarbeiter jedoch und sind stolz darauf, dass wir solche Mitarbeiter haben		
Wir tauschen uns im Management über Mitarbeiter bzw. Teams aus, die von sich aus nach mehr Autonomie streben, und versuchen zu ergründen, wie wir Autonomie effektiv zur Performance-Steigerung einsetzen können		
Ohne Verantwortungsdelegation, Dezentralisierung und Selbstorganisation könnten wir nicht effizient arbeiten. Wir suchen proaktiv nach Möglichkeiten der Verlagerung von Kontrollfunktionen von uns auf die Mitarbeiter		
Wir haben ein Mentoren-Modell, d. h., erfahrene Mitarbeiter unterstützen weniger erfahrene bei der Gestaltung ihrer Tätigkeit; dazu gehört auch die Organisation von Freiräumen. Wir sind uns bewusst, dass die Organisation von Freiräumen mit Erfahrung zusammenhängt		

Typen b) und c) deutlich stärker ausgeprägt waren und nur ganz wenige Abteilungen top-down koordinierte und klar strategisch ausgerichtete Autonomieregelungen haben. Gerade in Bezug auf die Typen b) und c) spielen *Kommunikations- bzw. Verständigungsprozesse* zwischen Knowledge-Workern eine bedeutende Rolle.

Hier könnte man bspw. mit lateralen bzw. horizontalen Führungskompetenzen ansetzen. Diese umfassen neben der Gestaltung von Verständigungsprozessen v. a. auch das Wissen um Machtspiele und den Aufbau von Vertrauensprozessen. Die Fokussierung auf Führungsthemen wie „Macht" und „Vertrauen" in Bezug auf eine wirksame bottom-up getriebene und verantwortungsbewusste Gestaltung von Autonomie bietet viele Ansatzpunkte für wissensintensive Organisationen. *Vertrauen* basiert auf der Einhaltung gegenseitiger Erwartungen, d. h. bezogen auf die Autonomie: auf der angemessenen Balance zwischen Autonomie und Bindung (an Kontrollsysteme). Auch hier: Wenn man auf einen gemeinsamen Erfahrungshintergrund zurückblicken kann, dann kann diese Balance auch intuitiv gestaltet, variiert und bedürfnisgerecht angepasst werden. *Macht* spielt gerade in Expertenorganisationen eine große Rolle. Experten, z. B. Software-Ingenieure oder Forscher, gewinnen durch ihre einflussreiche Stellung Autonomie, die sie aus der Beherrschung von für die Organisation relevantem Sachwissen ableiten. Autonomie bedeutet *Selbstkontrolle* und ist ohne Macht undenkbar. Sowohl Führungskräfte als auch Mitarbeiter sollten diesen Aspekt reflektieren und einen konstruktiven Umgang damit pflegen.

Gerade wenn die Organisationsmitglieder eine hohe Expertise in ihren Arbeitsfeldern mitbringen (z. B. Experten für Raumfahrttechnik, Fachärzte für Kinderherzchirurgie, Fachanwälte für Insolvenzrecht, Richter an einem Verwaltungsgericht), ist es für administrative Führungspersonen (z. B. für den Geschäftsleiter einer Klinik oder den Leiter einer Forschungsabteilung) sinnvoll, diesen Mitarbeitern selbst zu überlassen, wie sie ihre Aufgaben zu erledigen haben, bzw. sie sehr stark in die Entscheidung *einzubinden,* wie Aufgaben gestaltet werden (z. B. in Bezug auf die Zusammenarbeit mit anderen Experten in der Organisation; siehe Beispiel der Personaluntergrenze für die Pflege). Das gilt vor allem dann, wenn die administrative Führungsperson die eigenen Anweisungen in keiner Form überprüfen könnte. In diesem Fall gibt es keine Alternative zum geplanten Kontrollverlust.

Fachliche Führungspersonen (häufig auch als „Matrix Leader" bezeichnet) oder Fachteams hingegen können z. B. die Einhaltung vereinbarter Ziele relativ gut überprüfen, haben aber häufig keine bzw. zu wenig ausreichende disziplinarischen Mittel (siehe Fall des Freiburger Richters), um kollektiv vereinbarte Ziele auch einzufordern. Fachliche Führungspersonen (z. B. der Leiter einer Fachgruppe für ein Unterrichtsfach an einer Hochschule) oder Fachteams (z. B. ein Fachteam zur Beurteilung von Familiensituationen in einer Kindesschutzbehörde) können Einfluss ausüben auf ihre Experten-Kollegen, aber sie müssen sich *Einflussmöglichkeiten suchen,* bei denen sie nicht auf die Hierarchie zurückgreifen müssen. Sie sollten erst gar nicht versuchen, ihre hierarchische Funktion einzusetzen. Es handelt sich stattdessen eher um subtile Taktiken, kleine Praktiken, die „verdeckt" vonstatten gehen. Die alltäglich ablaufenden Beeinflussungsprozesse werden lediglich durch Ganggespräche, in informellen E-Mails oder beim Mittagessen thematisierbar und damit auch nur in begrenzter Form veränderbar gemacht. Gerade die Eröffnung von Freiräumen durch Fach- oder Machtpromotoren aus dem Kollegenkreis spielt neben dem eigeninitiativen Einsatz für Autonomie eine bedeutende Rolle. Dieser Ansatzpunkt betont stark die mikropolitische Seite der Autonomiegestaltung aus eigenem Antrieb heraus. Im Zentrum stehen eher Führungskompetenzen wie Empathie, Konfliktmanagement, Überzeugungskraft und Selbstbewusstsein.

Ansatzpunkt 3: Respekt und Bescheidenheit

Eine *autonomieorientierte Führung* in wissensintensiven Organisationen, wie z. B. in Gerichten, Hochschulen oder Krankenhäusern, muss daher als ein sehr komplexes und gleichzeitig von Respekt (vor der Autonomie komplexer Systeme) und Bescheidenheit in Bezug auf die Wirkung direktiver Führungsweisen geprägtes Unterfangen verstanden werden. Diese Erkenntnis ist nicht neu. Gerade Führungsansätze wie die leise Führung (*Quiet Leadership,* Badaracco 2002), die dienende Führung (*Servant Leadership,* Greenleaf 2002), die verdeckte Führung (*Covert Leadership,* Mintzberg 1998) oder die systemische Führung (z. B. von der Oelsnitz 2017) betonen die individuelle Selbstbestimmung (Arbeitsautonomie) und Selbstorganisationsfähigkeit von Experten(systemen). Von der Oelsnitz (2017) sieht die systemische Führung z. B. als „Ertüchtigung zum Selbstmanagement“ (S. 86 ff.). Henry Mintzberg (1998) betont in seinem Covert-Leadership-Ansatz die Bedeutung von „Support“ und „Protection“ in der Führung von Professionals im Gegensatz zu „Direction“ und „Supervision“. In dem Blog der „Covert Leadership Agents“ (siehe http://covertleadership.com/blog) bringen die verschiedenen Leitgedanken der Autoren klar zum Ausdruck, dass Führungskräfte nicht im Scheinwerferlicht stehen müssen, um Wandel zu gestalten.

Die oben genannten Ansätze wurden u. a. im Kontext der Führung von Experten, Künstlern, Spitzensportlern oder Hochbegabten entwickelt. All diesen Führungsansätzen ist gemein, dass sie die Selbstständigkeit und Selbstorganisation von Individuen respektieren und *indirekte Führungsansätze* statt einer direktiven Führung im Vordergrund stehen. Autonomiefördernde Führung bedeutet in diesem Verständnis vor allem *Respekt vor der Freiheit der Selbstbestimmung* sowie der individuellen Selbstverwirklichung und auch die Demut im Umgang miteinander in Bezug auf Führungsthemen, da die Expertise oder auch das Talent bzw. das individuelle Potenzial von Mitarbeiter deutlich höher gewichtet wird als Führungserfolg im Sinne von „Gehorsam“.

Letztlich ist es unabdingbar, in wissensintensiven Organisationen Bedingungen zu schaffen, damit individuelle Autonomie als Quelle für Entwicklung und Innovation anerkannt wird. Neben „Learning by Doing“ gilt es, die informale Kommunikation und damit auch mehr Meetings und Feedbackgelegenheiten in Bezug auf den Umgang mit Autonomie zu fördern. Dies vor allem zum Zweck der Reflexion, der Offenlegung von Tabus und der Einnahme unterschiedlicher Perspektiven. Die mit der Lenkung von Expertenorganisationen beauftragten Führungspersonen sollten versuchen, die richtigen Kommunikationsimpulse zu geben. Darin liegt die Kunst, denn zurückhaltende, leise

Führung sollte nicht verwechselt werden mit „untätiger" Führung. Indem man Mitarbeiter wortwörtlich in Ruhe lässt, kann man nichts bewirken; es gilt, die Ruhezonen an konkrete Erwartungen zu koppeln, zum Beispiel:

- durch die Art der Aufgabenstellung zu motivieren,
- Karrierechancen mit Projekten in Verbindung zu bringen oder
- Aussichten auf herausfordernde Folgeprojekte aufzuzeigen.

Autonomiefördernde Führungskräfte sollten sich als *systembewusste „Covert Leadership Agents"* verstehen, als Agenten, die eher leise im Hintergrund agieren und mit ihren Mitarbeiter stabile Kontextbedingungen gestalten, die wiederum individuelle Selbstbestimmtheit zulassen.

Ansatzpunkt 4: Paradoxien umarmen

Wie oben erwähnt, kann Autonomie als das Gegenteil von Zwang im Sinne von Kontrolle oder Zentralisierung verstanden werden (vgl. Tab. 16.1: Zwang vs. Freiheit). Arbeitsautonomie ist ein inhärent paradoxes Phänomen, und autonomiefördernde Führungskräfte müssen neben ihrer Leidenschaft für Freiheit und Selbstbestimmtheit gleichzeitig auch eine Leidenschaft für die Kunst eben dieser Begrenzung mitbringen. Wer Autonomie als Entwicklungsmotor in Organisationen begreift, muss Paradoxien tagtäglich willkommen heißen bzw. „umarmen", die inhärenten Widersprüche im Rahmen von Autonomie-Management kunstvoll ausbalancieren. Übersichtsartig kann man die Implikationen für die Führung aus einer Betrachtung von Autonomie als Gegenpol zu Kooperation wie folgt abbilden (siehe Abb. 16.2):

Autonomie und Kooperation werden oft als gegensätzliche Pole wahrgenommen. Sie sind jedoch in der Führungspraxis untrennbar miteinander verbunden. Ein *niedriger Autonomiegrad und ein niedriger Kooperationsgrad* stehen für eine Mikromanagement-Kultur ohne Bewusstsein für Kooperation und Bindung, ohne den Blick auf das Ganze. Der Fokus liegt auf einzelnen Projekten oder Produkten, die jeweils sehr eng kontrolliert werden. Dieser Modus erzeugt einen hohen Führungsaufwand und führt insbesondere in wissensintensiven Organisationen voraussichtlich bei der Mehrheit der Mitarbeiter zu Unzufriedenheit und einem geringen Engagement.

Ein *niedriger Autonomiegrad und ein hoher Kooperationsgrad* stehen für eine hohe Bindung der Mitglieder an die Organisation, einen guten Wissensaustausch und Teamgeist. Die Führung lässt den Mitarbeitern bei der Gestaltung der Kooperation aber nicht viele Freiheiten, sondern führt direktiv. Der Weg zum gemeinsamen Ziel wird klar vorgegeben.

Ein *hoher Autonomiegrad und ein niedriger Kooperationsgrad* stehen für ein unkoordiniertes Miteinander ohne Erwartungen und Konsequenzen, eine Laissez-faire-Kultur, in der jedes Team macht, was es will. Es findet kaum Austausch oder Abstimmung untereinander statt, die rechte Hand weiß nicht, was die linke tut.

Abb. 16.2 Autonomie durch Kooperation

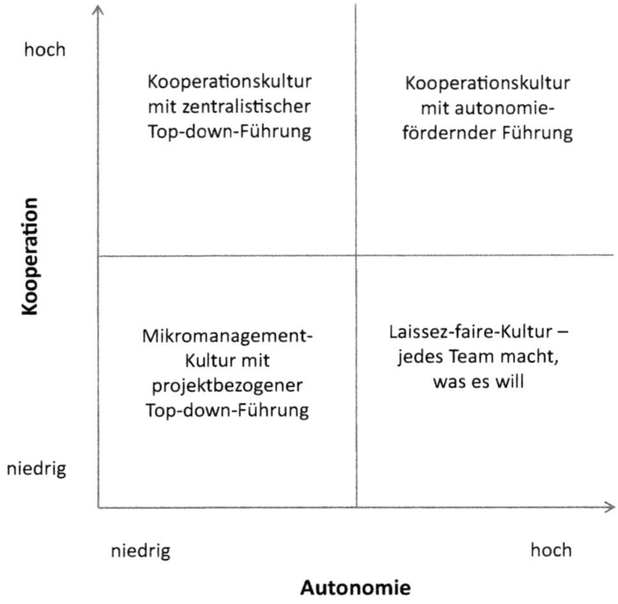

Führungskräfte haben hier relativ wenig Steuerungsmöglichkeiten und können nur darauf vertrauen, dass die Teams im Sinne der Organisation handeln.

Ein *hoher Autonomiegrad und ein hoher Kooperationsgrad* stehen für eine Praxis, in der die Regeln für individuelle Selbstbestimmung kollaborativ erarbeitet werden und der Austausch unter verschiedenen Akteuren hoch ist. Diesen Zustand könnte man als *„disciplined freedom"* (Kuczmarski 1996) bezeichnen.

> Disciplined freedom provides team members with a sense of autonomy and entrepreneurship, while giving them adequate direction and operating guidelines to help steer them through the uncertain path of innovation (Kuczmarski 1996, S. 76).

Das Management verschiedener *Autonomie-Polaritäten* im Kontext wissensintensiver Organisationen wird nachfolgend anhand einer empirischen Studie von Trevelyan (2001) noch etwas näher diskutiert. Im Rahmen einer qualitativen Studie hat Trevelyan (2001) Forschungsteamleitende und Forschungsteammitglieder im Hinblick auf ihren Umgang mit Autonomie beobachtet und befragt. Weiterhin wurde eine quantitative Befragung mit den Forschenden durchgeführt, um den Einfluss von Autonomie auf die Faktoren „Motivation" und „Zufriedenheit" zu analysieren. Das Resultat: Die Themen der Befragten konnten anhand von zwei Polaritäten eingeordnet werden: (Polarität 1) *Kontrollgrad,* den die Teamleitenden ausüben vs. *Freiheitsgrad,* den die Gruppenmitglieder haben, und (Polarität 2) *Grad an Anleitung,* den Führungskräfte ihren Gruppenmitgliedern anbieten, vs. Ausmaß, in dem sich Teammitglieder *isoliert* fühlen von ihren Teamleitenden. In Abb. 16.3 sind die beiden Polaritäten in einer Vierfelder-Matrix aufgespannt. Anhand der

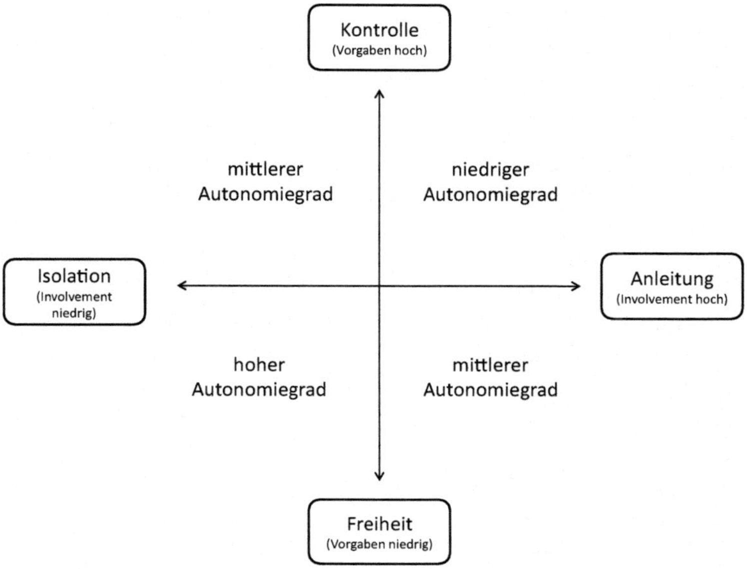

Abb. 16.3 Vorgaben und Involvement: zwei Polaritäten. (Quelle: Trevelyan 2001, S. 515)

Matrix kann Autonomiemanagement in der Führung über die Abstufung „hohe/niedrige Autonomie“ hinaus präziser kategorisiert werden. Somit sind auch die Implikationen für die Führung und Zusammenarbeit in den Teams genauer abzuschätzen.

Eine mittlere Ausprägung der Wahrnehmung von Arbeitsautonomie in der Interaktion zwischen Forschenden und ihren Teamleitenden kann gemäß Trevelyan (2001) zwei unterschiedliche Ursachen haben. Ein Interaktionsmuster könnte lauten: „Vorgaben hoch/Involvement niedrig“. Das andere Interaktionsmuster könnte lauten: „Vorgaben niedrig/Involvement hoch“. *Klare Vorgaben* („Direction“) manifestieren sich in der Entwicklung von Zielen und Maßnahmen ohne den Input von Teammitgliedern. *Involvement* manifestiert sich in einem echten Interesse am Arbeitsfortschritt und dem Anleiten und Beraten von Mitarbeitern. Ein autonomieorientierter Führungsstil könnte aus dieser Perspektive zwei Ursachen haben: Entweder ein Mangel an Involvement oder ein Mangel an klaren Vorgaben. Mit den jeweiligen Interaktionsmustern gehen gemäß Trevelyan (2001) völlig unterschiedliche Zufriedenheits- und Motivationszustände in den Teams einher. Die Ergebnisse implizieren eine positive Beziehung zwischen Involvement und Zufriedenheit und eine negative Beziehung zwischen Vorgaben und Zufriedenheit (vgl. auch Oldham und Cummings 1996). Dies ist besonders relevant im Zusammenhang mit *autonomiefördernder Führung in Expertenorganisationen,* da Experten erstens eine intrinsische Motivation und zweitens ein Unabhängigkeitsstreben zugeschrieben wird.

Die unterschiedlichen Autonomieausprägungen hatten in der Studie von Trevelyan (2001) überraschenderweise *keine* Auswirkungen auf die *Motivation* der Forschungsteammitglieder. Erklärt wird dieses Ergebnis mit der Tatsache, dass Forscher ihre Motivation aus der wissenschaftlichen Arbeit selbst, der intellektuellen Stimulation und der Reputation in wissenschaftlichen Kreisen ableiten. Führungspraktiken der Teamleitenden hatten ebenfalls keinerlei Einfluss auf die Motivation.

Diese Vier-Felder-Schemata verdeutlichen die *Beidhändigkeit der autonomiefördernden Führung*. Erfolgreiche Führungskräfte müssen die Spannung zwischen Autonomie und Kontrolle bzw. einer gemeinsamen Ausrichtung bewusst wahrnehmen und das Verhalten ihrer Teams entsprechend steuern. In welchen Phasen oder Situationen genau die Führung welche Dimension im Führungshandeln betont, ist an dieser Stelle unerheblich – wichtig ist, dass sich Führungskräfte bewusst sind, dass sie ständig mit Widersprüchen zu rechnen und mit Ambiguität umzugehen haben. In Tab. 16.4 können Führungskräfte ein Self-Assessment durchführen. Anhand dieser Testfragen kann die Fähigkeit zur Beidhändigkeit in der Führung bzw. deren Neigung, mit Widersprüchen konstruktiv umzugehen, reflektiert werden. Die Fragen lassen sich mit Punkten von 1–5 bewerten. Danach kann die Punktezahl mit Kollegen, die das Assessment ebenfalls ausgefüllt haben, verglichen werden (vgl. Kaudela-Baum et al. 2014, S. 155).

16.4.1 Laufbahnen autonomiebetont gestalten

In einem Klima der Autonomieförderung werden „Autonomie-Deals" ausgehandelt, und eine bewusste Gestaltung von Autonomieverhältnissen kann vor allem in wissensintensiven Organisationen im Sinne einer Laufbahnentwicklung neu interpretiert werden.

Tab. 16.4 Reflexionsfragen zur Ambiguitätstoleranz. (In Anlehnung an Gelb 2004, S. 151)

1.	Ich kann mit Widersprüchlichkeiten gut umgehen
2.	Ich stehe in gutem Einklang mit meiner Intuition
3.	Ich kann vielen Dingen und Situationen auch eine komische Seite abgewinnen
4.	Ich neige dazu, intuitiv Schlüsse zu ziehen
5.	Ich mag Rätsel, Puzzle und Wortspiele
6.	Ich weiß, was mir Angst macht, und vertraue meinen Instinkten
7.	Ich nehme mir Zeit, um Fragen intuitiv auf die Spur zu kommen
8.	Ich habe Spaß an Paradoxien und bin für Ironie empfänglich
9.	Es macht mir keine Mühe, auch in Widersprüchen zu denken
10.	Ich weiß, dass Konflikte die Kreativität anregen können, und ich nutze meine Kreativität im Umgang mit Konflikten

Je nach Spezialisierungsgrad, Anforderungen an (zentral gesteuertem) Wissensaustausch unter den Mitarbeitern oder Erfahrung im Aufgabengebiet lassen sich Autonomiegrade variieren. Bailyn weist bereits 1985 auf das Potenzial *autonomieorientierter Karriere- und Laufbahnpfade* hin und sieht darin v. a. im F&E-Bereich eine Alternative zur klassischen Entscheidung zwischen einer Fach- oder Führungslaufbahn. Dieser Ansatz ist hochrelevant für viele hierarchiearme Organisationen, insbesondere aus dem IT-Bereich, die aktuell auf die Selbstorganisation ihrer Teams und Mitarbeiter setzen und sich die Frage stellen, wie sie den Karrierebegriff neu denken können. Die heutige Arbeitswelt lenkt den Blick auf Führungskonzepte jenseits der Hierarchie. Schlagworte sind *delegative Führung, Teamführung, verteilte Führung, kollektive/kollaborative Führung, horizontale Führung, laterale Führung, leise Führung* oder *dienende Führung,* die allesamt darauf abzielen, dass die Mitarbeiter ihr gesamtes Potenzial und ihre Kompetenzen möglichst wirksam zur gemeinschaftlichen Erarbeitung von Lösungen einsetzen. Die Annahme, dass Arbeit ortsgebunden, klar zeitlich abgegrenzt und mit klar vordefinierten Methoden und Instrumenten unter der Anleitung einer vorgesetzten Person stattfindet, ist in Wissensorganisationen passé.

16.5 Schlussbemerkung

> Autonomie ist eine Tatsache des Lebens (Joseph Raz 1986, S. 394).

Die Relevanz von autonomiefördernder Führung für die Arbeit in einem wissensintensiven Kontext konnte klar belegt werden. Die einleitend eröffneten Thesen wurden auf der Basis einer breiten Literaturanalyse eingehend diskutiert. Denkansätze zur Lösung der formulierten Problemstellung wurden in Abschn. 16.4 beschrieben. Dabei wurde durchweg eine kritische Perspektive eingenommen, und es wurden verschiedene Disziplinen zur Diskussion der Problemstellung herangezogen. Die Auseinandersetzung mit Autonomie zwingt gerade dazu, multidisziplinär zu denken, beim Schreiben auszuholen und das Konzept neben den etablierten psychologischen Ansätzen auch in seinem geschichtlich-philosophischen Zusammenhang zu erkunden.

Inzwischen existieren neben zahlreichen aktuellen Fallbeispielen von Unternehmen mit einer autonomiefördernden Führungspraxis (vgl. z. B. Laloux 2014) viele Studien, die belegen, dass sich Autonomie generell positiv auf das Wohlbefinden von Mitarbeitern (Wu et al. 2015), die Zufriedenheit und das Engagement (Trevelyan 2001; Vera et al. 2016), das innovative Verhalten (De Spiegelaere et al. 2016; Kaudela-Baum et al. 2015) und eine geringe Abwanderung von Mitarbeitern (Annink und den Dulk 2012) auswirkt. Insbesondere wirken sich die Methodenautonomie und die freie Wahl des Arbeitsortes positiv auf das Mitarbeiterverhalten aus (vgl. Abschn. 16.2.2). Daher ist es selbstverständlich, dass die Personalabteilungen von Unternehmen gemeinsam mit Führungskräften bewusst Autonomieräume schaffen und die Kompetenzentwicklung ihrer Führungskräfte in Bezug auf ein bewusstes Autonomie-Management vorantreiben.

Gleichzeitig entsteht dadurch aber auch wieder eine Tendenz zur *(Über-)Strukturierung von Autonomiemanagement.* Der Beitrag hat sich selbst zum Ziel gesetzt, die Chancen und Grenzen einer autonomiefördernden Führung zu beleuchten. Die Gefahr bei einer zu detaillierten Analyse der Wirkung von Autonomie besteht darin, dass die Schaffung von Autonomie zum strategischen Business-Ziel wird, dass Autonomie vermessen, strukturiert und in Managementinstrumente verpackt wird (Kaudela-Baum et al. 2014, S. 132). Dadurch kann der „Zauber" der Autonomie, die der individuellen Autonomie innewohnende Motivationskraft, schnell verblassen. Das Konzept der Autonomie greift auch im Kontext der Arbeit so stark in die persönliche Lebensführung, in die Kunst, ein gelungenes Leben zu führen (Rössler 2017), ein, dass ein Teil jeder Form von Autonomie privat bleiben muss. Vielleicht ist auch diese Erkenntnis der Grund, warum so wenige theoretische Ansätze zur Gestaltung von Arbeitsautonomie existieren, dafür aber umso mehr Geschichten und Anekdoten. Für die Gestaltung von Autonomie gibt es kein Erfolgsrezept, aber man sollte als Führungskraft zumindest sein eigenes Rezept bewusst entwickeln. Dieses Experimentieren verlangt eine hohe kommunikative und reflexive Kompetenz und Vertrauen in die Fähigkeiten der Mitarbeiter. Letztlich ist eine autonomiefördernde Führungspraxis auch eine Grundvoraussetzung dafür, dass Paradoxien, Dilemmata und Widersprüche im Rahmen der Beziehungsgestaltung zwischen Expert Leaders und ihren Mitarbeiter (vgl. Kap. 2 Kaudela/Kels und Kap. 4 Zellweger/Thomann) konstruktiv gestaltet werden können. Die Widersprüche zwischen Autonomie und Bindung müssen immer wieder offengelegt und der Bezug zum Ganzen muss kommunikativ hergestellt werden. Das heißt autonomiefördernde Führung.

Literatur

Alvesson, M. (2001). Knowledge work: Ambiguity, image and identity. *Human Relations, 54,* 863–886.

Andrey, G., & Jung, P. E. (2016). Selbst organisiertes Unternehmen. Fallstudie zur Einführung von Holocracy. *Zeitschrift für Führung und Organisation, 6,* 384–389.

Annink, A., & Dulk, L. den (2012). Autonomy: The panacea for self-employed women's work life balance? *Community, Work & Family, 15,* 383–402.

Antoncic, B., & Hisrich, R. D. (2003). Clarifying the intrapreneurship concept. *Journal of Small Business and Enterprise Development, 10*(1), 7–24.

Badaracco, J. (2002). *Leading quietly: An unorthodox guide to doing the right thing*. Brighton: Harvard Business Press.

Bailyn, L. (1985). Autonomy in the industrial R&D lab. *Human Resource Management, 24*(2), 129–146. https://doi.org/10.1002/hrm.3930240204.

Baitsch, C. (1993). *Was bewegt Organisationen? Selbstorganisation aus psychologischer Perspektive*. Frankfurt: Campus.

Barney, C. E., & Elias, S. M. (2010). Flex-time as a moderator of the job stress-work motivation relationship: A three nation investigation. *Personnel Review, 39*(4), 487–502.

Bell, D. (1985). *Die nachindustrielle Gesellschaft (amerikanische Erstausgabe 1973)*. Frankfurt a. M.: Campus.

Bergmann, G., & Daub, J. (2008). *Systemisches Innovations- und Kompetenzmanagement*. Wiesbaden: Gabler.

Blackler, F. (1995). Knowledge, knowledge work and organizations: An overview and interpretation. *Organization Studies, 16,* 1021–1046.

Blessin, B., & Wick, A. (2014). *Führen und führen lassen* (7. Aufl.). Konstanz: UVK.

Bock, L. (2015). *Work rules. Insights from inside Google*. London: Murray.

Bourgault, M., Drouin, N., & Hamel, É. (2008). Decision making within distributed project teams: An exploration of formalization and autonomy as determinants of success. *Project Management Journal, 39*(S1), 97–110.

Bourgeois, L. J. (1981). On the measurement of organizational slack. *Academy of Management Review, 6,* 29–39.

Breaugh, J. A. (1985). The measurement of work autonomy. *Human Relations, 38*(6), 551–570.

Dark Horse Innovation. (2016). *Thank God it's Monday*. Berlin: Econ.

De Spiegelaere, S., Van Gyes, G., & Van Hootegem, G. (2016). Not all autonomy is the same. Different dimensions of job autonomy and their relation to work engagement & innovative work behavior. *Human Factors and Ergonomics in Manufacturing & Service Industries, 26*(4), 515–527.

Debackere, K., Rappa, M. A., & Clarysse, B. (1995). Autonomy and persistence in industrial research: The dilemma revisited. *Academy of Management Proceedings, 1995*(1), 417–421.

Deutscher Ärztetag. (2017). Beschlussprotokoll, 23.–26. Mai 2017, Freiburg im Breisgau. http://www.bundesaerztekammer.de/fileadmin/user_upload/downloads/pdf-Ordner/120.DAET/Beschlussprotokoll_120_DAET.pdf. Zugegriffen: 12. Okt. 2017.

Donnelly, R. (2006). How „free" is the free worker? *Personnel Review, 35*(1), 78–97.

Drucker, P. F. (1999). Knowledge-worker productivity: The biggest challenge. *California Management Review, 41*(2), 79–94.

Ericsson, K. A., Prietula, M. J., & Cokely, E. T. (2007). The making of an expert. *Harvard Business Review, 85*(7/8), 114–121.

Gebert, D., Boerner, S., & Lanwehr, R. (2003). The risks of autonomy: Empirical evidence for the necessity of a balance management in promoting organizational innovativeness. *Creativity and Innovation Management, 12*(1), 41–49.

Gelb, M. (2004). *How to think like Leonardo da Vinci. Seven steps to genius every day*. New York: Delta.

Gloger, B., & Rösner, D. (2014). *Selbstorganisation braucht Führung. Die einfachen Geheimnisse agilen Managements*. München: Hanser.

Gray, D. (2014). *The connected company*. Sebastopol: O'Reilly.

Greenleaf, R. K. (2002). *Servant leadership: A journey into the nature of legitimate power and greatness*. New York: Paulist Press.

Hacker, W., & Richter, P. (1990). Psychische Regulation von Arbeitstätigkeiten – Ein Konzept in Entwicklung. In F. Frei & I. Udris (Hrsg.), *Das Bild der Arbeit* (S. 125–142). Bern: Huber.

Hackman, J. R., & Oldham, G. R. (1975). Development of the job diagnostic survey. *Journal of Applied Psychology, 60*(2), 159–170.

Hackman, J. R., & Oldham, G. R. (1976). Motivation through the design of work: Test of a theory. *Organizational Behavior and Human Performance, 16*(2), 250–279.

Hackmann, J. R., & Oldham, G. R. (1980). *Work redesign*. Reading: Addison-Wesley.

Hinssen, P. (2015). *The network always wins how to influence customers, stay relevant, and transform your organization to move faster than the market*. New York: McGraw-Hill.

Hornung, S., Rousseau, D. M., Glaser, J., Angerer, P., & Weigl, M. (2010). Beyond top-down and bottom-up work redesign: Customizing job content through idiosyncratic deals. *Journal of Organizational Behavior, 31,* 187–215.

Hsieh, T. (2012). *Delivering happiness: A path to profits, passion, and purpose*. New York: Grand Central Publishing.

Kaltenecker, S. (2016). *Selbstorganisierte Teams führen. Arbeitsbuch für Lean & Agile Professionals*. Heidelberg: dpunkt.

Kaudela-Baum, S., Holzer, J., & Kocher, P. Y. (2014). *Innovation Leadership: Führung zwischen Freiheit und Norm*. Wiesbaden: Springer Gabler.

Kaudela-Baum, S., Hanisch, C., Sprenger, M., & Scherrer, S. (2015). Innovationsfördernde Führung durch Freiräume – Einflussfaktoren auf das innovative Verhalten von Mitarbeitenden. *Wirtschaftspsychologie, 3,* 98–110.

Kels, P., Gurtner, A., & Dievernich, F. E. P. (2009). Nachwuchssicherung im Kontext von Fachkräftemangel und Generation Y. In M. Zölch, A. Mücke, A. Graf, & A. Schilling (Hrsg.), *Fit für den demografischen Wandel. Instrumente, Ergebnisse, Ansätze guter Praxis* (S. 271–288). Bern: Haupt.

Kels, P., Gurtner, A., & Scherrer, S. (2016). *Employing the new generation. Personalgewinnung und Führung der Generation Y in MINT-Berufen*. Studienbericht.

Knell, J. (2000). *Most wanted: The quiet birth of the free worker*. London: A futures report. The industrial society.

Krcal, H.-C. (2009). *Das Management des (un)erwünschten Ressourcenüberschusses. Teil I. Funktionen, Zustände und Entstehung des organizational slack*. Discussion Paper Series No. 482, Department of Economics, University of Heidelberg.

Kuczmarski, T. (1996). *Innovation. Leadership strategies for the competitive edge*. Chicago: NTC Business Books.

Kühl, S. (2017). *Laterales Führen*. Wiesbaden: Springer VS.

Laloux, F. (2014). *Reinventing organizations: A guide to creating organizations inspired by the next stage of human conditions*. Brussels: Nelson Parker.

Langfred, C. W. (2000). The paradox of self-management: Individual and group autonomy in work groups. *Journal of Organizational Behavior, 21,* 563–585.

Langfred, C. W., & Moye, N. A. (2004). Effects of task autonomy on performance. An extended model considering motivational, informational, and structural mechanisms. *Journal of Applied Psychology, 89,* 934–945.

Langfred, C. W., & Rockmann, K. W. (2016). The push and pull of autonomy. *Group and Organization Management, 41*(5), 629–657.

Laske, S., Meister-Scheytt, C., & Küpers, W. (2006). *Organisation und Führung*. Münster: Waxmann.

Lawson, M. (2001). In praise of slack: Time is of the essence. *Academy of Management Executive, 15*(3), 125–135.

Le Blanc, P. M., Demerouti, E., Bakker, A. B., Fraccaroli, F., & Sverke, M. (2017). How can i shape my job to suit me better? Job crafting for sustainable employees and organizations. In N. Chmiel & F. Fraccaroli (Hrsg.), *An introduction to work and organizational psychology: An international perspective* (S. 48–63). New York: Wiley.

Luhmann, N. (2000). *Organisation und Entscheidung*. Opladen: Westdeutscher.

Luhmann, N. (2006). *Einführung in die Systemtheorie*. Heidelberg: Carl-Auer.

Manager Magazin. (2014). Virgin-Chef Branson schafft Urlaubsanträge ab. http://www.manager-magazin.de/lifestyle/artikel/richard-branson-urlaub-fuer-alle-ohne-urlaubsantrag-flatrate-a-993867.html. Zugegriffen: 10. Okt. 2017.

Menzel, H. C., Aaltio, I., & Ulijn, J. M. (2007). On the way to creativity: Engineers as intrapreneurs in organizations. *Technovation, 27*(12), 732–743.

Mintzberg, H. (1998). Covert leadership: Notes on managing professionals. *Harvard Business Review, 76,* 140–148.

Moldaschl, M. (2001). Herrschaft durch Autonomie – Dezentralisierung und widersprüchliche Arbeitsanforderungen. In B. Lutz (Hrsg.), *Entwicklungsperspektiven von Arbeit. Ergebnisse aus dem Sonderforschungsbereich 333 der Universität München* (S. 132–164). Berlin: Akademie.

Moldaschl, M. (2002). Subjektivierung. Eine neue Stufe in der Entwicklung der Arbeitswissenschaften? In M. Moldaschl & G.-G. Voss (Hrsg.), *Subjektivierung von Arbeit* (S. 23–52). München: Hampp.

Morgeson, F. P., & Humphrey, S. E. (2006). The Work Design Questionnaire (WDQ): Developing and validating a comprehensive measure for assessing job design and the nature of work. *Journal of Applied Psychology, 91*(6), 1321–1339.

Müller, W. R. (1990). Arbeitswelt: Mündigkeit im Reich der Sachzwänge. In R. Bategay & U. Rauchfleisch (Hrsg.), *Menschliche Autonomie* (S. 208–220). Göttingen: Vandenhoeck & Ruprecht.

Müller-Christ, G. (2007). Formen der Bewältigung von Widersprüchen. Die Rechtfertigung von Trade-offs als Kernproblem. In G. Müller-Christ, L. Arndt, & I. Ehnert (Hrsg.), *Nachhaltigkeit und Widersprüche. Eine Managementperspektive* (S. 127–177). Hamburg: LIT.

Nesheim, T., Olsen, K. M., & Sandvik, A. M. (2017). Never walk alone: Achieving work performance through networking ability and autonomy. *Employee Relations, 39*(2), 240–253.

Nicholson, N. (1984). A theory of work role transitions. *Administrative Science Quarterly, 29*(2), 172–191.

Nordenflycht, A. von. (2010). What is a professional service firm? Toward a theory and taxonomy of knowledge-intensive firms. *The Academy of Management Review, 35*(1), 155–174.

Oelsnitz, D. von der. (2017). *Einführung in die systemische Personalführung*. Heidelberg: Carl-Auer.

Oestereich, B., & Schröder, C. (2017). *Das kollegial geführte Unternehmen: Ideen und Praktiken für die agile Organisation von morgen.* München: Vahlen.

Oldham, G. R., & Cummings, A. (1996). Employee creativity: Personal and contextual factors at work. *Academy of Management Journal, 30,* 607–634.

O'Reilly, C. A., & Tushman, M. (2016). *Lead and disrupt how to solve the innovators dilemma.* Stanford: Stanford Business Books.

Orth, M., & Volmer, J. (2017). Daily within-person effects of job autonomy and work engagement on innovative behaviour: The cross-level moderating role of creative self-efficacy. *European Journal of Work and Organizational Psychology, 26*(4), 601–612.

Petroni, A., & Colacino, P. (2008). Motivation strategies for knowledge workers: Evidence and challenges. *Journal of Technology Management & Innovation, 3*(3), 21–32.

Peus, C., Welpe, I., Weisweiler, S., & Frey, D. (2015). Führung an Hochschulen. In J. Felfe (Hrsg.), *Trends der psychologischen Führungsforschung. Neue Konzepte, Methoden, Erkenntnisse* (Psychologie für das Personalmanagement) (S. 527–539). Göttingen: Hogrefe.

Raz, J. (1986). *The morality of freedom.* Oxford: Oxford University Press.

Reijmer, A., & Strauch, B. (2017). *Soziokratie: Kreisstrukturen als Organisationsprinzip zur Stärkung der Mitverantwortung des Einzelnen.* München: Vahlen.

Robertson, B. J. (2015). *Holocracy: The new management system for a rapidly changing world.* New York: Holt.

Rössler, B. (2017). *Autonomie: Ein Versuch über das gelungene Leben.* Berlin: Suhrkamp.

Rousseau, D. M., Ho, V. T., & Greenberg, J. (2006). I-deals: Ideosyncratic terms in employment relationships. *Academy of Management Review, 31,* 977–994.

Rybnicek, R., Bergner, S., & Suk, K. (2016). Führung in Expertenorganisationen. In J. Felfe & R. van Dick (Hrsg.), *Handbuch Mitarbeiterführung: Wirtschaftspsychologisches Praxiswissen für Fach- und Führungskräfte* (S. 227–237). Berlin: Springer.

Sattelberger, T., Boes, A., & Welpe, I. (2015). *Das demokratische Unternehmen: Neue Arbeits- und Führungskulturen im Zeitalter digitaler Wirtschaft*. Freiburg: Haufe-Lexware.

Schaller, P. D. (2016). *Experimentelle Organisationsentwicklung*. Baden-Baden: Nomos.

Schaller, P. D., & Zacher, D. (2017). Wege zur self-managed Organisation. Eine Bestandsaufnahme. *Organisationsentwicklung, 4,* 82–84.

Schermuly, C. C. (2017). Mehr als coole Büros. Warum New Work nur mit psychologischem Empowerment funktioniert. *Organisationsentwicklung, 4,* 12–18.

Sennett, R. (1998). *Der flexible Mensch*. Berlin: Siedler.

Sichler, R. (2006). *Autonomie in der Arbeitswelt*. Göttingen: Vandenhoeck & Ruprecht.

Spreitzer, G. M. (1996). Social structural characteristics of psychological empowerment. *Academy of Management Journal, 39,* 483–504.

Sripirabaa, B., & Maheswari, T. (2015). Individual creativity. Influence of job autonomy and willingness to take risk. *Journal of Indian Management (Oct-Dec), 2015,* 110–118.

Stanworth, C. (1998). Telework and the information age. *New Technology, Work and Employment, 13*(1), 51–62.

Starbuck, W. H. (1992). Learning by knowledge-intensive firms. *Journal of Management Studies, 29*(6), 713–740.

Sydow, J., Wirth, C., & Manning, S. (2002). Autonomie und Bindung in Projektnetzwerken aus betriebswirtschaftlicher Perspektive: Literaturüberblick und erste konzeptionelle Überlegungen. Arbeitspapier zur Diskussion im Rahmen des 1. Workshops des Forschungsverbundes „Grenzen der Entgrenzung von Arbeit – Notwendigkeit einer Neuformierung der Arbeitsforschung".

Sywotteck, C. (2014). Haufe – Sinnvolle Unordnung. *Brand Eins, 3,* 46–51.

Swanson, R. A., & Holton, E. F. (2001). *Foundations of human resource development*. San Francisco: Berrett-Koehler.

SWR. (2017). https://www.swr.de/swraktuell/bw/suedbaden/freiburger-richter-vor-bgh/-/id=1552/did=20242558/nid=1552/oociba/index.html. Zugegriffen: 29. Sept. 2017.

Tate, R. (2012). *The 20 % doctrine: How tinkering, goofing off, and breaking the rules at work drive success in business*. New York: Harper Collins.

Teece, D. J. (2015). Managing experts and creative talent. In J. R. Bryson & P. W. Daniels (Hrsg.), *Handbook of Service Business* (S. 242–256). Cheltenham: Elgar.

Ten Brummelhuis, L. L., Bakker, A. B., Hetland, J., & Keulemans, L. (2012). Do new ways of working foster work engagement? *Psicothema, 24*(1), 113–120.

Trevelyan, R. (2001). The paradox of autonomy: A case of academic research scientists. *Human Relations, 54*(4), 495–525.

Väth, M. (2016). New Work und die Psychologie: Wer bin ich – und wenn ja, was nicht? *Wirtschaftspsychologie, 2,* 21–24.

Vera, M., Martinez, I. M., Lorente, L., & Chambel, M. J. (2016). The role of coworker and supervisor support in the relationship between job autonomy and work engagement among Portuguese nurses: A multilevel study. *Social Indicators Research, 126,* 1143–1156.

Voss, G.-G., & Pongratz, H. J. (1998). Der Arbeitskraftunternehmer. Eine neue Grundform der Ware Arbeitskraft? *Kölner Zeitschrift für Soziologie und Sozialpsychologie, 50,* 131–158.

Weber, M. (2002). *Wirtschaft und Gesellschaft: Grundriss der verstehenden Soziologie* (Erstveröffentlichung1921). Tübingen: Mohr Siebeck.

Wilkesmann, U. (2005). Die Organisation von Wissensarbeit. *Berliner Journal für Soziologie, 15*(1), 55–72.

Willke, H. (1998). *Systemisches Wissensmanagement*. Stuttgart: UTB, Lucius & Lucius.

Wrzesniewski, A., & Dutton, J. E. (2001). Crafting a job: Revisioning employees as active crafters of their work. *Academy of Management Review, 26,* 179–201.

Wu, C., Griffin, M. A., & Parker, S. K. (2015). Developing agency through good work: Longitudinal effects of job autonomy and skill utilization on locus of control. *Journal of Vocational Behavior, 89,* 102–108.

Zeuch, A. (2015). *Alle Macht für niemand: Aufbruch der Unternehmensdemokraten.* Hamburg: Murmann.

Führen in Expertenorganisationen – eine didaktische Perspektive mit praktischer Anleitung

17

Markus Ulrich und Markus Zemp

17.1 Einleitung

Mitarbeiter aller Hierarchiestufen wollen sich von ihrem Arbeitgeber geschätzt wissen, autonom agieren können und die Möglichkeit haben, sich innerhalb der Organisation entsprechend ihrer Fähigkeiten und Interessen weiterzuentwickeln (Nelson 2012; Wiley 2012). Dies ist in besonderem Maße in Expertenorganisationen der Fall, die sich durch eine starke Wissens- und Kompetenzorientierung der Mitarbeiter auszeichnen (Alvesson 1993; von Nordenflycht 2010). Die besonderen Eigenschaften und Erwartungen dieser Mitarbeitergruppe stellen Führungsverantwortliche in Expertenorganisationen immer wieder vor spezielle Herausforderungen. Viele Führungsansätze zeigen bei dieser Gruppe nicht die erwünschte, ggf. gar die gegenteilige Wirkung, denn Experten fühlen sich durch gewisse traditionelle Methoden der Mitarbeiterentwicklung oft in ihrer Autonomie oder Expertenmacht beschnitten, was zu Widerstand und Blockaden führen kann (Kels 2018; Thomann und Zellweger 2016).

Innovative didaktische Führungsansätze – in anderen Worten: Führung, die auf Lernen und die Entwicklung des Mitarbeiters ausgerichtet ist – können hilfreich sein, solche möglicherweise konfliktreichen Führungssituationen in Expertenorganisationen konstruktiv zu gestalten. Insbesondere beleuchtet dieses Kapitel Rollenspiele und Simulationen als Instrumente in der Führung. Es wird das Potenzial solcher Ansätze speziell im Kontext

M. Ulrich (✉)
UCS Ulrich Creative Simulations, Zürich, Schweiz
E-Mail: markus.ulrich@ucs.ch

M. Zemp
Hochschule Luzern, Luzern, Schweiz
E-Mail: markus.zemp@hslu.ch

P. Kels und S. Kaudela-Baum (Hrsg.), *Experten führen*, uniscope. Publikationen der SGO Stiftung, https://doi.org/10.1007/978-3-658-23028-9_17

von Expertenorganisationen diskutiert und am Beispiel zweier Realszenarien verdeutlicht, die aufzeigen, worauf beim Einsatz dieser Instrumente besonders geachtet werden sollte.

Wir gehen hierzu wie folgt vor: In einem ersten Schritt beschreiben wir die besonderen Eigenschaften der Expertenorganisation und darauf aufbauend die besonderen Führungsherausforderungen in dieser Organisationsform. Basierend auf diesen Erkenntnissen entwickeln wir – in Anlehnung an die Both/And-Perspektive aus der paradoxietheoretischen Diskussion (Smith et al. 2016) – ein heuristisches Modell von Expertenorganisationen: das *„Flip-Flop-Organisationsmodell“*. Aus der Perspektive dieses Modells diskutieren wir typische Führungssituationen und zentrale Führungsherausforderungen und erörtern, wie diese Herausforderungen mittels Führungssimulationen, Rollenspielen oder Metareflexionen adressiert werden können. Anhand zweier konkreter Realszenarien schildern wir mögliche Führungsherausforderungen in einer Expertenorganisation und zeigen in den Alternativszenarien mögliche didaktische Interventionen auf.

17.2 Das Wesen von Expertenorganisationen

Im Gegensatz zu weniger wissens- und kompetenzintensiven Organisationen zeichnen sich Expertenorganisationen u. a. durch die folgenden Merkmale aus (Egloff und Bogenstätter 2016):

- Der Fokus der Organisation liegt auf dem **Wissen** und den Fähigkeiten der Mitarbeiter.
- Mitarbeiter sind **gut ausgebildet** und genießen viel Einfluss und Autorität.
- Ihr Status basiert primär auf **Fachkompetenzen** und weniger auf der Funktion.
- Es besteht eine ausgeprägte Dezentralisierung von **Aufgaben** und Macht.
- Die Personalentwicklung erfolgt über **Fachgebiete** oder durch weitere **Spezialisierung.**
- Die Loyalität gegenüber der **Profession** ist stärker ausgeprägt als die Loyalität zur Organisation.
- Es herrscht eine starke **professionelle Sozialisierung** der Experten vor.

Diese Eigenschaften und speziell der starke Fokus auf das (individuelle) Wissen – die Experten werden oftmals als *Knowledge Workers* (Kels 2018) bezeichnet – sind zentrale Merkmale von Expertenorganisationen. Die starke Wissensorientierung eröffnet Herausforderungen hinsichtlich der Anpassungsfähigkeit an die Umwelt sowie der organisationalen Veränderungsbereitschaft und -fähigkeit – denn Wissen veraltet schnell und muss kontinuierlich erneuert werden (Blackler 1995). Wissen und die Wissenserneuerung als Lernprozess sind Schlüsselkompetenzen und zentrale Kernthemen und Herausforderungen für Expertenorganisationen (Stonehouse und Pemberton 1999).

Aufgrund der hohen Bedeutung von (individuellem) Wissen und Kompetenzen verlaufen Entscheidungsprozesse, Machtverhältnisse und Beziehungen in Expertenorganisationen oftmals nicht entlang der formalen Organisationsstrukturen, sondern vielmehr über Beziehungsnetze (Burk 2010). Da sich die Experten eher ihrer Profession verbunden fühlen als der Organisation (Pellert 2000), ist ihr Interesse für die Ziele der Gesamtorganisation meist weniger stark ausgeprägt als das Interesse für die Ziele der eigenen Disziplin, des eigenen Bereichs oder der eigenen Karriere. Die Experten schaffen sich ein eigenständiges Tätigkeitsfeld, und es entsteht eine Situation von (scheinbarer) Unabhängigkeit.

Die unterschiedlichen Zielsetzungen und Erwartungshaltungen von Experten *(Knowledge Worker)* und Management – das Management versucht, das System strategisch zu steuern und zu kontrollieren, während die Experten autonom ihre eigenen Ziele verfolgen – und die geringe Loyalität der Experten gegenüber der Organisation stellen die Führungskräfte vor große Herausforderungen. Denn das Management wird in dieser Situation *„als ein notwendiges Übel angesehen, das man in Kauf nimmt, um an bestimmte Ressourcen gelangen zu können"* (Pellert 2000, S. 43). Ein Beispiel hierfür sind auf einer Sitzung gemeinsam getroffene Vereinbarungen zwischen Management und Experten – vielleicht Kostensenkungsmaßnahmen – die bereits kurze Zeit später an Verbindlichkeit verlieren und daher von den Experten nicht umgesetzt werden („Die Qualität meiner Arbeit ist wichtiger." / „Die sagen schon nichts.").

Expertenorganisationen zeichnen sich demzufolge durch eine starke Abgrenzung zwischen Management und Expertentätigkeit aus. Die lose Bindung der Experten an die Organisation führt zu Spannungsfeldern, die das Führen der Organisation deutlich erschweren (Tampoe 1993; Scarbrough 1999). Übernehmen Experten selbst Führungspositionen (Hybrid-Professional-Manager), werden diese Spannungen verinnerlicht (Ferlie et al. 2011), was zu weiteren Problemen führen kann, wenn diese Hybrid-Professional-Manager unter Einsatz persönlicher Ressourcen die Mängel der Expertenkollegen verdecken. Wenn das obere Management über die Organisationshierarchie interveniert und die Durchsetzung der Vorgaben fordert, verhandeln sie mögliche Kompromisse. Das mittlere Management befindet sich daher in einer dauernden Vermittlung zwischen Managementanforderungen (d. h. Vorgaben und Vorgesetzte) und den Interessen der ihnen unterstellten Experten. In diesem Sinne sind die Vorgesetzten „Flip-Flop-Agents".

Die Trennung zwischen oberem Management und Experten mag erklären, weshalb Expertenorganisationen oftmals über umfassende Supportabteilungen und damit einhergehend einen hohen Grad an Formalisierung verfügen. Diese Strukturen dienen dazu, die relativ geringe Macht der obersten Führungsstufe und des mittleren Managements durch Formalisierungen zu kompensieren (Mintzberg 1992, 1995). Ein Beispiel hierfür ist die Einführung neuer Regelungen: Aufgrund wiederholter Unregelmäßigkeiten bei den Spesenabrechnungen und des permanenten Nicht-Einhaltens des Spesenreglements soll die Spesenabrechnung neu jeweils vom Vorgesetzten überprüft und bewilligt werden. Das Management versucht, die Experten zur Einhaltung der Regelungen zu bewegen – dies stößt bei den Experten jedoch auf Widerstand, da sie sich bevormundet und kontrolliert fühlen.

Aufgrund der spezifischen Eigenschaften von Expertenorganisationen und den divergierenden Zielsetzungen und Erwartungshaltungen der organisationalen Akteure stellt sich daher die Frage, wie Führungskräfte in Expertenorganisationen ihre Mitarbeiter motivieren und entwickeln können, damit diese ihr volles Potenzial für die Organisation entfalten können, und welche Lernprozesse sie anstoßen müssen, um ihre Führungsrealität und ihre spezifischen Herausforderungen für die Experten sichtbar zu machen.

17.3 Expertenorganisationen im Zwiespalt – ein möglicher Denk- und Modellansatz

Anders als herkömmliche Organisationen steht die Expertenorganisation nicht nur in einem kontinuierlichen Zwiespalt divergierender Zielsetzungen, sondern sie agiert zudem in einem dauerhaften Spannungsfeld zwischen dem „Steuerungspol Management" (d. h. Führungskräfte, Verwaltungsrat, Eigentümer, Geldgeber, Gesetzgeber) und dem „Leistungspol Profession" (d. h. Experten). Während das Management – als Reaktion auf die Autonomiebestrebungen der Experten – eine Tendenz zur Formalisierung entwickelt, entzieht sich die Profession zunehmend dem direkten Einfluss der Führungsvorgaben. Die Führung wiederum reagiert auf dieses Verhalten mit dem Einsatz zusätzlicher Supportabteilungen, welche die Regeln und Vorgaben durchsetzen und im Interesse der Führ- und Kontrollierbarkeit die Abläufe und Prozesse vereinheitlichen sollen.

Die formalen Vorgaben werden von den Supportabteilungen umgesetzt; diese erhalten dadurch die organisatorische Macht, Prozesse zu kontrollieren und durchzusetzen. Dieser Führungsmechanismus funktioniert so lange, wie die Vorgaben und Regeln aus der Sicht der Leistungserbringer (Experten) effektiv ihre Arbeiten unterstützen oder wenigstens nicht behindern. Herausfordernd wird es dann, wenn Experten aufgrund der Vorgaben und Regeln ihre Ressourcen nicht mehr vollumfänglich oder mehrheitlich zugunsten ihrer Expertise oder Profession einsetzen. Es besteht die Gefahr von offenem oder verstecktem, aktivem oder passivem Widerstand. Diesem Widerstand auf der Leistungsebene wird häufig mit immer neuen oder strikteren Vorgaben und Regeln begegnet: Es entwickelt sich ein Teufelskreis, der die Gefahr der Bürokratisierung mit sich bringt.

Eine besondere Rolle kommt dem mittleren Management zu, das zwischen der Steuerungs- und der Leistungsebene agiert. Dessen Stellung in der Organisation ist einerseits sehr nahe bei der Leistungserbringung – jedoch soll das mittlere Management aufgrund seiner Führungsfunktion die Ansichten des obersten Managements vertreten. Vertreter des mittleren Managements befinden sich in diesem Spannungsfeld in einem ständigen Wechsel der Perspektiven und in der dauerhaften Vermittlung zwischen den beiden Polen. Dieses ständige Wechseln der Perspektiven (Flip-Flop) und das kontinuierliche Vermitteln zwischen den Interessen von Experten und Management erfolgt oft unter Einsatz großer persönlicher Ressourcen.

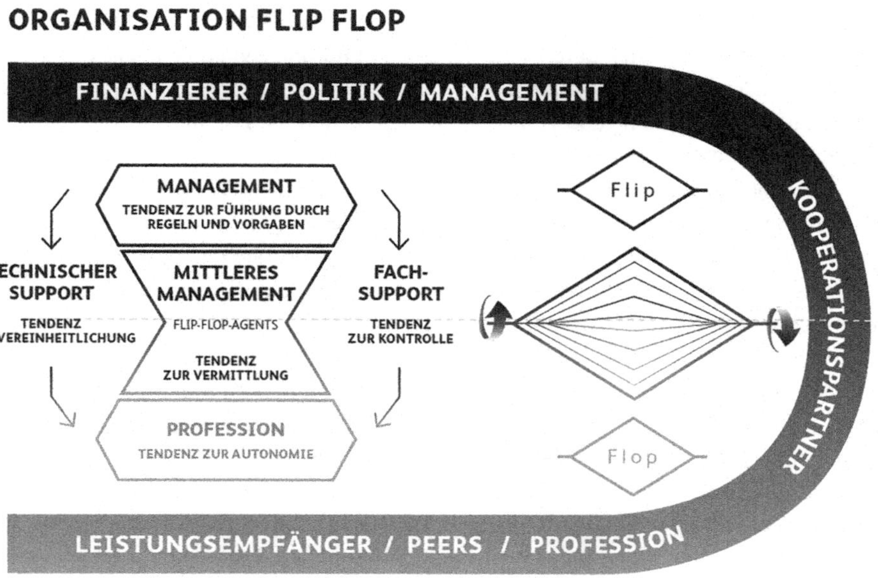

Abb. 17.1 Das Organisationsmodell „Flip-Flop"

Das Modell (Abb. 17.1) verdeutlicht die Besonderheiten von Expertenorganisationen – es illustriert, wie die aufgezeigten Spannungen zwischen den Ebenen entstehen und welche (unterschiedlichen und auch widersprüchlichen) Logiken in diesem System enthalten sind. Das Flip-Flop-Modell ermöglicht daher ein besseres Verständnis für Expertenorganisationen und insbesondere für die verschiedenen Rollen der Akteure in diesen Organisationen.

Die Flip-Flop-Perspektive eröffnet dem Betrachter die Möglichkeit, besondere Situationen oder Konflikte in Expertenorganisationen aus einer abstrakten Sicht einzuordnen, denn sie zeigt die Widersprüchlichkeit und Ambivalenz der Führungsrealität in einer Expertenorganisation auf. Das Modell kann ein hilfreiches Instrument für die Führung darstellen, um im Gespräch mit Akteuren in Expertenorganisationen ein besseres gegenseitiges Verständnis zu entwickeln und damit einen Perspektivenwechsel zu ermöglichen.

17.4 Simulationen und Rollenspiele in Theorie und Praxis

17.4.1 Simulationen, Plan- und Rollenspiele: Konzept und Nutzen

Simulationen sowie Plan- und Rollenspiele sind Instrumente der Führungsentwicklung, die in der klassischen Führungspraxis bisher nur wenig Anwendung finden. Meist verwenden Organisationen bewährte Methoden wie Zielvereinbarungen, Mitarbeiterbeurteilungen,

Vorgaben und Richtlinien. Das Flip-Flop-Organisationsmodell verdeutlicht jedoch, dass Expertenorganisationen sich durch ganz besondere Führungsdynamiken auszeichnen – und daher auch andere Methoden verlangen.

Simulationen und Plan- und Rollenspiele bieten sich an. Es sind mächtige, oft unterschätzte Instrumente. Mit ihnen lassen sich Lern- und Entwicklungsziele erreichen, die in Expertenorganisationen mit den vielfältigen Spannungsfeldern, die das Flip-Flop-Organisationsmodell aufgezeigt hat, von Bedeutung sind.

Diese Instrumente dienen dazu, Komplexität zu verstehen, die Kommunikation zu verbessern, Kreativität zu stimulieren und die Bedeutung von Konsens und Entschlossenheit zur Aktion (Commitment) erfahrbar zu machen (Duke und Geurts 2004, S. 145 ff.). Sie weisen fünf wesentliche Stärken auf (Ulrich 2006): 1) Mit gezielter Abstraktion lassen sich wesentliche Systemelemente in den Fokus rücken; 2) nach Bedarf kann die Zeit gerafft werden, um 3) längerfristige Entwicklungen komprimiert zu erleben; 4) sie zeigen beabsichtigte und unbeabsichtigte Wechsel-, Fern-, Nebenwirkungen auf, und 5) sie erlauben dank *Gestaltkommunikation* ein komplexes System in seiner *Ganzheit* zu erfassen (Duke 1974). Damit rücken die Teilnehmenden in den Fokus, die in Simulationen und in Plan- und Rollenspielen die Wirklichkeit auf neuartige Weise wahrnehmen lernen können (Kavtaradze 2008), einschließlich der Reflexion der Effektivität des eigenen Führungsverhaltens mit dem Ziel, eigene Entwicklungsnotwendigkeiten und -möglichkeiten zu entwickeln (Deenen et al. 2011, S. 176).

Mit diesen Instrumenten eröffnen sich wertvolle Möglichkeiten zur Erreichung der folgenden fünf Lern- und Entwicklungsziele:

- **Eine Thematik von verschiedenen Seiten betrachten können (Perspektive wechseln) und das große Ganze sehen können:** Simulationen und Plan- und Rollenspiele erlauben es, einen Raum zum Experimentieren und Entdecken zu schaffen, etablierte Positionen unter verändertem Blickwinkel zu sehen und Widerstand zu erkunden und zu überwinden (Breuer 2008). Sie vermitteln eine mehrdimensionale „konzeptionelle Landkarte" (Conceptual Map), die Teilnehmende darin unterstützt, vielfältige Einzelinformationen in ein logisches Ganzes zu integrieren (Duke 2008, S. 29).
- **Dinge, Zusammenhänge, Wechselwirkungen und Abhängigkeiten direkt erleben können:** Planspiele vermitteln Konzepte in einer nichtlinearen Weise und beleuchten sie aus verschiedenen Perspektiven. Damit werden Teilnehmende darin unterstützt, unterschiedliche Gesichtspunkte in einen Gesamtkontext innerhalb einer komplexen Umgebung zu stellen (Duke 2008, S. 29). Sie gewinnen Einsichten, die *auf eigenen Erfahrungen* basieren (Peters et al. 2008).
- **Sich auf eine Metaebene mit Abstand zu Tagesgeschehen und individuellen Empfindlichkeiten begeben und in diesem Freiraum neue Wege und Lösungsvarianten erkunden können:** So wird zum Beispiel der Prozess der Teilnahme an Planspielen als eine Form sozialer Realitätskonstruktion dargestellt, welche „die teilnehmenden Personen anregt, ihre eigene soziale Realität teilweise in Frage zu stellen und zu überlegen, wie die soziale Realität außerhalb der Spielsituation […] adäquat

abgebildet *und verändert* werden kann" (Kriz 2000, S. 104; Watson und Sharrock 1990). Es wird dabei eine ganzheitliche Sicht (Holistic View) auf Veränderungsprozesse und auf deren Ablauf und Resultate ermöglicht. Daraus resultiert nicht nur eine gesteigerte Sensibilisierung für mögliche zukünftige Konflikte, sondern auch eine gesteigerte generelle Fähigkeit, mit Komplexität und Unsicherheit umgehen zu können. Dies erlaubt es Gruppen von Menschen, *gemeinsame Intelligenz* zu entwickeln, Sinn zu stiften und Ideen und Fähigkeiten zu verbreiten (Wenzler 2008, S. 42–43).

- **Neue, ungewohnte Szenarien mit „Was wäre, wenn"-Fragen in dynamischen Settings ausagieren und direkt deren mögliche Konsequenzen erleben können:** Das *Ausagieren* von Handlungsoptionen schafft im Gegensatz zu einer Diskussion oder Präsentation einen unmittelbaren Zugang zu möglichen Lösungen: „Die Teilnehmenden erhalten Gelegenheit, in einer ‚als ob'-Situation zu handeln, unter Rahmenbedingungen, die Möglichkeiten zum Experimentieren, Erfahren und Lernen schaffen" (Breuer 2008, S. 119; Übersetzung durch die Autoren). Im Interesse einer kreativen Offenheit ist es allerdings entscheidend, dass derartige Aktivitäten strikt unter der Voraussetzung durchgeführt werden, dass alle gemachten Aussagen und Vorschläge *nicht* als Präjudiz für Veränderungen in der Realität gewertet werden. Plädiert jemand also in einem Szenario für eine bestimmte Veränderung, bedeutet dies nicht, dass er oder sie dies auch in Wirklichkeit unterstützt – es geht lediglich darum, verschiedene Szenarien zu durchdenken (Duke und Geurts 2004).
- **Vertrauen aufbauen und sich als *eine* Organisation erleben können:** Dieser Aspekt ist besonders wichtig, weil die Führung in Expertenorganisationen in besonderem Maß davon abhängt, dass getroffene Entscheidungen von allen umgesetzt und gelebt werden. Die erwähnten Instrumente können die Kommunikation unter konkurrierenden Akteuren verbessern (Schwägele 2014, S. 245). Sie vermitteln Einsichten in die unterschiedlichen Rollen innerhalb einer Organisation und können ein gemeinsames Verständnis von erforderlichen Veränderungsprozessen vermitteln, wie eine qualitative Studie bestätigt (Datema und van Kessel 2008, S. 219). Prägnant bringt dies der Organisationsentwickler und Planspielexperte Ivo Wenzler auf den Punkt, indem er erklärt: „Simulationen und Planspiele erlauben uns, den Nutzen von Veränderungen ebenso zu erfahren wie unser *Vermögen, erfolgreich zu sein*" (Wenzler 2008, S. 43; Übersetzung und Hervorhebung durch die Autoren).

Die erwähnten Simulationen sowie Plan- und Rollenspiele lassen sich in verschiedene Arten aufteilen, die sich je nach Schwerpunkten eignen, die oben genannten Zielsetzungen zu erreichen (de Caluwe et al. 2008; Duke und Geurts 2004; Capaul und Ulrich 2010):

1. **Schlichte Metaebene:** Hilfsmittel wie Sandkästen, Figuren, Legosteine, Papiermodelle oder Magnete auf Tafeln erlauben es, eine abstrahierte Version des zu bearbeitenden Gegenstandes (oder einer Situation) zu visualisieren. Im Gegensatz

zur gewöhnlichen verbalen Kommunikation schiebt sich sozusagen ein zusätzliches Element zwischen die Teilnehmer. Der bearbeitete Gegenstand liegt ausgebreitet *vor* ihnen und wird so im buchstäblichen Sinne manipulierbar. Systemelemente und Bezüge treten klarer hervor. Es öffnen sich Räume für Kreativität; es kann mit den Artefakten experimentiert werden; Elemente können verschoben und umgestaltet werden. Dabei werden die inneren Landkarten der Teilnehmenden (Mental Maps) sichtbar, unterschiedliche Aspekte und Sichtweisen konkretisieren sich. Die Teilnehmer kommen in einen aktiven Austausch und gewinnen eine gemeinsame Sicht der Dinge.

2. **Kleine Spiele und Simulationen** (im Sinne einer Nachbildung realer Vorgänge, nicht einer Computersimulation): Hier wird der Gegenstand nicht statisch ausgelegt, sondern dynamisch in vereinfachter, abstrahierter und durch die Spielregeln definierter Form erlebt. Diese Methode erlaubt es, ausgewählte Aspekte sehr direkt zu erleben. Oft kommen Persönlichkeitsmerkmale in solchen Situationen sehr gut zum Vorschein. Vereinfachungen und Abstraktionen ermöglichen einen Blick auf wesentliche Aspekte (z. B. des Teamverhaltens). Beispiele sind das Löcherspiel, Triangles, Fountains oder das Jeu des Muets (Capaul und Ulrich 2010). Bei Letzterem sitzen fünf Personen um einen Tisch und setzen aus ihnen individuell zugeteilten Puzzleteilen je ein Quadrat zusammen. Die Gruppe als Ganze verfügt zwar über alle Teile für fünf Quadrate, doch die Teile sind gemischt – und jegliche Kommunikation ist verboten. Unpassende Puzzle-Teile werden in die Mitte geschoben und dürfen von den Mitspielern gewählt werden. Dieses Spiel macht dank der hohen Abstraktion wesentliche allgemeine wie auch persönlichkeitsspezifische Aspekte der Zusammenarbeit in Teams und Organisationen sicht- und damit bearbeitbar.
3. **Rollenspiele:** Diese Methode des Rollenspiels erlaubt es, in kurzer Zeit einen Perspektivenwechsel zu erleben, und ermöglicht den Teilnehmern eine ganzheitliche Sicht mit mehr Empathie für das Gegenüber. Typische Elemente von Rollenspielen sind ein kurzes Ausgangsszenario, eine Beschreibung der Rollen (eventuell mit Aufgaben, Verantwortlichkeiten und Zielen, evtl. auch Charaktermerkmalen) und die konkret zu bewältigende Aufgabe. Das Rollenspiel ist ein wirksames, zuverlässiges Instrument für die Bearbeitung von Haltungen, Einstellungen und Gefühlen, vermittelt höchste Motivation und ermöglicht dank einer engen Verbindung zur Außenwelt einen wirksamen Transfer (de Laat und Geurts 2008, S. 109; van Ments 1998, S. 21 ff.).
4. **Planspiele:** In einem Planspiel tauchen die Teilnehmer während einer „Spielphase" in eine simulierte Realität ein. Planspiele erlauben die spielerische Nachbildung realer Vorgänge; komplexe Gegebenheiten können auf die wesentlichen Aspekte fokussiert werden, und Prozesse, die sich über lange Zeit abspielen, können in kurzer Zeit erlebt werden (Peters und van de Westelaken 2008, S. 154). Dabei wird die Diskussion *über* Themen ersetzt durch ein Setting, in dem die Teilnehmer (fiktive) Entscheide fällen müssen und deren Konsequenzen unmittelbar erleben. Sie bewegen sich dadurch quasi *in* den zu bearbeitenden Themen. Dies ermöglicht eine sehr unmittelbare Auseinandersetzung. Die Teilnehmenden machen dabei Erfahrungen, die sie in der

anschließenden Reflexionsphase zu allgemeinen Konzepten verdichten (Konzept des erfahrungsbasierten Lernens). Methodisch schöpfen die Planspiele aus vier Quellen (Duke und Geurts 2004; Capaul und Ulrich 2010): *Simulation* (Nachbildung realer Vorgänge), *Spiel* (regelbasierte Aktivität), *Rollenspiel* (Aktion in angenommenen, fremden Rollen) und *Fallstudie* (Bearbeitung eines fiktiven Falls). Die wichtigsten Komponenten eines Planspiels sind 1) *das Szenario* (legt die Ausgangslage des Planspiels fest, die Welt, in der es sich abspielt), 2) *die Rollen* (definieren die aktiv Handelnden im Planspiel), 3) *die Ereignisse* (halten das Geschehen in Gang, bringen wichtige Aspekte ein), 4) *die Entscheidungen* (Teilnehmer müssen sich periodisch auf Zwischenschritte festlegen), 5) *das Modell* (verarbeitet die Entscheidungen der Teilnehmer zu einer neuen Ausgangslage) und 6) *das zu erreichende Ziel* (Scoring).

Um das Vorgehen und die Einsatzmöglichkeiten dieser Instrumente in Ergänzung zu bestehenden (klassischen) Führungsinstrumenten zu veranschaulichen, stellen wir im nächsten Abschnitt zwei konkrete Realszenarien vor, die in einer Gesundheitsorganisation bzw. an einer Fachhochschule spielen. In einem ersten Schritt schildern wir jeweils den Fall („Ein klassischer Führungsansatz“). In einem zweiten Schritt („Die Alternative: ein didaktischer Führungsansatz“) zeigen wir auf, wie der Einsatz der besprochenen didaktischen Methoden den jeweiligen Verlauf positiv beeinflussen könnte.

Diese didaktische Aufbereitung basiert auf unseren Erfahrungen mit dem Einsatz dieser Instrumente und aus deren Entwicklung in zahlreichen Workshops und Projekten in den vergangenen 25 Jahren. So sind die geschilderten Szenarien keine bloßen theoretischen Konstrukte, sondern in anderen Situationen tatsächlich bewirkte mögliche Entwicklungen. Selbstverständlich führen auch die hier erläuterten Interventionen und didaktischen Elemente nicht immer zum Erfolg. Es zeigt sich aber, dass die Anwendung dieser Instrumente häufig die Wahrnehmung der Beteiligten positiv beeinflusst und die dadurch verbesserte Reflexionsfähigkeit zu einer konstruktiveren Zusammenarbeit führt.

17.4.2 Herausfordernde Führungssituation in einer Gesundheitsorganisation

17.4.2.1 Ein klassischer Führungsansatz

Die Vorgeschichte
Aufgrund diverser Entwicklungen und Veränderungen im Gesundheitswesen hatten die Eigentümer der Spitalgruppe beschlossen, die Position des Verwaltungsratspräsidenten des Spitals mit einer außenstehenden, wirtschaftserfahrenen Person zu besetzen. Die Gelegenheit war günstig, denn die Pensionierung des aktuellen Präsidenten stand kurz bevor. Der Mehrheitsaktionär (in diesem Falle der Kanton) erhoffte sich von dieser Veränderung neue Impulse für die strategische Steuerung des Spitals, insbesondere in Bezug

auf die zunehmenden betriebswirtschaftlichen Herausforderungen im Zusammenhang mit den ständigen Kostensteigerungen. Im Spannungsfeld zwischen Kostendruck und Leistungsausbau sollte die oberste Führung vermehrt Optimierungspotenziale nutzen und die Umsetzung in Abstimmung mit der operativen Führung (Geschäftsleiter) sicherstellen.

Der designierte Verwaltungsratspräsident war zwar branchenaffin, jedoch im speziellen Spitalumfeld unerfahren. Er setzte sich deshalb vor der Übernahme des Amtes intensiv mit den strategischen Herausforderungen und den veränderten Rahmenbedingungen des Geschäftsumfelds, mit den Ansprüchen der Kapitalgeber und mit den Kooperationspartnern und Führungskräften auseinander. Während dieses Prozesses bemerkte er, dass der bisherige Verwaltungsrat sich nicht sehr intensiv um die Geschäfte des Spitals gekümmert hatte und sich lediglich in den Sitzungen über die Geschäfte informieren ließ. Nach dieser intensiven Einarbeitung und Klärung der Ausgangslage kam er zu dem Schluss, dass sich die Führung sowie die strategische Ausrichtung und Organisation ändern müsse. Aus seinen Erfahrungen wusste er, dass dies nur gelingt, wenn der gesamte Verwaltungsrat sowie die gesamte Geschäftsführung hinter den Maßnahmen stehen. Er wollte vermeiden, Kader und Mitarbeiter mit diesen Veränderungen zu überrennen, und entschied sich, diesem Prozess der Veränderung genügend Aufmerksamkeit zu widmen und die notwendige Zeit zu verschaffen.

Der Prozess

Die Ernennung des neuen Präsidenten hatte im verbleibenden Verwaltungsrat, einem gemischten Gremium aus Politikern, Juristen und auch Fachärzten, hohe Wellen geschlagen. Für Gesprächsstoff sorgten insbesondere die fehlende Branchenerfahrung des Präsidenten sowie die Entscheidung, keine interne Nachfolgelösung zu suchen. Bei einigen Verwaltungsratsmitgliedern und einigen Mitgliedern der Geschäftsleitung war der Unmut groß. Während der Geschäftsführer (kaufmännischer Leiter) diese Veränderung begrüßte, sorgten sich die Fachärzte in der Geschäftsleitung. Sie befürchteten, dass der „Neuling“ zu wenig von der komplexen Herausforderung einer Spitalorganisation kannte und sie deshalb viel Zeit und Energie aufwenden müssten, um banale Zusammenhänge sowie Fragen zu fachlichen Grundlagen zu klären. Zwar attestierte man ihm Erfahrung und Kompetenz im Umgang mit unternehmerischen Herausforderungen – aber nicht im Spitalwesen. Schließlich sei ein Spital kein Unternehmen, sondern ein ganz anderes Ding, so die Meinung der Fachärzte. Die „Machtübergabe“ erfolgte dann jedoch ohne großes Getöse: Man wartete ab.

In Zusammenarbeit mit externen Fachleuten bereitete der neue Präsident die erste Strategiesitzung vor. Entsprechend den Erkenntnissen des Change-Managements und der Organisationstheorien zu Expertenorganisationen legte man deshalb großen Wert auf einen gemeinsamen Arbeitstag, an dem zuerst die besonderen Herausforderungen in der Führung von Expertenorganisationen dargelegt und diskutiert werden sollten. Ebenso sollte ein gemeinsames Verständnis für die notwendigen und bevorstehenden

Veränderungsphasen erarbeitet werden. Das Ziel des Präsidenten war, dass sich Verwaltungsrat und Geschäftsleitung erstens zu ihren Bedenken und Gefühle äußern und zweitens über die Bedingungen für ein erfolgreiches Vorhaben (Erreichen der Zielvorgaben des Kapitalgebers) austauschen konnten. Es sollten Möglichkeiten und Optionen entwickelt werden. Auf der ersten Strategiesitzung wich ein anfängliches „Abtasten" schnell einem engagierten und offenen Diskurs.

Die Gespräche und Arbeiten in den Arbeitsgruppen verliefen engagiert. Es kamen jedoch keine oder zu wenig konkrete Ergebnisse heraus. Die fachlichen Rahmenbedingungen und Herausforderungen unterstrichen die bisherigen Aktivitäten und geplanten Anpassungen. Richtig „Neues" wurde nicht diskutiert, und Bisheriges wurde nicht konsequent hinterfragt. Man schien jedoch auf dem richtigen Weg zu sein – abgesehen von den Finanzzielen, denn das Arbeitsziel, die Ertragssicherung durch verbesserte Leistungsverwertung oder Kostensenkung, wurde weit verfehlt. Die neuen Vorschläge des Präsidenten wurden blockiert und nach dem Motto „hatten wir alles bereits mal geprüft" nicht weiter vertieft. In der abschließenden Reflexion des Workshops hob der Geschäftsführer den Umstand hervor, dass bei den Diskussionen keine fachliche Auseinandersetzung stattgefunden, sondern die ärztliche Belegschaft bei den Ideen bezüglich Synergien, Standortabbau, Leistungsfokussierung usw. jeweils erfolgreich „geblockt" habe. Er verwies auf seine Erfahrung mit Expertenorganisationen und gab an, das sei ihm schon häufiger begegnet. Darauf äußerte sich ein Chefarzt, Geschäftsleitungsmitglied und Primus inter Pares: „Ja, das mag ja schon sein, aber wir sind erstens keine typische Expertenorganisation, und zweitens steht bei uns das Wohl des Patienten im Vordergrund." Es war offen, wie alles weitergehen würde ...

Analyse und Resümee

Nach Ende des Workshops zogen der Verwaltungsratspräsident und der Geschäftsführer zusammen ein erstes Fazit. Sie stellten fest, dass sich die meisten Mitglieder der Organisation im bestehenden Fahrwasser weitgehend wohlfühlten und dass keinerlei Veränderungsbedarf gesehen wurde. Ausnahmen davon waren einige Wachstumsprojekte im Bereich neuer Technologien sowie der Aufbau neuer Standorte. Beide waren insgesamt enttäuscht vom Ergebnis, denn sie hatten sich mehr Bewegung und Kooperation aus allen Bereichen erhofft. Es schien, als ob die Veränderungen doch mit hoher organisationaler Macht durchgesetzt werden müssten – mit entsprechenden Konflikten.

In dieser Organisation haben sich Management (Flip) und Experten (Flop) arrangiert – das Management brachte Veränderungswünsche mit viel Fingerspitzengefühl und politischer Sensitivität ein, und die Ärzte fühlten sich in ihren Handlungsfreiräumen nicht begrenzt. Der Verwaltungsrat hatte vornehmlich die Funktion, die Beschlüsse der Geschäftsleitung, deren Geschäftsplanung und damit das Geschäftsergebnis abzusegnen.

17.4.2.2 Die Alternative: ein didaktischer Führungsansatz

Der Prozess

Der neue Verwaltungsratspräsident war sich bewusst, dass er mit den geplanten Kostensenkungsmaßnahmen das fragile Gleichgewicht zwischen Steuerungs- und Leistungsebene stören würde. Er zog daher für die ersten Phasen der Entwicklung einen Organisationsberater hinzu; gemeinsam entwickelten sie ein Change-Konzept, das die speziellen Logiken einer Expertenorganisation berücksichtigte. So beschlossen sie beispielsweise, der Phase „Bewusstsein der Notwendigkeit der Veränderung" besonderes Augenmerk zu schenken. Widerstand wurde erwartet; der neue Präsident war sich aber bewusst, dass der zukünftige Erfolg der Organisation wesentlich davon abhängen würde, sie mit Unterstützung der Ärzteschaft zu verändern.

Ein erster Workshop mit 18 Teilnehmenden, bestehend aus Geschäftsleitung und Verwaltungsrat – Kernstück war die Simulation eines Teamprozesses –, legte den Fokus auf Zusammenarbeit und Perspektivenwechsel. Das Spiel „Phoenix"[1] stellte eine kritisch zugespitzte Teamsituation dar: Die Verhandlung verlief zu Anfang freundlich, formell und respektvoll. Zunehmend verschärfte sich aber der Ton, und in jeder Gruppe bildeten sich Meinungsführer. Die vorgegebene Verhandlungszeit lief langsam ab, und ein Entscheid musste nächstens gefällt werden, denn ohne Entscheidung galt die Übung als gescheitert. Die Argumente wurden heftiger und persönlicher („die Masken fallen"). Es entwickelten sich (Schein-)Fachexperten (Sternkunde, Navigationskenntnisse, Erfahrung mit Wüstenwanderungen usw.). Schlussendlich wurde der Besitz der Pistole als Argument und als Drohung, den Entschluss durchzusetzen, ins Feld geführt („Machtausübung"). Die Übung wurde abgebrochen, ohne dass sich die Gruppen einigen konnten.

In der anschließenden Reflexionsphase berichteten die Beobachter über ihre Beobachtungen: Sie zitierten Aussagen wie „Wenn ihr hierbleiben wollt, dann macht das"; „Ihr seid nicht kompromissbereit und stur" oder „Wir haben die Pistole …". Thematisiert wurde auch, wer sich in welche Rollen entwickelte (Meinungsführer), und dass gewisse Gruppenmitglieder verstummten („Die sollen doch machen, was sie wollen"). Die Reflexionsaufgabe entwickelte sich zum Schlüsselerlebnis. Die Kernfrage lautete: „Was

---

[1]Ein Flugzeug muss in der Wüste notlanden. In der Simulation werden per Zufallsauswahl drei Gruppen gebildet: zwei Gruppen Passagiere und eine Beobachter-Gruppe (hier: ausschließlich Experten). Die zwei Passagier-Gruppen müssen sich entscheiden, ob sie beim Flugzeug auf Hilfe warten oder – ohne Standortkenntnisse und Navigation und mit beschränkten Ressourcen – Hilfe finden sollen. Den beiden Gruppen wird je ein „Standpunkt" („bleiben" vs. „gehen") vorgegeben sowie Zeit, sich auf eine Verhandlung mit der anderen Gruppe vorzubereiten. Die Gruppen kommunizieren während der Vorbereitung nicht miteinander. Einzige Vorgabe: Die beiden Gruppen müssen zusammenbleiben, weil das Überleben bei einer Aufteilung der Gesamtgruppe drastisch gefährdet wäre. Brisant: In den Flugzeugtrümmern findet man eine Pistole, die man einer Gruppe zulost. Die Beobachtungsgruppe überwacht die Verhandlung mit dem Auftrag, auf die Dynamiken und auf besondere Verhaltensweisen zu achten und sie für eine Reflexion festzuhalten.

ist falsch gelaufen, dass kein Resultat zustande kam, und wie hätte es besser gemacht werden können?“ Es entstand ein Katalog von Hinweisen und Rezepten. So wurde festgehalten, dass es für eine Lösung unabdingbar sei, dass man Positionen verlasse. Drohungen durch Macht („Pistole“) seien absolut kontraproduktiv und verhärteten die Fronten. Meinungsführer dominierten die Diskussion und „führten“ ihre eigene Strategie. Dadurch verlören sie auch den Rückhalt in der Gruppe.

Anschließend folgte als wichtigster Teil die Metareflexion: der Transfer des Erlebten auf die Situation im Spital. Die Frage lautete: „Erkennen Sie in diesen Beobachtungen Situationen und Rollen in der bestehenden Spitalorganisation?“ Es wurden Diskussionsteams mit je einem Mitglied des Verwaltungsrats, der kaufmännischen Leitung und der Ärzte bestimmt. Nach einem zähen Einstieg reflektierten und diskutierten die Teilnehmenden diese Übung engagiert. Es gab auch Kritik an diesem Vorgehen („Kindergarten“; „Das bringt doch überhaupt nichts“), doch schließlich entwickelte sich eine positive Dynamik, und es konnten wichtige und selbstkritische Erkenntnisse zusammengetragen werden. Der Organisationsberater trug die Ergebnisse zusammen und moderierte diesen Teil des Workshops.

Als Abschlussaufgabe erhielten alle Teilnehmenden den Auftrag, einen neuen Codex der Zusammenarbeit zu definieren, der die Rolle des Verwaltungsrats unter dem neuen Präsidenten ebenso berücksichtigen sollte wie die Notwendigkeit, Veränderungen einzuleiten, was bedeutete, dass Positionen verlassen werden mussten. Es wurde besprochen, wie es dem Team in Zukunft besser gelingen könnte, gegensätzliche Zielsetzungen im Sinne des gemeinschaftlichen Auftrags (Potenziale der Organisation besser nutzen) zu verfolgen (Flip-Flop-Denken). Am Ende wurden die Ergebnisse in einer ersten Fassung als „New Code of Conduct“ zusammengefasst und von allen Teilnehmenden unterschrieben. Den Abschluss des Tages bildete ein gemeinsames Abendessen, bei dem zu jedem Gang ein Platzwechsel am Tisch vorgenommen wurde. Das neue Motto lautete: Veränderung durch Bewegung und Begegnung.

Diese erste Begegnung und Initiierung der Veränderung im Rahmen des „experimentellen“ Workshops war ein erster Schritt in der Organisationsentwicklung; der zweite Schritt bestand darin, dass eine Arbeitsgruppe, bestehend aus Verwaltungsrats- und Geschäftsleitungsmitgliedern, gebildet wurde, die sich intensiv und regelmäßig (alle zwei Wochen für einen Tag) um die neue strategische Ausrichtung der Organisation kümmerte und Arbeitspakete ausarbeitete. Die Arbeitsgruppe, bestehend aus Management (Flip) und Ärzten (Flop), entwickelte eine hohe Dynamik und wurde laufend durch temporäre Hinzuziehung von Expertenwissen oder Managementkompetenzen unterstützt.

Das Resümee

Die Erfahrungen aus der Übung „Phoenix“ haben den Positionswechsel und das Flip-Flop-Denken gefördert. Entscheidungen wurden mal aus Expertensicht, mal aus Managementsicht gefällt. Im Wissen, dass Kompromisslosigkeit Stillstand bedeutet, konnte Bewegung entwickelt werden. Der Workshop deckte Rollenbilder und Dynamiken in der Organisation auf und machte sie erlebbar, was zu einer höheren Veränderungsbereitschaft führte. Ein gemeinsames, starkes Erlebnis aus der Übung „Phoenix" untermauerte das Wissen um die Notwendigkeit, Perspektiven zu wechseln und Positionen aufzugeben – nicht generell, sondern individuell und im Sinne des Gesamtinteresses.

Obwohl der Fall sich durchaus wie oben beschrieben abspielen könnte, kann man mit solchen Simulationen in der Praxis auf nicht zu unterschätzende Hindernisse stoßen: Bestehende Machtverhältnisse, geringe Reflexionsfähigkeit oder die Angst, sich zu sehr zu exponieren, können solche Ansätze blockieren. Wenn sich Teilnehmende dem Rollenwechsel verweigern oder widerwillig teilnehmen, so mindert dies die Wirkung. Gegenseitiges Vertrauen und ein offener Umgang fördern solche Perspektivenwechsel. Je offener, vertrauensvoller und lernwilliger die Organisationskultur, desto fruchtbarer sind solche Ansätze.

17.4.3 Gegenläufige Rationalitäten in der Fachhochschule

17.4.3.1 Ein klassischer Führungsansatz

Die Vorgeschichte

Eine Fachhochschule im deutschsprachigen Raum entwickelte sich in kleinen Schritten über mehrere Jahre von einer organisch gewachsenen hin zu einer professionellen Institution. Treiber dieser Veränderung waren der allgemeine Trend zur Professionalisierung im Bildungssystem, der Konkurrenzdruck und der Wunsch, das eigene Image mit einem klar definierten Auftritt, Akkreditierungen und Qualitätslabels zu stärken. In diesem Zusammenhang entstand eine neue Stelle für Qualitätssicherung; die Corporate Communication und das Marketing wurden professionalisiert, und es wurden genaue Vorgaben für den Unterricht entwickelt. So wurden Richtlinien für die Module und deren Beschreibung definiert, und die Abgabe von Unterlagen wurde geregelt. Es handelte sich hierbei um einen mehrjährigen, schrittweisen und durchaus erfolgreichen Prozess.

Von diesen Veränderungen betroffen war auch eine externe Dozentin mit kleinem Pensum. Sie war seit mehreren Jahren an der Hochschule tätig und setzte in ihrem Unterricht Planspiele ein, eine wirksame und erfahrungsbasierte Lehrmethode. Ihr Kurs bildete gemeinsam mit vier weiteren Kursen das Modul „Mensch und Gesellschaft" eines Studiengangs. Eine intensive Abstimmung oder Zusammenarbeit mit anderen Dozierenden war nicht erforderlich. Die Dozentin erbrachte ihre Leistung relativ unabhängig vom übrigen Hochschulbetrieb, immer innerhalb der reglementarischen Vorgaben der Hochschule. Im Laufe ihrer Tätigkeit erlebte sie mehrere Veränderungen der Rahmenbedingungen, die ihre Arbeitssituation maßgeblich beeinflussten.

Der Prozess

Schritt 1 – Umstellung auf Selbststudium: Einige Jahre nach der Einstellung der externen Dozentin war die Schulleitung aufgrund von Budgetkürzungen (und der zunehmenden Bedeutung des Selbststudiums) gezwungen, die Anzahl der Lektionen im Modul „Mensch und Gesellschaft“ zu reduzieren (Flip). Die Dozentin (im Flop-Modus) – sie erfuhr davon auf elektronischem Weg – stand damit plötzlich vor der Herausforderung, den bisherigen Unterrichtsinhalt in der Hälfte der Präsenzlektionen – und mit de facto halbiertem Honorar – sowie einem „begleiteten“, aber unbezahlten Selbststudium zu vermitteln. Es war für sie schwierig, diese neue Anforderung professionell umzusetzen, ohne ein Budget für einen Aufbau des Selbststudiums oder für eine angemessene Betreuung der Studierenden. Ein Gespräch mit dem Studiengangsleiter ließ keinen Handlungsspielraum erkennen. Da ihr das Wohl ihrer Studierenden am Herzen lag, entschied sie sich für ein pragmatisches Vorgehen, reduzierte den Stoffumfang im Präsenzunterricht und wählte einige interessante Publikationen für das Selbststudium, deren Lektüre sie ohne große Begleitung für verbindlich erklärte. Diese Lösung war für die Dozentin sowie die Studierenden ohne größere Schwierigkeiten umsetzbar und mehrheitlich akzeptabel.

Schritt 2 – Einführung benoteter Leistungsnachweise: Wenige Jahre später wurde das Prüfungsreglement der Hochschule überarbeitet. Davon waren auch die fünf Kurse des Moduls „Mensch und Gesellschaft“ betroffen, die je etwa 20–30 Präsenzlektionen umfassten. Neu war für jeden Kurs ein benoteter Leistungsnachweis (Prüfung) erforderlich. Damit reagierte die Hochschulleitung auf die Erkenntnis, dass unbenotete Fächer bei den berufsbegleitend Studierenden keine Priorität genossen. Zudem wollte sie damit das Image ihrer Schule als karrierefördernde Institution untermauern (Flip). Wiederum wurde diese Veränderung ohne Dialog zwischen Schulleitung (Flip) und den Dozierenden (Flop) flächendeckend für sämtliche an der Hochschule gehaltenen Kurse eingeführt. Für die Dozierenden entstand ein Mehraufwand für die Erstellung und Korrektur der Prüfungen – bei unverändertem Honorar. Die Dozentin suchte wiederum das Gespräch mit der Schulleitung. Sie schlug vor, die Benotung durch einen Reflexionsbericht der Studierenden zu ersetzen, der pragmatisch mit „erfüllt“ bzw. „nicht erfüllt“ zu bewerten wäre. Diese Reflexionsaufgabe hätte ihres Erachtens sehr gut zur eingesetzten didaktischen Methode (Planspiel) gepasst. Sowohl eine Benotung der Reflexionsberichte als auch die aufwendige Korrektur schriftlicher Prüfungen schien ihr – in Relation zur geringen Anzahl Lektionen ihres Fachs – absolut unverhältnismäßig (Flop). Sie fand kein Gehör. Einmal mehr griff sie zu einer halbwegs vertretbaren pragmatischen Lösung. Sie prüfte den theoretischen Teil ihres Unterrichts mit einer elektronischen Multiple-Choice-Prüfung, die eine, manchmal zwei Freitextfragen beinhaltete. Für den erfahrungsbasierten Teil (Planspiel) galt eine Präsenzpflicht. Somit war eine praktikable Lösung gegeben, die von der Fachstelle IT (Unterstützung für die elektronische Prüfung) tatkräftig unterstützt wurde. Es war keine rundum überzeugende, aber immerhin eine zufriedenstellende Lösung.

Schritt 3 – Abschaffung der Präsenzpflicht: Die Entwicklung ging weiter. Ein Konflikt zeichnete sich ab. Die Hochschule bekam zunehmend Probleme mit ihren berufsbegleitend Studierenden, die zu Recht monierten, dass ihre Leistungen bereits flächendeckend in Prüfungen beurteilt würden und deshalb die „Präsenzpflicht" eine unnötige Schikane sei. Auch hatten viele andere Hochschulen in der Zwischenzeit die Präsenzpflicht weitgehend abgeschafft. Die Schulleitung handelte und schaffte die Präsenzpflicht für alle Fächer ab (Flip). Unsere Dozentin stand erneut vor einem Dilemma. Eine *erfahrungsbasierte* Lehrform, wie ein Planspiel, erfordert Präsenz. Um die im Planspiel gewonnene Erfahrung und Einsicht valide bewerten zu können – und damit einen echten Anreiz zur Teilnahme am Planspiel zu schaffen –, wäre eine aufwendigere Prüfungsform als die mittlerweile bewährte Multiple-Choice-Prüfung erforderlich gewesen (Flip). Die Dozierende suchte das Gespräch mit ihrem direkten Fachverantwortlichen. Eine Aufweichung der Hochschulregeln war ganz und gar unmöglich, aber die beiden fanden einen Ausweg: Allen Studierenden, die am Planspiel teilnahmen, wurde ein fixer Bonus von einem Notenpunkt auf ihre Modul-Schlussnote gewährt (Flip-Flop). Kurze Zeit später jedoch entdeckte die Stelle für Qualitätssicherung der Hochschule die ausgehandelte Lösung, intervenierte sofort bei der Dozentin und informierte sie darüber, dass die Lösung unzulässig und ab sofort zu ändern sei (Flip). Die spezielle Tatsache, dass es sich um eine erfahrungsbasierte Lehrmethode in einem Fach mit kleinem Stundenpensum handle, sei kein ausreichender Grund, die Regeln nicht einzuhalten, und die gefundene Lösung stehe im Widerspruch zu allen Reglements (Flip und Flop prallen aufeinander). Die Dozentin stand vor der Wahl zwischen einem offenen Konflikt oder einer erneuten pragmatischen Lösung, welche die Vorschriften formal erfüllte. Sie entschied sich für Letzteres und integrierte einige wenige Fragen zum Planspiel in die Multiple-Choice-Prüfung, einschließlich einer Freitextfrage. Eine wirkliche Lernkontrolle hinsichtlich *Erfahrungen* und *Einsichten* der Lernenden war aus Sicht der Dozentin nicht gegeben. Formal jedoch erfüllte diese Lösung die Vorgaben der Hochschule. Die Lösung bewährte sich insofern, als die meisten Studierenden weiterhin im Planspiel anwesend waren, einerseits wegen der angekündigten Fragen in der Schlussprüfung und andererseits wegen der motivierenden Einladung zur Teilnahme durch die Dozentin.

Schritt 4 – Abschaffung des Fachs: Einige Zeit später reorganisierte die Schulleitung das Curriculum des Studiengangs. Das Fach, das die Dozentin innerhalb des Moduls „Mensch und Gesellschaft" unterrichtete, wurde abgeschafft, und die Dozentin wurde entlassen.

Das Resümee

Die Hochschule, die in Reaktion auf externe und interne Anforderungen sukzessive ihre Professionalität ausbaut, möchte neue Regeln umfassend und kompromisslos umsetzen. Dozierende, die aus unterschiedlichen Gründen diese Regeln nicht umsetzen können – weil sie beispielsweise spezielle Lehrformen einsetzen möchten –, haben kein Forum für einen produktiven Austausch mit der Schulleitung. Halten sie weiterhin an ihren

Unterrichtskonzepten fest, führt dies dazu, dass sie der Form nach die Vorschriften einhalten (Flip), im Geiste und in der Praxis jedoch etwas anderes tun (Flop). Umgekehrt erfährt die Schulleitung nicht wirklich, was die laufend neu dazukommenden Regeln im konkreten Unterricht und in den Köpfen ihrer Dozierenden bewirken.

Zwei parallele, unabhängig voneinander bestehende Systeme bilden sich heraus. Wie Dozierende die Regeln für sich umsetzen, ist nicht nachprüfbar. Es entstehen Parallelwelten. Im einen System halten die Dozierenden die formalen Kriterien ein (Flip), im anderen verwirklichen sie „ihr Ding" oder drehen gar den Spieß um (Flop). Dozierende zeigen der Schulleitung jedes Mal attraktive Konzepte und „formal" richtiges Mitmachen, wenn diese nachprüft, ob die Regelungen eingehalten werden. Umgekehrt kann es passieren, dass Dilemmata aufgelöst werden, indem einer der Pole in einem Spannungsfeld wegfällt, wie beispielsweise im dargestellten Fall durch die Abschaffung des Fachs oder die Entlassung der Dozentin. Bei dieser Art des Managements von Widersprüchen wird die Chance zu einem produktiven Dialog, zu Innovation und neuartigen, mutigen Lösungen nicht ergriffen.

17.4.3.2 Die Alternative: ein didaktischer Führungsansatz

Der Prozess – Schritt 1: Die Dozentin erfuhr von der Kürzung der Stundenzahl und von der Einführung des Selbststudiums auf elektronischem Weg (Flip). Sie war – zuerst ganz in der „Flop-Perspektive" – aufgebracht über Art und Inhalt der Ankündigung. Doch, vertraut mit Planspielen und verwandten Methoden, analysierte sie die Vorgänge nüchtern. Sie entwickelte ein gewisses Verständnis für die Gründe der Schulleitung (Flip), sah aber auch die eigene Situation und diejenige ihrer Kollegen. Sie schlug dem Studiengangsleiter einen spielerisch-ernsthaften Workshop vor, um gemeinsam mit den anderen Dozierenden des Moduls „Mensch und Gesellschaft" Lösungen für die praktische Umsetzung zu sondieren. Die Dozentin entschied sich für eine kreative Darstellung der Lage auf einem Magnetbrett, das als hilfreiche Metaebene dienen und entspannte Diskussionen erlauben würde. Für alle Hauptkapitel der betroffenen Kurse beschriftete sie je ein kleines Magnetschild, je eine Farbe pro Kurs. Zusätzlich bereitete sie verschiedene farbige Magneten vor, um auf dem Magnetbrett kreative Lösungen zu gestalten und die Beziehungen untereinander darzustellen (u. a. „geeignet für Selbststudium", „Synergie mit anderem Kurs", „Priorität").

Beim eigentlichen Treffen entwickelten die Dozierenden auf dem Magnetbrett gemeinsam in mehreren Schritten eine klare Darstellung ihrer Kurse, lernten voneinander, stellten Bezüge zwischen den Kursen her und entwickelten Ideen, wie sich das Selbststudium unter den gegebenen, auch finanziellen Einschränkungen umsetzen ließe. Wirklich glücklich mit der reduzierten Anzahl an Lektionen war zwar niemand, aber im Workshop entstanden gute Ideen für die praktische Umsetzung, und die Dozierenden lernten sich gegenseitig und ihre jeweiligen Fachinhalte kennen. Sie vereinbarten, sich bei der praktischen Umsetzung gegenseitig zu unterstützen. Der Studiengangsleiter war zwar auch nach dem Workshop noch kritisch, ob sich das jetzt wirklich gelohnt habe. Doch er begann zu ahnen, dass ein echter Dialog mit den Dozierenden hilfreich sein könnte.

Die Dozentin und ihre Mitdozierenden hatten nach dem Workshop eine klarere Vorstellung, wie sie das Selbststudium unter den gegebenen Rahmenbedingungen gestalten würden. Einige Synergien und Überlappungen, wo gekürzt werden konnte, hatten sich gezeigt. Und nicht zu unterschätzen war die gegenseitige Unterstützung bei der praktischen Umsetzung: ein hilfreicher Schritt weg vom Einzelkämpfertum. Das Selbststudium funktionierte in der Folge ganz leidlich und seine Qualität stieg von Jahr zu Jahr, nicht zuletzt dank des verstärkten Erfahrungsaustausches unter den beteiligten Dozierenden.

Der Prozess – Schritt 2: Als wenige Jahre später das Prüfungsreglement der Hochschule überarbeitet und der benotete Leistungsnachweis eingeführt wurde (ohne Entschädigung für die Dozierenden), besann sich die Schulleitung auf die Erfahrungen bei der Einführung des Selbststudiums. Sie rechnete damit, dass die neue Regelung insbesondere bei den Dozierenden des Moduls „Mensch und Gesellschaft" auf Kritik stoßen würde. Sie entschloss sich deshalb, bei der konkreten Umsetzung den Dozierenden in begründeten Fällen einen gewissen Spielraum zu gewähren. Zudem entschied sie, einen halbtägigen, durch einen externen Spezialisten gestalteten Workshop durchzuführen, an dem die neue Situation im Rahmen eines Rollenspiels gemeinsam mit den betroffenen Dozenten und Vertretern der Schulleitung bearbeitet werden sollte. Im Rollenspiel bewahrheitete sich die Befürchtung. Die Dozierenden, ermutigt durch die positiven Erfahrungen im früheren Workshop, äußerten offen ihre – teilweise sehr kritische – Meinung zum neuen Prüfungsreglement. Die Übernahme anderer Rollen – Dozierende in der Rolle der Schulleitung und umgekehrt – förderte jedoch auch das Verständnis für die jeweils andere Situation. Man erkannte, dass „die anderen" nicht einfach stur und bockig handeln, sondern jeweils mit ganz anderen Anforderungen und Rahmenbedingungen zu kämpfen haben. Es entstanden gegenseitige Empathie, Verständnis und Respekt sowie eine zuvor undenkbare Lösung für den Kompetenznachweis. Die Schulleitung willigte ein, dass die Studierenden zum Planspiel einen Reflexionsbericht schreiben sollten, der mit „erfüllt" bzw. „nicht erfüllt" bewertet werden sollte. Weiter vereinbarten die Beteiligten, für das gesamte Modul einen gemeinsam gestalteten und durchgeführten Kompetenznachweis einzuführen. Damit hätte zuvor niemand gerechnet. Diese Lösung, von Jahr zu Jahr verbessert, führte zu einer verstärkten Zusammenarbeit unter den Dozierenden und wurde zu einem attraktiven Baustein des Studiengangs, der über die Hochschule hinaus auszustrahlen begann.

Der Prozess – Schritt 3: Als in einem nächsten Schritt die Präsenzpflicht abgeschafft werden sollte, entschloss sich die Schulleitung – ermutigt durch die erfolgreichen früheren Schritte –, die Frage gemeinsam mit allen Dozierenden und ausgewählten Studierenden zu lösen. Ein externer Spezialist schlug vor, die Vor- und Nachteile der Präsenzpflicht mit verschiedenen kleinen Simulationen und spielerischen Aktivitäten zu erkunden. Im Workshop wurden Aspekte wie Kooperation und Konkurrenz in Studiengruppen, Perspektivenwechsel (Studierende, Dozierende, Schulleitung), Blick auf Präsenzpflicht im Sinne einer dominanten Spielregel etc. spielerisch erkundet. Als gemeinsam getragener Konsens bildete sich heraus, dass die Abschaffung der Präsenzpflicht im Grundsatz allgemein gewünscht und sinnvoll war. Gleichzeitig wurde erkannt, dass die Abschaffung der Präsenzpflicht einhergehen müsse mit einer Anpassung des Unterrichts, und dass in gewissen Spezialfällen Ausnahmen sinnvoll wären. Hauptresultat des Workshops war aber ein gestiegenes Verständnis für die jeweils andere Seite. Das „Flip“ und das „Flop“ verbanden sich. „Workarounds“, wie beispielsweise formal richtige, in der Sache aber dürftige Umsetzungen von Vorgaben, oder „bedingt ehrliche“ Kommunikation waren nicht nötig. Für die Dozierenden bewährte sich die Lösung. Der Reflexionsbericht erwies sich als lernwirksam.

Der Prozess – Schritt 4: Einige Zeit später reorganisierte die Schulleitung das Curriculum des Studiengangs. Die Dozierenden organisierten in Zusammenarbeit mit der Schulleitung und mit fachlicher Unterstützung des externen Spezialisten selbstständig einen Workshop. Im Rahmen dessen führten sie verschiedene Planspielelemente durch (Rollenspiele, spielerische Visualisierungen, Szenariotechniken, Kooperation-Konkurrenz-Spiele, Simulationen) und erkundeten die Anforderungen der Reorganisation und die möglichen Rollen der Dozierenden im neuen Curriculum. Daraus ergaben sich für verschiedene Kurse sehr innovative Lösungen. Allerdings zeigte sich, dass einzelne Dozierende und Schulleitungsmitglieder sich mit der neuen Kultur einer intensiveren Zusammenarbeit und eines vertrauensvolleren Austauschs nicht anfreunden konnten, weil dadurch ihre Machtposition und ihre Unangreifbarkeit eingeschränkt wurde. Diese Dozierenden verließen nach und nach die Institution. Das Fach, das die Dozentin innerhalb des Moduls „Mensch und Umwelt“ unterrichtete, wurde wie vorgesehen abgeschafft. Die Dozentin jedoch wurde weiterbeschäftigt und konnte ihre Planspiele in andere Kurse integrieren, woraufhin neue Synergien und Kollaborationen entstanden.

Das Resümee

Das alternative Vorgehen mit den verschiedenen Workshops, die einen Flip-Flop-Perspektivenwechsel unterstützten und Möglichkeiten schufen, in die Rolle der „anderen Seite“ hineinzuschlüpfen, förderte das gegenseitige Verständnis. Dozierende auf der Flop-Seite gewannen die Einsicht, dass gewisse Wünsche und Anliegen der Schulleitung durchaus begründet waren. Umgekehrt lernten die Schulleitungsmitglieder die Alltagssituation und die vielfältigen Herausforderungen der Dozierenden plastischer kennen und gewannen ein größeres Verständnis für deren Einwände und Widerstände. Zudem verbesserte sich durch diese Maßnahmen die Zusammenarbeit unter den Dozierenden. Einigen kam es vor, als hätten sie in den Workshops zum ersten Mal über ihre Gartenzäune geschaut. Die Schulleitung gewann in diesem mehrstufigen Prozess die Einsicht, dass es sinnvoll sein kann, in begründeten Fällen auf starre Regelungen zu verzichten und die Qualität organisch wachsen zu lassen. Der Prozess bereitete den Boden für eine eigentliche Kulturentwicklung innerhalb der Hochschule. Es entstanden zunehmend Lösungen, die von allen aktiv mitgetragen und mitgestaltet wurden.

Voraussetzungen für diesen Prozess waren die Offenheit für erste Schritte auf beiden Seiten und die Bereitschaft, sich auf eine Entwicklung einzulassen. An gewissen Stellen führte dies zu personellen Klärungen. „Ownership“ – die Übernahme von Verantwortung für die Entwicklung der Hochschule als Ganzes – entstand auf beiden Seiten. Dies trug wesentlich dazu bei, dass das ursprüngliche Anliegen, die Professionalität der Hochschule auszubauen, letztlich sehr gewinnbringend realisiert werden konnte. Dies wiederum geschah jedoch nicht wie ursprünglich vorgesehen als starrer Top-down-Prozess, sondern als gemeinsame, offene und ehrliche Gestaltung mit allen Beteiligten. Vorschriften für die Lehre wurden praktikabel ausgestaltet (Flip) und führten in der Praxis zu einer echten Qualitätssteigerung bis hinein in jede Unterrichtslektion (Flop). Der Dialog zwischen Schulleitung und Dozierenden verbesserte sich. Wege wurden kürzer, und das Wissen darüber, wie die „Gegenseite tickt", größer. Der sich herausbildende Organismus kam praktisch ohne Parallelwelten aus.

17.5 Fazit

Die Besonderheiten von Expertenorganisationen erfordern aufgrund der speziellen Eigenschaften der *Knowledge Workers* (z. B. Autonomiebestreben, Bedeutung von Status) und der damit einhergehenden Beziehungsmechanismen (z. B. Kommunikation, Bedeutung professioneller Netzwerke) ein angepasstes Führungsverhalten. Expertenorganisationen zeichnen sich aus durch ein ausgesprochenes Spannungsfeld zwischen Steuerungs- (Management) und Leistungsebene (Experten), mit jeweils unterschiedlichen (oder gar widersprüchlichen) Funktions- und Organisationslogiken sowie Zielsetzungen. Im Gegensatz zur klassischen Organisationseinheit haben die „unteren" Ebenen der Expertenorganisationen (aufgrund ihrer für die Organisation unerlässlichen Kompetenzen) mehr Macht und Energie für wirksamen Widerstand gegen „oben" – was zu ernst zu nehmenden Herausforderungen für die Organisation führt. Führung in Expertenorganisationen ist dann erfolgreich, wenn sich Führungskräfte dieses Spannungsfeld nutzbar machen, indem sie die Spannungen erstens als solche anerkennen (vgl. Smith et al. 2016; Stahl 2013) und zweitens die unterschiedlichen Perspektiven thematisieren (vgl. Llewellyn 2001; Gebert und Kearney 2011) und so ein gegenseitiges Verständnis schaffen (vgl. Burk 2010; Duke 2008; Stahl und Fischer 2013). Gelingt dies, entsteht eine engere Bindung der Experten an die Organisation, und sie lassen sich besser in die Organisationsentwicklung einbeziehen – die Organisation wird damit „führbarer". Die Beteiligten auf beiden Ebenen lernen, mit diesen Spannungen und Dilemmata produktiver umzugehen. Dieser kommunikative Austausch ist letztendlich ein Ausdruck des organisationalen Lernens.

Das von uns aus der Two-Window-Sicht von Llewellyn (2001) abgeleitete didaktische, praxisorientierte Flip-Flop-Organisationsmodell wird dem im Artikel aufgezeigten Spannungsfeld zwischen der Steuerungs- und der Leistungsebene gerecht und unterstreicht die Bedeutung des mittleren Managements als Schlüsselakteur in diesen Organisationen. Die Mitglieder des mittleren Managements können durch geschickte Führung zwischen den beiden Polen vermitteln, indem sie die Bedürfnisse und Anforderungen der einen Seite (Flip) sowie auch der anderen Seite (Flop) anerkennen und diese gegensätzlichen Logiken in der persönlichen Führungsarbeit transparent aufzeigen und diskutieren. Das mittlere Management agiert in diesem organisationalen „Sandwich" als Vertreter und Vertrauensperson beider Pole. In diesem Kapitel wurde aufgezeigt, wie diese anspruchsvolle Führungsarbeit durch erweiterte Führungsinstrumente unterstützt werden kann. Anhand zweier Praxisbeispiele wurde gezeigt, wie der Perspektivenwechsel (Flip – Flop) inszeniert werden kann und so alternative Denk- und Verhaltensmuster entstehen können („as if", vgl. Burk 2010). Die Bedeutung der Metareflexion in Rollenspielen und Simulationen wurde dargelegt und anhand der Beispiele gezeigt, wie diese Techniken in die Führungsarbeit einfließen können. Der Einsatz solcher Ansätze erfordert vor allem Mut, aber auch didaktisches und psychologisches Geschick. Jedoch hat sich das Potenzial dieser Instrumente und die vielfältige Anwendbarkeit von geschickt inszenierten Rollenspielen oder komplexeren Simulationen in der Praxis bestätigt.

Denn frei nach Schiller lässt sich sagen: Nur im Spiel ist der Mensch ganz Mensch.

Literatur

Alvesson, M. (1993). Cultural perspectives on organizations. Cambridge: Cambridge Univ. Press.

Blackler, F. (1995). Knowledge, knowledge work and organizations: An overview and interpretation. *Organization studies, 16*(6), 1021–1046.

Breuer. (2008). Playing in the narrative space. In L. de Caluwe, G.-J. Hofstede, & V. Peters (Hrsg.), *Why do games work? In search of the active substance* (S. 117–129) Deventer: Kluwer

Burk, W. (2010). Eigendynamik brechen. Von der hierarchischen zur Expertenorganisation. http://content.alpha.ch/b2c/1-ratgeber-hr-informationen/4-wissen-weiterbildung/1_alpha-aktuell/von-der-hierarchischen-zur-expertenorganisation.

Caluwe, L. de, Hofstede, G.-J., & Peters, V. (2008). *Why do games work? In search of the active substance.* Vakmedianet Managenent BV.

Capaul, R., & Ulrich, M. (2010). *Planspiele – Simulationsspiele für Unterricht und Training.* Mörschwil: Tobler Verlag und Altstätten/KLV Verlag.

Datema, H. & Kessel, M. van. (2008). *Think first, act later – effect study of a game in the public domain. In why do games work? In search of the active substance.* Vakmedianet Managenent BV.

Deenen, R., Wenzler, I., & Muijen, S. van. (2011). Development of personal leadership through simulations. In W. T. Bielecki, J. Gandziarowska-Ziołecka, A. M. Pikos, & M. Wardaszko, (Hrsg.), *Bonds and bridges – Facing the challenges of the globalizing world with the use of simulation and gaming.* Warsaw: ISAGA Conference 2011 & Poltext Ltd.

Duke, R. D. (1974). *Gaming: The future's language* (2. überarb. Aufl.). New York: Sage Publications & Halsted Press. (Bielefeld: Bertelsmann (2014)).

Duke, R. D. (2008). One perspective on the ‚Active Substance' of gaming simulations. In L. de Caluwe, G.-J. Hofstede, V. Peters (Hrsg.), *Why do games work? In search of the active substance.* Vakmedianet Managenent BV.

Duke, R. D., & Geurts, J. L. (2004). *Policy games for strategic management – Pathways into the unknown.* Dutch University Press.

Egloff D., & Bogenstätter Y. (2016). zitiert aus iafog (Hrsg.), *Unternehmensgestaltung im Spannungsfeld von Stabilität und Wandel,* Band II. AG an der ETH Zürich: Hochschulverlag.

Ferlie, E., Fitzgerald, L., McGivern, G., Dopson, S., & Bennett, C. (2011). Public policy networks and ‚wicked problems‘: A nascent solution? *Public Administration, 89*(2), 307–324.

Gebert, D., & Kearney, E. (2011). *Ambidextre Führung. Zeitschrift für Arbeits- und Organisationspsychologie A&O. 55,* 74–87.

Kavtaradze, D. (2008). Games as releasers of super stimuli's phenomena: Meanings of the game bottleneck. In L. de Caluwé , G. J. Hofstede, V. Peters (Hrsg.), *Why do games work? In search of the active substance* (S. 51–55). Deventer: Kluwer.

Kels P. (2018). Psychologische Vertragserwartungen von Knowledge Workers im Zeitalter flexibler Karrieren. In O. Geramanis, S. Hutmacher (Hrsg.), *Identität in der modernen Arbeitswelt. uniscope. Publikationen der SGO Stiftung.* Wiesbaden: Springer Gabler.

Kriz, W. C. (2000). *Lernziel: Systemkompetenz – Planspiele als Trainingsmethode.* Vandenhoeck & Ruprecht.

de Laat, P., & Geurts, J. L. A. (2008). Common foundations underlying gaming/simulation and psychodrama. In L. de Caluwe, G. J. Hofstede, & V. Peters (Hrsg.), *Why do games work? In search of the active substance* (S. 105–116). Deventer: Kluwer.

Llewellyn, S. (2001). ‚Two-way windows‘: Clinicians as medical managers. *Organization Studies, 22*(4), 593–623.

Ments, M. van. (1998). *Rollenspiel: effektiv.* München: Oldenburg Verlag.

Mintzberg, H. (1992). *Die Mintzberg-Struktur. Organisationen effektiver gestalten.* Landsberg: Verlag Modere Industrie.

Mintzberg, H. (1995). The professional organisation. In H. Mintzberg, J. B. H. Quinn, & S. Ghosal (Hrsg.), *The Strategy Process* (S. 372–382). London: Prentice Hall.

Nelson, B. (2012). *1501 ways to reward employees.* Workman Publishing.

Pellert, A. (2000). Expertenorganisationen reformieren. In A. Hanft (Hrsg.), *Hochschulen managen? Zur Reformierbarkeit der Hochschulen nach Managementprinzipien* (S. 39–55). Neuwied: Luchterhand.

Peters, V., & Westelaken, M. van de. (2008). The management approach: Thinking in systems. In G.-J. L. de Caluwe, Hofstede, & V. Peters (Hrsg.), *Why do games work? In search of the active substance* (S. 64–151). Deventer: Kluwer.

Scarbrough, H. (1999). Knowledge as work: Conflicts in the management of knowledge workers. *Technology Analysis & Strategic Management, 11*(1), 5–16.

Schwägele, S. (2014). Gaming – An environment for learning and transfer. In R. D. Duke & W. Kriz (Hrsg.), *Back to the future of gaming.* Bertelsmann.

Smith, W. K., Lewis, M. W., & Tushman, M. L. (2016). Both/and leadership. *Harvard Business Review, 94*(5), 62–70.

Stahl, H. K., & Fischer, H. R. (2013). Herausforderungen im Dazwischen. *Balanceakte des neuen Führens. Konfliktdynamik, 2*(2), 96–105.

Stonehouse, G. H., & Pemberton, J. D. (1999). Learning and knowledge management in the intelligent organisation. *Participation and Empowerment: An International Journal, 7*(5), 131–144.

Tampoe, M. (1993). Motivating knowledge workers – The challenge for the 1990 s. *Long Range Planning, 26*(3), 49–55.

Thomann, G., & Zellweger, F. (Hrsg.). (2016). *Lateral führen. Aus der Mitte der Hochschule Komplexität bewältigen* (S. 37–52). Zürich: hep.

Ulrich, M. (2006). Komplexität anpacken: Mit Planspielen erfolgreiches Handeln erlernen. In Tagungsband zur 7. Werner-Kollath-Tagung „Komplexität erkennen – Zukunft gestalten. Ernährungsökologie als integrativer Ansatz für Wissenschaft und Praxis“ (Giessen 9.5.2006). Werner-und-Elisabeth-Kollath-Stiftung, Bad Soden/Ts.

Von Nordenflycht, A. (2010). What is a professional service firm? Toward a theory and taxonomy of knowledge-intensive firms. *Academy of Management Review, 35*(1), 155–174.

Watson, D. R., & Sharrock, W. W. (1990). Realities in Simulation/Gaming. In R. Oxford & D. Crookall (Hrsg.), *Simulation, gaming and language learning* (S. 231–238). New York: Wadsworth.

Wenzler, I. (2008). Is your simulation game blue or green? In L. de Caluwe, G.-J. Hofstede, & V. Peters (Hrsg.), *Why do games work? In search of the active substance.* Deventer: Kluwer.

Wiley, J. W. (2012). Giving employees what they want can provide employers with what they want. *Employment Relations Today, 39*(1), 45–53.

18 Führungskräfte als interne Kommunikatoren: Experten mit kommunikativen Mitteln führen

Constanze Jecker

Spezifische Organisationstypen bleiben in der Literatur zur Personalentwicklung und zur Beziehung zwischen Führungskräften und Mitarbeiter oft unberücksichtigt (vgl. Kels und Kaudela-Baum, Kap. 2 i. d. Bd.). In der medien- und kommunikationswissenschaftlichen Literatur lässt sich dieses Desiderat ebenfalls feststellen (Malczok und Szyszka 2016, S. 22). Namentlich in Publikationen zur internen Organisationskommunikation sind Expertenorganisationen bislang kein eigenes Thema. Das vorliegende Kapitel möchte einen Beitrag leisten, um diese Lücke zu schließen.

Dieses Kapitel betrachtet das Thema „Führung in Expertenorganisationen" primär aus medien- und kommunikationswissenschaftlicher Perspektive. Es nimmt Bezug auf die erste und die fünfte Leitfrage dieses Sammelbandes. Ich stütze mich bei der Beantwortung sowohl auf aktuelle Literatur mit theoretischen und empirischen Erkenntnissen zur Organisationskommunikation als auch auf eine eigene qualitative Studie zur internen Kommunikation in der Schweiz (Jecker und Gasser 2016).

Für Expertenorganisationen stellt sich aus medien- und kommunikationswissenschaftlicher Perspektive die Frage, welche kommunikativen Strukturen und (dialogischen bzw. partizipativen) Wege sich anbieten, damit Experten interne Informationen subjek-

Bei dem Aspekt Glaubwürdigkeit wird davon ausgegangen, dass es sich um ein soziales Konstrukt handelt (vgl. dazu etwa Nawratil 2006; Huck 2006; Lock 2016), welches aus mehreren Dimensionen besteht bzw. mittels mehrerer Items erfasst wird. Deshalb kann ein Unternehmen oder ein Objekt (wie z. B. die Mitarbeiterzeitschrift) verschiedene Grade an Glaubwürdigkeit aufweisen. Mit Blick auf Führungskräfte führen Schulte-Deußen et al. (2013, S. 107) aus, dass Glaubwürdigkeit jenes „Ausmaß [ist], in dem Beschäftigte das Management eines Unternehmens als vertrauenswürdig, transparent in Entscheidungen, kompetent sowie integer wahrnehmen"

C. Jecker (✉)
Hochschule Luzern, Luzern, Schweiz
E-Mail: constanze.jecker@hslu.ch

P. Kels und S. Kaudela-Baum (Hrsg.), *Experten führen,* uniscope. Publikationen der SGO Stiftung, https://doi.org/10.1007/978-3-658-23028-9_18

tiv einordnen können (vgl. Kels et al. 2015, S. 145; Huck-Sandhu 2013; Spachmann und Huck-Sandhu 2013, S. 9 f.). Entsprechend der diesem Buch zugrunde liegenden Problemstellung bietet sich hier folgende Frage an: Welche Fähigkeiten und Fertigkeiten müssen Führungskräfte in ihrer Rolle als Kommunikatoren in Expertenorganisationen besitzen bzw. sich aneignen, damit sie die von der Organisation vorgegebenen internen kommunikativen Ziele erreichen können? Das vorliegende Kapitel versucht Antworten darauf zu geben, indem zunächst die Ziele und die Neuausrichtung interner Kommunikation erläutert (Abschn. 18.1) und anschließend der soziale Wandel und die Folgen für die interne Kommunikation skizziert werden (Abschn. 18.2), um dann ausgewählte Ergebnisse der bereits erwähnten qualitativen Studie zu präsentieren (Abschn. 18.3). In einem nächsten Schritt werden Perspektiven für die Aus- und Weiterbildung von Führungskräften in Expertenorganisationen entwickelt (Abschn. 18.4). Abschließend folgt ein Fazit samt Ausblick (Abschn. 18.5).

18.1 Neuausrichtung der internen Kommunikation

Die interne Organisationskommunikation – das ist die formelle wie auch die informelle Kommunikation auf allen Ebenen von Organisationen (Kalla 2005, S. 304) – gilt als ein Bereich der Public Relations (PR) (Jarolimek 2015; Röttger et al. 2011, S. 27, 190 ff.) und insbesondere der Unternehmenskommunikation (Zerfaß 2014; Mast 2016).[1]

In der Praxis wird die interne Kommunikation meist unter der sog. *funktionalen Perspektive* betrachtet, welche theoretisch dem *instrumentellen PR-Ansatz* zuzuordnen ist (Stehle 2016). Das zentrale Ziel ist, die Organisation zu optimieren und die Mitarbeiter so einzubinden, dass sie zur Wertschöpfung des Unternehmens beitragen. Die Dominanz dieser funktionalen Logik lässt sich damit erklären, dass die Organisationskommunikation als Forschungsfeld stark von der Betriebswissenschaft geprägt ist. Entsprechend wird interne Kommunikation als ein Mittel zur Erreichung ökonomischer *Ziele* gesehen (Huck-Sandhu 2016, S. 3 f.). Interne Kommunikation verfolgt demnach das Ziel, in Organisationen die Voraussetzungen dafür zu schaffen, dass eine „gemeinsame, arbeitsteilige Leistungserstellung" möglich wird; d. h., sie sollte den Mitarbeitern etwa Arbeitsanweisungen oder (nicht) explizit festgehaltene Verhaltensweisen bzw. Normen der jeweiligen Unternehmenskultur konkret und verständlich vermitteln (Zerfaß 2014, S. 44). Aus theoretischer Perspektive hat sich das „funktionale Paradigma" in den vergangenen Jahrzehnten zum *Kommunikationsmanagement* entwickelt. Mit anderen Worten: Interne Kommunikation soll „zielorientiert und geplant" und „möglichst effizient und effektiv" sein (Stehle 2016, S. 56).

In manchen größeren Organisationen überträgt das Management internen Kommunikationsspezialisten verschiedene Teilziele. Diese Spezialisten sollen zur

[1]Für eine Diskussion der Begriffe *interne Organisationskommunikation* und *interne Unternehmenskommunikation* sowie weiterer Fachbegriffe wie *Mitarbeiterinformation* und *-kommunikation, interne Public Relations* oder *innerbetriebliche Kommunikation* vgl. z. B. Kalla 2005, S. 304; Szyszka und Malczok 2016.

Effizienz und zum Erfolg der Gesamtorganisation beitragen (Zerfaß 2014, S. 23). In vielen Schweizer Unternehmen gibt es weder eine entsprechende Abteilung für interne Kommunikation noch eine solche Funktion bzw. Person, sodass PR- oder Marketingverantwortliche, HR-Spezialisten oder Führungskräfte der Linie diese Aufgabe übernehmen.[2]

Ziele interner Kommunikation: Besonderheiten und Herausforderungen in Expertenorganisationen

Da sich die *Ziele der internen Kommunikation,* so wie sie in der medien- und kommunikationswissenschaftlichen Literatur beschrieben werden (vgl. z. B. Mast 2016), auch auf die *Merkmale von Organisationen mit Experten* beziehen lassen (vgl. Kap. 2 von Kels und Kaudela-Baum i. d. Bd.), werden diese beiden Aspekte im Folgenden miteinander verknüpft. Dies bietet sich an, da verschiedene Teilziele der internen Organisationskommunikation mit in Kap. 2 dargestellten Merkmalen von Expertenorganisationen korrespondieren, namentlich …

I. mit den idealtypischen Merkmalen klassischer Experten,
II. mit den vier Dimensionen von personengebundener Expertise sowie
III. mit der Veränderungsbereitschaft in Expertenorganisationen.

Dies bedeutet allerdings nicht, dass die Teilziele interner Organisationskommunikation im konkreten Fall mit den Interessen und Zielen der Experten identisch sind. Im Gegenteil: Oftmals widersprechen sich diese diametral. Die nachfolgende Gegenüberstellung soll dies verdeutlichen:

*Während interne Organisationskommunikation gemäß Mast (*2016, *S. 269 ff.) das Ziel hat, …*

- *… die Glaubwürdigkeit der Führungskräfte bzw. der Entscheidungsträger zu sichern bzw. zu erhöhen,* stehen Experten Hierarchien grundsätzlich sehr kritisch gegenüber.
- *… das Management und die Mitarbeiter zu koordinieren und zu vernetzen, um die Zusammenarbeit und den Wissensaustausch zu fördern,* legen Experten großen Wert auf Autonomie.
- *… die Motivation und Arbeitszufriedenheit zu erhöhen, indem sie die Mitarbeiter etwa durch das Vermitteln von Informationen u. a. bei der Suche nach Orientierung und dem Erleben von Sinn unterstützt,* sind Experten zumeist

[2]Jecker et al. (2017): Top 500: Neue Wege in der internen Kommunikation. Kurzbericht zur Befragung 2016, unveröffentlichtes Dokument, Luzern.

intrinsisch motiviert und orientieren sich bevorzugt an anderen Experten, die durch die gleiche professionelle Ausbildung und Sozialisation geprägt sind.

- *... zum einen die Identifikation der Mitarbeiter in Bezug auf ihre individuelle Tätigkeit und zum anderen ihre Integration in die Gesamtorganisation zu fördern,* verstehen Experten ihre individuelle Expertise überwiegend als fachspezifisch sowie personengebunden und damit als „losgelöst" von der Organisation, und sie fühlen sich ihrer eigenen Profession oft mehr verpflichtet als ihrem Arbeitgeber.
- *... bei den Mitarbeitern die Bereitschaft für Veränderungsprozesse positiv zu beeinflussen, um im Auftrag der Leitung die Agilität der Organisation zu erhöhen,* stehen Experten Veränderungen oft kritisch gegenüber und leisten mitunter auch Widerstand – etwa bei neuen Strategien.
- *... die Mitarbeiter so zu informieren und zu beeinflussen, dass sie eine positive Außenwirkung für die Organisation erzielen,* sind sich angesichts des Fachkräftemangels viele Experten ihrer Macht gegenüber dem Arbeitgeber bewusst, sodass sich ihre Bindung und ihre Loyalität zur aktuellen Organisation oft in Grenzen halten.

Aufgrund dieser Gegenüberstellung bzw. der Besonderheiten in Expertenorganisationen scheint es angebracht, sich bei den Kommunikationswegen künftig weniger auf die meist einseitige Abwärtskommunikation zu konzentrieren, wie sie in vielen Unternehmen in der Schweiz noch üblich ist.[3]

Verständnis von interner Kommunikation: Interaktion und Koordination als zentrale Aufgaben

Im vorliegenden Kontext ist es interessant, die folgenden zwei Definitionen von interner Kommunikation zu betrachten, denn sie spiegeln einen Wandel wider, der nachfolgend noch näher zu untersuchen sein wird (Abschn. 18.2).

Bei der ersten Definition der Medien- und Kommunikationswissenschaftlerin Claudia Mast aus dem Jahr 2014 fällt auf, dass die Organisation und die Hierarchie hier eine große Bedeutung erhalten. Ferner ist es gemäß Mast (2014) der Zweck interner Kommunikation, die Werte und Ziele des Unternehmens an die Mitarbeiter zu vermitteln:

▶ **Interne Unternehmenskommunikation (1)** „Interne Unternehmenskommunikation umfasst sämtliche kommunikative [sic!] Prozesse, die sich in einem Unternehmen zwischen **Mitarbeitern der verschiedenen Abteilungen und Hierarchiestufen** abspielen. Sie reicht von Alltags- bis zu Krisensituationen und **sorgt dafür,** dass **Wissen, gemeinsame Werte und Unternehmensziele** für alle Mitarbeiter **zugänglich und erlebbar** werden" (Mast 2014, S. 1123; Hervorh.: C. J.).

[3]Jecker et al. (2017): Top 500: Neue Wege in der internen Kommunikation. Kurzbericht zur Befragung 2016, unveröffentlichtes Dokument, Luzern.

Betrachtet man nun die nachfolgende Definition – ebenfalls von Mast – aus dem Jahr 2016, so fällt auf, dass der Aspekt der Hierarchie in der Mitarbeiterschaft zugunsten eines abstrakteren Begriffs („Mitglieder“) entfällt. Ferner geht es nun nicht mehr primär um die Vermittlung bestimmter Informationen und Botschaften, wie bei der oben stehenden älteren Definition. Vielmehr stehen das Ermöglichen von Kommunikation und das Bereitstellen und Steuern von Netzen im Zentrum – im Sinne eines (gleichwertigen) Austauschs.

▶ **Interne Unternehmenskommunikation (2)** „Die interne Unternehmenskommunikation umfasst sämtliche kommunikativen Prozesse, die sich in einem Unternehmen **zwischen dessen Mitgliedern** abspielen. Interne Kommunikation stellt die Verbindung zwischen den Individuen des Unternehmens her, **ermöglicht Interaktion und Koordination** und **steuert so das Netz** ineinander greifender [sic!] Verhaltensaktivitäten der einzelnen Akteure“ (Mast 2016, S. 263; Hervorh.: C. J.).

Denkt man den zweiten Satz der zweiten Definition konsequent weiter, so geht mit dieser Neuausrichtung der internen Kommunikation auch ein bestimmter Kontrollverlust einher. Übertragen auf Expertenorganisationen könnte dies Folgendes bedeuten: Wenn Experten vor allem untereinander agieren und interne Kommunikationsspezialisten „lediglich“ die Aufgabe haben, diesen Austausch bzw. diese Interaktionen zu ermöglichen und zu koordinieren, dann könnten und würden die Mitglieder einer Organisation künftig ihre Vernetzungen untereinander mehr selbst bestimmen als bisher – was wiederum den Bedürfnissen und Erwartungen von Experten entspräche. Für Führungskräfte in Expertenorganisationen hieße dies, dass sie individuelle Verbindungen und Interaktionen der Experten vermehrt und gezielt unterstützen bzw. fördern könnten. Führungskräfte könnten sich künftig weniger als Entscheider oder informierende Kommunikatoren verstehen, sondern mehr als Drehscheibe und als Moderatoren der Kommunikation ihres Teams.

Diese Neuausrichtung erscheint auch sinnvoll, wenn man zentrale gesellschaftliche Entwicklungslinien näher betrachtet. Im nächsten Abschnitt werden drei relevante soziale Entwicklungen skizziert, die sich auf die Kommunikation innerhalb von Organisationen auswirken. Diese haben in ihrer Summe zur Folge, dass die Relevanz der internen Kommunikation wächst.

18.2 Soziale Entwicklungen und ihre Folgen für interne Kommunikatoren

Gemäß dem *European Communication Monitor* – das ist die größte europäische Berufsfeldstudie im Bereich Kommunikation – gilt die interne Kommunikation als jenes Arbeitsfeld des Kommunikationsmanagements in Unternehmen, das am stärksten wächst

(Zerfaß et al. 2011). Nach Einschätzung von Schick (2014, S. 122 ff., 192 ff.) entwickelt sich die interne Kommunikation zudem immer mehr zu einem zentralen Faktor für die Unternehmenskultur sowie zu einem wichtigen Bestandteil der Unternehmenskommunikation. Diese zunehmende Relevanz lässt sich auf den sozialen Wandel zurückführen, wie nachfolgend aufgezeigt werden soll.

In Anlehnung an Spachmann und Huck-Sandhu (2013) und aufgrund weiterer Literatur zu den theoretischen Grundlagen interner Unternehmenskommunikation (vgl. Buchholz 2015; Huck-Sandhu 2013; Einwiller et al. 2008; Einwiller und Korn 2015, S. 238 ff.; Mast 2014, S. 1125; Schick 2014, S. 221 f.) sowie aufgrund von Befunden empirischer Studien (Zerfaß et al. 2011; Spachmann und Huck-Sandhu 2015) lassen sich drei Entwicklungen identifizieren, die die interne Kommunikation in Organisationen und somit auch die Kommunikation von Führungskräften prägen. Diese Entwicklungen bedingen sich zum Teil gegenseitig und werden nachfolgend skizziert.

18.2.1 Wandel der Medien

Durch technische Innovationen sind neue Kommunikationsplattformen und dialogisch orientierte Medien (Social Media) entstanden, die die Kommunikationskultur insgesamt verändert haben (vgl. dazu z. B. Schweiger und Beck 2010). Dies wirkt sich auf die internen Kanäle von Organisationen aus: Zum einen prägen neue Kommunikationsplattformen die traditionellen Abläufe auf den gleichen sowie zwischen den Hierarchiestufen. Zum anderen lösen sich auch die Grenzen zwischen interner und externer Kommunikation auf, da es heute technisch leichter und schneller möglich ist, interne Informationen nach außen weiterzugeben (Mast 2016, S. 267). Diese „Durchlässigkeit" gilt insbesondere auch für Informationen, die im Rahmen von Veränderungsprozessen an Mitarbeiter weitergegeben werden (Pfannenberg 2014, S. 1228 f.). Die Konzeption der internen Kommunikation und das (strategische) Management einzelner Informationen werden somit anspruchsvoller.

18.2.2 Wandel der Komplexität

Durch die Globalisierung kommt es zu weitreichenden Grenzverschiebungen, die sich auch auf die Merkmale von Organisationen auswirken (Vercic et al. 2012, S. 229). Dies führt z. B. zu einer Zunahme komplexer Strukturen innerhalb von Unternehmen, und interne Change-Prozesse werden zur Regel. Dies wirkt sich auf die Kommunikation aus: Wenn eine Unternehmung beispielsweise infolge der Globalisierung und dadurch bedingter Transformationsprozesse zunehmend dezentraler organisiert wird, sind das Management sowie interne Kommunikationsspezialisten gemeinsam herausgefordert, „den *Grundsatz der Vernetzung* in die DNA der hierarchischen Organisation ein[zu] pflanzen" (Hervorh.: C. J.) – etwa damit der Austausch und das Teilen gemeinsamer

Ziele innerhalb der Organisation gewährleistet bleibt (Buchholz und Knorre 2017, S. 36). Darüber hinaus gibt es weitere Folgen der Globalisierung und der zunehmenden Change-Prozesse: Zum einen wird von den Mitarbeitern zunehmend mehr Flexibilität gefordert; gleichzeitig wird die bisherige Form der Bindung der Mitarbeiter an ihren Arbeitgeber infrage gestellt (Felfe 2008, S. 16 f.). Zum anderen gewinnt die interne Kommunikation in Unternehmen aus der Sicht des Topmanagements vor allem in „Umbruchsituationen [...] an *strategischer* Bedeutung" (Schick 2014, S. 1; Hervorh.: C. J.). Beide Aspekte bedingen eine funktionale Neuausrichtung der internen Kommunikation (vgl. Abschn. 18.1).

18.2.3 Wandel der Werte

Durch den oben skizzierten Medienwandel und die Globalisierung haben sich auch die Wertvorstellungen in der Gesellschaft verändert. Für diesen Beitrag relevant sind vor allem die gestiegenen Erwartungen der Mitarbeiter, was sich wiederum auf die Mitarbeiterbindung (s. o.) auswirkt – ein wesentliches Ziel interner Kommunikation (vgl. Abschn. 18.1). Veränderte Wertvorstellungen lassen sich vor allem bei den sogenannten Generationen Y und Z finden: Sie legen u. a. Wert auf Autonomie und Individualität sowie auf flexible Arbeitszeiten und Arbeitsorte (Hesse et al. 2015, S. 90 f., 96 f.). Sie wünschen sich einen sinnstiftenden Beruf und einen Arbeitgeber, der ihnen genügend Freiraum für Familie und Freizeit lässt (Hesse et al. 2015, S. 90 ff.). Sie lehnen stark ausgeprägte Hierarchien ab und möchten ihren Vorgesetzten auf Augenhöhe begegnen – notabene auch in der Kommunikation (Hesse et al. 2015, S. 94 f.).[4] Besonders Mitglieder der Generation Z nutzen regelmäßig soziale Netzwerke (wie Instagram) mit mobilen Endgeräten (Tablets, Smartphones etc.), sodass Hesse et al. (2015, S. 80) empfehlen, die von ihnen bevorzugten Kommunikationswege ebenfalls zu nutzen, falls man mit diesen Generationen kommunizieren möchte. Falls Führungskräfte diese Mitarbeiter auf Dauer an ihre Organisation binden möchten, sollten sie auf ihre Wertvorstellungen und die damit verbundenen Bedürfnisse eingehen: Sie sollten etwa ihre (sinnvollen) Vorschläge zur Optimierung von Arbeitsprozessen nicht nur zur Kenntnis nehmen, sondern diese tatsächlich auch umsetzen (Jecker et al. 2017). Große bzw. finanzstarke Organisationen könnten zudem eigene Apps oder digitale Austauschplattformen entwickeln, damit Mitarbeiter in geschützten Kommunikationsräumen interagieren können – so wie es etwa die Siemens AG praktiziert (Müller et al. 2017; ausführlich in Abschn. 18.4).

Die hier in Kürze beschriebenen sozialen Entwicklungen bezüglich Medien, Komplexität und Werte haben weitreichende Auswirkungen auf die Kommunikation

---

[4] Dass in jüngster Zeit Mitarbeiter „kritischer und fordernder" geworden sind, beobachten gemäß einer Befragung im Übrigen auch Kommunikationsverantwortliche von Unternehmen in Deutschland (Huck-Sandhu 2013, S. 223).

innerhalb von Organisationen und folglich auch auf die Kommunikation von Führungskräften. Auf diese Auswirkungen und die sich daraus ergebenden Herausforderungen für Führungskräfte geht der nächste Abschnitt näher ein. Dabei richtet sich der Blick auf empirische Studien zur internen Kommunikation in der Schweiz.

18.3 Mitarbeiter: Kommunikations-Ansprüche wachsen

Theoretisch sowie empirisch fundierte Literatur zur internen Organisations- und Unternehmenskommunikation gibt es vor allem in der sozialwissenschaftlich orientierten Medien- und Kommunikationswissenschaft relativ selten (Mast 2014, S. 1125). Dies gilt insbesondere für die Schweiz: Neben praxisorientierten Publikationen (vgl. z. B. Jäggi und Egli 2007) gibt es nur wenige empirische Studien zu diesem Themenfeld (vgl. z. B. Meier et al. 2015; Meier 2002).

18.3.1 Eine qualitative Studie zur Entwicklung der internen Kommunikation in Schweizer Unternehmen

Angesichts des hier in der gebotenen Kürze beschriebenen Forschungsfeldes bot sich für eine Studie zur Erforschung der internen Kommunikation in der Schweiz ein qualitatives Vorgehen an (Lamnek 2010). Solch eine Studie wurde im Winter 2015/2016 am Institut für Kommunikation und Marketing der Hochschule Luzern – Wirtschaft durchgeführt. Dazu wurden halb standardisierte Experteninterviews geführt, um die Vielfalt der Meinungen innerhalb der Expertengruppe „Interne Kommunikation“ erfassen zu können (Helfferich 2014, S. 570). Ziel der Studie war, u. a. folgenden Forschungsfragen nachzugehen:

1. Wie wirkt sich der soziale Wandel gegenwärtig und künftig auf die Ziele der internen Kommunikation in Schweizer Unternehmen aus?
2. Welche Auswirkungen hat dieser soziale Wandel gegenwärtig und künftig auf die Aufgaben der internen Kommunikatoren in Schweizer Unternehmen?

Das dahinterstehende theoretische Konzept lässt sich dem funktionalen PR-Ansatz zuordnen. Vereinfacht und stark verkürzt bedeutet dies: Internes Kommunikationsmanagement soll einen Beitrag leisten, damit eine Organisation trotz aller (externer) Einflüsse fortbesteht und stabil bleibt, um ihr Ziel (z. B. Steigerung der Produktivität) erreichen zu können (Stehle 2016, S. 55 f.; vgl. dazu Abschn. 18.1).

Bei der Wahl der Stichprobe wurde berücksichtigt, dass die Interviewpartner jeweils eine Gruppe bestimmter Experten repräsentieren (Flick 2000, S. 109 f.). Ferner sollten sie über unterschiedliche Formen von Rollenwissen verfügen, also etwa Wissen über interne Abläufe von Organisationen oder über sonst schwer zugängliche Hintergründe und

Erfahrungen (Helfferich 2014, S. 571) im Kontext interner Organisationskommunikation. Gemäß diesen Auswahlkriterien wurden insgesamt zwölf Interviews geführt. Zu den Befragten gehören acht Verantwortliche für (interne) Kommunikation sowie ein IT-Spezialist, der zentrale interne kommunikative Aufgaben wahrnimmt.[5] Ferner wurden je ein Vorstandsmitglied von Perikom – dem Schweizer Fachverein für Personalmanagement und Interne Kommunikation – und vom Schweizerischen Verband für interne Kommunikation SVIK interviewt; diese Personen sind gleichzeitig in einer Kommunikationsagentur für interne Kommunikation tätig. Die zwölfte befragte Person ist in leitender Funktion in einer Kommunikationsagentur tätig, die in den verschiedenen Sprachregionen der Schweiz aktiv ist und sich auf interne Kommunikation spezialisiert hat.

Der Leitfaden für die halb-standardisierten Experteninterviews wurde mit etablierten Techniken erstellt (vgl. z. B. Meyen et al. 2011, S. 91 ff.; Helfferich 2011). Die Interviews dauerten zwischen 50 und 75 Minuten und wurden im Zeitraum von November 2015 bis Ende Januar 2016 durchgeführt. Nach der Transkription wurden die Interviews nach sozialwissenschaftlichen Kriterien inhaltsanalytisch (Mayring 2010) mittels MaxQDA (Kuckartz 2010) ausgewertet.[6]

Zentrale Aspekte in den Interviews waren u. a. der Wandel der Führungskommunikation und die veränderten Ansprüche von Mitarbeitern.[7] Zwar wurde dabei nicht explizit nach der internen Kommunikation in Expertenorganisationen gefragt, doch lassen sich die Befunde mit dem Forschungsstand zu Organisations- und Management-Ansätzen gewinnbringend verknüpfen (vgl. Kap. 2 von Kels und Kaudela-Baum i. d. Bd.). In den nächsten Abschnitten werden ausgewählte Befunde vorgestellt.

---

[5]Die acht Verantwortlichen für interne Kommunikation bzw. Kommunikationsverantwortlichen vertreten folgende Branchen: Autoindustrie, Pharmaindustrie, Detailhandel, Dienstleistungen, Energiewirtschaft, öffentlicher Verkehr sowie Finanzbranche (2 Personen). Der o. g. IT-Spezialist ist in der Uhrenbranche tätig und nimmt zentrale interne kommunikative Aufgaben wahr, indem er abteilungsübergreifende Konzepte entwickelt hat, um relevante IT-Themen mit gezielten Kommunikationsmaßnahmen an die Mitarbeiter zu vermitteln. Insofern hat dieser Interviewpartner einen spezifischen Fokus auf das Thema „Interne Kommunikation". Alle ausgewählten Unternehmen sind im Ranking der Top 500 vertreten, das die Handelszeitung im Jahr 2015 herausgegeben hat. Neben der Funktion und der Branche der Interviewpartner war bei der Ziehung der Stichprobe auch die Berücksichtigung verschiedener Standorte (betr. regionale Zentren in der Schweiz) und verschiedener Größen der Organisationen (betr. Mitarbeiterzahl) relevant.

[6]Jecker und Gasser (2016): Interne Organisationskommunikation im Wandel: Ziele, Aufgaben und Rollen. Abschlussbericht der qualitativen Vorstudie „Strategien für eine zukunftsorientierte interne Kommunikation in Schweizer Unternehmen". Unveröffentl. Forschungsbericht. Luzern, 22.08.2016.

[7]Der Leitfaden für die Interviews umfasste neun Themenblöcke, die jeweils mehrere Fragen enthielten. Die für den vorliegenden Kontext relevanten Themen waren a) die Veränderungen bezüglich der Führungskommunikation (hierbei wurde zwischen der Geschäftsleitung und dem übrigen Kader unterschieden) und b) die Ansprüche der Mitarbeiter an die interne Kommunikation.

18.3.2 Fokus 1: Ansprüche der Mitarbeiter im Wandel

Die Interviewpartner gaben u. a. Auskunft darüber, wie sich die Ansprüche der Mitarbeiter in Schweizer Unternehmen verändert haben. Zunächst schilderten sie ihre Wahrnehmungen, welche Ansprüche die Mitarbeiter heute an interne Kommunikation stellen. Ihre Antworten lassen sich wie folgt zusammenfassen: Die Mitarbeiter haben den Anspruch, von ihrem Arbeitgeber wahrhaftig, transparent und authentisch informiert zu werden, und sind einer schönfärberischen PR-Sprache gegenüber kritisch eingestellt. Ferner erwarten sie, dass die Kommunikatoren glaubwürdig sind. Die Mitarbeiter möchten sich zudem mit dem Unternehmen identifizieren können und stolz sein auf dessen guten Ruf, damit ihnen die Arbeit Freude bereitet. Zwei Zitate veranschaulichen exemplarisch diese Befunde:

> Also ich glaube, der Mitarbeiter will natürlich klare, knackige Informationen, das muss einfach funktionieren. Und er will das, was er braucht, herauspicken können und weitermachen. Das haben wir also hier intern extrem gemerkt.
>
> Und ich denke auch, der Mitarbeiter will auch heutzutage sehen, dass das Unternehmen auch ein gutes Image hat und dem gerecht wird. Also dass es nachhaltig wirtschaftet, […] dass es einfach positive Werte nach außen vertritt und diese auch intern natürlich lebt.

In einem nächsten Schritt gaben die Befragten Auskunft darüber, inwieweit sich die Ansprüche der Mitarbeiter an die interne Kommunikation ihrer Beobachtung nach in den letzten Jahren verändert haben. Die Mehrheit der Befragten nimmt hier Veränderungen in verschiedenen Bereichen wahr. Mehrere Interviewpartner betonen, dass vor allem hoch qualifizierte Mitarbeiter „ihr" Unternehmen mitgestalten möchten. Außerdem würden jüngere Mitarbeiter mehr Wert auf die Art und Weise der Vermittlung sowie auf Mitbestimmung legen (z. B. bei Entscheidungen).

> Die [Ansprüche] wachsen natürlich irgendwie mit der gesellschaftlichen Entwicklung mit. Gerade die junge Generation, die erwartet nicht eine zweiseitige Argumentation über einen Entscheid, der nun gefällt worden ist, ich meine, da wird getwittert und „instagramlet", und da reicht ein Bild und nachher […] ist der Fall schon klar. […] Also der Mitarbeiter will immer sehr viel wissen oder das Gefühl haben, mitbestimmen zu können, vielleicht auch nur das Gefühl haben, er könne irgendwie mitbestimmen oder mitlaufen.

Die Einschätzungen der Befragten zu den veränderten Ansprüchen der Mitarbeiter lassen sich wie folgt zusammenfassen: Zum einen erwarten diese eine inhaltlich wahrhaftige sowie attraktiv und zielgerichtet vermittelte interne Kommunikation. Dies betrifft die Botschaften (keine PR-Sprache), das Layout (Visualität) und die Selektion der Inhalte (Bedürfnisorientierung). Zum anderen erwarten sie, dass die interne Kommunikation ihres Arbeitgebers technisch professionell (betr. Mobilität und Funktionalität) und dialogorientiert (betr. wechselseitige Richtung) ist. Verknüpft man diese Befunde mit den zuvor skizzierten veränderten kommunikativen Ansprüchen der Mitarbeiter (vgl. Abschn. 18.2), so ist festzustellen, dass die hohen Erwartungen an die interne Kommunikation nicht ausschließlich bei Angehörigen der Generationen Y und Z, sondern offenbar auch bei älteren Mitarbeitern (Generation X) anzutreffen sind. Verknüpft man diese Tatsache des Weiteren mit dem funktionalen PR-Ansatz als theoretischem Konzept (vgl. Abschn. 18.1) und mit Expertenorganisationen, so wäre es die Aufgabe der internen Kommunikation, Führungskräfte dafür zu sensibilisieren, dass sie mit Experten prägnant, wahrhaftig sowie transparent kommunizieren und dialektisch argumentieren.

18.3.3 Fokus 2: Kommunikation des Kaders im Wandel

Die Spezialisten wurden ferner nach Veränderungen in der Kommunikation gefragt, die sie ggf. in den vergangenen Jahren beim oberen, mittleren und unteren Kader beobachtet haben. Hierzu lassen sich folgende Befunde zusammenfassen: Die Kommunikation des Kaders bzw. der Führungskräfte ist insgesamt wichtiger geworden. Dies habe zwei Ursachen: Zum einen seien die Ansprüche der Mitarbeiter gestiegen (vgl. oben), und zum anderen würden sich Führungskräfte mehr auf die Kommunikation konzentrieren, da andere Führungsaufgaben abgenommen hätten (z. B. Anleitungen geben, über neue Prozesse informieren). Deshalb seien Führungskräfte sensibler geworden bei der Kommunikation und würden auch bewusster mit nonverbalen und impliziten Botschaften umgehen. Das Management müsse sich zudem heute mehr den Fragen der Mitarbeiter stellen als früher, d. h. sie müssten auch (ggf. anonym gestellte) Fragen der Mitarbeiter beantworten. Solche Situationen seien für manche Führungskräfte noch ungewohnt, würden aber von der Organisation gefördert, z. B. durch Fragen, die Mitarbeiter im Rahmen eines großen Meetings per anonymen SMS stellen können.

Führungskräfte im mittleren Kader seien zudem oft mehr gefordert als die Geschäftsleitung, insbesondere bei der direkten Zusammenarbeit mit jüngeren Mitarbeitern, die mehr hinterfragen und mehr diskutieren möchten. Eine befragte Person wies darauf hin, dass das Verhältnis zwischen Vorgesetzten und Mitarbeiter heute weniger hierarchisch sei als früher. Dies wirke sich auf die Kommunikation aus, etwa in Diskussionen innerhalb von Teams, in denen die Hierarchie nicht erkennbar sei: Mitarbeiter würden ihre Vorgesetzten beispielsweise eher hinterfragen und kritisieren. Vor allem Experten, die z. B. in der Forschung arbeiten, erwarteten Freiräume und wollten ihre Ideen einbringen.

Zwei Zitate aus den Experteninterviews sollen diese Resultate veranschaulichen:

> Also „früher" war es, glaube ich, schon auch noch vielfach so, dass der Chef und die Chefin den Eindruck hatten, sie müssten alles besser können als alle ihre Mitarbeitenden. Heute ist das nicht mehr so. […] Also das ist sehr offen geworden und diese Atmosphäre muss man eben auch schaffen. […] [W]enn man in der Produktion arbeitet, ist es auch anders als in der Forschung. In der Forschung verlangen die Leute auch viele Freiräume, eigenständig Ideen einzubringen.

> Ich glaube, dadurch, dass die Ansprüche der Mitarbeitenden auch anders geworden sind, vor allem im Bereich auch vielleicht von jüngeren Mitarbeitenden, die [...] schon auch diese Sinnhaftigkeit viel stärker [suchen], und das verlangt natürlich im „daily business“ von den Führungskräften schon einen anderen Führungsstil und auch andere Inhalte, die sie kommunizieren müssen. Und gleichzeitig denke ich mir schon, sind viele der Unternehmen immer noch sehr hierarchisch organisiert.

An diesem letzten Zitat aus den Experteninterviews lässt sich gut der Zusammenhang zwischen den veränderten Ansprüchen der Mitarbeiter einerseits und den veränderten Herausforderungen der Führungskräfte andererseits ablesen. Auch wenn sich die Befragten nicht ausschließlich auf Expertenorganisationen bezogen haben, so können die genannten Veränderungen und Herausforderungen für Führungskräfte doch übertragen werden, da Mitarbeiter in Expertenorganisationen ohnehin sehr hohe Ansprüche an Führungskräfte stellen und ein großes Bedürfnis nach Autonomie und Selbstbestimmung haben (vgl. Abschn. 18.1).

Verknüpft man diese Befunde nun mit der Erkenntnis, dass die Generationen Y und Z mit ihren Vorgesetzten auf Augenhöhe kommunizieren und ihre Arbeit sinnhaft tun möchten (vgl. Abschn. 18.2), dann bedeutet dies für Führungskräfte in Expertenorganisationen, dass sie beispielsweise geschützte Kommunikationsplattformen für die Zusammenarbeit und für den Austausch von Wissen initiieren bzw. fördern sollten, auf denen sich die Experten hierarchieübergreifend austauschen können. Aus funktionaler Perspektive (vgl. Abschn. 18.1) könnte es dabei die Aufgabe der internen Kommunikationsverantwortlichen sein, Führungskräften die Notwendigkeit und Dringlichkeit solcher Plattformen für die Kollaboration aufzuzeigen.

So lässt sich festhalten: Die bisherigen Ziele der internen Kommunikation und die bisherigen kommunikativen Aufgaben von Führungskräften werden durch den zuvor beschriebenen Wandel infrage gestellt (vgl. dazu auch Buchholz 2015, S. 845 f.; Buchholz und Knorre 2014). Führungskräfte sind bei diesen Veränderungen und Herausforderung gezielt zu unterstützen. Somit werden neue Angebote an Aus- und Weiterbildungen benötigt, die insbesondere die kommunikativen Fähigkeiten der Führungskräfte fördern.

Im folgenden Abschnitt werden die Auswirkungen dieses Wandels und die sich daraus ergebenden Herausforderungen für Führungskräfte näher beleuchtet. Ferner werden Vorschläge für Aus- und Weiterbildungen präsentiert, damit Führungskräfte in Expertenorganisationen den beschriebenen Herausforderungen adäquat begegnen können.

18.4 Führungskräfte: Orientierung geben und Dialoge fördern

Angesichts der zunehmenden Komplexität von Unternehmen (vgl. Abschn. 18.2) ist die interne Kommunikation gefordert, den Mitarbeitern künftig mehr Orientierung zu vermitteln (Spachmann und Huck-Sandhu 2013, S. 19), um deren „Navigation“ in der sich permanent verändernden Unternehmenswelt zu sichern (Buchholz 2015, S. 846).

Dabei spielen Führungskräfte als Multiplikatoren und als Mittler zwischen den Hierarchiestufen eine wichtige Rolle, da sie den Mitarbeitern als Informationsquelle und als Orientierungshilfe dienen (Mast 2016, S. 293 ff.).

18.4.1 Ansatz 1: Orientierung bieten mittels Deutungsmustern

Huck-Sandhu (2013, S. 226 f.) bezeichnet Orientierung als „Dachkonzept" interner Kommunikation: Dank Informationen erhalten Mitarbeiter eine Orientierung, sodass Mehrdeutigkeit reduziert wird und Sicherheit entstehen kann. Die Informationen zur Orientierung beziehen die Mitarbeiter sowohl aus Quellen innerhalb des Unternehmens (z. B. aus dem Intranet des Arbeitgebers) als auch von außerhalb dieser Organisation (z. B. aus einer Tageszeitung) (Huck-Sandhu 2013, S. 232 f.). Vor diesem Hintergrund ist es zum einen denkbar, dass die Orientierung des einzelnen Mitarbeiters mit jener der anderen Mitarbeiter identisch ist; in diesem Fall spricht man von einer kollektiven Orientierung (Huck-Sandhu 2013, S. 234). Zum anderen ist es möglich, dass die individuelle wie die kollektive Orientierung der Mitarbeiter von jener abweicht, die vom Arbeitgeber erwünscht ist. In diesem Fall kann die Leitung der Organisation ihren Mitarbeitern gezielt Informationen im Sinne von Orientierungsangeboten geben (Huck-Sandhu 2013, S. 235 ff.): Dies wären insbesondere Deutungsmuster bzw. Frames bestimmter *problematischer Situationen und Sachverhalte,* welche interne Kommunikationsspezialisten durch adäquate Maßnahmen vermitteln könnten (z. B. Town Hall Meeting, Artikel in der Mitarbeiterzeitschrift). Darüber hinaus könnten in Anlehnung an Kels et al. (2015, S. 117–120) Führungskräfte in ihrer Rolle als Mentor und Coach die Aufgabe übernehmen, zentrale Deutungsmuster *problematischer Situationen und Sachverhalte* an die Mitarbeiter einer Expertenorganisation zu vermitteln.

Überträgt man die Forderung nach mehr Orientierung nun auf Expertenorganisationen und die vorliegenden Fragestellungen, so scheint es für Führungskräfte entscheidend zu sein, dass sie nicht nur verstehen, was unter Deutungsmustern bzw. Frames zu verstehen ist, sondern dass sie auch fähig sind, im konkreten Einzelfall eine oder verschiedene Deutung(en) an Experten innerhalb der Organisation verständlich zu vermitteln. Dabei bietet sich an, das Verständnis von Deutungsmustern (Frames) heranzuziehen, das in der Soziologie, der Sozialpsychologie und in der Medien- und Kommunikationswissenschaft in ähnlicher Form zu finden ist. Insbesondere der Framing-Ansatz von Entman (1993) erscheint in diesem Kontext hilfreich, da bei ihm Probleme bzw. problematische Sachverhalte der sozialen Welt im Fokus stehen (vgl. ausführlich Jecker 2014). So verstandene Deutungsmuster bzw. Frames können als strategisches Führungsinstrument gezielt eingesetzt werden, sofern sie differenziert entwickelt und verständlich vermittelt werden.

Das heißt, es geht 1) um eine bewusst gewählte und präzise formulierte *Beschreibung des Problems.* Hierzu müssten z. B. folgende Fragen beantwortet werden: Wie lautet die exakte Bezeichnung des problematischen Sachverhalts? Welche Folgen hat das Problem für die Betroffenen?

Es geht ferner 2) um die möglichst spezifische *Bezeichnung der Problemursache.* Hier gilt es, Antworten u. a. auf diese Frage zu formulieren: Ist das Problem selbst- oder fremdverschuldet? Welche situationalen und/oder personalen Ursachen lassen sich feststellen?

Ferner geht es 3) um Varianten der *Problemintervention.* Diese lassen sich beispielsweise durch das Beantworten folgender Fragen aufzeigen: Welche Maßnahmen zur Lösung oder Bearbeitung des Problems können benannt werden? Wer ist für die Umsetzung dieser Maßnahmen zuständig?

Und schließlich geht es 4) um eine klare Positionierung in Form einer *moralischen Beurteilung* des problematischen Sachverhalts, die sich etwa anhand folgender Leitfrage herleiten lässt: Mit welchen moralischen Ausdrücken werden menschliche Handlungen, Motive und Eigenschaften bewertet? (vgl. ausführlich Jecker 2014).

Führungskräfte könnten diese Fragen – z. B. in Absprache mit dem Management und mit Unterstützung der internen Kommunikationsverantwortlichen – detailliert beantworten, um den Experten eine möglichst gute Orientierung zu geben. In Anlehnung an Buchholz und Knorre (2014, S. 15) wäre eine mögliche Variante, dass Führungskräfte spezifische Deutungsmuster gemeinsam mit den Experten in einem diskursiven Prozess erarbeiten. Führungskräfte würden also nicht fertige Antworten auf die oben genannten Fragen geben, sondern sie zusammen mit den Experten suchen, d. h. mitunter auch gemeinsam über mehrere Wochen oder Monate über verschiedene Sichtweisen und Deutungen diskutieren. Dieser Aushandlungsprozess ist sicher nicht bei allen problematischen Sachverhalten möglich und sinnvoll, doch sollte in jedem Fall geprüft werden, ob Deutungen gemeinsam konstruiert werden können, statt sie einfach top-down weiterzugeben. Denn das Ziel sollte sein, dass Experten die Interpretation der Realität auch tatsächlich akzeptieren und die erarbeiteten Lösungsvorschläge mittragen und umsetzen.

Eine weitere Möglichkeit wäre, Führungskräfte hinsichtlich einer stringenten Argumentation zu schulen. Hierbei wäre z. B. zu beachten, dass sich Führungskräfte auf Argumente stützen, die den besonderen Merkmalen und Bedürfnissen von Experten entsprechen: Die Argumente sollten sich idealerweise auf andere *Autoritäten* stützen, insbesondere a) auf andere Experten, b) auf Vorbilder (wie etwa Meinungsführer aus der Community) oder c) auf die Tradition. Zwei andere Varianten, die für Führungskräfte in Expertenorganisationen geeignet erscheinen, sind Argumente, die sich auf Werte oder auf die Vernunft stützen: Bei der Berufung auf *Werte* sollten Führungskräfte die spezifischen Wertvorstellungen von Experten aufgreifen (z. B. die Einhaltung von professionellen Standards), und bei der Berufung auf die *Vernunft* könnten Argumente instrumentelle Rechtfertigungen beinhalten, d. h., eine Führungskraft könnte beispielsweise mit dem Zweck und dem Effekt einer Veränderung argumentieren (in Anlehnung an Bendel Larcher 2015, S. 96 f.; vgl. ausführlich Walter und Wenzl 2016).

18.4.2 Ansatz 2: Orientierung schaffen durch Austausch

Als weitere Orientierungshilfe schlägt Huck-Sandhu (2013, S. 241) vor, Mitarbeitern und Führungskräften Kommunikationsräume für den *Austausch* von „Deutungsstrukturen, Handlungsweisen und -praktiken“ anzubieten. Diese Ausrichtung der internen

Kommunikation, die den Mitarbeitern künftig auch mehr Möglichkeiten zur Partizipation und Interaktion bieten kann, ist in der aktuellen medien- und kommunikationswissenschaftlichen Literatur unbestritten. Dabei ist es das Ziel, die Mitarbeiter auf (digitalen) Plattformen zu vernetzen, um ihren horizontalen Erfahrungs- und Wissensaustausch zu fördern – ohne dass die Hierarchie die Inhalte und Themen steuert oder gar kontrolliert (vgl. z. B. Einwiller und Korn 2015, S. 239; Buchholz und Knorre 2017, S. 9–14). Dies setzt ein neues Führungsverständnis voraus, mit dem auch Führungskräfte in Expertenorganisationen konfrontiert werden: Sie sind gefordert, eine Führungsphilosophie zu leben, die „auf Vertrauen, Kollaboration und ein insgesamt transformationales Verständnis von Führung" aufbaut (Buchholz und Knorre 2017, S. 31). Dies bedeutet für den vorliegenden Kontext, dass informeller Wissens- und Erfahrungsaustausch sowie selbst gewählte informelle Netzwerke in Expertenorganisationen nicht nur von den internen Kommunikationsverantwortlichen, sondern auch von Führungskräften künftig (vermehrt) zu unterstützen wären (vgl. Buchholz und Knorre 2017, S. 32 f.).

Für diese Interaktionen könnten Führungskräften analoge und/oder digitale Plattformen zur Verfügung gestellt werden. Vor allem, um in Veränderungsprozessen die Zustimmung von Experten erhalten zu können, könnte eine kollaborativ orientierte Kommunikation Möglichkeiten schaffen und Anreize bieten, dass sich Mitarbeiter vielfältig miteinander vernetzen. Dies setzt interne Kommunikationsstrukturen und -prozesse voraus, die den unmittelbaren und raschen Austausch zwischen den Mitarbeitern gewährleisten (Buchholz 2015, S. 847 ff.). Hierzu bietet sich das Intranet als Arbeits- und Kommunikationsplattform an, da es nicht nur aktuelle Informationen schnell verbreiten kann, sondern auch den Austausch der Mitarbeiter ermöglicht (Mast 2014, S. 1136 f.), und zwar ohne dass andere Unternehmen – wie etwa Facebook – auf die Daten zugreifen können. Gemäß der Einschätzung von internen Kommunikationsverantwortlichen wird durch den Einsatz von Social Media – als Bestandteile des Intranets – in der Praxis tatsächlich der „Wissensaustausch im Unternehmen verbessert, die Kommunikation offener und für alle Beteiligten transparenter" (Spachmann und Huck-Sandhu 2015, S. 4).

Für Expertenorganisationen zielführend ist vor allem Enterprise Social Software (ESS), da sie den Anwendern Gestaltungsspielraum lässt.[8] ESS eignet sich für verschiedene Anwendungsgebiete, die die Nutzern selbst definieren können (Herzog und Richter 2017, S. 154). Diese Art Software hat den Vorteil, dass Mitarbeiter ein eigenes Profil erstellen können – was dem Bedürfnis von Experten nach Individualität entspricht. Ferner können Inhalte dank ESS leicht selbst erstellt und geteilt werden, sodass Experten schnell und einfach Vorschläge einbringen und so aktiv an der Entwicklung der Organisation teilnehmen können. Ein weiterer Vorteil von ESS ist, dass sich die Mitarbeiter untereinander einfach vernetzen und ihr Wissen direkt austauschen können, sodass sich Expertennetzwerke etablieren

[8]Im Gegensatz zu ESS bietet Enterprise Ressource Planning Software (ERP) den Mitarbeitern weniger Spielraum. Zu dieser Art gehört etwa das Angebot von SAP. Eine ERP ist zweckgebunden (z. B. für Projektmanagement) und hat folglich einen geringeren Gestaltungsspielraum (Herzog und Richter 2017, S. 154), weshalb sie für den Wissensaustausch in Expertenorganisationen weniger geeignet erscheint.

können – was wiederum einem Bedürfnis von Experten entspricht. Außerdem bringt ESS den Vorteil mit sich, dass sie eine partizipative Unternehmenskultur fördert und Wissenssilos aufbricht. ESS unterstützt also sowohl flache Hierarchien als auch die persönliche Autonomie; beides schätzen Mitarbeiter von Expertenorganisationen (Herzog und Richter 2017, S. 153, 156). Bei der Einführung von ESS spielen Führungskräfte gemäß Herzog und Richter (2017, S. 162) eine entscheidende Rolle: Sie wirken als Vorbild und beeinflussen die Akzeptanz der ESS-Nutzung.

Ein Beispiel für ein erfolgreich eingeführtes ESS lässt sich bei der Siemens AG finden: Diese Expertenorganisation verfügt seit 2005 über eine Plattform namens Reference+, die weltweit von mehr als 18.000 Mitarbeiter in über 80 Ländern zum Wissensaustausch genutzt wird (Müller et al. 2017, S. 223). Reference+ bietet Wissensreferenzen (z. B. für Best Practice Cases), Diskussionsforen (z. B. über Probleme in Projekten), Microblogging (analog zu Twitter) und individuelle Profilseiten für die Mitarbeiter (Müller et al. 2017, S. 227 ff.). Mit dieser Plattform können die Experten von Siemens weltweit u. a. ein persönliches Netzwerk aufbauen und persönliche Botschaften wie etwa Erfolgsmeldungen teilen, was von den Mitarbeitern rege genutzt werde (Müller et al. 2017, S. 231). Reference+ wurde eigens für Siemens entwickelt.[9]

Eine ähnliche Plattform hat die Deutsche Telekom AG 2012 eingeführt. Diese Expertenorganisation verfolgte damit u. a. das Ziel, die interne Kommunikation „offen und dialogorientiert zu gestalten“ sowie „Wissen transparent und Experten sichtbar zu machen“ (Grabmeier 2014, S. 57). Durch das sog. Telekom Social Network wurde z. B. eine Online-Veranstaltung namens JAM initiiert, dank der Experten Ideen frei entwickeln und direkt mit anderen Experten diskutieren konnten, sodass implizites Wissen und die Vielfalt der Meinungen sichtbar wurden (Grabmeier 2014, S. 62).

Überträgt man diese Ansätze und Kommunikationsinstrumente auf die vorliegende Fragestellung, so ließen sich Führungskräfte schulen, wie sie die oben beschriebenen Plattformen für den Austausch und die Vermittlung von Wissen und von Deutungsstrukturen nutzen können. Dabei könnten sie in Weiterbildungen trainieren, 1) mit welchen (technischen) Hilfsmitteln und 2) mit welchen themenspezifischen Frage- und Problemstellungen sich Dialoge gezielt initiieren und fördern lassen. Es wären auch geschützte (virtuelle) Räume einzurichten, die nicht der Kontrolle und der Steuerung des Managements unterliegen. Bei der Auswahl und Implementierung von ESS

[9]Zu Social Collaboration, worunter eine vernetzte Zusammenarbeit mit entsprechenden E-Tools zu verstehen ist, gibt es eine aktuelle quantitative Studie, die vom Fachgebiet Wirtschaftsinformatik der Technischen Universität Darmstadt (2017) durchgeführt wurde. Für diese Studie wurden Akteure von Unternehmen verschiedener Branchen befragt. Da die Grundgesamtheit und die Stichprobenziehung nicht transparent gemacht werden, sind die Befunde zur Anwendung sozialer Technologien nur bedingt aussagekräftig und schwierig zu interpretieren, zumal sich keine Aussagen über Expertenorganisationen finden lassen. Interessant erscheint im vorliegenden Kontext jedoch, dass die „Suche nach Experten“ und der „Austausch in Interessensgruppen“ sowie die „Suche nach Wissen“ wichtige Aspekte beim Anwenden von Social Collaboration Tools darstellen (S. 17). Namentlich in Unternehmen der IT-Branche sind Enterprise Social Networks (ESN) stark verbreitet, um einerseits Kollegen mit einer bestimmten Expertise zu finden („who knows what“) und um sich andererseits über die Verbindungen von Kollegen („who knows whom“) zu informieren (S. 37 f.).

sollten Experten involviert werden, und Führungskräfte sollten mit gutem Beispiel vorangehen, d. h. diese Austauschplattformen auch selbst verwenden.

18.4.3 Ansatz 3: Orientierung erzeugen durch Storytelling

Bei der Forderung nach mehr Orientierungshilfen benutzen Fachleute der internen Kommunikation gerne die Metapher einer „Landkarte" (Buchholz und Knorre 2017, S. 29), welche die „Topografie" der jeweiligen Organisation abbildet, sodass Mitarbeiter befähigt werden, eine bestimmte Karte zu lesen und selbstständig durch die „Landschaft" der Organisation zu navigieren. Huck-Sandhu (2013, S. 240) schlägt als Navigationshilfe die Vermittlung von Geschichten vor. Diese Form der Vermittlung ist auch unter dem Begriff „Storytelling" bekannt und wird insbesondere in der Fachliteratur zur Change Communication (vgl. z. B. Thier 2010) sowie zur externen Unternehmenskommunikation (vgl. z. B. Littek 2011) empfohlen. Während praxisorientierte Literatur zum Storytelling zahlreich zu finden ist, gibt es vergleichsweise wenig empirische Studien, die die Wirkung solcher Geschichten untersuchen.

Eine Ausnahme bildet die Untersuchung von Philipp Schmieja: Er geht unter Berufung auf die Fachliteratur davon aus, dass Menschen „Fakten und allgemeine Regeln" mit *Argumenten* und „Zusammenhänge, Sinn, Orientierung und Visionen" mittels *Geschichten* bzw. Erzählungen aufnehmen (Schmieja 2014, S. 35 f.). Für seine Studie interviewte er Kommunikationsverantwortliche von Unternehmen, wobei er mit Leitfadeninterviews eine qualitative Methode wählte (Schmieja 2014, S. 70 ff.). Ein für den vorliegenden Kontext zentrales Ergebnis seiner Studie ist, dass die Interviewten betonten, „dass eine Konsistenz zwischen den über die Geschichten vermittelten Werten und den Unternehmensaktivitäten sowie dem Verhalten der Führungskräfte herrschen müsse, damit Glaubwürdigkeit und Authentizität erzielt werden könne" (Schmieja 2014, S. 105). Als Erfolgsfaktoren für die Kommunikation führt er (2014, S. 118) die „Transparenz, Authentizität [und] Personifikation der Führungskräfte" an.

Eine andere empirische Studie, die sich mit Storytelling in der internen Kommunikation beschäftigt und sich auf leitfadengestützte qualitative Experteninterviews mit Führungskräften aus dem Topmanagement von Unternehmen stützt, stammt von Ganahl (2014, S. 135). Ein Befund seiner Studie erscheint mit Blick auf den Einsatz von Storytelling in Expertenorganisationen besonders wichtig. Er weist darauf hin, dass auch Geschichten informativ sein und eine adäquate Kontextualisierung aufweisen sollten: „Sie sollen in den unternehmerischen Kontext eingebettet sein, sollen dem Niveau der ZuhörerIn entsprechen und beinhalten, was man mit ihnen erreichen will" (Ganahl 2014, S. 138). Diese Empfehlung ist alles andere als trivial. Denn bei Experten scheint es angebracht zu sein, keine einfache Erzählstruktur zu wählen, um eine Botschaft mittels einer Geschichte (emotional) zu vermitteln.

Führungskräfte sind in Expertenorganisationen also mit der Herausforderung konfrontiert, ihren Mitarbeitern mittels anspruchsvollen und glaubwürdigen Geschichten eine „Landkarte" zur Verfügung zu stellen, die diese auch lesen können und die sie für sich als geeignet beurteilen, um z. B.

in Veränderungsprozessen nicht das Ziel aus den Augen zu verlieren. Hält man sich nun die Charakteristika von Experten als Mitarbeitende in entsprechenden Organisationen vor Augen, so könnten Führungskräfte dahingehend geschult werden, dass sie 1) den Wert von Geschichten erkennen, 2) zwischen trivialen und anspruchsvollen Erzählsträngen zu unterscheiden lernen und 3) das mündliche und schriftliche Vermitteln von komplexen Geschichten trainieren. In Weiterbildungen könnten ihnen die klassischen Elemente und Muster der Erzähltheorie vermittelt werden. Hierzu zählen insbesondere der bewusste Einsatz der Erzählperspektive, die gezielte Wahl des (zeitlichen) Handlungsverlaufs, die Entwicklung einer passenden Dramaturgie sowie eine nachvollziehbare Beschreibung der Beziehungen zwischen den Protagonisten von realen, nicht trivialen Geschichten (vgl. ausführlich etwa Köppe und Kindt 2014; Martínez und Scheffel 2012; Martínez 2011).

18.5 Fazit

Ausgehend vom theoretischen Konzept des funktionalen PR-Ansatzes (vgl. Abschn. 18.1) wird von interner Organisationskommunikation und von Führungskräften aufgrund des hier skizzierten sozialen Wandels (vgl. Abschn. 18.2) künftig erwartet, in Unternehmen mehr Agilität zu erwirken (vgl. dazu auch Buchholz und Knorre 2014, 2012, S. 18–23). Dies kann erfolgreich geschehen, wenn interne Kommunikatoren mehr *Nutzen* stiften können. Dies gilt auch für die Kommunikation von Führungskräften in Expertenorganisationen (vgl. Abschn. 18.3 und 18.4).

Dieser Aspekt ist aus zwei Gründen relevant: Zum einen sind Spezialisten für interne Kommunikation vom *Management* gefordert, dem Unternehmen künftig mehr Nutzen zu bringen, um zur Wertschöpfung beizutragen (Buchholz 2015, S. 837 f.; Einwiller et al. 2008, S. 255; Spachmann und Huck-Sandhu 2013, S. 20).[10] Zum anderen sind interne Kommunikationsverantwortliche von den *Mitarbeitern* gefordert: Sie müssen ihnen kommunikativ vermitteln, welchen Nutzen sie haben, wenn sie sich trotz dauerhafter Veränderungsprozesse an ein Unternehmen binden und somit wiederum zu dessen Wertschöpfung beitragen (Buchholz 2015, S. 844 ff.).

Die *Stiftung von Nutzen* (für die Mitarbeiter) sowie die zuvor genannte *Forderung nach Nutzen* als Beitrag zur Wertschöpfung haben auch Konsequenzen für die interne Kommunikation von Führungskräften, insbesondere in Expertenorganisationen. Denn Führungskräfte sind (in Veränderungsprozessen) meist die ersten Ansprechpartner, wenn es um die Vermittlung von Botschaften aus dem Management geht. Führungskräfte in

[10] Die Forderung nach einem messbaren Nutzen der internen Kommunikation – als ein Beitrag zur Wertschöpfung einer Organisation – steht zwar im Raum, doch erweist es sich in der Praxis als sehr schwierig, die tatsächliche Wirkung bzw. den effektiven Nutzen der internen Kommunikation mit empirischen Daten zu belegen. Denn ein entsprechendes Untersuchungsinstrument müsste die multifaktoriellen Wirkungen im Laufe eines Kommunikationsprozesses mitsamt den vielfältigen Rückkopplungsvarianten berücksichtigen (z. B. individuelle Präferenzen bei der Wahl der Kommunikationsinstrumente; individuelle Rezeption der Kommunikationsbotschaften in Abhängigkeit von der individuellen Einstellung zur Organisation; individuelle Einflüsse infolge von Gesprächen mit Kollegen sowie Führungskräften; diverse Einflüsse auf ein Individuum durch die Umwelt außerhalb der Organisation etc.).

Expertenorganisationen sind in diesem Kontext mit mannigfaltigen Herausforderungen konfrontiert. Die Aufgabe des Managements wäre, diese Führungskräfte durch Aus- und Weiterbildungen im Bereich Kommunikation zu unterstützen. Die in diesem Kapitel entwickelten Vorschläge sind beispielhaft zu verstehen und erheben keinen Anspruch auf Vollständigkeit.

Literatur

Bendel Larcher, S. (2015). *Linguistische Diskursanalyse. Ein Lehr- und Arbeitsbuch.* Tübingen: Narr Francke Attempto.

Buchholz, U. (2015). Interne Unternehmenskommunikation. In R. Fröhlich, P. Szyszka & G. Bentele (Hrsg.), *Handbuch der Public Relations. Wissenschaftliche Grundlagen und berufliches Handeln. Mit Lexikon* (3. überarb. und erw. Aufl., S. 831–850). Wiesbaden: Springer VS.

Buchholz, U., & Knorre, S. (2012). *Interne Unternehmenskommunikation in resilienten Organisationen.* Berlin: Springer Gabler.

Buchholz, U., & Knorre, S. (2014). Leadership reloaded: Führungskommunikation in resilienten Organisationen. In G. Bentele, M. Piwinger & G. Schönborn (Hrsg.), *Kommunikationsmanagement. Strategien, Wissen, Lösungen* (S. 1–25), Loseblattwerk (2001 ff.), Ergänzungslieferung 3.102. Neuwied: Luchterhand.

Buchholz, U., & Knorre, S. (2017). *Interne Kommunikation in agilen Unternehmen. Eine Einführung.* Wiesbaden: Springer Gabler.

Einwiller, S., Klöfer, F., & Nies, U. (2008). Mitarbeiterkommunikation. In M. Meckel, B. F. Schmid (Hrsg.), *Unternehmenskommunikation. Kommunikationsmanagement aus Sicht der Unternehmensführung* (2. überarb. und erw. Aufl., S. 221–260). Wiesbaden: Gabler.

Einwiller, S., & Korn, C. (2015). Interne Kommunikation: Digitale Strategien für Mitarbeiter und Führungskräfte. In A. Zerfaß & T. Pleil (Hrsg.), *Handbuch Online-PR. Strategische Kommunikation in Internet und Social Web* (2. überarb. und erw. Aufl., S. 237–252). Konstanz: UVK.

Entman, R. M. (1993). Framing. Towards clarification of a fractured paradigm. *Journal of Communication, 43*(4), 51–58.

Fachgebiet Wirtschaftsinformatik der Technischen Universität Darmstadt. (Hrsg.) (2017). Schweizer Social Collaboration Studie 2017. Darmstadt. https://www.campana-schott.com/ch/de/collaboration-studie-schweiz/. Zugegriffen: 20. Juli 2017.

Felfe, J. (2008). *Mitarbeiterbindung.* Göttingen: Hogrefe.

Flick, U. (2000). *Qualitative Forschung. Theorie, Methoden, Anwendung in Psychologie und Sozialwissenschaften* (5. Aufl.). Reinbek bei Hamburg: Rowohlt.

Ganahl, A. (2014). Wenn ManagerInnen Geschichten erzählen – Merkmale und Potenziale von Storytelling in der persönlichen internen Führungskommunikation am Beispiel der Rede. In S. Ettl-Huber (Hrsg.), *Storytelling in der Organisationskommunikation. Theoretische und empirische Befunde* (S. 125–144). Wiesbaden: Springer.

Grabmeier, S. (2014). Crowd Innovation – Innovationskultur in einer Enterprise 2.0. In C. Rogge & R. Karabasz (Hrsg.), *Social Media im Unternehmen – Ruhm oder Ruin. Erfahrungslandkarte einer Expedition in die Social Media-Welt* (S. 57–66). Wiesbaden: Springer Vieweg.

Helfferich, C. (2011). *Die Qualität qualitativer Daten. Manual für die Durchführung qualitativer Interviews* (4. Aufl.). Wiesbaden: VS Verlag.

Helfferich, C. (2014). Leitfaden- und Experteninterviews. In N. Baur & J. Blasius (Hrsg.), *Handbuch Methoden der empirischen Sozialforschung* (S. 559–574). Wiesbaden: Springer VS.

Herzog, C., & Richter, A. (2017). Soziale Medien in der internen Organisationskommunikation. In J.-H. Schmidt & M. Taddicken (Hrsg.), *Handbuch Soziale Medien* (S. 151–168). Wiesbaden: Springer VS.

Hesse, G., Mayer, K., Rose, N., & Fellinger, C. (2015). Herausforderungen für das Employer Branding und deren Kompetenzen. In G. Hesse & R. Mattmüller (Hrsg.), *Perspektivwechsel im Employer Branding. Neue Ansätze für die Generationen Y und Z* (S. 53–104). Wiesbaden: Springer Gabler.

Huck, S. (unter Mitarbeit von Mücke, D., Malinowski, A., & Stehle, H.) (2005). *Glaubwürdigkeit: Erfolgsfaktor für die Unternehmenskommunikation. Ergebnisse einer qualitativen Befragung von Kommunikationsverantwortlichen*. Stuttgart: Universität Hohenheim.

Huck-Sandhu, S. (2013). Orientierung von Mitarbeitern – Ein mikrotheoretischer Ansatz für die interne Kommunikation. In A. Zerfaß, L. Rademacher & S. Wehmeier (Hrsg.), *Organisationskommunikation und Public Relations. Forschungsparadigmen und neue Perspektiven* (S. 223–245). Wiesbaden: VS Verlag.

Jäggi, A., & Egli, V. (Hrsg.). (2007). *Interne Kommunikation in der Praxis. Sieben Analysen, sieben Fallbeispiele, sieben Meinungen*. Zürich: NZZ.

Jarolimek, S. (2015). Formen und Kopplungen der Public Relations. *Eine systemtheoretische Neuverortung. Publizistik, 60*(1), 41–62.

Jecker, C. (2014). *Entmans Framing-Ansatz. Theoretische Grundlegung und empirische Umsetzung*. Konstanz: UVK.

Jecker, C. & Gasser, B. (2016): *Interne Organisationskommunikation im Wandel: Ziele, Aufgaben und Rollen. Abschlussbericht der qualitativen Vorstudie „Strategien für eine zukunftsorientierte interne Kommunikation in Schweizer Unternehmen"*. Unveröffentl. Forschungsbericht. Luzern (22.08.2016).

Jecker, C., Boenigk, M., & Albisser, M. (2017). Top 500: Neue Wege in der internen Kommunikation. Kurzbericht zur Befragung 2016. Unveröffentl. Forschungsbericht. Luzern (30.05.2017).

Kalla, H. K. (2005). Integrated internal communications: A multidisciplinary perspective. *Corporate Communications: An International Journal, 10*(4), 302–314.

Kels, P., Clerc, I., & Artho, S. (2015). *Karrieremanagement in wissensbasierten Unternehmen. Innovative Ansätze zur Karriereentwicklung und Personalbindung*. Wiesbaden: Springer.

Köppe, T., & Kindt, T. (2014). *Erzähltheorie. Eine Einführung*. Stuttgart: Reclam.

Kuckartz, U. (2010). *Einführung in die computergestützte Analyse qualitativer Daten* (3. akt. Aufl.). Wiesbaden: VS Verlag.

Lamnek, S. (unter Mitarbeit von C. Krell) (2010). *Qualitative Sozialforschung. Lehrbuch* (5. vollst. überarb. Aufl.). Weinheim: Beltz.

Littek, F. (2011). *Storytelling in der PR. Wie Sie die Macht der Geschichten für Ihre Pressearbeit nutzen*. Wiesbaden: VS Verlag.

Lock, I. (2016). Glaubwürdigkeit in der CSR-Kommunikation. *Entwicklung eines legitimitätsbasierten Ansatzes. Publizistik, 61*(4), 413–429.

Malczok, M., & Szyszka, P. (2016). Interne Kommunikation – Warum es wichtig ist, ein Kind beim richtigen Namen zu nennen. In R. Nowak & M. Roither (Hrsg.), *Interne Organisationskommunikation. Theoretische Fundierungen und praktische Anwendungsfelder* (S. 19–38). Wiesbaden: Springer VS.

Martínez, M. (Hrsg.). (2011). *Handbuch Erzählliteratur. Theorie, Analyse, Geschichte*. Stuttgart: Metzler.

Martínez, M., & Scheffel, M. (2012). *Einführung in die Erzähltheorie* (9. erw. und akt. Aufl.). München: Beck.

Mast, C. (2016). *Unternehmenskommunikation. Ein Leitfaden* (6. überarb. und erw. Aufl.). Konstanz: UVK.

Mast, C. (2014). Interne Unternehmenskommunikation: Mitarbeiter führen und motivieren. In A. Zerfaß & M. Piwinger (Hrsg.), *Handbuch Unternehmenskommunikation. Strategie – Management – Wertschöpfung* (S. 1121–1140). Wiesbaden: Springer Gabler.

Mayring, P. (2010). *Qualitative Inhaltsanalyse. Grundlagen und Techniken* (11. akt. u. überarb. Aufl.). Weinheim: Beltz.

Meier, P. (2002). *Interne Kommunikation im Unternehmen. Von der Hauszeitung bis zum Intranet.* Zürich: Orell Fuessli.

Meier, S., Lütolf, D., & Schillerwein, S. (2015). *Herausforderung Intranet. Zwischen Informationsvermittlung, Diskussionskultur und Wissensmanagement.* Wiesbaden: Springer Gabler.

Meyen, M., Löblich, M., Pfaff-Rüdiger, S., & Riesmeyer, C. (2011). *Qualitative Forschung in der Kommunikationswissenschaft. Eine praxisorientierte Einführung*. Wiesbaden: VS Verlag.

Müller, J., Frey, W., & Stocker, A. (2017): Praxisbeispiel: Siemens. Wissensmanagement mit Social Media im Intranet: Die Community-Plattform „References+" – Fallstudie einer zwölfjährigen Erfolgsgeschichte. In U. von Dittler (Hrsg.), *E–Learning 4.0. Mobile Learning, Lernen mit Smart Devices und Lernen in sozialen Netzwerken* (S. 223–247). Oldenbourg: De Gruyter.

Nawratil, U. (2006). Glaubwürdigkeit in der sozialen Kommunikation (2. Aufl.). München: Digitale Ausgabe http://epub.ub.uni-muenchen.de/archive/00000941/. Zugegriffen: 1. Nov. 2017; Erstveröffentlichung: Westdeutscher Verlag 1997.

Pfannenberg, J. (2014). Veränderungskommunikation: Grundlagen und Herausforderungen durch Social Media. In A. Zerfaß & M. Piwinger (Hrsg.), *Handbuch Unternehmenskommunikation. Strategie – Management – Wertschöpfung* (S. 1221–1236). Wiesbaden: Springer Gabler.

Röttger, U., Preusse, J., & Schmitt, J. (2011). *Grundlagen der Public Relations. Eine kommunikationswissenschaftliche Einführung*. Wiesbaden: VS Verlag.

Schick, S. (2014). *Interne Unternehmenskommunikation: Strategien entwickeln, Strukturen schaffen, Prozesse steuern* (5. akt. Aufl.). Stuttgart: Schäffer-Poeschel.

Schmieja, P. (2014). *Storytelling in der internen Unternehmenskommunikation. Eine Untersuchung zur organisationalen Wertevermittlung*. Wiesbaden: VS Verlag.

Schulte-Deußen, K., Klein, K., & Maas, M. (2013). Mitarbeiterbefragung – Was dann? Handlungsfelder, die dazu beitragen, eine mitarbeiterorientierte Unternehmenskultur zu entwickeln. In M. E. Domsch, E. Michel & D. H. Ladwig (Hrsg.), *Handbuch Mitarbeiterbefragung* (3. aktual. und überarb. Aufl., S. 105–124). Berlin: Springer Gabler.

Schweiger, W., & Beck, K. (Hrsg.). (2010). *Handbuch Online-Kommunikation.* Wiesbaden: VS Verlag.

Spachmann, K., & Huck-Sandhu, S. (2013). Interne Kommunikation – Stellenwert und Neuausrichtung. Ergebnisse einer Trendstudie. In G. Bentele, M. Piwinger, & G. Schönborn (Hrsg.), *Kommunikationsmanagement. Strategien, Wissen, Lösungen* (S. 1–30). (Loseblattwerk (2001 ff.), Ergänzungslieferung 3.96). Neuwied: Luchterhand.

Spachmann, K., & Huck-Sandhu, S. (2015). Zwischen Beteiligung und Dialog: Social Media in der internen Kommunikation. Ergebnisbericht zur Umfrage 2014. http://www.ik-trends.de/wp-content/uploads/2015/07/IK2014_Social-Media.pdf. Zugegriffen: 8. Sept. 2015.

Stehle, H. (2016). Von Anweisung bis Orientierung – Die wandelbare Rolle interner Kommunikation aus Sicht der funktionalen PR-Forschung und ein Systematisierungsvorschlag. In S. Huck-Sandhu (Hrsg.), *Interne Kommunikation im Wandel. Theoretische Konzepte und empirische Befunde* (S. 53–70). Wiesbaden: Springer VS.

Szyszka, P., & Malczok, M. (2016). Interne Kommunikation – Ein Begriff revisited. In S. Huck-Sandhu (Hrsg.), *Interne Kommunikation im Wandel. Theoretische Konzepte und empirische Befunde* (S. 23–39). Wiesbaden: Springer VS.

Thier, K. (2010). *Storytelling. Eine Methode für das Change-, Marken-, Qualitäts- und Wissensmanagement* (2. aktual. und erg. Aufl.). Berlin: Springer.

Vercic, A. T., Vercic, D., & Sriramesh, K. (2012). Internal communication: Definition, parameters, and the future. *Public Relations Review, 38*(2), 223–230.

Walter, P., & Wenzl, P. (2016). *Kritisch denken – Treffend argumentieren. Ein Übungsbuch.* Wiesbaden: Springer VS.

Zerfaß, A. (2014). Unternehmenskommunikation und Kommunikationsmanagement: Strategie, Management und Controlling. In A. Zerfaß & M. Piwinger (Hrsg.), *Handbuch Unternehmenskommunikation. Strategie – Management – Wertschöpfung* (2., vollst. überarb. Aufl., S. 21–79). Wiesbaden: Springer Gabler.

Zerfaß, A., Verhoeven, P., Tench, R., Moreno, A., & Verčič, D. (2011). European communication monitor 2011. Empirical insights into strategic communication in Europe. Results of an empirical survey in 43 countries (Chart Version). http://www.communicationmonitor.eu/. Zugegriffen: 8. Okt. 2015.

„Wer bin ich hier? Wer kann ich sein?"

19

Erkundung der Selbstkonzepte Hybrider Professionals im interdisziplinären Dazwischen

Jens O. Meissner, Patricia Wolf und Julie Harboe

19.1 Einleitung[1]

Hybride Arbeitsformen nehmen zu, begünstigt durch die Megatrends der zunehmenden Vernetzung (u. a. Castells und Cardoso 2005; Baecker 2007), die Höherqualifizierung primär in der westlichen Welt, die Ausbreitung digitalisierter und hochstandardisierter Geschäftsprozesse sowie die zunehmende kulturelle Verankerung mobil-flexibler Arbeitsformen (Meissner et al. 2016). Im Substrat dieser Arbeitsökologie entfalten sich die zunehmend selbstständigen oder verselbstständigten Berufskulturen, die in mehreren beruflichen Kontexten operativ sind – und so (häufig nebenbei) für überbetriebliche Vernetzung und den entsprechenden Wissensaustausch sorgen. Solche „hybriden Professionals" (Meissner 2016) kann man außerhalb der formalen Arbeitsmarktstatistik relativ leicht finden, wenn man nach teilzeitbeschäftigten „Freelancern" sucht. Formal tauchen sie als „Solo-Selbstständige" auf – und gehen mit ihren besonderen Spezifika sogleich

[1]Der vorliegende Beitrag wurde auszugsweise in Meissner (2018, in Vorbereitung), Meissner (2016) und in Meissner et al. (2015) publiziert, daher sind einige Textpassagen gleich. Der vorliegende Gesamttext verfolgt jedoch eine anders gelagerte Fragestellung.

J. O. Meissner (✉) · P. Wolf · J. Harboe
Hochschule Luzern, Luzern, Schweiz
E-Mail: jens.meissner@hslu.ch

P. Wolf
E-Mail: patricia.wolf@hslu.ch

J. Harboe
E-Mail: julie.harboe@hslu.ch

P. Kels und S. Kaudela-Baum (Hrsg.), *Experten führen,* uniscope. Publikationen der SGO Stiftung, https://doi.org/10.1007/978-3-658-23028-9_19

wieder in der unüberschaubaren Gruppe der Selbstständigen unter. Gerade die außerordentliche Unübersichtlichkeit dieser Berufsprofile macht eine Erforschung schwierig, und damit auch die Beantwortung der Frage, welches Selbstkonzept hybride Professionals aufweisen.

Vorangegangene Forschungen zeigen sozialpsychologische (Raeder und Grote 2012) und sozialkonstruktivistische Perspektiven (Meissner 2016) des Phänomens, bleiben aber hinsichtlich des Selbstverständnisses oberflächlich. Mehr Tiefenschärfe wäre aber vielversprechend, um detailliertere Informationen über die Konsistenz des psychologischen Vertrags dieser Personengruppe sowie über die damit verbundene Führungsdynamik zu erhalten. Ziel dieses Beitrags ist, eine solche Beschreibung zu liefern, um die weitere Entfaltung des Profils hybrider Professionals, damit verbundene Spannungsfelder und Fragen der Aus- und Weiterbildung von Führungskräften im Umgang ihnen zu beantworten.

19.2 Hybride Professionals – hoch qualifizierte Portfolioarbeitende

Heutige Karrieren verlaufen zunehmend individueller, komplexer und weniger standardisiert (Meissner et al. 2015; Dettmers et al. 2013; Pache und Santos 2013). Das bedeutet, dass Unternehmen sich auf den Umgang mit hoch qualifizierten Arbeitskräften einstellen müssen, die aber gleichwohl einen nichtlinearen Lebenslauf mitbringen (Kaiser et al. 2013; Süß und Becker 2013; Wilkens et al. 2013; Storey et al. 2002).

Eine typische Form dieser hoch qualifizierten Arbeitnehmerschaft stellen die „hybriden Professionals" dar, die sich ungern für längere Zeit an eine einzige Unternehmung binden (Meissner 2016). Hybride Professionals sind eine spezielle Form von Portfolioarbeitenden (Cohen und Mallon 1999); sie sind nicht unbedingt Freelancer, Patchworker oder „Contingent Worker" (vgl. Raeder et al. 2009; Brown und Gold 2007; Rybnikova 2013); sie folgen aber sicher keinem Konzept der „grenzenlosen Karriere" (vgl. Inkson et al. 2012). Hybride Professionals sind hoch qualifizierte Grenzüberwinder, die Nutzen nicht vorrangig aus ihren einzelnen Aktivitätsfeldern ziehen, sondern aus dem Akt der Grenzüberwindung zwischen verschiedenen organisationalen Kontexten selbst (Meissner 2016). Daher sind organisationale Grenzen eine notwendige Vorbedingung für diesen Personentyp. So folgen hybride Professionals aktiv einem „grenzenreichen" Karrierepfad, um Wissenstransfers auszulösen, die zu innovativen, neuartigen und stark vernetzten Problemlösungen führen.

Abb. 19.1 zeigt eine mögliche Begriffsabgrenzung, die hybride Professionals als stark vernetzte (grenzbewirtschaftende) Gruppe mit mehreren gleichzeitigen Arbeitsengagements darstellt.

Die aktuelle Literatur macht jedoch leider nur unvollständige Aussagen über die psychologische Haltung oder Verwurzelung dieser Personen, ebenso wie über ihre Beziehungs- und Interaktionsmuster, die in spezifischen Lebens- und Arbeitssituationen

Abb. 19.1 Engagement-Designs hybrider Professionals. (Quelle: Meissner 2016, S. 272)

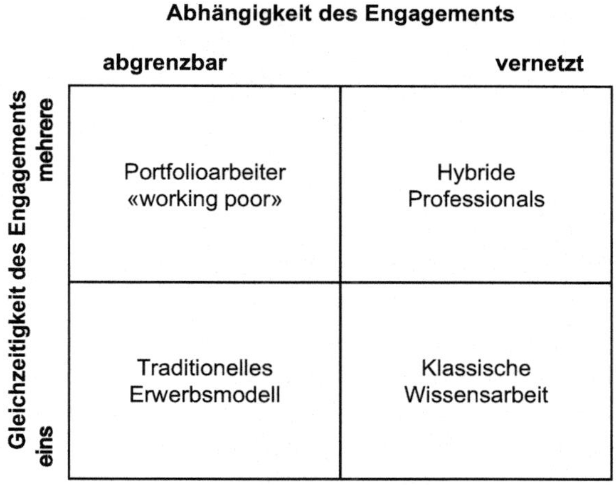

zur Geltung kommen. Somit fehlen auch Aussagen dazu, wie diese Personengruppe ihr Selbstverständnis definiert, was das Kerninteresse dieses Artikels ist.

19.3 Wer bin ich hier und wer kann ich sein? Konzepte und Vorstellungen des Selbstverständnisses

Fragen nach dem Selbst, dem Bewusstsein und dem Selbstverständnis sind so alt wie die Menschheit. Nach der Entfaltung der moderneren Wissenschaften bemühen sich die Sozialpsychologie und insbesondere die Arbeits- und Organisationspsychologie um ein griffiges und verständliches Selbst-Konstrukt (z. B. Müller 1981; Dachler und Hosking 1995; Gergen 2002; Cooper 2005).

19.3.1 Der psychologische Vertrag als Referenzpunkt

Ein solches Konstrukt liegt heute mit dem Konzept des „psychologischen Vertrags" grundsätzlich vor (vgl. Rousseau 1990, 1995; Raeder und Grote 2012). Dieses besagt, dass jeder formale Arbeitsvertrag durch einen zweiten – eben „psychologischen" – Vertrag ergänzt wird, der sich informell in der spezifischen Beziehung zwischen den Parteien herausbildet und sich in gegenseitigen Erwartungen und dem Maß an Vertrauen innerhalb der Beziehung widerspiegelt. Jedoch bleibt das Konzept prinzipiell vage, indem es Arbeitsverträgen eine implizite und dem rationalen Zugriff somit teilweise entzogene Komponente zuweist, die von den Vertragspartnern deutungsabhängig ist und zudem ein Zukunftsversprechen unterstellt.

Wenn dieses Konzept auch niemals präzise sein kann, so öffnet es doch die Tür zur Analyse der so wichtigen gegenseitigen Erwartungen und Erwartungserwartungen der

Vertragspartner. Der psychologische Vertrag ist also Dreh- und Angelpunkt jeder sozialkonstruktivistischen Perspektive auf Arbeitsverträge – und umso wichtiger zu beachten, wenn die Vertragsdynamik im Allgemeinen und bei hybriden Professionals im interdisziplinären Umfeld im Besonderen drastisch zunimmt (Meissner 2009; Wolf et al. 2016; Clinton et al. 2006).

19.3.2 Selbstverständnis und Ich-Verständnis

Das Selbstverständnis nach Sachs-Hombach (2000, S. 196) ist eine normative Größe und leitet das Handeln einer Person. Dies deshalb, weil es nicht die Darstellung eines Zustandes ist, sondern vielmehr die Vorstellung davon, was jemand sein will. Der Autor definiert Selbstverständnis folgendermaßen:

> Wie sich jemand versteht, sagt in erster Linie etwas darüber aus, an welchen Normen und Werten er sein Handeln orientieren will. Insofern Normen und Werte sich immer auf ein Sollen beziehen, können sie durch Fakten schwerlich widerlegt werden. Dies ist einer der Gründe, warum das Selbst nicht im Sinne einer wahrnehmbaren Substanz verstanden werden sollte; es bildet sich erst infolge eines am ehesten noch ethisch zu nennenden Selbstverständnisses heraus, das dem zukünftigen Verhalten als Richtlinie zugrunde liegt.

Sachs-Hombach (2000, S. 197) sagt also aus, dass sich das Selbstverständnis am ehesten an ethische Bewertungsgrundlagen knüpft, denen sich ein Individuum selbst verschreibt. Dabei bildet sich das Selbstverständnis aus dem Werteverständnis einer Person heraus. Sachs-Hombach bezieht sich auf George Herbert Mead, der das Selbst als ein Resultat der sozialen Auseinandersetzung ansieht. Er schreibt, dass ein Subjekt eine fremde Beurteilung über sein Verhalten benötigt, um das Selbst zu entwickeln. In seiner Einleitung fasst Sachs-Hombach (2000, S. 189) den Begriff *Selbstverständnis* einfach zusammen:

> Mit dem Ausdruck «Selbstverständnis» ist dagegen die Festlegung subjektiv verbindlicher Vorgaben gemeint, die sich mit dem mehr oder weniger gelungenen Ausgleich an uns gestellter Rollenerwartungen herausbilden und an denen das individuelle Handeln Orientierungsmaßstäbe findet.

Dies weist auf die verschiedenen Rollen eines Individuums hin, die seine Identität ausmachen. Die Rollen sind das Merkmal, wodurch sich das Selbstverständnis klar vom Selbstbewusstsein abgrenzen lässt. Beim *Selbstbewusstsein* geht es nach Sachs-Hombach um die Wahrnehmung einer Substanz oder eines abstrakten Ich-Pols, beim *Selbstverständnis* um die Summe der Rollen, die eine Person einnimmt.

Das Selbstverständnis ergibt sich nach Sachs-Hombach (2000) aus dem Werteverständnis eines Menschen und steht mit diesem in einer Wechselwirkung. Dies deshalb, weil davon auszugehen ist, dass das Werteverständnis kein starres Gebilde ist, sondern durch die Rollen, die sich im Verlauf des Lebens ändern, beeinflusst wird. Weiter kann man davon ausgehen, dass sich Wert- und Selbstverständnis gegenseitig bedingen und daher nur in einer theoretischen Analyse voneinander getrennt betrachtet werden können. Man kann aufgrund dieser Annahmen auch den Begriff „Ich-Verständnis" als Zusammenschluss von Werte- und Selbstverständnis verwenden. Die Verknüpfungen von Werte- und Selbstverständnis finden vor dem Hintergrund verschiedener kultureller Prägungen und Beziehungskontexte statt, aus denen vielfältige Sozialisations- und Beziehungseffekte aufs Geschehen einwirken. Dieser Wechsel vom Selbst- zum Ich-Verständnis ist letztlich hilfreich für eine integrative Gesamtbetrachtung, fließt in die Forschungsfrage ein und wird dementsprechend am Schluss dieses Beitrags wieder aufgegriffen.

Latente Hintergrundthemen und kritische lebensbiografische Ereignisse mögen Dynamiken erzeugen, in denen besondere Einzelfälle prominent werden. Interessant ist im vorliegenden Beitrag aber nicht der konkrete Einzelfall, sondern die quasi-beeinflusste kulturelle Entwicklung des spezifischen Selbstverständnis-Profils von hybriden Professionals als Personentypus in interdisziplinären Arbeitsumfeldern.

19.3.3 Selbstverständnis und Lebenssinn

Schließlich bietet es sich bei der Frage nach dem Selbstverständnis auch an, danach zu fragen, wie Selbstverständnis und Lebenssinn zusammenhängen. Hier soll zu diesem Zweck auf das über 600 Jahre alte japanische Konzept „Ikigai" (Matthews 1996) zurückgegriffen werden. Es ist ein Konzept für Lebenssinn und sagt aus, dass sich Lebenssinn durch die Konvergenz von vier Sphären ausdrückt (siehe Abb. 19.2).

Im Konzept werden die vier Kreise wie folgt beschrieben:

- Was man liebt
- Worin man gut ist
- Wofür man bezahlt werden kann
- Was die Welt braucht

Man könnte vereinfacht auch sagen: Liebe, Geschick, Markt und Ökologie. Aus den Überschneidungen je zweier Sphären ergeben sich vier „Treiber": Leidenschaft, Mission, Profession und Berufung. Nur wenn die vier Sphären in Deckung gebracht werden können, kommt es zur kohärenten Selbsterfahrung und Stimmigkeit, welche dann als Ikigai bezeichnet wird. Dieses Konzept ist verblüffend, da es sehr alt ist und gleichzeitig einen starken Bezug zu den Vordenkern des Konzepts über „Neue Arbeit" der 1970er-Jahre aufweist. So hat der Philosoph Frithjof Bergmann (2004) zum Konzept „New Work" die drei integralen Aspekte „Erwerbsarbeit", „Selbstversorgung" und „Berufung" statuiert. Die Ähnlichkeiten sind markant.

Für den vorliegenden Beitrag ist das Ikigai-Konzept deshalb wesentlich, weil es eine Hypothese zur Verortung hybrider Professionals in ihrem Selbstverständnis möglich

Abb. 19.2 Das „Ikigai“-Konzept für Lebenssinn. (Quelle: Winn 2014, online)

macht. Der klassische Wissensarbeitende richtet sich sicherlich maßgeblich an dem aus, was er oder sie kann und wofür er oder sie bezahlt werden kann. Weil hybride Professionals ihre Tätigkeit im Gesamtsinn verorten und intrinsisch motiviert sind, kann man vermuten, dass bei ihnen mehr Themenbezüge in den Sphären Leidenschaft und Ökologie zu finden sein werden. Ist das wirklich so?

Die hier nun genauer zu formulierende Frage lautet: Wie sieht das Ich-Verständnis von hybriden Professionals im interdisziplinären Arbeiten aus? Und welche Motive und Quellen von Sinn sind handlungsleitend für diese Gruppe? Der Frage nach Selbstverständnis und Sinn ist ein grundsätzlich systemisches und somit per se komplexes Spannungsfeld zu unterstellen. Das öffnet Tür und Tor für ein exploratives Vorgehen anhand einer rekonstruktiven Methodik, die sozialwissenschaftlich informiert angewendet werden muss.

19.4 Methode

Den folgenden Ausführungen liegen zwei qualitative Untersuchungen zugrunde, die bereits dazu dienten, die Rolle von hybriden Professionals für den Unternehmenswandel (vgl. Meissner 2016) und die Rolle des Arbeitens im interdisziplinären Kontext einer multirationalen Organisation (vgl. Meissner et al. 2015) zu rekonstruieren. Im ersten Sample befragten wir in zwei Fokusgruppenworkshops 18 hoch qualifizierte Personen mit mindestens einem tertiären Bildungsabschluss und zwei unterschiedlichen, aber gleichzeitig betriebenen und inhaltlich zusammenhängenden Arbeitsengagements. Die Fokusgruppenworkshops dauerten je zwei Stunden, wurden von zwei Forschenden durchgeführt und anschließend wortwörtlich transkribiert. Die Transkripte wurden dann von je drei Forschenden auf markante Themen hin analysiert. Die zentralen Themen wurden in einer Themenliste aufbereitet und mit den jeweils augenscheinlichsten Zitaten angereichert. Die Themen und ihre Zusammenhänge waren ebenso Gegenstand der Analyse und ergaben eine Themenlandschaft, in der sie abgebildet und als „semantisches Netz“ dargestellt sind. Den Fokusgruppen wurden im Rahmen eines offenen Dialogs anhand eines Schemas (Helfferich 2011) problemzentrierte Fragen (Witzel 2000) zum Thema hybrides und mobiles Arbeiten gestellt (mehr Details zur Empirie in Meissner 2016).

Im zweiten Sample wurden über fünf Jahre hinweg jährlich zehn Interviews und teilweise teilnehmende Beobachtungen mit Mitgliedern einer interdisziplinären Arbeitsgruppe an einer Schweizer Hochschule durchgeführt. Ziel war, herauszufinden, wie sich eine interdisziplinäre Initiative im Rahmen einer multirationalen Organisation entfaltet und sich ergebende mehr oder weniger ungeregelte Zwischenräume im Organisationsgefüge nutzt und erarbeitet, um interdisziplinär effektiv zu sein. Es stellte sich heraus, dass die Mitglieder dieser Gruppe mehrheitlich als hybride Professionals zu qualifizieren waren. Sie hatten in der Regel mehrere berufliche Standbeine an verschiedenen Institutionen oder in der Selbstständigkeit und arbeiteten im hoch qualifizierten Bereich.

Die qualitativen Interviews wurden von Außenstehenden der Initiative durchgeführt und jährlich in einem Forschungsbericht zusammengefasst (für mehr Details siehe Meissner et al. 2015). Diese Erkenntnisse werden hier nachfolgend genutzt.

Das gesamte Forschungsvorgehen entsprach den Gütekriterien der qualitativen Sozialforschung, wie bei Flick (2010) und Mayring (2007, S. 117 ff.) beschrieben. Der Forschungsprozess folgte einem mehrstufigen Vorgehen (siehe Meissner 2007 2009; Meissner und Tuckermann 2007) und basierte auf den epistemologischen Grundlagen des (sozialen) „Konstruktionismus" (Cooper 2005; Dachler und Hosking 1995; Gergen 1985). Besonderes Interesse galt dem Entdecken neuartiger Aspekte, die durch die bestehende Literatur noch nicht abgedeckt waren. Daher stand insbesondere Mayrings Qualitätskriterium der „Nähe zum Gegenstand" im Zentrum der Aufmerksamkeit. Im Folgenden wird die resultierende Themenlandschaft beschrieben, um die Lebens- und Arbeitsrealität von hybriden Professionals plastischer darzustellen.

19.5 Rekonstruktion der Themenlandschaft

In der Gesamtschau lassen sich die Themen in einer überblicksartigen Themenlandschaft miteinander vernetzen (siehe Abb. 19.3) und anschließend Leitmotive von hybriden Professionals hervorheben. Aus Platzgründen kann hier keine detaillierte Herleitung der Empirie erfolgen, diese kann aber in anderen Arbeiten eingesehen werden (s. o.).

19.5.1 Rekonstruktion der Arbeitsthemen hybrider Professionals

Eine ausführliche Herleitung der Empirie und Beschreibung dieser Landschaft findet sich bei Meissner (2016). Überblicksartig lässt sich festhalten, dass die meisten Interviewten bestätigen, sie seien in die hybride Form mehr oder weniger geplant *hineingerutscht.* Zudem *widerstrebt es den Interviewten, organisiert zu werden.* Die Arbeitsstile der hybriden Professionals sind nicht möglich ohne ein *aktives Medienmanagement.* Dies umfasst eine gezielte Erreichbarkeit und Abgrenzung über elektronische Kommunikationsmedien, aber auch den außerordentlich bewussten Umgang mit Botschaften. Ein bewusster Umgang mit Medien und Erreichbarkeit führt auch zur *Home Office Readiness,* d. h. der Bereitschaft, dass man im Heimbüro – oder auch mobil arbeitend – ausgerüstet und entsprechend eingestellt ist. Dabei sticht den Interviewten immer das *Paradox der Zeitbewirtschaftung* ins Auge. Eine Zeiterfassung ist den meisten Befragten zwar vorgeschrieben, aber aufgrund des hohen Qualifikationsniveaus und der starken Einbindung in Projektarbeiten dient sie häufig eher dem Projektcontrolling statt der Kontrolle der Arbeitszeit als solcher. Dabei wird *Teilzeit* im festen Anstellungsverhältnis immer noch als Abweichung vom Regelfall verstanden. Hybride Professionals verstehen sich als dauerproduktiv. Eine 60 %ige Tätigkeit gibt es eigentlich nicht. Die Aspekte des Reinrutschens, der Home Office Readiness und der Zeitbewirtschaftung

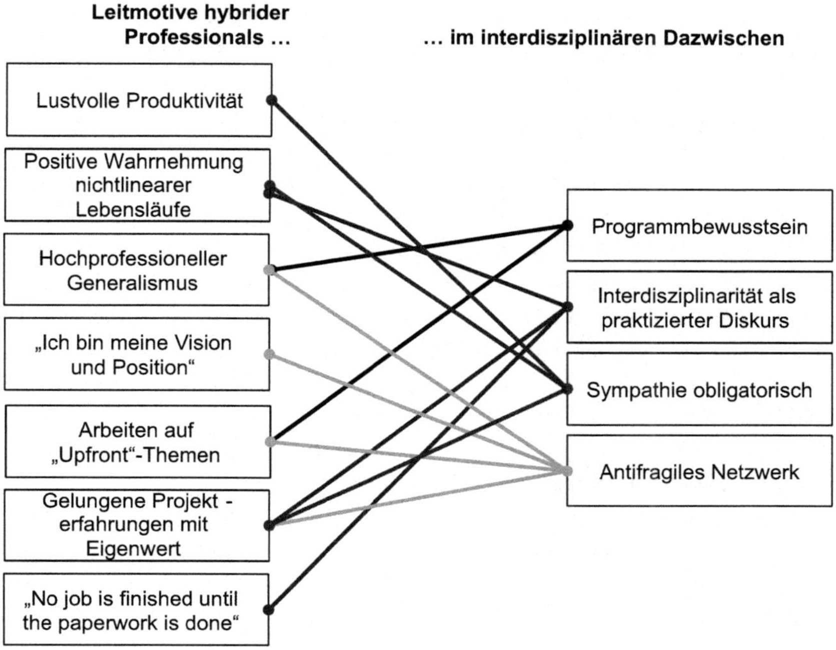

Abb. 19.3 Themenlandschaft hybrider Professionals. (Meissner 2016)

zeigen auf, dass im Grunde für quasi alle Beteiligten ein *unklares Verständnis des Arbeitsstils* vorliegt. Man arbeitet einfach so und es gefällt – oder führt auch zu Problemen, die bewältigt werden wollen.

Auf der anderen Seite ist die Frage wichtig: Wer ist mit wem und wann im Büro? Da hybride Professionals viel an verschiedenen Orten arbeiten, wird die Frage wichtiger, warum man überhaupt ins Büro gehen sollte. Die Befragten beantworteten dies nicht nur damit, der Isolation zu Hause entgehen zu können. Vielmehr war eine wesentliche Triebfeder, im Büro (oder am Arbeitsplatz) die Leute zu treffen, mit denen man wahrhaft gerne zusammenarbeitet. Zudem soll der Arbeitsplatz grundsätzlich optimal, d. h. produktivitätsorientiert ausgestattet sein.

Hier wird bereits ersichtlich, dass in diesem Kontext Räume für Wichtiges bewirtschaftet werden. Das bedeutet, dass sich die Befragten aufgrund ihrer Home-Office-Erfahrung darüber im Klaren sind, dass Raum Geld kostet. Und dieser Raum will gut für das Wichtige genutzt sein. Aus dieser Motivation kommt auch eine allgemeine Abneigung gegen ungenutzte Räume, sobald diese Kosten verursachen, die von einem geleiteten Projekt getragen werden müssen. Generell wird in der Raumnutzung auch die außerordentlich hohe Aufmerksamkeit gegenüber einer optimalen Aufgaben-Kontext-Passung deutlich. Hybride Professionals suchen sich aktiv die Kontexte, die zur Aufgabe passen, und gibt es diese Umgebungen nicht, so werden sie zuerst geschaffen.

Ein zentraler Faktor dieser Passung ist die echte Zusammenarbeit – „Kollaboration", nicht nur die Kooperation, also das Aufteilen der Arbeit. Der kollaborative Geist ist als Schlüssel der erfolgreichen, aber eben auch lustvollen Zusammenarbeit zu sehen. Die Kollegen müssen potenziell auch Freunde sein können, mit denen es auf der Beziehungsebene gut funktioniert.

Die bisher genannten Themen verdeutlichen, dass im organisatorischen Kontext gegenüber hybrid Arbeitenden eher eine *unklare Führung und Strategie* zu finden ist. Diese Mitarbeitergruppe sprengt das organisatorische Arrangement, das sie zur Produktivität benötigt. Die teilweise unüblichen Herangehensweisen durch die interdisziplinäre Arbeitshaltung erfordern auch ebenso unübliche Maßnahmen, was eine Dauerbaustelle in den beteiligten Organisationen darstellt. Aus diesen Beobachtungen lassen sich jetzt Leitmotive als zentrale Imperative des Selbstverständnisses hybrider Professionals ableiten.

19.5.2 Leitmotive hybrider Professionals

Leitmotive sind deutlich erkennbare Themen, die sich in vielfältiger Weise im gesammelten empirischen Material zeigen. Die identifizierbaren sieben Leitmotive werden im Folgenden beschrieben.

Lustvolle Produktivität
Zur Steigerung der Autonomie suchen hybride Professionals eine bessere Übereinstimmung von Lebens- und Arbeitsqualität. Der Begriff „Work-Life-Balance" muss hier hinter den Begriff „Work-Life-Integration" zurücktreten, da jeder Moment von lustvoller Produktivität durchwachsen sein soll, also gesteigerte Ansprüche an die Erlebnisqualität im Privat- und Berufsumfeld gleichzeitig gestellt werden. Die Überstunden der intensiven Abschlussphase eines Projektes werden beispielsweise in Kauf genommen, da die nächste halb private und halb geschäftliche City-Reise zu (Arbeits-)Freunden bereits gebucht ist. Jetzt kann die Projektrechnung bezahlt werden, und die Reise dient zudem noch dem Ausloten zukünftiger Projekte. Diese Grundhaltung führt oft zur Annahme zu vieler Aufträge, sodass man am Ende tendenziell mehr arbeitet als auf einer regulären Stelle. Der mit diesem Anspruch verbundene Stress soll überwiegend als positiver „Eu-Stress" erlebt werden und zur angestrebten Atmosphäre des „Flow" beitragen (Hüther 2009; Csikszentmihalyi 1996).

Positive Wahrnehmung nichtlinearer Lebensläufe
Umbrüche in der Karriereentwicklung, die mitunter drastisch sein können (etwa vom Unternehmensberater zum Gärtner), werden als durchweg positive Weiterentwicklungen wahrgenommen und keinesfalls bedauert. Im Gegenteil wird die Nichtlinearität zum Vergleichsmaßstab für die gesammelte Erfahrung und damit als wertvoller Fundus für interdisziplinäres Arbeiten bewertet. Zum eigentlichen Bedauern bleibt auch keine Zeit, denn man schaut entwicklungsorientiert nach vorne und entdeckt die sich ergebenden Chancen.

Hochprofessioneller Generalismus

Der Anspruch an sich selbst, mit aller gebotenen Professionalität etwas bewegen zu wollen – und sei es nur, den eigenen Lebensstil aktiv zu gestalten – gilt als *conditio sine qua non* für ein erfülltes Leben. Nach berichteten negativen Erfahrungen mit den lähmenden Hierarchien von Großunternehmen ist das Bedürfnis nach Echtheit und Identifikation mit der Aufgabe sehr groß. Dabei sind in der Aufgabenbewältigung alle verfügbaren Ressourcen gefragt, die generalistisch (also im Sinne eines Generalunternehmertums) verknüpft werden müssen. Für sehr spezialisierte Tätigkeiten greift man auf andere Personen zurück.

„Ich bin meine Vision und Position"

Für einen hybriden Professional ist Fremdbestimmung wenig tolerierbar – es sei denn, durch ein selbst gewähltes Auftragsverhältnis. Möchte ein Unternehmen einen Spezialisten binden, so muss es sich Gedanken darüber machen, welche Bedingungen hierfür ideal sind. Standardisierte Arbeitsverträge und Arbeitsorte sind unerwünscht, es sei denn, sie enthalten äußerst flexible und frei kombinierbare Bestandteile. Das beste Angebot aber ist ein Projektauftrag.

Arbeiten auf „Upfront"-Themen

Routine ist für den hybriden Professional langweilig – es sei denn, sie dient der Aufrechterhaltung der eigenen Work-Life-Vision. Zur Bestimmung spannender und hochaktueller Themen (sogenannte Upfront-Themen) werden in der Regel drei Dimensionen einbezogen, nämlich:

- was inhaltlich auf dem globalen Parkett geschieht,
- welche Entwicklungen in verwandten Themenfeldern zu beobachten sind und
- wo sich meist lokal und regional passende Gelegenheiten ergeben, die man schnell ergreifen muss.

Gelungene Projekterfahrungen mit Eigenwert

Jedes Projekt ist eine mögliche Quelle für weitere Aufträge. Jedes Arbeitsergebnis gilt als Kompetenzausweis und lässt sich zur Eigenwerbung nutzen. Viele Aufträge kommen aus vorher unkalkulierbaren Richtungen. Somit ist sich der hybride Professional bewusst, dass aktuelle Engagements langfristig zu weiteren führen, vorausgesetzt die Qualität der Ergebnisse stimmt. Im Kontaktnetz des hybriden Arbeiters ist jeder ein potenzieller Partner auf Augenhöhe – und ein gelungenes Projekt ist immer auch mehr als ein Projekt. Eine produktive Erfahrung bei guter Beziehungsqualität besitzt einen ästhetischen Wert.

„No job is finished until the paperwork is done"

Am Ende eines Projekts wird abgerechnet – und nach dem Projekt ist vor dem Projekt. Da der Erhalt dieses Kreislaufs wichtig für diesen Arbeitsstil ist, kommt es nur selten vor, dass Aufwand und Leistung nicht in einem guten Verhältnis stehen. Der hybride Professional wickelt zwar nur ungern die notwendige Bürokratie zur Selbstständigkeit ab, sieht diese Aktivität aber als Schlüssel zu seiner eigenen Freiheit an.

Mit dieser Passage ist die Vorstellung der empirischen Arbeit für diesen ersten Teil abgeschlossen. Die Landschaft zeigt konkret auf, welche Themen in der sozial konstruierten Realität der hybriden Professionals bemerkenswert sind. Die Leitmotive erlauben eine erste Interpretation des Materials und eine Einschätzung der Besonderheiten dieser Personengruppe.

19.5.3 Hybride Professionals im interdisziplinären Dazwischen

Das zweite Sample beschreibt die Entwicklung der interdisziplinären Initiative „CreaLab“ an einer Schweizer Hochschule. Das CreaLab soll einen Kontext bieten, in dem teilnehmende Akteure anders wahrnehmen, mit verschiedensten Materialien und Methoden experimentieren und kreative Ideen in inter- und transdisziplinären Teams weiterentwickeln können. Wie vorangehend beschrieben, sind die Mitglieder des Kernteams als hybride Professionals zu qualifizieren. Das hier beschriebene und für das CreaLab zentrale Kernteam bestand im Untersuchungszeitraum aus bis zu achtzehn Personen. Als Hochqualifizierter war jedes Mitglied noch in Wertschöpfungszusammenhänge (Projekte, Anstellungen) außerhalb der Organisation eingebunden. Die Geschichte des CreaLabs ist daher auch eine Geschichte des Wirkens hybrider Professionals. Das macht es vor dem Hintergrund der hier angelegten Fragestellung interessant, ihre Motivation und ihr Selbstverständnis im interdisziplinären Feld zu erkunden.

Die Geschichte entwickelte sich wie folgt:[2]

Das CreaLab (für *Crea*tive Living *Lab*) wurde 2010 als eine von fünf „Leuchtturm-Initiativen“ einer schweizerischen Hochschule in Form eines „interdisziplinären Schwerpunkts“ ins Leben gerufen. Nach einer kompetitiven Ausschreibung entschied sich die Hochschulleitung unter anderem für das Konzept des CreaLab. Die Aufbauphase umfasste die Bildung eines Kernteams, durch das die Projekte des Schwerpunktes bearbeitet werden sollten. Es stellte sich schnell heraus, dass das Kernteam als vielfältiger Pool von Köpfen und Ideen aus allen Disziplinen der Hochschule eine besondere Ressource war und schnell Wirkung entfaltete.

Zudem konnte das CreaLab durch den Aufbau des „FabLab Luzern“ einen zentralen Ort für die Initiative schaffen. FabLabs sind High-Tech-Labore für jedermann, in denen normalerweise mindestens ein Lasercutter, eine 3D-Fräse, ein Elektronikarbeitsplatz und ein Videokonferenztool zur Verfügung stehen (Wolf et al. 2011). Ausgehend von einer Initiative des Massachusetts Institute of Technology (MIT) gab es 2009 rund 50 FabLabs

[2]Für eine detaillierte Darstellung vgl. Meissner et al. (2015, S. 24 ff.).

weltweit. Bis 2014 wuchs diese Zahl auf über 400 an. Das CreaLab erhielt eine Finanzierung zum Aufbau des ersten Schweizer FabLabs.

Das CreaLab entwickelte unter anderem eine systematische „Call for Proposals"-Logik: Forschungsmittel wurden im Ausschreibungsverfahren an Projektleitende aus der ganzen Hochschule vergeben, allerdings forderte das CreaLab insbesondere multimediale Bewerbungen ein. So gab es Anträge, die bei den wirtschaftlich und technisch geprägten Kernteam-Mitgliedern durch ihre Offenheit in Bezug auf Projektvorgehen und -verlauf für Verwirrung sorgten, und solche, die derart auf einen Businessplan ausgerichtet waren, dass sie Mitglieder der Departements „Design & Kunst" oder „Soziale Arbeit" irritierten. In der Auseinandersetzung über die Unterschiedlichkeit spielte sich im Kernteam mit der Zeit eine Routine ein, die gegenseitige Erwartungen stabilisierte und Diskussionen und Entscheidungen über die Projekte möglich machte. In der Wachstumsphase bildete sich um das CreaLab herum ein breites Projektportfolio – und durch die Entwicklung sogenannter „interdisziplinärer Studienangebote" auch ein beträchtliches Lehrangebot.

Die hohe Wachstumsdynamik des CreaLab wurde im Jahr 2013 gebremst, als die Hochschulförderung beendet und die interdisziplinären Schwerpunkte erneut von der Hochschule ausgeschrieben wurden. Im Zuge dieses Prozesses evaluierten externe Gutachter die bestehenden Programme; je interdisziplinärem Schwerpunkt wurden drei Gutachten eingeholt. Beim CreaLab fiel ein Gutachten aus, die beiden anderen waren überdurchschnittlich. In der Gesamtwertung aber wurde das fehlende dritte Gutachten nicht ersetzt, was absolut gesehen zu einer niedrigeren Gesamtbewertung führte und eine weitere Förderung verhinderte.

Diese Entwicklung nahm das Kernteam zum Anlass für eine Restrukturierung. Der ursprünglich für die Neubeantragung entwickelte Businessplan diente dabei als Leitlinie. Die Umorientierung führte zu einem Wechsel weg von Projekten der angewandten Forschung hin zum Angebot von Dienstleistungen. Heute erfordert die aktuelle Situation vom Kernteam, sich auch stärker außerhalb der Hochschule zu orientieren. Es gelang zudem, für die kommenden Jahre eine Förderung durch drei der fünf Departements im Sinne eines „interdepartementalen Projekts" zum Aufbau eines „Zukunftslabors CreaLab" zu erhalten.

19.5.4 Leitmotive zum Arbeiten im Dazwischen

Man kann das CreaLab als institutionalisiertes Netzwerk mit speziellen Verhandlungs- und Bearbeitungsmodi begreifen. Als solch ein „Verhandlungssystem" (Schedler und Rüegg-Stürm 2013, S. 219 f.) konnten gemeinsame Aktivitäten und Annahmen immer wieder verflüssigt, diskutiert und geändert werden, um über weiterführende Aktivitäten entscheiden zu können. Hierfür waren auch der Aufbau eines Kernteams und die Einbindung möglichst vieler am interdisziplinären Arbeiten interessierter Akteure wesentlich. Zudem konnte das CreaLab ein eigenes Netzwerk und eine eigene Bekanntheit aufbauen, die sich von der Hochschule unterscheidet. Hierüber entstanden neue Partnerschaften und eine oft unterschiedlich gelagerte Wertschöpfung.

Aus der Perspektive des CreaLab lassen sich Hypothesen für die Erfolgsbedingungen eines systemischen Programm-Managements (vgl. Heinrich 2015) im multirationalen Feld der Hochschule ableiten:

Programmbewusstsein
Für CreaLab als Programm zählt das Synergiedenken zwischen einzelnen Projekten und Akteuren. Ein Programm hat eine zukunftsoffenere Perspektive als ein einzelnes Projekt. So kann ein Thema längerfristig bearbeitet und verschiedene Rationalitäten können miteinander synchronisiert werden.

Interdisziplinarität als praktizierter Diskurs
Im CreaLab geht es nicht darum, das Unterschiedliche zu ertragen, sondern es aktiv zu bearbeiten und daraus resultierende Initiativen selbstbewusst umzusetzen. Hierzu gehörte für die Mitglieder auch, wiederholt hinter das eigene (persönliche und professionelle) Ego zurückzutreten und immer wieder neue, andere Diskurse mit unterschiedlichen Mitgliedern zuzulassen.

Sympathie obligatorisch
„Sich mögen" ist in Zeiten von Boni und Prämien ein „generativer" Eigenwert (Kelly 2008). Ein Gespür für gute Beziehungsqualität ist für das CreaLab eine notwendige, wenn auch keine hinreichende Bedingung.

Antifragiles Netzwerk
Im Fall von CreaLab funktioniert das Kernteam in unruhigen Zeiten besser denn je, selbst wenn sich seine Mitglieder im Rahmen des Projektprogramms sehr häufig außerhalb der Komfortzone bewegen.

Das CreaLab lebt vom „Dazwischen", vom bis dahin ungenutzten sozialen Raum, der nur bedingt zielgerichtet ist, mit Widersprüchlichkeiten rechnet und institutionell fast hoffnungslos optimistisch ist. Dies aus gutem Grund, da die zunehmende Differenzierung heutiger Organisationen stetig mehr Fokussierung und somit Selektivität erfordert. Zwischen den traditionellen Silos finden sich so weder Schnitt- noch Nahtstellen, sondern undefinierte (Leer-)Räume. Diese bieten Entfaltungsmöglichkeiten für Innovationen und Do-it-yourself-Ansätze und können belebt werden.

19.5.5 Leitmotive als Schlüssel zum Selbstverständnis

Im Anschluss an die beiden analysierten Samples lassen sich nun Zusammenhänge herausfiltern, die anschließend diskutiert und zur Beantwortung der Forschungsfrage herangezogen werden können.

Auffällige Zusammenhänge bestehen hier in den folgenden Aspekten (vgl. Abb. 19.4):

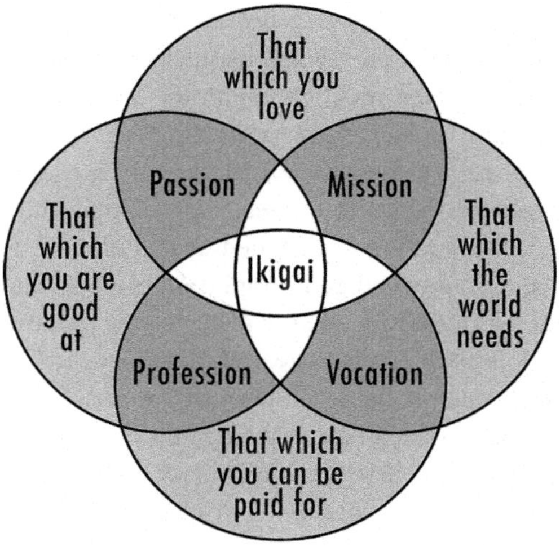

Abb. 19.4 Leitmotive von hybriden Professionals im interdisziplinären Dazwischen in der Gesamtschau

Beim „Programmbewusstsein" wird ein hochprofessioneller Generalismus an den Tag gelegt. Selbst wenn die Projekte eines Programms nicht als seriös erscheinen, so wird doch mit einer „Als ob"-Logik eine Ernsthaftigkeit unterstellt, die dem Projekt eine gehobene Relevanz zuordnet. Denn die Projekte sind Umsetzungen des Motivs „Arbeiten auf ‚Upfront-Themen'". Und es besteht auch bei einem unkonventionellen Projekt mindestens die Vermutung, dass dieses sich entfalten könnte. Der Wert eines innovativen und interdisziplinären Projektes für dessen gesamtes Programm ist im Voraus nicht absehbar. Es kann sich langfristig oder in einer Übergangsfunktion als außerordentlich wichtig erweisen, beispielsweise wenn es dazu dient, interessante Mitgestalter zu gewinnen, oder es für weiterführende Projekte im Programm katalysierende Wirkung entfaltet.

Zur „Interdisziplinarität als praktizierter Diskurs" gehört die grundsätzlich positive Wahrnehmung nichtlinearer Lebensläufe, da diese Unterschiedlichkeit als Quelle von interessanten Diskussionen und Begegnungen gilt und willkommene Abwechslung in eher langweilende Standardtätigkeiten einbringt. Gelungene Projekterfahrungen sind für den Diskurs überlebenswichtig, da sie Motivation für neue Projekte und Aktivitäten mit sich bringen. In den gelungenen Projekterfahrungen steckt eine stark identitätsstiftende Wirkung, die der Herausbildung des gemeinsamen Sinn- und Handlungskerns zuträglich ist. Letztlich gehört auch „No job is finished until the paperwork is done" zu den wichtigen Leitmotiven dieses Aspektes, da in der Papierarbeit (z. B.: Wer erhält welche Leistungsanteile und abgerechneten Leistungen?) letztlich immer die Frage beantwortet wird, wer was beigetragen hat. Einen Abrechnungsmodus zu finden und ihn überhaupt diskutieren zu können, erfordert Offenheit und letztlich Vertrauen, da im interdisziplinären Bereich die Einzelleistungen nur selten einer einzelnen Person zuzurechnen sind.

In diesem Zusammenspiel ist „Sympathie obligatorisch". Ohne Sympathie entsteht keine lustvolle Produktivität im gemeinsamen Wirken. Auch eine wertschätzende

Anerkennung des Gegenübers durch eine positive Wahrnehmung nichtlinearer Lebensläufe dürfte ohne Sympathie nicht zur Geltung kommen. Gelungene Projekterfahrungen sind nur dann möglich, wenn die Aktivitäten auf gegenseitiger Sympathie beruhen. Zu betonen ist hier die persönliche Note im Gegensatz zur Wertschätzung, die auch professionell-distanzierten Charakter haben kann. Dieses Thema ist essenziell, weil die Geschäftslogik der umgebenden Institutionen auf professioneller und letztlich funktionaler Auswahl und Mitgliedschaft beruht – und eben nicht auf Sympathie. Diese macht aber die notwendige Extraportion Engagement möglich, und damit die Umsetzung vieler Projektinitiativen, die nie abgerechnet werden können.

Letztlich ist das CreaLab durch professionellen Generalismus gekennzeichnet, d. h. Mitglieder können sich problemspezifisch konzentrieren und eine Lösung verschiedenen Kontexten anpassen. Antifragilität besteht in der Wahrnehmung der Zukunft als Chance im aktuellen Scheitern, beispielsweise bei einem abgelehnten Projekt oder einer intransparenten und unfairen Entscheidung. Das Netzwerk der Mitglieder untereinander und zu wichtigen Stakeholdern des CreaLab ist dann aktivier- und nutzbar, wenn es hochprofessionell – und gleichzeitig auf Sympathie beruhend – funktioniert und als Ausgangspunkt für weitere spannende Projekte dient. Im Netzwerk definieren und validieren die Mitglieder fortlaufend, welche Rolle sie spielen wollen, um ihre Vision und somit Position in der jeweils neuen Konstellation zu finden. Zur Antifragilität gehört auch, zu den neuesten Themen zu arbeiten, da diese eine Sogwirkung entfalten und zu neuen Projektförderungen führen. Letztlich wird das Netzwerk aber nur weiter bestehen, wenn es mindestens mittelfristig zu weiteren gelungenen Projekterfahrungen mit Eigenwert führt. Ohne diese verliert die Initiative ihre Seele und damit ihren Kerntreiber.

19.6 Das Ich-Verständnis von hybriden Professionals im interdisziplinären Dazwischen

Das Ich-Verständnis wurde eingangs definiert als der Zusammenschluss von Wert- und Selbstverständnis, da sich diese beiden gegenseitig bedingen. Das Selbstverständnis von hybriden Professionals kommt durch die beschriebenen Leitmotive zum Ausdruck. Im Werteverständnis sind die tieferliegenden normativen Eigenschaften gebunden. Zum Ausdruck kamen in der Empirie Werte wie Echtheit, Direktheit, Co-Kreation, Offenheit, Vertrauen, das Arbeiten in reichhaltigen und polyvalenten Beziehungen etc. als Grundorientierung. Das klingt nach „Gutmenschentum" – nach dem besonnenen, für sich und alle anderen wohlmeinenden, aber letztlich dadurch übergriffigen Weltverbesserer. Ist dies so?

Die eingangs formulierte Hypothese, dass bei hybriden Professionals mehr Themenbezüge in den Ikigai-Sphären „Leidenschaft" und „Ökologie" und somit in der Missions-Schnittstelle zu finden sein dürften, lässt sich dementsprechend auch generell bestätigen. Verortet man die Leitmotive in den vier Sphären des Ikigai-Modells, so sind hier auch die Kreise „Was man liebt" und „Was die Welt braucht" gut und nachhaltig abgedeckt. Relativ gesehen verliert die Sphäre „Worin man gut ist" an Gewicht, da in diesem Sektor beispielsweise auch kulturelles Kapital wie Bildungsabschlüsse einfließen. Da die Arbeit von hybriden Professionals immer entwicklungsorientiert ist, müsste es hier eher heißen „Worin man gut wird". Auch die Sphäre „Wofür man bezahlt werden kann" spielt eine nebensächliche Rolle, da es einfach „reichen muss" und nicht der Reichtum als Selbstzweck das Ziel der Tätigkeit darstellt.

19.7 Schlussfolgerungen

Der Ausgangspunkt dieses Artikels war die Feststellung, dass die aktuelle Literatur nur unvollständige Aussagen über die psychologische Haltung von hybriden Professionals mache, ebenso wie über ihre Beziehungs- und Interaktionsmuster, die in spezifischen Lebens- und Arbeitssituationen zur Geltung kämen. Somit würden auch Einsichten dazu fehlen, wie diese Personengruppe ihr Selbstverständnis und damit auch die Grundlagen ihres psychologischen Vertrags – oder besser ihrer psychologischen Verträge – definiert. Die konkreten Fragen lauteten, wie das Ich-Verständnis von hybriden Professionals im interdisziplinären Arbeiten aussehe und welche Motive und Quellen von Sinn für diese Gruppe handlungsleitend seien.

Zur Beantwortung dieser Fragen haben wir zwei empirische Samples herangezogen, um im ersten die Leitmotive hybrider Professionals zu rekonstruieren und im zweiten die Arbeit dieser Personengruppe im interdisziplinären „Dazwischen" auszuleuchten. Die beiden Motivdispositionen haben sich in eine entsprechende Gesamtschau einbringen lassen. Vor dem Hintergrund dieser Empirie lässt sich die Frage wie folgt beantworten:

Das Ich-Verständnis von hybriden Professionals im interdisziplinären Arbeiten ist geprägt von einem co-konstruktiven, wertschätzenden und persönlichen Arbeitsstil, der es durch kultiviertes Vertrauen möglich macht, hoch „resilient" zu sein und sich ergebende Chancen durch eine außerordentlich schnelle, aber eben nicht hierarchische Ressourcenmobilisierung zu nutzen. Diese Form der Zusammenarbeit ist hochgradig voraussetzungsvoll und erstreckt sich im vorgelegten Sample auf eine mehrjährige Geschichte. Motive und Quellen von Sinn liegen insbesondere in den Bereichen der persönlichen Sympathie und Leidenschaft sowie der Erkenntnis dessen, „was die Welt braucht".

Was bedeutet dies für Praktiker? Im Grunde geht es darum, immer wieder die hier erläuterten Leitmotive heranzuziehen und für die Teamarbeit abzuprüfen. Hier wird dann sichtbar, wo diese Teams mehr Freiräume in Handlung und Entscheidung benötigen. Vor diesem Hintergrund kann der psychologische Vertrag (oder die Verträge) auf neue Beine gestellt werden, um aus den Standardarbeitsverhältnissen auszuscheren und somit interdisziplinär arbeitsfähig zu sein. Diese Aspekte entscheiden sich also im konkreten praktischen Feld, bieten aber auch Anknüpfungspunkte für weiterführende Forschung.

Die Zeit der hybriden Professionals hat, befeuert durch die neuen Kollaborationstechnologien und -methoden, eben erst begonnen. Mit diesem Typus darf man rechnen.

Damit entschärft sich aber keineswegs der traditionelle Führungskonflikt zwischen Management und Experten. Vielmehr kommt eine Spannungslinie hinzu, da hybride Professionals ständig über die Organisationsgrenzen hinweg arbeiten. Der Vorteil ist jedoch der Aufbau der enormen Binnenkomplexität, der durch diese Mitarbeiter möglich ist, um komplexe Gesamtprobleme überhaupt angemessen bewältigen zu können.

Wie kann man nun systematisch Kompetenzen aufbauen, um Führungskräfte auf den Umgang mit hybriden Professionals vorzubereiten? Zunächst ist es wohl wichtig, sich daran zu erinnern, dass diese Mitarbeiter nicht für Standardaufgaben und Routinejobs geeignet sind, in denen die alten Hierarchien noch funktionieren. Hier liegt eine Hauptkonsequenz: Setze hybride Professionals nur für wirklich schwierige und relevante Probleme ein! Gib Freiräume zum Bearbeiten! Gib Team- und Arbeitssouveränität! Aber sei klar im Aufzeigen der Grenzen dieser Freiheiten, vor allem hinsichtlich der Loyalität im Projekt und gegenüber der Organisation. Schließlich ist es auch Aufgabe von Führungskräften, für entsprechende Lernumwelten zu sorgen, also beispielsweise dafür, dass sich hybride Professionals in der Organisation interdisziplinär vernetzen *dürfen*. Ohne diese Verschiedenartigkeit wird eine kreative Spannung im Projekt nicht aufrechtzuerhalten sein. Solche Lernumwelten können Prototypenentwicklung, Labor-Settings, Open-Space-Erfahrungsräume oder Management-Experimente umfassen, solange sie von der Organisation gedacht und akzeptiert werden können.

Qualitative Forschung zur interdisziplinären Arbeit gehört zum Anspruchsvollsten, was man im sozialwissenschaftlichen Feld angehen kann. Die vorliegenden Erkenntnisse bedeuten, dass eine profunde sozialwissenschaftliche Methode unverzichtbar ist. Diese wurde hier angewendet, ist aber längst nicht abschließend. Es wurden hier zwei Samples zusammengezogen und miteinander verknüpft. Besser wäre es gewesen, dies an einer durchgehenden Fallstudie zu zeigen. Weiterführend wäre auch die Entwicklung eines Fragebogen-Instrumentariums, um den Grad und die Intensität der Interdisziplinaritätserfahrung messen zu können. Schließlich hätte man den psychologischen Vertrag auch durch eine Strukturlegetechnik sichtbar machen können. Kommende Projekte können jetzt auf diese spannenden Optionen in der Beforschung hybrider Professionals zurückgreifen.

Literatur

Baecker, D. (2007). *Studien zur nächsten Gesellschaft*. Berlin: Suhrkamp.

Bergmann, F. (2004). *Neue Arbeit, Neue Kultur*. Freiamt: Arbor.

Brown, D., & Gold, M. (2007). Academics on non-standard contracts in UK Universities: Portfoliowork, choice and compulsion. *Higher Education Quarterly, 61*(4), 439–460.

Castells, M., & Cardoso, G. (Hrsg.). (2005). *The network society: From knowledge to policy*. Washington, DC: Johns Hopkins Center for Transatlantic Relations.

Clinton, M., Totterdell, P., & Wood, S. (2006). A grounded theory of portfolio working: Experiencing the smallest of small businesses. *International Small Business Journal, 24*(2), 179–203.

Cohen, L., & Mallon, M. (1999). The transition from organizational employment to portfolio working: Perceptions of ‚Boundarylessness'. *Work, Employment & Society, 13*(2), 329–352.

Cooper, R. (2005). Relationality. *Organization Studies, 26*(11), 1689–1710.

Csikszentmihalyi, M. (1996). *Flow. Das Geheimnis des Glücks*. Stuttgart: Klett-Cotta.

Dachler, H. P., & Hosking, D.-M. (1995). The primacy of relations in socially constructing organizational realities. In D.-M. Hosking, H. P. Dachler, & K. J. Gergen (Hrsg.), *Management and organizations: Relational alternatives to individualism* (S. 1–28). Aldershot: Avebury.

Dettmers, J., Kaiser, S., & Fietze, S. (2013). Theory and practice of flexible work: Organizational and individual perspectives. Introduction to the special issue. *Management Revue, 24*(3), 155–161.

Flick, U. (2010). *Qualitative Sozialforschung. Eine Einführung*. Reinbek: Rowohlt.

Gergen, K. J. (1985). The social constructionist movement in modern psychology. *American Psychologists, 40*(3), 266–275.

Gergen, K. J. (2002). *Konstruierte Wirklichkeiten. Eine Hinführung zum sozialen Konstruktionismus*. Stuttgart: Kohlhammer.

Heinrich, H. (2015). *Systemisches Projektmanagement: Grundlagen, Umsetzung, Erfolgskriterien*. München: Hanser.

Helfferich, C. (2011). *Qualität qualitativer Daten. Ein Schulungsmanual zur Durchführung qualitativer Einzelinterviews*. Leverkusen: VS Verlag.

Hüther, G. (2009). *Biologie der Angst. Wie aus Streß Gefühle werden*. Göttingen: Vandenhoeck & Ruprecht.

Inkson, K., Gunz, H., Ganesh, S., & Roper, J. (2012). Boundaryless careers: Bringing back boundaries. *Organization Studies, 33*(3), 323–340.

Kaiser, S., Süß, S., & Winter, S. (2013). Human resource management of a highly qualified external workforce. *Journal for Business Economics (Zeitschrift für Betriebswirtschaft), 83*(8), 831–835.

Kelly, K. (2008). Better than free. http://www.edge.org/3rd_culture/kelly08/kelly08_index.html. Zugegriffen: 1. Apr. 2012.

Matthews, G. (1996). *What makes life worth living? How Japanese and Americans make sense of their worlds*. Los Angeles: University of California Press.

Mayring, P. (2007). Qualitative Inhaltsanalyse. In U. Flick et al. (Hrsg.), *Qualitative Forschung. Ein Handbuch* (S. 468–475). Reinbek bei Hamburg: Rowohlt.

Meissner, J. O. (2007). Multi-stage analysis for knowledge reflection. In A. S. Kazi, L. Wohlfahrt, & P. Wolf (2007). *Hands-on knowledge co-creation and sharing: Practical methods and techniques* (S. 291–307). Stuttgart: Fraunhofer IRB Verlag.

Meissner, J. O. (2009). Beziehungsherausforderungen in kommunikativ hybriden Arbeitsumgebungen. *Zeitschrift für Management, 4*(4), 307–326.

Meissner, J. O. (2016). Resilienz im Wandel durch Hybride Professionals? In O. Geramanis & K. Hermann (Hrsg.). *Führen in ungewissen Zeiten. Impulse, Konzepte und Praxisbeispiele* (S. 265–282). Wiesbaden: uniscope & Springer Gabler.

Meissner, J. O. (2018, in Vorbereitung): Home Sweet Home: Das Heimatverständnis Hybrider Professionals. In: O. Geramanis & S. Hutmacher (Hrsg.), (2018, in Vorbereitung) *Identität in der modernen Arbeitswelt. Neue Konzepte für Zusammenarbeit und Führung* (S. 14). Wiesbaden: uniscope & Springer Gabler.

Meissner, J. O., & Tuckermann, H. (2007). A relational scaffolding model of hybrid communication. In C. Steinfield, B. Pentland, M. Ackerman, & N. Contractor (Hrsg.), *Proceedings of the Third communities and technologies conference 2007* (S. 479–508). Heidelberg: Springer.

Meissner, J. O., Wolf, P., & Harboe, J. (2015). Im Dazwischen. Die Reise des Aktionsforschungsprogramms „CreaLab" durch die Multirationalität der Hochschulwelt. *OrganisationsEntwicklung, 2015*(1), 23–29.

Meissner, J. O., Weichbrodt, J., Hübscher, B., Baumann, S., Klotz, U., Pekruhl, U., Gisin, L., & A. Gisler (2016). *Flexible neue Arbeitswelt: Eine Bestandsaufnahme auf gesellschaftlicher und volkswirtschaftlicher Ebene.* Zürich: vdf Hochschulverlag AG.

Müller, W. R. (1981). *Führung und Identität.* Bern: Haupt.

Pache, A.-C., & Santos, F. (2013). Inside the hybrid organization: Selective coupling as a response to competing institutional logics. *Academy of Management Journal, 56*(4), 972–1001.

Raeder, S., & Grote, G. (2012). *Der psychologische Vertrag. Praxis der Personalpsychologie. Bd. 26.* Göttingen: Hogrefe.

Raeder, S., Mutz, R., Widmer, N., Wittekind, A., & Grote, G. (2009). Clusteranalytische Bestimmung von Patchworkertypen sowie deren quantitative und qualitative Validierung. *Zeitschrift für Arbeits- und Organisationspsychologie A&O, 53*(3), 131–141.

Rousseau, D. M. (1990). New hire perceptions of their own and their employer's obligations: A study of psychological contracts. *Journal of Organizational Behavior, 11*(5), 389–400.

Rousseau, D. M. (1995). *Psychological contracts in organizations: Understanding written and unwritten agreements*. Thousand Oaks: Sage.

Rybnikova, I. (2013). Cooperation despite contingency: What accounts for cooperative behaviour of contingent managerial workers? *Journal of Business Economics, 83*(8), 901–922.

Sachs-Hombach, K. (2000). Selbstbild und Selbstverständnis. Einige Anmerkungen zur repräsentationalistischen Subjetktivitätstheorie. In A. v. Newen & K. Vogeley (Hrsg.), *Selbst und Gehirn. Menschliches Selbstbewusstsein und seine neurobiologischen Grundlagen* (S. 189–200). Paderborn: Mentis.

Schedler, K., & Rüegg-Stürm, J. (2013). Bearbeitungsstrategien multipler Rationalitäten. In K. Schedler & J. Rüegg-Stürm (Hrsg.), *Multirationales management* (S. 185–677). Bern: Haupt.

Storey, J., Quintas, P., Taylor, P., & Fowle, W. (2002). Flexible employment contracts and their implications for product and process innovation. *The International Journal of Human Resource Management, 13*(1), 1–18.

Süß, S., & Becker, J. (2013). Competences as the foundation of the employability of freelancers. *Personnel Review, 42*(2), 223–240.

Wilkens, U., Ruiner, C., & Küpper, M. (2013). Flexible arrangements with the highly qualified workforce: Antecedents and effects of different contract policies in knowledge-intensive firms. *Journal of Business Economics, 83*(8), 837–861.

Winn, M. (2014): What is your Ikigai? http://theviewinside.me/what-is-your-ikigai/. Zugegriffen: 10. Nov. 2015.

Witzel, A. (2000). The Problem-Centered Interview. *Forum Qualitative Sozialforschung, 1*(1).

Wolf, P., Meissner, J. O., & Baralou, E. (2016). Interspaces, multi-rational environments and in-between sliders as enablers for organizational innovation. In Continuous Innovation Network (Hrsg.), *Proceedings of the 17th international CINet conference* (S. 669–677). Overdinkel: Continuous Innovation Network.

Wolf, P., Troxler, P., & Jurt, R. (2011). FabLab Luzern – Ein Innovationsbeschleuniger. SKO-Leader, August 2011, S. 19.

Die Organisation der Selbstorganisation 20

Marcel Altherr

20.1 Die Notwendigkeit neuer Organisationsformen in wissensintensiven Organisationen

Toto, I've a feeling we're not in Kansas anymore (Dorothy in *The Wizard of Oz*, USA, 1939).

Wenn wir uns nur ein wenig Zeit nehmen würden, einen Moment lang innehalten und uns bewusst machen, wie sehr sich unsere Welt seit dem Ausgang des 20. Jahrhunderts verändert hat, dann erscheint das oft zitierte Erstaunen des naiven Mädchens Dorothy Gale aus dem amerikanischen Märchen „The Wizard of Oz" wohl gar nicht mehr als unangemessene Reaktion. Wir wurden zwar nicht über einen Regenbogen hinweg in das Land Oz gewirbelt, aber die Distanz zwischen der Welt von vor gut zwanzig Jahren und heute ist enorm. Der von Ulrich Beck geprägte Begriff einer „zweiten Moderne" drängt sich hier auf (Beck 1996).

20.1.1 How come?

Keine Entwicklung hat unsere Welt so massiv verändert wie die Digitalisierung, und wohl nichts wird die Art, wie wir arbeiten und unser Leben gestalten, so fundamental beeinflussen. Für Unternehmen bedeutet die Digitalisierung, dass das Arbeitsumfeld von einer nie dagewesenen Komplexität geprägt wird. Die wirtschaftlichen Rahmenbedingungen verändern sich rasant, die Märkte werden unberechenbar, Produktionszyklen kürzer, Kunden anspruchsvoller, und neue Geschäftsmodelle treiben

M. Altherr (✉)
Hochschule Luzern, Luzern, Schweiz
E-Mail: marcel.altherr@hslu.ch

P. Kels und S. Kaudela-Baum (Hrsg.), *Experten führen*, uniscope. Publikationen der SGO Stiftung, https://doi.org/10.1007/978-3-658-23028-9_20

traditionsreiche Firmen innerhalb kürzester Zeit in den Ruin. Dazu kommt eine neue Generation Mitarbeiter, die in einer digitalen Welt aufgewachsen ist und selbstbewusst Mitbestimmung und Gestaltungsmöglichkeiten fordert.

Die Herausforderung für Unternehmen lässt sich auf einen Nenner bringen: Unternehmen müssen schneller reagieren, schneller lernen und schneller Innovationen auf den Markt bringen. Der Begriff des digitalen Darwinismus (Kreutzer und Land 2013) beschreibt drastisch aber angemessen die sich abzeichnende Entwicklung der digitalen Revolution: Die Komplexität steigt dramatisch an, der Handlungsdruck ebenso, die Orientierung geht zunehmend verloren – ein perfekter Sturm.

Wie reagieren Unternehmen auf diese Bedingungen? Wie können sie ihre Organisation so anpassen, dass sie diesen Sturm überleben? Vereinfacht beschrieben lassen sich zwei Tendenzen mit je unterschiedlichen Ausprägungen unterscheiden: Die meisten Unternehmen verstärken das traditionelle hierarchische Muster, wenige begeben sich auf die Suche nach neuen Ansätzen.

20.1.2 Re-Hierarchisierung als Reaktionsmuster

Das vereinfachte Schema ist übersichtlich: Die oberste Führungsposition wird heroisch verklärt, die Entscheidungen zentralisiert und die Abläufe im Unternehmen mittels detaillierter Prozessbeschreibungen so formalisiert, dass kein Handlungsspielraum mehr für individuelle Fehler vorhanden ist und eine hohe Kontrolldichte das reibungslose Funktionieren des Unternehmens gewährleisten soll – Denkansätze einer Organisationstheorie, die stark von einem mechanistischen Weltbild geprägt sind (Ulrich und Probst 1995). Unternehmen werden letztlich als komplizierte Uhrwerke verstanden, die nur ausführen, was der Uhrmacher vorgesehen hat. Bei Fehlfunktionen lassen sich die entsprechenden Teile ersetzen und die Uhr – das Unternehmen – reparieren. Die Organisationstheorien dieser Kategorie gehen letztlich zurück auf den Bürokratieansatz von Max Weber (Weber 1972) und das Scientific Management von Frederick Winslow Taylor (1911). Das mechanistische Weltbild spiegelt sich im Organisationsverständnis in der Betonung der Fremdorganisation: Wichtig sind Hierarchie, Bürokratie, Planbarkeit, Steuerbarkeit, Sicherheit, Kontrolle, Ordnung usw. Organisatorische Veränderung wird als beherrschbares Planungsproblem verstanden, Mitarbeiter sind austauschbare Produktionsfaktoren, die mit Motivationsanreizen dazu gebracht werden, die erwünschten Verhaltensweisen zu erzeugen.

In der industriellen Revolution ging es darum, aus Bauern Fabrikarbeiter zu machen – notfalls auch gegen deren Willen. Diese Idee einer hierarchischen Fremdbestimmung von Menschen in Organisationen ist noch immer in den Köpfen und hat die Organisationstheorie bis in die neueste Zeit hinein geprägt. Ein Anachronismus eigentlich, da die Geschichte des 20. Jahrhunderts von einer Zunahme der Freiheit und Selbstbestimmung des Individuums bestimmt ist. In den allermeisten Unternehmen aber wird das organisatorische Prinzip der Fremdherrschaft, der Hierarchie – wörtlich der heiligen

Ordnung – noch immer als Selbstverständlichkeit akzeptiert. Was aber kommt nach der hierarchischen Organisation?

20.1.3 Hierarchiekritik ist nicht neu

Der Möglichkeitsraum, der sich bereits durch eine partielle Aufhebung der strengen Hierarchie eröffnet, wurde schon früh von Unternehmen entdeckt. Zu den Pionieren gehören hier sicher W. L. Gore & Associates, Semco (Semler 1993) oder Morning Star. Auch sind Anfang der 70er-Jahre die ersten Ansätze der Soziokratie (Rüther 2016) zu verorten, die in vielen Teilaspekten modellbildend wurden für die heterarchischen Organisationskonzepte der Gegenwart. Eine weitere Entwicklung, die sich zwar nicht explizit als Hierarchiekritik verstand, aber in der konkreten Ausprägung ebenfalls zur Aufweichung starrer Hierarchievorstellungen beitrug, war das Aufkommen des Projektmanagements als eine die Linienorganisation relativierende Struktur. Keiner der mehr oder weniger expliziten Gegenentwürfe zur hierarchischen Organisation konnte sich allerdings in der praktischen Unternehmenswirklichkeit in breitem Maße durchsetzen. Die meisten Unternehmen des 21. Jahrhunderts werden noch immer geführt nach Ideen und Konzepten des vorletzten Jahrhunderts.

20.1.4 Und sie bewegt sich doch!

In der Gegenwart scheint sich nun aber, geprägt von der Digitalisierung und der rasant zunehmenden Komplexität in Unternehmen, doch ein Paradigmenwechsel zu vollziehen (Laloux 2015). Das mechanistische Verständnis von Organisation weicht zunehmend einem systemischen. Organisation wird nicht mehr als kontrollierbare Mechanik verstanden, sondern als ein integrales Ganzes, dessen Eigenschaften nicht auf die Summe der kleineren Einheiten reduzierbar sind. Anders als beim mechanistischen Verständnis geht es nicht mehr um exakte Analysen einzelner Elemente und Mechanismen, sondern um das Erkennen von Wechselwirkungen zwischen den Elementen, die sich ständig verändern. Unternehmen werden so mehr und mehr als komplexe Systeme verstanden, die bestenfalls nur ein retrospektives Verständnis von Ursachen- und Wirkungsgefüge zulassen und die ein experimentelles Arbeiten in Zyklen einer starren, langfristigen Planung vorziehen. Der harten, linear-kausalen Welt des mechanistischen Weltbildes stehen Intuition, Ambiguitätstoleranz, eine ausgeprägte Fehlerkultur und das Nutzen kollektiver Intelligenz gegenüber.

Das vorherrschende Paradigma der hierarchischen Ordnung wird zunehmend abgelöst durch Strukturen und Prozesse, die im Kern auf dem Konzept der Selbstorganisation beruhen. Entscheidungs- und Gestaltungskompetenz wird in Teams ausgelagert, neue Formen des Arbeitens (Vertrauensarbeitszeit, Home Office etc.) werden ermöglicht und die die hierarchische Struktur manifestierenden Statussymbole werden relativiert. Die

Erkenntnis, dass die traditionellen hierarchischen Organisationsformen das Überleben der Unternehmen nicht mehr gewährleisten, sondern eher gefährden, ist mit diesem Paradigmenwechsel nicht mehr radikal, sondern breiter Konsens.

20.2 Das Konzept der Selbstorganisation

20.2.1 Das Phänomen der Selbstorganisation

Selbstorganisation lässt sich in physikalischen, chemischen, biologischen Systemen genauso wie in sozialen Systemen beobachten. Selbstorganisation bezeichnet das bei allen sozialen Systemen beobachtbare Phänomen, dass Ordnung aus dem System selbst heraus entsteht. Die entstehende Ordnung ist nicht einfach die Folge eines einzigen gestaltbildenden Elementes des Systems, sondern entsteht ganzheitlich als Ergebnis der Interaktionen aller Elemente des Systems.

> Selbstorganisierend können nur Ganzheiten sein; Einheiten, die ein Selbst, eine Identität haben [...] Organisation verliert in dieser ganzheitlichen Sicht den rein instrumentellen Charakter und umfasst alle strukturellen Eigenschaften und Verhaltensweisen in einem System, die Ordnung produzieren [...] Ordnung bedeutet Gesetzmäßigkeit, die uns erlaubt, Fehlendes zu erkennen oder zu erahnen und zu ergänzen, Fehlerhaftes zu definieren, Teile zusammenzufügen usw. Ordnung erlaubt somit Menschen, Sinn zu finden, gewährleistet Sicherheit, gibt Vertrautheit, erlaubt die Aufgaben, Kompetenzen und Verantwortlichkeiten einzuordnen [...] Ordnung ist in sozialen Systemen das Ergebnis relativ autonomer, auf sich selbst bezogener, reich und vielfältig vernetzter Strukturen und Verhaltensweisen (Probst 1992).

Selbstorganisation erzeugt somit nie das Resultat einer bewussten Gestaltungshandlung, sondern ist als ein emergentes Phänomen des Systems zu verstehen. Die bewusste Gestaltung der Organisation – zentrales Axiom der Fremdsteuerung in hierarchischer Tradition – tritt in den Hintergrund:

> [...] dass die Fähigkeit zur Selbststrukturierung als eine gegebene, gewissermaßen natürliche Eigenschaft eines sozialen Systems anerkannt wird, während das bewusst planmäßige Organisieren durch damit Beauftragte als allenfalls notwendige Ergänzung oder Korrektur erscheint (Ulrich 1985).

Ohnehin sind die als transient verstandenen Ordnungsmuster eher von sekundärer Bedeutung. Strukturen sind lediglich Momentaufnahmen. Wesentlich sind die ordnungsbildenden dynamischen Prozesse.

20.2.2 Autonome und autogene Selbstorganisation

Die von Göbel (1998) vorgenommene Differenzierung zwischen autonomer und autogener Selbstorganisation vertieft das Verständnis der Selbstorganisation in sozialen Systemen.

Von autonomer Selbstorganisation spricht man, wenn Ordnung in Unternehmen selbstbestimmt (autonom) durch die Mitglieder der Organisation entsteht. Voraussetzung dafür ist ein entsprechender Handlungsspielraum, der unterschiedliche Freiheitsgrade aufweisen kann. Der Handlungsspielraum kann sehr klein sein und sich auf wenige Detailaspekte beschränken, er kann aber auch sehr groß sein und so eine fast vollständige Selbststeuerung durch die Mitglieder der Organisation ermöglichen. Formen von autonomer Selbstorganisation finden sich in fast allen modernen Organisationskonzepten, die in irgendeiner Weise erweiterte Entscheidungsbefugnisse für Mitarbeiter vorsehen.

Autogene Selbstorganisation hingegen entsteht als Folge der Eigendynamik komplexer dynamischer Systeme von selbst und unterliegt keinem bewussten Gestaltungsakt. Sie ist in diesem Sinne ein emergentes Phänomen des Systems selbst:

> Es sind nicht einzelne, individuelle Organisationsmitglieder, welche selbstbestimmt die sie betreffenden Regeln auswählen bzw. darüber mitentscheiden, sondern Ordnung ergibt sich durch das Zusammenwirken aller Beteiligten (Göbel 1998).

Die autogene Selbstorganisation macht den Unterschied: Während Formen der autonomen Selbstorganisation durchaus als Weiterführung bestehender Organisationskonzepte interpretiert werden können, trifft das auf die autogene Selbstorganisation nicht mehr zu. Dennoch: Autonome und autogene Selbstorganisation sind immer zwei Seiten einer Medaille und sind als unterschiedliche, aber stets gemeinsam auftretende Phänomene in selbstorganisierenden sozialen Systemen beobachtbar, wobei ein Vorhandensein autonomer Form immer Voraussetzung ist für die Entstehung der autogenen Variante. Eine Tatsache, die vor allem bei der Einführung der Selbstorganisation in sozialen Systemen von großer Bedeutung ist.

20.3 Agilität

Agilität ist mittlerweile ein Modebegriff geworden, der je nach Kontext sehr unterschiedlich verwendet wird. Manche verbinden damit anarchische Konzepte von Freaks aus der Software- und Agenturszene und begründen so eine prinzipielle Ablehnung, andere verklären agile Methoden wie *Scrum* dogmatisch als den einzig möglichen Ausweg aus einer Welt, die mit dem Akronym VUCA (Volatility, Uncertainty, Complexity, Ambiguity) treffend beschrieben wurde. Je größer die Not, desto ausgeprägter und wohl auch naiver die Heilserwartung, die an Agilität geknüpft wird. So einfach stellt sich das Problem aber in einem Unternehmenskontext nie, da sich die Anwendung agiler Methoden nie nur auf neue Impulse im Umgang mit Prozessen und Projekten beschränkt, sondern immanent zentrale soziale und kommunikative Aspekte umfasst und mithin zu einer meist tiefgreifenden Veränderung der Unternehmenskultur führt.

20.3.1 Herkunft

Der Begriff Agilität erscheint als Konzept im Unternehmenskontext zum ersten Mal in den 80er-Jahren bei Tom Peters (1986) und Rosabeth Moss Kanter (1985), die damit die Eigenschaft von Unternehmen beschreiben, adaptiv auf Veränderungen im Marktumfeld reagieren zu können.

Der Begriff wurde in der Folge aber deutlich geprägt durch die Softwareindustrie. Kein Zufall, da in dieser Branche die Rahmenbedingungen einer digitalen Wirtschaft de natura als erste spürbar wurden. Agile Methoden entstanden in der Softwareentwicklung in den 90er-Jahren als Gegenmodell zu den klassischen Projektmanagement-Methoden, die auf dem Ideal einer planbaren Welt beruhten. Die herkömmlichen Wasserfall-Modelle scheiterten oft kläglich bei komplexen Projekten. Mit agilen Methoden hingegen erreichten Teams eine weit höhere Erfolgsquote. Agilität kann in diesem Kontext verstanden werden als die Antwort aus der ersten digitalen Branche – der Softwareentwicklung – auf den massiv gesteigerten Anpassungs- und Veränderungsdruck einer sich ständig wandelnden Umwelt, im Wesentlichen also als ein – sehr erfolgreicher – Umgang mit komplexen Vorhaben. Nur folgerichtig ist deshalb die heute zu beobachtende Entwicklung, dass agile Prinzipien und Methoden auch außerhalb der Softwareentwicklung Anwendung finden.

20.3.2 Das „Agile Manifest"

Das entscheidende Momentum für den Erfolg der agilen Methode in der Software-Branche dürfte die Formulierung des „Agilen Manifests" 2001 sein. Die vier Axiome des Manifests lauten (Schwaber et al. 2001):

> Individuals and interactions over processes and tools Working software over comprehensive documentation Customer collaboration over contract negotiation Responding to change over following a plan

Wichtig ist das Wörtchen „over", und das wird auch in der entsprechenden Passage des Manifests deutlich gemacht: „That is, while there is value in the items on the right, we value the items on the left more."

Die vier Axiome – nur im zweiten wird klar auf die Entwicklung von Software Bezug genommen – fokussieren auf verschiedene Aspekte bei der Organisation von Arbeit. Keines der Axiome erscheint uns heute revolutionär, aber sie stehen am Anfang der Erfolgsgeschichte der agilen Methoden, Techniken und Frameworks, die heute weit über die Softwareindustrie hinaus in Unternehmen Eingang gefunden haben.

20.3.3 Scrum

Das wohl erfolgreichste agile Framework – Framework verstanden als integrales Set verschiedener Prinzipien, Konzepte und Techniken – ist fraglos das in den späten 90er-Jahren entstandene Scrum (Sutherland 2014), das vor allem in komplexen Entwicklungs- und Innovationsprojekten eingesetzt wird. Als ein im Gegensatz zum traditionellen Projektmanagement sehr übersichtliches Set von wenigen Regeln, Rollen, Artefakten und klar definierten Abläufen für Feedback, Reflexion und Kommunikation ist Scrum mittlerweile ein De-facto-Standard auch im Projektmanagement außerhalb der Softwareentwicklung.

Agile Methoden wie Scrum sind – entgegen der noch immer häufig anzutreffenden Meinung – mitnichten chaotisch, sondern wohlgeordnet. Die Rollendifferenzierungen und Routinen folgen allerdings nicht hierarchischen Prinzipien, sondern sind ausgerichtet auf die Optimierung der anstehenden Arbeit.

20.3.4 Agile Konzepte in der Organisation

Die Einführung agiler Methoden ist eine systemische Intervention, die implizit nicht nur die bestehende Organisation der Arbeit tangiert, sondern letztlich die gesamte Unternehmenskultur, allerdings meist in einer indirekten, ungeplanten Art. Ein bekannter Nebeneffekt ist das Entstehen einer Grassroot-Kultur[1] von „Agilisten", die bottom-up Veränderungen fordern, welche top-down so niemals zur Disposition standen. Die durch die agilen Methoden angeregten sinnvollen Veränderungen werden allerdings selten aufgenommen und für das Gesamtunternehmen nutzbar gemacht, und so bleiben die meisten Unternehmen in ihrer Entwicklung in Richtung Selbstorganisation stehen, mit wenigen agilen Teams in einer überwiegend hierarchischen Unternehmensstruktur.

20.3.5 Agilität in der Organisationsgestaltung

Schon aus den vier Axiomen des „Agilen Manifests" lässt sich herauslesen, dass Agilität verstanden wird als Gegenentwurf zu bürokratischem Denken und Handeln, ob sich dieses nun auf ein Projekt oder auf das gesamte Unternehmen bezieht. Die Ziele der Agilität bleiben dieselben:

- eine höhere Reaktionsfähigkeit auf Veränderungen („Reagieren")
- eine verbesserte Fähigkeit zur Selbstveränderung („Lernen")
- die Stärkung der Innovationskraft („Innovieren")

Integraler Teil dieses Gegenentwurfs ist auch die mehr oder weniger radikale Aufgabe einer hierarchischen Subordination. An die Stelle veränderungsträger Machtstrukturen

[1]Grassroot, übersetzt Graswurzelbewegung, auch Basisbewegung, ist eine politische oder gesellschaftliche Initiative, die aus der Basis einer Population entsteht.

mit langen Entscheidungswegen treten Selbstorganisation und Eigenverantwortung in netzwerkartigen Strukturen.

Kern der Agilität ist die Gestaltung einer intensiven Zusammenarbeit in Teams, die geprägt ist von Werten wie Vertrauen, Transparenz und Respekt. Die agilen Teams arbeiten dabei mit raschen Feedbackschleifen, hoher Fehlertoleranz und einem starkem Fokus auf hoher und nachhaltiger Wertschöpfung. Einiges daran erinnert an die Konzepte der High Reliability Organziations (Weick und Sutcliffe 2015), die ausgerichtet sind auf den Umgang mit unvorhergesehenen Ereignissen.

Agilität per se ist kein neues Paradigma der Organisationsgestaltung, und viele der in Bezug auf die Agilität von Unternehmen erwähnten Ideen und Ansätze stehen in einer langen Tradition der Kritik hierarchischer Unternehmensstrukturen. Das zentrale Verdienst der Agilität aber ist, dass Raum geschaffen wird für das der Agilität inhärente Konzept der Selbstorganisation, das seinerseits sehr wohl Ausgangspunkt sein kann für eine Evolution neuer Formen der Organisation bzw. des Organisierens, um mit der Komplexität unserer Arbeitswelt umgehen zu können.

20.4 Neue Organisationskonzepte

Zwar dominiert das hierarchische Paradigma nach wie vor sowohl die Organisationslehre als auch die betriebliche Realität. Neue Führungskräfte werden nach wie vor mit der Notwendigkeit der Hierarchie als einzig möglicher Organisationsform sozialisiert. Die hierarchische Ordnung erlangt beinahe naturgesetzlichen oder religiösen Charakter.

> Ob in Familie, Schule oder Kirche, das Prinzip von Befehl und Gehorsam, von oben und unten war allgegenwärtig, Disziplin und Gehorsam waren sozial gefordert und gefördert (Göbel 1998).

Mit der Digitalisierung aber explodiert die Dynamik von Märkten und Technologien. Wenn die traditionellen Strukturen, Werte und Normen dem Veränderungsdruck nicht mehr standhalten, wenn die Fähigkeit zur Anpassung an sich ständig verändernde Bedingungen zum entscheidenden Wettbewerbsvorteil wird, warum soll dann das Dogma der Hierarchie aufrechterhalten werden, obwohl dessen Nachteile das Überleben des Unternehmens gefährden?

In den letzten Jahren ist eine Reihe von Organisationskonzepten entstanden, die alle mehr oder weniger stark auf dem Prinzip der Selbstorganisation basieren. Diese Ansätze sind aus unterschiedlichen Quellen inspiriert: aus der agilen Softwareentwicklung (Sutherland 2014), aus dem Konzept der Spiral Dynamics (Beck und Cowan 1996), aus der Bewegung des Beyond Budgeting (Hope und Fraser 2003), aus dem Konzept der dynamikrobusten Organisation (Wohland und Wiemeyer 2012) und der systemischen Organisationstheorie (Simon 2007) sowie aus diversen weiteren Quellen, die sich ihrerseits oft auf den radikalen Konstruktivismus (Watzlawick 1994), die Lerntheorie

(Argyris und Schön 2008) oder die Theorie der autopoietischen Systeme (Luhmann 1984) berufen.

Die folgende Darstellung ist in diesem dynamischen Feld daher de natura unvollständig, die Auswahl ist eher subjektiv und soll lediglich dem neugierigen Leser als mögliches Feld der Vertiefung dienen oder noch besser die Lust wecken, mit dem eigenen Unternehmen eine Reise in die Selbstorganisation zu beginnen. Die Schöpfer aller im Folgenden vorgestellten Ansätze teilen dabei dieselbe Motivation: Sie folgen …

> der inneren Notwendigkeit, ihre Arbeitsumgebung zu verändern und in Übereinstimmung mit ihrer Weltsicht zu handeln. Die herkömmliche Organisationsführung war für sie einfach nicht mehr angemessen. Sie sahen darin ihre Werte und ihre tief empfundenen Grundannahmen über den Sinn der Arbeit und den Umgang von Menschen untereinander verletzt (Laloux 2015).

20.4.1 Soziokratie

Soziokratische Konzepte haben fast alle modernen Organisationskonzepte inspiriert. Der etwas sperrige Begriff Soziokratie ist abgeleitet aus dem lateinischen *socius* (Begleiter) und dem griechischen *kratein* (regieren). Der Ursprung des Begriffs findet sich beim französischen Sozialphilosophen Auguste Comte (Rüther 2016). Der holländische Reformpädagoge Kees Boeke (Rüther 2016) gilt als Vater der Soziokratie.

Boeke geht von einer prinzipiellen Gleichberechtigung der an einer Organisation beteiligten Individuen und vom Konsensprinzip aus. Die Gleichberechtigung wird nicht demokratisch verstanden („One man – one vote“), sondern es gilt der Grundsatz, dass eine Entscheidung immer gültig ist, solange kein Teilnehmer einen schwerwiegenden und begründeten Einwand dagegen vorbringen kann. Anders als beim Konsensprinzip, bei dem alle Beteiligten einer Entscheidung zustimmen müssen, gibt die Soziokratie so der Mehrheit in Gruppenentscheidungen weniger Macht und dem Einzelnen mehr Macht. Das bessere Argument gewinnt auch in der Minderheit. Die Skalierung der Soziokratie erfolgt mittels der Organisation in Kreisen und der Delegation von Repräsentanten in andere Kreise.

1970 übertrug und erweiterte Gerard Endenburg (Rüther 2016) die Ideen seines Lehrers Kees Boeke auf sein eigenes Unternehmen und entwickelte in der Folge die „Soziokratische Kreisorganisationsmethode“, die zwar große Beachtung, aber kaum Nachahmer finden konnte.

Die Soziokratie versteht sich als eine soziale Technologie, die beschreibt, wie auf Basis von Gleichwertigkeit, Transparenz und Feedback Entscheidungen in Organisationen getroffen werden können und wie Macht gesteuert werden kann. Gleichwertigkeit und partnerschaftlicher Umgang miteinander, hohe Selbstverantwortung der Beteiligten, Transparenz und Fairness sind die Leitwerte der Soziokratie.

20.4.2 Soziokratie 3.0

Soziokratie 3.0 ist eine Weiterentwicklung der klassischen Soziokratie. Bockelbrink und Priest (o. D.) erweitern dabei die klassische Soziokratie um Elemente aus agilen Methoden (z. B. Scrum), aus der Lean Production (z. B. Kanban) und der gewaltfreien Kommunikation (Q). Soziokratie 3.0 versteht sich mehr als Bewegung denn als ein abschließendes Organisationskonzept.[2] Sie ist ein offenes, ständig sich erweiterndes, undogmatisches Framework mit relativ unabhängig implementierbaren, wohldokumentierten ine WeiterentwicMustern, die sich in ihrer Wirkung gegenseitig begünstigen und verstärken. Anders als in der klassischen Soziokratie existieren keine starren Implementierungsvorgaben, damit jede Organisation einen ihren Bedingungen angemessenen Wandel hin zu mehr Selbstorganisation für sich entdecken kann.

20.4.3 Holacracy

Holacracy ist im Wesentlichen eine kommerzialisierte Variante von mehrheitlich soziokratischen Elementen. Die aus der Soziokratie bekannten Konzepte wie die Kreisorganisation oder der Konsens werden stark formalisiert und vermarktet als „Revolutionary Management System that Abolishes Hierarchy" – so der Untertitel des von Brian Robertson (2015) veröffentlichten Buches (Robertson 2015).

Nach Robertson ist Holacracy nur dann als Organisationssystem wirksam, wenn es als integrales Gesamtkonzept eingeführt wird. Ein Schelm, wer Böses dabei denkt, denn dieses Gesamtkonzept unterliegt einer Trademark und darf nur über zertifizierte Berater erfolgen, die dafür wiederum Royalties an das Unternehmen von Robertson entrichten. Die Software für das Betreiben dieser Organisationsform wird dabei auch kostenpflichtig mitgeliefert.

Dennoch: Holacracy ist zum Hype geworden und wird vor allem bei Software-Unternehmen als Fortführung der agilen Ideen für die Organisation verstanden. Culen zweifelt an, ob dies für die Unternehmen eine nachhaltige Entwicklung sein wird.

> If organizations were machines, Holacracy would work. Organizations can't be designed, they need to be created, out of a new thinking, a different need and transformational insights. [...]
>
> I felt like being part of a code, operating and within an algorithm that is optimized for machines, but not for humans. Instead of feeling more whole, self-organized and more powerful, I felt trapped. [...]
>
> Holacracy was a perfect distraction from what we really should have talked about. As it mainly focuses on the operating model, not on believes, culture, strategy, behavior or anything else that really matters and could possibly have made a positive difference for our future, the old patterns survived (Culen 2016).

---

[2]Scrum ist ein Vorgehensmodell des Projekt-und Produktmanagements, insbesondere in der agilen Softwareentwicklung. Es hat seinen Ursprung im Software Engineering, ist aber davon unabhängig. Scrum wird inzwischen in vielen anderen Bereichen eingesetzt.

20.4.4 Evolutionäre Organisation

Das Buch „Reinventing Organizations" von Frederic Laloux (2015) traf den Zeitgeist bei seinem Erscheinen punktgenau und erlangte große Aufmerksamkeit. Die Grundlage seiner Arbeit ist ein Modell, das sich neben systemischen Einflüssen stark an die Konzepte von Spiral Dynamics und die integrale Theorie von Ken Wilber (2000) anlehnt. Laloux unterscheidet in seinem Modell verschiedene Entwicklungsstufen von Organisationen und ordnet jeder Stufe eine entsprechende Farbe zu. Der höchsten Entwicklungsstufe wird die Farbe *teal* (petrolfarben) zugeordnet. Die Entwicklungsstufe eines Unternehmens bemisst sich danach, in welchem Maße sich drei von Laloux definierte Prinzipien einer evolutionären Organisation in der jeweiligen Organisation manifestieren.

1. **Selbstorganisation**
   Wo steht das Unternehmen auf dem Weg von hierarchischen zu heterarchischen Strukturen und Prozessen?
2. **Ganzheitlichkeit**
   Wie weit kann eine Person im Unternehmen ihr gesamtes emotionales, intellektuelles und spirituelles Potenzial entfalten?
3. **Evolutionärer Zweck/Sinn**
   Wie sehr hat das Unternehmen einen übergeordneten Zweck oder Sinn oder eine Daseinsberechtigung?

Laloux begründet sein Konzept auf der empirischen Basis von zwölf untersuchten Unternehmen aus sehr unterschiedlichen Kontexten, die neben der Ausprägung der höchsten Entwicklungsstufe auch eine mindestens fünfjährige Praxis auf dieser Stufe sowie mindestens einhundert Mitarbeiter aufwiesen:

> Ich war erstaunt von der Diversität dieser Organisationen. Es handelt sich dabei um Organisationen mit öffentlichen oder privaten Eigentümern, um Profit- und Non-profit-Organisationen aus verschiedenen Branchen wie Konsumgüter, Industrie, Gesundheitsbereich, Einzelhandel und Erziehungs-Sektor. Normalerweise wussten die Führungskräfte dieser Organisationen gar nicht voneinander. Sie dachten, sie wären die einzigen, die so verrückt waren, die Management-Praxis in solch fundamentaler Art und Weise anders zu denken. Und dennoch kamen sie, nach vielen Versuchen und Irrtümern, zu durchaus ähnlichen Zugängen zum Management. Es scheint, als ob ein kohärentes neues Organisations-Modell emergiert (Laloux 2015).

20.5 Führung und Selbstorganisation in Expertenorganisationen

20.5.1 Unternehmen ohne Führung?

Haben selbstorganisierte Unternehmen keine Führung mehr? Nein, kein Unternehmen wird ohne Führung auskommen. Führung ist ein soziales Phänomen, das immer beobachtet werden kann, wenn Menschen sich zusammenschließen, um ein gemeinsames Ziel zu erreichen. Nur wird die Führung in selbstorganisierten Unternehmen nicht mehr hierarchisch begründet. Führung wird als eine von mehreren Rollen verstanden und kann durchaus auch von mehreren Personen desselben Teams wahrgenommen werden. Das bedeutet „Führen ohne formale Macht" und setzt ein völlig neues Verständnis von Führung voraus, das hohe Anforderungen an die Führungskräfte stellt. Felix Frei spricht in diesem Zusammenhang von einer „Königsdisziplin", die längst nicht jeder Vorgesetzte beherrsche (Frei 2016a).

20.5.2 Laterale Führung

Laterale Führung ist Führung auf Augenhöhe, Führung unter Gleichen. Die Prämisse, dass Teams prinzipiell eine formelle, von außen definierte Führungskraft brauchen, wird abgelehnt. Die Einflussnahme im Team erfolgt ohne formal-hierarchische Legitimation als Dialog innerhalb der sozialen Gruppe und lebt vom scheinbaren Widerspruch der Gleichzeitigkeit von Führen und Geführtwerden. Voraussetzung für eine Führungsrolle ist die Akzeptanz in der Gruppe. Führung ist damit nicht mehr ausschließlich auf das Individuum bezogen, sondern muss als sozialer Prozess verstanden werden, der neben dem Führenden auch die Geführten miteinbezieht. Die Akzeptanz einer Führungsrolle innerhalb einer Gruppe beruht meist auf einem fachlichen Expertenstatus oder auf persönlichen Eigenschaften wie Charisma oder einer ausgeprägten rhetorischen Begabung.

Die hierarchische Rolle des Entscheiders entfällt, das heroische Führungsverständnis hat keinen Platz mehr in diesem Kontext. Die Machtstruktur ist symmetrisch, der „Vorgesetzte" ein Auslaufmodell (Sprenger 2015). Durchgesetzt haben sich solche Führungskonzepte vorwiegend bei agilen Teams innerhalb von Projektstrukturen, die aber ihrerseits wiederum oft in eine hierarchische Struktur eingebettet sind. Die Idee einer lateralen Führung über das gesamte Unternehmen hinweg ist allerdings immer eine „Conditio sine qua non" der im vorhergehenden Kapitel beschriebenen neuen Organisationskonzepte.

20.5.3 Das Menschenbild

Der Preis der Hierarchie ist unter anderem eine Infantilisierung:

> Behandle erwachsene Menschen wie kleine Kinder, und sie werden sich alsbald wie kleine Kinder benehmen. Und umgekehrt. Hierarchie – als formale personelle Unterstellung, nicht als eine temporäre Führungsrolle – birgt das Risiko in sich, Menschen zu infantilisieren [...] Hierarchische Unterstellung ist nicht vereinbar mit maximaler Eigenverantwortung, Selbstständigkeit und Initiative (Frei 2016b).

Die Umkehrung davon kennzeichnet das Menschenbild: Dem Gegenüber werden prinzipiell Eigenverantwortung, Selbstständigkeit und Initiative attribuiert. Das Prinzip „Augenhöhe" und das Verständnis, dass alle sozialen Systeme de natura selbstorganisierend sind, bestimmt auch das Menschenbild. Die Vorstellung einer direkten Steuerung des Gegenübers aus einer hierarchischen Position kommt in diesem Menschenbild einer Entwürdigung der Person gleich.

20.5.4 Gewählte Führung

In allen zuvor beschriebenen Organisationskonzepten, die auf dem Prinzip der Selbstorganisation beruhen, erfolgt die Legitimation von Führungskräften durch demokratische Wahlen. Die gewählte Führungskraft wird dann auf Zeit zum Primus inter Pares. Werden die Erwartungen der Wählenden nicht erfüllt, werden die Führungskräfte entsprechend abgewählt und ersetzt. Auf der Website der Haufe-Umantis AG (2016) findet sich dazu Folgendes:

> In unserem Verständnis sehen wir unser Unternehmen als Team bzw. soziales Netzwerk. Das heißt, wir sind darauf angewiesen, dass jeder Mitarbeiter als Mit-Unternehmer agiert, seinen Beitrag häufig hinterfragt und auch immer das große Ganze im Blick hat. Deshalb glauben wir daran, dass die Involvierung sämtlicher Mitarbeiter in wichtige Entscheidungsprozesse zu einem besseren Ergebnis führt. Eine logische Konsequenz einer demokratisch geprägten Unternehmensführung ist – wir erarbeiten die Strategie und den Geschäftsplan für Haufe-Umantis im Team, und das Team rekrutiert und entscheidet über neue Kollegen. Bei einem solchen Bild von Organisationen ist es völlig klar, dass Mitarbeiter, welche mitbestimmen, folglich auch ihren Chef wählen, so wie sie auch ihren Beitrag und ihre Partner selbst bestimmen. Demokratische Wahlen bedeuten für uns nicht, dass es keine Führungspersönlichkeiten bei Haufe-Umantis gibt – und „nur" die normalen Mitarbeiter die Entscheidungen vorbereiten, diskutieren und darüber abstimmen. Es ist einfach ein anderes Führungsverständnis. In unserem Verständnis von Führung gibt es keine Führung durch Kommando und Kontrolle – die Führungskräfte müssen vielmehr die Mitarbeiter von der Richtigkeit der Vorschläge überzeugen und sie gewinnen, damit sie sich für den Vorschlag entscheiden.

Selbstorganisierte Unternehmen kontrollieren und limitieren auf diese Weise die Macht der gewählten Führungskräfte und binden diese so implizit in den Dienst an der gemeinsamen Sache ein.

In den meisten auf Selbstorganisation beruhenden Organisationskonzepten wird mit der Wahl einer Führungskraft deren vorher ausgeübte Position substituiert, aber die gewählte Führungskraft verbleibt mit einer neuen Rolle inmitten des Unternehmens.

20.6 Abschließende Gedanken

Essentially, all models are wrong, but some are more useful than others (George Box).

20.6.1 Grenzen

Cynefin ist ein walisisches Wort für Lebensraum. Es ist auch der Name für ein aus der Komplexitätstheorie entwickeltes Framework für den Umgang mit Systemen (Snowden und Boone 2007). Das Framework unterscheidet einfache, komplizierte, chaotische und komplexe Systeme. In die letzte Kategorie fallen die selbstorganisierten Systeme. Sie sind offen und lebendig, Ursache-Wirkungsgefüge sind – falls überhaupt – nur retrospektiv erfassbar. Den bestmöglichen Umgang mit solchen Systemen beschreiben Snowden und Boone als „Probe-Sense-Respond", also letztlich ein Trial-and-Error-Verfahren. Die aus dem Kontext von einfachen oder komplizierten Systemen stammende Idee von Best Practices, Blueprints oder allgemein anwendbaren Regeln gilt im Feld der komplexen Systeme nicht mehr; es gibt keine Patentrezepte. Der Umgang mit komplexen Systemen erfordert ein hohes Maß an Intuition und an Ambiguitäts- und Fehlertoleranz, braucht Kreativität und Pragmatismus und ist letztlich immer ein „Fliegen auf Sicht". Sicher ist die Zahl der Unternehmen, welche die Prinzipien der Selbstorganisation umsetzen, noch zu klein, um überhaupt verallgemeinerungsfähige Theorien für alle möglichen Organisationen ableiten zu können; vielleicht wäre dieses Vorhaben aus vorgenannten Gründen aber auch nicht realisierbar, wenn die empirische Basis groß genug wäre.

Selbstorganisation als formgebende Kraft bei der Gestaltung von Organisationen ist bei den Unternehmen noch immer eine exotische Ausnahme, auch wenn der Trend als solcher gerade bei Expertenorganisationen nicht mehr zu verkennen ist. Für manche mag eine solche Entwicklung utopisch klingen, und es braucht einigen Mut und etwas gedanklichen und emotionalen Freiraum, sich eine Unternehmenswelt ohne Hierarchieprinzip vorzustellen. Noch mehr Mut braucht es, die ersten Schritte selbst zu tun und damit zu beginnen, gewohnte Strukturen zu revidieren, die alten Pfade zu verlassen, um sich auf neue, ungewisse Wege zu begeben und mit alten Dogmen aufzuräumen.

20.6.2 Notwendige Voraussetzungen

Die Begeisterung mancher Unternehmen für die Effekte von Selbstorganisation trägt zuweilen Züge einer Heilserwartung. Alle Formen von Selbstorganisation bedingen steile

Lernkurven und setzen ein hohes Maß an Kommunikationsfähigkeit und persönlicher Entwicklung aller Beteiligten voraus. Die weit verbreitete implizite Annahme, dass Persönlichkeitsentwicklung durch Strukturentwicklung ersetzt werden könne, ist naiv und gefährlich. Die Erfahrung lehrt, dass die Einführung von Selbstorganisation in einem Unternehmen notwendigerweise begleitet werden muss von individuell auf das Unternehmen abgestimmte Maßnahmen zur Entwicklung von Mitarbeitern und Teams.

20.6.3 Artenvielfalt

In der Evolutionstheorie gibt es den Begriff der kambrischen Artenexplosion. Er bezeichnet das fast gleichzeitige Entstehen fast aller heutigen Tierstämme in einem geologisch kurzen Zeitraum von 5 bis 10 Mio. Jahren zu Beginn des Kambriums vor gut 500 Mio. Jahren. Eine der Theorien dazu erklärt diese Entwicklung mit dem erstmaligen Auftreten von Sehvermögen, das die Fähigkeit zur Jagd entscheidend verbesserte. Vielleicht steht in der Organisationstheorie eine ähnliche Entwicklung an: Selbstorganisation macht Unternehmen sehend. Das Prinzip der Selbstorganisation sichert Unternehmen deren Überleben und lässt aus der Eintönigkeit des hierarchischen Dogmas eine überwältigende Vielfalt von Organisationsformen entstehen.

Man erinnere sich an das zu Anfang dieses Beitrags erwähnte Staunen des Mädchens Dorothy aus dem *Wizard of Oz*. In „The Matrix", einem Film, der zur „Digital Literacy" gehört, erklärt Cypher dem Protagonisten Neo vor dessen Reise in die reale Welt: „It means buckle your seatbelt, Dorothy, because Kansas is going bye-bye." Das bedeutet in unserem Fall mindestens zweierlei, erstens: Die Reise ist unumkehrbar. Und zweitens: Es wird kein Sonntagsausflug werden.

Literatur

Argyris, C., & Schön, D. (2008). *Die lernende Organisation.* Stuttgart: Klett-Cotta.

Beck, U. (1996). Das Zeitalter der Nebenfolgen und die Politisierung der Moderne. In U. Beck, A. Giddens, & S. Lash (Hrsg.), *Reflexive Modernisierung. Eine Kontroverse.* Frankfurt a. M.: Suhrkamp.

Beck, D., & C, Cowan. (1996). *Spiral dynamics: Mastering values, leadership, and change.* Malden: Wiley-Blackwell.

Bockelbrink, B., & Priest J. (o. D.). Soziokratie 3.0. http://sociocracy30.org.

Culen, J. (2016). Not safe enough to try. https://pazifika.com/2016/04/03/holacracy-not-safe-enough-to-try/.

Frei, F. (2016a). Führen ohne Macht ist die Königsdisziplin. www.tagesanzeiger.ch/wirtschaft/standard/Fuehren-ohne-Macht-ist-die-Koenigsdisziplin/story/12969009.

Frei, F. (2016b). *HIERARCHIE: Das Ende eines Erfolgsrezepts.* Lengerich: Pabst Science.

Göbel, E. (1998). *Theorie und Gestaltung der Selbstorganisation.* Brelin: Duncker & Humblot.

Haufe-Umantis AG. (2016). http://www.jobclipr.com/de/profil/haufe-umantis-ag.

Hengartner, M. (2012). https://www.berinfor.ch/hochschulmanagement_2012/pdf/Referat_Hengartner.pdf.

Hope, J., & Fraser, R. (2003). *Beyond budgeting*. Stuttgart: Schäffer-Poeschel.

Kreutzer, R., & Land, K. H. (2013). *Digitaler Darwinismus. Der stille Angriff auf Ihr Geschäftsmodell und Ihre Marke*. Wiesbaden: Gabler.

Laloux, F. (2015). *Reinventing Organizations: Ein Leitfaden zur Gestaltung sinnstiftender Formen der Zusammenarbeit*. München: Vahlen.

Luhmann, N. (1984). *Soziale Systeme. Grundriss einer allgemeinen Theorie*. Frankfurt a. M.: Suhrkamp.

Moss-Kanter, R. (1985). *Change masters: Innovation and entrepreneurship in the American corporation*. New York: Free Press.

Peters, T., & Austin, N. (1986). *Leistung aus Leidenschaft. Über Management und Führung*. Hamburg: Hoffmann & Campe.

Probst, G. J. B. (1992): Selbstorganisation. In E. Frese (Hrsg.), *Handwörterbuch der Organisation* (3., völlig neu gestaltete Aufl.). Stuttgart: Schäffer-Poeschel.

Robertson, B. J. (2015). *Holacracy: The new management system for a rapidly changing world.* London: Macmillan.

Rüther, C. (2016). Skript: Soziokratie, Holakratie, Frederic Laloux „Reinventing Organizations" und mehr. http://www.soziokratie.org/wp-content/uploads/2016/03/skript-soziokratie-holakratie-laloux-und-mehr-201603.pdf.

Schwaber, K. et al. (2001) The Agile Manifesto. www.agilemanifesto.org.

Semler, R. (1993). *Das Semco System: Management ohne Manager; das neue revolutionäre Führungsmodell*. München: Heyne.

Simon, F. (2007). *Einführung in die systemische Organisationstheorie*. Heidelberg: Carl-Auer.

Snowden D., & Boone M. (2007): A leader's framework for decision making. *Harvard Business Review, 85*(11), 68.

Sprenger, R. (2015). *Das Prinzip der Selbstverantwortung. Wege zur Motivation* (13., aktualisierte Aufl.). Frankfurt: Campus.

Sutherland, J. (2014). *Scrum: The art of doing twice the work in half the time*. New York: Crowne.

Taylor, F. W. (1911). The principles of scientific management. Cosimo, New York 2006 (Nachdruck der Ausgabe). London: Harper & Brothers.

Ulrich, H. (1985). Organisation und Organisieren in der Sicht der systemorientierten Managementlehre. *Zeitschrift Führung und Organisation, 54*(1), 7–11.

Ulrich, H., & Probst, G. (1995). *Anleitung zum ganzheitlichen Denken und Handeln: Ein Brevier für Führungskräfte* (4., unveränderte Aufl.). Bern: Haupt.

Watzlawick, P. (1994). *Die erfundene Wirklichkeit*. München: Piper.

Weber, M.(1972). Wirtschaft und Gesellschaft. Grundriss der verstehenden Soziologie (5., revidierte Aufl.) besorgt von Johannes Winckelmann. Tübingen: Mohr Siebeck.

Weick, K. E., & Sutcliffe, K. M. (2015). *Managing the unexpected: Sustained performance in a complex world* (3. Aufl.). Hoboken: Wiley.

Wilber, K. (2000). *Integral psychology: Consciousness, spirit, psychology, therapy*. Boston: Shambhala.

Wohland, G., & Wiemeyer, M. (2012). *Denkwerkzeuge der Höchstleister*. Hamburg: Murmann.

Teil IV

Synthese und Modell

Experten führen. Konstruktive Haltungen, Kompetenzen und Handlungsstrategien entwickeln

21

Peter Kels und Stephanie Kaudela-Baum

Die in diesem Buch versammelten Beiträge haben Führungsherausforderungen in Expertenorganisationen wie u. a. in Gesundheitsorganisationen, Hochschulen oder Beratungsfirmen empirisch beleuchtet bzw. theoretisch reflektiert. Dabei wurden kontextspezifische Spannungen und Konfliktlinien, aber auch konkrete Ansatzpunkte zum Gelingen von Führung beschrieben. In diesem abschließenden Kapitel wollen wir nun das eingangs formulierte Versprechen einlösen und organisationstypübergreifende Ansatzpunkte wirksamer Führung von und in Expertenorganisationen aufzeigen.

Führungspersonen betonen gerne, ihre Führungsherausforderungen seien so speziell, dass sie praktisch gezwungen wären, sich innerhalb ihrer Branche, ihres Organisationstyps weiterzuentwickeln und zu lernen. Auch die Weiterbildungslandschaft widerspiegelt diese Haltung: Ärzte bleiben beispielsweise gerne unter sich, wenn es um die Führungsweiterbildung geht. Die Argumentation lautet: Führungssituationen in Krankenhäusern seien unvergleichbar und entsprechende Führungssituationen könne man nicht verstehen, ohne mitten in der Organisation zu stehen. Sogar innerhalb des Sektors „Gesundheitsorganisationen“ finden kaum organisationsübergreifende Führungsweiterbildungen statt. Größere Kliniken, v. a. Universitätskliniken entwickeln üblicherweise eigene Führungsentwicklungsprogramme mit jeweils exklusiven Anbietern. Weiterbildungsprogramme zum Thema „Führen“ in Hochschulen werden ebenfalls sehr häufig innerhalb der jeweiligen Hochschulen angeboten: Erst vor einigen Jahren starteten in der Schweiz die ersten hochschulübergreifenden Seminare und

P. Kels (✉) · S. Kaudela-Baum
Hochschule Luzern, Luzern, Schweiz
E-Mail: Peter.Kels@hslu.ch

S. Kaudela-Baum
E-Mail: Stephanie.Kaudela@hslu.ch

P. Kels und S. Kaudela-Baum (Hrsg.), *Experten führen,* uniscope. Publikationen der SGO Stiftung, https://doi.org/10.1007/978-3-658-23028-9_21

Studiengänge (vgl. Zellweger und Thomann 2016). Ganz ähnliche Muster existieren in anderen Expertengemeinschaften wie z. B. in Architekturbüros, Anwaltskanzleien, Ingenieurs- und IT-Unternehmen. Für all diese Expertengruppen existieren separate Angebote im Bereich der Führungsweiterbildung. Berufsgruppenspezifische Führungsweiterbildungen haben Hochkonjunktur. Bei genauerem Studium der Programme fällt jedoch auf, dass die Themen sich stark ähneln (vgl. z. B. Dorando und Symanski 2013; Zellweger und Thomann 2016; Rybnicek et al. 2016). Mit Ausnahme von Fallstudienpräsentationen aus den jeweiligen Kontexten und Gastreferierenden aus dem jeweils gleichen Expertenorganisationstyp finden sich kaum spezifische Inhalte.

Ohne Zweifel unterscheiden sich Organisationsstrukturen, Führungskulturen und Entwicklungsherausforderungen zwischen Gesundheitsorganisationen, Schulen, Hochschulen, Anwaltskanzleien oder Forschungsabteilungen mitunter beträchtlich. Wirksame Führung muss somit generell dem spezifischen Kontext der Expertenorganisation, also ihrem Umfeld (inkl. relevanter Stakeholderinteressen und Entwicklungsdynamiken) Rechnung tragen. Zugleich sind wir davon überzeugt, dass Führungskräfte die Wirksamkeit ihres Führungshandelns steigern können, indem sie systematisch aus den Erfahrungen anderer Typen von Expertenorganisationen lernen.

Im Folgenden stellen wir ausgewählte Perspektiven auf eine kontextsensible Führungspraxis in Expertenorganisationen vor, die aus der Auseinandersetzung sowohl mit Erkenntnissen aus den Beiträgen in diesem Buch als auch mit der Literatur resultieren. In der Managementliteratur beliebte Best-Practices werden der komplexen Thematik der Führung von Experten nicht gerecht. Wesentlicher erscheint uns, dass Führungskräfte und Manager Führungsphänomene und -dynamiken im eigenen beruflichen Alltag wie auch ihre eigene Rolle hierin systematischer beobachten und reflektieren können und damit auch zu einem differenzierten Führungsverständnis bzw. erweiterten Führungsrepertoire gelangen. Unsere Leitfrage für dieses abschließende Kapitel lautet vor diesem Hintergrund:

> Wie können Führungskräfte mit Spannungen, Zielkonflikten, Widersprüchen und Paradoxien in Expertenorganisationen konstruktiv umgehen? Welche Haltungen, Kompetenzen und Handlungsstrategien sind hierbei förderlich?

Unsere Ausführungen beruhen dabei auf drei Prämissen:

Beispiel

- Erstens sind wir fest davon überzeugt, dass ein *systemisches Führungsverständnis* den durch Multirationalität, Komplexität und hohe Veränderungsdynamiken gekennzeichneten Handlungskontext in Expertenorganisationen besser erfassen kann als klassische Führungsansätze, die Führungserfolg auf einzelne Merkmale von Führungspersonen, auf Führungsstile oder auf die Interaktion zwischen „Leaders" und „Followers" reduzieren, ohne dem spezifischen Handlungskontext angemessen Rechnung zu tragen.

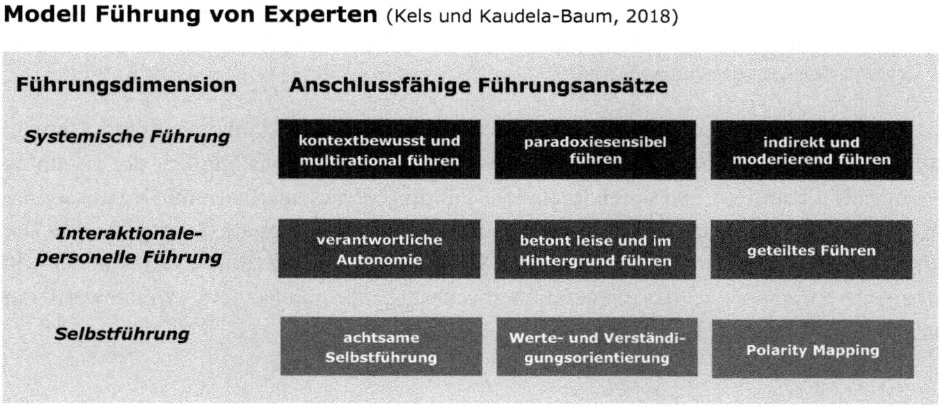

Abb. 21.1 Modell Führung von Experten. Führungsdimensionen und Führungsansätze

- Zweitens erkennen wir an, dass Spannungen, Konflikte und Paradoxien in Expertenorganisationen aus Führungssicht oftmals als unangenehm und sehr belastend erlebt werden. Nichtsdestoweniger sind wir überzeugt, dass *Vermeidungsstrategien oder rein machtbasierte, einseitige Auflösungsversuche nicht zum Ziel führen können.*
- Und drittens glauben wir fest daran, dass entwicklungsorientierte, reflektierte Führungskräfte wirksamer führen können, wenn sie eine positive und gelassene Grundhaltung gegenüber Widersprüchen und Paradoxien in ihrer Organisation entwickeln und aus einer *achtsamen und ambiguitätstoleranten Grundhaltung* heraus zusammen mit Experten und anderen wichtigen Stakeholdern nach kontext- und situationsgerechten Lösungen suchen.

Wir strukturieren unsere Anregungen und Reflexionshinweise entlang eines einfachen Drei-Ebenen-Modells, das zwischen einer strukturell-systemischen Führung, einer interaktional-personellen Führung und der Selbstführung unterscheidet (siehe Abb. 21.1).

21.1 Strukturell-systemische Führung

Expertenorganisationen lassen sich nach an Schedler (2012, S. 364; bezugnehmend auf Denis et al. 2007) als *pluralistische oder hybride Organisationen* bezeichnen aufgrund folgender Merkmale:

> [S]ie haben sich mit verschiedenen Anspruchsgruppen auseinanderzusetzen, die jeweils unterschiedliche legitime Erwartungen an die Organisation stellen. Daraus ergibt sich eine Vielfalt von Zielen, die auch widersprüchlich sein können;
>
> innerhalb der Organisation ist die faktische Macht auf verschiedene Personen bzw. Instanzen verteilt und nicht auf eine Person oder ein Gremium konzentriert;

die Arbeitsprozesse sind mehrheitlich wissensbasiert, sodass das jeweils typische Wissen der unterschiedlichen Sub-Gruppen in der Organisation von großer Bedeutung für den Gesamterfolg der Unternehmung ist.

Hinzu kommt, dass Hybridorganisationen sich mit einer Vielzahl von Entwicklungen auseinandersetzen müssen, die die Wettbewerbs- und Innovationsfähigkeit der gesamten Organisation betreffen und durch geeignete Führung, Personalarbeit und Organisationsentwicklung erfolgreich gestaltet werden müssen (u. a. die digitale Transformation der Wirtschaft und Arbeitswelt, der steigende Kosten- und Effizienzdruck, der Wandel von Arbeitswerten im Zuge des Generationenwechsels, der intensivierte Wettbewerb um knappe Fachkräfte und Experten).

21.1.1 Führungsbeziehungen multirational und paradoxiesensibel gestalten

Widersprüche, Dilemmata, Zielkonflikte, Paradoxien – das ist das alltägliche Spielfeld, auf dem Experten wie auch Führungskräfte sich in multirationalen Organisationen bewegen und bewähren müssen; das zeigen viele Beiträge dieses Buchs. Inkongruente „Funktionslogiken" (Freidson 2001) bzw. „multiple Rationalitäten" (Schedler 2012; Rüegg-Stürm et al. 2015) erzeugen Zielkonflikte und Spannungen, die die Kommunikation, Entscheidungsfindung, Beziehungsgestaltung und Zusammenarbeit der voneinander abhängigen Funktionsträger in Expertenorganisationen erschweren. Wir schließen uns der Argumentation von Schedler (2012) an, wonach eine einseitige Auflösung von Spannungen im Sinne einer gewünschten Komplexitätsreduktion nicht möglich ist, da das Überleben der Organisation immer von der Anschlussfähigkeit an die Erwartungen unterschiedlicher Umwelten und Stakeholder abhängt.

Dieser Zusammenhang lässt sich kurz am Beispiel Schweizer Fachhochschulen illustrieren, die angewandte Forschung als Teil ihres erweiterten Leistungsauftrags betreiben und hierbei auf externe Drittmittel (Forschungsförderung) angewiesen sind. Allgemein knüpft das Wissenschaftssystem die Finanzierung und die Karrieren von Forschenden hauptsächlich an deren Leistungsausweis in akademischen, meist praxisfernen internationalen Fachzeitschriften. Somit haben Forschende ein Interesse daran, regelmäßig in anerkannten Fachzeitschriften zu publizieren, um ihre Arbeitsmarktfähigkeit und Reputation als Forschende zu erhalten bzw. auszubauen. Die Förderung anwendungsorientierter Forschung folgt seit einigen Jahren hingegen der wachsenden Tendenz, Forschungsgesuche primär nach ihrem erwarteten ökonomischen Impact und nur noch sekundär nach ihrer wissenschaftlichen Rigorosität und Qualität zu beurteilen. Forschende wie auch Führungskräfte in Fachhochschulen bewegen sich im Spagat gegenläufiger Erwartungen: Einerseits soll die Forschung an den wirtschaftlichen Zielen und Realitäten der Praxis ausgerichtet werden, andererseits können Reputation und Publikationsmöglichkeiten nur erlangt werden, wenn eine methodisch rigorose Forschung entlang des neuesten Erkenntnisstands und der Relevanzsetzungen der Academic Community betrieben wird. Die Führung von Forschenden wie auch die Forschenden selbst können diese paradoxalen Anforderungen nicht einseitig auflösen, sondern müssen in Auseinandersetzung mit Ziel- und Interessenkonflikten kreative Formen entwickeln, ihnen gerecht zu werden.

Kontextbewusst Führungsbeziehungen zu gestalten, heißt vor diesem Hintergrund zunächst, multiple Rationalitäten und Spannungen als konstitutives Merkmal von Expertenorganisationen und als „Rule of the Game" in den Kämpfen und Spielen zwischen Führungskräften und Experten anzuerkennen und sich diesen zu stellen (vgl. auch Rüegg-Stürm et al., 2015). Viele Menschen neigen dazu, negative Emotionen zu vermeiden oder wahrgenommene kognitiv-emotionale Dissonanzen aufzulösen, und tendieren folglich dazu, Spannungen und Widersprüche abzuwehren, zu unterdrücken oder zu ignorieren (Smith und Berg 1987). Solche defensiven Taktiken der Konfliktvermeidung oder auch gegenteilig offene und polarisierende Machtkämpfe helfen allerdings nicht weiter (vgl. Schedler 2012; Rüegg-Stürm et al. 2015). Aussichtsreicher erscheint es uns, wenn Führungskräfte und Experten über den Dialog und die Bereitschaft zur Perspektivenübernahme daran arbeiten, ein geteiltes, vielschichtiges Verständnis bzw. „Big Picture" der komplexen Organisationsrealität zu gewinnen:

> Multirationales Verständnis beginnt mit dem Eingeständnis für die [sic] Existenz unterschiedlicher gleichwertiger Rationalitäten und beruht auf einer wechselseitig positiven Anerkennung dieser Unterschiedlichkeit. Multirationales Management erfordert die Bereitschaft zum aktiven Kennenlernen und Ausloten unterschiedlicher Rationalitäten in einem dialogischen Prozess, ohne dass die Beteiligten die jeweils anderen Rationalitäten zu ihrer eigenen machen müssen (Rüegg-Stürm 2011, S. 13, zitiert aus: Schedler 2012, S. 372).

21.1.2 Paradoxiesensibel führen

Wir empfehlen Führungskräften und Experten daher (wie in Kap. 3 ausgeführt) nicht die Einnahme einer Entweder-oder-, sondern einer Sowohl-als-auch-Perspektive (Link 2016). Dies kann z. B. durch die Entwicklung einer paradoxen Vision vorangetrieben werden (siehe das Beispiel der Firma Lego). Im Kontext der Entwicklung von Forschungsstrategien an Hochschulen bzw. Förderinstitutionen von Hochschulforschung hat sich z. B. der Begriff „angewandte Grundlagenforschung" etabliert. „Angewandte Grundlagenforschung" gibt eine Leitlinie für Forschende vor, die sich irgendwo zwischen Grundlagenforschung und deren Anwendbarkeit in der Praxis bewegt. Um „angewandte Grundlagenforschung" zu etablieren, sollten sich Führungskräfte zu den multiplen Zielen bekennen und Energie sowohl in das Erreichen von Grundlagenforschungszielen als auch in das Erreichen von Wissenstransfer in die Praxis investieren. Die Betonung von positiven Wechselwirkungen zwischen gegensätzlichen Polen (wie z. B. Grundlagenforschung versus Auftragsforschung) kann einen konstruktiven Umgang mit Paradoxien fördern.

In Expertenorganisationen gehören z. B. Partizipation und Mitsprache zur Organisationskultur. Die Partizipation an Entscheidungen hat aber auch ihre Grenzen, denn sie trifft häufig entweder auf bürokratische Strukturen oder auf Experten, die quasi „nebenbei" führen (z. B. in Hochschulen oder Anwaltskanzleien, in denen für Führungs- und Managementaufgaben oftmals nur wenig zeitliche Ressourcen bereitgestellt werden). Die zunehmende Spezialisierung von Expertentätigkeiten führt häufig zu Organisationsstrukturen, die sich an fachlicher Expertise orientieren (z. B. Facharzt-Abteilungen, technologiespezifische Competence Center in Forschungsinstitutionen, Abteilungen mit Fachanwälten, Analysten in Unternehmensberatungen), mit der Folge eines hohen Integrationsbedarfs auf der Ebene der Gesamtorganisation. Die Verknüpfung von hoch spezialisierten Einheiten, geprägt von einer hohen Eigendynamik, Flexibilität und einem hohen Autonomiebedarf der Experten (vgl. den Beitrag von Kaudela-Baum, Kap. 16 in diesem Band) muss durch paradoxiebewusste Strukturen gestaltet werden. Dazu ein Beispiel:

> 2009 begann Jeff Davis, der Direktor der Human-Health-and-Performance-Abteilung der NASA, den Wissensaufbau in seiner Organisation durch eine bewusste unternehmensübergreifende und interdisziplinäre Zusammenarbeit voranzutreiben. In den folgenden 18 Monaten erfuhr er jedoch heftigen Widerstand seitens der Wissenschaftler, die ihr Terrain und ihre Identität als unabhängige Forscher schützen wollten. Je mehr offene, kollaborative Forschung durch diesen neuen Ansatz möglich wurde, desto mehr Sorgen machten sich die NASA-Wissenschaftler um die Anerkennung ihrer persönlichen Leistungen (Smith et al. 2016, S. 4).

Die Organisationsstruktur muss einerseits die Integration fördern und andererseits immer wieder Ausnahmen bzw. Entkopplungen zulassen, um die Wertschöpfung der Experteneinheiten nicht zu behindern bzw. zu stören.

Die damit verbundenen Unsicherheiten und „Zwischen-Lösungen" (vgl. Meissner et al., Kap. 19 in diesem Band) machen vielen Führungskräften Angst und lenken deren Aufmerksamkeit noch mehr auf ihre individuellen Bereiche. Wenn zwei Logiken scheinbar im Widerspruch stehen, kann die Entscheidung für eine davon die „kognitive Dissonanz" der Entscheidungsträger lindern (Smith et al. 2016). Es ist daher nachvollziehbar, dass Menschen auf paradoxe Spannungen reagieren, indem sie sich für eine Seite entscheiden (z. B. wenn ein Mediziner sich nur noch radikal am Patientenwohl ausrichtet und sich nicht mehr um die finanzielle Lage des Krankenhauses kümmert) und diese konsequent verfolgen. Für das Topmanagement wäre diese Konsequenz jedoch alles andere als wünschenswert, denn die Verantwortlichen würden nie lernen, mit strategischen Paradoxien adäquat umzugehen. Das Topmanagement in paradoxen, multirationalen Organisationen muss im Alltag eine Vielzahl von Wahrheiten berücksichtigen, die sich häufig widersprechen. Sie müssen **„konsequent inkonsequent"** (Smith et al. 2016, S. 7) sein und sich darauf fokussieren, diese Inkonsequenz wirksam zu gestalten. Gemäß Smith et al. (2016) sind es genau die Mitarbeitenden, die Widersprüche in Einklang bringen können, die am häufigsten in Unternehmen aufsteigen.

Beim **paradoxen Führungsstil** geht es darum, wirkungsvoll und agil mit Dynamik und Veränderung umzugehen. Führungskräfte müssen sowohl emotional als auch kognitiv offen für Erneuerung sein und Entscheidungsgrundlagen schaffen, die Widersprüche zulassen, statt sie so weit wie möglich zu kontrollieren bzw. zu minimieren.

Sie müssen eine gewisse Demut und Bescheidenheit zulassen und anerkennen, dass ihre eigene Strategie immer auf dem Prüfstand steht, denn keiner kann sicher wissen, was die Zukunft bringt. In multirationalen, durch Paradoxien geprägten Organisationen kommt der **Trial-&-Error-Vorgehensweise** eine wichtige Bedeutung zu. Erst eine **ausgeprägte Konfrontationskultur** (auf sachlicher, nicht auf emotionaler Ebene) und kritisches Feedback zwischen Führenden und Geführten sowie untereinander machen es möglich, aus Fehlern zu lernen und immer wieder auf agile Weise Anpassungen vorzunehmen.

Die Quintessenz der paradoxen Führung besteht darin, einen Zustand des dynamischen Gleichgewichts zu schaffen, eine Balance zwischen widersprüchlichen Logiken in der Organisation (vgl. dazu auch Kaudela-Baum et al. 2014, S. 67 ff.), z. B. zwischen Profit und Nachhaltigkeit, zwischen Fürsorge und wirtschaftlichem Überleben oder zwischen Bildung und Kostendruck.

Die Firma Lego hat z. B. im Rahmen eines Strategieentwicklungsprozesses zur Überwindung einer der größten Krisen in ihrer Unternehmensgeschichte die folgenden Führungsleitlinien entwickelt:

The 11 Paradoxes of Leadership that hang on the wall of every Lego Manager

- To be able to build a close relationship with one's staff, and to keep a suitable distance.
- To be able to lead, and to hold oneself in the background.
- To trust one's staff, and to keep an eye on what is happening.
- To be tolerant, and to know how you want things to function.
- To keep the goals of one's department in mind, and at the same time to be loyal to the whole firm.
- To do a good job of planning your own time, and to be flexible with your schedule.
- To freely express your view, and to be diplomatic.
- To be a visionary, and to keep one's feet on the ground.
- To try to win consensus, and to be able to cut through.
- To be dynamic, and to be reflective.
- To be sure of yourself, and to be humble.

(Quelle: Evans 2000)

Die Entwicklung solcher Führungsprinzipien und die explizite Rahmung von Paradoxien in Form von Leitbildern, Führungsleitlinien usw. kann vor allem Führungskräfte der unteren und mittleren Hierarchiestufen bestärken, in Widersprüchen zu denken, konstruktiv mit Unsicherheit umzugehen und ihre Entscheidungen als konstante Gratwanderung zu betrachten. In der Organisationsrealität sind Führungsrollen oftmals so ausgestaltet, dass sich Führungskräfte mit einer Strategie oder einem Organisationsziel besonders identifizieren (Smith et al. 2016). Es entstehen automatisch Konflikte. Um das Potenzial von Paradoxien für die Führung auszuschöpfen, müssen daher Kompetenzen entwickelt werden, die es Führungskräften erlauben, eine gewisse „Janusköpfigkeit" in die Beurteilung von Situationen einfließen zu lassen.

Der Erfolg einer Expertenorganisation ist eine Frage der Trennung und der Verbindung gegensätzlicher Pole. Wer nur einen Pol berücksichtigt, verursacht eher Schaden als Nutzen. Auch wenn die Trennung von Geschäftsbereichen (wie z. B. der pädagogische Bereich und der Verwaltungsbereich einer Schule, vgl. dazu den Beitrag von Bonhage und Schwitter-Marsiaj, Kap. 6 im Band) kurzfristig Spannungen abschwächen kann, verhindert sie doch mittel- und langfristig das Entstehen gemeinsamer Werte, weil die potenziell im Konflikt stehenden Bereiche und Gruppen nicht voneinander profitieren können. Jedoch ist es für Expertenorganisationen auch nicht funktional, nur zu verbinden ohne zu trennen. Wenn sich die Führung nur einseitig bemüht, Synergien zu schaffen, eine gemeinsame Identität zu fördern, eine gemeinsame Vision zu verkünden und einheitliche Beurteilungskriterien zu entwickeln, kann das der Organisation u. U. auch schaden. Ohne ehrlichen und offenen Austausch über unterschiedliche Haltungen, Werte, Bedürfnisse der jeweiligen Interessengruppen ist die Einigkeit oft ein „fauler Kompromiss", basierend auf „falschen Synergien" (Smith et al. 2016, S. 11).

21.1.3 Systemisch führen: indirekt und moderierend

Neben dem Ansatz des multirationalen Managements bietet auch ein systemisches Organisations- und Führungsverständnis wertvolle Anregungen zur Ausgestaltung struktureller Führung in Expertenorganisationen. An dieser Stelle können und wollen wir keine erschöpfende Darstellung der theoretischen Perspektiven und Erkenntnisse systemischer Führungstheorien bieten, sondern lediglich einige für unsere Themenstellung relevante Sichtweisen auf systemisches Denken und Führen skizzieren, die der Leser anhand der Literaturangaben wahlweise vertiefen kann.

Ausgehend von der Beobachtung, dass „Führung in Organisationen [...] von komplexen Beziehungen, vielschichtigen Ursache-Wirkungs-Verhältnissen und Systemdynamiken geprägt [ist], ohne deren Berücksichtigung sich konkrete Probleme kaum lösen lassen" (Kaehler 2017, S. 121), lässt sich Führung mit Doppler (2009) als „Führung am System" begreifen. Aus systemischer Sicht werden Organisationen als nicht-lineare, komplexe, lebendige und sich fortlaufend selbst erneuernde soziale Systeme betrachtet, deren Funktionsweise und Entwicklung weder „von außen" (Umwelt, Beratung) noch „von oben" (Management) intentional und unmittelbar gesteuert oder festgeschrieben werden, sondern bestenfalls durch Irritationen und Impulse angeregt werden können (vgl. Kaudela-Baum et al. 2014, S. 63 ff.; Schirmer und Woydt 2016; Pinnow 2012;

Oertig und Kels 2014, S. 114–155). Systemische Führung bedeutet unter diesen Vorzeichen, „einen steuerbaren Einfluss auf nicht steuerbare Systeme auszuüben, was durch Schaffung von Rahmenbedingungen und Vertrauen auf die Eigendynamik des Systems geschehen soll“ (Kaehler 2017, S. 122).

Führungspersonen sind „in diesem System zugleich Beobachter, Betroffene und Mitgestalter“ (Rosenberger 2014, S. 20). Wie Rosenberger ausführt, ist systemisches Denken eine angemessene Antwort auf die gestiegene Komplexität von Organisations- und Führungsphänomenen der heutigen Wissensgesellschaft, denn:

> Wir wissen, dass wir nichts (oder: nur wenig) wissen, und müssen daher Reflexions- und Feedbackschleifen zulassen, mit vorläufigen Lösungen leben, auf unsere Intuition hören. Zugleich sollten wir von klassischen Steuerungsideen Abschied nehmen und eher auf Lernen und Entwicklung setzen (Rosenberger 2014, S. 19–20).

Folglich zielt systemische Führung nicht auf die Reduktion von Komplexität ab, sondern betrachtet diese „als notwendigen Bestandteil effektiver Führung“ (Schirmer und Woydt 2016, S. 202).

So lassen sich einige Kernaussagen zur Perspektive systemischer Führung formulieren:

- Systemische Führung folgt einem *sozialkonstruktivistischen Verständnis von Wahrheit und Erkenntnis.* Dem Glauben an „unerschütterliche harte Fakten“ stellt das systemische Denken die Aussage entgegen, dass Wirklichkeit untrennbar mit den notgedrungen selektiven Wahrnehmungen und subjektiven Wirklichkeitskonstruktionen verwoben ist, aktiv hergestellt wird und daher weder objektiv noch vollständig erfahren und beschrieben werden kann (Bessin und Wick 2014, S. 224 f.).
- Organisationen werden verstanden als komplexe, kontingente und mehrdeutige soziale Systeme, die sich niemals als Ganzes beobachten lassen. Folglich müssen sich *Beobachtungen und Analysen der Organisationsrealität auf eingrenzbare, partikulare Ausschnitte konzentrieren,* womit notgedrungen blinde Flecken der Beobachtung einhergehen. Diese wiederum können nur durch eine „Beobachtung zweiter Ordnung“ geschlossen werden (ebd.).
- Jeder Akteur in einer Organisation, und das gilt auch für Manager und Führungskräfte, ist eingebunden in ein Netzwerk sozialer Beziehungen, Kommunikationen, Rollen und Kontexte, die er weder vollständig überschauen noch im Sinne eigener Ziele steuern bzw. „gezielt“ beeinflussen kann. Systemisches Denken nimmt damit *Abstand von der „Steuerungsillusion“* klassischer Führungstheorien (im Sinne von Lenkung, Steuerung, Motivation etc.) und relativiert den unmittelbaren Einfluss von Führung auf das Handeln der Geführten oder deren Motive und Absichten. Führungskräfte sind also „nur“ ein Impulsgeber unter vielen, womit „das Misslingen von Lenkungsversuchen eher zum Normalfall wird als das Gelingen“ (Schirmer und Woydt 2016, S. 202–203).
- Aus einer systemischen Perspektive bildet Kommunikation das konstituierende Element sozialer Systeme und damit auch von Organisationen. *Kommunikation und*

Interaktion sind vor diesem Hintergrund zentrale Führungsaufgaben. Spezifische Fragetechniken können über eine reine Verständigung hinaus dazu beitragen, „durch Reflexivität neue Sichtweisen und Interpretation zu schaffen, in deren Folge neue Lösungen und Vorgehensweisen" und „holistischere Betrachtungen" entstehen (Schirmer und Woydt 2016, S. 203).
- Führungskräfte oder Organisationsentwickler können selbstorganisierende soziale Systeme durch *gezielte Interventionen und Irritationen* der Ordnung in ein Ungleichgewicht bringen und dann anregen, ein neues Gleichgewicht zu finden (Bessin und Wick 2014; Kiel & Ewald 2013).

Worin liegt der praktische Nutzen systemischer Führung? Angesichts dieser systemtheoretischen „Sprachspiele" entsteht bei Laien schnell der Eindruck, nicht zum Kreis der Eingeweihten zu gehören bzw. bereits sprachlich exkludiert zu werden, was die Attraktivität systemischer Führung für die Praxis schmälert. Kaehler (2017, S. 124) ist noch schärfer in seiner Kritik, indem er feststellt, man könne sich „unter Anleitung systemischer Unternehmensberater lange Zeit mit ebenso interessanten wie nutzlosen Reflexionen beschäftigen". Kaehler sieht den Nutzen systemischer Führung weniger darin, „organisationale Führung konzeptionell zu fassen und zielgerichtet zu gestalten", als vielmehr in ihrer Sensibilisierung für „die soziale Konstruktion des Führungsgeschehens sowie die Wichtigkeit von Kommunikationsprozessen". Dem ist insofern zuzustimmen, als systemische Führung kaum als Führungsansatz, Instrumentenkoffer oder Führungsmethode taugt, es aber als „eine neue Art zu denken, eine Grundhaltung" möglich macht, „viele Probleme und Fragen unserer Zeit anders zu betrachten, die Musterdynamiken und Zusammenhänge besser zu erkennen und dadurch neue Lösungen zu entwickeln" (Kuhlmann und Horn 2016, S. 140).

Nicht nur aus Sicht der systemischen Führungstheorie, sondern auch aus der faktisch außerordentlich hohen Bedeutung des Autonomiestrebens von Experten wie auch der notwendigen Selbstorganisation von Expertenteams ergibt sich die Schlussfolgerung, dass eine vornehmlich direktive Führung von Mitarbeitenden in wissensbasierten Organisationen dysfunktional ist. Vielmehr gilt es, als Führungsperson an einem Führungssystem mitzuwirken, das durch verschiedene systemische Impulse Experten indirekt über Ziele und Zwecke der Organisation orientiert.

Mehrere Autoren in diesem Buch (u. a. Altherr; Kaudela-Baum; Endrissat et al.; Kels und Breu; Baumgartner; Ott; Meissner et al.) legen ihren Beiträgen – entweder implizit oder explizit – ein relationales und systemisches Führungsverständnis (Luhmann 1984, 2000; von der Oelsnitz 2017) zugrunde. Im Vordergrund stehen moderierende und beratende Führungspraktiken. Expert Leaders wird die Rolle als Coach oder Mentor, als Enabler von Lern- und Entwicklungsprozessen zugedacht. Durch die Schaffung von Rahmenbedingungen und Vertrauen auf die Eigendynamik des Systems soll der *steuernde Einfluss auf die an sich nicht steuerbare Expertenorganisation* gelingen. Aus einer systemischen Führungsperspektive stehen Interaktions- und Kommunikationsprozesse im Vordergrund, d. h., Führungskräfte sollten sich gerade im multirationalen und von

Paradoxien geprägten Kontext von Expertenorganisationen überlegen, wie sie kommunikative „Anschlüsse" an die monorationalen Sprachspiele von Spezialisten, Professionals bzw. Experten finden können. Pellert (2000) verwendet in diesem Zusammenhang den Begriff der „moderierenden Führung".

Im Vordergrund der systemischen Führungsperspektive steht die Überzeugung, dass Führungspersonen nicht an einer Veränderung des Verhaltens von Mitarbeitenden, sondern an einer Veränderung der Kommunikationsbeziehung zwischen Systemelementen (z. B. Mitarbeiter) ansetzen sollten. Der Beitrag von Zemp und Ulrich (Kap. 17 in diesem Band) zeigt, wie dies beispielsweise durch ein Simulationsspiel gelingen kann. Durch das wechselseitige Annehmen der jeweils anderen Perspektive im Rahmen der Simulation können Systemelemente aus dem System „Ärzteschaft" lernen, mit Systemelementen des Systems „Management" zu kommunizieren. „Irritationen", die von dem einen System aus auf das andere einwirken, können durch neu entwickelte Kommunikationsbrücken besser intern verarbeitet und zur Veränderung der Systemlogik genutzt werden.

Eine Führungsperson, die mit der Dynamik des zu regelnden Systems vertraut und zur Perspektivenübernahme bereit und befähigt ist, kann Ereignisse, Mitteilungen oder Vorschläge so gezielt auswählen, dass ein erwünschtes Verhalten wahrscheinlicher wird. Ob und wo genau eine Führungsintervention Wirkung erzielt, kann man oft nicht sicher voraussagen. Ein eintägiges Simulationsspiel mit anschließendem Reflexionsworkshop (vgl. Zemp und Ulrich, Kap. 17 in diesem Band), die Etablierung kollegialer Fallberatungen in der Führungsweiterbildung von Expert Leaders (Zellweger und Thomann, Kap. 4) oder Reflexionsworkshops mit dem Topmanagement über Autonomiegrade in verschiedenen Organisationsbereichen (Kaudela-Baum, Kap. 16 in diesem Band) eignen sich bestens als systemische Impulse.

Letztlich ist es in Expertenorganisationen unabdingbar, dass Bedingungen geschaffen werden, damit in deren Inneren die Multirationalität, die potenziellen Widersprüche und die Paradoxien als inhärente organisationale Logiken anerkannt werden. Neben „Learning by Doing" und einer Sensibilisierung von Führungskräften in Bezug auf die potenziellen Mehrdeutigkeiten und Unsicherheitsfaktoren gilt es, die informelle Kommunikation und damit auch mehr Meetings und Feedback-Gelegenheiten zu fördern. Dies vor allem zum Zweck der Reflexivität, der Offenlegung von Tabus und der Einnahme unterschiedlicher Perspektiven.

Im Vordergrund aller Führungsaktivitäten muss der Erhalt der Resonanzfähigkeit im Sinne einer bewussten Aufrechterhaltung widersprüchlicher und mehrdeutiger Konstellationen von Systemelementen stehen, damit die Expertenorganisation als soziales System für die Bedürfnisse, Interessen und Erwartungen verschiedener interner und externer Anspruchsgruppen empfänglich bleibt.

> Führung von Experten wird aus dieser Perspektive als kooperative Partnerschaft begriffen, welche Netzwerke entwickelt und erhält (Multi-Stakeholder-Involvement). Dies bedingt eine offene Organisations- und Führungskultur, die

die Führungskräfte einlädt, sinnvoll zu intervenieren, und dazu beiträgt, dass Autonomie in vielfältiger Weise gefördert wird. Es geht also um eine Abkehr von der direktiven, autoritären Führung hin zu einer Begleitung von Prozessen zur Förderung von Selbstbeobachtungs- und Reflexionsmöglichkeiten (z. B. durch regelmäßige kollegiale Fallberatungen unter Leitungspersonen von Expertenteams). Das soziale System „Expertenorganisation" erfindet täglich von Neuem seine Zukunft, und zwar durch Ungleichgewicht, nicht durch Gleichgewicht.

Daraus lassen sich die folgenden Empfehlungen für die Gestaltung von Führungssystemen in Expertenorganisationen ableiten:

- Kommunikative Impulse gezielt setzen und die direkten und indirekten Wirkungszusammenhänge laufend beobachten; die Verhaltensweisen von Mitarbeitern sind von vielen anderen Kontextfaktoren abhängig.
- Impulse wirken nicht nur auf bestimmte Geführte, sondern auch auf andere Beziehungen sowie auf Strukturen oder Prozesse.
- Führen bedeutet, einen Kontext zu entwickeln, v. a. eine passende Kultur und eine Geisteshaltung, die Raum für Entfaltung und Lernen bietet und der alle Mitglieder gerne angehören wollen. So werden laufend Selbstorganisationsprozesse, Initiativen und weitere Provokationen angeregt.

21.2 Interaktional-personelle Führung

Die interaktional-personelle Führung adressiert die Koordination, Motivation und Unterstützung von Experten(-teams) durch Beziehungsgestaltung, Kommunikation, Konfliktbearbeitung, Coaching und die Nutzung kollaborativer Führungsansätze, wie insbesondere geteilte Führung.

Führung ist eine dynamische Angelegenheit, die sich in einem Interaktionsgefüge zwischen Führenden, Geführten und Umwelt abspielt und immer wieder neue Wirklichkeiten hervorbringt. Führung ist eine soziale Konstruktion (Endrissat et al. 2007; Gergen 2009; Hejl und Stahl 2000) und wird immer wieder neu „erfunden" bzw. erschaffen (Biggart und Hamilton 1987; Pettigrew und Whipp 1991; Burla et al. 1995; Bryman et al. 1996).

Die Wirksamkeit von Führung wird aus dieser Perspektive maßgeblich durch die Interaktion zwischen Führenden und Geführten in einem spezifischen Situations- und Handlungskontext beeinflusst. Rickards und Moger (2006, S. 14) formulieren dies so: „Leadership is seen as interpretive, and a property of the perceptual relationship between leaders and others within a context, or community of practice."

Diese Betrachtung fokussiert auf die Aufgabe der Führung, Beziehungen so zu gestalten, dass kollektive Lern- und Entwicklungsprozesse angeregt und verstärkt werden, dass Führungsentscheidungen Sinn verliehen wird, dass die Mitarbeitenden laufend

Interpretationsangebote erhalten. Wie in zahlreichen Beiträgen im Band ausgeführt, müssen Führungskräfte kontinuierlich Spannungsfelder zwischen etablierten Praktiken und neuen Ideen innerhalb der Organisation über Diskurse mit Experten aushandeln, damit sich eine Organisation erfolgreich entwickeln kann. Das Konzept der relationalen Führung lenkt den Blick v. a. auf professions- und organisationskulturell spezifische Sprachcodes, die Führende und Geführte zur gemeinsamen Gestaltung ihrer Führungswirklichkeit verwenden. In Expertenorganisationen gilt es nun, die „Sprachspiele" (Wittgenstein 2003) der Organisation mit den „Sprachspielen" der Experten bzw. Professionals kunstvoll miteinander zu verknüpfen, um ein geteiltes Realitätsverständnis zu entwickeln.

Der Begriff „Spiel" im Wort „Sprachspiel" unterstreicht nach Wittgenstein (2003), dass Sprachspiele in die Praxis einer Gemeinschaft eingebettet sind. Gewisse Formulierungen, Begriffe usw. haben nur dann einen Sinn, wenn eine Gemeinschaft diese über eine gewisse Zeit „einübt", sie regelmäßig im Alltag verwendet. Da Experten sich stark an ihren professionellen Sprachgemeinschaften (ihrem Fachjargon) orientieren, und nicht (nur) an den Sprachgemeinschaften der Organisation, können in der Führungsbeziehung zwischen Management und Experten mitunter „Übersetzungsprobleme" entstehen.

Aus der Verbundenheit der Experten mit ihrer Profession bzw. aus ihrer Prägung durch die professionelle Ausbildung leitet sich sowohl ihr Anspruch auf professionelle Autonomie als auch ihr berufliches Selbstverständnis ab. Die Gestaltung der Führungsbeziehung in Expertenorganisationen muss daher prinzipiell mit einbeziehen, dass sich Experten mit ihrem Fachgebiet oftmals deutlich stärker als mit den Zielen der Organisation identifizieren. Führungssituationen in Expertenorganisationen müssen zudem oftmals ohne den Rückgriff auf hierarchisch-positionale, autoritative Macht gestaltet werden (vgl. hierzu auch Altherr, Kap. 20; Kaudela-Baum, Kap. 16; Zellweger und Thomann, Kap. 4 in diesem Band). Experten sind sich ihrer relativ privilegierten Stellung wie auch ihrer Alternativen am Arbeitsmarkt bewusst und finden nicht selten Mittel und Wege, sich organisationalen Zwängen zu entziehen bzw. sich situativ Freiheiten zu organisieren (vgl. auch Kels 2018; Kels et al. 2015). Auch dieser Aspekt prägt die Beziehungsgestaltung zwischen Führenden und Geführten in Expertenorganisationen.

Wie von Arx et al. (Kap. 9 in diesem Buch) hervorheben, sehen Experten oft keine Legitimation für die Einmischung des Managements in die Organisation der konkreten fachspezifischen Prozesse. Führung wird von vielen Experten eher als „upside-down" interpretiert – mit ihnen an der Spitze und den Managern als Bereitstellern der Voraussetzungen in Form von Ressourcen und Infrastrukturen. Nicht wenige Experten betrachten sich als Kern der Wertschöpfung in der Organisation. Wer primär auf hierarchische Strukturen, Anweisungen und Kontrolle setzt, wird Experten kaum für Veränderungsprojekte motivieren können. Eine zentrale Erkenntnis aus den Beiträgen lautet: Man muss Experten mit Argumenten und Fachwissen überzeugen (vgl. auch Hodel, Kap. 5 in diesem Band) und dafür sorgen, dass sowohl die Experten ihre individuellen Ziele erreichen als auch die Organisation ihre Ziele erreicht – auf Augenhöhe. Führungskräfte müssen sich in diesem Kontext auf kritische Diskussionen einlassen, bessere Argumente akzeptieren und die eigene Haltung jeweils kritisch hinterfragen.

21.2.1 Verantwortliche Autonomie – das Zukunftsmodell der Führung von Experten

Eine wichtige Führungsherausforderung besteht darin, die professionelle Autonomie der Experten in eine verantwortliche Autonomie zu verwandeln, d. h. geeignete Führungsansätze zu wählen, die Experten dazu befähigen, ihre Freiheiten im Sinne der Gesamtorganisation verantwortungsbewusst zu nutzen. Hierbei sollten Führungspersonen lernen, ihr Kontrollbewusstsein zu reflektieren und zu verdeutlichen, wo die Chancen und Herausforderungen im Umgang mit individueller oder teambezogener Autonomie liegen.

Für Expertenorganisationen ist es zentral, Rahmenbedingungen sowie Grundhaltungen zu fördern, die Autonomie als Quelle für Lern- und Innovationsfähigkeit anerkennen. Autonomie muss als Führungsthema aus dem Nischendasein heraustreten und in den Fokus der Führungsarbeit gestellt werden. Expert Leaders sollten sich als „Autonomy Agents" verstehen und gezielt und strategiegeleitet Ansätze zum Umgang mit selbstbestimmten und selbstorganisierenden Mitarbeitern und Teams entwickeln.

Im Beitrag von Altherr (Kap. 20 in diesem Band) wird in diesem Zusammenhang auf die Bedeutung des Auswahlverfahrens von Führungspersonen hingewiesen. In Organisationen, die einen hohen Grad an individueller bzw. projektbezogener Selbstorganisation aufweisen, legitimieren sich Personen als Führungspersonen durch demokratische Wahlen. Jeder Mitarbeitende wird als Intrapreneur bzw. als „Binnenunternehmer" betrachtet und erhält daher das Recht zur Mitbestimmung, aber auch die Pflicht zur Mitverantwortung, z. B. in Bezug auf die Mitentwicklung von Strategien oder die Wahl von Führungskräften. Autonomie und Commitment sind in diesen New-Work-Organisationen (Altherr nennt das Beispiel der Haufe-umantis AG) eng miteinander verzahnt. Organisationen mit einem hohen Grad an Selbstorganisation kontrollieren und limitieren die Ausübung personengebundener (hierarchischer) Macht durch Mitunternehmertum und durch eine zeitlich begrenzte Vergabe von Führungspositionen. Führungsperson ist man also quasi nur vorläufig, temporär, in Teilzeit und im Dienst einer sich selbst organisierenden, sich emergent entwickelnden Organisation.

Die gewählten Führungskräfte verbleiben inmitten des Unternehmens und verlieren den kollegialen Status nicht. Das könnte aus einer Autonomieperspektive sehr hilfreich sein, weil die Führungsperson dann vor allem die Autonomietypen (z. B. Kooperations-, methodische oder zeitliche Autonomie) und deren Wirkung auf die Verhaltensweisen von Mitarbeitern oder Teams besser einschätzen kann.

Traditionelle Führungsansätze (direktive Führung, MbO) und klassische Anreizsysteme (z. B. die Beförderung von Experten in Führungspositionen) stoßen in Expertenorganisationen an ihre Grenzen, gerade weil ein Großteil der Experten sich in ihrer Arbeitsmotivation und in ihrer Karriereorientierung nicht an einem Aufstieg in Führungs-/Managementpositionen, sondern vielmehr an professioneller Autonomie und einer selbstbestimmten Karriereentwicklung orientiert, welche oftmals klassische

Laufbahnpfade und Organisationsgrenzen überschreiten (vgl. Kels 2012, 2018; Kels et al. 2015; Endrissat und Müller 2007; Freidson 2001; Drucker 2002).

Die bewusste Gestaltung von Autonomie in Arbeitsbeziehungen zwischen Experten untereinander und zwischen Experten und Managern sollte aber keinesfalls mit „untätiger" Führung im Sinne eines Laissez-faire-Führungsstils verwechselt werden (vgl. Kaudela-Baum in diesem Band). Indem man Experten einfach nur von Zwängen befreit, kann man nichts bewirken. Vielmehr gilt es, die individuelle oder teambezogene Autonomie an konkrete Erwartungen zu koppeln, z. B. in Bezug auf …

- … die Dokumentation von Fortschritten, die innerhalb selbstbestimmter Arbeitsräume erreicht werden:
  Diese sollten in regelmäßigen, dafür aber kurzen Sitzungen mit der fachlichen Führung besprochen werden. Dies stärkt die Vertrauenskultur und vereinfacht die Etablierung von Autonomie in Expertenteams.
- … unternehmerische Verantwortungsübernahme:
  Wenn Mitarbeitende über einen hohen Grad an Selbstbestimmung in Bezug auf die inhaltliche Arbeit sowie die individuelle fachliche Weiterentwicklung verfügen, dann geht die Organisation ein Risiko ein. Daher müssen autonome Mitarbeiter im Gegenzug auch einen Teil des unternehmerischen Risikos mitübernehmen und ihre Arbeit als Beitrag zu einer langfristig ausgerichteten Organisationsstrategie begreifen. Sie müssen sich klar zu den Organisationszielen „committen".
- … den Umgang mit Widersprüchen:
  Individuelle Autonomie steht einer gemeinsamen organisationalen Ausrichtung in einem unauflösbaren Widerspruch gegenüber. Mitarbeiter müssen sich dieses Grundwiderspruchs bewusst sein und dürfen die Begrenzung von Freiheiten nicht als persönlichen „Angriff" oder Misstrauen von einzelnen Vorgesetzten interpretieren, sondern als selbstverständliche Reaktion einer Organisation, deren Identität sich aus Grenzziehungen, Regeln, Standards und Normen speist.

Wir wissen heute: Autonomie ist ein Entwicklungsmotor in Expertenorganisationen – daher muss die Gestaltung von Autonomie in all ihrer Widersprüchlichkeit als Führungsaufgabe gerahmt werden. Wie können Führungspersonen in wissensintensiven Organisationen das Zusammenspiel zwischen Bindung bzw. Kooperation und Autonomie kompetent unterstützen und fördern?

Eine wichtige Grundvoraussetzung ist sicherlich, dass sich die Führenden ihrer eigenen Autonomiebedürfnisse und derer ihrer Mitarbeiter im Klaren sind. Sie sollten versuchen, „das Ganze zu sehen", und frühzeitig Spielregeln für die Gewährung von Freiräumen vereinbaren – nicht erst dann, wenn Entscheidungen anstehen.

In einer Organisation könnte bspw. die Regel aufgestellt werden, dass ausgewählte Experten zur Erfüllung ihrer Projektziele ihre internen oder externen Kooperationspartner selbst aussuchen können, wenn sie ihre Entscheidungen sorgfältig begründen (z. B. nach einem gemeinsam erarbeiteten Kriterienkatalog) und ihre jeweiligen

Vorgesetzten darüber informieren. Diese entscheiden dann gemeinsam mit den Experten, ob noch zusätzlicher Koordinationsbedarf besteht.

Auch könnte bspw. eine Organisation den Mitarbeitenden umfassende Freiheiten in Bezug auf die Einteilung der Arbeitszeit gewähren. Gleichzeitig könnte die Führung darauf bestehen, dass Kernzeiten und/oder gewisse Präsenztage eingehalten werden, um die Abstimmung unter den Experten systematisch zu fördern.

21.2.2 Betont leise und im Hintergrund führen: Führungskräfte als Architekten von Beziehungs- und Kommunikationsnetzwerken

In Expertenorganisationen sind der Stellenwert und das Image (organisatorischer) Führungsfunktionen aus der Sicht von Experten zweitrangig. Was für sie zählt, sind Managementdienstleistungen, d. h. das Bereitstellen von geeigneten organisatorischen Strukturen und Prozessen, klare Regeln und Standards sowie Instrumente zur Herstellung von Transparenz, Mitbestimmung und der Möglichkeit, den Kontakt zu den jeweiligen Peers zu finden bzw. aufrechtzuerhalten (vgl. auch de Bruijn 2011).

Vor dem Hintergrund der Macht und des ausgeprägten Autonomieanspruchs von Experten liefern Führungsansätze wie etwa die „Leise Führung" (Badaracco 2002), die „Dienende Führung" (Greenleaf 2002) oder die „Verdeckte Führung" (Mintzberg 1998) wertvolle Erkenntnisse. Das Konzept der dienenden Führung nach Greenleaf ist anschlussfähig für moderne Führungsansätze. Zu den Attributen dienender Führungskräfte zählen nach Spears (1998) z. B. Empathie, Bewusstsein („Awareness"), Überzeugungskraft, aktives Zuhören, Voraussicht („Foresight"), Engagement zur Weiterentwicklung der Geführten sowie Aufbau einer Gemeinschaft („Building Community").

> Dienende Führung ist ein Verständnis von und eine Praxis der Führung, die den Nutzen der Geführten über das Selbstinteresse des Führenden stellt. Dienende Führung fördert die Wertschätzung und die Entwicklung der Geführten, den Aufbau einer Gemeinschaft, die Praxis der Authentizität und die Teilung der Macht und des Status für das gemeinsame Wohl jedes Einzelnen, der ganzen Organisation und derjenigen, denen die Organisation dient (Nerdinger 2014, S. 96).

Das Konzept der verdeckten Führung („Covert Leadership") weist gewisse Parallelen mit dem der dienenden Führung auf. Der berühmte Managementforscher Henry Mintzberg plädierte bereits Ende der 1990er-Jahre dafür, Knowledge Workers und Professionals über eine von wechselseitigem Vertrauen und Inspiration getragene Zusammenarbeit und nicht über direkte Steuerung, Überwachung und Kontrolle zu führen. Inspiriert durch teilnehmende Beobachtungen der Interaktion des Programmdirektors und Dirigenten (in Personalunion) eines bekannten US-amerikanischen Orchesters mit den hoch qualifizierten Musikern seines Ensembles (sowie ergänzende Interviews) entwickelte Mintzberg (1998) die Grundzüge einer Führung im Hintergrund, die sich auch im Kontext von Expertenorganisationen wie Krankenhäusern, Professional Service Firms oder Hochschulen als anschlussfähiger erweist als herkömmliche Führungsansätze. Mit Covert Leadership bezeichnet Mintzberg ein Führungsverständnis, das ein subtiles, nahezu unbemerktes Führen im konkreten Prozess der Zusammenarbeit (auf Teamebene) oder im Umgang mit externen Stakeholdern bezeichnet („Managing all around"). Eine effektive Führung von Professionals setzt nach Mintzberg unter anderem voraus, dass eine Führungsperson (im Beispiel: der Programmdirektor und Dirigent) über ein differenziertes Wissen über die jeweiligen Stärken und Merkmale der Professionals verfügt, als Autorität im Team anerkannt wird und durch Vertrauen, Respekt und eine „energetisierende" Arbeitsinteraktion sein Team dabei unterstützt, „to make beautiful music". Covert Leadership bedeutet somit kein unmittelbares Anleiten, Überwachen, Führen, Motivieren oder Empowern des Teams, sondern ein unterstützendes Miteinander-Arbeiten, das Stärken eines konstruktiven Teamklimas und die Pflege persönlicher Beziehungen innerhalb und außerhalb der Organisation, was ein gewisses Protegieren des Teams gegenüber schädlichen Einflüssen vonseiten der Hierarchie oder aus dem externen Umfeld mit einschließt. Folglich beschreibt der Programmdirektor und Dirigent die eigene Führungsrolle auch weniger als die eines klassischen Managers, sondern als die eines „Löwenbändigers" (Mintzberg 1998, S. 147).

In den sozialen Beziehungen zu den Angesehenen ihrer Disziplin finden Experten ihren professionellen und persönlichen Halt (Janes 2018). Vorgesetzte können als Peers zur Festigung des sozialen Beziehungsnetzes beitragen, aber sie üben diesbezüglich „keine Monopolfunktion" (Janes 2018, S. 23) aus.

Die Sicherstellung von Wertschätzung durch Angesehene in der eigenen Fachgemeinschaft, die Bereitstellung von Unterstützung unter den Experten, die Sicherstellung von geeigneten Settings für Planungsmeetings oder die Vorbereitung und Moderation von Wissensaustausch unter Experten sind in diesem Zusammenhang sehr wertvolle Führungsinstrumente. Es gilt, „leise" und „subtil" Rahmenbedingungen zu schaffen, damit Lern- und Entwicklungsprozesse unter Experten immer wieder angestoßen werden.

Da Experten bzw. Experten-Teams oft eine hohe Eigendynamik aufweisen, scheuen viele Expertenorganisationen auch bewusst eine Übersteuerung und setzen auf schlanke, weitgehend selbstorganisierte Einheiten, die sich nur in gewissen „Hard Core"-Bereichen einem klaren, zentral gesteuerten Kontrollsystem unterwerfen müssen (z. B. SAP-Systeme an Hochschulen oder gehaltsbestimmende Stundenabrechnungsmodelle in Anwaltskanzleien oder Beratungsunternehmen). Eine wichtige Herausforderung im Bereich Führung von Expertenteams besteht darin, die Fähigkeit und Bereitschaft von Experten zur funktions- und disziplinübergreifenden Zusammenarbeit zu stärken, damit diese Teams innovative und komplexe Aufgabenstellungen und Projekte erfolgreich meistern können. Ausgeprägte Fach- und Bereichskulturen, enge Professionsverständnisse wie auch unterschiedliche Fachsprachen stellen hierbei echte Herausforderungen für eine disziplinenübergreifende erfolgreiche Zusammenarbeit dar.

Verfügen Führungspersonen neben persönlicher Integrität auch über eine fachliche Expertise, die von den geführten Experten anerkannt wird, werden sie in ihrer Führungsrolle mit größerer Wahrscheinlichkeit akzeptiert als klassische Manager ohne fachlichen Hintergrund. Fachliche Expertise ist zugleich keine hinreichende Qualifikation für eine Führungsposition in Expertenorganisationen. Benötigt werden keine reinen Fachexperten, sondern Generalisten und T-shaped Professionals, die spannungsreiche Fach- und Managementrationalitäten innerhalb von Expertenorganisationen zwischen „beiden Welten" übersetzen und vermitteln können und Führungssituationen daher kontextsensibel und variabel gestalten. Expertenorganisationen sollten daher ihre Anreiz- und Beförderungsmechanismen, ihre Führungskräfteentwicklung und auch ihre Führungsmodelle so ausrichten, dass hybride Rollen- und Selbstverständnisse, das leise, dienende und laterale Führen, disziplinübergreifende Kompetenzen sowie variable Karrierepfadentwicklungen gestärkt werden (vgl. hierzu Kels et al. 2015).

21.2.3 Geteiltes Führen

Die Komplexitätssteigerung und Flexibilisierung wissensbasierter Arbeit, die heute oftmals in teilautonomen oder virtuellen Teams bzw. Projekten organisiert wird, hat verdeutlicht, dass der tradierte, an starren Hierarchien orientierte Führungsmodus insgesamt zu träge und ineffektiv ist, um den gewachsenen Anforderungen an Agilität, Dynamik und Partizipation in der Zusammenarbeit auf Teamebene zu begegnen. Führungsansätze, die die statische Führungsdyade von Vorgesetztem und Mitarbeitenden um kollaborative und variable Führungsmechanismen erweitern, wie etwa Holacracy, das agile Führen[1] oder die „geteilte Führung" (Shared & Distributed Leadership), sind in den vergangenen Jahren verstärkt in den Aufmerksamkeitsfokus von Wissenschaft und Praxis gelangt (vgl. Hofert 2016; Kauffeld et al. 2017). Die Leadership-Forschung zeigt dabei, dass sich Ansätze geteilten Führens insbesondere im Kontext wissensintensiver und wertebasierter Organisationen als Ergänzung zur traditionellen Führungsstruktur anbieten, um „situations- und themenspezifisch auf das Expertenwissen der einzelnen Teammitglieder zugreifen zu können, da diese ein tiefergehendes Verständnis einzelner Sachverhalte haben" als eine klassische Führungskraft (Kauffeld et al. 2017, S. 236).

Das Konzept der „geteilten Führung" beschreibt einen dynamischen und interaktiven Gruppenprozess, in dem sich die Teammitglieder wechselseitig positiv beeinflussen, motivieren und unterstützen, um Gruppen- oder Organisationsziele zu erreichen, und dabei Führungs- und Teamaufgaben variabel untereinander aufteilen (vgl. Kauffeld

[1]Nach Hofert (2016, S. VII) unterstützt agile Führung „Mitarbeiter dabei, schnell und kreativ auf wechselnde Bedürfnisse von Kunden und Märkten zu reagieren. Sie ist ein Mindset, eine Haltung. Sie nutzt eine offene Toolbox mit Coachingwerkzeugen, die die Zusammenarbeit verbessern, sowie Methoden zur Reduktion von Komplexität.".

et al. 2017, S. 235; Furtner et al. 2017, S. 142). Der wechselseitige und in der Regel informelle Einflussprozess innerhalb des Teams umfasst sowohl „Kollegen als auch hierarchisch über- und untergeordnete Personen" (Winkler 2012, S. 4), die entweder „gemeinsam (d. h. zur gleichen Zeit) oder rotierend (d. h. zu verschiedenen Zeiten) auf ein kollektives Ziel hinwirken" (Werther 2016, S. 173). Die Gruppenmitglieder wechseln je nach Situation, Aufgabe, benötigten Kompetenzen und der Verfügbarkeit von Teammitgliedern autonom und intentional ihre Führungsrolle. Ebenso ist es möglich, dass die Führung von mehreren Personen gleichzeitig wahrgenommen wird (Kauffeld et al. 2017, S. 235; Winkler 2012).

Der Ansatz von „Shared" oder auch „Distributed Leadership" geht über traditionelle Führungskonzeptionen insofern hinaus, als Führung weder als spezialisierte Rolle noch als spezifischer Führungsstil, sondern als kollektive Gestaltungsaufgabe innerhalb eines echten Teams, das ein gemeinsames Ziel verfolgt, verstanden wird (Werther 2016, S. 173; Fitzsimons et al. 2011, S. 324). Ein klarer Vorzug der geteilten Führung ist mit Kauffeld et al. (2017, S. 236) darin zu sehen, dass „die Person, die für eine spezifische Aufgabe am geeignetsten ist, temporär eine führende Rolle im Team übernehmen und so die Effektivität des Teams direkt beeinflussen" kann. Geteilte Führung im Rahmen informeller Teamprozesse löst dabei hierarchische Führungsstrukturen und -rollen nicht auf, sondern entlastet diese (vgl. Winkler 2012; Furtner et al. 2017; Kauffeld et al. 2017): „So kann die Führungskraft als Mentor, Coach oder Partner für das Team agieren und durch unterstützende Maßnahmen sogar die Entstehung von geteilter Führung in einem Team begünstigen" (Kauffeld et al. 2017, S. 235).

Die Führungs- und Teamforschung zeigt, dass im Rahmen von Shared Leadership situativ und kontextabhängig ein breites Spektrum an unterschiedlichen Führungsaktivitäten und auch Führungsstilen zum Einsatz kommen kann, welche sich positiv auf die Teamleistungen und die Teameffektivität auswirken können (vgl. Pearce et al. 2004; Fitzsimons et al. 2011; Winkler 2012). Kauffeld et al. (2017) subsumieren die Führungs- und Gestaltungsaufgaben innerhalb von Shared-Leadership-Koordinationsaufgaben in die vier Dimensionen Aufgaben-, Beziehungs-, Veränderungs- und mikropolitisches Management:

(1) Aufgabenmanagement umfasst das gemeinsame Verteilen von Aufgaben, die Kommunikation klarer Erwartungen und die Bereitstellung wichtiger Informationen zur Aufgabenbearbeitung für alle Teammitglieder.
(2) Beziehungsmanagement bezieht sich auf das Anerkennen guter Leistungen im Team, Förderung des Zusammenhalts und Zeitnehmen für Anliegen aller Teammitglieder.
(3) Veränderungsmanagement umfasst gegenseitige Unterstützung beim Verstehen aktueller Prozesse und Geschehnisse im Unternehmen sowie das Lernen aus vergangenen Ereignissen.
(4) Mikropolitisches Management bezieht sich auf die Nutzung sozialer Netzwerke, um die Teamarbeit zu unterstützen, sowie Einsatz für das Team im Unternehmen (Kauffeld et al. 2017, S. 236).

Nach Werther et al. (2016) haben alle bislang vorliegenden Metaanalysen einen positiven (allerdings nicht kausalen, sondern durch unterschiedliche Faktoren beeinflussten) Zusammenhang zwischen dem Einsatz von Shared Leadership und der Teameffektivität gefunden. In zahlreichen Studien konnten u. a. folgende positive Effekte von Shared Leadership nachgewiesen werden:

- Eine Abnahme von Konflikten, ein stärkeres Vertrauen, ein besserer Gruppenzusammenhalt sowie verbesserte Gruppenleistungen und Innovativität (vgl. Furtner et al. 2017)
- Der Zugriff auf ein breiteres Spektrum an Fähigkeiten, Talenten, Ideen und Perspektiven und die Förderung der Kreativität und Innovationsfähigkeit (vgl. Kauffeld et al. 2017, S. 236)
- Eine signifikante Erhöhung der Qualität von Managemententscheidungen (vgl. Winkler 2012)
- Gruppenmitglieder kommunizieren „vermehrt über gemeinsame Ziele, Strategien und Prozesse", was die Aufgabenbewältigung, die Suche nach geeigneten Problemlösestrategien sowie die Herausbildung klarer Rollen und Verantwortlichkeiten wirksam fördert. Zudem senkt die Abwesenheit einer Hierarchie die „Notwendigkeit, die eigenen Leistungen beim Vorgesetzten zu ‚verkaufen' und einen guten Eindruck zu machen", wodurch „mehr Zeit für die produktive Bearbeitung der eigentlichen Aufgaben zur Verfügung" steht (Winkler 2012, S. 6, bezugnehmend auf mehrere Studien).

Geteilte Führung fördert unzweifelhaft die Herausbildung einer flexiblen und agilen Unternehmens- und Arbeitsorganisation. Der Ansatz eignet sich insbesondere für wissensbasierte Organisationen, die darauf angewiesen sind, dass organisationsinterne wie -externe Experten komplexe und innovative Aufgaben in einem durch hohe Autonomie- und Selbstorganisationsspielräume ausgestatteten Organisationskontext erbringen (Furtner 2017, S. 142–143). Nicht unterschlagen werden darf aber, dass die Einführung und Verankerung von Shared Leadership an organisationale Voraussetzungen wie auch „umfangreiche individuelle, zwischenmenschliche und organisationale Anpassungsprozesse" geknüpft ist (Werther 2016, S. 176). Hierzu zählen im Kontext von Expertenorganisationen insbesondere:

- *Kontext- und kultursensible Einführung geteilter Führung:* Nach Kauffeld et al. (2017) ist insbesondere in Organisationen, in denen ein von Autorität, Macht und Status geprägtes traditionelles Führungsverständnis herrscht, mit Widerstand gegenüber Modellen kollektiver Führungsansätze zu rechnen. Der Grund hierfür ist, dass Shared Leadership in die bestehende Organisations- und Führungskultur eingreift und mit Ängsten der Führungskräfte vor dem Verlust an Status und Einfluss einhergehen kann. Auch Befürchtungen aufseiten der Geführten dahingehend, zukünftig mehr Verantwortung tragen bzw. mehr Arbeitszeit ohne entsprechende Gehaltskompensation leisten zu müssen, können die Akzeptanz gegenüber der geteilten Führung mindern (Winkler 2012). Die Einführung und Umsetzung von Shared Leadership muss im Wissen um mögliche Widerstände von Management und Mitarbeitenden/Experten vorausschauend und kontextsensibel geplant werden.

- *Komplementarität von hierarchischer und geteilter Führung:* Da auch moderne Expertenorganisationen nicht vollkommen auf hierarchische Führungsstrukturen und -mechanismen verzichten können, ergänzt Shared Leadership die hierarchische Führung, anstatt sie zu substituieren (Winkler 2012). Hierfür sprechen auch Forschungsbefunde, die zeigen, dass „vertikale Führung einen positiven Einfluss auf die Bereitschaft der Teammitglieder zur Übernahme von Führungsaufgaben haben kann", insbesondere dann, wenn Teammitglieder ihre Führungskraft als prototypische Verkörperung der Identität ihres Teams wahrnehmen (Kauffeld et al. 2017, S. 236). Eine formelle Führungskraft kann die Verankerung geteilter Führung dadurch fördern, dass sie „a) Klarheit schafft bzgl. Aufgabenanforderungen und sich daraus ergebenden Führungsrollen, b) einen Überblick über die Fähigkeiten der einzelnen Mitglieder hat, um diese ggf. auch den geeigneten Rollen zuzuordnen, c) eine Vision für das übergeordnete Ziel des Teams formuliert sowie d) Vertrauen in die Fähigkeiten der einzelnen Teammitglieder hinsichtlich der Erfüllung ihrer Führungsrollen artikuliert" (Kauffeld et al. 2017, S. 237).
- *Reifegrad der Mitarbeitenden und Teams:* Gemäß Furtner et al. (2017, S. 142) eignet sich geteilte Führung insbesondere bei herausfordernden, komplexen, kreativen, innovativen und ganzheitlichen Aufgaben. Nach Winkler (2012, S. 5) stellt das Konzept hohe Anforderungen an die Selbstführungskompetenzen der Individuen und Teams respektive deren Bereitschaft, (Führungs-)Verantwortung zu übernehmen:
- „Ist eine Gruppe ihren Aufgaben (noch) nicht genügend gewachsen, wie z. B. in einem neuen Projekt, bei geringem Qualifikationsniveau der Teammitglieder, oder verhindern persönliche Dispositionen, Zynismus und mangelndes Vertrauen eigenverantwortliches und proaktives Handeln, wird das Shared-Leadership-Modell nicht funktionieren."
- Nach Kauffeld et al. (2017, S. 237) sollten Organisationen davon absehen, Shared Leadership in neu formierten Teams einzuführen, denn „Teammitglieder benötigen Zeit, um ein Verständnis über Wissen und Fähigkeiten der anderen zu erlangen, damit die Aufteilung von Führungsaufgaben erfolgreich funktionieren kann". Arbeiten die Mitglieder eines Teams hingegen schon längere Zeit zusammen, vertrauen sich, verfügen über ein ausgeprägtes Fachwissen sowie fortgeschrittene Selbstführungskompetenzen, sind geeignete Rahmenbedingungen zur Nutzung von geteilter Führung vorhanden (Pearce et al. 2008). Eine hohe Teameffizienz setzt auch voraus, dass mit Ansprüchen an Partizipation, Verständigung oder Kommunikation auf Augenhöhe pragmatisch umgegangen wird, um ein Zuviel an Konsens, Informalität und Gruppendenken zu verhindern (Winkler 2012, S. 5).
- *Anreiz- und Informationssysteme und Outside-in-Perspektive:* Furtner et al. (2017) empfehlen die Einführung eines umfassenden Koordinations- und Informationssystems zur Unterstützung des Shared-Leadership-Prozesses. Zudem sollten Anreizsysteme so ausgerichtet werden, dass nicht individuelle, sondern Gruppenleistungen belohnt und positiv verstärkt werden. Auch die Förderung einer Self-Leadership-Kultur wirkt sich positiv auf die Teameffektivität aus. Winkler (2012, S. 5) schließlich

betont, dass die Organisation sicherstellen müsse, dass das Team Feedback von außen, Best-Practices und externe Expertenmeinungen regelmäßig als fundierte Informations- und Entscheidungsquellen nutzt, damit „inhaltliche Fehlentscheidungen, die z. B. aufgrund der Innensicht, Eigeninteressen und begrenztem Wissen der Teammitglieder getroffen werden könnten", vermieden werden.

21.3 Selbstführung

Die besonderen Führungsherausforderungen in Expertenorganisationen lassen das Individuum selbstverständlich auch persönlich nicht „kalt". Komplexität, Multirationalität und hohe Veränderungsdynamiken generieren vielfältigste Spannungen und Dissonanzen, die auch im Rahmen der Selbstführung (d. h. auf kognitiver, emotionaler, körperlicher, werte- und identitätsbezogener, selbstregulatorischer Ebene) bearbeitet werden müssen. Steigende psychosoziale Belastungen in der Arbeit, die Zerstäubung der Aufmerksamkeit durch elektronische Medien und Reizüberflutung, wiederkehrende Rollenkonflikte, unsichere Karrieren, ein permanenter Veränderungsdruck, das „Leisure-Sickness-Syndrome", ein Gefühl des Getriebenseins von äußeren Kräften, eine mitunter prekäre Balance zwischen Berufs- und Privatleben – all diese Tendenzen gehören heute zum Arbeits- und Lebensalltag vieler Hochqualifizierter (Experten wie Führungskräfte), nicht nur (aber vermutlich besonders häufig) in multirationalen Organisationskontexten (vgl. Graf 2012; Buchenau und Balsereit 2015; Trentsch 2017; Finckler 2017). Buchenau und Balsereit (2015) sprechen in diesem Zusammenhang davon, dass wir heute in einem „Adrenalinzeitalter" leben:

> Unsere Arbeitswelt hat sich verändert. Früher waren es Lärm, Schmutz, Chemikalien und Maschinen, die unsere Gesundheit bei der Arbeit gefährdeten. Inzwischen sind die Risiken durch strenge Regelungen minimiert. Doch im gleichen Umfang, in dem die körperlichen Beanspruchungen in der Arbeitswelt geringer wurden, haben die psychischen Belastungen zugenommen. Zeit und Leistungsdruck gehören heute zu den zentralen Belastungen im Job. Jeder einzelne spürt den Druck, überdurchschnittliche Leistung zu erbringen und sich neue Fähigkeiten aneignen zu müssen (Buchenau und Balsereit 2015, S. V).

Die in der Selbstführungs- und Selbstmanagementliteratur[2] getroffene und hier sinngemäß zitierte Aussage „Nur wer sich selbst erfolgreich führen kann, der kann auch andere erfolgreich führen" mag wie eine Binsenweisheit klingen – der Zusammenhang zwischen Selbst- und Fremdführung ist aber kaum von der Hand zu weisen. Graf (2012, S. 23) hält fest, dass sich das Selbstmanagement in Anbetracht der vielfältigen Veränderungen und Anforderungssteigerungen in der Wirtschafts- und Arbeitswelt mittlerweile zu einer unverzichtbaren Basiskompetenz von Erwerbstätigen entwickelt hat.

---

[2]In der Literatur werden die Begriffe Selbstmanagement und Selbstführung weitgehend synonym verwendet.

Blickt man in die psychologisch fundierte wie auch die ratgebernahe Literatur zum Thema, stellt sich bei dem einen oder anderen Leser bereits nach kurzer Zeit ein Gefühl von Ermüdung ein in Anbetracht des Umfangs an geforderter Entwicklungsbereitschaft und Arbeit an der eigenen Person: Nötig seien eine fortlaufende Selbstbeobachtung und Selbstreflexion, ein achtsamer Umgang mit sich und anderen, die Weiterentwicklung und Entfaltung der authentischen Persönlichkeit, Ambiguitätstoleranz, die Bereitschaft, multiple Perspektiven einzunehmen, und vieles mehr.

> In jedem Fall bedeuten Selbstführung und -management wohl einen ersten mutigen Schritt, vielleicht sogar einen großen Sprung über den eigenen Schatten, auch und gerade hin zu persönlichen Unzulänglichkeiten und Fehlern, auf eine Reise ins mehr oder weniger Unbekannte mit entsprechend wenig kalkulierbaren Risiken bezüglich dessen, was wir dabei entdecken. Es bedeutet: Heraus aus der Komfortzone und hinein in eine „Komm-vor-Zone", in der wir unser Selbst erforschen und Verantwortung übernehmen für unsere interne und externe Führungstätigkeit (Trentzsch 2017, S. 155).

Wir plädieren angesichts dieser gut gemeinten Zumutung, ein omnikompetenter Mensch zu sein oder zu werden, für eine gleichermaßen explorative wie gelassene Grundhaltung bei der Arbeit an der eigenen Selbstführung. Im Folgenden möchten wir ausgewählte Perspektiven auf das Thema der Selbstführung skizzieren, die uns für Führungskräfte hilfreich erscheinen, die zu einem reflektierten, gelasseneren Umgang mit den Herausforderungen der Selbstführung in einem spannungsgeladenen, mulirationalen Organisationskontext gelangen wollen.

21.3.1 Von der Selbstoptimierung zur authentischen und achtsamen Selbstführung

Wie Pscherer (2015, S. 6–7) treffend beobachtet, gibt es heute eine nahezu unüberschaubare Fülle an Ratgeberliteratur, die umfassende Kompetenzbündel eines erfolgreichen Selbstmanagements und damit korrespondierende Selbsttests, Trainingsmaßnahmen und -praktiken präsentiert. Methoden des Selbstmanagements wurden ursprünglich im Rahmen der klinischen, problemlösungsorientierten Verhaltenstherapie entwickelt und angewendet und später auf den Bereich der Personalführung übertragen, um Führungskräfte zu befähigen, „Managementaufgaben zielgerichtet und effektiv zu bewältigen, Mitarbeiter mittels konstruktiver Kommunikation zu motivieren und deren wie auch eigene Kompetenzen als Führungskraft weiterzuentwickeln" (ebd.). Eine umfassende Darstellung und Systematisierung psychologischer Selbstmanagement-Ansätze findet sich in Graf (2012). Sie definiert die Ziele von Selbstmanagement wie folgt:

> Bei Selbstmanagement geht es u. a. darum, eigene Stärken und Schwächen zu erkennen, handlungswirksame berufliche und persönliche Ziele zu setzen, effektiv mit der zur Verfügung stehenden Zeit umzugehen, vorhandene Belastungen zu reduzieren und Ressourcen gezielt zu aktivieren und zu nutzen. Mitarbeitende sind gefordert, ihre Leistungsfähigkeit

> und Leistungsbereitschaft eigenverantwortlich zu steuern und zu erhalten. Es gilt, den eigenen Arbeits- und Lebensrhythmus immer wieder neu zu definieren und den eigenen Qualifikationsstand fortwährend mit den Anforderungen zu vergleichen und entsprechend anzupassen (Graf 2012, S. 23).

Gerade in paradoxen Führungskontexten ist es wichtig, dass Führungskräfte ein tieferes Verständnis ihres Selbst entwickeln. Selbstführung heißt gemäß Stahl (2013, S. 201):

- Das eigene Verhalten beobachten und sich die Konsequenzen aus dieser Beobachtung eingestehen;
- die eigenen Gefühle und Stimmungen zielgerichtet beeinflussen;
- Impulse kontrollieren und aufschieben;
- die eigenen Absichten auch tatsächlich verwirklichen.

Fundierte Selbstführungsansätze bauen auf Theorien der Selbstregulation und -motivation auf und konzipieren Selbstmanagement als „Meta-Kompetenz der authentischen Regulation von Bedürfnissen, externen Zielvorgaben und realisierbaren Einflussmöglichkeiten" (Pscherer 2015, S. 6; vgl. auch: Furtner und Baldegger 2013; Graf 2012). Unterschiede zwischen den Ansätzen zeigen sich in der Frage, wie stark das Ziel der Optimierung der eigenen Leistungsfähigkeit gegenüber anderen Zielen, wie dem Erlangen von mehr Achtsamkeit und Verantwortungsbewusstsein im Umgang mit sich selbst und anderen, gewichtet wird.

Ein eher mechanistisches bzw. behavioristisches, auf Selbstoptimierung und Selbstkonditionierung setzendes Verständnis von Self-Leadership liefern Furtner und Baldegger (2013):

> Self-Leadership bezieht sich auf selbstbeeinflussende Strategien zur Steigerung der persönlichen Effektivität und Leistungsfähigkeit. [...] Auf Basis der Selbstbeobachtung werden unerwünschte Verhaltensmuster erkannt und auf Basis der Selbstzielsetzung neue Verhaltensmuster festgelegt. Mittels Selbstbelohnung oder Selbstbestrafung verstärkt sich eine Person bezüglich der erwünschten Verhaltensmuster. [...] Die gedankliche Reflektion [sic] über die eigenen Überzeugungen und Sichtweisen bewirkt, dass mögliche dysfunktionale („negative") Gedanken neutralisiert und positive Gedankenmuster aufgebaut werden können (Furtner und Baldegger 2013, S. 95–96).

Ob dieses recht instrumentelle Verständnis von Selbstregulation in Verbindung mit Techniken der funktionalen Selbstkonditionierung und -indoktrinierung wirklich zu einem verantwortungsbewussten und gesunden Umgang mit sich selbst und anderen beiträgt, darf bezweifelt werden.

Die jüngere Literatur zur Entwicklung von Führungskräften und zum Managementcoaching geht einen anderen Weg, indem Achtsamkeitsprinzipien und -techniken in die Praxis eines Selbstführungscoachings integriert werden. Achtsamkeit, eine verbesserte Selbstwahrnehmung und eine authentische wie gelassene Selbstführung werden dabei als entscheidende Elemente einer positiven Selbstführungskompetenz hervorgehoben (vgl. Schrör 2016; Finckler 2017; Trentzsch 2017). Die genannten Elemente werden wie folgt knapp umrissen:

- Der Begriff der *Achtsamkeit* (engl.: Mindfulness) beschreibt „die nicht-bewertende, bewusste Wahrnehmung von Gedanken, Gefühlen und Körperempfindungen im jeweiligen Augenblick“, die „es uns dann ermöglicht, den eigenen Persönlichkeits-Facetten und Verhaltensautomatismen auf die Spur zu kommen und uns dem Meer unserer Möglichkeiten wieder Schritt für Schritt anzunähern“, um schließlich „in einem kontinuierlichen Prozess persönlichen Wachstums automatisierte Verhaltensmuster zu überwinden“ (Schrör 2016, S. 27). Finckler (2017) unterstreicht, dass Achtsamkeit und Präsenz (verstanden als Fähigkeit zu ungeteilter Aufmerksamkeit im „Hier und Jetzt“) zu einer gesteigerten Wirksamkeit des Handelns von Führungskräften beitragen kann.
- „Nur wer eine angemessene Präsenz entwickelt, kann mit den eigenen Kraftquellen in Kontakt bleiben. So kann mit der Beobachtung der eigenen Wahrnehmungs- und Denkprozesse die innere Kompetenz durch Achtsamkeit gesteigert werden. Dabei bedeutet Achtsamkeit, jeden Augenblick bewusst wahrzunehmen. In diesem Bewusstseinszustand beachtet man Dinge, die sich gewöhnlich im Hintergrund abspielen und oft unbewusst ablaufen“ (Finckler 2017, S. 180).
- *Die individuelle Fähigkeit zur Selbstwahrnehmung* beruht auf dem Grundgedanken, dass sich die eigene Persönlichkeit aus einer Vielzahl von Teilidentitäten bzw. Teilpersönlichkeiten zusammensetzt, die reflektierend und erkundend beobachtet werden können, um auch hier ungewollte Automatismen oder unbewusste Einflüsse auf das eigene Handeln sichtbar zu machen.
- „Selbstwahrnehmung ist die bewusste Kenntnis der eigenen inneren Vielfalt, der Zusammenhänge des inneren Persönlichkeitssystems und der daraus resultierenden alternativen Handlungsoptionen. [...] Das Erkennen, wie sich Teilpersönlichkeiten in bestimmten Situationen verhalten, wie sie miteinander agieren und aufeinander reagieren, bringt nun Licht in die Erkennung der Automatismen“ (Schrör 2016, S. 58).
- Der Begriff der *authentischen Selbstführung* schließlich bezieht sich auf die individuelle Fähigkeit, „sich mit seinen Intentionen, Bedürfnissen und Werten im Spannungsfeld äußerer Anforderungen als entscheidende Instanz für das Handeln zu erleben“. Entscheidend ist dabei „die Kunst, Gefühl und Ratio ganzheitlich und situationsangemessen, eben authentisch zu steuern und Erfahrungen nachsichtig zu nutzen“ (Pscherer 2015, S. 14–16).

Nach Schrör (2016) ist eine auf Achtsamkeit und ausgeprägter Selbstwahrnehmung beruhende Selbstführung Resultat eines persönlichen Entwicklungs- und Reifungsprozesses, der das Individuum dazu befähigt, ...

> … das eigene Handeln bewusst zu steuern und so zu agieren, dass ich in guter Verbindung zu meinen inneren Facetten stehe, dass ich ein gutes inneres Gleichgewicht meiner mitunter widerstreitenden inneren Anteile sicherstelle und dass ich darüber zu einem bewussten, unabhängigen Entscheiden über eine größtmögliche Zahl von Handlungsalternativen komme (Schrör 2016, S. 74).

Trentsch (2017, S. 155 f.) beschreibt ein zirkuläres Drei-Phasen-Modell des Selbstmanagements, das anschlussfähig ist an das zuvor dargestellte Konzept einer achtsamen und authentischen Selbstführung. Die erste Phase des Modells beinhaltet Methoden der Selbstreflexion, um eigenen Denkmustern, Werten und Motiven, Umgangsformen mit Belastungen, Selbstbildern und Identitätsentwürfen explorativ und reflektierend nachzugehen.

> Im Wesentlichen geht es dabei zunächst um Achtsamkeit mit sich selbst, um in zweiter Konsequenz auch als Führungskraft das eigene Sensorium für die Belange und Bedürfnisse anderer zu schärfen und zu vertiefen. Schließlich erkennt und versteht man beim Gegenüber nur, was man schon bei sich selbst reflektiert, gefühlt, erlebt und analysiert hat. Erst dadurch werden wir im System von Führung und Gefolgschaft akzeptiert und zu lohnenden Vorbildern erhoben, die auch in ihrer Funktion als Coach oder Mentor vonseiten der Mitarbeiter gerne angenommen werden (Trentsch 2017, S. 156).

Durch Achtsamkeitstrainings, Entspannungstechniken und körpertherapeutische Methoden können Individuen lernen, eigene Gedanken, Gefühle, Ängste, Denkmuster oder Körperempfindungen aufmerksamer wahrzunehmen und einen bewussteren und auch liebevolleren Umgang mit sich selbst und eigenen Energien zu entwickeln – „zuerst für uns und dann für die Führung im Außen" (Trentsch 2017, S. 158). Die zweite Phase des Modells konzentriert sich auf Möglichkeiten einer wirksamen Selbstregulierung und Selbstkontrolle im Sinne authentischer Ausdrucksformen der eigenen Persönlichkeit:

> Authentisch zu sein und führen zu können, bedeutet, dass wir uns immer weniger hinter einer Maske verbergen und verstellen müssen, was sehr viel Kraft kostet und in den seltensten Fällen beim Gegenüber eine glaubwürdige Wirkung erzielt. Wenn wir als Persönlichkeit „rund" und in uns stimmig sind, also keine Rolle spielen, sondern so sein dürfen, wie wir sind – inklusive unserer Fehler, Schwächen, Störungen und Irritationen, darf unser Charisma leuchten. Wir sind im Flow mit uns selbst, was eine natürliche und kraftvolle Autorität zum Vorschein bringt, wie sie „einstudiert" nie erreicht wird (Trentsch 2017, S. 156).

Konstruktives Feedback, Entspannungs- und Achtsamkeitstechniken sowie eine optimistische, gelassene und lösungsorientierte, von der Wirksamkeit des eigenen Handelns überzeugte Grundhaltung unterstützen die Selbstregulation (Trentsch 2017, S. 158–166). Die dritte Phase beschreibt den Zustand der Selbstverwirklichung, „wo wir nicht mehr nur auf Geschehnisse im Außen reagieren, sondern eigenverantwortlich agieren und schöpferisch unsere Wirklichkeit gestalten, ein Vorausdenken im Sinne eines Antizipierens und Manifestierens zum aktiven Kreieren unserer Zukunft" (Trentsch 2017, S. 156). In diesem „idealen Zustand", den sicherlich nicht wenige Führungskräfte bzw. generell Menschen sich herbeisehnen, vermutlich aber eher partiell und temporär als vollständig und dauerhaft erreichen können, begegnen wir nach Trentsch anderen Menschen mit Offenheit, Aufrichtigkeit und auf Augenhöhe, integrieren Arbeit, Familie, Freunde und Freizeit auf subjektiv stimmige Weise und orientierten uns an einer achtsamen und gelassenen Lebensführung (vgl. Trentsch 2017, S. 166–167).

21.3.2 Spannungen konstruktiv gestalten und als Energiequelle nutzen: Polarity-Mapping

Expertenorganisationen zeichnen sich dadurch aus, dass Experten sich, wie mehrfach erwähnt, ihrer jeweiligen Profession gegenüber mitunter stärker verpflichtet fühlen als gegenüber ihrer Organisation. Laufbahnen werden zwar eher in der Logik der Profession, aber nicht unabhängig von der Organisation entwickelt. Expert Leaders müssen diese inhärente Paradoxie zwischen inhaltlicher Profilierung der Experten in der Fachcommunity und ihrem organisationalen Commitment wirksam gestalten, denn die Reputation, Motivation und Kreativität der einzelnen Experten ist für die Reputation und den Unternehmenserfolg der Gesamtorganisation zentral (vgl. Zellweger und Thomann in diesem Band). Der Polarity-Mapping-Ansatz (Johnson 2014) bietet eine gute Grundlage, um paradoxe Führungssituationen systematisch zu analysieren und zu bearbeiten. In Abb. 21.2 ist die Professions-/Organisations-Polarität exemplarisch dargestellt.

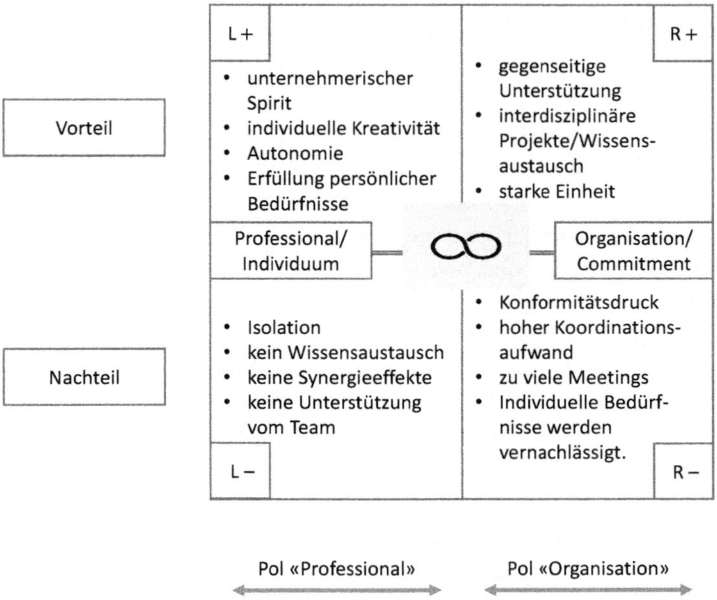

Abb. 21.2 Polarity-Map: Profession vs. Organisation. (In Anlehnung an Johnson 2014, S. 10)

Die Polarity-Map eröffnet Führungskräften die gesamte Struktur der Paradoxie. Auf der linken Seite (L) sind sowohl die positiven (L+) als auch die negativen (L–) Auswirkungen einer starken (individuellen) Fokussierung auf die Profession im Rahmen der beruflichen Entwicklung dargestellt. Auf der rechten Seite (R) sind sowohl die positiven (R+) als auch die negativen (R–) Auswirkungen einer starken Orientierung an der Organisation/den Organisationszielen (organisationales Commitment) dargestellt. Auf dieser Basis können nun verschiedene paradoxale Dynamiken zwischen den vier Polen transparent gemacht werden.

Wenn eine Expertenorganisation bspw. bemerkt, dass die Experten sich (wieder) zu stark auf ihre jeweiligen Spezialgebiete konzentrieren und zu autonom arbeiten (Problem), wird es eine Bewegung nach rechts oben geben, und die Organisation wird mit mehr Austausch, Meetings usw. für mehr Kohäsion sorgen (Lösung). Bei zu viel Konformitätsdruck und zu rigider Ausrichtung auf gemeinsame Ziele (die vorgängige Lösung) wird es evtl. irgendwann wieder eine Bewegung von rechts oben nach rechts unten geben (Problem).

Wenn eine Organisation zu viel Konformitätsdruck ausübt (Problem), dann werden sich die Experten tendenziell wieder mehr individuelle Freiräume schaffen, und es gibt eine Bewegung nach links oben (Lösung). Diese Lösung kann auch wieder zum Problem werden (L–).

Die Bewegung durch die jeweiligen Quadranten kann man sich als **unendliche Schleife** vorstellen (Johnson 2014, S. 12). Eine Expertenorganisation wird sich bspw. immer auf irgendeinem der oben beschriebenen vier Entwicklungspfade befinden und sich innerhalb dieser Pole bewegen. Letztendlich geht es nicht um die Frage, ob eine Organisation Spannungen, Dilemmata oder Paradoxien in solchen Endlosschleifen gestaltet, sondern wie gut sie dies im Hinblick auf organisationale Erfolgsgrößen wie Umsatz, Innovativität usw. macht.

Wenn man Führung von Experten als Polarity-Management versteht, dann geht es nicht darum, entweder in kostspielige Teamentwicklungsmaßnahmen für Expertenteams zu investieren oder in Autonomiezonen für einzelne Experten, denn beides erzeugt sicher irgendwann Legitimationsbedarf und möglichen Widerstand. Vielmehr sollten Führungskräfte in Expertenorganisationen unter einer Polarity-Management-Perspektive Fähigkeiten entwickeln, …

- den Umgang mit Widerstand als ganz normale Managementtätigkeit zu betrachten und
- sowohl die Mitarbeiter als auch die Organisation in der „Vorteilszone" zu halten und das Beste aus der Paradoxie-Dynamik herauszuholen.

An dieser Betrachtungsweise sollten sich auch Organisations- und Personalentwicklungsmaßnahmen ausrichten. Das heißt nicht, dass man überhaupt keine großen Veränderungsinitiativen in die eine oder andere Richtung planen sollte, aber Veränderungsmaßnahmen müssen immer vor dem Hintergrund der Paradoxie-Dynamik betrachtet werden. Führungsmaßnahmen müssen die jeweiligen Pole situativ „bedienen“, aber gleichzeitig immer auch klare Verbindungen sicherstellen, damit die jeweiligen Interessenträger die Beiträge der anderen zum großen Ganzen (Big Picture) zu schätzen wissen.

Weitere „Pole“, die sich für eine kritische Reflexion von Organisations- und Führungsentwicklungsmaßnahmen in Expertenorganisationen eignen, sind:

- Bürokratie vs. „kreatives Chaos“
- Zentralisierung vs. Dezentralisierung
- Wirtschaftlichkeit vs. Sinnstiftung
- Kontrolle vs. Freiheit
- Forschungsorientierung vs. Marktorientierung

Expertenorganisationen sollten somit Organisationsmodelle, Personalmanagementpraktiken und Führungssysteme etablieren, die sowohl die individuelle Leistungs- und Einsatzbereitschaft, die Arbeitseffizienz, die Innovations-, Lern- und Veränderungsfähigkeit von einzelnen Experten als auch deren Organizational Commitment bzw. die funktionsübergreifende Kollaborationsbereitschaft unterstützen.

21.3.3 Werte- und verständigungsorientiert führen

Werte fungieren wie ein „sozialer Kitt“: Sie verbinden Individuen und Gruppen in Organisationen und leiten unser Alltagshandeln, ohne dass wir uns dessen immer bewusst wären. Bezogen auf das Führen in Expertenorganisationen bilden Werte einen wichtigen Ankerpunkt, nicht nur für die Selbstreflexion und Selbstführung von Expert Leaders, sondern auch für die Beziehungsgestaltung mit den geführten Experten bis hin zur Frage der Entwicklung oder Transformation der Organisationskultur. In Werten kommen generell betrachtet Vorstellungen vom Wünschenswerten zum Ausdruck. Werden diese von Individuen oder Gruppen verinnerlicht, leiten sie als „Werteorientierungen“ (verstanden als dauerhafter und tief verankerter Bestandteil individueller Handlungsdispositionen)[3] das individuelle oder kollektive Handeln (vgl. Kluckhohn 1951)[4].

Darüber hinaus bilden Werte, Normen und kollektiv geteilte, meist implizite Grundannahmen den Kern der Organisationskultur, welche die Interaktion im Arbeitsprozess, die Gestaltung von Führungsbeziehungen wie auch die Leistungs- und Innovationsfähigkeit einer Organisation beeinflusst (vgl. Schein 1995, 2003; Oertig und Kels 2014):

---

[3]Werte können sich im Zeitverlauf oder auch im Prozess individueller Entwicklung und „Reifung“ aber durchaus ändern (Binder 2016).

[4]Wunderer (2015, S. 43) geht sogar so weit, Werte als „Autopiloten der Verhaltenssteuerung“ zu bezeichnen.

> Insbesondere die oftmals unbewussten, wenig hinterfragten und als gültig angenommenen Grundannahmen fließen in den Prozess der alltäglichen Interaktion und Kooperation zwischen Führungskräften und Mitarbeitenden, zwischen Unternehmensleitung und Führungskräften oder zwischen Arbeitskollegen mit ein. Sie strukturieren das routinehafte Handeln der Akteure und bestätigen auf diese Weise die in einer Organisation leitenden Verhaltensweisen, Normen, Werte, Spielregeln und Überzeugungen (Oertig und Kels 2014, S. 76).

In der managementorientierten Literatur zur Organisations- und Führungskultur trifft man nicht selten auf ein Verständnis von Organisationen als kulturell konsistenten bzw. kulturelle Homogenität anstrebenden Gebilden, die mittels Personalselektion und einer One-Way-Kommunikation bzw. einseitigen Wertevermittlung durch Onboarding, Beurteilungsverfahren, Storytelling, Anreizsysteme sowie Personal- und Teamentwicklung ein kollektiv geteiltes Verständnis gemeinsamer Werte und Grundannahmen „herstellen" (vgl. z. B. Hofmann 2014, S. 115). Auch wenn die vergemeinschaftende Wirkung organisationaler Sozialisationspraktiken keineswegs infrage gestellt werden soll, sind jedoch Zweifel angebracht hinsichtlich erstens der Prämisse der Wertekonsistenz als einem anzustrebenden Ziel und zweitens der Möglichkeit, Werte kommunikativ einseitig bzw. über die Köpfe der Akteure hinweg vermitteln zu wollen.

Pluralität von Wertvorstellungen: Organisationsethnografische Untersuchungen wie etwa die von Wittel (1996) zeigen, dass sich selbst in „starken Organisationskulturen" keine kohärenten bzw. homogenen Werteorientierungen und Grundannahmen, sondern vielmehr ein „Patchwork unterschiedlicher Bereichs-, Abteilungs-, Team- oder Professionskulturen mit voneinander abweichenden Werthaltungen, sozialen Regeln und Kooperationsmustern findet. Diese Diversität ist mit Blick auf Innovation oftmals von hohem Nutzen" (Oertig und Kels 2014, S. 114). Eine kluge, leistungs- und innovationsförderliche Personalauswahl darf sich demzufolge nicht darauf beschränken, „nur nach Menschen mit einer zur Unternehmenskultur passenden Werteordnung zu suchen", sondern eine für das Unternehmen passende Wertepluralität zu ermöglichen. Gleiches gilt unter dem Aspekt der Förderung von Innovationsfähigkeit und des Organizational Commitment von Experten auch für die Gestaltung von Beurteilungs-, Anreiz- und Karrieresystemen (vgl. Oertig und Kels 2014; Kels et al. 2015).

Gemeinsame Werteentwicklung: Organisationen beherbergen als gesellschaftliche Subsysteme bzw. „Mikrokosmen" (auch trotz mehr oder minder gut funktionierender Selbst- und Fremdselektionseffekte) eine gewisse Vielfalt und Diversität an Werteorientierungen und Menschenbildern – diese koexistieren, ergänzen sich oder treten in Konkurrenz zueinander (vgl. Steiger und Lippman 2013, S. 6). Diese Feststellung gilt im Besonderen für multirationale Organisationen, die sich wie bereits ausführlich dargestellt durch das Aufeinanderprallen konkurrierender Funktionslogiken, Werte und Veränderungsdynamiken auszeichnen. Darauf aufbauend sollten Praktiken zur Förderung kollektiv geteilter Wirklichkeitskonstruktionen, wie z. B. das Storytelling, so angewendet werden, dass sie die Vielfalt und Komplexität des Organisationsgeschehens „nicht unter den Teppich kehren", sondern im Gegenteil aufzeigen, wo es dank widerstreitender Sichtweisen und konstruktiv ausgetragener Konflikte gelungen ist, einen

Beitrag zur Weiterentwicklung oder zum Erfolg der Gesamtorganisation zu leisten (zum Ansatz „Storytelling“ vgl. Frielingsdorf 2013; Jecker, Kap. 18 in diesem Band). Auch die Sensibilität dafür, dass Kommunikation in Expertenorganisationen (ob face-to-face oder vermittelt durch digitale Medien) deutlich mehr als einen reinen Austausch von Informationen darstellt, sondern konstitutiv auch das Austauschen von Werten und die Gestaltung sozialer Beziehungen mit einschließt (vgl. hierzu Ott, Kap. 14 in diesem Band), kann Führungskräften zu mehr Wirksamkeit in der Gestaltung der Führungsbeziehung mit Experten verhelfen:

> Wenn Menschen handeln und kommunizieren, entwickeln sie Bindungen zwischen sich und anderen. Gleichzeitig erschaffen sie sich quasi durch diese kommunikativen Akte, indem sie sich nach außen hin darstellen und ihre Charakteristika entwickeln. Der Reichtum unserer kommunikativen Handlungen kann nur verstanden werden, wenn man die Anlässe und Konsequenzen dieser Kommunikation erkennt, die Annahmen über uns selbst kennt, wenn wir uns ausdrücken, und man die Ergänzungen sieht, wie wir mit jedem weiteren kommunikativen Akt zu diesem Verständnis beitragen – in einer riesigen Vielfalt an Möglichkeiten in Form von Anrufen, Texten, Briefen, E-Mails, Instant Messenger Chats, Blogeinträgen oder Tweets (Ciesielski und Schutz 2016, S. 23).

Führungskräfte in Expertenorganisationen sollten sich somit dessen bewusst werden, dass weder ihre persönlichen noch die in den Führungsleitlinien formulierten Werte und Grundannahmen zwangsläufig kongruent sein müssen mit Werte- und Handlungsorientierungen und Motiven ihres Expertenteams respektive einzelner Experten. Wertedivergenzen erschweren die Zusammenarbeit aber nur dann, wenn die Akteure ihre Werteorientierungen als überlegende Weltsichten oder gar als Wahrheiten betrachten und einseitig durchzusetzen versuchen. Ist dies der Fall, sind gelingende Führungsbeziehungen und eine konstruktive Zusammenarbeit gefährdet, da unproduktive Konflikte und Eskalationen die Entwicklung eines geteilten Verständnisses gemeinsamer Ziele und Lösungswege konterkarieren. Sowohl die Expert Leaders als auch die von ihnen geführten Experten benötigen daher eine ausgeprägte Bereitschaft und Fähigkeit zur Selbstreflexion der eigenen Rolle und eigenen Werte, zur Perspektivenübernahme, zur Toleranz von Ambiguität und Widersprüchen („Embracing Paradoxes“) und auch ein gewisses Maß an Rollendistanz; auch Humor kann in diesem Zusammenhang nützlich sein, wenn er verbindend und nicht distinguierend wirkt. Hilfreicher als das Absolut-Setzen einzelner Werte ist in diesem Zusammenhang für Führungskräfte die Formulierung von Werteantagonisten, die zum Abschwächen einseitiger Werteidealisierungen führen können:

> Im zwischenmenschlichen Zusammenleben entwickeln sich unterschiedliche Werte zu einer konstruktiven Auseinandersetzung, wenn sie in ausgehaltener Spannung zu einem Gegenwert gelebt und verwirklicht werden. Ein Gegenwert ist eine komplementäre „Schwestertugend“, die geeignet ist, einer übertreibenden Entwertung des in Rede stehenden Wertes entgegenzusteuern (Lippmann 2013, S. 326).

Konkret könnte man also den Anspruch auf eine hohe Wertschätzung innerhalb der Führungsbeziehung in einen ausgleichenden Spannungszustand bringen mit der Erwartung, auch Konflikte offen ansprechen und fair austragen zu können. Wertekonsistenz in Expertenorganisationen ist somit als ein von Harmoniestreben oder unterkomplexer Theoriebildung getragenes Wunschdenken zu verabschieden. An dessen Stelle sollten

1. das Bemühen um intersubjektive Verständigung (z. B. ein wertschätzender Dialog auf „Augenhöhe"),
2. die Fähigkeit zum Perspektivenwechsel,
3. eine ehrliche Selbstreflexion (um neue oder klarere Erkenntnisse über sich selbst zu gewinnen) sowie
4. ein respektvolles und zugleich lösungsorientiertes Austragen von Konflikten treten (vgl. auch Graf 2017, S. 158–169; Hofmann 2014, S. 115).

Das Gegenüber sollte dabei sowohl als Rollenträger, der bestimmten Erwartungen und Zielen gerecht zu werden versucht, wahrgenommen werden als auch als einzigartige Persönlichkeit mit individuell und biografisch geprägten Wertvorstellungen, Überzeugungen, Motiven und Zielen, um zu einem holistischen Verständnis vom Handeln des anderen zu gelangen.

Anstelle eines Resümees möchten wir den Leser nun abschließend dazu einladen, eigene **Führungshaltungen und Werte** vor dem Hintergrund der folgenden Anregungen zum kontextsensiblen Führen von Experten zu reflektieren:

Konstruktive Haltungen und Werte von Expert Leaders

- Bescheidenheit und Zurückhaltung in Bezug auf die Wirkung von Führungsinterventionen
- *Soziale Systeme beharren ganz grundsätzlich auf Routine.*
- Beziehungsorientierung, trotz des Autonomieanspruchs von Experten
- *Wem nicht gefolgt wird, der führt nicht.*
- Wertschätzender Umgang mit Professionsbezug bzw. Rückzug in die Expertenwelt
- *Kooperation und Autonomie gehören zusammen im Organisationskontext.*
- Paradoxietoleranz und Humor
- *Paradoxe Entscheidungssituationen gehören zum Alltag in multirationalen Organisationen.*
- Offenheit für verschiedene Sinnwelten
- *Führungskräfte als Grenzgänger zwischen Organisation und Profession*
- Empathisch und kommunikativ
- *Führungskräfte als Vertrauenspersonen, Coaches und Netzwerker*

Eng mit diesen Führungswerten sind die unten aufgeführten **Führungspraktiken** im Sinne von „Good Practices“ verknüpft:

Führungspraktiken

- Förderung der verantwortlichen Autonomie von Individuen und Teams: Loslassen und Freiräume schaffen für Mitarbeiter und Experten, echte Eigenverantwortung stärken, Mitarbeiter als Mitunternehmer betrachten
- Führen auf Augenhöhe
- Führen im Hintergrund und mit Fingerspitzengefühl: Covert Leadership
- Experten in Führungsentscheidungen miteinbeziehen und an Sinnwelten der Experten anknüpfen: Kollegialität fördern, Statusdenken abbauen
- Wissensaustausch, Kollaboration und Austausch erleichtern, Vernetzung durch Transparenz generierende soziale Begegnungsformen und Tools sicherstellen
- Selbstbeobachtung, Kritik, Reflexion und Lernen in der Führungs- und Managementpraxis verankern, Lernen und Entwicklung in der gesamten Organisation kontinuierlich vorantreiben, auch vermeintlich „bewährte“ Routinen, Praktiken sowie Managemententscheidungen regelmäßig hinterfragen auf ihre Wirksamkeit und nicht intendierten Nebenwirkungen
- Förderung innovationsorientierter Grundhaltungen, Werte und Normen von Führungskräften und Mitarbeitenden: u. a. Offenheit gegenüber Neuem, Experimentierfreude, maßvolle Toleranz gegenüber Risiken und Fehlern

Die oben formulierten lösungsorientierten, dialogischen und agilen Führungshaltungen und -praktiken bilden einen durchweg positiven und optimistischen Blick auf die Führungsherausforderungen in Expertenorganisationen ab und sparen gleichzeitig die mühsame und „handwerkliche“ Seite der Führung von Experten nicht aus. In Zukunft gilt es, gerade in Bezug auf das *Führungshandwerk* passende Weiterbildungsprogramme für Expert Leaders zu entwickeln, die den Anforderungen in der Praxis gerecht werden.

Literatur

Badaracco, J. (2002). *Leading quietly: An unorthodox guide to doing the right thing*. Boston: Harvard Business Press.

Bessin, B., & Wick, A. (2014). *Führen und führen lassen*. Konstanz: UVK.

Biggart, N. W., & Hamilton, G. G. (1987). An institutional theory of leadership. *Journal of Applied Behavioral Science, 23,* 429–441.

Bruijn, H. de. (2011). *Managing professionals*. London: Routledge.

Bryman, A., Stephens, M., & Campo, C. A. (1996). The importance of context. Qualitative research and the study of leadership. *Leadership Quarterly, 7*(3), 353–370.

Buchenau, P., & Balsereit, B. (2015). *Chefsache Leisure Sickness. Warum Leistungsträger in ihrer Freizeit krank werden*. Wiesbaden: Springer Fachmedien.

Burla, S., Alioth, A., Frei, F., & Müller, W. R. (1995). *Die Erfindung von Führung. Vom Mythos der Machbarkeit in der Führungsausbildung*. Zürich: Verlag der Fachvereine.

Ciesielski, M., & Schutz, T. (2016). *Digitale Führung*. Berlin: Springer.

Doppler, K. (2009). Über Helden und Weise – Von heldenhafter Führung im System zu weiser Führung am System. *Organisationsentwicklung, 2009*(2), 4–13.

Dorando, M., & Symanski, U. (Hrsg.). (2013). *Führungspraxis in Forschung und Lehre*. Bonn: Lemmens.

Drucker, P. (2002). „Manager tun mir leid.". Interview im Manager Magazin Online. http://www.manager-magazin.de/unternehmen/karriere/a-190796.html.

Endrissat, N., & Müller, W. (2007). *Führung in Spitälern – Führungsselbstverständnisse von Managern und Medizinern im Vergleich*. WWZ Forschungsbericht 06/07, Universität Basel.

Endrissat, N., Müller, W. R., & Kaudela-Baum, S. (2007). En route to an empirically-based understanding of authentic leadership. *European Management Journal, 25*(3), 207–220.

Evans, P. A. L. (2000). The dualistic leader: Thriving on paradox. In S. Chowdhury (Hrsg.), *Management 21C: New visions for the new millennium* (S. 66–82). New York: Prentice Hall & Financial Times.

Finckler, P. (2017). *Transformationale Führung*. Berlin: Springer.

Fitzsimons, D., James, K. T., & Denyer, D. (2011). Alternative approaches for studying shared and distributed leadership. *International Journal of Management Reviews, 13,* 313–328.

Freidson, E. (2001). *Professionalism. The third logic*. Chicago: University of Chicago Press.

Frielingsdorf, A. (2013). Storytelling. In T. Steiger & E. Lippmann (Hrsg.), *Handbuch Angewandte Psychologie für Führungskräfte. Führungskompetenz und Führungswissen* (S. 253–264). Berlin: Springer.

Furtner, M., & Baldegger, U. (2013). *Self-Leadership und Führung. Theorien, Modelle und praktische Umsetzung*. Wiesbaden: Springer Fachmedien.

Furtner, M., Maran, T., & Sachse, P. (2017). Self-Leadership – Essenzielle Basis für Empowering und Shared Leadership. In L. Truniger (Hrsg.), *Führen in Hochschulen* (S. 133–151). Wiesbaden: Springer Fachmedien.

Gergen, K. (2009). *An invitation to social construction*. London: Sage.

Goode, W. J. (1972). Professionen und die Gesellschaft. In T. Luckmann & W. M. Sprondel (Hrsg.), Berufssoziologie (S. 157–168). Köln: Kiepenheuer & Witsch.

Graf, A. (2012). *Selbstmanagement- Kompetenz in Unternehmen nachhaltig sichern*. Wiesbaden: Springer Fachmedien.

Graf, A. (2017). Selbstmanagement-Kompetenz – Sich selbst als Führungsperson an einer Hochschule wirkungsvoll führen. In L. Truniger (Hrsg.), *Führen in Hochschulen* (S. 153–177). Wiesbaden: Springer Fachmedien.

Greenleaf, R. K. (2002). *Servant leadership: A journey into the nature of legitimate power and greatness*. New York: Paulist Press.

Hejl, P. M., & Stahl, H. K. (2000). Einleitung. Acht Thesen zu Unternehmen aus konstruktivistischer Sicht. In P. M. Hejl & H. K. Stahl (Hrsg.), *Management und Wirklichkeit. Das Konstruieren von Unternehmen, Märkten und Zukünften* (S. 13–29). Heidelberg: Carl Auer.

Hofert, S. (2016). *Agiler führen. Einfache Maßnahmen für bessere Teamarbeit, mehr Leistung und höhere Kreativität*. Wiesbaden: Springer.

Hofmann, L. (2014). Unternehmenskultur und Personalentwicklung. In N. Homma, et al. (Hrsg.), *Einführung Unternehmenskultur* (S. 111–129). Wiesbaden: Springer Fachmedien.

Janes. (2018). Wie Sie Mitarbeiter in Expertenorganisationen führen. http://www.janesconsulting.com/pdf/Wie_Sie_Mitarbeiter_in_Expertenorganisationen_fuehren.pdf. Zugegriffen: 15. März 18.

Johnson, B. (2014). *Polarity management. Identifying and managing unsolving problems*. Amherst: HRD.

Kaehler, B. (2017). *Komplementäre Führung, Kritische Würdigung etablierter Führungstheorien* (S. 83–152). Wiesbaden: Springer Fachmedien.

Kaudela-Baum, S., Holzer, J., & Kocher, P.-Y. (2014). *Innovation Leadership. Führung zwischen Freiheit und Norm*. Wiesbaden: Springer.

Kauffeld, S., Sauer, N., & Handke, L. (2017). Shared leadership. *Gruppe-Interaktion-Organisation, 2017*(48), 235–238.

Kels, P. (2012). Zwischen Profession, Organisation und Markt. Identitäts- und Karrierestrategien schweizerischer IT-Fachkräfte im Kontext wissensintensiver Dienstleistungsarbeit. In C. Schilcher & M. Will-Zocholl (Hrsg.), *Arbeitswelten in Bewegung. Sozialer Wandel – Gesellschaftliche Konsequenzen* (S. 183–208). Wiesbaden: VS Verlag.

Kels, P. (2018). Psychologische Vertragserwartungen von Knowledge Workers im Zeitalter flexibler Karrieren. In O. Geramanis & S. Hutmacher (Hrsg.), *Identität in der modernen Arbeitswelt. Neue Konzepte für Zugehörigkeit, Zusammenarbeit und Führung* (S. 131–145). Wiesbaden: Springer Gabler.

Kels, P., Clerc, I., & Artho, S. (2015). *Karrieremanagement in wissensbasierten Unternehmen Innovative Ansätze zur Karriereentwicklung und Personalbindung*. Wiesbaden: Springer Gabler.

Kiel, V., & Ewald, P. (2013). Systemische Impulse als Beitrag für die Kulturentwicklung im Rahmen eines Führungsprogramms bei der Swisscom AG. In D. Eberhardt (Hrsg.), *Unternehmenskultur aktiv gestalten* (S. 117–129). Berlin: Springer.

Kluckhohn, C. (1951). *Toward a general theory of action*. Cambridge: Harvard University Press.

Kuhlmann, H., & Horn, S. (2016). *Integrale Führung*. Wiesbaden: Springer Fachmedien.

Link, K. (2016). Paradoxe Führung. Eine Sowohl-als-auch-Perspektive in der Organisation verankern. *Zeitschrift für Führung und Organisation, 5,* 342–347.

Lippman, E. (2013). Konfliktmanagement. In T. Steiger & E. Lippmann (Hrsg.), *Handbuch Angewandte Psychologie für Führungskräfte. Führungskompetenz und Führungswissen* (S. 315–357). Berlin: Springer.

Luhmann, N. (1984). *Soziale Systeme. Grundriss einer allgemeinen Theorie*. Frankfurt a. M.: Suhrkamp.

Luhmann, N. (2000). *Organisation und Entscheidung*. Opladen: Westdeutscher.

Mintzberg, H. (1998). Covert leadership: Notes on managing professionals. *Harvard Business Review, 76,* 140–148.

Nerdinger, F. W. (2014). Führung von Mitarbeitern. In F. W. Nerdinger, G. Blickler, & N. Schaper (Hrsg.), *Arbeits- und Organisationspsychologie* (S. 83–102). Heidelberg: Springer.

Oelsnitz, D. von der. (2017). *Einführung in die systemische Personalführung*. Heidelberg: Carl-Auer.

Oertig, M., & Kels, P. (2014). *Innovationsorientiertes Personalmanagement. Leitfaden für HR-Verantwortliche und Führungskräfte*. München: Luchterhand.

Pearce, C. L., Yoo, Y., & Alavi, M. (2004). Leadership, social work, and virtual teams. In R. E. Riggio & S. Smith Orr (Hrsg.), *Improving leadership in nonprofit organizations* (S. 180–199). San Francisco: Jossey-Bass.

Pearce, C. L., Conger, J., & Locke, E. (2008). Shared leadership theory. *The Leadership Quarterly, 19*(5), 622–628.

Pellert, A. (2000). Expertenorganisationen reformieren. In A. Hanft (Hrsg.), *Hochschulen managen? Zur Reformierbarkeit der Hochschulen nach Managementprinzipien* (S. 39–55). Neuwied: Luchterhand.

Pettigrew, A., & Whipp, R. (1991). *Managing change for competitive success*. Oxford: Blackwell.

Pinnow, D. F. (2012). *Führen*. Wiesbaden: Springer Fachmedien.

Pscherer, J. (2015). Selbstmanagement – Grundlagen und aktuelle Entwicklungen. *Organisationsberatung-Supervision-Coaching, 2015*(22), 5–17.

Rickards, T., & Moger, S. (2006). Creative leaders: A decade of contributions from creativity and innovation management journal. *Creativity and innovation management, 15*(1), 4–18.

Rosenberger, B. (Hrsg.). (2014). *Modernes Personalmanagement. Strategisch – Operativ – Systemisch.* Wiesbaden: Springer Gabler.

Rüegg-Stürm, J., Schedler, K., & Schumacher, T. (2015). Multirationales Management. Fünf Bearbeitungsformen für sich widersprechende Rationalitäten in Organisationen. *Organisationsentwicklung, 2015*(2), 4–11.

Rybnicek, R., Bergner, S., & Suk, K. (2016). Führung in Expertenorganisationen. In J. Felfe & R. van Dick (Hrsg.), *Handbuch Mitarbeiterführung: Wirtschaftspsychologisches Praxiswissen für Fach- und Führungskräfte* (S. 227–237). Berlin: Springer.

Schedler, K. (2012). Multirationales Management. Ansätze eines relativistischen Umgangs mit Rationalitäten in Organisationen. *dms – der moderne staat – Zeitschrift für Public Policy, Recht und Management, 5*(2), 361–376.

Schein, E. (1995). *Unternehmenskultur. Ein Handbuch für Führungskräfte.* Frankfurt: Campus.

Schein, E. (2003). *Organisationskultur.* Bergisch-Gladbach: Edition Humanistische Psychologie.

Schirmer, U., & Woydt, S. (2016). *Mitarbeiterführung, BA KOMPAKT.* Berlin: Springer.

Schrör, T. (2016). *Führungskompetenz durch achtsame Selbstwahrnehmung und Selbstführung. Eine Anleitung für die Praxis.* Wiesbaden: Springer Fachmedien.

Smith, K., & Berg, D. (1987). *Paradoxes of group life. Understanding conflict, paralysis, and movement in group dynamics.* San Franciso: Jossey-Bass.

Smith, W. K., Lewis, M. W., & Tushman, M. L. (2016). Sowohl-Als-Auch-Management. *Harvard Business Manager, 2016*(8), 2–11.

Spears, L. C. (1998). Introduction. In L. C. Spears (Hrsg.), *The power of servant leadership* (S. 1–16). San Francisco: Berrett-Koehler.

Stahl, H. K. (2013). *Führungswissen.* Berlin: Schmid.

Steiger, T., & Lippmann, E. (Hrsg.). (2013). *Handbuch Angewandte Psychologie für Führungskräfte. Führungskompetenz und Führungswissen.* Berlin: Springer.

Thomann, G. (2016). Dilemmata, Paradoxien und Ambivalenzen – Führen als Sicherheitsproduktion in unvorhersehbaren Situationen. In G. Thomann & F. Zellweger (Hrsg.), *Lateral führen. Aus der Mitte der Hochschule Komplexität bewältigen* (S. 37–52). Zürich: hep.

Trentzsch, S. (2017). Selbstmanagement für Führungskräfte. In B. Rosenberger (Hrsg.), *Modernes Personalmanagement* (S. 155–167). Wiesbaden: Springer Fachmedien.

Werther, S. (2016). Shared Leadership. In C. von Au (Hrsg.), *Wirksame und nachhaltige Führungsansätze. Leadership und Angewandte Psychologie* (S. 171–187). Wiesbaden: Springer Fachmedien.

Winkler, B. (2012). Shared Leadership Ansätze nutzen. Wie hierarchische und geteilte Führung zusammenspielen. *OrganisationsEntwicklung, 3,* 4–6.

Wittel, A. (1996). *Belegschaftskultur im Schatten der Firmenideologie: Eine ethnographische Fallstudie.* Berlin: Ed. Sigma.

Wittgenstein, L. (2003). *Philosophische Untersuchungen.* Frankfurt: Suhrkamp.

Wunderer, R. (2015). Werteorientiert Führung kommunizieren. In R. Wunderer (Hrsg.), *Führung und Zusammenarbeit in Märchen und Arbeitswelten* (S. 35–121). Wiesbaden: Springer Fachmedien.

Zellweger, F., & Thomann, G. (Hrsg.). (2016). *Lateral führen an Hochschulen.* Bern: hep.

Printed by Printforce, the Netherlands